U0261300

机电工人实用技术手册系列

电工
实用技术手册

邱言龙　王国庆　董　武　主编

中国电力出版社
CHINA ELECTRIC POWER PRESS

内 容 提 要

为提高机电工人综合素质和实际操作能力，根据《国家职业标准》和《职业技能鉴定规范》，特组织编写《机电工人实用技术手册》丛书，以期为读者提供一套内容新、资料全、讲解详细的工具书。

本书为其中的一本，全书共10章，主要内容包括：电工基础知识及基本计算；常用电工工具及测量仪表；常用电工材料；低压电器及选用；电工基本操作；变压器及其检修；电动机；输配电设备及运行维护；常用机床电气控制与保护；电气安全知识等。

本书可供电工、维修电工、电焊工等工程技术人员和生产一线的中、高级工人、技师使用，又可供下岗、求职工人进行转岗、上岗再就业培训使用，还可供相关职业技术院校机电专业师生参考。

图书在版编目（CIP）数据

电工实用技术手册/邱言龙，王国庆，董武主编．—北京：中国电力出版社，2019.10
　ISBN 978-7-5198-3460-9

　Ⅰ.①电… Ⅱ.①邱… ②王… ③董… Ⅲ.①电工技术—技术手册
Ⅳ.①TM-62

中国版本图书馆 CIP 数据核字（2019）第 160290 号

出版发行：中国电力出版社
地　　　址：北京市东城区北京站西街 19 号（邮政编码 100005）
网　　　址：http://www.cepp.sgcc.com.cn
责任编辑：马淑范（010-63412397）
责任校对：黄　蓓　常燕昆
装帧设计：赵姗姗（版式设计和封面设计）
责任印制：杨晓东

印　　　刷：北京博图彩色印刷有限公司
版　　　次：2019 年 10 月第一版
印　　　次：2019 年 10 月北京第一次印刷
开　　　本：880 毫米×1230 毫米　32 开本
印　　　张：25.25
字　　　数：721 千字
印　　　数：0001—2000 册
定　　　价：98.00 元

前　言

　　电工学是一门研究电工技术和电子技术理论和应用技术的基础学科，它包括电工技术和电子技术两部分。电工技术和电子技术是一门知识性、实践性和专业性都比较强的实用技术。因此，电工学具有一定的实用性和先进性，其内容和体系必定随着电工技术和电子技术的发展应用不断更新。

　　物质、能量和信息是人类赖以生存的三大基本要素。电能作为一种能量形式，由于其易于生产、传输、变换、分配和控制，已成为最为广泛的现代能源，也是人们生产和生活中使用动力的主要来源。

　　人类对电的认识是在长期实践活动中不断发展、逐步深化的过程，经历了一条漫长而曲折的道路。人们对电现象的初步认识，可追溯到公元前 6 世纪，而现代人类对电的重新认识、高速发展和创新应用，更可说是一日千里，日新月异。1785 年法国物理学家库仑确定了电荷间的相互作用力，电荷的概念开始有了定量的意义。1826 年德国科学家欧姆发现了关于电路的欧姆定律。1831年英国科学家法拉第发现了电磁感应定律。1834 年俄国科学家雅可比制造出第一台电动机。1837 年摩尔斯电报机在美国研制成功，发明人就是以摩斯电码而闻名的摩尔斯。1849 年基尔霍夫发现了关于电路网络的定律，从而确定了电工学。1864 年英国物理学家麦克斯韦提出了电磁波理论。1878 年贝尔成立电话公司，制造电话机。1888 年德国物理学家赫兹通过实验获得了电磁波，证实了麦克斯韦提出的电磁波理论。1895 年意大利和俄国分别进行了通信实验，从而为无线电技术的发展开辟了道路。1883 年爱迪生发现了热电效应，发明了电灯。1904 年弗莱明发明了电子二极管。1907 年美国的福雷斯特，在二极管的阳极和阴极之间又加了一个叫栅极的电极，发明了电子三极管。1948 年贝尔实验室发明了晶体管。1958 年生产出集成电路，到现在已经是超大规模集成电路，集成电路线宽是 45nm，2016 年后即将实现 22nm。电的应用现在遍及各个方面，并在蓬勃发展着，但对电的认识还在不断深化，现在人们又在寻找比电子电荷更小的分数电荷，为电的发展历史谱写新的篇章。

电是一种自然现象，是一种能量。十九世纪末期，由于电机工程学的进步，把电带进了工业、走入了家庭。在这个电气研发创新的黄金时代，日新月异、连绵不断的快速发展，给工业生产和社会进步带来难以形容、无法想象的巨大变化。作为能源的一种供给方式，电能所具有的多重优点，意味着电的用途的开发几乎是无可限量的。例如，大众绿色公共交通、动车高铁、航空航天、制冷取暖、发光照明、通信网络、计算技术、智慧家庭等，都必须以电为主要能源。人类跨入二十一世纪，现代工业社会的骨干仍旧依赖着电能源。在可以预见的未来，电想必会成为绿色科技的主角之一。电的发现和应用极大地节省了人类的体力劳动和脑力劳动，使人类理想的力量插上了腾飞的翅膀，使人类的信息触角得到了无限的延伸。电对人类生活的影响有两方面：能量的获取、转化和传输的途径，电子信息技术发展的基础。随着我国电力事业的飞速发展，电能在工业、农业、国防、航空航天、交通运输、城乡家庭、智能家居等各个领域都得到了日益广泛的应用。

电工是电能生产、传输、变换、分配和控制最重要的工种，电工肩负着繁重的工作压力，同时电工安全生产和电力安全技术更是一切生产和生活的重要保障！因此，各行各业急需大批基础理论知识扎实、实际操作技能熟练的电工。为了满足大量农民工、在职转岗职工和城镇待业人员等有志之士从事电气技术工作的需求，我们组织了一批长期工作在电力生产一线，具有丰富电工实践经验的技术专家和高级技工学校、技师学院的高级教师、高级技师，根据《国家职业标准》和《职业技能鉴定规范》编写了《电工实用技术手册》，旨在帮助广大电工提高操作技能和实际工作的应变能力。

《电工实用技术手册》是《机电工人实用技术手册》系列中的一本，全书共 10 章，主要内容包括：电工基础知识及基本计算，介绍常用物理量及电工数学知识、电工学基本计算、电工常用文字符号及图形符号等；常用电工工具及测量仪表，介绍各种电工工具、电工安全用具、电工测量量具和测量仪器仪表的操作使用及注意事项；常用电工材料，介绍常用导电材料、电工绝缘材料、电工磁性材料和电工新材料的特性及应用；低压电器及选用，介绍各种电工常用开关、接触器、熔断器和继电器的选择和使用；电工基本操作，介绍电工测量操作、导线连接与绝缘恢复、室内外电气线路的敷设；变压器及其检修，介绍变压器的结构特点、变压器的干燥处理、变压器的合理使用、故障检测与维修知识；电动机，介绍电动机的分类，交流电动机、直流电动机的选择及应用，电动机的运行、维护和保养；输配电设备及运行维护，介绍输、配电线路的安装，变、配电设备的安全运行与维护；常用机床电气控制与保护，介绍交流、直流电动机的控制与保护，晶闸管控制电路，常用机床电气控制实例；电气安全知识等。全书既注重基础理论介绍，又注重电工操作技能，特别强调安全生产和电工安全技术的重要意义。

本书以图表为主要载体，介绍电工大量计算基础知识，测量仪器仪表使用方法和操作实例，电工常用材料的选用，低压电器、电动机、变压器的选用，输配电常识，常用机床电气的控制与保护等，形式不拘一格，内容浅显易懂，不过于追求系统和理论的深度，以实用和够用为原则，既便于工人参考，又可供下岗、求职工人进行转岗、上岗再就业培训用，也可供农民工作为技能培训教材补充资料使用。本手册还可供电工、维修电工技术人员和生产一线的中高级工人、技师使用，也可供相关职业院校机电专业师生参考。

本书由邱言龙、王国庆、董武主编，何炬副主编，参加编写的还有李清玉、王仕宏、陈自力，由李文菱、王兵、邱学军审稿，李文菱任主审，全书由邱言龙统稿。

由于编者水平有限，加之时间仓促，收集资料方面的局限，所列电工工艺、电子技术各项参数和数据毕竟有限，加上知识更新不及时等，新标准层出不穷，挂一漏十，不足和错误之处在所难免，恳请广大读者批评指正，以利提高。欢迎读者通过 E-mail：qiuxm6769@sina.com 与作者联系。

编　者

2019 年 2 月

目 录

第 1 章

电工基础知识及基本计算

第1节 常用物理量及电工数学知识

一、角度与弧度换算表（见表 1-1）

表 1-1　　　　　　　　　角度与弧度换算表

AB弧长$l=r×$弧度数
或$l=0.017453r\alpha$（弧度）
$=0.008727D\alpha$（弧度）

角度	弧　　度	角度	弧　　度	角度	弧　　度
$1''$	0.000 005	$6'$	0.001 745	$20°$	0.349 066
2	0.000 010	7	0.002 036	30	0.523 599
3	0.000 015	8	0.002 327	40	0.698 132
4	0.000 019	9	0.002 618	50	0.872 665
5	0.000 024	10	0.002 909	60	1.047 198
6	0.000 029	20	0.005 818	70	1.221 730
7	0.000 034	30	0.008 727	80	1.396 263
8	0.000 039	40	0.011 636	90	1.570 796
9	0.000 044	50	0.014 544	100	1.745 329
10	0.000 048	$1°$	0.017 453	120	2.094 395
20	0.000 097	2	0.034 907	150	2.617 994
30	0.000 145	3	0.052 360	180	3.141 593
40	0.000 194	4	0.069 813	200	3.490 659
50	0.000 242	5	0.087 266	250	4.363 323
$1'$	0.000 291	6	0.104 720	270	4.712 389
2	0.000 582	7	0.122173	300	5.235 988
3	0.000 873	8	0.139 626	360	6.283 185
4	0.001 164	9	0.157 080	1rad(弧度)$=57°17'44.8''$	
5	0.001 454	10	0.174 533		

二、常用三角函数计算

1. 30°、45°、60°的三角函数值（见表1-2）

表 1-2　　　　　30°、45°、60°的三角函数值

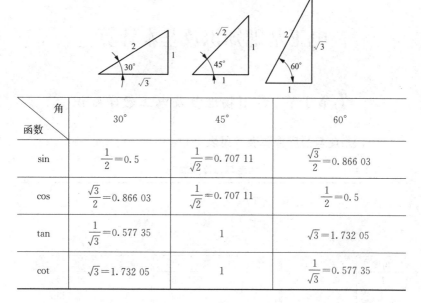

角 函数	30°	45°	60°
sin	$\dfrac{1}{2}=0.5$	$\dfrac{1}{\sqrt{2}}=0.707\,11$	$\dfrac{\sqrt{3}}{2}=0.866\,03$
cos	$\dfrac{\sqrt{3}}{2}=0.866\,03$	$\dfrac{1}{\sqrt{2}}=0.707\,11$	$\dfrac{1}{2}=0.5$
tan	$\dfrac{1}{\sqrt{3}}=0.577\,35$	1	$\sqrt{3}=1.732\,05$
cot	$\sqrt{3}=1.732\,05$	1	$\dfrac{1}{\sqrt{3}}=0.577\,35$

2. 常用三角函数计算公式（见表1-3）

表 1-3　　　　　　常用三角函数计算公式

名称	图　形	计　算　公　式
直 角 三 角 形		$\alpha=$ 的正弦 $\sin\alpha=\dfrac{a}{c}$ α 的余弦 $\cos\alpha=\dfrac{b}{c}$ α 的正切 $\tan\alpha=\dfrac{a}{b}$ α 的余切 $\cot\alpha=\dfrac{b}{a}$ α 的正割 $\sec\alpha=\dfrac{c}{b}$ α 的余割 $\cos\alpha=\dfrac{c}{a}$

续表

名称	图　形	计　算　公　式
直角三角形		$\alpha+\beta=90°$　$c^2=a^2+b^2$ 或 $c=\sqrt{a^2+b^2}$；$a=\sqrt{c^2-b^2}$ $b=\sqrt{c^2-a^2}$ 余角函数 $\sin(90°-\alpha)=\cos\alpha$ 　　　　　$\cos(90°-\alpha)=\sin\alpha$ 　　　　　$\tan(90°-\alpha)=\cos\alpha$ 　　　　　$\cot(90°-\alpha)=\tan\alpha$ 反三角函数 当 $x=\sin\alpha$ 反函数为 $\alpha=\arcsin x$ 　$x=\cos\alpha$ 反函数为 $\alpha=\arccos x$ 　$x=\tan\alpha$ 反函数为 $\alpha=\arctan x$ 　$x=\cot\alpha$ 反函数为 $\alpha=\text{arccot}\,x$
锐角三角形		正弦定理 $\dfrac{a}{\sin A}=\dfrac{b}{\sin B}=\dfrac{c}{\sin C}$ 余弦定理 $a^2=b^2+c^2-2bc\cos A$ 即 $\cos A=\dfrac{b^2+c^2-a^2}{2bc}$ $b^2=a^2+c^2-2ac\cos B$
钝角三角形		即 $\cos B=\dfrac{a^2+c^2-b^2}{2ac}$ $c^2=a^2+b^2-2ab\cos C$ 即 $\cos C=\dfrac{a^2+b^2-c^2}{2ab}$

三、国际单位制 (SI)

1. 国际单位制基本单位（见表 1-4）

表 1-4　　　　　　　　**国际单位制基本单位**

量的名称	单位名称	单位符号
时间	秒	s
电流	安〔培〕	A
热力学温度	开〔尔文〕	K
物质的量	摩〔尔〕	mol
发光强度	坎〔德拉〕	cd

注　"单位名称"栏中含方括号内文字为全称，去掉方括号内的文字为其简称。

2. 国际单位制的辅助单位（见表 1-5）

表 1-5　　　　　　　　　国际单位制的辅助单位

量的名称	单位名称	单位符号
平面角	弧度	rad
立体角	球面度	sr

3. 国际单位制中具有专门名称的导出单位（见表 1-6）

表 1-6　　　　　国际单位制中具有专门名称的导出单位

量的名称	单位名称	单位符号	其他表示示例
频率	赫［兹］	Hz	s^{-1}
力	牛［顿］	N	$kg \cdot m/s^2$
压力，压强，应力	帕［斯卡］	Pa	N/m^2
能［量］，功，热量	焦［耳］	J	$N \cdot m$
功率，辐［射能］通量	瓦［特］	W	J/s
电荷［量］	库［仑］	C	$s \cdot A$
电位，电压，电动势	伏［特］	V	W/A
（电热）电容	法［拉］	F	C/V
电阻	欧［姆］	Ω	V/A
电导	西［门子］	S	A/V，Ω^{-1}
磁通［量］	韦［伯］	Wb	$V \cdot s$
磁通［量］密度，磁感应强度	特［斯拉］	T	Wb/m^2
电感	亨［利］	H	Wb/A
摄氏温度	摄氏度	℃	
光通量	流［明］	lm	$cd \cdot sr$
［光］照度	勒［克斯］	lx	lm/m^2
［放射性］活度	贝可［勒尔］	Bq	s^{-1}
吸收剂量	戈［瑞］	Gy	J/kg
剂量当量	希［沃特］	Sv	J/kg

4. 国家选定的非国际单位制单位（见表 1-7）

表 1-7　　　　　　　国家选定的非国际单位制单位

量的名称	单位名称	单位符号	与 SI 单位的关系
时间	分	min	1min＝60s
	［小］时	h	1h＝60min＝3600s
	日（天）	d	1d＝24h＝86 400s

续表

量的名称	单位名称	单位符号	与 SI 单位的关系
平面角	［角］秒	″	$1'' = (\pi/648\,000)\,rad$ （π 为圆周率）
	［角］分	′	$1' = 60'' = (\pi/10\,800)\,rad$
	度	°	$1° = 60' = (\pi/180)\,rad$
旋转速度	转每分	r/min	$1r/min = (1/60)s^{-1}$
长度	海里	n mile	$1n\ mile = 1852m$ （只用于航程）
速度	节	kn	$1kn = 1n\ mile/h$ $= (1852/3600)m/s$ （只用于航行）
质量	吨 原子质量单位	t u	$1t = 10^3\,kg$ $1u \approx 1.660\,565\,5 \times 10^{-27}\,kg$
体积	升	L，（l）	$1L = 1dm^3 = 10^{-3}\,m^3$
能	电子伏	eV	$1eV \approx 1.602\,189\,2 \times 10^{-19}\,J$
级差	分贝	dB	
线密度	特［克斯］	tex	$1tex = 1g/km$
面积	公顷	hm^2	$1hm^2 = 10^4\,m^2$

5. 国际单位制 SI 词头（见表 1-8）

表 1-8　　　　　　　　　　国际单位制 SI 词头

因数	词头名称	符号	因数	词头名称	符号
10^{24}	尧［它］	Y	10^{-1}	分	d
10^{21}	泽［它］	Z	10^{-2}	厘	c
10^{18}	艾［可萨］	E	10^{-3}	毫	m
10^{15}	拍［它］	P	10^{-6}	微	μ
10^{12}	太［拉］	T	10^{-9}	纳［诺］	n
10^9	吉［咖］	G	10^{-12}	皮［可］	p
10^6	兆	M	10^{-15}	飞［母托］	f
10^3	千	k	10^{-18}	阿［托］	a
10^2	百	h	10^{-21}	仄［普托］	z
10^1	十	da	10^{-24}	幺［科托］	y

四、常用法定计量单位与非法定计量单位的换算（见表 1-9）

表 1-9　　　常用法定计量单位与非法定计量单位的换算

物理量名称	物理量符号	法定计量单位		非法定计量单位		单位换算
		单位名称	单位符号	单位名称	单位符号	
长度	l, L	米	m	费密		1 费密 $=1$fm$=10^{-15}$ m
				埃	Å	1Å$=0.1$nm$=10^{-10}$ m
				英尺	ft	1ft$=0.304\ 8$m
				英寸	in	1in$=0.025\ 4$m
				密耳	mil	1mil$=25.4\times10^{-6}$ m
面积	A (S)	平方米	m^2	平方英尺	ft^2	1ft$^2=0.092\ 903\ 0$m^2
				平方英寸	in^2	1in$^2=6.451\ 6\times10^{-4}$ m^2
体积容积	V	立方米 升	m^2 L, (1)	立方英尺	ft^3	1ft$^3=0.028\ 316\ 8$m^3
				立方英寸	in^3	1in$^3=1.638\ 71\times10^{-5}$m^3
				英加仑	UKgal	1UKgal$=4.546\ 09$dm^3
				美加仑	USgal	1USgal$=3.785\ 41$dm^3
质量	m	千克（公斤） 吨 原子质量单位	kg t u	磅	lb	1lb$=0.453\ 592\ 37$kg
				英担	cwb	1cwb$=50.802\ 3$kg
				英吨	ton	1ton$=1\ 016.05$kg
				短吨	sb ton	1sh ton$=907.185$kg
				盎司	oz	1oz$=28.349\ 5$g
				格令	gr，gn	1gr$=0.064\ 798\ 91$g
				夸特	qr，qtr	1qr$=12.700\ 6$kg
				米制克拉		1 米制克拉 $=2\times10^{-4}$kg
热力学温度摄氏温度	T t	开〔尔文〕 摄氏度	K ℃			表示温度差和温度间隔时 1℃$=$1K
						表示温度的数值时，摄氏温度值（℃） $\dfrac{t}{℃}=\dfrac{T}{K}-273.15$
				华氏度	°F	表示温度差和温度间隔时 $1°F=°R=\dfrac{5}{9}$K
				兰氏度	°R	表示温度数值时 $\dfrac{T}{K}=\dfrac{5}{9}\left(\dfrac{\theta}{F}+459.67\right)$ $\dfrac{t}{℃}=\dfrac{5}{9}\left(\dfrac{\theta}{F}-32\right)$

续表

物理量名称	物理量符号	法定计量单位		非法定计量单位		单位换算
		单位名称	单位符号	单位名称	单位符号	
转速	n	转每分	r/min	转每秒	rpm	1rpm=1r/min
力	F	牛〔顿〕	N	达因	dyn	$1dyn=10^{-5}N$
				千克力	kgf	$1kgf=9.806\,65N$
				磅力	lbf	$1lbf=4.448\,22N$
				吨力	tf	$1tf=9.806\,55×10^3N$
压力，压强	p	帕〔斯卡〕	Pa	巴	bar	$1bar=10^5Pa$
正应力	σ			千克力每平方厘米	kgf/cm²	$1kgf/cm^2=0.098\,066\,5MPa$
切应力	τ			毫米水柱	mmH₂O	$1mmH_2O=9.806\,65Pa$
				毫米汞柱	mmHg	1mmHg=133.322Pa
				托	Torr	1Torr=133.322Pa
				工程大气压	at	1at=98\,066.5Pa
						=98.066\,5kPa
				标准大气压	atm	1atm=101\,325Pa
						=101.325kPa
				磅力每平方英尺	1bf/ft²	$1lbf/ft^2=47.8803Pa$
				磅力每平方英寸	1bf/in²	$11bf/in^2=6894.76Pa$
						=6.894\,76kPa
能〔量〕	E	焦〔耳〕	J	尔格	erg	$1erg=10^{-7}J$
功	W	电子伏	eV			1kW·h=3.6MJ
热量	Q			千克力米	kgf·m	1kgf·m=9.806\,65J
				英马力〔小〕时	hp·h	1hp·h=2.684\,52MJ
				卡	cal	1cal=4.186\,8J
				热化学卡	cal_th	$1cal_{th}=4.184\,0J$
				马力〔小〕时		1马力小时=2.647\,79MJ
				电工马力〔小〕时		1电工马力小时=2.685\,60MJ
				英热单位	Btu	1Btu=1055.06J=1.055\,06kJ

7

物理量名称	物理量符号	法定计量单位		非法定计量单位		单位换算
		单位名称	单位符号	单位名称	单位符号	
功率	P	瓦〔特〕	W	千克力米每秒	kgf·m/s	1kgf·m/s＝9.806 65W
				马力（米制马力）	德 PS (法 ch,CV)	1PS＝735.499W
				英马力	hp	1hp＝745.700W
				电工马力		1 电工马力＝746W
				卡每秒	cal/s	1cal/s＝4.186 8W
				千卡每〔小〕时	kcal/h	1kcal/h＝1.163W
				热化学卡每秒	cal_{th}/s	$1cal_{th}/s＝4.184W$
				伏安	V·A	1VA＝1W
				乏	var	1var＝1W
				英热单位每〔小〕时	Btu/h	1Btu/h＝0.293 071W
电导	G	西〔门子〕	S	欧姆	Ω	1Ω＝1S
磁通〔量〕	Φ	韦〔伯〕	Wb	麦克斯韦	Mx	$1Mx＝10^{-8}Wb$
磁通〔量〕密度，磁感应强度	B	特〔斯拉〕	T	高斯	Gs，G	$1Gs＝10^{-4}T$
〔光〕照度	E	勒〔克斯〕	lx	英尺烛光	$1m/ft^2$	$1lm/ft^2＝10.76lx$
速度	v $u,v,$ w c	米每秒 千米每小时 米每分	m/s km/h m/min	英尺每秒 英里每小时	ft/s mile/h	1ft/s＝0.304 8m/s 1mile/h＝0.447 04m/s 1km/h＝0.277 778m/s 1m/min＝0.016 666 7m/s

物理量名称	物理量符号	法定计量单位		非法定计量单位		单位换算
		单位名称	单位符号	单位名称	单位符号	
加速度	a	米每二次方秒	m/s^2	标准重力加速度	gn	$1gn=9.806\ 65m/s^2$
				英尺每二次方秒	ft/s^2	$1ft/s^2=0.304\ 8m/s^2$
				伽	Gal	$1Gal=10^{-2}m/s^2$
线密度，线质量	ρ_1	千克每米	kg/m	旦〔尼尔〕	den	$1den=0.111\ 112\times10^{-6}kg/m$
				磅每英尺	lb/ft	$1lb/t=1.488\ 16kg/m$
				磅每英寸	lb/in	$1lb/in=17.858\ 0kg/m$
密度	ρ	千克每立方米	kg/m^3	磅每立方英尺	lb/ft^3	$1lb/ft^3=16.018\ 5kg/m^3$
				磅每方米英寸	lb/in^3	$1lb/in^3=276.799kg/m^3$
质量体积，比体积	v	立方米每千克	m^3/kg	立方英尺每磅	ft^3/lb	$1ft^3/lb=0.062\ 428\ 0m^3/kg$
				立方英寸每磅	in^3/lb	$1in^3/lb=3.612\ 73\times10^{-5}m^3/kg$
质量流量	q_m	千克每秒	kg/s	磅每秒	lb/s	$1lb/s=0.453\ 592kg/s$
				磅每小时	lb/h	$1lb/h=1.259\ 98\times10^{-4}kg/s$
体积流量	q_v	立方米每秒	m^3/s	立方英尺每秒	ft^3/s	$1ft^3/s=0.028\ 316\ 8m^3/s$
		升每秒	L/s	立方英寸每小时	in^3/h	$1in^3/h=4.551\ 96\times10^{-6}L/s$
转动惯量（惯性矩）	J（I）	千克二次方米	$kg\cdot m^2$	磅二次方英尺	$lb\cdot ft^2$	$1lb\cdot ft^2=0.042\ 140\ 1kg\cdot m^2$
				磅二次方英寸	$lb\cdot in^2$	$1lb\cdot in^2=2.926\ 40\times10^{-4}kg\cdot m^2$
动量	p	千克米每秒	$kg\cdot m/s$	磅英尺每秒	$lb\cdot ft/s$	$1lb\cdot ft/s=0.138\ 255kg\cdot m/s$
动量矩，角动量	L	千克二次方米每秒	$kg\cdot m^2/s$	磅二次方英尺每秒	$lb\cdot ft^2/s$	$1lb\cdot ft^2/s=0.042\ 140\ 1kg\cdot m^2/s$

续表

物理量名称	物理量符号	法定计量单位		非法定计量单位		单位换算
		单位名称	单位符号	单位名称	单位符号	
力矩	M	牛顿米	N·m	千克力米	kgf·m	1kgf·m＝9.806 65N·m
				磅力英尺	lbf·ft	1lbf·ft＝1.355 82N·m
				磅力英寸	lbf·in	1lbf·in＝0.112 985N·m
〔动力〕黏度	η (μ)	帕斯卡秒	Pa·s	泊	P	1P＝10^{-1}Pa·s
				厘泊	cP	1cP＝10^{-3}Pa·s
				千克力秒每平方米	kgf·s/m²	1kgf·s/m²＝9.806 65Pa·s
				磅力秒每平方英尺	lbf·s/ft²	1lbf·s/ft²＝47.880 3Pa·s
				磅力秒每平方英寸	lbf·s/in²	1lbf·s/in²＝6894.76Pa·s
运动黏度	ν	二次方米每秒	m²/s	斯〔托克斯〕	St	1St＝10^{-4}m²/s
				厘斯〔托克斯〕	cSt	1cSt＝10^{-6}m²/s＝1mm²/s
				二次方英尺每秒	ft²/s	1ft²/s＝9.290 30×10^{-2}m²/s
				二次方英寸每秒	in²/s	1in²/s＝6.451 6×10^{-4}m²/s
热扩散率	a	平方米每秒	m²/s	二次方英尺每秒	ft²/s	1ft²/s＝9.290 30×10^{-2}m²/s
				二次方英寸每秒	in²/s	1in²/s＝6.451 6×10^{-4}m²/s
质量能比能	e	焦耳每千克	J/kg	千卡每千克	kcal/kg	1kcal/kg＝4186.8J/kg
				热化学千卡每千克	kcal_th/kg	1kcal_th/kg＝4184J/kg
				英热单位每磅	Btu/lb	1Btu/lb＝2326J/kg

物理量名称	物理量符号	法定计量单位		非法定计量单位		单位换算
		单位名称	单位符号	单位名称	单位符号	
质量热容比热容比熵（质量熵）	c s	焦耳每千克开尔文	$J/$ $(kg \cdot K)$	千卡每千克开尔文	$kcal/$ $(kg \cdot K)$	$1kcal/(kg \cdot K) = 4186.8J/$ $(kg \cdot K)$
				热化学千卡每千克开尔文	$kcal_{th}/$ $(kg \cdot K)$	$1kcal_{th}/(kg \cdot K) = 4184J/$ $(kg \cdot K)$
				英热单位每磅华氏度	$Btu/$ $(lb \cdot °F)$	$1Btu/(lb \cdot °F) = 4186.8J/$ $(kg \cdot K)$
传热系数	K	瓦特每平方米开尔文	$W/$ $(m^2 \cdot K)$	卡每平方厘米秒开尔文	$cal/$ $(cm^2 \cdot s \cdot K)$	$1cal/(cm^2 \cdot s \cdot K) = $ $41\,868W/(m^2 \cdot K)$
				千卡每平方米小时开尔文	$kcal/$ $(m^2 \cdot h \cdot K)$	$1kcal/(m^2 \cdot h \cdot K) = $ $1.163W/(m^2 \cdot K)$
				英热单位每平方英尺小时华氏度	$Btu/$ $(ft^2 \cdot h \cdot °F)$	$1Btu/(ft^2 \cdot h \cdot °F) = $ $5.678\,62W/(m^2 \cdot K)$
热导率	λ , k	瓦〔特〕每米开〔尔文〕	$W/$ $(m \cdot K)$	卡每厘米秒开尔文	$cal/$ $(cm \cdot s \cdot K)$	$1cal/(cm \cdot s \cdot K) = $ $418.68W/(m \cdot K)$
				千卡每米小时开尔文	$kcal/$ $(m \cdot h \cdot K)$	$1kcal/(m \cdot h \cdot K) = $ $1.163W/(m \cdot K)$
				英热单位每英尺小时华氏度	$Btu/$ $(ft \cdot h \cdot °F)$	$1Btu/(ft \cdot h \cdot °F) = $ $1.730\,73W/(m \cdot K)$

第2节　电工学基本计算

一、电工常用名词

（1）导体。具有良好的导电能力的物体称为导体。如金属银、铜、铝等。

（2）绝缘体。不能导电或者导电能力非常微弱的物体称为绝缘体。如木材、橡胶、塑料、陶瓷、玻璃等。

（3）半导体。导电能力介于导体和绝缘体之间的物体。如硅、锗、硒等。

（4）电流。电荷有规则的定向运动叫做电流。规定以正电荷的移动方向为电流的方向。电流是一种客观存在的物理现象。

（5）电流强度。单位时间内通过导体横截面积的电量，叫做电流强度。

（6）电路。电流通过的路径叫做电路。电路主要由电源、负载和连接导线等组成。

（7）电位。单位正电荷在电场中某点所具有的电位能称为该点的电位。

（8）电压。电场力把单位正电荷从电场中的一点移动到另一点所做的功，叫做这两点间的电压。在数值上也等于两点间的电位之差，所以电压也叫电位差。

（9）电动势。电源力将单位正电荷从电源负极经电源内部移动到正极所做的功，叫做电源电动势。电动势是衡量电源将非电能转换成电能本领的物理量。

（10）感应电动势。感应电动势分为动生电动势和感生电动势。动生电动势是指组成回路的导体（整体或局部）在恒定磁场中运动时使回路中的磁通量发生变化而产生的电动势；感生电动势是指固定回路中磁场发生变化使回路磁通量改变而产生的电动势。

（11）电阻。物质阻碍电流能力的大小叫电阻。当导体两端的电压为 1V，导体内通过的电流为 1A 时，这段导体的电阻就是 1Ω。

（12）电导。衡量导体导电能力的大小叫电导。

（13）电容器。储存电荷的容器，简称电容。

（14）电容量。指电容器在一定电压作用下储存电荷能力的大小，也简称电容。

（15）电感。电感是自感与互感的统称。自感是指线圈自身电流变化而产生感应电动势的现象；互感是指一个线圈中电流发生变化，而使邻近的另一个线圈中产生感应电动势的现象。

（16）直流电。方向不随时间改变的电流叫直流电。

（17）交流电。大小和方向随时间作周期性变化且在一个周期内平均值为零的电流叫交流电。

（18）频率。交流电每秒钟内完成周期性变化的次数叫做频率。

（19）瞬时值。交流电在任一时刻的量值称为瞬时值。

（20）有效值。将交流电通过一个电阻在一个周期内消耗的能量，若与一直流电通过同一电阻在相同时间内消耗的能量相等，则此直流电的量值称为该交流电的有效值。

（21）感抗。交流电通过具有电感的电路时，电感阻碍电流流过的能力。

（22）容抗。交流电通过具有电容的电路时，电容阻碍电流流过的能力。

（23）电抗。感抗和容抗的差值叫电抗。

（24）阻抗。交流电通过具有电感、电容和电阻的电路时，电感、电容和电阻共同阻碍电流流过的能力。

（25）相位。交流电是随时间按正弦规律变动的物理量，用公式可表示为

$$i = I_m \sin(\omega t + \varphi)$$

式中 $\omega t + \varphi$ 称为交流电在某一瞬时 t 的相位，而 $\varphi(t = 0)$ 称为初相位。因相位常以角度表示，固又可称为相角。ω 称为角频率。

（26）相位差。两个频率相同的正弦交流电的初相位之差称为相位差。

（27）瞬时功率。瞬时功率指交流电在某一瞬间的功率。即电压瞬时值与电流瞬时值的乘积。

（28）视在功率。在具有电阻和电抗的电路中，总电压与总电流有效值的乘积称为视在功率。

（29）有功功率。交流电路功率在一个周期内的平均值称为平均功率，也称为有功功率。它实质上反映了电路从电源取得的净

功率。

（30）无功功率。在具有电感或电容的电路中，反映电路与外电源之间能量反复交换规模的大小称为无功功率。它实质上是指只与电源交换而不消耗的那部分能量。

（31）功率因数。指有功功率与视在功率的比值。

（32）相电压。在三相交流电中，任意一根相线与中性线之间的电压叫做相电压。

（33）线电压。在三相交流电中，任意两根相线之间的电压叫做线电压。

（34）相电流。在三相负载中，每相负载中流过的电流叫做相电流。

（35）线电流。三相电源线各线中流过的电流叫做线电流。

（36）磁感应强度。衡量磁场中某一点磁性强弱的物理量。当载流直导体与磁场的方向垂直时，磁场对载流导体的作用力与导体中的电流强度及导体有效长度的乘积成正比，磁场中某点的这个比值叫该点的磁感应强度，也叫磁通密度。

（37）磁通量。衡量磁场中某一截面磁性强弱的物理量。磁场中某点的磁感应强度和垂直于磁感应强度方向的面积的乘积，叫做通过这一面积的磁通量，简称磁通。

（38）磁路。磁通经过的路径叫磁路。

（39）磁阻。磁路对磁通所起的阻碍作用叫磁阻。

（40）剩磁。铁磁物质在外磁场中被磁化，当外磁场消失后，铁磁物质仍保留一定的磁性，称为剩磁。

二、电工常用测量单位的符号

电工常用测量单位的符号见表 1-10。

表 1-10　　　　　　　　电工常用测量单位的符号

名　称	符　号	名　称	符　号
千安	kA	兆欧	MΩ
安培	A	千欧	kΩ
毫安	mA	欧姆	Ω

名　称	符　号	名　称	符　号
微安	μA	毫欧	mΩ
千伏	kV	微欧	μΩ
伏特	V	相位角	φ
毫伏	mV	功率因数	$\cos\varphi$
微伏	μV	无功功率因数	$\sin\varphi$
兆瓦	MW	库伦	C
千瓦	kW	毫韦伯	mWb
瓦特	W	毫韦伯/米^2	mT
兆乏	Mvar	微法	μF
千乏	kvar	皮法	pF
乏	var	亨	H
兆赫	MHz	毫亨	mH
千赫	kHz	微亨	μH
赫兹	Hz	摄氏温度	℃
太欧	TΩ		

三、常用电工基本计算公式（见表 1-11）

表 1-11　　　　　常用电工基本计算公式

名　称		公　式	符号说明
直流电路计算公式	电阻	$R = \rho \dfrac{l}{S}$	l——导体的长度，m； S——导体的截面积，m^2； ρ——导体的电阻率，$\Omega\cdot m$； R——导体的电阻
		$r_2 = r_1[1 + \alpha_1(t_2 - t_1)]$	r_2——t_2 温度时导体的电阻，Ω； r_1——t_1 温度时导体的电阻，Ω； t_1、t_2——导体的温度，℃； α_1——t_1 温度时导体的温度，系数
		$R = \dfrac{U}{I}$	U——导体两端的电压，V； I——通过导体的电流，A； R——导体的电阻，Ω

名 称		公 式	符号说明
直流电路计算公式	电导	$G = \dfrac{1}{R}$	G——电导，s
	电流	$I = \dfrac{Q}{t}$	Q——电量，C；
		$I = \dfrac{U}{R}$	t——时间，s； I——电流，A
直流电路计算公式	电压	$U = \dfrac{W}{Q}$	W——电功，J；
		$U = IR$	U_{ab}——a、b两点之间的电压，V； φ_a——a 点的电位，V；
		$U_{ab} = \varphi_a - \varphi_b$	φ_b——b 点的电位，V
	全电路欧姆定律	$I = \dfrac{E}{R+r}$	E——电动势，V； R——负载电阻，Ω； r——电源内阻，Ω
	焦耳定律	$Q = I^2Rt$	Q——电流的热效应，J
	电功	$A = Pt = IUt = I^2Rt = \dfrac{U^2}{R}t$	A——电功，J 或 kW·h， 1kW·h=3.6×10⁶J；
	电功率	$P = \dfrac{A}{t} = IU = I^2R = \dfrac{U^2}{R}$	P——电功率，W； t——时间，s
	电阻串联	$R = R_1 + R_2 + R_3 + \cdots + R_n$	R——总电阻，Ω；
	电阻并联	$\dfrac{1}{R} = \dfrac{1}{R_1} + \dfrac{1}{R_2} + \dfrac{1}{R_3} + \cdots + \dfrac{1}{R_n}$	R_1、R_2、R_3、$\cdots$、R_n——分电阻
	两个并联电阻	$R = \dfrac{R_1R_2}{R_1+R_2}$	
		当 $R_1 = R_2$ 时 $R = \dfrac{R_1}{2}$	R_1 和 R_2 并联
		当 $R_1 = nR_2$ 时 $R = \dfrac{R_1}{n+1}$	
	两个以上并联电阻	当 $R_1 = R_2 = R_3 = \cdots = R_n$ 时 $R = \dfrac{R_1}{n}$	
	电阻混联	$R = (R_1 // R_2) + R_3 = \dfrac{R_1R_2}{R_1+R_2} + R_3$	R_1 和 R_2 并联后与 R_3 串联

名　称		公　式	符号说明
电源电路	电源串联	$E = E_1 + E_2 + E_3 + L + E_n$ $I = \dfrac{nE}{R + nr}$ 当 $R \gg r$ 时，$I \approx nE/R$ 当 $R \ll r$ 时，$I \approx E/r$	E——电源电压，V； I——电路中的电流，A； r——电源的内阻，Ω； R——外阻，Ω； n——每串电池数； m——电源串数
	电源并联	$E = E_1 = E_2 = E_3 = L = E_n$ $I = \dfrac{E}{R + \dfrac{r}{n}}$ 当 $R \gg r$ 时，$I \approx E/R$ 当 $R \ll r$ 时，$I \approx nE/r$	
	电源混联	$I = \dfrac{nE}{R + \dfrac{nr}{m}}$ n 个电池串联后又与 m 个电池并联	
电容	电容值	$C = \dfrac{Q}{U}$	Q——电容器所带电量，C； U——电容器两端电压，V； C——电容器的电容量，F
	电容串联	$\dfrac{1}{C} = \dfrac{1}{C_1} + \dfrac{1}{C_2} + \dfrac{1}{C_3} + L + \dfrac{1}{C_n}$	
	电容并联	$C = C_1 + C_2 + C_3 + \cdots + C_n$	
	容抗的计算	$X_C = \dfrac{3185}{C}$	C——电容，μF； X_C——容抗，Ω
	电容器容量的计算	$Q_C = 0.314CU^2$	Q_C——电容器容量，$kV \cdot A$； C——电容，μF； U——电压，kV
	电容器额定电流的计算	$I_N = 0.314CU_N$	I_N——额定电流，A； C——电容，μF； U_N——额定电压，kV
	根据电流计算电容器的电容	$C = 14.5I$	电容器上所加电压为220V； C——电容，μF； I——流经电容器的电流，A
电工测量	电测仪表倍率的计算	总倍率＝电压比×电流比×仪表倍率	
	直流电流表分流电阻的计算	$R = \dfrac{R_a}{P - 1}$	R——分流电阻，Ω； R_a——表头内阻，Ω； P——扩大量程的倍数
	直流电压表附加电阻的计算	$R = R_a(P - 1)$	R——分流电阻，Ω； R_a——表头内阻，Ω； P——扩大量程的倍数

续表

名　称	公　式	符号说明
基尔霍夫第一定律：流入任一节点电流的代数和等于零	$$\sum I_{in} = \sum_{out} 或 \sum I = 0$$ $$I_1 + I_3 + I_4 + I_5 = I_2 \text{ 或}$$ $$I_1 - I_2 + I_3 + I_4 + I_5 = 0$$	$\sum I_{in}$——流入节点电流之和；$\sum_{out}$——流出节点电流之和；$\sum I$——电流代数和
基尔霍夫第二定律：任一回路中，电阻电压降的代数和等于电动势代数和	$$\sum I R = \sum E$$ $$I_1 R_1 + I_2 R_2 - I_3 R_3 = E_1 + E_2 - E_3$$	$\sum I R$——电阻压降代数和；$\sum E$——电动势代数和
戴维南定律：任何一个有源二端网络都可用一个具有恒定电动势(U_0)和内阻(r_0)的等效电源来代替	$$I_3 = \frac{U_0}{r_0 + R_3}$$	U_0——将待求支路断开的有源二端网络的开路电阻；i_0——电路中所有电动势短路时的无源二端网络间的等效电阻；I_0——待求支路的电流
叠加定理：电路中任一支路的电流是每一个电源单独作用时，在该支路中电流的代数和	$$I_1 = I_1' - I_1''$$ $$I_2 = -I_2' - I_2''$$ $$I_3 = I_3' + I_3''$$	I_1、I_2、I_3——待求支路的电流；I_1'、I_2'、I_3'——设$E_2 = 0$时，E_1单独作用在各支路的电流；I_1''、I_2''、I_3''——设$E_1 = 0$时，E_2单独作用在各支路的电流

续表

名　称	公　式	符号说明
电流源与电压源的等效变换：串联内阻的电压源与并联内阻的电压源可相互等效变换	$$E = I_s r_0 \quad I_s = \frac{E}{r_0}$$ $$I_{fz} = \frac{E}{r_0 + R_{fz}} \quad I_{fz} = \frac{r_0}{r_0 + R_{fz}} \times I_s$$	E——电压源； r_0——内阻； I_s——电流源； R_{fz}——负载电阻
电阻星形联结等效变换为三角形联结	$$R_{12} = R_1 + R_2 + \frac{R_1 R_2}{R_3}$$ $$R_{23} = R_2 + R_3 + \frac{R_2 R_3}{R_1}$$ $$R_{31} = R_3 + R_1 + \frac{R_3 R_1}{R_2}$$	R_1、R_2、R_3——星形联结的电阻； R_{12}、R_{23}、R_{31}——等效变换成三角形联结后的电阻
电阻三角形联结等效变换为星形联结	$$R_1 = \frac{R_{12} R_{31}}{R_{12} + R_{23} + R_{31}}$$ $$R_2 = \frac{R_{12} R_{23}}{R_{12} - R_{23} + R_{31}}$$ $$R_3 = \frac{R_{23} R_{31}}{R_{12} + R_{23} + R_{31}}$$	R_1、R_2、R_3——星形联结的电阻； R_{12}、R_{23}、R_{31}——等效变换成三角形联结后的电阻

名　称		公　式	符号说明
正弦交流电	频率	$f = \dfrac{np}{60}$	n——发电机转速； p——磁极对数； f——交流电频率，Hz； 60——1min，（60s）； T——周期，s； ϖ——每秒变化的电角度，rad/s
	周期	$T = \dfrac{1}{f}$ 或 $f = \dfrac{1}{T}$	
	角频率	$\varpi = \dfrac{2\pi}{T} = 2\pi f$	
正弦交流电及电路	有效值	$E = \dfrac{E_m}{\sqrt{2}} = 0.707E_m$ $U = \dfrac{U_m}{\sqrt{2}} = 0.707U_m$ $I = \dfrac{I_m}{\sqrt{2}} = 0.707I_m$	E_m——E 的最大值； U_m——U 的最大值； I_m——I 的最大值； 　交流电的平均值是指在半个周期内的平均值
	平均值	$E_{av} = 0.637E_m$ $U_{av} = 0.637U_m$ $I_{av} = 0.637I_m$	
	纯电阻电路 相位角	$\varphi = 0°$	φ——相位角，此时电压与电流同相位； P——有功功率即平均功率，W
	纯电阻电路 电流与电压有效值的关系	$I = \dfrac{U}{R}$	
	纯电阻电路 有功功率	$P = UI = I^2R = \dfrac{U_R^2}{R}$	
	纯电感电路 相位角	$\varphi = 90°$	$\varphi = 90°$表示电压在相位上比电流超前$90°$； X_L——感抗，Ω； L——自感系数，H； $P = 0$表示纯电感元件在交流电路中不消耗电能
	纯电感电路 感抗	$X_L = 2\pi fL = \varpi L$	
	纯电感电路 电流与电压有效值的关系	$I = \dfrac{U_L}{X_L}$	

续表

名　称			公　式	符号说明
正弦交流电及电路	纯电感电路	有功功率	$P = 0$	Q_L ——无功功率，var
		无功功率	$Q_L = U_L I = I^2 X_L = \dfrac{U_L^2}{X_L}$	
	纯电容电路	相位角	$\varphi = -90°$	$\varphi = -90°$ 表示电压在相位上比电流滞后 $90°$； $P = 0$ 表示纯电容元件在交流电路中不消耗电能； X_C ——容抗，Ω
		容抗	$X_C = \dfrac{1}{\varpi C} = \dfrac{1}{2\pi f C}$	
		电流与电压有效值的关系	$I = \dfrac{U_C}{X_C}$	
		有功功率	$P = 0$	
		无功功率	$Q_C = U_C I = I^2 X_C = \dfrac{U_C^2}{X_C}$	
正弦交流电及电路	RLC串联电路	总阻抗	$Z = \sqrt{R^2 + (X_L - X_C)^2}$	Z ——总阻抗，Ω； X ——电抗，Ω； I ——电流，A； U ——总电压； $\cos\varphi$ ——功率因数； S ——视在功率，VA
		电抗	$X = X_L - X_C$	
		阻抗角	$\varphi = \arctan \dfrac{X_L - X_C}{R}$	
		电压与电流的关系	$U = IZ = I\sqrt{R^2 + (X_L - X_C)^2}$ $= \sqrt{U_R^2 + (U_L - U_C)^2}$	
		有功功率	$P = UI\cos\varphi = I^2 R$	
		无功功率	$Q = UI\sin\varphi = I^2(X_L - X_C)$	
		视在功率	$S = UI = \sqrt{P^2 + Q^2}$	
		功率因数	$\cos\varphi = \dfrac{P}{S} = \dfrac{U_R}{U} = \dfrac{R}{Z}$	

续表

名　称		公　式	符号说明
磁场与电磁感应	磁感应强度	$B = \dfrac{\Phi}{S}$	B——磁感应强度，又称磁通密度，T； Φ——磁通，Wb； S——面积，m^2
	磁导率	$\mu_r = \dfrac{\mu}{\mu_0}$	μ_r——相对磁导率； μ——任一物质的磁导率； μ_0——真空的磁导率； 真空的磁导率 $\mu_0 = 4\pi \times 10^{-7}$ H/m
	通电线圈的磁感应强度	$B = \mu\dfrac{NI}{l}$	μ——线圈中导磁材料的磁导率； N——线圈的匝数； I——线圈中的电流，A； l——线圈的平均长度，m
	磁场强度	$H = \dfrac{B}{\mu} = \dfrac{NI}{l}$	H——磁场强度，A/m
	通电导体在磁场中所受的电磁力	$F = BIl\sin a$	F——导体受到的电磁力，N； l——导体在磁场中的有效长度，m； α——直导体与磁感应强度方向夹角
两根平行载流导线间电磁力的计算		$F_1 = F_2 = \dfrac{2I_1 I_2 L}{a} \times 10^{-7}$	F_1、F_2——电磁力，N； I_1、I_2——电流，A； a——两平行导线间距，m； L——两平行导线长度，m
导线计算	圆导线截面积的计算	$A \approx 0.8d^2$	A——截面积，mm^2； d——线径，mm
	铝导线电阻的估算	$R \approx \dfrac{3L}{A}$	R——电阻，Ω； L——导线长度，km； A——导线截面积，mm^2
	铜导线电阻的估算	$R \approx \dfrac{1.8L}{A}$	R——电阻，Ω； L——导线长度，km； A——导线截面积，mm^2

名　称	公　式	符号说明
低压架空铝绞线截面积的计算	$A = \dfrac{PL}{3}$	A——导线截面积，mm^2； P——负载功率，kW； L——架空线路长度，km
按截面积估算铜、铝、铁裸导线每千米的质量	铜导线 $W_0 \approx 9A$ 铝导线 $W_0 \approx 3A$ 铁导线 $W_0 \approx 8A$	A——导线截面积，mm^2； W_0——每千米重量，kg/km
按线径估算铜、铝铁裸导线每千米的质量	铜导线 $W_0 \approx 6.75d^2$ 铝导线 $W_0 \approx 2.25d^2$ 铁导线 $W_0 \approx 6d^2$	d——导线线径，mm； W_0——每千米质量，kg/km
水泥电杆埋设深度的计算	$H = \dfrac{L}{6} + 0.1$	H——埋设深度，m； L——电杆长度，m
电线杆拉线长度的计算	$C \approx 0.74(a+b)$	C——拉线长度，m； a——接线上端至电线杆距离，m； b——接线下端至电线杆距离，m
铜绞线、铝绞线有钢芯铝绞线电阻的估算	铜绞线 $R = \dfrac{18.8L}{A}$ 铝绞线及钢芯铝绞线 $R = \dfrac{31.5L}{A}$	R——电阻，Ω； L——导线长度，km； A——导线截面积，mm^2
三相架空铜、铝导线每千米感抗的计算	$X_0 = 0.144\,\lg\dfrac{2D_{ping}}{d}$ $+ 0.015\,7$	X_0——每千米感抗； d——导线直径，mm； D_{ping}——三根导线几何平均距离（mm）如为正三角形排列，则 $D_{ping} = D_1 = D_2 = D_3$ 如为水平排列，间距为 D，则 $D_{ping} = 1.26D$
交流线电压损失的近似计算	$\Delta U = \dfrac{PR + QX}{U_N}$	ΔU——电压损失，V； P——线路输送有功功率，kW； R——线路电阻，Ω； Q——线路输送无功功率，kVA； X——线路感抗，Ω； U_N——线路额定电压，kV

供电线路计算

名　称	公　式	符号说明
供电线路计算		
380V 低压架空线路电压损失百分数的近似计算	$\Delta U\% = \dfrac{M}{CA}$	M——负荷矩，kW_m； A——导线截面积，mm^2； C——常数
高压架空电力线路接地电容电流的计算	$I = \dfrac{UL}{350}$	I——接地电容电流，A； U——线路额定电压，kV； L——架空线路长度，km
电力电缆电容电流的估算	10kV：约等于电缆长度（km）数 6kV：约等于电缆长度（km）数的 0.6 倍	电流单位，A
用电能表测量平均功率因数的计算	$\cos\varphi = \dfrac{1}{\sqrt{1 + (W_Q/W_P)^2}}$	W_Q——无功电能数 W_P——有功电能表
并联补偿电容器容量的计算	定负载 $Q = P\left(\dfrac{\sqrt{1-\cos^2\varphi_1}}{\cos\varphi_1} - \dfrac{\sqrt{1-\cos^2\varphi_2}}{\cos\varphi_2}\right)$ 变负载 $Q = S\left(\dfrac{\cos\varphi_2\sqrt{1-\cos^2\varphi_2}}{\cos\varphi_1} - \sqrt{1-\cos^2\varphi_2}\right)$	Q——补偿电容器容量，kVA； $\cos\varphi_1$——原功率因数； $\cos\varphi_2$——提高后的功率因数； P——负载功率，kW； S——视在功率（功率因数改变，而视在功率 S 不变），kV·A
三相电容器负载电流的估算	$I \approx 1.5Q$	电源电压为 380V Q——三相电容器的总容量，kV·A； I——电容器负载电流，A
无功补偿节电量的估算	$\Delta P = KQ$	ΔP——节约功率，kW； Q——无功功率补偿容量，kV·A； K——无功经济当量，kW 或 kV·A

续表

名　称		公　式	符号说明
供电线路计算	负载率的计算	负载率 = $\dfrac{平均负载(kW)}{最大负载(kW)} \times 100\%$ 日平均负载(kW) = $\dfrac{全日有功电量(kWh)}{24(h)}$	
	三相负载不平衡	最大相负载不平衡度 d_b $d_b = \dfrac{3P_b - \sum P}{\sum P} \times 100\%$ 最小相负载不平衡度 d_s $d_s = \dfrac{\sum P - 3P_s}{\sum P} \times 100\%$	P_b——最大相负载的功率； P_s——最小相负载的功率； $\sum P$——三相负载总功率
	电气设备接地电阻的计算	电压大于 1000V 时 $R \leqslant \dfrac{2000}{I}$ 电压小于 1000V 时 $R \leqslant 10(100\text{kVA 以下})$ $R \leqslant 4(100\text{kVA 以上})$	I——接地短路电流，A； R——接地电阻，Ω
	直接控制三相异步电动机的封闭式负荷开关额定电流的计算	$I_N = 3P$	仅适用于 60A 及以下的封闭式负荷开关 I_N——封闭式负荷开关额定电流，A； P——三相异步电动机额定功率，kW
	用电能表对家用电器功率的测算	$P = \dfrac{3.6 \times 10^6}{NT}$	P——家用电器功率，W； N——电能表常数，r/(kW·h)； T——电能表转盘每转一周所用的时间，s
电源计算	铅酸蓄电池电解液密度的换算	$\rho_{25} = \rho_t + 0.0007(t - 25)$	ρ_{25}——换算至 25℃时的密度； ρ_t——t℃时实测的密度； t——测量时电解液的温度
	倍压整流电路中整流二极管参数的计算	最高反向电压 $> 2\sqrt{2}U$ 最大整流电流平均值 $> \dfrac{2.4U}{R_f}$	U——输入交流电压，V； R_f——负载电阻，Ω

名　称	公　式	符号说明
电源计算 倍压整流电路中滤波电容耐压值的计算	应大于 $2\sqrt{2}U$	U——输入交流电压，V
在整流变压器二次侧上并联阻容参数的计算	$C = 0.64\dfrac{\rho K}{U^2} \times 10^{-4}$ $R = (2 \sim 3)R_f$	C——电容量，F； ρ——整流变压器容量，VA； K——整流变压器空载电流百分数，几百伏安以上，K 取 10，几十伏安，K 取 $3\sim5$； U——整流器器件击穿电压，V； R——电阻，Ω； R_f——负载电阻，Ω
电动机计算 异步电动机同步转速	$n_1 = \dfrac{60f}{p}$	f——电源频率，Hz； p——磁极对数； n——转子转速，r/min； n_1——同步转速，r/min； S——转差率； P_N——电动机的额定功率，kW； U_N——额定电压，V； $\cos\varphi$——功率因数； I_N——额定电流，A； n_N——电动机额定转速，r/min； T_N——电动机额定转矩，N·m
异步电动机转差率	$S = \dfrac{n_1 - n}{n_1} \times 100\%$	
异步电动机转子转速	$n = \dfrac{60f}{p}(1-S)$	
异步电动机额定电流	$I_N = \dfrac{P_N \times 10^3}{\sqrt{3}U_N\cos\varphi}$	
异步电动机额定转矩	$T_N = 9.55 \times \dfrac{P_N}{n_N}$	
电动机计算 异步电动机最大转矩时转差率计算	$s_m = s_N(K + \sqrt{K^2-1})$ 当 $s < s_N$ 时 $s_m = 2Ks_N$	s_m——最大转矩时的转差率； s_N——额定功率时的转差率； K——过载能力，即最大转矩与额定转矩之比
异步电动机任意转速下转矩的计算	$T = \dfrac{2T_m}{\dfrac{s}{s_m} + \dfrac{s_m}{s}}$ 当 $s < s_N$ 时 $T = \dfrac{2T_m s}{s_m}$	T——任意转速下的转矩，N·M； T_m——最大转矩； s——转差率； s_N——额定功率时的转差率； s_m——最大转矩时的转差率
电角度的计算	电角度＝$P\times$机械角度	P——极对数

名　称	公　式	符号说明
电动机计算 三相异步电动机极对数的计算	$p = 0.28 \dfrac{D_{i1}}{h_j}$	p——极对数； D_{i1}——定子铁芯内径，cm； h_j——定子轭高，cm
三相异步电动机每极磁通的计算	$\Phi = 0.637 B_m \tau L \times 10^{-4}$	Φ——每极磁通，Wb； B_m——气隙磁通密度最大值，T； τ——极距，cm； L——定子铁芯长度，cm
每极每相槽数的计算	$q = \dfrac{Q_i}{6p}$	q——每极每相槽数（槽/极）； Q_i——定子槽数； p——极对数
交流异步电动机绕组分布系数的计算	$K_q = \dfrac{\sin \dfrac{q\alpha}{2}}{q \sin \dfrac{\alpha}{2}}$	K_q——绕组分布系数； q——每极每相槽数； α——相邻两槽之间所占电角度
交流异步电动机短距系数的计算	$K_y = \cos \dfrac{\beta}{2}$	K_y——绕组短距系数； β——线圈的节距比极距缩短的槽所占的电角度
三相异步电动机空载电流与其匝数的关系	$\dfrac{I_{01}}{I_{02}} \approx \dfrac{N_2^2}{N_1^2}$	I_{01}——原空载电流，A； I_{02}——匝数改变后的空载电流，A； N_1——原线圈匝数； N_2——改变后的线圈匝数
三相异步电动机额定电流的估算	额定电压为380V $I \approx 2P_N$ 额定电压为600V $I \approx 1.1P_N$ 额定电压为380V $I \approx 3.3P_N$	I——额定电流，A； P_N——电动机额定功率，kW
根据空载电流和运行电流计算电动机的实际功率	$P = P_N \sqrt{\dfrac{I_1^2 - I_0^2}{I_N^2 - I_0^2}}$	P——实际功率，kW； P_N——额定功率，kW； I_0——空载电流，A； I_N——额定电流，A； I_1——实际运行电流，A
槽满率的计算	$K = \dfrac{每槽内导线总截面积}{每槽槽截面积}$	

续表

<table>
<tr><th colspan="2">名　称</th><th>公　式</th><th>符号说明</th></tr>
<tr><td rowspan="7">电动机计算</td><td>电动机绕组铜、铝线代用，线径的换算</td><td>$d_T=(0.8\sim1)d_L$</td><td>d_T——铜线线径，mm；
d_L——铝线线径，mm</td></tr>
<tr><td>电动机绕组导线替代的计算</td><td>用 n 根替代一根
$d_2=\frac{d_1}{\sqrt{n}}$
用一根替代 n 根
$d_2=\sqrt{n}d_1$
用 n_2 根线径为 d_2 的导线替代 n_1 根线径为 d_1 的导线
$d=\sqrt{\frac{n_1}{n_2}}d_1$</td><td>$d_2$——替代导线的线径，mm；
d_1——被替代导线的线径，mm</td></tr>
<tr><td>根据导线截面积求线径的计算</td><td>$d=1.13\sqrt{A}$</td><td>d——导线线径，mm；
A——导线截面积，mm^2</td></tr>
<tr><td>三相异步电动机</td><td>星形联结
$R_U=R_m-R_{VW}$
$R_V=R_m-R_{WU}$
$R_W=R_m-R_{UV}$
三角形联结
$R_U=R_{WU}-R_m+\frac{R_{UV}R_{VW}}{R_m-R_{WU}}$
$R_V=R_{UV}-R_m+\frac{R_{VW}R_{WU}}{R_m-R_{UV}}$
$R_W=R_{VW}-R_m+\frac{R_{WU}R_{UV}}{R_m-R_{VW}}$</td><td>$R_U$、$R_V$、$R_W$——三相的相电阻，Ω；
R_{UV}、R_{VW}、R_{WU}——三相的线电阻，Ω；
$R_m=\frac{R_{UV}+R_{VW}+R_{WU}}{2}$</td></tr>
<tr><td>三相异步电动机三相绕组直流电阻不平衡的计算</td><td>$d=\frac{R_b\text{ 或 }R_s-R_{av}}{R_{av}}\times100\%$</td><td>$d$——三相直流电阻不平衡度；
R_b——三相电阻中最大电阻值；
R_s——三相电阻中最小电阻值；
R_{av}——三相平均电阻值</td></tr>
<tr><td>电动机在热态下绝缘电阻合格值的计算</td><td>$R=\frac{U_N}{1000+0.01P_N}$</td><td>$R$——绝缘电阻，MΩ；
U_N——电机额定电压，V；
P_N——电动机额定功率，kW</td></tr>
</table>

名　称		公　式	符号说明
电动机计算	电动机绝缘电阻温度换算	A级绝缘 $R_{75} = R_t \times 10^{\frac{1}{40}(t-75)}$ B级绝缘 $R_{75} = \dfrac{R_t}{2^{\frac{75-t}{10}}}$	R_{75}——电动机在75℃时绝缘电阻，MΩ； R_t——电动机在温度为 t 时所测得的绝缘电阻，MΩ； t——测量绝缘电阻时，电动机的温度
	电动机温度的测量	$\dfrac{R_1}{R_2} = \dfrac{235 + T_1}{235 + T_2}$	电动机绕组为铜导线时 R_1——温度为 T_1 时绕组电阻值，Ω； R_2——温度为 T_2 时绕组电阻值，Ω； T_1——测量电阻为 R_1 时的导线温度，℃； T_2——测量电阻为 R_2 时的导线温度，℃
	三相异步电动机改为单相使用时移相电容的计算	工作电容 $C = \dfrac{1950I}{U\cos\varphi}$ 起动电容 $C_1 = (1 \sim 4)C_2$	C_1、C_2——电容，μF； I——电动机额定电流，A； $\cos\varphi$——功率因数； U——单相电源电压，V
	根据三相异步电动机额定功率，估算无功功率补偿容量	$Q = \sqrt{3} K I_N U_N \times 10$	Q——无功功率补偿容量，kva； I_N——电动机额定电流，A； U_N——电动机额定电压，V； K——空载电流与额定电流比值
	根据实际工作电压计算三相异步电动机的负载率	$\beta = \dfrac{U}{U_N}\sqrt{\dfrac{I^2 - I_0^2}{I_N^2 - I_0^2}}$	β——负载率； U——实际工作电压，V； I——实际工作电流，A； I_0——空载电流，A
	三相异步电动机反接制动电阻的计算	制动电流等于 I_{st} 时 $R \approx 0.13\dfrac{220}{I_{st}}$ 制动电流等于 $1/2 I_{st}$ 时 $R \approx 1.5\dfrac{220}{I_{st}}$	R——反接制动电阻，Ω； I_{st}——电动机的启动电流，A

名 称		公 式	符号说明
电动机计算	三相异步电动机降压启动电阻的计算	$R = \dfrac{220}{I_{st}} \sqrt{\left(\dfrac{I_{st}}{I'_{st}}\right)^2 - 1}$	R——减压电阻，Ω； I_{st}——未串接降压电阻的启动电流，A； I'_{st}——串接降压电阻的启动电流，A
	三相异步电动机供电回路中熔断器额定电流的计算	单台电动机 $I = (2\sim3)I_N$ 多台电动机 $I\sum = (4\sim6)P_m +$ $2P_1 + 2P_2 + \cdots$	I_N——电动机的额定电流； P_m——最大一台电动机的功率，kW； P_1、$P_2\cdots$——其余电动机额定功率，kW
	单相电动机电流计算	$I = P_N/(U_N\cos\varphi\eta)$	η——效率； $\cos\varphi$——功率因数； P_N、U_N——额定功率，W，电压，V
	三相电动机电流计算	$I = P_N/\sqrt{3}U_N\cos\varphi\eta$	η——效率； $\cos\varphi$——功率因数； P_N、U_N——额定功率，W； U_N——额定电压，V
	异步发电机励磁电容的计算	主电容 C_0： 星形联结 $C_0 \approx 4.8I_0$ 三角形联结 $C_0 \approx 15.4I_0$ 辅助电容 $= C_1 + C_2$ C_1 补偿有功功率 $C_1 = 1.25C_0$ C_2 补偿无功功率： 三角形联结 $C_2 = 0.004\ 5S$ 星形联结 $C_2 = 0.001\ 3S$	I_0——电动机运行时空载线电流，A； S——异步电机额定视在功率，V·A； 各电容的单位：μF
	他励直流电动机转速和转矩的计算	转速 $n = \dfrac{U}{C_e\Phi} - \dfrac{RT}{C_eC_m\Phi^2}$ 转矩 $T = 9.55C_e\Phi I_a$	U——电枢端电压，V； Φ——气隙主磁通，Wb； C_e——电动势常数； C_m——转矩常数，$C_m = 9.55C_e$； T——转矩，N·m； R——电枢电路总电阻，Ω； I_a——电枢电流，A； n——转速，r/min

名　称	公　式	符号说明
电动机计算 串励直流电动机转速和转矩的计算	转速 $n = \dfrac{U - I_a(R_a + R_S)}{C_e \Phi}$ 转矩　$T = C_M \Phi I_\alpha$	U——电源电压，V； I_α——电枢电流，A； R_a——电枢绕组电阻，Ω； R_S——串励绕组电阻，Ω； C_e——电动势常数； I_a——气隙主磁通，Wh； C_M——转矩常数，$C_m = 9.55 C_e$； n——转速，r/min
普通车床主轴拖动电动机的计算	$P = 36.5 D^{1.54}$	P——电动机容量，kW； D——工件最大直径，m
立式车床主轴拖动电动机容量的计算	$P = 20 D^{0.88}$	P——电动机容量，kW； D——工件最大直径，m
摇臂钻床主轴拖动电动机容量的计算	$P = 0.0646 D^{1.19}$	P——电动机容量，kW； D——工件最大直径，m
卧式镗床主轴拖动电动机容量的计算	$P = 0.04 D^{1.7}$	P——电动机容量，kW； D——镗杆直径，m
龙门刨床主拖动电动机容量的计算	$P = \dfrac{B^{1.15}}{166}$	P——电动机容量，kW； B——工作台宽度，mm
外圆磨床主拖动电动机容量的计算	$P = \dfrac{1}{10} KB$	P——电动机容量，kW； K——系数，砂轮主轴采用滚动轴承时，$K = 0.8 \sim 1.1$，采用滑动轴承时，$K = 1.0 \sim 1.3$； B——砂轮宽度，mm
钻螺纹底孔时钻头直径的选取	脆性材料：$D = d - 1.1t$ 韧性材料：$D = d - t$	

续表

名称		公式	符号说明
变压器计算	并列运行变压器负荷分配的计算	$P'=\dfrac{P_\Sigma}{\dfrac{P_1}{u_1}+\dfrac{P_2}{u_2}+\cdots+\dfrac{P_n}{u_n}}\times\dfrac{P_1}{u_1}$	P'_1——第一台变压器所分配的负载，kV·A； P_Σ——n 台变压器容量之和，kV·A； P_1、P_2、…、P_n——各台变压器额定容量，kV·A； u_1、u_2、…、u_n——各台变压器阻抗电压百分数，%
	配电变压器利用系数的计算	$n=\dfrac{A}{S\cos\varphi t}$	n——利用系数； $\cos\varphi$——功率因数，一般取 0.8； W——当月实际用电量，kW·h； t——配电变压器当月实际投运时间，h
	三相变压器一次、二次额定电流的估算	10/0.4kV 一次 $I_{N1}\approx0.06P_N$ 二次 $I_{N2}\approx1.5P_N$ 6/0.4 kV 一次 $I_{N1}\approx0.1P_N$ 二次 $I_{N2}\approx1.5P_N$ 35/10kV 一次 $I_{N1}\approx0.1P_N$ 二次 $I_{N2}\approx1.5P_N$	I_{N1}——一次额定电流，A； I_{N2}——二次额定电流，A； P_N——变压器额定容量，kV·A
	电力变压器熔断器熔体额定电流的计算	10/0.4kV 高压侧 $I_{f1}\approx0.12S$ 低压侧 $I_{f2}\approx1.5S$ 6/0.4kV 高压侧 $I_{f1}\approx0.2S$ 低压侧 $I_{f2}\approx1.5S$	I_{f1}——高压侧熔体额定电流，A； I_{f2}——低压侧熔体额定电流，A； S——变压器容量，kV·A
	变压器绝缘电阻的温度换算	$R_{t2}=KR_{t1}$	R_{t1}——温度为 t_1 时绝缘电阻，MΩ； R_{t2}——温度为 t_2 时绝缘电阻，MΩ； K——系数，$K=1.5^{(t_1-t_2)/10}$

名　称	公　式	符号说明
变压器计算 变压器直流电阻的温度换算	铜线圈 $R_{75} = R_t \dfrac{310}{t + 235}$ 铝线圈 $R_{75} = R_t \dfrac{310}{t + 225}$	R_{75}——75℃时直流电阻值，Ω； R_t——t℃时直流电阻值，Ω； t——测量时变压器线圈平均温度，℃
整流变压器的设计计算	铁芯截面积： 壳式 $A_C = \sqrt{P}$ 单相心式 $A_C = (0.7 \sim 0.8)\sqrt{P}$ 三相心式 $A_C = \sqrt{\dfrac{P}{3}}$ 三相圆柱形铁芯外径 d $d = (5.8 \sim 6.5)\sqrt[4]{P}$	A_C——铁芯截面积，mm^2； P——变压器容量，V·A； d——圆柱形铁芯外径，cm；
整流变压器的设计计算	二次匝数 $N_2 = \dfrac{U_2}{200BA_C \times 10^{-4}}$ 一次匝数 $N_1 = \dfrac{U_1}{U_2} N_2$	B——磁通密度，T；热轧硅钢片，B 取 $(1.2 \sim 1.4)$T；冷轧硅钢片，B 取 $(1.4 \sim 1.7)$T； U_1——变压器一次额定电压，V； U_2——变压器二次额定电压，V； N_1——变压器一次绕组匝数； N_2——变压器二次绕组匝数
交流电抗器设计计算	铁芯堆面积 $A_C = 0.55\sqrt{UI}$ 线圈匝数 $N = \dfrac{U}{0.024\,8A_C}$ 窗口面积 $Q = \dfrac{IN}{90}$ 导线线径 $d = 1.13\sqrt{\dfrac{I}{2}}$	A_C——铁芯截面积，mm^2； U——电抗器的压降，V； N——线圈匝数； Q——窗口面积，cm^2； I——允许通过电抗器的电流值，A； d——线径
交流电焊机满负荷时一次电流的估算	$I \approx 2.5 P_N$	P_N——交流电焊机额定容量，kV·A； I——电流，A

续表

名　称		公　式	符号说明
变压器计算	交流电磁铁吸力的计算	$F = 4.9\left(\dfrac{B_{\mathrm{m}}}{0.5}\right)^2 A_{\mathrm{C}}$	F——吸力，N； B_{m}——空气隙磁通密度最大值，T； A_{C}——衔铁截面积，cm²
	电焊机电流计算	$I = P_{\mathrm{N}} / U_{\mathrm{N}}$	P_{N}——电焊机额定功率，W； U_{N}——额定电压，V； I——电焊机电流
	直流电磁铁吸力的计算	$F = 39.837SB^2$	F——吸力，N； S——衔铁截面积，cm²； B——空气隙磁通密度，T
电热及照明计算	单相电热器负载电流的估算	220V　$I \approx 4.5P$ 380V　$I \approx 2.6P$	I——负载电流，A； P——电热器额定功率，kW
	三相电热器负载电流的估算	380V　$I \approx 1.2P$	I——负载电流，A； P——电热器额定功率，kW
	电热丝直径的计算	工业电阻炉 $d = 0.336\sqrt[3]{I^2}$ 民用开启式盘形电阻炉 $d = 0.217\sqrt[3]{I^2}$	d——电热丝直径，mm； I——流经电热元件的电流，A
	电阻炉功率的估算	$P = K\sqrt[3]{V^2}$	P——电阻炉功率； V——炉膛容积，m³； K——系数，按电炉工作温度选取，1200℃，K取100～150；1000℃，K取75～100；700℃，K取50～75；400℃，K取35～50
	绕制电热元件用芯棒直径的计算	$\varphi = D - (2d + K)$	φ——芯棒直径，mm； D——螺旋外径，mm； d——电热丝直径，mm； K——弹性系数，$d \leqslant 2$时，K取4～5；$d \geqslant 3$时，K取2～3
	白炽灯电流计算	单相 $I \approx P_{\mathrm{N}}/U_{\mathrm{N}}$ 三相 $I \approx P_{\mathrm{N}}/\sqrt{3}U_{\mathrm{N}}$	I——电流，A； U_{N}——额定电压，V； P_{N}——额定功率，W

名　称	公　式	符号说明
荧光灯电流计算	单相 $I \approx P_N/0.5U_N$ 三相 $I \approx P_N/\sqrt{3}U_N \times 0.5$	0.5——荧光灯功率因数； I——电流，A； U_N——额定电压，V； P_N——额定功率，W
灯具照度的计算	$E = \dfrac{FN\mu}{KAZ}$	E——照度，lx； F——光源的光通量，lm； N——光源的数量； μ——利用系数，一般取 $0.3 \sim 0.5$； A——房间的面积，m^2； K——减光系数，一般白炽灯取 1.3，荧光灯取 1.4； Z——平均照度与最低照度之比，灯具布置适宜时，Z 取 1.2
白炽灯调光电容的计算	$f = 50Hz$，$U = 220V$ 时 $C = 0.066P\sqrt{\dfrac{P_1}{P-P_1}}$	C——电容，μF； P_1——灯泡调光后的功率，W； P——灯泡原来额定功率，W
低压指示灯降压电容的计算	接 $220V$　$C=15I_N$ 接 380　$C=8.4I_N$	C——电容，μF； I_N——指示灯额定电流，A
荧光灯、高压钠灯补偿电容的计算	$C = \dfrac{3183I\sqrt{1-\cos^2\varphi}}{U}$	C——补偿电容，μF； I——灯泡的工作电流，A； U——电源电压，V； $\cos\varphi$——补偿前功率因数，一般为 $0.4 \sim 0.6$
荧光灯镇流器匝数的计算	$f = 50Hz$ 时 $N = \dfrac{45U}{BS}$	N——匝数； U——镇流器工作电压
荧光灯镇流器气隙长度的计算	$\delta = \dfrac{IN \times 10^{-4}}{1.6B}$	δ——气隙长度，cm； I——荧光灯额定电流，A； N——镇流器线圈匝数； B——磁能密度，T；一般取 $1.2 \sim 1.4T$

左侧竖排表头：电热及照明计算　照明计算

第3节　电工常用文字符号及图形符号

一、电工常用文字符号
1. 量的常用符号（见表1-12）

表1-12　　　　　　　　量的常用符号

符号	名　称	符号	名　称
A	线负载、电负载	I_{st}	启动电流、最初启动电流
a	加速度、导线绝缘厚度	I_x	电抗电流
B	磁通密度	i	电流瞬时值
B_{ad}	电枢反应直轴磁通密度	I_N	额定电流
B_{aq}	电枢反应交轴磁通密度	j,J	电流密度
B_δ	气隙磁通密度	k_i	电流比
b	宽度	k_u	电压比
b_k	换向区域宽度	K	耦合系数
c	电动机利用系数	L	自感
C_A	电动机常数	L_a	电枢电感
E	电动势	L_f	励磁绕组电感
E_a	电枢电动势、电枢反应电动势	l	长度
E_u	u次谐波磁场感应电动势	M	互感
E_ψ	相电动势	M（或T）	转矩
E_0	空载电动势		相数、质量、数的序列、定
F	磁动势、磁位降	m	子绕组沿槽高方向数的股线数、
F_a	电枢反应磁动势		绕组重路数
F_{ad}	电枢反应直轴磁动势	n	转速、数的序列
F_{aq}	电枢反应交轴磁动势	n_N	额定转速
F_f	励磁磁动势	P	功率、损耗
f	频率	P_{Fe}	铁耗
H	磁场强度	Q	无功功率
h	高度	R	电阻
I	电流有效值	S	视在功率
I_p	额定电流有功分量	s	转差率
I_Q	电流无功分量	T	周期、时间常数、转矩

符号	名　　称	符号	名　　称
T_k	换向周期	X	电抗
t	时间、温度	Z	阻抗
T_{st}	启动时间	α	电角度
U	电压	γ	重率、容量增长系数
U_N	额定电压	ρ	质量密度
U_ψ	相电压	δ	气隙长度
V	体积	η	效率
v	风速、线速度	θ	温升
v_a	电枢圆周速度、空气流速	Λ	磁导
W	功、能	λ	长径比

2. 电气设备常用文字符号

电路图中的实际标注符号，用来说明电气原理图和电气接线图中的设备、装置、元器件，以及电路的名称、性能、作用、位置和安装方式。它由数字序号、基本符号、辅助符号和附加符号四部分组成。这四部分可以在一个文字符号的组合中同时出现，亦可以只有基本符号，省略其他符号。

（1）数字序号。数字序号用于区别图纸上许多相同电气设备、元件或电路的顺序编号。

（2）基本符号。基本符号代表电气设备、元件及电路的基本名称。例如，"K"代表继电器或接触器，"M"代表电动机等。电气设备常用文字符号见表 1-13。

表 1-13　　　　　　　电气设备常用文字符号

设备、装置和元器件种类	举　　例	基本文字符号	
		单字母	双字母
组件、部件	分离元件放大器、激光器、调节器 电桥 晶体管放大器 集成电路放大器 磁放大器 电子管放大器 印制电路板	A	 AB AD AJ AM AV AP

设备、装置和元器件种类	举　例	基本文字符号	
		单字母	双字母
非电量到电量变换器或电量到非电量变换器	热电传感器、热电池、光电池、测功计、晶体管转换器、自整角机、旋转变压器、模拟和多级数字变换器或传感器	B	
	位置变换器		BP
	旋转变换器（测速发电机）		BR
	温度变换器		BT
	速度变换器		BV
电容器	电容器	C	
二进制元件、延迟器件、存储器件	数字集成电路和器件、延迟线、双稳态元件、单稳态元件、寄存器	D	
保护器件	发热器件	E	EH
	照明灯		EL
保护器件	过电压放电器件	F	
	具有瞬时动作的限流保护器件		FA
	具有延时动作的限流保护器件		FR
	具有延时和瞬时动作的限流保护器件		FS
	熔断器		FU
	限压保护器件		FV
发生器、发电机、电源	旋转发电机、振荡器	G	
	发生器		GS
	同步发电机		GS
	异步发电机		GA
	蓄电池		GB
	旋转式或固定式变频器		GF
信号器件	声响指示器	H	HA
	光指示器		HL
	指示灯		HL
继电器、接触器	瞬时接触继电器	K	KA
	瞬时有或无继电器		KA
	交流继电器		KA
	闭锁接触继电器（机械式或永久磁铁式）		KL
	双稳态继电器		KL

续表

设备、装置和元器件种类	举　例	基本文字符号	
		单字母	双字母
继电器、接触器	接触器		KM
	极化继电器		KP
	簧片继电器	K	KR
	延时有或无继电器		KT
	逆流继电器		KR
电感器、电抗器	感应线圈、线圈陷波器、电抗器	L	
电动机	电动机	M	
	同步电动机		MS
	力矩电动机		MT
	发电机和电动机两用机		MG
模拟元件	运算放大、混合模拟/数字器件	N	
测量设备、试验设备	指示、记录器件、积分测量器件、信号发生器	P	
	电流表		PA
	计数器（脉冲）		PC
	电能表		PJ
	记录仪器		PS
	电压表		PV
电力电路的开关器件	断路器	Q	QF
	电动机保护开关		QM
	隔离开关		QS
电阻器	电阻器、变阻器	R	
	电位器		RP
	测量分路表		RS
	热敏电阻器		RT
	压敏电阻器		RV
变压器	电流互感器	T	TA
	控制电路电源变压器		TC
	电力变压器		TM
	磁稳压器		TS
	电压互感器		TV

设备、装置和元器件种类	举　例	基本文字符号	
		单字母	双字母
控制、记忆、信号电路的开关器件和选择器件	拨号接触器、连接器		
	控制开关	S	SA
	选择开关		SA
	按钮开关		SB
	液压标高传感器		SL
	压力传感器		SP
	位置传感器（包括接近传感器）		SQ
	转数传感器		SR
	温度传感器		ST
端子、插头、插座	连接插头和插座、接线柱、电缆封端和头、端子板	X	
	连接片		XB
	插头		XP
	插座		XS
	端子板		XT
电气操作的机械器件	气阀	Y	
	电磁铁		YA
	电磁制动器		YB
	电磁离合器		YC
	电磁吸盘		YH
	电动阀		YM
	电磁阀		YV
终端设备、混合变压器、滤波器、均压器、限幅器	电缆平衡网络、压缩扩展器、晶体滤波器、网络	Z	

3. 常用辅助文字符号

电气设备、装置和元件的种类名称用基本文字符号表示，而它们的功能、状态和特征用辅助文字符号来表示。通常用表示功能、状态和特征的英文单词的前一、二位字母构成，也可采用常用缩略语或约定俗成的习惯用法构成。一般不能超过三位字母。例如，表示"异步"，采用"Asynchronizing"的前三位字母

"ASY"作为辅助文字符号。

　　辅助文字符号也可放在表示种类的单字母符号后面，组合成双字母符号，此时的辅助文字符号一般采用表示功能、状态和特征的英文单词的第一个字母。

　　某些辅助文字符号本身具有独立的确切的意义，也可单独使用。例如，"ON"表示闭合，"OFF"表示断开等。常用辅助文字符号见表 1-14。

表 1-14　　　　　　　　常用辅助文字符号

符号	名称	符号	名称
A	电流	DC	直流
A	模拟	DEC	减
AC	交流	E	接地
A，AUT	自动	EM	紧急
ACC	加速	F	快速
ADD	附加	FB	反馈
ADJ	可调	FW	正，向前
AUX	辅助	GN	绿
ASY	异步	H	高
B，BBK	制动	IN	输入
BK	黑	INC	增
BL	蓝	IND	感应
BW	向后	L	左
C	控制	L	限制
CW	顺时针	L	低
CCW	逆时针	LA	闭锁
D	延时	M	主
D	数字	M	中
D	差动	M	中间线
D	降	M，MAN	手动

符号	名称	符号	名称
N	中性线	S	信号
OFF	断开	ST	起动
ON	闭合	S, SET	位置, 定位
OUT	输出	SAT	饱和
P	压力	STE	步进
P	保护	STP	停止
PE	保护接地	SYN	同步
PEN	保护接地与中性线共用	T	温度
PU	不接地保护	T	时间
R	记录	TE	无噪声（防干扰）接地
R	右	V	真空
R	反	V	速度
RD	红	V	电压
R, RST	复位	WH	白
RES	备用	YE	黄
RUN	运转		

二、电气图常用图形符号

图形符号通常用于电气图或其他文件，以表示一个设备或概念的图形。它是构成电气图的基本单元，是电气文件中的"象形文字"，是电气工程语言。因此，正确、熟练地理解、绘制和识别各种电气图形常用符号是识读电气图的基本知识。

（1）基本图形符号。基本图形符号一般不代表独立的器件和设备，而是标注在器件和设备符号之旁（或之中），以说明某些特征或绕组接线方式，如"交流电""正极性""星形接法"等。

（2）一般图形符号。一般图形符号是用于代表某一大类设备和元件。新国家标准 GB/T 4728—1996～2000《电气简图用图形符号》和 GB 7159—1987《电气技术中的文字符号制定通则》所规定的电气简图用图形符号和文字符号见表 1-15。

表 1-15　　　　电气简图用图形及文字符号一览表

名称	GB 4728—1996~2000 图形符号	GB 7159—1987 文字符号	名称	GB 4728—1996~2000 图形符号	GB 7159—1987 文字符号
直流电	══		极性电容器	＋‖	C
交流电	∿		电感器、线圈、绕组、轭流圈	⌒⌒⌒	L
交直流电	≋				
正、负极	＋　－		带铁芯的电感器	⌒⌒⌒	L
三角形联结的相绕组	△		电抗器	⌐	L
星形联结的三绕组	Y		可调压的单相自耦变压器		T
导线					
三根导线	⫻				
导线联接	● ⊤		有铁芯的双绕组变压器		T
端子	○				
可拆卸的端子	∅		三相自耦变压器星形联结		T
端子板	1 2 3 4 5 6 7 8	X			
接地	⏚	E	电流互感器		TA
插座	⟜	X			
插头	▬	X	电机扩大机		AR
滑动（滚动）连接器	▭	E			
电阻器一般符号	▭	R	串励直流电动机	Ⓜ	M
可变（可调）电阻器	⧄	R			
滑动触点电位器		RP	并励直流电动机	Ⓜ	M
电容器一般符号	‖	C	他励直流电动机	Ⓜ	M

续表

名称	GB 4728—1996~2000 图形符号	GB 7159—1987 文字符号	名称	GB 4728—1996~2000 图形符号	GB 7159—1987 文字符号
三相笼型异步电动机		M3~	接触器动合辅助触点		KM
三相绕线转子异步电动机		M3~	接触器动断主触点		KM
永磁式直流测速发电机		BR	接触器动断辅助触点		KM
			继电器动合触点		KA
普通刀开关		Q	继电器动断触点		KA
普通三相刀开关		Q	热继电器动合触点		FR
			热继电器动断触点		FR
按钮开关动合触点（起动按钮）		SB	延时闭合的动合触点		KT
按钮开关动断触点（停止按钮）		SB	延时断开的动合触点		KT
位置开关动合触点		SQ	延时闭合的动断触点		KT
			延时断开的动断触点		KT
位置开关动断触点		SQ	接近开关动合触点		SQ
熔断器		KM	接近开关动断触点		SQ
接触器动合主触点		KM	气压式液压继电器动合触点		SP

名称	GB 4728—1996～2000 图形符号	GB 7159—1987 文字符号	名称	GB 4728—1996～2000 图形符号	GB 7159—1987 文字符号
气压式液压继电器动断触点		SP	指示灯、信号灯一般符号		HL
速度继电器动合触点		KS	电铃		HA
速度继电器动断触点		KS	电喇叭		HA
操作器件一般符号接触器线圈		KM	蜂鸣器		HA
缓慢释放继电器的线圈		KT	电警笛、报警器		HA
缓慢吸合继电器的线圈		KT	普通二极管		VD
热继电器的驱动器件		FR	普通晶闸管		VT
电磁离合器		YC	稳压二极管		VS
电磁阀		YV	PNP三极管		V
电磁制动器		YB	NPN三极管		V
电磁铁		YA	单结晶体管		V
照明灯一般符号		EL	运算放大器		N

三、回路标号

为了安装、维修方便，电气线路的电器和电机的各个接线端子、主电路和控制电路的接线端子，都标有回路标号（或称线号），回路标号用于标明电路的种类、作用等主要特征。一般情况下，回路标号由三位或三位以下的数字组成。当需要标明回路的相别或主要特征时，可在数字标号的前面加注文字符号。

1. 回路标号按电位的原则进行标注

相同电位的各线，即在回路中连于一点上的所有导线（包括接触器连接的可卸线段），必须标以相同的回路标号；但电路中经过主要用电器件或接通断开电路的元器件，如开关、线圈、电阻、绕组、触点、电容等元器件，则视为不同线段，而标以不同回路标号。对于其他设备引入本系统的联锁回路，可按原引入设备的回路特征进行标号。

2. 主回路的标号

主回路的标号由文字与数字两部分组成。文字符号用以标明接在主电路的某些元器件或电路特征。例如，交流电源端点用 L，电动机接线端点用 U、V、W 等。数字标号用以区别同一文字符号电路中的不同线段。例如，接于某一电源电路的各线段，可顺次标为 1L1、2L1、3L1 等。

3. 控制回路的标号

除接在控制回路中的变压器和电磁铁等设备的绕组、电源端点，必须标出主要特征文字符号外，一般控制回路的标号均不标注文字符号，仅标注数字标号。

控制回路的标号，常采用单数和双数来区别两根电源线的极性。例如，某接触器线圈的两边与上边电源线相关的一些接线端子用 1、2、3 等单数编号，与其下边电源线相关的接线端子用 2、4、6 等双数编号，中间以接触器线圈为分界。

第 2 章

常用电工工具及测量仪表

☀ 第 1 节　常用电工工具与量具

在电工电气维修日常工作或查找电气故障的过程中，不仅需要有高超的操作技能与熟练的技巧，而且还离不开工具、量具与仪器、仪表正确合理的使用，以及绝缘安全用具、登高防护用具的选择和使用。

一、常用电工工具

1. 常用电工工具

常用电工工具分为电工安全用具和电工常用工具。电工安全用具分为绝缘安全用具和一般防护安全用具。绝缘安全用具又分为基本安全用具和辅助安全用具。

电工常用工具有电工刀、电工钳、旋具、活扳手、电烙铁、手电钻、喷灯及梯子等，其中电工钳、电工刀、螺钉旋具是电工的基本工具。

（1）电工刀（见图 2-1）。电工刀是用来剖削导线绝缘外皮、切割绳索、削制木板、木桩的专用工具，按刀片的尺寸分为大号（刀片长 112mm）、小号（刀片长 88mm）两种。另外还有一种多用型电工刀，刀身带有刀片、锯片和锥针，它不但可以剖削电线，还可以锯割电线槽板、锥钻底孔，使用起来更方便。

（2）电工钳（见图 2-2）。电工常用钳子的种类很多，有剁丝钳子、斜嘴钳子、平嘴钳子、扁嘴钳子、鹰嘴钳子、鸭嘴钳子、尖嘴钳子、剥线钳子等。无论哪种钳子，钳把上都有绝缘套（绝缘套用橡胶或塑料等制成），用它们接触带电体时，千万注意无论是

47

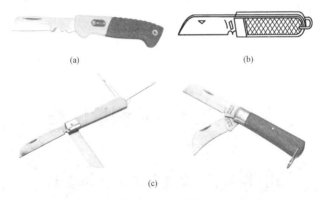

图 2-1　电工刀

（a）实物图；（b）外形图；（c）多用型电工刀

哪一种绝缘体的钳把，都要保证它的绝缘绝对良好，并且不要碰到其他物体及接地。而剉丝钳子、尖嘴钳子和剥线钳子则是一般电工常用的主要工具。

1）钢丝钳。钢丝钳有铁柄钢丝钳和绝缘柄钢丝钳两种，绝缘柄钢丝钳为电工用钢丝钳，其耐压为 500V，规格以全长尺寸表示，常用的有 150、175、200mm 三种。其外形结构如图 2-2（a）所示。

2）尖嘴钳。尖嘴钳按手柄分裸柄和绝缘柄两种，电工应用绝缘柄尖嘴钳，其耐压为 500V，其外形结构如图 2-2（b）所示。其主要用途是夹持较小的螺钉、垫圈等元件或将单股导线弯成一定圆弧的接线鼻子。

3）断线钳。断线钳又称偏口钳、斜口钳，按手柄分铁柄、管柄和绝缘柄三种，电工应用绝缘柄断线钳，其耐压为 1000V，其外形结构如图 2-2（c）所示。其主要用途是剪断较粗的线材、线缆及金属丝等。

4）剥线钳。剥线钳用于剥削小直径导线的绝缘层，其手柄是绝缘的，耐压为 500V，规格以全长表示，有 130、160、180、200mm 四种。剥线钳外形结构如图 2-2（d）所示。

5）压线钳。压线钳又称为压接钳，是连接导线与导线或导线线头与接线耳的常用工具，按用途分为户内线路使用的铝绞线压线钳、户外线路使用的铝绞线压线钳和钢芯铝绞线使用的压线钳。压线钳外形结构如图 2-2（e）所示。

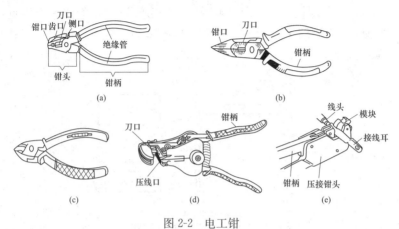

图 2-2　电工钳

（a）钢丝钳；（b）尖嘴钳；（c）断线钳；（d）剥线钳；（e）压线钳

（3）螺钉旋具（见图 2-3）。螺钉旋具（又称螺丝刀、改锥、起子等）的种类较多，电工电气维修时主要用来拆、装螺钉。常用的有一字螺钉旋具和十字螺钉旋具。

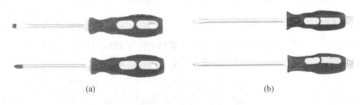

图 2-3　螺钉旋具

（a）普通式；（b）穿心式

一字螺钉旋具和十字螺钉旋具主要用于紧固或拆卸一字槽或十字螺钉、木螺钉。它的柄有木制、塑料、带橡胶套等。按其旋杆与旋柄的装配方式，分为普通式（用 P 表示）和穿心式（用 C 表示）。穿心式可承受较大的扭矩，并可在尾部用手锤敲击。

无论哪一种螺钉旋具，在工作中都要停电后再使用。如果要在实在不能停电的工作场合，一定要注意柄部绝缘的可靠性。千万注意在工作中不能碰到其他物体，以防造成短路，损坏其他设备或危及人身安全。

1) 一字螺钉旋具如图 2-4 所示，一字螺钉旋具的技术规格见表 2-1，适用于手用一字螺钉旋具，但不适用于带电作业用一字螺钉旋具。

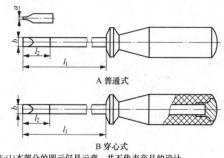

A 普通式

B 穿心式

注:(1)本部分的图示仅是示意，并不代表产品的设计。
(2)B 型旋杆的尺寸 b 在 l_2 的范围内应保持一致，应符合 QB/T 2564.2 的规定。$l_{2,min} = 3 \times b$。

图 2-4 一字螺钉旋具的产品型式

2) 十字螺钉旋具如图 2-5 所示，十字螺钉旋具的技术规格见表 2-2，仅适用于十字槽螺钉旋具，但不适用于带电作业用十字槽螺钉旋具。

表 2-1 一字螺钉旋具的技术规格（摘自 QB/T 2564.4—2012） mm

规格[a]	旋杆长度 l^{+5}_{10}			
$a \times b$	A 系列[b]	B 系列	C 系列	D 系列
0.4×2		40		
0.4×2.5		50	75	100
0.5×3		50	75	100
0.6×3		75	100	125
0.6×3.5	25 (35)	75	100	125
0.8×4	25 (35)	75	100	125
1×4.5	25 (35)	100	125	150
1×5.5	25 (35)	100	125	150

规格[a] $a \times b$	旋杆长度 l_{10}^{+5}			
	A 系列[b]	B 系列	C 系列	D 系列
1.2×6.5	25（35）	100	125	150
1.2×8	25（35）	125	150	175
1.6×8		125	150	175
1.6×10		150	175	200
2×12		150	200	250
2.5×14		200	250	300

[a]　规格 $a \times b$ 按 QB/T 2564.2 的规定。

[b]　括号内的尺寸为非推荐尺寸。

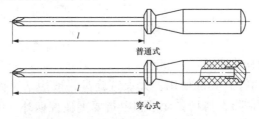

图 2-5　十字螺钉旋具的产品型式

表 2-2　十字螺钉旋具的技术规格（摘自 QB/T 2564.5—2012）　　mm

工作端部槽号 PH 和 PZ	旋杆长度 l_{0}^{+8}	
	A 系列	B 系列
0	25（35）	60
1	25（35）	75（80）
2	25（35）	100
3	—	150
4	—	200

注　括号内的尺寸为非推荐尺寸。

　　一字螺钉旋具规格在 1×5.5 以上的旋具和十字螺钉旋具 2 号槽以上的旋具，其旋杆在靠近旋柄的部位可增设六角加力部分，如图 2-6 所示。该六角加力部分的对边宽度 s 可按 GB/T 3104 规定选择，其公差应符合 GB/T 3103.1—2002《紧固件公差螺栓、螺钉、螺柱和螺母》的规定。六角加力部分的厚度 h 由下式决定

$$h_{\min} = 0.5s$$

式中 　$h_{\min}$——六角加力部分的最小厚度，mm；

　　　s——对边宽度，mm。

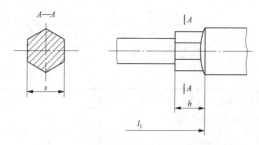

图 2-6　螺钉旋具的加力部分

螺钉旋具的使用方法如下：

1）大螺钉旋具的使用。大螺钉旋具一般用来紧固较大的螺钉。使用时，除大拇指、食指和中指要夹住握柄外，手掌还要顶住柄的末端，这样就可防止旋具转动时滑脱，如图 2-7（a）所示。

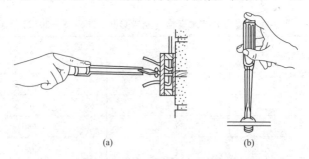

图 2-7　螺钉旋具的使用方法

（a）大螺钉旋具；（b）小螺钉旋具

2）小螺钉旋具的使用。小螺钉旋具一般用来紧固电气装置接线桩头上的小螺钉，使用时，可用手指顶住木柄的末端捻旋，如图 2-7（b）所示。

3）较长螺钉旋具的使用。可用右手压紧并转动手柄，左手握

住螺钉旋具中间部分，以使螺钉刀不滑脱。此时左手不得放在螺钉的周围，以免螺钉刀滑出时将手划伤。

2．风动工具、电动工具及起重工具

（1）风动工具及其应用。电工常用风动工具也叫气动工具，是以压缩空气为动力的工具，包括风砂轮、风钻、风铲（镐）、风剪、风动扳手和拉铆枪等，其应用见表 2-3。

表 2-3　　　　　　　　　　风动工具及其应用

名　称	简　图	使　用　特　点
风砂轮	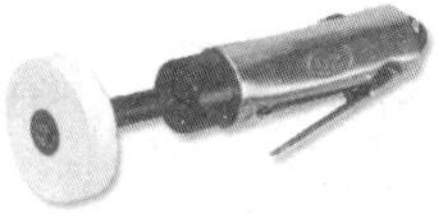	磨修焊缝、除锈、抛光等
风砂轮（直角携带式）		修磨大型机件、模具、焊缝和钢材边缘的飞边、毛刺和浮锈等
风钻	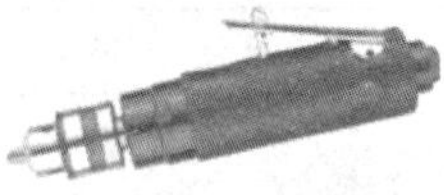	钻孔、扩孔、攻螺纹、胀管等，风钻适用于易燃、易爆等特殊场合
风铲		开焊缝坡口、挑焊根
铆钉枪		铆接工作用
拉铆枪	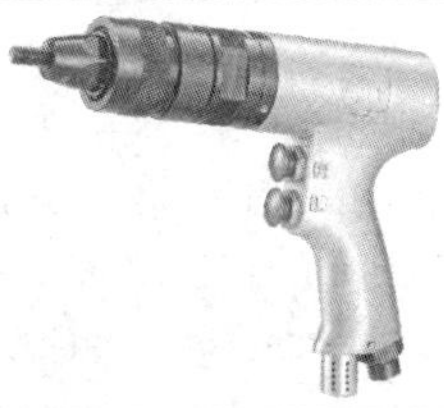	铆接工作用

名　称	简　图	使　用　特　点
风剪		剪切薄板用
风动扳手		拧紧或拆卸螺栓、螺母用

（2）电动工具及其应用。电工常用电动工具包括电动砂轮、电钻、电剪、电动扳手、电动型材切割机和角向磨光机等，其应用见表 2-4。

表 2-4　　　　　　　　　　电动工具及其应用

名　称	简　图	使　用　特　点
电钻		又称手枪钻、手电钻，是一种手提式电动钻孔工具，适用于在金属、塑料、木材等材料或构件上钻孔、扩孔、铰孔、攻螺纹
冲击电钻		是一种能产生旋转带冲击运动的特种电钻。使用时，将冲击电钻调节到旋转无冲击位置时，装上麻花钻即可在金属上钻孔；当调节到旋转带冲击位置时，装上镶有硬质合金的钻头，就能在砖、石、混凝土等脆性材料上钻孔

名　称	简　图	使　用　特　点
电锤		是一种具有旋转和冲击复合运动机构的电动工具，可用来在砖石、混凝土等脆性建筑材料或构件上进行钻孔、开槽和打毛等作业，功能比冲击钻更多，冲击能力更强
角向磨光机		金属铸件、零部件的清理，去毛刺、焊缝的打磨、抛光、砂光和除锈等
电动扳手		扳旋螺栓、螺母
电动螺钉旋具		扳、拆螺钉
电剪刀		剪切薄钢板或其他金属板材
电动型材切割机		切割各种型材、管材

名　称	简　图	使　用　特　点
电动割管机		切割大尺寸管子

（3）起重工具及其应用。

1）起重工具的作用。起重工具是指起吊和提升重物时所用的工具。电工常用的起重工具有千斤顶与起重滑车、起重绳索与附件等，其应用见表2-5、表2-6。

表 2-5 　　　　　　　　千斤顶与起重滑车

名　称	简　图	用途与规格
螺旋式千斤顶		用于顶举重物；型号为"LQ"，起重量（5～50）×10^3kg
齿条式千斤顶		齿条式千斤顶具有导杆顶和钩脚。导杆顶用于顶升离地面较高的重物，钩脚用于顶升离地面较低的重物。 起重量 3×10^3kg/15×10^3kg 的齿条式千斤顶即导杆顶起重量 15×10^3kg，钩脚起重量 3×10^3kg

续表

名　称	简　图	用途与规格
液压式千斤顶		型号为"YQ"，起重量（3～320）×10^3 kg
分离式液压起顶机		它由主体和油泵两部分组成，可远离重物 1.5m 左右进行操作，可用于起重，安装附件后还可作拉、压、扩张及夹紧等动作，有 5×10^3 kg 和 10×10^3 kg 两种
起重滑车		有吊钩型、吊环型、链环型和吊梁型。应用时与其他起重机械配合使用

表 2-6　　　　　　　　　起重绳索与附件

名　称	简　图	使　用　特　点
麻　绳		按使用的原材料不同，分印尼棕绳、白棕绳、混合绳和线麻绳四种。麻绳具有轻便、容易捆绑等优点，但强度低、容易磨损和腐蚀，可用于吊运质量小于 500kg 的工件
钢丝绳		具有强度高、耐磨损、工作可靠、成本低等优点。其缺点是不能折弯，吊运温度较高的工件 型号含义：如 6×19＋1 表示共有 6 股，每股有 19 根钢丝，1 根绳芯

名　称	简　图	使　用　特　点
吊索		按结构不同分万能吊索、单钩吊索、双钩吊索等。 钢丝绳吊索具有牢固、经济、使用方便等优点，应用较广
吊链		按结构不同分万能吊链、单钩吊链、双钩吊链及多钩吊链等。 吊链自重大、挠性好，在不便于使用钢丝绳的条件下代替钢丝绳吊索，用于起吊沉重和高温的重物。使用吊链时，应定期检查链环的磨损程度
钢丝绳夹		用于夹紧钢丝绳末端的一种绳索附件，其特点是夹持牢固、装拆方便，使用钢丝绳夹时，其数目不得少于3个，不能超过6个
卸扣		用于连接被吊重物和吊索、卸扣的横销以螺纹形式最常用，连接后要卸开非常容易
索具螺旋扣（花篮螺丝）		在受静止、固定拉力的场合，作调节绳索拉伸的松紧程度之用
钢丝绳用套环		装置在钢丝绳的连接端，保护钢丝绳索不致被磨损和折损

2）起重时的注意事项与操作禁忌。

a）检查索具和吊具是否完好无损，当发现有裂纹、变形、锈蚀等缺陷时，应禁止使用。

b）按重物的形状采用合理的捆绑方式，未牢固捆绑的重物严禁挂钩起吊。

c）严禁绳索与重物的棱角相接触，以避免绳索受力而被切断。吊运带有棱角的重物时，可在棱角与绳索之间用木板衬垫。

d）吊运已精加工的工件时，为防止加工表面被擦伤，可用麻袋布或橡胶衬垫在工件与绳索之间。

e）吊运途中要避开人和障碍物，提升或下降要平稳，不要产生冲击振动等现象，重物严禁悬空过夜。

f）对有防火、防爆、防振等特殊要求的部件的吊运，要有专人负责，要严格听从指挥，并做好防火、防爆等准备工作。

3. 电烙铁

常用的电烙铁有外热式和内热式两大类，随着焊接技术的发展，后来又研制出了恒温电烙铁和吸锡电烙铁。无论哪种电烙铁，它们的工作原理基本上是相似的，都是在接通电源后，电流使电阻丝发热，并通过传热筒加热烙铁头，达到焊接温度后即可进行工作。对电烙铁要求热量充足、温度稳定、耗电少、效率高、安全耐用、漏电流小，对元器件不应有磁场影响。

（1）外热式电烙铁。外热式电烙铁通常按功率分为 25、45、75、100、150、200W 和 300W 等多种规格，这几种功率实际是指电烙铁向电源吸取的电功率，其结构如图 2-8 所示，各部分的作用如下。

1）烙铁头。由纯铜（紫铜）做成，用螺钉固定在传热筒中，它是电烙铁用于焊接的工作部分，由于焊接面的要求不同，烙铁头可以制成各种不同形状。烙铁头在传热筒中的长度可以伸缩，借以调节其温度。

2）传热筒。为一铁质圆筒，内部固定烙铁头，外部缠绕电阻丝，它的作用是将发热器的热量传递到烙铁头。

3）发热器。用电阻丝分层绕制在传热筒上，以云母作层间的绝缘，其作用是将电能转换成热能并加热烙铁头。

4）支架。木柄和铁壳为整个电烙铁的支架和壳体，起操作手柄的作用。

（2）内热式电烙铁。内热式电烙铁常见的规格有 20、30、35W 和 50W 等几种。外形和内部结构如图 2-9 所示，主要部分由烙铁头、发热器、连接杆和手柄等组成，各部分的作用与外热式电烙铁基本相同，只是在组合上，它的发热器（烙铁芯）装置在烙铁头空腔内部，故称为内热式。它的连接杆既起支架作用，又起传热作用。内热式电烙铁具有发热快、耗电省、效率高、体积小、重量轻、便于操作等优点。一把标称为 20W 的内热式电烙铁，其烙铁头的温度相当于 25～45W 外热式电烙铁。

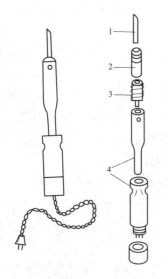

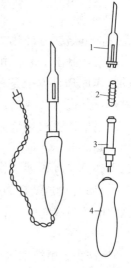

图 2-8　外热式电烙铁
1—烙铁头；2—传热筒；
3—发热器；4—支架

图 2-9　内热式电烙铁
1—烙铁头；2—发热器；
3—连接杆；4—手柄

（3）吸锡电烙铁。吸锡电烙铁主要用于电工和电子技术装修中拆换元器件。操作时先用吸锡电烙铁头部加热焊点，待焊锡熔化后，按动吸锡装置，即可把锡液从焊点上吸走，便于拆焊。利用这种电烙铁，可提高拆焊效率，且不会损伤元器件，特别是拆除焊点多的元器件，如集成块、波段开关等，使用尤为方便。

从总体上考虑，电烙铁的选用应遵从下列原则：

1）烙铁头的形状要适应被焊物的要求和焊点所有元器件密度。烙铁头有直轴式和弯轴式两种。功率大的电烙铁，烙铁头的体积也大。常用外热式电烙铁的头部大多制成錾子式样，而且根据被焊物表面的要求，錾式烙铁头部角度有 $45°$、$10°\sim25°$ 等，錾口的宽度也各不相同。焊接密度较大的产品时，可用头部窄小的烙铁头。内热式电烙铁常用圆斜面烙铁头，适合于焊接印制线路板和一般普通焊点。

2）烙铁头顶端温度应能适应焊锡的熔点要求。通常这个温度应比焊锡熔点高 $30\sim80℃$，而且不应包括烙铁头接触焊点时下降的温度。

3）电烙铁的热容量应能满足被焊件的要求。热容量太小，温度下降快，使焊锡熔化不充分，焊点强度低，表面发暗而无光泽、焊锡颗粒粗糙，甚至成虚焊。热容量过大，会导致元器件和焊锡温度过高，不仅会损坏元器件和导线绝缘层，还可能使印制线路板铜箔起泡，焊锡流动性太大而难于控制。

由于被焊件的热要求不同，对电烙铁功率的选择应注意以下几个方面：

1）焊接较精密的元器件和小型元器件时，宜选用 $20W$ 内热式电烙铁或 $25\sim45W$ 外热电烙铁。

2）连续焊接、热敏元件焊接，应选用功率偏大的电烙铁。

3）大型焊点及金属底板的接地焊片，宜选用 $100W$ 及以上的外热式电烙铁。

使用电烙铁的注意事项：

1）使用前必须检查两股电源线和保护接地线的接头是否接对，否则会导致元器件损伤，严重时还会引起操作人员的触电。

2）新电烙铁初次使用时，应先对烙铁头搪锡。其方法是，将烙铁头加热到适当温度后，用砂布（纸）擦去或用锉刀锉去氧化层，蘸上松香，然后浸在焊锡中来回摩擦，即可搪上锡。电烙铁使用一段时间后，应取下烙铁头，去掉烙铁头与传热筒接触部分的氧化层，再装在原位，避免以后取不下烙铁头。电烙铁发热器的电阻丝由于多次发热，易碎易断，使用时应轻拿轻放，切不可敲击。

3）焊接时，宜使用松香或中性焊剂，因酸性焊剂易腐蚀元器件、印制线路板及发热器等。

4）烙铁头应经常保持清洁。使用中若发现烙铁头工作面有氧化层或污物，应在石棉毡等织物上擦去，否则将影响焊接质量。烙铁头工作一段时间后，还会出现因氧化不能上锡的现象，应用锉刀或刮刀去掉烙铁头工作面黑灰色的氧化层，重新搪锡。烙铁头使用过久，还会出现腐蚀凹坑，影响正常焊接，应用锉刀对其整形，再重新搪锡后使用。

5）电烙铁工作时要放在特制的烙铁架上，烙铁架一般应置于工作台右上方，烙铁头部不能超出工作台，以免烫伤工作人员或其他物品。

4. 电烙铁的拆装与故障处理实例

以 20W 内热式电烙铁为例来说明拆装步骤。拆卸时，首先拧松手柄上顶紧导线的制动螺钉，旋下手柄，然后从接线桩上取下电源线和电烙铁铁心引线，取出烙铁心，最后拔下烙铁头。安装顺序与拆卸刚好相反，只是在旋紧手柄时，勿使电源线随手柄扭动，以免将电源线接头部位绞坏，造成短路。

电烙铁的电路故障一般有短路和开路两种。如果是短路，一接通电源就会熔断保险丝。短路点通常在手柄内的接头处和插头中的接线处。这时如果用万用表电阻挡检查电源插头两插脚之间的电阻，阻值将趋于零。如果接上电源几分钟后，电烙铁还不发热，一定是电路不通。如电源供电正常，通常是电烙铁的发热器、电源线及有关接头部位有开路现象。这时旋开手柄，用万用表 $R \times 100\Omega$ 挡测烙铁芯两接线桩间的电阻值，如果在 $2k\Omega$ 左右，一定是电源线断或接头脱焊，应更换电源线或重新连接；如果两接线桩间电阻无穷大，当烙铁芯引线与接线桩接触良好时，一定是烙铁心电阻丝断路，应更换烙铁心。

二、电工常用量具

电工常用量具主要有以下几种：

（1）游标卡尺。游标卡尺是一种中等精度的量具，可以直接量出工件的外径、孔径、长度、宽度、深度和孔距等。

（2）千分尺。千分尺是一种精密的量具，它的精度比游标卡尺高，而且比较灵敏，因此，对于测量精度要求较高的工件尺寸，要用千分尺来测量。

（3）百分表。百分表是应用很广的万能量具，用它可以检验机床精度和测量工件的尺寸、形状和位置误差。

（4）塞尺。塞尺又叫厚薄规，是用来检验两个相结合面之间间隙大小的片状量规。

第 2 节　电工常用安全防护用具

一、电气安全用具的作用和分类

（1）安全用具的作用。电工作业中，为了保障工作人员的人身安全，顺利完成工作任务，必须使用相应的安全器具。例如，爬杆登高作业时，工作人员必须正确使用脚扣、安全带等安全用具；登高之后，还要把系在身上的安全带固定好，以防止高空坠落等伤亡事故的发生。

在机械设备运行、检修工作中，必须使用安全行灯，戴护目镜、手套，穿工作服等安全保护用具。例如，使用砂轮磨削金属时，应戴平光护目镜，防止金属屑飞溅进入眼帘；砂轮机应装防护罩，以防砂轮片碎裂伤人。

（2）安全用具的分类。安全用具可划分为电气工作安全用具和机械工作安全用具两大类。电气工作安全用具又可分为绝缘安全用具和一般安全防护用具两大类，安全用具分类如图 2-10 所示。

1）电工常用的高压绝缘安全用具中，属于基本安全用具的有：绝缘棒、绝缘夹钳、高压验电器等；属于辅助安全用具的有：绝缘手套、绝缘靴、绝缘鞋、绝缘站台、绝缘垫（毯）和绝缘站

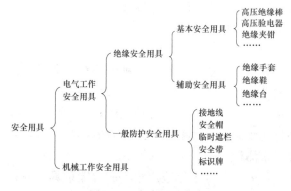

图 2-10　安全用具分类

台等。其中绝缘棒、绝缘夹钳、高压验电器的绝缘强度能长期承受工作电压，并以能在该电压等级产生的内过电压时保证工作人员的人身安全。而绝缘手套、绝缘靴、绝缘鞋、绝缘站台、绝缘垫（毯）和绝缘站台等安全用具的绝缘强度就不能承受电气设备或线路的工作电压，只能起到加强前面基本安全用具的保护作用，它用来防止接触电压、跨步电压对工作人员的危害，它不能直接接触高压电气设备的带电部分。

2）电工常用低压绝缘安全用具中，属于基本安全用具的有：绝缘手套、装有绝缘柄的工具及低压验电器；而绝缘台、绝缘垫、绝缘鞋、绝缘靴属于辅助安全用具。

3）电工一般防护安全用具有：携带型接地线、临时遮栏、标识牌、警告牌、防护眼镜、登高安全用具等。这些安全用具是用来防止工作人员触电、电弧灼伤或高空坠落，它与上面绝缘安全用具不同之处是它们本身不是绝缘物。

二、电工常用安全用具

1. 一般安全防护用具

一般安全防护用具是保证电气维修和电气工作人员安全防护用的，为了保证作业人员的安全防止触电、坠落、灼伤等工伤事故所必须使用的各种电工专用工具或用具。一般不具备绝缘性能，故不能直接接触带电体。

属于一般安全防护用具的有携带型号接地线、可移动的临时防护遮栏、各种安全标示牌、防护眼镜等，这些安全用具虽然不具有绝缘性能，但对防止工作人员触电却是不可缺少的。有些是检修时使用（如携带型接地线），有些是在登高时使用（如在登高片悬挂标示牌），有些是在验电时使用（如电压指示器）。

一般安全防护用具主要有安全帽、安全带、防毒面具、护目眼镜、临时遮栏、标示牌和安全照明灯等。

2. 绝缘安全用具

绝缘安全用具又可分为基本安全用具和辅助安全用具两类。

（1）基本安全用具。基本安全用具是指凡是可以直接接触带电部分，能够长时间可靠地承受设备工作电压的绝缘安全用具。基本安全用具主要用来操作隔离开关、更换高压熔断器和装拆携带型接地线等。使用基本安全用具时，其电压等级必须与所接触的电气设备的电压等级相符合，因此，这些用具都必须经过耐压试验。

用于 1000V 以上的电力系统的基本安全用具有以下几种：绝缘杆、绝缘夹钳、电工测量钳、电压和电流指示器、检修的绝缘装置和设备等。

用于 1000V 以下的电力系统的基本安全用具包括：绝缘杆、绝缘夹钳、电工测量钳、绝缘手套、带绝缘手柄的钳式工具和电压指示器等。

（2）辅助安全用具。辅助安全用具是用来进一步加强基本安全用具保护作用的工具。辅助安全用具一般须与基本安全用具配合使用。如果仅仅使用辅助安全用具直接在高压带电设备上进行工作或操作，由于其绝缘强度较低，不能保证安全。但配合基本安全用具使用，就能防止工作人员遭受接触电压或跨步电压的危险。辅助安全用具应用于低压设备，一般可以保证安全，因此，有些辅助安全工具，如绝缘手套，在低压设备上可以作为基本安全用具使用；绝缘靴（鞋）可作为防护跨步电压的基本安全用具。

辅助安全用具主要有绝缘手套、绝缘靴（鞋）、绝缘垫、绝缘台（板）和个人使用的全套防护用具等。绝缘手套和绝缘靴（鞋）

必须用特种橡胶制造，要求薄、柔软、绝缘强度高和耐磨性能好，且其接缝应尽可能少。此外，手套和绝缘靴（鞋）还应有足够的长度。

属于绝缘安全用具的有电容型验电器、绝缘棒、核相器、绝缘隔板、绝缘手套、绝缘靴（鞋）、绝缘夹钳、绝缘台、绝缘垫、验电笔（器）等。

三、电气安全用具的合理使用

1. 绝缘操作杆（棒）

绝缘操作杆由工作部分、绝缘部分和握手三部分组成，如图 2-11 所示。工作部分一般用金属制成，其长度在满足工作需要的情况下，应尽量缩短，一般在 5~8cm，以避免由于过长而在操作时引起相间或接地短路。绝缘和握手部分由护环隔开，它们是用浸过绝缘漆的木材、硬塑料、胶木制成，其长度的最小尺寸可根据电压等级和使用场所的不同而确定，参见表 2-7。

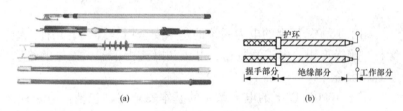

图 2-11　绝缘操作杆

（a）实物图；（b）绝缘操作杆示意图

表 2-7　　　　　　　　　绝缘棒的最小长度　　　　　　　　　m

额定电压/kV	户内使用		户外使用	
	绝缘部分长度	握手部分长度	绝缘部分长度	握手部分长度
≤10	0.70	0.30	1.10	0.40
≤35	1.10	0.40	1.40	0.60

绝缘操作杆是用来闭合和断开高压隔离开关、跌落断路器，也可用来取递绝缘子、拔递弹簧销子、解开绑扎线以及安装和拆卸临时接地线和用于测量、试验等工作，用途非常广泛。

66

在操作时要注意以下安全事项：

（1）使用前检查绝缘操作杆有无损坏、裂纹等缺陷，并用清洁干燥的毛巾擦净表面。

（2）操作杆管内必须清洁封堵、防止潮气浸入。

（3）操作时，操作者应根据需要戴绝缘手套、穿绝缘靴（鞋），而且操作者的手应放在握手部分，不能超过护环。使用绝缘操作杆时，禁止装接地线。

（4）在户外雨天使用绝缘操作杆时，要加装适量的喇叭形防雨罩，防雨罩宜安装在绝缘部分的中部，罩的上口必须和绝缘部分紧密结合，防止渗漏雨水，下口和杆身保持 20～30mm 为宜。防雨罩的长度约为 100～150mm，每个防雨罩之间距可取 50～100mm，其装设数量见表 2-8。

表 2-8　　　　　　　雨天操作杆防雨罩配置数量

额定工作电压/kV	10 及以下	35	60	110	154	220
最少防雨罩数/只	2	4	6	8	12	16

雨天绝缘操作杆的绝缘有效长度（试验长度）见表 2-9。

表 2-9　　　　　　雨天绝缘操作杆的绝缘有效长度

电压等级/kV	绝缘有效长度/m	电压等级/kV	绝缘有效长度/m
60 以下	1.5	154～220	2.5
110	2.0	330	3.5

（5）绝缘操作杆使用完后，应垂直悬挂放置，最好放在专用的支架上，以防棒体弯曲，且不应使其与墙壁接触，以防受潮。

（6）绝缘操作杆每年应定期进行预防性试验一次。用作测量的绝缘棒每半年试验一次，另外，绝缘棒一般每三个月检查一次，检查有无裂纹、机械损伤、绝缘层破坏等。预防性试验检查标准，见表 2-13。

2. 绝缘夹钳

绝缘夹钳也是由工作部分（夹钳）、绝缘部分和握手三部分组成,如图 2-12 所示。

绝缘夹钳是用来安装高压熔断器或进行其他需要夹持力的电气操作时的常用工具,主要适用于 35kV 及以下电力系统,作为基本安全用具使用。在 35kV 以上的电力设备中,不准使用。各部分都用绝缘材料制成,所用材料与绝缘棒相同,只是工作部分是一个坚固的夹钳,并有一个或两个管型的开口,用以夹紧熔断器。其绝缘部分和握手部分的最小长度不应低于表 2-10 的数值,主要依电压和使用场所而定。

图 2-12　绝缘夹钳

（a）外形图；（b）结构图

1—工作部分；2—绝缘部分；3—握手部分

表 2-10　　　　　绝缘夹具的最小长度　　　　　　　m

电气设备的额定电压/kV	户内设备		户外设备	
	绝缘部分长度	握手部分长度	绝缘部分长度	握手部分长度
10	0.45	0.15	0.75	0.20
35	0.75	0.20	1.20	0.20

绝缘夹钳的操作、保管及安全注意事项:

（1）工作时,应戴护目眼镜、绝缘手套和穿绝缘靴（鞋）或站在绝缘台（垫）上。

（2）手握绝缘夹钳时要保持平衡,握紧绝缘夹钳,精神要集中,不使夹持物脱落。

（3）潮湿天气应使用专用的防雨绝缘夹钳。

（4）绝缘夹钳不允许装接地线,以免操作时接地线在空中晃荡,造成接地短路或人身安全事故。

（5）使用完毕,应保存在特制的箱子内,以防绝缘夹钳碰损和受潮。

（6）绝缘夹钳应定期进行试验，试验方法同绝缘棒，预防试验周期为一年，10～35kV 夹钳实验时施加 3 倍线电压，220V 夹钳施加 400V 电压，110V 夹钳施加 260V 电压。

3. 验电器

验电器分为高压和低压两种。

（1）低压验电器。低压验电器又称测电笔、验电笔，是检验导线线路、低压电器设备是否带电压的一种常用工具，检测范围为 50～500V，有钢笔式、旋具式和组合式等多种，如图 2-13 所示。钢笔式低压验电器由笔尖、降压电阻、氖管、弹簧、笔尾金属体等部分组成。低压验电器的用法如图 2-14 所示。

图 2-13　低压验电器

（a）钢笔式；（b）旋具式

1—笔尾的金属体；2—弹簧；3—观察孔；4—笔身；

5—氖管；6—电阻；7—笔尖的金属体

使用时，注意手指必须接触笔尾的金属体（钢笔式）或测电笔顶部的金属螺钉（螺丝刀式），使电流由被测带电体经测电笔和人体与大地构成回路。只要带电体与大地之间的电位差超过 50V 时，验电笔中的氖泡就会发光。

低压验电器的使用方法和注意事项：

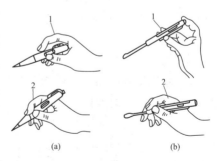

图 2-14　低压验电器的用法

（a）钢笔式用法；（b）旋具式用法

1—正确；2—错误

1）使用前，应在已知带电体上测试，证明验电器确实良好方可使用。

2）在明亮的光线下往往不容易看清氖泡的辉光，应注意避光。

3）旋具式低压验电器的笔尖虽与螺丝刀形状相同，但只能承受很小的扭矩，不能像螺丝刀那样使用，否则容易损坏。

4）低压验电器可以用来区分相线和中性线，氖泡发亮的是相线，不亮的是中性线。低压验电器也可用来判别接地故障。如果在三相四线制电路中发生单相接地故障，用验电笔测试中性线时，氖泡会发亮；在三相三线制线路中，用验电笔测试三根相线，如果两相很亮，另一相不亮，则这相可能有接地故障。

5）低压验电器可用来判断电压的高低。如氖泡发微亮至暗红色，则表明电压较低；氖泡灯光发亮至黄红色，则表明电压较高。

6）低压验电器可以用来区别直流电和交流电，氖泡里的两个极同时发光时为交流电；氖泡里的两个极只有一个发光时为直流电，直流电的极性是发光的一极为直流电的负极。

7）低压验电器裸露部分较长时，可在金属杆上加绝缘套管，以便使用安全。

（2）高压验电器。高压验电器用来检验对地电压为250V以上的电气设备是否带电，通常用于10kV及35kV两种电气设备上。高压验电器有发光型高压验电器、风车型号验电器和有源声光报警验电器。

1）发光型验电器。结构如图2-15所示，有指示器部分、绝缘部分、手握部分和护环。

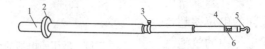

图 2-15　高压验电器结构

1—把柄；2—护环；3—固紧螺钉；4—观察窗；5—金属钩；6—氖管

指示器部分是由接触端、压紧弹簧、氖气管、电容线箔管或电子元件等组成。外部套有电木粉压制或聚氯乙烯制成的硬质绝缘管。

绝缘部分是指自指示器下部的金属衔接螺钉起至护环止的部分。绝缘长度对于 10kV 及以下要大于 0.4m；35kV 的要大于 0.6m；110kV 的要大于 1.0m。

手握部分是指护环以下的部分，其长度要求：10kV 及以下手握长度不小于 120mm；35kV 的不小于 200mm；110kV 的不小于 400mm。

护环是绝缘部分和手握部分的分界点。其直径要比手握部分大 20～30mm。

2) 风车型验电器。它是一种新型高压验电工具，通过带电体尖端放电所产生的电晕风驱动金属叶片旋转，来验证设备是否有电。

风车验电器具有灵敏度高、选择性强、信号指示鲜明、操作方便等优点。

3) 有源声光报警验电器。有接触型和感应型两种。接触型验电器使用时要使其金属触及带电体才会发光报警，其准确可靠。感应型验电器不与带电体接触，而是靠电场感应信号报警。由于受外界干扰，宜使用在带电体稀疏的场合。

4) 高压验电器安全操作注意事项。

a) 投入使用的验电器必须是经电气试验合格的验电器，高压验电器必须定期试验，确保其性能良好。

b) 高压验电器与被检电气设备的电压应相符，禁止使用电压等级不对应的验电器进行验电，以免现场测验时得出错误的判断。

c) 使用前应先在确知带电的设备上试验，以证明验电器完好后才准使用。

d) 操作人员使用高压验电器必须穿戴高压绝缘手套、绝缘鞋，手握高压验电器护环以下的手握部分，不要直接接触设备的带电部分，而要逐渐接近带电部分，到氖灯发亮或发出音响报警信号为止，并要有专人监护，如图 2-16 所示。

e) 验电时必须精神集中，不能做与验电无关的事，如接打手机等，以免错验或漏验。

f）对同杆塔架设的多层电力线路进行验电时，先验低压、后验高压，先验下层、后验上层。为防止邻近带电设备的影响，要求高压验电器与带电设备距离为：电压为 6kV 时，大于 150mm；电压为 10kV 时，大于 250mm；电压为 35kV 时，大于 500mm；为 110kV 时，大于 1000mm。

图 2-16　高压验电器使用
1—正确；2—错误

g）风车型验电器只适用于户内或户外晴天，阴雨天不可使用。

h）对线路的验电应逐相进行，对联络用的断路器或隔离开关或其他检修设备验电时，应在其进出线两侧各相分别验电。

i）在电容器组上验电，应待其放电完毕后再进行。

j）验电时如果需要使用梯子时，应使用绝缘材料的牢固梯子，并应采取必要的防滑措施，禁止使用金属材料的梯子。

四、电工辅助安全用具的合理使用

1. 绝缘手套

绝缘手套如图 2-17（a）所示，是用特种橡胶制成的，用于在高压电气设备上进行操作。绝缘手套应有足够长度（超过手腕 100mm），不许作其他使用。绝缘手套属于辅助安全用具，不能直接接触高压电。用后放在干燥、阴凉处或特制木架上，妥善保管，定期按表 2-13 进行预防性试验。

(a)　　　　　(b)

图 2-17　绝缘手套和绝缘鞋
(a) 绝缘手套；(b) 绝缘鞋（靴）

使用绝缘手套的安全注意事项如下：

（1）使用前要认真检查，不许有破损和漏气现象。

（2）戴绝缘手套时应将外衣袖口放入手套的伸长部分。

（3）绝缘手套不得挪作他用。普通的医疗、化验用的手套不能代替绝缘手套。

（4）绝缘手套用后应擦净晾干，撒上一些滑石粉，以免粘连，然后放在通风、阴凉的柜子里保存。

2．绝缘鞋（靴）

绝缘鞋是用特种橡胶制成的，如图 2-17（b）所示，是在任何电压等级的电气设备上工作时用来与地保持绝缘的辅助安全用具，也是防护跨步电压的基本安全用具。

使用绝缘鞋（靴）的安全注意事项如下：

（1）使用前要检查有无磨损、受潮，有明显破损不可再用。

（2）绝缘鞋（靴）不可与普通雨鞋混用，不可互相代用。

（3）绝缘鞋（靴）不要与石油类油脂接触。要定期做预防性检查试验。

（4）要求绝缘靴表面光滑，不许有裂缝、气泡、砂眼、孔洞和脏污，表面凹坑深度小于 0.1mm，绝缘隔板厚度不得小于 3mm。

（5）要求绝缘靴存放在干燥通风的室内，不得着地和靠墙放置，并应与其他工具分开放置。使用前要仔细检查，擦净表面尘土。每半年定期做一次预防性试验。

3．绝缘胶皮垫（毯）

绝缘胶皮垫如图 2-18（a）所示，用特种橡胶制成，表面有防滑槽纹，工作人员带电操作时，用来作为与地绝缘的固定辅助安全用具，一般铺在配电装置室等高、低压开关柜前的地面上。绝缘胶皮垫厚度不应小于 5mm，最小尺寸不得小于 0.8m×0.8m。

在使用过程中绝缘胶皮垫应保持清洁、干燥，不得与酸、碱、油类和化学药品接触，以免受腐蚀后老化、龟裂或变质，降低绝缘性能。绝缘垫不允许阳光直射或锐利金属划刺，不允许与热源距离太近。

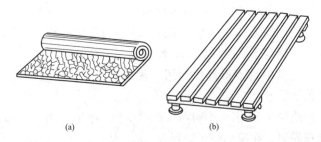

图 2-18　绝缘胶皮垫和绝缘站台

(a) 绝缘胶皮垫；(b) 绝缘站台

4. 绝缘隔板

绝缘隔板是用来防止操作人员在带电设备发生危险时接近的一种防护用具，也可装在 6~10kV 及以下电压等级设备刀开关的动、静触点之间，作为设备突然来电的保安用具。

绝缘隔板应避免与热源距离太近使用，以防绝缘胶皮变质失去绝缘性能。每隔一段时间用低温水清洗一次。

5. 绝缘站台

绝缘站台如图 2-18 (b) 所示，用干燥的木板或木条制作，站台四角用绝缘瓷瓶作台脚。绝缘站台是工作人员带电操作断路器、隔离开关、安装临时接地线用的辅助保安用具。

绝缘站台要求放置在干燥、坚硬的地方使用，以免台脚陷于泥土或台面触及地面，使绝缘性能降低。要求绝缘站台下的绝缘子高度要大于 100mm，绝缘子应无破损和裂纹。

绝缘站台一般每用三次作一次电气试验，试验电压为交流 40kV，加压时间为 2min。在试验过程中若发现有跳火情况或试验结束除去电压后，用手摸试瓷瓶有发热情况，则为不合格。

五、电工安全防护用具

1. 临时接地线

常见的有携带型短路接地线和个人保护接地线两种。携带型号短路接地线（见图 2-19）是一种为防止向已停电检修设备送电或产生感应电压而危及检修人员生命安全而采取的技术措施。个人保护接地线主要用于防止感应电压对个人危害所用的接地装置。

在操作使用时，要注意以下事项：

（1）工作之前必须检查接地线。软铜线是否断头，螺丝连接处有无松动，线钩的弹力是否正常，不符合要求应及时调换或修好后再使用。

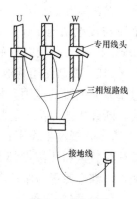

图 2-19 接地线

（2）挂接地线前必须先验电，未验电挂接地线是基层电工中较普遍的习惯性违章行为，而验电的目的是确认现场是否已停电，能消除停错电、未停电的人为失误，防止带电挂接地线造成事故。

（3）挂接地线时，先将接地端接好，然后再将接地线挂到导线上，拆线时的顺序与上述过程相反。

（4）不得将接地线挂在线路的拉线或金属管上。因其接地电阻不稳定，往往阻值太大，不符合技术要求，还有可能使金属管带电，给他人造成危害。

（5）装设接地线应由两人进行，挂装接地线均应使用绝缘棒和戴绝缘手套。

（6）不用时，接地线应存放在干燥的室内，要专门定人定点保管、维护，并统一编号造册，定期检查记录，同时要标明接地线的短路容量和许可使用的设备系统。应注意检查接地线的质量，观察外表有无腐蚀、磨损、过度氧化、老化等现象，以免影响接地线的使用效果。

（7）要爱护接地线。接地线在使用过程中不得扭花，不用时应将软铜线盘好，接地线在拆除后，不得从空中丢下或随地乱摔，要用绳索传递，注意接地线的清洁工作，预防泥沙、杂物进入接地装置的孔隙之中，从而影响接地装置的正常使用。

（8）按不同电压等级选用对应规格的接地线。这也是容易发生习惯性违章之处，地线的线径要与电气设备的电压等级相匹配，才能保证通过事故大电流。

（9）不准把接地线夹接在表面油漆过的金属构架或金属板

上。这是在电气一次设备场所挂接地线时常见的违章现象。虽然金属与接地系统相连，但油漆表面是绝缘体，油漆厚度的耐压达 10kV/mm，可使接地回路不通，失去保护作用。

（10）严禁使用其他金属线代替接地线。其他金属线不具备通过事故大电流的能力，接触也不牢固，故障电流会迅速熔化金属线，断开接地回路，危及工作人员生命安全。

（11）现场工作不得少挂接地线或者擅自变更挂接地线地点。接地线数量和挂接点都是经过工作前慎重考虑的，少挂或变换接地点，都会使现场保护作用降低，使操作者处于危险的工作状态。

（12）接地线具有双刃性，正确使用才具有安全的作用，使用不当也会产生破坏效应，所以工作完毕要及时拆除接地线。带接地线合开关会损坏电气设备和破坏电网的稳定，会导致严重的恶性电气事故。

（13）携带型短路接地线的试验项目、周期和要求见表 2-11，个人保护接地线的试验项目、周期和要求见表 2-12。

表 2-11　　　携带型短路接地线的试验项目、周期和要求

项　目	周　期	要　求			说　明
成组直流电阻试验	不超过5年	在各接线鼻之间测量直流电阻，对于 25、35、50、70、95、120mm² 的各种截面积，平均每米的电阻值应分别小于 0.79、0.56、0.40、0.28、0.21、0.16mΩ			同一批次抽测，不少于 2 条，接线鼻与软导线压接的应做该试验
操作棒的工频耐压试验	1 年	额定电压/kV	工频耐压/kV		试验电压加在护环与紧固头之间
			1min	6min	
		10	45	—	
		35	95	—	
		63	175	—	
		110	220	—	
		220	440	—	
		330	—	380	
		500	—	580	

表 2-12　　　个人保护接地线的试验项目、周期和要求

项　目	周　期	要　求	说　明
成组直流电阻试验	不超过5 年	在各接线鼻之间测量直流电阻，对于 10、16、25mm² 的截面积，平均每米的电阻值应小于 0.98、0.24、0.79mΩ	同一批次抽测，不少于两条

2. 安全帽

安全帽是用来防护高空落物打击头部，减轻头部受冲击伤害的一种防护用具。

安全帽正确使用及注意事项如下：

（1）安全帽要求具有冲击吸收性能和耐穿刺性，另外还要求耐低温（－10℃）、耐燃烧性能、电绝缘性能（交流 1200V、试 1min，泄漏电流不大于 1.2mA），以及侧向刚度等。

（2）使用前要检查安全帽是否有裂纹（塑料安全帽）和损伤、有无明显变形。同时要检查安全帽的帽衬组件是否齐全、牢固。

（3）要求有明显的标志：制造厂名称及高标型号、制造日期、许可证编号等。

（4）帽舌伸出长度为 10～15mm，倾斜度为 30°～60°。

3. 标志牌和标示牌

（1）安全防护用具每项试验完毕合格后，试验人员要及时出具试验合格标志牌。

（2）标示牌又叫警示牌，用来警告人员不可靠近带电设备或禁止操作，有警告类和提示类两种。如"止步""高压危险""禁止合闸""有人工作"等，部分警示牌如图 2-20 所示。

（3）指示牌的悬挂和拆除应按《电工安全工作规程》及其他有关规范进行。

图 2-20　部分警示牌

4. 隔离板和临时遮栏

设置隔离板和临时遮栏是为了提醒工作人员或非工作人员应注意安全所采取的措施，防止人员走错位置，误入电区或临近带电危险距离。隔离板如图 2-21 所示。

图 2-21 隔离板

（1）隔离板采用干燥木制成，高度不小于 1.8m，下部离地面不大于 100mm。要求制作牢固、稳定、轻便。

（2）临时遮栏可用线网或绳子拉成遮栏。在 6～35kV 设备上，若工作人员离带电设备很近工作时，遮栏应用绝缘材料制成。

（3）安装高压设备附近遮栏的操作人员，要戴绝缘手套，站在绝缘台上操作，并要有专人监护。

（4）对于 35kV 设备上的临时遮栏或挡板，要求每半年试验一次，用交流耐压 80kV；对 6～10kV 设备上的，交流耐压 30kV。加压时间均为 5min，无击穿、闪络放电现象为合格。

（5）不许随便取下或移动指示牌和遮栏。

5. 登高作业安全用具的使用

电工在登高作业时，要特别注意人身安全，而登高工具必须牢固可靠，才能保证登高作业者的安全。未经现场训练，或患有精神病、严重高血压、心脏病和癫痫等疾病患者，均不能参加登高作业。

（1）电工用梯子。电工常用的梯子有单梯和人字梯，如图2-22所示。

单梯通常用于室外作业，常用的规格有 13、15、17、19、21 挡和 25 挡；人字梯通常用于室内登高作业。

梯子登高作业的安全注意事项如下：

1）单梯在使用前应检查是否有虫蛀及折裂现象，梯脚应各绑扎胶皮之类的防滑材料。

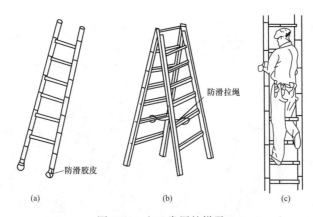

图 2-22　电工常用的梯子

(a) 单梯；(b) 人字梯；(c) 作业姿势

2) 对于人字梯使用前，应检查绑扎在中间的两道防自动滑开的安全绳是否牢固可靠。

3) 在单梯上作业时，为了保证不致用力过度而站立不稳，应按如图 2-22（c）所示的姿势站立。在人字梯上作业时，切不可采取骑马的方式站立，以防人字梯两脚自动滑开时，造成严重工伤事故。

4) 单梯的放置斜角约为 $60°\sim75°$。

5) 安放的梯子应与带电部分保持安全距离，操作者及扶梯人应戴好安全帽，单梯不准放在箱子或桶类易活动物体上使用。

（2）踏板登杆。踏板又叫蹬板，用来攀登电杆。踏板由板、绳索和挂钩等组成。板是采用质地坚韧的木材制作，规格如图 2-23（a）所示。绳索应采用 16mm 三股白棕绳，绳索两端结在踏板两头的扎结槽内，顶端装上铁制挂钩。系结后绳长应保持操作者一人一手长，如图 2-23（b）所示。踏板和白棕绳均应能承受 300kg 的质量，每半年应进行一次载荷试验。

1) 踏板登杆作业时的注意事项：

a) 踏板使用前，一定要检查踏板有无开裂和腐朽，绳索有无断股。

b) 踏板挂钩时必须正钩，切勿反钩，以免造成脱钩事故。

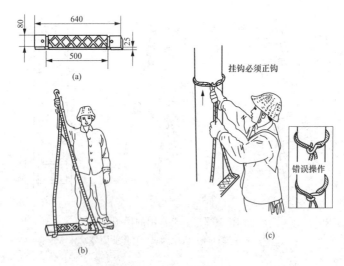

图 2-23 踏板的使用方法

(a) 踏板的规格；(b) 踏板的选择；(c) 挂钩的方法

c) 登杆前，应先将踏板挂好，用人体作冲击载荷试验，检查踏板是否合格可靠，对腰带也用人体进行冲击载荷试验。

2) 踏板登杆作业及下杆步骤。

踏板登杆作业方法：

a) 先把一只踏板挂钩挂在电杆上，高度以操作者能跨上为准，另一踏板反挂在肩上。

b) 右手握住挂钩端双根棕绳，并用大拇指顶住挂钩，左手握住左边贴近木板的单根棕绳，把右脚跨上踏板。然后用力使人体上升，待人体重心转到右脚，左手即向上扶住电杆，如图 2-24 (a)、(b) 所示。

c) 当人体上升到一定的高度时，松开右手并向上扶住电杆，使人体立直，将左脚绕过左边单根棕绳踏入木板内，如图 2-24 (c) 所示。

d) 待人体站稳后，在电杆上方挂上另一只踏板，然后右手紧握上面踏板的双根棕绳，并使大拇指顶住挂钩，左手握住左边贴近木板的单根棕绳，把左脚从下踏板左边的单根棕绳内退出，踏

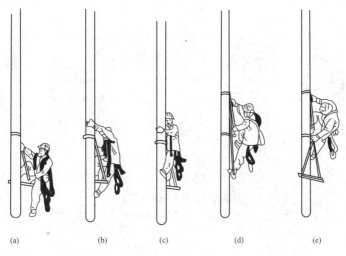

图 2-24　踏板登杆方法

（a）～（e）步骤 1～5

在正面下踏板上。接着将右脚跨上上面踏板，手脚同时用力，使人体上升，如图 2-24（d）所示。

e）当人体离开下面一只踏板时，需把下面一只踏板解下，此时左脚必须抵住电杆，以免人体摇晃不稳，左手解钩，如图 2-24（e）所示。

以后重复上述各步骤进行攀登，直到所需高度。

踏板下杆方法：

a）人体站稳在一只踏板上（左脚绕过左边棕绳踏入木板内），把另一只踏板钩挂在下方电杆上。

b）右手紧握踏板挂钩处双根棕绳，并用大拇指抵住挂钩，左脚抵住电杆下端，随即用左手握住下踏板的挂钩处，人体也随着左脚的下降而下降，同时把下踏板下降到适当位置，将左脚插入下踏板两根棕绳间并抵住电杆，如图 2-25（a）所示。

c）然后将左手握住上踏板的左端棕绳，同时左脚用力抵住电杆，以防踏板滑下和人体摇晃，如图 2-25（b）所示。

d）双手紧握上踏板的两端棕绳，左脚抵住电杆不动，人体逐

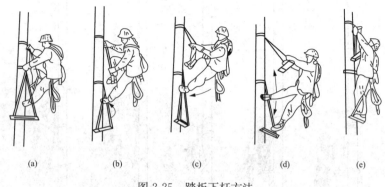

图 2-25　踏板下杆方法
(a)～(e) 步骤 1～5

渐下降，双手也随人体下降而下移紧握棕绳的位置，直至贴近两端木板。此时人体向后仰开，同时右脚从上踏板退下，使人体不断下降，直至右脚踏到下踏板，如图 2-25（c）和（d）所示。

e）把左脚从下踏板两根棕绳内抽出，人体贴近电杆站稳，左脚下移并绕过左边棕绳踏到下踏板上，如图 2-25（e）所示。以后步骤重复进行，直至操作者着地为止。

踏板登杆和下杆作业的注意事项：

a）初学者必须在较低的电杆上进行训练，待熟练合格后，才可正式参加登高训练和杆上作业。

b）登杆操作时，电杆下面必须放上海绵垫子等保护物，以免发生意外事故。

（3）脚扣登杆。脚扣又叫铁脚，也是攀登电杆的工具。脚扣分木杆脚扣和水泥杆脚扣两种，木杆脚扣的扣环上有铁齿，其外形如图 2-26（a）所示；水泥杆脚扣上裹有橡胶，以防打滑，其外形如图 2-26（b）所示。

脚扣攀登速度较快，容易掌握登杆方法，但在杆上作业时没有踏板灵活舒适，易于疲劳，故适用于杆上短时作业，为了保证杆上作业人体的平稳，两只脚扣应按如图 2-26（c）所示方法定位。

1）脚扣登杆的注意事项：

a）使用前必须仔细检查脚扣部分有无断裂、腐朽现象，脚扣

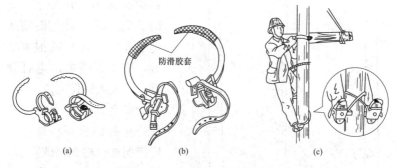

图 2-26 使用脚扣的登杆方法

(a) 木杆脚扣；(b) 水泥杆脚扣；(c) 脚扣登杆作业时的定位

皮带是否牢固可靠，脚扣皮带若损坏，不得用绳子或电线代替。

b）一定要按电杆的规格选择大小合适的脚扣，水泥杆脚扣可用于木杆，但木杆脚扣不可用于水泥杆。

c）雨天或冰雪天不宜用脚扣登水泥杆。

d）在登杆前，应对脚扣进行人体载荷冲击试验。

e）上、下杆的每一步都必须使脚扣环完全套入，并可靠地扣住电杆，才能移动身体，否则会造成事故。

2）水泥杆脚扣登杆与下杆作业步骤：

a）登杆前对脚扣进行人体载荷冲击试验，试验时先登一步电杆，然后使整个人体质量以冲击的速度加在一只脚扣上，若无问题再换一只脚扣作冲击试验。当试验证明两只脚扣都完好时，才能进行登杆作业，如图 2-27（a）所示。

b）左脚向上跨扣，左手应同时向上扶住电杆，如图 2-27（b）所示。

c）接着右脚向上跨扣，右手应同时向上扶住电杆，如图 2-27（c)所示。以后步骤重复进行，直至所需高度。

d）下杆方法与登杆方法相同。

（4）腰带、保险绳和腰绳。腰带用来系挂保险绳，在使用时应系结在臀部上部，不应系在腰间。保险绳用来防止万一失足人体下落时坠地摔伤，一端要可靠地系结在腰带上，另一端用保险

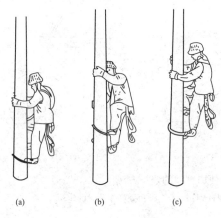

图 2-27　脚扣登杆步骤

(a) ~ (c) 步骤 1~3

钩钩在横担或包箍上，如图 2-28 所示。使用时将腰绳系在电杆横担或抱箍下方，防止腰绳窜出电杆顶端，造成人体伤害。

安全带和安全腰绳要保持良好的机械性能，并应定期进行检查和试验。

工作结束后要将安全腰带或安全绳挂在通风处，不要放在高温或挂在热力管道上，以免损坏。

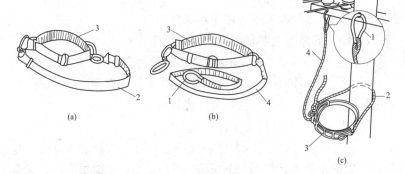

图 2-28　腰带、保险绳及腰绳的使用方法

(a) 腰带、腰绳；(b) 腰带、保险绳；(c) 正确使用方法

1—保险绳扣；2—腰绳；3—腰带；4—保险绳

(5) 电工工具包和工具夹。工具包（盒）用来装备电工常用工具，便于携带和保存。电工工具夹用来插装活扳手、钢丝钳、螺钉旋具和电工刀等电工常用工具，如图 2-29 所示。

(6) 安全网。安全网是为了防止高处作业人员坠落和高处落物伤人而设置的保护装置。

使用前，要检查网绳是否完好无损，要求网绳用直径为 8mm 的涤纶绳制作。安全网固定在铁架上，距地面不小于 3m，四角用

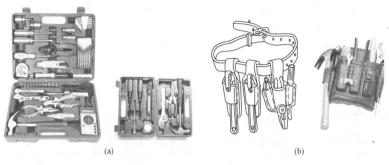

图 2-29　电工工具包和工具夹

(a) 电工工具包；(b) 电工工具夹

直径为 10mm 的涤纶绳绑扎在主铁和水平铁架上，并拉紧。

（7）其他安全防护用具。

1）工作服。工作服可以用来减轻事故对工作人员的伤害程度，因此要求工作服布料适合不同工种的需要。工作时，工作服钮扣要扣好，不应有可能被转动的机器绞住的部分；袖口和领口部分要扣好钮扣，以防烫伤（电气焊）或绞到机器内（机加工和维护电工）造成工伤事故。

2）护目镜。为了防止眼睛受强光照射，焊工要带防护墨镜；用砂轮机磨削金属时，操作人员要戴平光镜；清扫烟道工，要戴好护目镜等。护目镜用后要放在专用箱内或眼镜盒内保存，有裂缝或溅上焊渣的护目镜不可再用。

六、电气安全工器具的工作要求

（1）所有电气安全工器具都要按规定进行定期试验和检查，对不符合要求的电气安全工器具应及时更换，以保证使用时的安全和可靠。

（2）电气安全工器具的技术性能必须符合规定，选用电气安全工器具必须符合工作电压要求，必须符合电气安全工作制度的有关规定。

（3）电气安全工器具要妥善保管，做到整齐清楚。

（4）电气安全工器具不准作其他用具使用。

七、常用绝缘安全工器具及登高工器具的试验标准

电气安全用具在使用以前应进行外观检查，表面应无裂纹、划痕、毛刺、孔洞、断裂等外伤，且应清洁无脏污。电气安全用具的试验间隔不应过长。表 2-13 列出了几种常用绝缘安全用具的试验周期及标准。表 2-14 列出了登高工器具、起重用具的试验周期及标准。

表 2-13　　常用绝缘安全器具的试验项目、周期和要求

序号	器具	项　目	周期	要　　　求				说　　明
1	电容型验电器	A. 启动电压试验	1年	启动电压值不高于额定电压的 40%，不低于额定电压的 15%				试验时接触电极应与试验电极相接触
		B. 工频耐压试验	1年	额定电压/kV	试验长度/m	工频耐压/kV 1min	工频耐压/kV 5min	
				10	0.7	45	—	
				35	0.9	95	—	
				63	1.0	175	—	
				110	1.3	220	—	
				220	2.1	440	—	
				330	3.2	—	380	
				500	4.1	—	580	
2	携带型短路接地线	A. 成组直流电阻试验	不超过 5 年	在各接线鼻之间测量直流电阻，对于 25、35、50、70、95、120mm² 的各种截面，平均每米的电阻值应分别小于 0.79、0.56、0.40、0.28、0.21、0.16mΩ				同一批次抽测，不少于 2 条，接线鼻与软导线压接的应做该试验
		B. 操作棒的工频耐压试验	4年	额定电压/kV	试验长度/m	工频耐压/kV 1min	工频耐压/kV 5min	试验电压加在护环与紧固头之间
				10	—	45	—	
				35	—	95	—	
				63	—	175	—	
				110	—	220	—	
				220	—	440	—	
				330	—	—	380	
				500	—	—	580	

续表

序号	器具	项 目	周期	要 求					说 明
3	个人保安线	成组直流电阻试验	不超过5年	在各接线鼻之间测量直流电阻，对于10、16、25mm² 各种截面，平均每米的电阻值应小于1.98、1.24、0.79mΩ					同一批次抽测，不少于两条
4	绝缘杆	工频耐压试验	1年	额定电压/kV	试验长度/m	工频耐压/kV			
						1min	5min		
				10	0.7	45	—		
				35	0.9	95	—		
				63	1.0	175	—		
				110	1.3	220	—		
				220	2.1	440	—		
				330	3.2	—	380		
				500	4.1	—	580		
5	核相器	A. 连接导线绝缘强度试验	必要时	额定电压/kV	工频耐压/kV	持续时间/min			浸在电阻率小于100Ω·m水中
				10	8	5			
				35	28	5			
		B. 绝缘部分工频耐压试验	1年	额定电压/kV	试验长度/m	工频耐压/kV	持续时间/min		
				10	0.7	45	1		
				35	0.9	95	1		
		C. 电阻管泄漏电流试验	半年	额定电压/kV	工频耐压/kV	持续时间/min	泄漏电流/mA		
				10	10	1	≤2		
				35	35	1	≤2		
		D. 动作电压试验	1年	最低动作电压应达0.25倍额定电压					

续表

序号	器具	项目	周期	要求			说明
6	绝缘罩	工频耐压试验	1年	额定电压/kV	工频耐压/kV	时间/min	
				6～10	30	1	
				35	80	1	
7	绝缘隔板	A. 表面工频耐压试验	1年	额定电压/kV	工频耐压/kV	持续时间/min	电极间距离300mm
				6～35	60	1	
		B. 工频耐压试验	1年	额定电压/kV	工频耐压/kV	持续时间/min	
				6～10	30	1	
				35	80	1	
8	绝缘胶垫	工频耐压试验	1年	电压等级	工频耐压/kV	持续时间/min	使用于带电设备区域
				高压	15	1	
				低压	3.5	1	
9	绝缘靴	工频耐压试验	半年	工频耐压/kV	持续时间/min	泄漏电流/mA	
				25	1	≤10	
10	绝缘手套	工频耐压试验	半年	电压等级	工频耐压/kV	持续时间/min	泄漏电流/mA
				高压	8	1	≤9
				低压	2.5	1	≤2.5
11	导电鞋	直流电阻试验	穿用不超过200h	电阻值小于100kΩ			

注 接地线如用于各电源侧和有可能倒送电的各侧均已停电、接地的线路时，其操作棒预防性试验的工频耐压可只做10kV级，且试验周期可延长到不超过5年一次。

表 2-14　　　　登高工器具、起重用具的试验周期标准

分类	名称		试验静重（允许工作倍数）	试验周期	外表检查周期	试荷时间/min	试验静拉力/N
登高工具	安全带	大带	225kg	半年一次	每月一次	5	2205
		小带	150kg				1470
	安全腰绳		225kg	半年一次	每月一次	5	2205
	升降板		225kg	半年一次	每月一次	5	2205
	脚扣		100kg	半年一次	每月一次	5	980
	竹（木）梯		试验荷重180kg	半年一次	每月一次	5	试验荷重1765
起重工具	白棕绳		2 倍	每年一次	每月一次	10	
	钢丝绳		2 倍	每年一次	每月一次	10	
	铁链		2 倍	每年一次	每月一次	10	
	葫芦及滑车		1.25 倍	每年一次	每月一次	10	
	扒杆		2 倍	每年一次	每月一次	10	
	夹头及卡		2 倍	每年一次	每月一次	10	
	吊钩		1.25 倍	每年一次	每月一次	10	
	纹磨		1.25 倍	每年一次	每月一次	10	

第 3 节　电工常用测量器具与仪表的使用

一、电工测量仪表的准确度等级

1. 仪表的误差

仪表的指示值与被测量的实际值之间的差异称为仪表的误差。很显然，仪表的误差越小，仪表的准确度越高。仪表的误差主要有以下两类：

（1）基本误差。指仪表在正常工作条件下，由于仪表制造工艺限制，仪表本身所固有的误差，如摩擦误差、标尺刻度不准确、轴承与轴间造成的倾斜误差等，都属于基本误差。

（2）附加误差。指仪表离开规定的工作条件，如环境温度改变，有外电场或外磁场影响等而引起的误差。

2. 仪表的准确度等级

仪表的准确度等级是指仪表在规定条件下工作时，可能产生的最大误差占满刻度的百分数。根据仪表误差的大小不同，电工指示仪表一般分为七个准确度等级，即：0.1级、0.2级、0.5级、1.0级、1.5级、2.5级和5.0级。仪表的基本误差见表2-15。

表 2-15　　　　　　　　　仪表的基本误差

准确度等级	0.1	0.2	0.5	1.0	1.5	2.5	5.0
基本误差/%	±0.1	±0.2	±0.5	±1.0	±1.5	±2.5	±5.0

二、电工测量仪表分类

1. 指示仪表

在电工测量领域中，指示仪表种类最多，应用最为广泛，其分类如下：

（1）按测量对象不同，分为电流表（安培表）、电压表（伏特表）、功率表（瓦特表）、电能表（千瓦时表）、欧姆表等。

（2）按仪表工作原理的不同分为磁电式、电磁式、电动式、感应式等。

（3）按被测电量种类的不同，分为交流表、直流表、交直流两用表等。

（4）按使用性质和装置方法不同，分为固定式（开关板式）、携带式。

（5）按误差等级不同，分为0.1级、0.2级、0.5级、1.0级、1.5级、2.5级和5级共七个等级。数字越小，仪表的误差越小，准确度等级也越高。

（6）按使用环境条件不同，可分为A、B、C三组类型的仪表。A组仪表适用于环境温度为0～40℃；B组仪表适用于－20～50℃；它们的相对湿度条件均在85%范围内。C组仪表适用于－40～60℃，相对湿度条件在98%范围内。

（7）按仪表防御外界条件不同，可分为Ⅰ、Ⅱ、Ⅲ、Ⅳ等四种类型。

2. 比较仪表

比较仪表用于比较法测量中，它包括各类交、直流电桥等。

比较法测量准确度高，但操作比较复杂。

3. 数字仪表

数字仪表是采用数字测量技术，并以数码形式直接显示被测量值的仪表。常用的数字仪表有数字电压表、数字万用表、数字电容表等。

4. 图示仪表

专门用来显示两个相关量的变化关系。这种仪表直观效果好，但只能作为精测，常用的有示波器。

三、指示仪表的型号含义及标志符号

电工仪表的面板上，标志着表示该仪表有关技术特性的各种符号。这些符号表示该仪表的使用条件，所测有关的电气参数范围、结构和精确度级等，为该仪表的选择和使用提供了重要依据。现根据国家标准，将电工仪表常用面板符号列于表 2-16～表 2-24 中。

1. 常用测量单位的符号

电工常用测量单位的符号见表 2-10。

2. 仪表工作原理常用符号

电工仪表工作原理常用符号见表 2-16。

表 2-16　　　　　电工仪表工作原理常用符号

名　称	符　号	名　称	符　号
磁电式仪表		电动式比率表	
磁电式比率表		铁磁电动式仪表	
电磁式仪表		感应式	
电磁式比率表	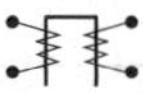	静电式仪表	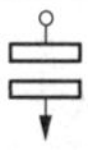
电动式仪表	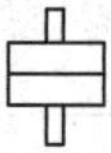	整流式仪表	
外附定值分流器 75mV	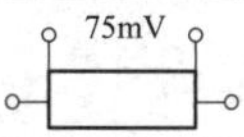 75mV	外附定值附加电阻器 7.5mA	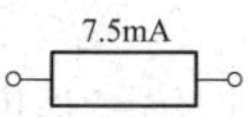 7.5mA

3. 电流种类的符号

电流种类的符号见表 2-17。

表 2-17　　　　　　　　　　电流种类的符号

名　称	符　号	名　称	符　号
直流	—	直流和交流	$\sim$
交流（单相）	∼	具有单元件的三相平衡负载交流	$\approx$

4. 准确度等级的符号

准确度等级的符号见表 2-18。

表 2-18　　　　　　　　　　准确度等级的符号

名　称	符　号
以标尺上量限百分数表示的准确度等级，例如 1.5 级	1.5
以标度尺长度百分数表示的准确度等级，例如 1.5 级	⟍1.5⟋
以指示值的百分数表示的准确度等级，例如 1.5 级	⬭1.5

5. 工作位置的符号

工作位置的符号见表 2-19。

表 2-19　　　　　　　　　　工作位置的符号

名　称	符　号
标度尺位置为垂直的	⊥
标度尺位置为水平的	⊓
标度尺位置与水平面倾斜成一角度，例如 60°	∠60°

6. 绝缘强度的符号

绝缘强度的符号见表 2-20。

表 2-20 　　　　　　　　　　　　　绝缘强度的符号

名　　称	符　　号
不进行绝缘强度试验	☆
绝缘强度试验电压为 500V	☆0
绝缘强度试验电压为 2kV	☆2
危险（测量线路与外壳间的绝缘强度 不符合标准规定，符号为红色）	⚡2kV

7. 按外界条件分组符号

按外界条件分组符号见表 2-21。

表 2-21 　　　　　　　　　　　　按外界条件分组符号

名　　称	符　　号
Ⅰ级防外磁场（例如磁电式）	Ⅰ
Ⅰ级防外电场（例如静电式）	Ⅰ
Ⅱ级防外磁场及电场	Ⅱ
Ⅲ级防外磁场及电场	Ⅲ
Ⅳ级防外磁场及电场	Ⅳ
A 组仪表	不标注 （或 △A）
B 组仪表	△B
C 组仪表	△C

8. 端钮和调零器的符号

端钮和调零器的符号见表 2-22。

表 2-22 端钮和调零器的符号

名　称	符　号
负端钮	—
正端钮	+
公共端钮（多量限仪表）	*
交流端钮	~
电源端钮（功率表、无功功率表、相位表）	*
接地用的端钮（螺钉或螺杆）	⏚
与外壳相连接的端钮	⏚
与屏蔽相连接的端钮	◌
调零器	⌣

9. 测量仪表、灯和信号器件图形符号

测量仪表、灯和信号器件图形符号见表 2-23。

表 2-23 测量仪表、灯和信号器件图形符号

说　明		GB/T 4728—1996~2000	GB 312~314—1964
指示仪表	电压表	Ⓥ	Ⓥ
	无功电流表	A $I_{\sin\varphi}$	Ⓐ
	一台积算仪表最大需求量指示器	→ W $P_{\max}$	Ⓦ
	无功功率表	var	
	功率因数表	cosφ	cosφ
	相位计	φ	φ
	频率计	Hz	Hz
	转速表	n	n

说　明		GB/T 4728—1996～2000	GB 312～314—1964
积算仪表	安培小时计	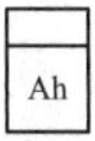 Ah	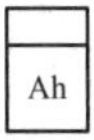 Ah
	电能表（瓦时计）	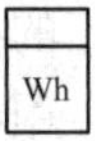 Wh	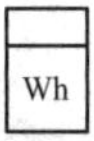 Wh
	电能表，仅测量单向传输能量	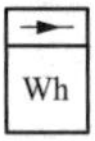 Wh →	
灯和信号器件	灯，一般符号 信号灯，一般符号 　如果要求指示颜色，则在靠近符号处标出下列代码： RD—红 YE—黄 GN—绿 BU—蓝 WH—白	 ⊗	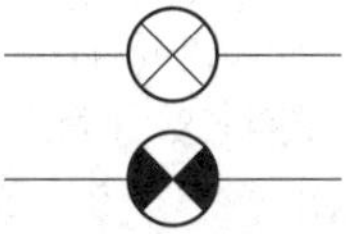 ⊗
	闪光型信号灯	 ⊗	
	蜂鸣器	 ⏝	 ⏝

四、常用测量仪表的选择和使用

（一）电流表和电压表

1. 磁电系电流表和电压表

（1）磁电系仪表的工作原理。磁电系仪表的结构如图 2-30 所示。工作原理：当可动线圈通上电流以后，在永久磁铁的磁场作用下，产生转动力矩使线圈转动，并带动指针偏转。当转动力矩与游丝反作用力矩平衡时，指针停止转动，此时指针有了一个稳

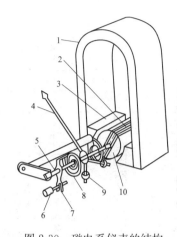

图 2-30　磁电系仪表的结构

1—永久磁铁；2—可动线圈；

3—极靴；4—指针；5—转轴；

6—调零螺钉；7—调零导杆；

8—游丝；9—平衡锤；10—圆柱铁心

定的偏转角，并由指针在标度尺上直接指示出被测值。

磁电系电表广泛地应用于直流电流和直流电压的测量。与整流元件配合，可以用于交流电流与电压的测量，与变换电路配合，还可以用于功率、频率、相位等其他电量的测量，还可以用来测量多种非电量，例如温度、压力等。当采用特殊结构时，可制成检流计。磁电系仪表问世最早，由于近年来磁性材料的发展使它的性能日益提高，成为最有发展前景的指示仪表之一。

（2）常用磁电系电流表和电压表的技术数据见表 2-24。

表 2-24　　　　常用磁电系电流表和电压表的技术数据

型号	级别		测量范围	备　　注
IC2-A IC2-V	1.5	电流表	1～500mA；1～10 000A	75A 以上带外附分流器
		电压表	3～600V；1～3kV	1kV 以上带外附定值附加电阻
12Cl-A	1.5	电流表	1～500mA；1～50A	直接接入
			75～750kA；1～10kA	外附分流器
12Cl-V		电压表	3～300～600V	直接接入
			1，1.5，3kV	外附定值附加电阻
44C2-A	1.5	电流表	50，100，150，200，250μA	直接接入
			1，2，3，5，10，15～500mA	
			1，2，3，5，7.5，10A	
			15，20 ～ 300，500，750A，1，1.5kA	外附分流器

型号	级别	测量范围		备　注
44C2-V	1.5	电压表	1.5，3，7.5～100，150～600V	直接接入
			750V；1，1.5kV	外附定值附加电阻
52C2-A	1.5	电流表	50，75，100，150，200，300，750，1000μA	直接接入
			1，2，3，10，20，50，100～1000mA	
			1，1.5，2，2.5，3，5，7.5A	
			10～100，150～1000，1000～3000A	配用75FL-2型外附分流器
52C2-V		电压表	50，75，100，300～1000mV	直接接入
			1，1.5，2，2.5，3，5～30V	
			50，75，100，150～1000V	配用FJ-26型外附定值附加电阻
85C10-A	2.5	电流表	50～500μA	直接接入
			1～10，15～100，100～750mA	
			1～10A	
			15～100，150～750A	外附FL-30型分流器
			1，1.5，2，3kA	
85C10-V		电压表	50～100，150～300，500～1000mV	直接接入
			1～10，15～100，150～600V	
			750V；1，1.5，2，3，5kV	外附FJ-20型定值附加电阻
91C8-A	2.5（微安表为5.0）	电流表	200，300，500μA	直接接入
			1，2，3，5，10，20，30，50～50mA	
91C8-V		电压表	1.5，3，5，7.5，10V	

型号	级别		测量范围	备　注
99C2-A	2.5	电流表	50，100，200，300，500μA	直接接入：双向量限和单向量限相同
			1，2，3，5，10mA	
99C12-A	1.5	电流表	50，100，150，200，350，500μA	直接接入
			1，2，3，5，10～100，150μA	
99C12-V	2.5	电压表	1.5，3，5，7.5，15～150V	

（3）磁电系仪表常见故障及排除方法见表 2-25。

表 2-25　　　　　磁电系仪表常见故障及排除方法

常见故障	可能原因	排除方法
变差大	（1）指针在支持件上未装牢，有微量活动； （2）轴承或轴座松动； （3）轴尖或轴承有污物； （4）平衡锤和平衡锤杆松动； （5）游丝脏、有粘圈现象； （6）游丝过热产生弹性疲劳	（1）紧固松动的指针； （2）紧固松动的轴座； （3）清洁轴尖或轴承； （4）紧固松动的部件； （5）清洁游丝； （6）更换游丝
可动部分卡滞	（1）磁间隙中有铁屑； （2）磁间隙中有毛纤维； （3）轴尖与轴承间隙过小	（1）清除铁屑； （2）清除毛纤维； （3）调整轴尖轴向位置
电路通而无指示	（1）表头断路； （2）游丝与支架相碰使线圈短路	（1）焊接断点； （2）检查并消除短路部位
电路通而指示值很小	（1）动圈部分短路； （2）分流电阻绝缘降低，有部分短路； （3）游丝焊片与支架绝缘降低、部分短路	（1）检查并消除； （2）检查并消除； （3）检查并消除

续表

常见故障	可能原因	排除方法
电路不通无指示	（1）测量线路断路； （2）游丝脱焊； （3）动圈或动圈串联的附加电路断路，线圈脱焊	（1）焊接断路点； （2）焊接断点； （3）焊接断点
电路通而指示值不稳定	（1）测量线路有虚焊； （2）焊接点有氧化物或接触不良； （3）线路中有击穿或短路或接触不良	（1）焊接断路点； （2）消除并焊接断点； （3）检查并消除短路部位
误差大	（1）永久磁铁磁性减弱； （2）平衡不好； （3）测量线路接触不良； （4）部分电阻值发生变化	（1）充磁或更换； （2）调整平衡； （3）检查线路并焊接； （4）检查并更换电阻

2. 电磁系电流表和电压表

（1）电磁系仪表的结构和工作原理。电磁系仪表的结构如图 2-31 所示。工作原理：当被测电流流过固定线圈时，固定铁片和可动铁片同时被磁化，并呈同一极性。由于同性相斥，可动铁片带动指针转动。当转动力矩与游丝的反作用力矩平衡时，指针停止转动，即可指示出被测值。

（2）常用电磁系电流表和电压表的技术数据见表 2-26。

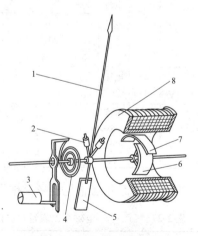

图 2-31 电磁系仪表的结构
1—指针；2—平衡锤；3—调零螺钉；
4—游丝；5—空气阻尼器；6—可动铁片；
7—固定铁片；8—固定线圈

表 2-26　　　　常用电磁系电流表和电压表的技术数据

型号	级别	测量范围		备　　注
IT1-A	2.5	电流表	0.5～200A	直接接入
			5～10kA	配用电流互感器
IT1-V	1.5	电压表	15～600V	直接接入
			380V～380kV	配用电压互感器
IT9-A	2.5	工作部分 1～5，2～10，4～20A		直接接入
		过载部分 5～15，10～30，20～50A		
62T51-A	2.5	电流表	100，300，500mA 1，2，3，5，10，20，30，50A	直接接入
			10～100，150～600，1000～1500A	配用电流互感器
62T51-V		电压表	30，50，150，250，450V	直接接入
44T1-A 59T4-A	2.5 1.5	电流表	50，100，300，500mA 1，2，3，5，10，20，30，50A	直接接入
			10，20，30，50，75，100，150，200，300，600，1000，1500A	配用电流互感器
44T1-V 59T4-V		电压表	30，50，100，150，250，300，450V	直接接入
81T1-A 81T2-A	2.5	电流表	0.5，1，2，3，4，5，10A	直接接入
81T2-V 81T1-V		电压表	30，50，100，150，250，450V	

（3）电磁系仪表常见故障及排除方法见表 2-27。

表 2-27　　　　电磁系仪表常见故障及排除方法

常见故障	可能原因	排除方法
可动部分卡滞	（1）可动铁片碰固定线圈； （2）固定铁片松动； （3）阻尼片碰阻尼器磁铁； （4）可动部分有毛纤维	（1）调整动铁片位置； （2）紧固固定铁片； （3）调整阻尼片； （4）清除毛纤维

续表

常见故障	可能原因	排除方法
测量部分有响声	（1）屏蔽罩松动； （2）阻尼部件松动	（1）紧固屏蔽罩； （2）紧固松动部件
指针抖动	测量机构固有频率与转矩频率共振	增减可动体的质量或更换游丝
误差大	（1）测量电路感抗较大； （2）铁磁元件剩磁大； （3）附加电阻阻值变化	（1）改变附加电阻的绕制方法或并联电容减少感抗； （2）将有剩磁的元件及时退磁； （3）调整或更换电阻

3. 电动系电流表和电压表

（1）电动系仪表的结构和工作原理。电动系仪表的结构如图 2-32 所示。工作原理：当可动线圈和被固定线圈中有被测电流通过时，两线圈产生的磁场相互作用，使可动线圈带动指针偏转。当转动力矩与游丝的反作用力矩平衡时，指针停止转动，即可指示出被测值。

（2）常用电动系电流表和电压表的技术数据见表 2-28。

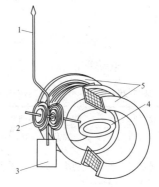

图 2-32　电动系仪表的结构

1—指针；2—游丝；3—空气阻尼器；
4—可动线圈；5—固定线圈

表 2-28　　　　常用电动系电流表和电压表的技术数据

型号	级别	测量范围		备　　注
1D7-A 41D4-A	1.5	电流表	0.5，1，2，3，5，10，15，20，30，50A	直接接入
			5，10，15，20，30，50，75，100，150，200，300，400，600，750A	配用电流互感器
			1，1.5，2，2.5，3，4，5，6，7.5，10kA	

续表

型号	级别	测量范围		备 注
1D7-V 41D4-V	1.5	电压表	15, 30, 50, 75, 150, 250, 300, 450, 600V	直接接入
			450, 600V	配用电压互感器
			3.6, 7.2, 12, 18, 42, 150, 300, 460kV	
13D1-A	2.5	电流表	5, 10, 20, 30, 50A	直接接入
			10, 20, 30, 50, 75, 100, 150, 200, 300, 400A	配用电流互感器
			1, 1.5, 2, 3, 4, 5, 6kA	
13D1-V		电压表	30, 150, 250, 450V	直接接入
			3.6~42kV	配用电压互感器

（3）电动系仪表常见故障及排除方法见表 2-29。

表 2-29　　　　　电动系仪表常见故障及排除方法

常见故障	可能原因	排除方法
可动部分卡滞	(1) 固定线圈的连接引线碰可动线圈； (2) 可动线圈的连接引出线碰固定线圈； (3) 阻尼片碰阻尼器； (4) 指针太低卡表盘或有毛刺	(1) 调整其位置； (2) 将引出线缠在可动体的轴杆上； (3) 调整其位置； (4) 调整指针位置并清除毛刺
变差大	(1) 轴尖与轴承配合紧； (2) 轴尖磨损或有污物； (3) 轴承松动或有污物； (4) 固定线圈与可动线圈间有轻微摩擦	(1) 调整其间隙； (2) 更换或清洗轴尖； (3) 紧固或清洗轴承； (4) 检查并消除摩擦现象
平衡不好	(1) 指针弯曲； (2) 活动部件松动、变位； (3) 平衡锤位置变动； (4) 轴承松动而变位	(1) 校直指针； (2) 紧固松动的部件； (3) 重新调整平衡； (4) 将轴承调至合适位置
误差大	(1) 分流电阻短路； (2) 游丝粘圈或碰线圈； (3) 固定线圈装反； (4) 分流电阻阻值变化或烧损	(1) 消除短路； (2) 调整游丝； (3) 重新装正； (4) 更换电阻

4. 电流表和电压表使用注意事项

（1）在搬运和拆装电表时，应小心谨慎，轻拿轻放，不能受到强烈的振动或撞击，以防止损坏电表的零部件，特别是电表的轴承和游丝。

（2）安装和拆卸电表时，应先切断电源，以免发生人身事故或损坏测量机构。

（3）电表接入电路之前，应先估计电路上要测量的电流、电压等是否在电表最大量程内，以免电表过载而损坏电表。选择电表最大量程时，以被测量的 1.5~2 倍为宜。

（4）测量电流时，电流表应与被测电路串联；测量电压时，电压表应与被测电路并联。测量直流电流或直流电压时，应特别注意电表的"＋"极接线端钮与电源"＋"极相连，电表的"－"极接线端钮与电源"－"极相连。测量交流电流或交流电压时，无需注意极性。

（5）电表的引线必须适当，要能负担测量时的负载而不致过热，并且不致产生很大的电压降而影响电表的读数。如电表带有专用导线时，在使用时应与专用导线连接。连接的部分要干净、牢靠，以免接触不良而影响测量结果。

（6）电表的指针必须经常注意作零位调整。平时指针应指示在零位上，如略有差距，可调整电表上的零位校正螺钉，使指针恢复到零点的位置。

（7）电表应定期用干软布擦拭，以保持清洁。

（二）钳形电流表

使用普通电流表测量电流时，必须先停电，然后将电流表串接在电路中，方可进行电流的测量。为了测量方便，不需停电或不能停电进行电流测量场，必须使用钳形电流表。例如：为了监测电动机的工作电流，用钳形电流表可以不间断地、不需停电地测量运行电动机的各项工作电流。

钳形电流表可以了解电动机的负载情况，以及随时监测负载的变化；了解电动机内部情况三相电流是否平衡，也可以了解线路情况，根据电动机是否偏流过大判断电源是否缺相等。

1. 钳形电流表的分类

钳形电流表分互感器式钳形电流表和电磁系钳形电流表。

(1) 互感器式钳形电流表。互感器式钳形电流表由电流互感器和带有整流装置的磁电系表头组成，如图 2-33 所示。电流互感器铁心呈钳口形，为了测量被测导线的电流，捏紧钳形电流表的手柄，使其铁心张开。从铁心张开的缺口钳入被测载流导线。然后松开手将钳形电流表的钳口闭合。被测导线电流在铁心中产生了磁通。像互感器一样，被测导线就成为电流互感器的一次绕组，使绕在铁心上的二次绕组中产生感应电动势。测量电路中就有电流 I_2 流过，这个电流按不同的分流比，再经过整流后流入表头。表盘上标尺的刻度是按一次电流 I_1 而定，所以表的读数就是被测导线的电流。量程的改变由转换开关的改变分流电阻来实现。

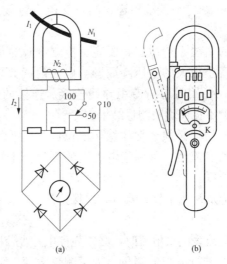

图 2-33 互感器式钳形电流表

(a) 接线图；(b) 外形图

(2) 电磁系钳形电流表。目前国产的 MG20 型、MG21 型电磁系钳形电流表可以测交、直流两用，其结构如图 2-34 所示。

这种表采用电磁系测量机构，卡在铁心钳口中的被测电流导线相当于电磁系机构中的线圈，测量机构的可动铁片位于铁心缺口中央。被测电流在铁心中产生磁场，使动铁片被磁化产生电磁推力，从而带动仪表可动部分偏转，带动指针转动，指针即指出被测电流数值。由于电磁系仪表可动部分的偏转与电流的极性结构无关，因此它可以交、直流两用。特别是测量运行中绕线式异步电动机的转子电流，因为转子电流频率很低且随负载变化而变化，若用互感器式钳形电流表则无法测出其具体数据，而采用电磁系

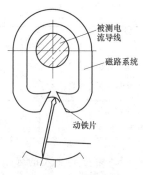

图 2-34　交、直流两用电磁系钳形电流表结构

钳形电流表则可测出转子电流。因此，电磁系钳形电流表已广泛得到使用。

2. 常用钳形电流表的技术数据

常用钳形电流表的技术数据见表 2-30。

表 2-30　　　　　常用钳形电流表的技术数据

名称	型号	仪表系列	准确度等级	测量范围
钳形交流电流电压表	MG4	整流系	2.5	$0\sim10\sim30\sim100\sim300\sim1000A$ $0\sim150\sim300\sim600V$
钳形交直流电流表	MG20	电磁系	5.0	$0\sim750A$ $0\sim1000A$ $0\sim1500A$
钳形交流电流电压表	MG26	整流系	2.5	$0\sim50\sim250A$ $0\sim300\sim600V$
袖珍钳形多用表	MG27	整流系	2.5 5.0	交流电流：$0\sim10\sim50\sim250A$ 交流电压：$0\sim300\sim600V$ 直流电阻：$0\sim300\Omega$
袖珍钳形多用表	MG33	整流系	5.0	交流电流：$0\sim5\sim50A$ $0\sim25\sim100A$ $0\sim50\sim250A$ 交流电压：$0\sim150\sim300\sim600V$ 直流电阻：$0\sim300\Omega$

名称	型号	仪表系列	准确度等级	测量范围
钳形交流电流表	T301	整流系	2.5	0～10～25～50～100～250A 0～10～25～100～300～600A 0～10～30～100～300～1000A
钳形交流电流电压表	T302	整流系	2.5	0～10～50～250～1000A 0～300～600V

3. 钳形电流表的选用

钳形电流表的种类及型号较多，在选用时主要考虑的因素有：被测载流导线的形状、粗细、被测量的大小，所需测量的功能等。

（1）只需测量电路中的电流（及电压）且电流值较大，载流导线粗（主要是外表的绝缘层）、外形又不规则（如铜排或多股导线合并缉织在一起）时，可选用 MG3-I 型、MG3-2 型及 DM6266 型等钳口尺寸较大的产品。

（2）需测量量程较小的电流、电压及电阻时，可选用 MG27 型、MG81 型等产品。若实际需要及习惯使用数字电表的，可选用 PG12 型、MGS-6 型等产品。

（3）需测量的参数种类相对较多的，可选用 MG28 型、MG36 型等产品。

（4）在实际使用时经常碰到一些不便读取测量读数的场合，这时可选用带有锁针装置的 MG61 型及 MG371 型等产品。

（5）经常需要测量电气设备的电流、电压及功率、功率因数等常用电参数时，推荐选用 PG14-1 型智能钳形电流表。

4. 钳形电流表的使用方法及注意事项

（1）用在不便拆线的电路及对测量精度要求不高的场合。经常只测量交流回路的交流电流的场合，使用整流式互感器式钳形电流表。若采用电磁系钳形电流表，常用在测量交、直流两用的场合。

（2）测量时应将被测量载流导线放在钳口中央，以免产生误差。

（3）测量前应先估计被测电流、电压的大小，选择合适的量程测量，指针不能超过所测的电流、电压值。如果不能确认大概数值，可用较大量程测试，再视被测电流、电压大小调整旋钮，最终找到合适的量程去测量。

（4）钳口两接触面保证接合良好。如有杂音，可将钳口重新开合一次，若声音依然存在，可检查钳口接合面是否干净。如有异物、铁锈等污垢，可用纱布等将污垢、铁锈等去掉，再用酒精或汽油等擦干净。

（5）不要在测量过程中切换量程，以免在切换时造成二次瞬间开路，感应出高压而击穿绝缘。切换量程时，要先将钳口打开，取下钳形电流表，调好挡位后再去测量。

（6）注意安全。在测量母线时，最好用绝缘板隔开，防止张口钳口时造成相间短路。不宜测量裸导线。读数时钳口放入、移出时，勿接触其他带电部分，以防止引起触电或短路事故。

（7）测量 5A 以下电流时，可把导线多绕几圈放进钳口测量，而实际电流值应为读数除以放进钳口导线的根数。这样读数更为精确些。

（8）测量后一定要把调节开关放在最大量程位置，以防下次使用时，使用不甚测量大电流时，由于量程限制烧毁仪表。

5. 钳形电流表使用范围的扩展

钳形电流表除在量程内正常钳测电流外，只要简单变更测量方法，就能扩展用途。

（1）扩大电流量程。测量小于最小量程的电流时，可将待测回路导线在钳口内绕 N 圈，指示电流数被 N 圈除，即所测电流值；测量大于最大量程的电流时，可接入电流互感器，互感器二次侧接成短路，钳形电流表测量电流互感器二次侧短路导线的电流，再乘上变比，就是所测电流值。

（2）判断三相回路是否平等。将 U、V、W 三相导线均钳在口内，如无指示即三相平衡，有读数表示出现了零序电流，说明三相不平衡；钳入三相导线中的二根，读出的值，就是未钳入相的电流值。

（3）检测交流漏磁场。使用小量程挡，微张钳口，靠近电机或变压器，出现读数，就说明有交变漏磁场，从不同读数中，可对比出漏磁的程度。

（4）监测晶闸管工作状态。流过管子的是半波交流，因此钳测晶闸管阳（阴）极会有读数，观察指示值的有无和大小，并换测U、V、W三相，看读数是否一致，就能判断晶闸管及触发回路是否正常，移相是否正确。

6. 钳形电流表常见故障及排除方法

钳形电流表常见故障及排除方法见表 2-31。

表 2-31　　　　钳形电流表常见故障及排除方法

常见故障	可能原因	排除方法
指针不动或有卡滞现象	（1）整流器损坏或内部电阻脱落； （2）表头内有异物	（1）更换整流器或焊接断点； （2）清除表头内异物
测量时有杂声	钳口接合面上有污物	将钳口重新开合一次，若杂声依然存在，可用汽油擦拭
示值超差	（1）钳口的接触处有氧化物引起磁阻增大； （2）某个电阻阻值发生变化	（1）清除钳口的氧化物； （2）更换电阻

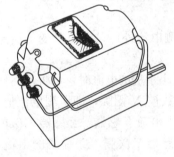

图 2-35　绝缘电阻表的外形图

（三）绝缘电阻表

绝缘电阻表的外形如图 2-35 所示。测量电气设备的绝缘电阻一般使用专用的工具绝缘电阻表来测量，由于其表盘上的刻度尺单位是"兆欧"而称为绝缘电阻表，又因它内部有一台手摇发电机，旧称也有称之为摇表。由于多数电气设备要求其绝缘材料在高压（几百伏、几万伏左右）情况下满足规定的绝缘要求。因此，测量绝缘电阻应在规定的耐压条件下进行。这就是必须采用备有高压电源的绝缘电阻表，而不能采用普通测量大电阻的方法进行测量的原因。一般绝缘材料的电阻都在 $10^6\Omega$ 以上，所以绝缘电阻表的标度尺的单位为兆欧（$M\Omega$）。

目前大多数绝缘电阻表都采用磁电系比率表的结构。

1. 绝缘电阻表的结构

绝缘电阻表的基本结构是一台手摇发电机和一只磁电系比率表。手摇发电机（直流或交流与整流电路配合的装置）的容量很小，而输出的电压很高。绝缘电阻表就是根据发电机能发出的最高电压来分类的。电压越高，测量的绝缘电阻就越大。磁电系比率表是一种特殊形式的磁电系测量机构。它的形式有几种，但基本结构和工作原理是一样的。与电动系比率表的结构相似。磁电系比率表也有两动圈，没有产生反作用力矩的游丝。动圈的电流是通过"导丝"引入的。两动圈彼此间成一角度 α，并连同指针固定于同一轴上。此外，动圈内是开有一个缺口的圆柱形铁心。所以，磁路系统的空气隙内的磁场是不均匀的。磁电系比率表基本结构如图 2-36 所示。测量时，两个动圈中的电流相反。

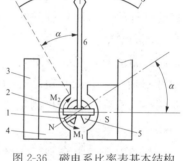

图 2-36　磁电系比率表基本结构

1、2—动圈；3—永久磁铁；4—极掌；
5—开有缺口的圆柱形铁心；6—指针

2. 绝缘电阻表的选择

绝缘电阻表的选择，主要是选择其电压及测量范围。高压电气设备绝缘电阻要求高，须选用电压高的绝缘电阻表进行测试；低压电气设备内部绝缘材料所能承受的电压不高，为保证设备安全，应选择电压低的绝缘电阻表。表 2-32 列出了不同额定电压的绝缘电阻表的使用范围。

表 2-32　　　　不同额定电压的绝缘电阻表使用范围

测量对象	被测绝缘额定电压/V	绝缘电阻表的额定电压/V
线圈绝缘电阻	500 以下	500
	500 以上	1000
电力变压器、线圈绝缘电阻、电机	500 以上	1000～2500
发电机线圈绝缘电阻	380	1000
电气设备绝缘		
绝缘子		2500～5000

选择绝缘电阻表测量范围的原则是不使测量范围过多地超出被测绝缘电阻的数值，以免因刻度较粗而产生较大的读数误差。另外还要注意有些绝缘电阻表的起始刻度不是零，而是 $1M\Omega$ 或 $2M\Omega$。这种绝缘电阻表不宜用来测量处于潮湿环境中的低压电气设备的绝缘电阻，因为在这种环境中的设备绝缘电阻较小，有可能小于 $1M\Omega$，在仪表上读不到读数，容易误认为绝缘电阻为 $1M\Omega$ 或为零值。

3. 绝缘电阻表的使用

（1）测量前应切断被测设备的电源，对于电容量较大的设备应接地进行放电，消除设备的残存电荷，防止发生人身和设备事故及保证测量精度。

（2）测量前将绝缘电阻表进行一次开路和短路试验，若开路时指针不指"∞"处，短路时指针不指在"0"处，说明表不准，需要调换或检修后再进行测量。若采用半导体型绝缘电阻表，不宜用短路进行校验。

（3）从绝缘电阻表到被测设备的引线，应使用绝缘良好的单芯导线，不得使用双股线，两根连接线不得交缠在一起。

（4）测量时要由慢逐渐转快，摇动手柄。如发现指针为零，表明被测绝缘物存在短路现象。这时不得继续摇动手柄，以免表内动圈因发热而损坏。摇动手柄时，不得时快时慢，以免指针摇动过大而引起误差。手柄摇动指针稳定为止，时间约 1min，摇动速度一般为 120r/min 左右。

（5）测量电容性电气设备的绝缘电阻时，应在取得稳定读数后，先取下测量线，再停止摇动手柄，测量完后立即将被测设备进行放电。

（6）在绝缘电阻表未停止转动和被测设备未放电之前，不得用手触摸测量部分和绝缘电阻表的接线柱进行拆除导线，以免发生触电事故。

（7）将被测设备表面擦干净，以免造成测量误差。

（8）有可能感应出高电压的设备，在这种可能未消除之前，不可进行测量。

（9）放置地点应远离大电流的导体和有外磁场的场合，并放在平稳的地方，以免摇动手柄时影响读数。

（10）绝缘电阻表一般有三个接线柱，分别为"L"（线路）、"E"（接地）、"G"（屏蔽）。测量电力线路的绝缘电阻时，L 接被测线路，E 接地线；测量电缆的绝缘电阻时，还应将 G 接到电缆的绝缘纸上，以得到准确结果。用绝缘电阻表测量绝缘电阻的正确接法如图 2-37 所示。

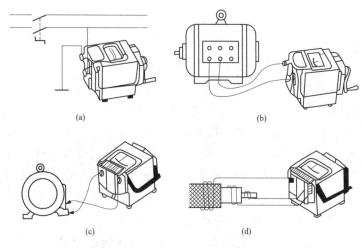

图 2-37　用绝缘电阻表测量绝缘电阻的正确接法

（a）测量线路的绝缘电阻；（b）测量电机的对地绝缘电阻；

（c）测量电机的绝缘电阻；（d）测量电缆的绝缘电阻

4. 绝缘电阻表的检查

（1）检查绝缘电阻表的外壳、摇柄、接线柱、提手、玻璃、表面和指针等有无损坏。

（2）将绝缘电阻表置于水平位置，使两接线柱 L 和 E 开路，以 120r/min 的额定转速摇动发电机，观察指针是否指在"∞"位置（如有"∞"调节装置，应用时摇动的调节器），并检查发电机有无抖动、卡涩、声音不正常和指针卡阻等现象。

（3）仍以 120r/min 的速度摇动发电机，将绝缘电阻表两接线柱 L、E 迅速短接，观察指针是否指到"0"位置。

（4）将绝缘电阻表向任一方向倾斜 10°，摇动发电机，使指针指在"∞"位置，这时可动部分的平衡附加误差不得超过规定值。

（5）以额定转速摇动发电机，使两接线柱 L 和 E 之间的端电压，不应超过额定电压的 20%。

5. 绝缘电阻表的调整

根据检查结果，如果发现有不正常现象，应进行修复。调整中要注意两个测量线圈及指针和线圈间的相对位置是否准确，如仪表内部测量机构和发电机无问题，可按下列方法进行调整：

（1）当绝缘电阻表不连接任何导线或仅接一根"地线"时，转动手柄观察指针能否在"∞"位置，若不到"∞"时应减少电压回路的电阻；若超出"∞"，应增大电阻。对有"∞"调节器或磁分路片的可改变电位器或磁分路片的位置。

（2）短接"L"与"E"两接线柱，转动手柄观察指针是否指到"0"位置（一般缓慢转动可指 0），若不到"0"位，应减小电流回路电阻，若超出"0"位，应增大电阻。若指针少许不到"0"或超出"0"位，可用镊子扳动指针进行调整。

（3）若指针少许不到"∞"位置，可用镊子扳动一下导丝，利用残余力矩使指针指到"∞"位置。

（4）当绝缘电阻表"0"和"∞"都已调好，而前半段和后半段误差较大，可将导丝重新焊接，少许伸长或缩短导丝，利用导丝的残余力矩来改变刻度特性。

（5）当刻度特性改变，产生较大误差时，经检查可调整指针与线框夹角或两线框的夹角，或调整底座位置和线框偏斜情况，可消除或减小误差。

（6）当"0"和"∞"两点或其附近的刻度点都已调好，但中间部分误差较大，又无法调好时，只能重对刻度，重新校对。

6. 绝缘电阻表常见故障及排除方法（见表 2-33）。

表 2-33　　　　　　　绝缘电阻表常见故障及排除方法

常见故障	可能原因	排除方法
发电机摇不动有卡滞现象	(1) 发电机转子与磁轭相碰； (2) 增速齿轮啮合不好或损坏； (3) 滚珠轴承有污物或缺油； (4) 转轴弯曲； (5) 小机盖固定螺钉松动	(1) 重新调整； (2) 调整齿轮位置或更换损坏齿轮； (3) 清洗并加润滑油； (4) 调直转轴； (5) 调整小机盖位置，并紧固螺钉
摇发电机打滑，无电压输出	(1) 偏心轮固定螺丝松动； (2) 调整器弹簧松动或弹性不足	(1) 调整并紧固螺钉； (2) 拉紧弹簧
摇发电机时，产生抖动	(1) 发电机转子不平衡； (2) 发电机转轴不正	(1) 重新调整； (2) 调直转轴
发电机无输出电压或电压很低	(1) 绕组断线； (2) 线圈接头断线； (3) 炭刷接触不良或磨损	(1) 重绕线圈或更换； (2) 检查并焊接断点； (3) 调整或更换炭刷
手摇发电机很重且输出电压低	(1) 发电机两整流环间有污物； (2) 整流环击穿短路； (3) 转子线圈短路； (4) 发电机并联电容器击穿； (5) 内部线路短路； (6) 磁钢磁性变化； (7) 调整器弹簧弹性不足	(1) 清除污物； (2) 修理或更换； (3) 重绕或更换； (4) 更换电容器； (5) 检查并排除短路； (6) 磁钢充磁； (7) 调整调速器螺钉使弹簧拉紧
机壳漏电	(1) 机内线路碰外壳； (2) 受潮绝缘不良	(1) 检查线路并排除； (2) 将其烘干
手摇发电机时炭刷有响声，有火花产生	(1) 炭刷与整流环磨损，表面不光滑或接触不良； (2) 炭刷位置偏移	(1) 更换或清洗； (2) 调整其位置

常见故障	可能原因	排除方法
指针转动不灵活，有卡滞现象	（1）表盘上有毛纤维与指针相碰； （2）线圈上粘有毛纤维或铁心与极掌间隙有污物； （3）线圈转动时导流丝碰固定部分； （4）铁心松动并与线圈相碰； （5）轴承与轴尖间隙过大或有污物； （6）线圈变形并与铁心、极掌相碰	（1）清除毛纤维； （2）清除污物； （3）调整或更换导流丝； （4）紧固铁心螺钉； （5）调整轴承螺丝或清除污物； （6）调整线圈
平衡不好	（1）指针弯曲； （2）平衡锤位置变化； （3）轴尖与轴承间隙过大	（1）校直指针； （2）重新调平衡； （3）调整其间隙
指针指不到∞位置	（1）发电机电压不足； （2）电压回路电阻数值变大； （3）电压线圈局部短路或断路； （4）导流丝变形	（1）修理发电机； （2）更换其电阻； （3）重绕或更换； （4）调修或更换
指针超出∞位置	（1）电压回路电阻变小； （2）导流丝变形； （3）有无穷大平衡线圈的仪表有可能该线圈短路或断路	（1）调换电压回路电阻； （2）调修或更换； （3）重绕或更换
指针指不到0位	（1）电压回路电阻变化，阻值增大指针超过零位，反之，指针指不到零位； （2）电流回路电阻变化，阻值减小指针超过零位，反之，指针指不到零位； （3）导流丝变形； （4）电流线圈或零点平衡线圈有短路或断路	（1）调换电压回路电阻； （2）调换电流回路电阻； （3）更换导流丝； （4）重绕或更换线圈
变差大	（1）轴尖有污物或磨损； （2）轴承有污物或磨损	（1）清洗或更换； （2）清洗或更换

（四）功率表

功率表是用来测量电功率的仪表，功率表可分为单相功率表和三相功率表两种。

1. 功率表的结构和工作原理

功率表大多采用电动系测量机构，电动系功率表与电动系电流表和电压表的不同之处为：固定线圈和可动线圈不是串联起来构成一条支路，而是分别将固定线圈与负载串联，将可动线圈与附加电阻串联后再并接至负载，由于仪表指针的偏转角度与负载电流和电压的乘积成正比，故可测量负载的功率。

2. 直流电路功率的测量

（1）用电流表和电压表测量直流电路功率如图 2-38 所示。此时，功率等于电流表与电压表读数的乘积。

即
$$P = UI$$

式中　P——功率，W；

　　　U——电压，V；

　　　I——电流，A。

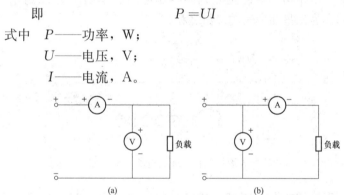

图 2-38　用电流表和电压表测量直流电路功率

（a）电压表内阻≫负载电阻时的接线；（b）电压表内阻≪负载电阻时的接线

（2）用功率表测量直流电路功率如图 2-39 所示，功率表的读数即为被测负载功率。

3. 单相交流电路功率的测量

测量单相交流电路的功率应采用单相功率表，功率表的接线必须遵守"发电机端"原则，正确的接线如

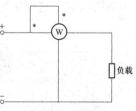

图 2-39　用功率表测量直流电路功率

图 2-40所示,应将标有"＊"号的电流端钮接至电源端,另一电流端钮接至负载端;标有"＊"号的电压端钮可接至任一电流端钮,但另一端钮则接至负载另一端。

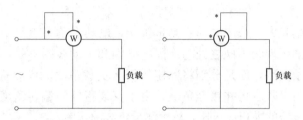

图 2-40　功率表的正确接线方法

4. 三相交流电路功率的测量

(1)用单相功率表测量三相四线制电路功率如图 2-41 所示,电路总功率为三只功率表的读数之和。

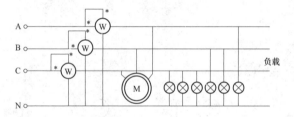

图 2-41　用单相功率表测量三相四线制电路功率(三功率表法)

(2)用单相功率表测量三相三线制电路功率如图 2-42 所示,电路总功率为两只功率表的读数之和。如果负载的功率因数小于 0.5,则会有一只功率表的读数为负值,即该功率表指针会反转。为了取得读数,这时需将该功率表电流线圈的两个端钮对换,使

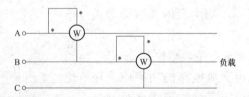

图 2-42　用单相功率表测量三相三线制电路功率(二功率表法)

指针往正方向偏转。这时测得的功率应为两只功率表读数之差。此法还可用于测量三相负载完全对称的三相四线制电路的功率。

（3）用三相功率表测量三相电路功率。三相功率表实际上相当于两个单相功率表组合在一起，它有两个电流线圈和两个电压线圈，分别接在电路中，其内部接法即三相三线制电路的二功率法，外部接线如图 2-43 所示。

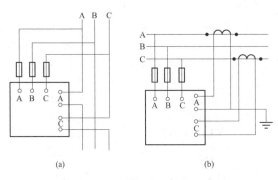

图 2-43 三相功率表外部接线

（a）直接接入法；（b）带有电流互感器的接入法

5. 功率表常见故障及排除方法

功率表常见故障及排除方法见表 2-34。

表 2-34 功率表常见故障及排除方法

常见故障	可能原因	排除方法
活动装置不灵活	（1）阻尼片碰阻尼器； （2）可动线圈上的引出线碰固定线圈； （3）固定线圈的连接引出线碰固定线圈； （4）转动部分有毛纤维或污物	（1）调整阻尼片； （2）将引出线缠紧固定在可动件的轴杆上； （3）固定连接导线，使其离开固定线圈； （4）清除毛纤维或污物
平衡不好	（1）指针弯曲； （2）平衡锤位移； （3）可动部分松动、变位	（1）校直指针； （2）重新调平衡； （3）检查并紧固松动部件，并调平衡

常见故障	可能原因	排除方法
变差大	(1) 轴尖与轴承配合较紧; (2) 轴尖及轴承磨损或有污物; (3) 测量机构周围有剩磁影响	(1) 调整轴尖与轴承间隙; (2) 更换或清洗; (3) 将有剩磁的部件退磁或更换
通电后无指示或指示很小	(1) 测量线路短路或断路; (2) 有一固定线圈装反; (3) 游丝焊片与活动机构的轴杆短路; (4) 转换开关接触不良; (5) 分流电阻短路; (6) 游丝扭纹或碰圈	(1) 消除短路或断路; (2) 重新安装固定线圈; (3) 消除短路; (4) 清洗或调整转换开关; (5) 消除短路; (6) 调整游丝位置
误差大	(1) 固定线圈位移; (2) 测量机构周围有剩磁影响; (3) 附加电阻阻值变化; (4) 转换开关接触不良	(1) 调整其位置; (2) 消除剩磁; (3) 调换附加电阻; (4) 清洗或调整转换开关
通电后指针反转	可动线圈与固定线圈接反	重新连接
光标式仪表无光影	(1) 电源变压器烧损; (2) 灯泡烧损; (3) 反射镜松动变位	(1) 更换或重绕变压器; (2) 更换灯泡; (3) 调整并紧固

6. 功率表的使用注意事项

(1) 选择功率表的量限时,除考虑应有足够的功率量限外,还应注意要正确选择功率表中的电流量限和电压量限,必须使电流量限能容许通过负载电流,电压量限能承受负载电压,这样测量表的量限就自然足够了。

(2) 功率表的接线必须遵守"发电机端"规则。

(3) 一般功率表只标注分格数,而不标注瓦数。不同电流量限和电压量限的功率表,每一分格代表不同的瓦数(即分格常数）。在测量功率时，应将指针偏转格数乘以分格常数，即可得到功率表读数。

（4）如果使用电流互感器和电压互感器时，实际功率应为功率表的读数乘以电流互感器和电压互感器的变化值。

（五）电能表

电能表（又称电度表）是用来测量某一段时间内电网供电电能或负载消耗电能的电工仪表。它不仅能反映出功率的大小，而且还能反映出电能随时间增长积累的总和。

电能表按用途不同可分为单相电能表、三相电能表、有功电能表和无功电能表等。

1. 电能表的结构和工作原理

电能表一般采用感应系测量机构，其结构如图 2-44 所示。工作原理：当电流通过电能表的电流元件和电压元件时，在铝盘上会感应产生涡流，这些涡流与交流磁通相互作用产生电磁力，使铝盘转动。同时，制动电磁铁与转动的铝盘也相互作用，产生制动力矩。当转动力矩与制动力矩平衡时，铝盘以稳定的速度转动。铝盘的转数与被测电能的大小成正比，从而测出所耗电能。

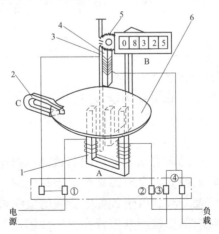

图 2-44 感应系电能表的结构

1—电流元件；2—永久磁铁；3—转轴；4—电压元件；

5—蜗轮蜗杆传动机构；6—铝制圆盘

2. 常用电能表的技术数据（见表 2-35、表 2-36）

表 2-35　　　　　　　常用单相电能表的技术数据

型号	精度	额定电压/V	基本电流 I_b/A
DD862-4 型	2.0 级	220	1.5（6），2.5（10），5（20），3（12），10（40），15（60），20（80），30（100）
DD862-2 型	2.0 级	220	3（6），5（10），2.5（5），10（20），20（40），15（30），30（60），40（80）

表 2-36　　　　　　　常用三相电能表的技术数据

型号	精度	参比电压/V	基本电流 I_b/A	接入方式
DT864 型	1.0 级	3×220/380	3×1.5（6），3×3（6）	互感式
DS864 型	1.0 级	3×100	3×1.5（6），3×3（6）	互感式
		3×380		
DT862 型	2.0 级	3×220/380	3×5（20），3×10（40），3×15（60），3×20（80），3×30（100）	直接接入式
			3×1.5（6），3×3（6）	互感式
DS862 型	2.0 级	3×100	3×1.5（6），3×3（6）	互感式
		3×380	3×5（20），3×10（40），3×15（60），3×20（80），3×30（100）	直接接入式

3. 电能表的使用注意事项

（1）首先是要正确选择额定电压、额定电流和精度，电能表的额定电压与负载额定电压应相符，电能表额定电流应大于或等于负载最大电流。

（2）电能表接线应遵循电流线圈与被测电路串联，电压线圈与被测电路并联的原则，且电源端钮必须接电源一方，常用电能表的接线方式见表 2-37。由于各种电能表的接线桩头排列是不同的，所以接线时应严格按照盒盖背面的接线图进行连接。电能表接线完毕，在通电前，应由供电部门把接线座盖加铅封，用户不可擅自打开。

表 2-37　　　　　　　　　常用电能表的接线方式

名称	接线方式	
	直接接入式	经互感器接入式
单相电能的测量,以 DD8-62 型电能表为例		
三相三线有功电能的测量,以 DS862 型电能表为例		
三相四线有功电能的测量,以 DT862 型电能表为例		
三相四线无功电能的测量,以 DX862-2 型电能表为例		

（3）电能表在使用过程中,电路上不允许经常短路或负载超过额定值的 125%。

（4）当电能表的电流线路中无电流,而加在电压线路的电压为额定值的 80%～110%时,电能表的转盘转动不应超过一整转,否则电能表为不合格。

（5）如果电能表直接接入电路,则窗口示数为实际用电数;如果电能表配用互感器接入电路,则需将窗口读数的电度数乘以互感器的倍率后，才是实际的用电数。

4.电能表常见故障及排除方法（见表2-38）

表 2-38　　　　　　　　电能表常见故障及排除方法

常见故障	可能原因	排除方法
负载有电，但转盘卡住	（1）表内有异物卡住转盘； （2）端钮盒内小钩子松脱或电压线圈断路； （3）轴承吊滞； （4）计度器转动不灵活	（1）清除异物； （2）紧固各接线螺钉或更换电压线圈； （3）对各转动部分加润滑油； （4）调修或更换计度器
潜动超过规定值	出厂时调整不良	按要求重新调整，使其达到要求
误差大	（1）制动磁铁错位； （2）摩擦补偿和电压元件位置不正确； （3）相位调节失准	（1）调整制动磁铁位置； （2）调整其位置； （3）调节相位

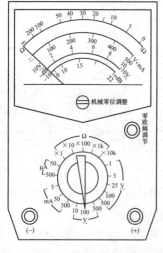

图 2-45　MF-30型万用表面板示意图

（六）万用表

常用的万用表有指针模拟式万用表和数字式万用表两种类型，如图 2-45 和图 2-46 所示。

万用表一般都能测量直流电流、直流电压、交流电流、交流电压，有的万用表还能测量温度、频率、电容、电感及晶体管参数等，它还可根据测量范围大小分出许多量程，所以它是多测量、多量程的便携式电测仪表。

1.指针模拟式万用表

模拟式万用表外形如图 2-47 所示，万用表主要是由表头（测量机构）、测量线路和转换开关组成。表头用以指示被测量的数值；测量线路用来将各种被测量转换成适合表头测量用的直流较小电流；转换开关用以对不同测量线路进行选择，以适应各种测量项目和量限的要求。不同型号的万用表表面结构不完全一样，但下面几部分是每种万用表都有的，即带有多条标尺的表盘、有转换开关的旋钮、有在测量电阻时实现零欧姆调节的电位器的手柄、有供接线用的接线柱（或插孔）等。

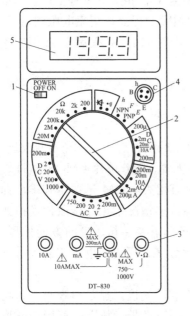

图 2-46　DT-830 型数字
式万用表面板示意图

1—电源开关；2—量程选择开关；
3—输入插孔；4—h_{FE}插口；5—LCD 显示器

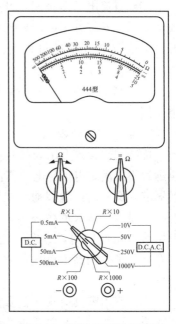

图 2-47　模拟式万用表外形

指针模拟式万用表操作方法及注意事项：

（1）水平放置。使用前，先机械调零。

（2）使用前，正确选择量程，最好使指针指在 1/2 以上范围内。若不知道测量的大约值，可先旋至最大量程上预测，然后再旋至合适的量程上。在测量时，量程转换开关不能转动，必须断电后再转动。

（3）接线要正确。测量直流时，要注意正负极性。测电流时，仪表应和电路串联。测电压时，仪表应和电路并联。

（4）电阻测量前必须进行欧姆调零。即开关旋至 Ω 挡的选取用量程上，两表棒短路，用零欧姆调节旋钮调零。每变换一次量程，需重新欧姆调零。

（5）直流电压测量时，开关旋至 V 档相应的量程上；直流电流测量时，开关旋至 μA 或 mA 的相应量程上；交流电压测量时，开关旋至 V 挡相应的量程上；电阻测量时，开关旋至 Ω 档的量程上。

（6）测量结束后，将量程开关置零位，无零位的置交流最高电压挡。

2. 数字式万用表

传统的模拟式万用表已有近百年的发展历史，虽经不断改进，仍远远不能满足电子与电工测量的需要。随着单片 CMOS A/D 转换器的广泛应用，新型袖珍式数字万用表 DMM 迅速得到推广和普及，显示出强大的生命力，并在许多情况下正逐步取代模拟式万用表。与此同时，数字万用表还向着高、精、尖的方向发展，具有高分辨力和高准确度的智能化数字万用表，也竞相进入电子市场。

数字万用表具有很高的灵敏度和准确度，显示清晰直观，功能齐全，性能稳定，过载能力强，便于携带。数字式万用表外形如图 2-48 所示。

数字式万用表操作方法及注意事项：

（1）测量电阻。功能量程选择开关位于"Ω"区域内的恰当量程档，黑表笔置"COM"插孔，红表笔置"V·Ω"插孔。电源接通后，不必调零即可测量。

（2）测量直流电压。功能量程选择开关位于"DC·V"区域内的恰当量程式档，红、黑表笔位置同测量电阻。电源接通后，即可测量。

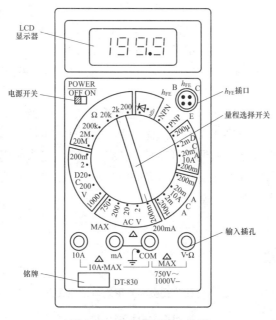

图 2-48　数字式万用表外形

（3）测量交流电压　功能量程选择开关位于"AC·V"区域内的恰当量程式档，红、黑表笔位置同测量电阻。电源接通后，即可测量。

使用时注意，由两插孔接入的交流电压不得超过 750V（有效值），且要求被测电压的频率在内 45～500Hz。

（4）测量直流电流。功能量程选择开关位于"DC·A"区域的恰当量程挡，黑表笔置"COM"插孔，红表笔置"mA"插孔（被测电流＜200mA）或接"10A"插孔（被测电流＞200mA）。电源接通后即可测量。

使用时注意，由"mA""COM"两插孔输入的直流电流不得超过 200mA；由"10A""COM"两插孔输入的直流电流不得超过 10A。

（5）测量交流电流。功能量程选择开关位于"AC·A"区域的恰当量程挡，其余操作与测量直流电流相同。

(6) 测量二极管。功能量程选择开关位于二极管挡，黑表笔置 "COM" 孔，红表笔置 "V·Ω" 孔。电源接通后即可测量。

(7) 测量三极管。功能量程选择开关位于 NPN 或 PNP 档，三极管管脚分别插入对应的 "E、B、C" 孔内。接通电源后，即显示 h_{FE}。

(8) 检查线路通断。功能量程选择开关位于音响挡 "·)))"，黑表笔置 "COM" 孔，红表笔置 "V·Ω" 孔。电源接通后即可测量。若被测线路电阻低于规定值（20Ω＋10Ω）电表蜂鸣器发出响声，表示被测线路是通的；无响声则表示被测线路的电阻高于规定值，甚至断路。

表 2-39 列出了 $3\frac{1}{2}$ 位袖珍式数字万用表与模拟式万用表的主要性能比较。

表 2-39 　　$3\frac{1}{2}$ 位袖珍式数字万用表与模拟式万用表主要性能比较

序号	$3\frac{1}{2}$ 位数字万用表 DMM	模拟式万用表 VOM
1	数字显示，读数直观，没有视差	表针指示，读数不方便，有读数误差
2	测量准确度高，分辨力 100mV	测量准确度低，灵敏度为一百～几百毫伏
3	各电压挡的输入电阻为 10MΩ，但各挡电压灵敏度不相等，例如 200mV 挡高达 50MΩ/V，1000V 挡为 10kΩ/V	各电压挡的输入电阻不等，量程越高，输入电阻越大，500V 挡一般为几兆欧。各挡电压灵敏度基本相等，通常为 4～20kΩ/V；直流电压挡的灵敏度较高
4	采用大规模集成电路，外围电路简单，LCD 显示	采用分立元件和磁电式表头
5	测量范围广，功能全，能自动调零操作简便，有的表还能自动转换量程	一般只能测量 U、I、Ω（三用表）需要调机械零点，测电阻时还要调 Ω 零点

序号	$3\frac{1}{2}$ 位数字万用表 DMM	模拟式万用表 VOM
6	保护电路较完善，过载能力强，使用故障率低	只有简单的保护电路，过载能力差，易损坏
7	测量速度快，一般为（2.5～3）次/s	测量速度慢，测量时间（不包括读数时间）需1至几秒
8	抗干扰能力强	抗干扰能力差
9	省电，整机耗电一般为 10～30mW（液晶显示）	电阻挡耗电较大，但在电压挡和电流挡均不耗电
10	不能反映被测电量的连续变化	能反映变化过程和变化趋势
11	体积很小，通常为袖珍式或笔式	体积较大，通常为便携式
12	价格偏高	价格较低
13	交流电压挡采用线性整流电路	采用二极管作非线性整流

数字式仪表（包括数字万用表）的许多优点是传统的模拟式仪表所望尘莫及的。但是，数字仪表也有不足之处，主要表现为：

（1）它不能反映被测电量的连续变化过程以及变化的趋势。例如用来观察电解电容器的充、放电过程，就不如模拟式电压表方便直观，它也不适于做电桥调平衡用的零位指示器。

（2）价格偏高。目前袖珍式 $3\frac{1}{2}$ 位数字万用表的售价略高于模拟式万用表。当然，随着国内电子工业的发展，数字万用表的成本还将不断降低。目前，市场上已有大量低价位的数字万用表。

综上所述，尽管数字仪表具有许多优点，但它不可能完全取代模拟式仪表，因为在有些情况下，人们正是需要观察连续变化的量（例如观察电机转速的瞬间变化和变化过程）。另外，模拟式仪表并未停步不前，它也正向集成化、小型化、自动化和数字化的方向发展。尤其近年来又出现一种采用模拟和数字电路的混合式仪表，既采用指针显示，又采用数字显示，已不属于纯粹的模拟式仪表了。因此可以预料，在今后相当长的时期，数字仪表与模拟式仪表还将互相促进，互为补充，共同发展。目前国内市场上销售的数字万用表大部分是由国内组装的或仿制的，极少部分是进口原装机。

第4节　常用电子仪器仪表

一、信号发生器

信号发生器是可产生各种频率、波形、幅度的信号源，常用于电子设备的检修、调试等。常用信号发生器型号及规格见表 2-40。

表 2-40　　　　　部分常用信号发生器型号及规格

型号类型	主 要 特 性		电 源	备 注
XD-22 低频	频度范围：1Hz～1MHz 　　　　6波段 频率误差：1～5波段<±(1.5%f+1Hz) 　　　　6波段<±2%f 输出信号：正弦波 　　　　幅度≥6V 　　　　频响<±1dB 失真度（10Hz～200kHz）<0.1% 电压表误差（满刻度）<±5% 输出阻抗：600Ω±10%		220V±10% 50±2Hz	（1）外壳要良好接地。 （2）先将"输出微调"旋至最小处，再接通电源开机。 （3）负载的阻抗和仪器输出阻抗匹配。 （4）信号电缆长度以 1m±10% 为宜
XC-1A 音频	频率范围：20Hz～20kHz 　　　　3波段 频率误差≤±2%f+1Hz 电压输出 0～5V 时，失真度<5% 输出端内阻可调：最大为 8.2kΩ 功率输出：5W 失真度<1% 输出阻抗（3挡）：50、500、5kΩ		110/220V 50Hz 250W	同 XD-22 低频

型号类型	主　要　特　性	电　源	备　注
XFG-7 (高频)	频率范围：0.1～30MHz 8 波段 频率误差±1% 输出电压：0～1V 终端输出：在"1"端时，输出阻抗 40Ω $1～10^5\mu V$ 在"0.1"端时，输出阻抗 8Ω $0.1～10^4\mu V$ 调制频率：内调制：400、1000Hz 外调制：当载波频率为 100～400kHz 时，用 50～4000Hz；当载波频率为其他频率时，用 50～8000Hz 调幅度：0～100%	110/200V ±10% 50Hz 60VA	（1）仪器应良好接地。 （2）开机前应将各旋钮置于起始位置。 （3）调节"V"表和"M%"表机械调零钮，使指针指零。 （4）接通电源后应预热 5min；精确测量时应预热 30min；"波段"开关置于任两档之间，将"V"表进行电气调零
YB1631 功率函数	频率范围：1Hz～100kHz（配合占空比调节，下限可达 0.1Hz） 频率误差：$±1\% f±1Hz$ 输出波形：方形、正弦波、三角波、锯齿波、矩形波 正弦波频率范围：1Hz～100kHz 其余波频率范围：1Hz～10kHz 正弦失真：2%，$f<20kHz$ 3%，$f>20kHz$ 幅度频率响应：≤0.3dB，1Hz～20kHz ≤0.5dB，20kHz～100kHz 功率输出：30V/2A，50V/1A 信号幅度：30V，50V 占空比：0.1～0.9	220V 50Hz	

二、电子电压表

电子电压表有模拟式和数字式两种。模拟式电子电压表由磁电系指示仪表、检波器、放大器和电源四部分组成。根据交流/直流变换顺序，常用电子电压表有放大—检波式和检波—放大式两类。常用电子电压表的型号及规格见表2-41。

表 2-41　　　　常用电子电压表的型号及规格

型号	GB—9B	JB—1B	DYC—5	HFJ—8
名称	电子管毫伏表	晶体管电压表	超高频电子管电压表	超高频晶体管毫伏表
类型	放大—检波式	放大—检波式	检波—放大式	检波—放大式
测量范围	电压（10档）：1mV～300V 电平：－52～＋52dB	电压（11档）：50μV～316V	交流电压（5档）：0.1～100V 直流电压（7档）：0.1～1000V 直流电阻：0.2Ω～1000MΩ	电压（7档）：3mV～3V 使用附加分压器：3、10、30、300V
测量误差	50Hz为基准时，±2.5%	在2～500Hz内，±2.5%	交流电压：200MHz以下时，±5% 200～300MHz时，±10% 直流电压：±2.5% 直流电阻：±1.5%	3mV和10mV挡时，±10%其余各挡时，±5% 使用100：1分压器，10kHz～200MHz时，≤±15%
输入阻抗	＞2MΩ ≤40pF	≧2MΩ ≤60pF	交流电压：50Hz时，＞2MΩ，100MHz时>20kΩ ＜3pF 直流电压：>20MΩ	＞15kΩ ＜3pF
频率范围	25Hz～200kHz	2Hz～500Hz	20Hz～300MHz	5kHz～300MHz
电源	110/220V 50Hz 30W	220V 50Hz	110/220V±10% 50Hz 30W	110/220V±10% 50Hz 13W

三、示波器

1. 示波器的作用及分类

示波器是一种能够直接显示电压（或电流）变化波形的电子

仪器。使用示波器不仅可以直观地观察被测电信号随时间变化的全过程,而且还可以通过其显示的波形测量电压(或电流)的幅度、周期、频率和相位等有关参数,以及进行频率和相位的比较、描绘特性曲线等,其用途十分广泛。

示波器的种类很多,除通用示波器外,还有能同时显示两个以上波形的多踪示波器;利用取样技术,将高频信号转换为低频信号进行显示的取样示波器;采用记忆示波管,具有储存和记忆信号功能的记忆示波器等。

常见的示波器有光线示波器和电子示波器两大类。光线示波器属机械类"光笔"式记录器,工作频率较低,同时记录多通信号,且可将波形记录在纸上,对电压、电流和频率等电参量同步记录。电子示波器是一种时域测量仪表,将被测的电信号以波的形式显示出来。它具有显示直观、频带宽、灵敏度高、失真小和过载能力强等特性,用途广泛。常用的通用示波器型号及规格见表 2-42。

表 2-42　　　　　　　　　常用的通用示波器

型号	325	ST16	SBR—1	CS—1022
名称	简易示波器	通用示波器	双线高灵敏示波器	双踪示波器
带宽(MHz)	0~2	0~5	0~1	0~20
Y 轴灵敏度	≤50mV/cm	20mV/div~10V/div	200μV/cm~0.2V/div	1mV/div~5V/div
输入阻抗	1MΩ 30pF	1MΩ, ≤30pF 经 10:1 探极 10MΩ, 15pF	1MΩ 50pF	1MΩ 32pF
扫描速度(时基因数)	10Hz~100kHz	0.1μs/div~10ms/div	0.05μs/cm~5s/cm	0.02μs/div~0.5s/div
屏幕有效工作面积	4cm×6cm	6div×10div (1div=0.6cm)	8cm×10cm	8div×10div (1div=10cm)
外形尺寸:宽/mm×高/mm×厚/mm	240×100×270	134×200×300	320×420×560	260×160×400

2. 示波器的组成

通用示波器是示波器中应用最为广泛的一种，图 2-49 所示是通用示波器的电路组成方框图。

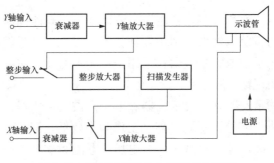

图 2-49　通用示波器的电路组成方框图

示波器主要由示波管、Y 轴偏转系统、X 轴偏转系统、扫描及整步系统、电源等五部分组成，各部分的作用如下：

（1）示波管。示波管是示波器的核心，作用是把所需观测的电信号变换成发光的图形。

（2）Y 轴偏转系统。由衰减器和 Y 轴放大器组成，其作用是放大被测信号。衰减器先将不同的被测电压衰减成能被 Y 轴放大器接受的微小电压信号，再经 Y 轴放大器放大后提供给 Y 轴偏转板，以控制电子束在垂直方向的运动。

（3）X 轴偏转系统。由衰减器和 X 轴放大器组成，作用是放大锯齿形扫描信号或外加电压信号。衰减器主要用来衰减由 X 轴输入的被测信号，衰减倍数由 "X 轴衰减" 开关进行切换。当此开关置于 "扫描" 位置时，由扫描发生器送来的扫描信号经 X 轴放大器放大后送到 X 轴偏转板，以控制电子束在水平方向的运动。

（4）扫描及整步系统。扫描发生器的作用是产生频率可调的锯齿波电压，作为 X 轴偏转板的扫描电压。整步系统的作用是引入一个幅度可调的电压，来控制扫描电压与被测信号电压保持同步，使屏幕上显示出稳定的波形。

（5）电源。由变压器、整流及滤波等电路组成，作用是向整个示波器供电。

3. 示波器的显示原理

（1）示波管。示波管是示波器的核心元件。示波管由电子枪、荧光屏和偏转系统三大部分组成，其外由真空玻璃壳密封，示波管的基本结构如图 2-50 所示。

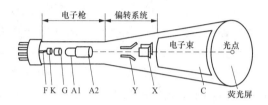

图 2-50　示波管的基本结构

F—灯丝；K—阴极；G—控制栅极；A1—第一阳极；

A2—第二阳极；Y—Y 偏转板；X—X 偏转板；C—导电层

1）电子枪。作用是发射电子束，轰击荧光屏使之发光。电子枪由灯丝 F、阴极 K、控制栅极 G、第一阳极 A1 和第二阳极 A2 组成。

a）灯丝。灯丝用于加热阴极。

b）阴极。阴极是一个表面涂有氧化物的金属圆筒，能在灯丝加热作用下发射电子。

c）控制栅极。控制栅极是一个顶部开有小孔的金属圆筒，其上加有比阴极低的负电压，故对阴极发射来的电子有排斥作用。调节控制栅极的负电压高低，可以控制通过小孔的电子束强弱，从而改变荧光屏上光点的亮度。

d）第一阳极 A1 和第二阳极 A2。它们是两个圆形金属筒，其上加有对阴极来说为正的电压（A2 上为 800～3000V，A1 为 A2 的 0.2～0.5 倍）。它们的作用有：一是吸引由阴极发射来的电子，使之加速；二是使电子束聚焦。这是由于阴极发射的电子束受到阳极正电压的吸引，一方面产生加速运动，另一方面各电子之间要相互排斥而散开，使得电子束在荧光屏上不能聚成焦点，造成图像模糊不清。第一阳极与第二阳极之间形成的空间电场区，可以把电子束聚焦成一个细束，使荧光屏上电子束所到之处呈现一细小清晰的亮点，这个过程叫"聚焦"。改变 A1、A2 之间的电位差，其空间电场分布会发生变化，能改变聚焦的效果。第一阳极和第二阳极的电压都可以通过电位器来进行调节，调节这两个电位器的旋钮分别叫"聚焦旋钮"和"辅助聚焦旋钮"。

2）荧光屏。作用是显示被测波形。荧光屏位于示波管前端，在玻璃内壁上涂有一层荧光粉，荧光粉在高速电子束的撞击下能发光。发光的强弱与激发它的电子数量多少和速度快慢有关。电子数量越多、速度越快，产生的光点越亮，否则反之。荧光粉在电子束停止撞击后，其发光仍能持续一段时间，这种现象叫"余辉"。荧光粉的余辉时间及发光的颜色也不同。常见的荧光有绿色、蓝色和白色。余辉时间分为中余辉、短余辉、长余辉。

3）偏转系统。作用是使电子束有规律地移动，从而在荧光屏上显示出被测波形。目前，示波管大多采用静电偏转系统，它包括垂直偏转板 Y 和水平偏转板 X，靠近电子枪上下放置的一对叫 Y 偏转板，离电子枪较远水平放置的一对叫 X 偏转板。

（2）波形显示原理。电子束从电子枪中发射出来后，受到阳极正电压的吸引，经偏转系统向荧光屏方向加速前进。如果偏转板上不加电压，则电子束只能径直射向荧光屏中央，使荧光屏中央出现一个轴光点。

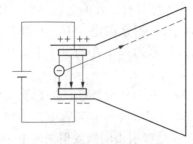

图 2-51 Y 偏转板加直流电压后使电子束发生偏转

如果在 Y 偏转板上加一直流电压，如图 2-51 所示，则在两块 Y 偏转板之间就会产生一个由上向下的电场。当电子束向荧光屏方向加速运动穿过该电场时，受到电场力的作用产生向上的偏转；如果所加偏转电压的极性改变，则电子束将向下偏转。X 轴偏转的原理与 Y 轴偏转的原理相同，可使电子束向左或向右偏转。在 X 偏转板和 Y 偏转板上同时施加电压后，在两个电场力的共同作用下，电子束就可以上下左右的移动。由于荧光屏的余辉和眼睛视觉暂留的综合作用，就能在荧光屏上看到亮点所描绘出的各种波形。

一般情况下，被测电压加在 Y 偏转板上，而 X 偏转板上加随时间线性变化的锯齿波扫描电压。这时，由于电子束在作垂直运动的同时，又以匀速沿水平方向移动，因而在荧光屏上扫描出被测电压随时间变化的波形。如果锯齿波扫描电压的周期与被测电压的周期完全相等，扫描电压每变化一次，荧光屏上就出现一个完整的被测波形。每一个周期出现的波形都重叠在一起，荧光屏上就能看到一个稳定清晰的波形，如图 2-52 所示。如果锯齿波扫描电压周期是被测信号周期的整数倍，荧光屏上会稳定地显示出若干个被测信号的波形。为达到上述目的，调节扫描电压的频率可以通过调节示波器面板上的"扫描范围"和"扫描微调"旋钮来实现。

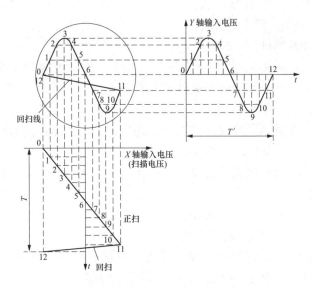

图 2-52　波形显示原理

实际上，由于锯齿波扫描电压和被测电压来自两个电源，两个电压周期的整数倍关系很难长时间保持绝对稳定，因此，需要利用整步作用来保持上述整数倍的关系。整步作用是把信号电压送入扫描发生器，使锯齿波扫描电压的频率受到被测信号的控制而使两者同步。这个起整步作用的信号电压叫"整步电压"，整步电压越大，整步作用越强。整步电压除了可取自被测信号外，还可取自示波器内部的正、负电源。整步电压的选择和大小调节可由示波器面板上的"整步选择"和"整步调节"旋钮来实现。

4. 示波器使用时的注意事项

（1）使用之前要先检查仪器的熔丝是否完好，面板上各旋钮有无损坏，转动是否灵活。

（2）在接通电源前，应检查电源电压是否与示波器额定电源电压相一致。接通电源后，需预热 5min，等机内元件工作稳定后，再进行调试使用。

（3）光点不宜太亮，也不要长时间地停留在一点上，以免影响荧光屏寿命。在实验过程中，若暂时不使用示波器时，应将"辉度"调小，但不要关闭示波器的电源。频繁开关电源容易损坏机内示波管等机件。

（4）Y 轴输入的"接地"端与 X 轴输入的"接地"端在机内是相连的，当同时使用 Y 轴和 X 轴两路输入时，要避免被测电路的短路。

（5）测量衰减开关要由大到小进行调节，不能让波形扩大到荧光屏外，以免机内元件因过载而损坏。

（6）使用旋钮调节各量时，切勿用力过猛，以免损坏旋钮或机内零件。

（7）示波器要注意防振、防尘，荧光屏不要受到阳光的直接照射，以防止荧光粉加速老化。

（8）示波器应置于通风干燥处，防止受潮。保管示波器时，要定期（如一个月）通电工作一段时间（约 2h）。

四、数字仪表

数字仪表能自动地将被测的电量参数用数字形式显示出来，故具有读数方便、准确度高、灵敏度（分辨力）高及测量速度快等优点。常用的数字仪表有数字电压表、数字频率表和数字万用表等。常用数字仪表的型号及规格见表 2-43。

表 2-43 常用数字仪表的型号及规格

型号名称	测量范围或量程		灵敏度（分辨力）	准确度
PZ39 数字电压表	0～19.99mV		10μV	±0.2%满度
	0～199.9mV			
PF35 数字电压表	0～0.005 999V		1μV	±0.05%读数±2 字
	0～0.059 9V			
	0～0.599 9V			
	0～5.999V			
	0～59.99V			
PZ8 直流数字电压表	0～0.199 99V		10μV	±0.2%读数±2 字
	0～1.999 9V			
	0～1.999 9V			
	0～199.99V			
	0～10 000V			
PZ13 数字电压表	0～300mV，0～3V		<10μV	±0.01%满度±1 字
	0～300V			±0.01%满度±2 字
PC-4 数字欧姆表	200Ω		7Ω	±0.05%满度±2 字
	2kΩ		0Ω	
	20kΩ		10Ω	
	200kΩ		100Ω	±0.1%满度±2 字
	2000kΩ		1kΩ	±0.2%满度±2 字
SYP-2 数字频率表	频率：10Hz～10MHz			±1 字
	周期：10Hz～1MHz			$\pm\dfrac{0.3}{倍率}\pm1$ 字
	脉冲时间间隔：最短 10μs 最长受记数容量限制			±1 字
	频率比：107：1			
2215 数字万用表	直流电流	±2mA		±(0.75%读数＋1 字)
		±20mA		
		±200mA		
		±2A		

型号名称	测量范围或量程		灵敏度（分辨力）	准确度
2215 数字万用表	直流电压	±200mV		±(0.25%读数+1字)
		±2V		
		±20V		
		±200V		
		±1000V		
	交流电流	2mA		40～200Hz 时， 1.5%读数+3字
		20mA		40～1000Hz 时， 1.5%读数+3字
		200mA		
		2A		
	交流电压	200mV		±(0.5%读数+3字)
		2V		
		20V		
		200V		
		750V		
	电阻	200Ω		±(0.3%读数+3字)
		2kΩ		±(0.25%读数+1字)
		20kΩ		
		200kΩ		
		2MΩ		
		20MΩ		±(2%读数+1字)
DT—890C 数字万用表	直流电流	200μA	100nA	±(0.5%读数+1字)
		2mA	1μA	
		20mA	10μA	
		200mA	100μA	±(0.75%读数+1字)
		2000mA	1mA	±(2%读数+5字)
		10A	10mA	
	直流电压阻	200mV	100μV	±(0.25%读数+1字)
		2V	1mV	
		20V	10mV	
		200V	100mV	

续表

型号名称	测量范围或量程		灵敏度（分辨力）	准确度
DT—890C 数字万用表	直流电压	1000V	1V	$\pm(0.25\%$读数$+1$字)
	交流电流	200μA	100nA	$\pm(0.75\%$读数$+5$字)
		2mA	1μA	
		20mA	10μA	
		200mA	100μA	
		2A	1mA	$\pm(2\%$读数$+5$字)
		10A	10mA	
	交流电压	200mV	100μV	$\pm(0.5\%$读数$+5$字)
		2V	1mV	
		20V	10mV	
		200V	100mV	$\pm(1\%$读数$+5$字)
		750V	1V	
	电阻	200Ω	100mΩ	$\pm(0.5\%$读数$+3$字)
		2kΩ	1Ω	$\pm(0.3\%$读数$+1$字)
		20kΩ	10Ω	
		200kΩ	100Ω	
		2MΩ	1kΩ	$\pm(0.75\%$读数$+2$字)
		20MΩ	10kΩ	$\pm(2.5\%$读数$+5$字)
	电容	200pF	1pF	$\pm(1.5\%$读数$+5$字)
		2μF	0.001μF	$\pm(2\%$读数$+5$字)
		20μF	0.01μF	
	温度	$-20\sim1370℃$	1℃	150℃以下时，$\pm(3°+1$字) 150℃以上时，$\pm3\%$读数
	电导	200ns	1.1ns	$\pm(1.5\%$读数$+10$字)
	二极管测试	测试电压：2.8V 测试最大电流：3mA		
	三极管测试	测试状态：2.8V、10μA、直流放大系数 h_{FE}：0～1000（NPN、PNP）		
	通断测试	电阻范围：约200Ω 以下时发出蜂鸣声 响应时间：100ms以下		

第 3 章

常 用 电 工 材 料

✂ 第 1 节 常用导电材料

一、导电材料的性能特点

导电材料大部分是金属，其特点是导电性好，有一定的机械强度，不易氧化和腐蚀，容易加工和焊接。金属中导电性能最佳的是银，其次是铜、铝。由于银的价格比较昂贵，因此只在比较特殊的场合才使用，一般都将铜和铝用作主要的导电金属材料。

常用金属材料的电阻率及电阻温度系数见表 3-1。

表 3-1　　　　　常用金属材料的电阻率及电阻温度系数

材料名称	20℃时的电阻率/$(\Omega \cdot m)$	电阻温度系数/$℃^{-1}$
银	1.6×10^{-8}	0.003 61
铜	1.72×10^{-8}	0.004 1
金	2.2×10^{-8}	0.003 65
铝	2.9×10^{-8}	0.004 23
钼	4.77×10^{-8}	0.004 78
钨	5.3×10^{-8}	0.005
铁	9.78×10^{-8}	0.006 25
康铜（铜 54%，镍 46%）	50×10^{-8}	0.000 04

1. 铜和铝线

（1）铜。铜的导电性能好，在常温时有足够的机械强度，具有良好的延展性，便于加工，化学性能稳定，不易氧化和腐蚀，容易焊接，因此广泛用于制造变压器、电机和各种电器的线圈。

纯铜俗称紫铜，含铜量高，根据材料的软硬程度可分为硬铜和软铜两种。

（2）铝。铝的导电系数虽比铜大，但它密度小。同样长度的两根导线，若要求它们的电阻值一样，则铝导线的截面积约是铜导线的 1.69 倍。铝资源较丰富，价格便宜，在铜材紧缺时，铝材是最好的代用品。但铝导线的焊接比较困难，必须采取特殊的焊接工艺。

2. 电线电缆

（1）裸线。裸线只有导体部分，没有绝缘和护层结构。按产品的形状和结构不同，裸线分为圆单线、软接线、型线和裸绞线四种。修理电机电器时经常用到的是软接线和型线。

1）软接线。软接线是由多股铜线或镀锡铜线绞合编织而成的，其特点是柔软，耐振动，耐弯曲。常用软接线品种见表 3-2。

表 3-2　　　　　　　　　常用软接线品种

名　称	型　号	主　要　用　途
裸铜电刷线 软裸铜电刷线	TS TS	供电机、电器线路电刷用
裸铜软绞线	TRJ	移动式电器设备连接线，如开关等
	TRJ-3	要求较柔软的电器设备连接线，如接地线、引出线等
	TRJ-4	供要求特别柔软的电器设备连接线用，如晶闸管的引线等
软裸铜编织线	TRZ	移动式电器设备和小型电炉连接线

2）型线。型线是非圆形截面的裸电线，其常用品种见表 3-3。

表 3-3　　　　　　　　　常用型线品种

类别	名称	型号	主　要　用　途
扁线	硬扁铜线	TBV	适用于电机电器、安装配电设备及其他电工制品
	软扁铜线	TBR	
	硬扁铝线	LBV	
	软扁铝线	LBR	

续表

类别	名称	型号	主　要　用　途
母线	硬铜母线	TMV	适用于电机电器、安装配电设备及其他电工制品，也可用于输配电的汇流排
	软铜母线	TMR	
	硬铝母线	LMV	
	软铝母线	LMR	
铜带	硬铜带	TDV	适用于电机电器、安装配电设备及其他电工制品
	软铜带	TDR	
铜排	梯形铜排	TPT	制造直流电动机换向器用

（2）电磁线。电磁线应用于电机电器及电工仪表中，作为绕组或元件的绝缘导线。常用电磁线的导电线芯有圆线和扁线两种，目前大多采用铜线，很少采用铝线。由于导线外面有绝缘材料，因此电磁线有不同的耐热等级。常用的电磁线有漆包线和绕包线两类。

1）漆包线。漆包线的绝缘层是漆膜，广泛应用于中小型电机及微电机、干式变压器和其他电工产品中。

2）绕包线。绕包线用玻璃丝、绝缘纸或合成树脂薄膜等紧密绕包在导电线芯上，形成绝缘层；也有在漆包线上再绕包绝缘层的。

（3）电机电器用绝缘电线。常用的绝缘电线型号、名称和用途见表 3-4。

表 3-4　　　　　　常用绝缘电线型号、名称和用途

型号	名　称	用　途
BLXF	铝芯氯丁橡胶线	适用于交流额定电压 500V 以下或直流 1000V 以下的电气设备及照明装置
BXF	铜芯氯丁橡胶线	
BLX	铝芯橡胶线	
BX	铜芯橡胶线	
BXR	铜芯橡胶软线	

续表

型号	名 称	用 途
BV	铜芯聚氯乙烯绝缘电线	适用于各种交流、直流电器装置,电工仪器仪表,电信设备、动力及照明线路固定敷设
BLV	铝芯聚氯乙烯绝缘电线	
BVR	铜芯聚氯乙烯绝缘软电线	
BVV	铜芯聚氯乙烯绝缘聚氯乙烯护套圆型电线	
BLVV	铝芯聚氯乙烯绝缘聚氯乙烯护套电线	
BVVB	铜芯聚氯乙烯绝缘聚氯乙烯护套平型电线	
BLVVB	铝芯聚氯乙烯绝缘聚氯乙烯护套平型电线	
VB-105	铜芯耐热 105℃聚氯乙烯绝缘电线	
RV	铜芯聚氯乙烯绝缘软线	适用于各种交流、直流电器,电工仪器,家用电器,小型电动工具,动力及照明装置等的连接
RVB	铜芯聚氯乙烯绝缘平行软线	
RVS	铜芯聚氯乙烯绝缘绞型软线	
RVV	铜芯聚氯乙烯绝缘聚氯乙烯护套圆型连接软电线	
RVVB	铜芯聚氯乙烯绝缘聚氯乙烯护套平型连接软电线	
RV-105	铜芯耐热 105℃聚氯乙烯绝缘连接软电线	
RFB	复合物绝缘平型软线	适用于交流额定电压 250V 以下或直流 500V 以下的各种移动电器、无线电设备和照明灯座接线
RFS	复合物绝缘绞型软线	
RXS	橡胶绝缘棉纱编织软电线	适用于交流额定电压 300V 以下的电器、仪表、家用电器及照明装置
RX		

二、电热材料

电热材料用于制造各种电阻加热设备中的发热元件,可作为电阻接到电路中,把电能转变为热能,使加热设备的温度升高。对电热材料的基本要求是电阻系数高,加工性能好,特别是能长期处于高温状态下工作,因此要求电热材料在高温时具有足够的机械强度和良好的抗氧化性能。目前工业上常用的电热材料可分为金属电热材料和非金属电热材料两大类,见表 3-5。

电热材料是制造电热元器件及设备的基础,电热材料选用的恰当与否直接关系到电热设备的技术参数及应用规范,选用时必须综合考虑各项因素,并遵循如下原则:

表 3-5   常用电热材料的种类和特性

类　别		品　种	最高使用温度/℃	应用范围	特　点
金属电热材料	铁基合金	Cr13AL4	950	应用广泛，适用于大部分中、高温工业电阻炉	电阻率比镍基类高，抗氧化性好，（平均）密度小，价格较低，有磁性，高温强度不如镍基合金
		Cr25AL5	1250		
		Cr13AL6Mo2	1250		
		Cr21AL6Nb	1350		
		Cr27AL17Mo2	1400		
	镍基合金	Cr15Ni60	1150	适用于 1000℃ 以下的中温电阻炉	高温强度高，加工性好，无磁性，价格较高，耐温较低
		Cr20Ni80	1200		
		Cr30Ni70	1250		
	重金属	钨 W	2400	适用于较高温度的工业炉	价格较高，须在惰性气体或真空条件下使用
		钼 Mo	1800		
	贵金属	铂	1600	适用于特殊高温要求的加热炉	价格高，可在空气中使用
非金属电热材料	石墨	C	3000	广泛应用于真空炉等高温设备	电阻温度系数大，需配调压器，在真空中使用
	碳化硅	SiC	1450	常制成器件使用	高温强度高，硬而脆，易老化
	二硅化钼	$MoSi_2$	1700	常制成器件使用	抗老化性好，不易老化，耐急冷急热性差

（1）具有高的电阻系数。

（2）电阻温度系数要小。

（3）具有足够的耐热性，包括在高温下有足够的力学性能，以保证在高温下不变形；同时还应具有高温下的化学稳定性，要不易挥发，不与炉衬和炉内气氛发生化学反应等。

（4）热膨胀系数不能太大，否则高温下尺寸变化太大，易引起短路等。

（5）应具有良好的加工性能，以保证能加工成各种需要的形状，同时也要保证铆焊容易。

（6）材料来源及价格也是应考虑的因素。

三、电阻合金

电阻合金是制造电阻元件的主要材料之一，广泛用于电机、电器、仪器及电子等设备中。电阻合金除了必须具备电热材料的基本要求以外，还要求电阻的温度系数低，阻值稳定。

电阻合金按其主要用途可分为调节元件用、电位器用、精密元件用及传感元件用四种，下面仅以前面两种为例作介绍。

（1）调节元件用电阻合金。主要用于电流（电压）调节与控制元件的绕组，常用的有康铜、新康铜、镍铬、镍铬铝等，它们都具有机械强度高、抗氧化性好及工作温度高等特点。

（2）电位器用电阻合金。主要用于各种电位器及滑线电阻，一般采用康铜、镍铬基合金和滑线锰铜。滑线锰铜具有抗氧化性好、焊接性能好、电阻温度系数低等特点。

四、电机用电刷

电刷是用石墨粉末或石墨粉末与金属粉末混合压制而成的，按其材质不同可分为石墨电刷、电化石墨电刷、金属石墨电刷三类。常用电刷的主要技术特性及运行条件见表 3-6。

表 3-6　　　　常用电刷的主要技术特性及运行条件

型号	一对电刷接触电压降/V	摩擦系数（不大于）	额定电流密度/（A·cm^{-2}）	最大圆周速度/（m·s^{-1}）	使用时允许的单位压力/Pa
S-3	1.9	0.25	11	25	$2.0×10^4 \sim 2.5×10^4$
S-6	2.6	0.28	12	70	$2.2×10^4 \sim 2.4×10^4$
D104	2.5	0.20	12	40	$1.5×10^4 \sim 2.0×10^4$
D172	2.9	0.25	12	70	$1.5×10^4 \sim 2.0×10^4$
D207	2.0	0.25	10	40	$2.0×10^4 \sim 4.0×10^4$
D213	3.0	0.25	10	40	$2.0×10^4 \sim 4.0×10^4$
D214	2.5	0.25	10	40	$2.0×10^4 \sim 4.0×10^4$
D215	2.9	0.25	10	40	$2.0×10^4 \sim 4.0×10^4$
D252	2.6	0.23	15	45	$2.0×10^4 \sim 2.0×10^4$
D308	2.4	0.25	10	40	$2.0×10^4 \sim 4.0×10^4$
D309	2.9	0.25	10	40	$2.0×10^4 \sim 4.0×10^4$
D374	3.8	0.25	12	50	$2.0×10^4 \sim 4.0×10^4$

型号	一对电刷接触电压降/V	摩擦系数（不大于）	额定电流密度/（A·cm^{-2}）	最大圆周速度/（m·s^{-1}）	使用时允许的单位压力/Pa
J102	0.5	0.20	20	20	$1.8\times10^4\sim2.3\times10^4$
J164	0.2	0.20	20	20	$1.8\times10^4\sim2.3\times10^4$
J201	1.5	0.25	15	25	$1.5\times10^4\sim2.0\times10^4$
J204	1.1	0.20	15	20	$2.0\times10^4\sim2.5\times10^4$
J205	2.0	0.25	15	35	$1.5\times10^4\sim2.0\times10^4$
J203	1.9	0.25	12	20	$1.5\times10^4\sim2.0\times10^4$

第2节 常用绝缘材料

一、绝缘材料的主要性能、种类和型号

1. 绝缘材料的主要性能

绝缘材料的主要作用是隔离带电的或不同电位的导体，使电流能按预定的方向流动。绝缘材料大部分是有机材料，其耐热性、机械强度和寿命比金属材料低得多。

固体绝缘材料的主要性能指标有以下几项：

（1）击穿强度。

（2）绝缘电阻。

（3）耐热性。常用绝缘材料的耐热等级见表3-7。

表 3-7　　　　　　　　　绝缘材料的耐热等级

级别	绝缘材料	极限工作温度/℃
Y	木材、棉花、纸、纤维等天然的纺织品，以醋酸纤维和聚酰胺为基础的纺织品，以及易于热分解和熔化点较低的塑料（脲醛树脂）	90
A	工作于矿物油中的和用油或油树脂复合胶浸过的Y级材料、漆包线、漆布、漆丝及油性漆、沥青漆等	105
E	聚酯薄膜和A级材料复合、玻璃布、油性树脂漆、聚乙烯醇缩醛高强度漆包线、乙酸乙烯耐热漆包线	120
B	聚酯薄膜，经合适树脂浸渍涂覆的云母、玻璃纤维、石棉等制品、聚酯漆、聚酯漆包线	130

级别	绝缘材料	极限工作温度/℃
F	以有机纤维材料补强和石棉带补强的云母片制品、玻璃丝和石棉、玻璃漆布、以玻璃丝布和石棉纤维为基础的层压制品、以无机材料作补强和石棉带补强的云母粉制品、化学热稳定性较好的聚酯和醇酸类材料、复合硅有机聚酯漆	155
H	无补强或以无机材料为补强的云母制品、加厚的 F 级材料、复合云母、有机硅云母制品、硅有机漆、硅有机橡胶聚酰亚胺复合玻璃布、复合薄膜、聚酰亚胺漆等	180
C	耐高温有机粘合剂和浸渍剂及无机物如石英、石棉、云母、玻璃和电瓷材料等	180 以上

（4）黏度、固体含量、酸值、干燥时间及胶化时间。

（5）机械强度。根据各种绝缘材料的具体要求，相应规定抗张、抗压、抗弯、抗剪、抗撕、抗冲击等各种强度指标。

2. 绝缘材料的种类和型号

电工绝缘材料分气体、液体和固体三大类。固体绝缘材料按其应用或工艺特征又可划分为 6 类，见表 3-8。

表 3-8　　　　　　　　固体绝缘材料的分类

分 类 代 号	分 类 名 称	分 类 代 号	分 类 名 称
1	漆、树脂和胶类	4	压塑料类
2	浸渍纤维制品类	5	云母制品类
3	层压制品类	6	薄膜、粘带和复合制品类

为了全面表示固体电工绝缘材料的类别、品种和耐热等级，用四位数字表示绝缘材料的型号：

第一位数字为分类代号，以表 3-8 中的分类代号表示；

第二位数字表示同一分类中的不同品种；

第三位数字为耐热等级代号；

第四位数字为同一种产品的顺序号，用以表示配方、成分或性能上的差别。

二、绝缘漆

（1）绝缘漆的种类。绝缘漆主要以合成树脂或天然树脂等为漆基（成膜物质），与某些辅助材料（溶剂、稀释剂、填料、颜料等）组成。常用绝缘漆的主要特性及用途见表 3-9。

表 3-9 　　　　　　常用绝缘漆的主要特性及用途

型号	名称	颜色	溶剂	漆膜干燥条件			耐热等级	主要用途
				类型	温度/℃	时间/h		
1010 1011	沥青漆	黑色	200 号溶剂二甲苯	烘干	105±2	6 3	A	用于浸渍电机转子和定子线圈及其他不耐油的电器零部件
1210 1211	沥青漆	黑色	200 号溶剂二甲苯	烘干 气干	105±2 20±2	10 3	A	用于电机绕组覆盖用，系晾干漆，干燥快，在不须耐油处可以代替晾干灰瓷漆用
1012	耐油性青漆	黄至褐色	200 号溶剂	烘干	105±2	2	A	用于浸渍电机、电器线圈
1030	醇酸青漆	黄至褐色	甲苯及二甲苯	烘干	120±2	2	B	用于浸渍电机、电器线圈外，也可作覆盖漆和胶粘剂
1032	三聚氰胺醇酸漆	黄至褐色	200 号溶剂二甲苯	烘干	105±2	2	B	用于热带型电机、电器线圈作浸渍之用
1033	三聚氰胺环氧树脂浸渍漆	黄至褐色	二甲苯和丁醇	烘干	120±2	2	B	用于浸渍湿热带电机、变压器、电工仪表线圈以及电器零部件表面覆盖
1320 1321	覆盖瓷漆	灰色	二甲苯	烘干 气干	105±2 20±2	3 24	E	用于电机定子和电器线圈的覆盖及各种绝缘零部件的表面修饰

续表

型号	名称	颜色	溶剂	漆膜干燥条件			耐热等级	主要用途
				类型	温度/℃	时间/h		
1350	硅有机覆盖漆	红色	二甲苯甲苯	烘干	180		H	适用于 H 级电机、电器线圈作表面覆盖层，可先在 110～120℃ 下预热，然后在 180℃ 烘干
1610 1611	硅钢片漆		煤油	烘干	210±2	≤12 min	A	系高温（450～550℃）快干漆

1）浸渍漆。浸渍漆主要用来浸渍电机、电器的线圈和绝缘零部件，以填充其间隙和微孔，提高它们的电气及力学性能。

2）覆盖漆。覆盖漆有清漆和瓷漆两种，用来涂覆经浸渍处理后的线圈和绝缘零部件，在其表面形成连续而均匀的漆膜，作为绝缘保护层，以防止机械损伤以及受大气、润滑油和化学药品的侵蚀。

3）硅钢片漆。硅钢片漆被用来覆盖硅钢片表面，以降低铁心的涡流损耗，增强防锈及耐腐蚀能力。常用的油性硅钢片漆具有附着力强、漆膜薄、坚硬、光滑、厚度均匀、耐油、防潮等特点。

（2）绝缘漆的主要性能指标。绝缘漆的主要性能指标如下：

1）介电强度（击穿强度），即绝缘被击穿时的电场强度。

2）绝缘电阻，表明绝缘漆的绝缘性能，通常用表面电阻率和体积电阻率两项指标衡量。

3）耐热性，表明绝缘漆在工作过程中的耐热能力。

4）热弹性，表明绝缘漆在高温作用下能长期保持其柔韧状态的性能。

5）理化性能，如黏度、固体含量、酸值、干燥时间和胶化时间等。

6）干燥后的机械强度，表明绝缘漆干燥后所具有的抗压、抗弯、抗拉、抗扭、抗冲击等能力。

三、其他绝缘制品

其他绝缘制品指在电机电器中作为结构、补强、衬垫、包扎及保护用的辅助绝缘材料。

（1）浸渍纤维制品。绝缘浸渍纤维制品是用特制棉布、丝绸及无碱玻璃布浸渍各种绝缘漆后，经烘干制成的。

1）玻璃纤维漆布（或带）。

2）漆管。

3）绑扎带。

常用绝缘浸渍制品（漆布）的型号、性能和用途见表3-10。

表 3-10　常用绝缘浸渍制品（漆布）的型号、性能和用途

名称	型号	耐热等级	特性和用途
油性漆布（黄漆布）	2010 2012	A	2010柔软性好，但不耐油。可用于一般电机、电器的衬垫或线圈绝缘。2012耐油性好，可用于在变压器油或汽油气侵蚀的环境中工作的电机、电器中作衬垫或线圈绝缘
油性漆绸（黄漆绸）	2210 2212	A	具有较好的电气性能和良好的柔软性。2210适用于电机、电器薄层衬垫或线圈绝缘；2212耐油性好，适用于在变压器油或汽油气侵蚀的环境中工作的电机、电器中作薄层衬垫或线圈绝缘
油性玻璃漆布（黄玻璃漆布）	2412	E	耐热性较2010、2012漆布好。适用于一般电机、电器的衬垫和线圈绝缘，以及在油中工作的变压器、电器的线圈绝缘
沥青醇酸玻璃漆布（黑玻璃漆布）	2430	B	耐潮性较好，但耐苯和耐变压器油性差，适用于一般电机、电器的衬垫和线圈绝缘
醇酸玻璃漆布	2432	B	耐油性较好，并具有一定的防霉性。可用作油浸变压器、油断路器等线圈绝缘
醇酸玻璃—聚酯交织漆布	2432-1		
环氧玻璃漆布	2433	B	具有良好的耐化学药品腐蚀性，良好的耐湿热性和较高的机械性能和电气性能，适用于化工电机、电器槽、衬垫和线圈绝缘
环氧玻璃—聚酯交织漆布	2433-1		

名称	型号	耐热等级	特性和用途
有机硅玻璃漆布	2450	H	具有较高的耐热性，良好的柔软性，耐霉、耐油和耐寒性好。适用于 H 级电机、电器的衬垫和线圈绝缘

（2）层压制品。层压制品是由天然或合成纤维纸、布，浸渍或涂胶后经热压卷制而成。常用的层压制品有三种：层压玻璃布板、层压玻璃布管、层压玻璃布棒。电工常用的是层压板，常用层压板的型号、特性和用途见表 3-11。

表 3-11　　　　　　常用层压板的型号、特性和用途

名称	型号	耐热等级	特性和用途
酚醛层压纸板	3020	E	电气性能较好、耐油性好，适于作电工设备中的绝缘结构件，并可在变压器油中使用
	3021	E	机械强度高，耐油性好，适于作电工设备中的绝缘结构件，并可在变压器油中使用
	3022	E	有较高的耐潮性。适用于在高湿度条件下工作的电工设备中作绝缘结构件
	3023	E	介质损耗低，适于作无线电、电话和高频设备中的绝缘结构件
酚醛层压布板	3025	E	机械强度高，适用作电器设备中的绝缘结构件，并可在变压器油中使用
	3027	E	电气性能好，吸水性小。适于作高频无线电装置中的绝缘结构件
酚醛层压玻璃布板	3230	B	机械性能、耐水和耐热性比层压纸、布板好，但粘合强度低。适于作电工设备中的绝缘结构件，并可在变压器油中使用
苯胺酚醛层压玻璃布板	3231	B	电气性能和机械性能比酚醛玻璃布板好，粘合强度与棉布板相近。可代替棉布板用作电机、电器中的绝缘结构件
环氧酚醛层压玻璃布板	3240	F	具有很高的机械强度，电气性能好，耐热性和耐水性较好，浸水后的电气性能较稳定。适于作要求高机械强度、高介电性能以及耐水性好的电机、电器绝缘结构件，并可在变压器油中使用

名称	型号	耐热等级	特性和用途
有机硅环氧层压玻璃布板	3250	H	电气性能和耐热性好，机械强度较高。供作耐热和湿热地区 H 级电机、电器绝缘结构件
酚醛纸敷铜箔板	3420（双面）3421（单面）	E	具有高的抗剥强度，较好的机械性能、电气性能和机械加工性。适于作无线电、电子设备和其他设备中的印制电路板
环氧酚醛玻璃布敷铜箔板	3440（双面）3441（单面）	F	具有较高的抗剥强度和机械强度，电气性能和耐水性好。用于制造工作温度较高的无线电、电子设备及其他设备中的印制电路板

（3）压塑料。常用的压塑料有两种：酚醛木粉压塑料和酚醛玻璃纤维压塑料。

（4）云母制品。云母制品是由胶粘漆将薄片云母或粉云母纸粘在单面或双面补强材料上，经焙烘、压制而成的柔软或硬质绝缘材料。云母制品主要分为云母板、云母带、云母箔等。

常用云母制品的规格、特性和用途见表 3-12。

表 3-12　　　　　常用云母制品的规格、特性和用途

名称	型号	耐热等级	击穿强度/(kV/mm)	厚度/mm	特性和用途
醇酸纸云母带	5430	B	16～25	0.10，0.13 0.16	耐热性较高，但防潮性较差，可作直流电机电枢线圈和低压电机线圈的绕组绝缘
醇酸绸云母带	5432	B	16～25	0.13，0.16	
醇酸玻璃云母带	5434	B	16～25	0.10，0.13 0.16	
环氧聚酯玻璃粉云母带	5437-1	B	20～35	0.14，0.17	热弹性较高，但介质损耗较大，可作电机匝间和端部绝缘

续表

名称	型号	耐热等级	击穿强度/ (kV/mm)	厚度/ mm	特性和用途
醇酸纸柔软 云母板	5130	B	15~30	0.15, 0.20~0.25, 0.30~0.5	用于低压交、直流电 机槽衬和端部层间绝缘
醇酸纸柔软 粉云母板	5130-1	B	16~55	0.15, 0.2~0.25, 0.3~0.5	
环氧纸柔软 粉云母板	5136-1	B	>15	0.15, 0.2~0.25, 0.3~0.5	用于电机槽绝缘及匝 间绝缘
环氧玻璃柔 软粉云母板	5137-1	B	>25	0.15, 0.2~0.25, 0.3~0.5	用于低压电机槽绝缘 和端部层间绝缘
醇酸衬垫 云母板	5730	B	20~40	0.4~2.0	用于电机、电器衬垫 绝缘
虫胶衬垫 云母板	5731	B	20~40	0.4~2.0	
环氧衬垫 粉云母板	5731-1	B	20~40	0.4~2.0	
醇酸纸 云母箔	5830	B	16~35	0.15, 0.20, 0.25, 0.30	用于一般电机、电器 卷烘绝缘、磁极绝缘
虫胶纸 云母箔	5831	E~B	16~35		
有机硅玻璃 云母箔	5850	H	16~35	0.15, 0.20 0.25, 0.30	用于 H 级电机、电器 卷烘绝缘、磁极绝缘

（5）薄膜、粘带和复合材料制品。

1）薄膜。电工常用薄膜的性能和用途见表 3-13。

表 3-13 电工常用薄膜的性能和用途

名称	常态击穿强度/ (kV/mm)	耐热 等级	厚度/mm	用　　途
聚丙烯薄膜	>150	—	0.006~0.02	电容器介质

续表

名称	常态击穿强度/ (kV/mm)	耐热 等级	厚度/mm	用　　途
聚酯薄膜	＞130	E	0.006～0.10	低压电机、电器线圈匝间、端部包扎、衬垫、电磁线绕包、E级电机槽绝缘和电容器介质
聚萘酯薄膜	＞210	F	0.02～0.10	F级电机槽绝缘，导线绕包绝缘和线圈端部绝缘
芳香族聚酰胺薄膜	90～130	H	0.03～0.06	E、H级电机槽绝缘
聚酰亚胺薄膜	100～130	C	0.03～0.06	H级电机、微电机槽绝缘，电机、电器绕组和起重电磁铁外包绝缘以及导线绕包绝缘

2）粘带。电工常用粘带又叫绝缘包扎带。绝缘包扎带主要用作包缠电线和电缆的接头。它的种类很多，常用的有黑胶布带、聚氯乙烯带两种。

电工常用粘带的特性和用途见表 3-14。

表 3-14　　　　　　电工常用粘带的特性和用途

名称	常态击穿强度/ (kV/mm)	厚度/mm	用　　途
聚乙烯薄膜粘带	＞30	0.22～0.26	有一定的电气性能和机械性能，柔软性好，粘接力较强，但耐热性低于 Y 级，可用于一般电线接头包扎绝缘
聚乙烯薄膜纸粘带	＞10	0.10	包扎服贴，使用方便，可代替黑胶布带作电线接头包扎绝缘
聚氯乙烯薄膜粘带	＞10	0.14～0.19	有一定的电气性能和机械性能，较柔软，粘接力强，但耐热性低于 Y 级。供作电压为 500～6000V 电线接头包扎绝缘
聚酯薄膜粘带	＞100	0.055～0.17	耐热性较好，机械强度高。可用于半导体元件密封绝缘和电机线圈绝缘
环氧玻璃粘带	＞6①	0.17	具有较高的电气性能和机械性能。可作变压器铁心绑扎材料、属 B 级绝缘

续表

名称	常态击穿强度/ (kV/mm)	厚度/mm	用　　途
有机硅 玻璃粘带	＞0.6①	0.15	有较高的耐热性、耐寒性和耐潮性，以及较好的电气性能和机械性能。可用于 H 级电机、电器线圈绝缘和导线连接绝缘
硅橡胶 玻璃粘带	3～5①		同有机硅玻璃粘带，但柔软性较好

①击穿电压 kV。

　　3）复合材料制品。电工常用复合材料制品的性能和用途见表 3-15。

表 3-15　　　　电工常用复合材料制品的性能和用途

名称	型号或 代号	厚度 /mm	耐热 等级	常态击穿电压 (平均值，/kV)	用　　途
聚酯薄膜绝缘纸复合箔	6520	0.15～ 0.30	E	6.5～12	用于 E 级电机槽绝缘、端部层间绝缘
聚酯薄膜玻璃漆布复合箔	6530	0.17～ 0.24	B	8～12	用于 B 级电机槽绝缘、端部层间绝缘、匝间绝缘和衬垫绝缘。可用于湿热地区
聚酯薄膜聚酯纤维纸复合箔	DMD	0.20～ 0.25	B	10～12	同聚酯薄膜玻璃漆布复合箔
聚酯薄膜芳香族聚酰胺纤维纸复合箔	NMN	0.25～ 0.30	F	12～15	用于 F 级电机槽绝缘、端部层间绝缘、匝间绝缘和衬垫绝缘
聚酰亚胺薄膜芳香族聚酰胺纤维纸复合箔	NHN	0.25～ 0.30	H	7～12	同聚酯薄膜芳香族聚酰胺纤维纸复合箔，但适用于 H 级电机

　　（6）绝缘纸、绝缘纸板和硬钢纸板。

四、绝缘子

　　绝缘子主要用来支持和固定导线，下面主要介绍低压架空线路用绝缘子。

低压架空线路用绝缘子有针式绝缘子和蝴蝶型绝缘子两种，用于在电压 500V 以下的交、直流架空线路中固定导线，图 3-1 所示即为低压绝缘子。

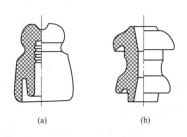

(a)　　　　　　(b)

图 3-1　低压绝缘子

（a）针式绝缘子；（b）低压蝴蝶型绝缘子

第 3 节　常用磁性材料

磁性材料按其特性和用途不同一般可分为软磁性材料和硬磁性材料（又称永磁材料）两大类。电工产品中应用最广的为软磁材料。软磁材料的磁导率高、矫顽力低，在较低的外磁场下，能产生高的磁感应强度，而且随着外磁场的增大，能很快达到饱和；当外磁场去掉后，磁性又基本消失。

一、软磁材料

软磁材料又称导磁材料，其主要特点是磁导率高，剩磁弱。常用的软磁材料主要有电工纯铁和电工硅钢片等。

1. 电磁纯铁

电磁纯铁（又称电工纯铁）的电阻率很低，它的纯度越高，磁性能越好。

电磁纯铁的主要特征是饱和磁感应强度高，冷加工性好，但电阻率低、铁损耗高，故一般用于直流磁极。

电磁纯铁的牌号、化学成分与一般用途和磁性能见表 3-16、表 3-17。

表 3-16   电磁纯铁的牌号、化学成分与一般用途

牌号		化学成分（质量分数）（%）≤									一般用途
名称	代号[①]	C	Si	Mn	P	S	Al	Ni	Cr	Cu	
电铁3 电铁3高	DT3 DT3A	0.04	0.20	0.30	0.020	0.020	0.50	0.20	0.10	0.20	不保证磁时效的一般电磁元件
电铁4 电铁4高 电铁4特 电铁4超	DT4 DT4A DT4E DT4C	0.03	0.20	0.30	0.020	0.020	0.15 ～ 0.50	0.20	0.10	0.20	在一定时效工艺下，保证无时效的电磁元件
电铁5 电铁5高	DT5 DT5A	0.04	0.20 ～ 0.50	0.30	0.020	0.020	0.30	0.20	0.10	0.20	不保证磁时效的一般电磁元件
电铁6 电铁6高 电铁6特 电铁6超	DT6 DT6A DT6E DT6C	0.03	0.30 ～ 0.50	0.30	0.020	0.020	0.30	0.20	0.10	0.20	在一定时效工艺下，保证无时效，磁性能较稳定的电磁元件

① DT3、DT4 为铝静纯铁；DT5、DT6 为硅铝静纯铁。序号后的字母表示电磁性能等级，即 "A" 为高级；"E" 为特级；"C" 为超级。

表 3-17   电磁纯铁的磁性能

磁性等级	代号	矫顽力 H_c/（A/m）≤	最大磁导率 μ_m/（mH/m）≥	在不同磁场强度/（A/cm）下的磁感应强度 B/T，≥				
				B_5	B_{10}	B_{25}	B_{50}	B_{100}
普级	DT3，DT4 DT5，DT6	95	7.5	1.4	1.5	1.62	1.71	1.80
高级	DT3A，DT4A DT5A，DT6A	72	8.8					
特性	DT4E，DT6E	48	11.3					
超级	DT4C，DT6C	32	15.1					

2. 电工硅钢片

硅钢片是电力和电信工业的主要磁性材料，硅钢片的主要特性是电阻率高，适用于各种交变磁场。按制造工艺不同，电工硅

钢片分为热轧和冷轧两种类型。冷轧硅钢片又分为取向和无取向两类。热轧硅钢片用于电机和变压器；冷轧取向硅钢片主要用于变压器，冷轧无取向硅钢片主要用于电机。

常用电工硅钢片的牌号、厚度和性能见表 3-18～表 3-20。

表 3-18　　　常用热轧电工硅钢片的牌号、厚度和性能

牌号	厚度/mm	最小磁感应强度[①]/T					最大铁损[②]/（W/kg）			
		B_5	B_{10}	B_{25}	B_{50}	B_{100}	$P_{10/50}$	$P_{15/50}$	$P_{7.5/400}$	$P_{10/400}$
DR530-50	0.50	—	—	1.51	1.61	1.74	2.20	5.30	—	—
DR510-50	0.50	—	—	1.54	1.64	1.76	2.10	5.10	—	—
DR490-50	0.50	—	—	1.56	1.66	1.77	2.00	4.90	—	—
DR450-50	0.50	—	—	1.54	1.64	1.76	1.85	4.50	—	—
DR420-50	0.50	—	—	1.54	1.64	1.76	1.80	4.20	—	—
DR400-50	0.50	—	—	1.54	1.64	1.76	1.65	4.00	—	—
DR440-50	0.50	—	—	1.46	1.57	1.71	2.00	4.00	—	—
DR405-50	0.50	—	—	1.50	1.61	1.74	1.80	4.05	—	—
DR360-50	0.50	—	—	1.45	1.56	1.68	1.60	3.60	—	—
DR315-50	0.50	—	—	1.45	1.56	1.68	1.35	3.15	—	—
DR290-50	0.50	—	—	1.44	1.55	1.67	1.20	2.90	—	—
DR265-50	0.50	—	—	1.44	1.55	1.67	1.10	2.65	—	—
DR360-35	0.35	—	—	1.46	1.57	1.71	1.60	3.60	—	—
DR325-35	0.35	—	—	1.50	1.61	1.74	1.40	3.25	—	—
DR320-35	0.35	—	—	1.45	1.56	1.68	1.35	3.20	—	—
DR280-35	0.35	—	—	1.45	1.56	1.68	1.15	2.80	—	—
DR255-35	0.35	—	—	1.44	1.55	1.66	1.05	2.55	—	—
DR225-35	0.35	—	—	1.44	1.54	1.66	0.90	2.25	—	—
DR1750G-35	0.35	1.23	1.32	1.44	—	—	—	—	10.00	17.50
DR1250G-20	0.20	1.21	1.30	1.42	—	—	—	—	7.20	12.50
DR1100G-10	0.10	1.20	1.29	1.40	—	—	—	—	6.30	11.00

① B_5、B_{25} 表示当磁场强度分别为 5A/cm 和 25A/cm 时，基本换向磁化曲线上的磁感应强度，其余类推。

② $P_{10/50}$ 和 $P_{7.5/400}$ 表示波形为正弦形，频率分别为 50Hz 和 400Hz，磁感应强度峰值分别为 1.0T 和 0.75T 时，每千克（kg）材料的功率损耗（W），其他类推。

表 3-19　冷轧无取向电工钢带（片）的牌号、厚度与磁性能

公称厚度/mm	牌号	最大铁损 $P_{15/50}$ /（W/kg）	最小磁感应强度 B_{10} /T
0.35	DW270-35	2.70	1.58
	DW310-35	3.10	1.60
	DW360-35	3.60	1.61
	DW435-35	4.35	1.65
	DW50-35	5.00	1.65
	DW550-35	5.50	1.66
0.50	DW315-50	3.15	1.58
	DW360-50	3.60	1.60
	DW400-50	4.00	1.61
	DW465-50	4.65	1.65
	DW540-50	5.40	1.65
	DW620-50	6.20	1.66
	DW800-50	8.00	1.69
	DW1050-50	10.50	1.69
	DW1300-50	13.00	1.69
	DW1550-50	15.50	1.69

表 3-20　冷轧单取向电工钢带（片）的牌号、厚度和性能

公称厚度/mm	牌号	最大铁损 $P_{15/50}$ /（W/kg）	最小磁感应强度 B_{10} /T
0.30	DQ122G-30	1.22	1.88
	DQ133G-30	1.33	1.88
	DQ133-30	1.33	1.79
	DQ147-30	1.47	1.77
	DQ162-30	1.62	1.74
	DQ179-30	1.79	1.71
	DQ196-30	1.96	1.68
0.35	DQ126G-35	1.26	1.88
	DQ137G-35	1.37	1.88
	DQ151-35	1.51	1.77
	DQ166-35	1.66	1.74
	DQ183-35	1.83	1.71
	DQ200-35	2.00	1.68
	DQ230-35	2.30	1.63

3. 普通低碳钢片

普通低碳钢片又称无硅钢片，主要用来制造家用电器中的小电机、小变压器等的铁心。

二、硬磁材料

硬磁材料又称永磁材料，其主要特点是具有较大的矫顽力，剩磁也大，磁滞现象显著，磁滞回线包围面积大。硬磁材料经外磁场充磁后，能保留较强的磁性，且不易消失，适应于制造永久磁铁，常用的硬磁材料有铝镍钴合金、铁氧体、钨钢、钴钢等。

1. 铝镍钴永磁材料

铝镍钴合金的组织结构稳定，具有优良的磁性能、良好的稳定性和较低的温度系数。

2. 铁氧体永磁材料

铁氧体永磁材料以氧化铁为主，不含镍、钴等贵重金属，价格低廉，材料的电阻率高，是目前产量最多的一种永磁材料。

第4节 其他电工材料

一、润滑脂

电机上常用的润滑脂有两种：复合钙基润滑脂和锂基润滑脂，个别负载特别重、转速又很高的轴承可以选用二硫化钼基润滑脂。润滑脂使用时应特别注意以下三个问题：

（1）轴承运行 $1000\sim1500h$ 后应加一次润滑脂，运行 $2500\sim3000h$ 后应更换润滑脂。

（2）不同型号的润滑脂不能混用，更换润滑脂时必须将陈脂清洗干净。

（3）轴承中润滑脂不能加得太多或太少，一般约占轴承室空容积的 $1/3\sim1/2$；转速低、负载轻的轴承可以加得多一些，转速高、负载重的轴承应该加得少一些。

二、滚动轴承

1. 滚动轴承的构造

电机上使用的滚动轴承基本上都是单列轴承，常用的有以下三种：轻窄系列深沟球轴承、中窄系列深沟球轴承和中窄系列圆柱滚子轴承。

滚动轴承是标准件，其基本构造如图 3-2 所示。

2.滚动轴承的类型、代号及公差等级

（1）滚动轴承的类型。滚动轴承可按其所能承受的负荷方向、公称接触角和滚动体的种类等进行分类，轴承类型代号用数字或字母表示。滚动轴承类型代号见表 3-21。

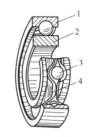

图 3-2　滚动轴承的基本构造
1—外圈；2—内圈；
3—滚动体；4—保持架

表 3-21　　　　　　　　　　滚动轴承类型代号

代号	轴承类型	代号	轴承类型
0	双列角接触球轴承	N	圆柱滚子轴承（双列或多列用字母 NN 表示）
1	调心球轴承	U	外球面球轴承
2	调心滚子轴承和推力调心滚子轴承	QJ	四点接触球轴承
3	圆锥滚子轴承		
4	双列深沟球轴承		
5	推力球轴承		
6	深沟球轴承		
7	角接触球轴承		
8	推力圆柱滚子轴承		

（2）滚动轴承代号。滚动轴承代号由前置代号、基本代号和后置代号构成，见表 3-22，滚动轴承公差等级代号见表 3-23。

表 3-22　　　　　　　　　　滚动轴承代号

轴承代号								
前置代号	基本代号	后置代号						
		1	2	3	4	5	6	7	8
成套轴承分部件		内部结构	密封与防尘套圈变形	保持架及其材料	轴承材料	公差等级	游隙	配置	其他

表 3-23　　　　　　　　滚动轴承公差等级代号

代　号	含　义	示　例
/P0	公差等级符合标准规定的 0 级，可省略	6203
/P6	公差等级符合标准规定的 6 级	6203/P6
/P6x	公差等级符合标准规定的 6x 级	30210/P6x
/P5	公差等级符合标准规定的 5 级	6203/P5
/P4	公差等级符合标准规定的 4 级	6203/P4
/P2	公差等级符合标准规定的 2 级	6203/P2

3. 滚动轴承的装配

滚动轴承的装配中有两个关键问题：一是轴承的清洗方法；二是轴承的安装方法。正确的清洗和安装可以降低电机的振动和轴承噪声。

（1）轴承的清洗方法。装配前，必须对轴承进行仔细清洗。

1）用防锈油封存的轴承使用前可用汽油或煤油清洗。

2）用高黏度油和防锈油脂进行防护的轴承可先放入油温不超过100℃的轻质矿物油 N15 全耗损系统用油中溶解油脂，待防锈油脂完全溶化后再从油中取出，冷却后用汽油或煤油清洗。

3）两面带防尘盖或密封圈的轴承出厂前已加入润滑剂，安装时不需要进行清洗。另外，涂有防锈、润滑两用油脂的轴承也不需要清洗。

（2）轴承的安装方法。轴承的安装方法须根据轴承的结构形式、尺寸大小和配合性质而定，目前常见的滚动轴承的安装方法有三种：热套法、冷压法和敲入法。

1）热套法。对于过盈量较大的中、大型轴承应采用热套法安装。

2）冷压法。对于过盈量较小的中、大型轴承可采用压力机冷压安装。

3）敲入法。敲入法安装是指在常温下用手锤通过铜套筒敲打轴承内圈，将轴承安装到轴上。

4. 滚动轴承的故障及处理办法

滚动轴承的常见故障及处理办法见表 3-24。

表 3-24　　　　　　滚动轴承的常见故障及处理办法

序号	故障现象	原因	处理方法
1	轴承破裂，运行中可听到"咕噜"和"梗、梗"的声音，轴承部位发热严重，甚至使定转子相擦	（1）轴承与转轴或与轴承室配合不当，安装时用力过大。 （2）拆装轴承不合理，如硬敲、硬打轴承打圈	更换损坏的轴承，按本节所述的方法安装新轴承
2	轴承变色，轴承的滚珠或滚柱、内外圈变成蓝紫色	（1）轴承盖和轴或轴承运转中相擦。 （2）轴承与转轴之间配合不当。如轴承内圈与轴配合过松，运转时内圈相对转轴运动（俗称走内圈）；轴承外圈与轴承室配合过松，运转时走外圈。 （3）运转时的皮带过紧，或联轴器不同轴。 （4）润滑脂干涸。 上述原因均使轴承摩擦加剧而过热	查明原因将轴颈喷涂金属或在端盖轴承室镶套；调节带松紧或校正联轴器，使实际配合公差达到要求
3	珠痕：轴承滚道上产生与滚珠形状相同的凹痕	（1）安装方法不正确。 （2）传动带拉得过紧	更换轴承，调节带的松紧
4	震痕：类似于珠痕的凹形，但痕迹较广，程度较浅	电机定转子相擦	检查定子转子是否相擦，排除故障
5	麻点	轴承使用期过长或润滑脂中混入金属屑之类的杂质，使电机的噪声和震动增大	更换轴承
6	锈蚀：水汽或腐蚀性气体进入轴承内部而锈蚀	清洗不当或密封不符合要求，电机的噪声和震动增大	更换轴承

❤ 第5节 电工新材料简介

一、无机绝缘新材料

在固体绝缘材料中，云母、石棉、玻璃和陶瓷等无机绝缘材料都具有较高的耐热性、耐电弧性和耐电晕性。特别是电工玻璃和电瓷材料越来越得到广泛的重视。

（一）电工玻璃材料

电工玻璃材料是以石英砂、长石、硼砂、碳酸钙、白云石、纯碱及碳酸钾等为主要原料，并添加碳酸钠和硭硝等，在1300℃以上高温下加热熔融后制成玻璃体，经成型设备可制成各种电工玻璃制品。下面介绍两种电工玻璃材料。

1. 绝缘子玻璃

绝缘子玻璃材料分为高碱玻璃、硼硅酸玻璃和铝镁质玻璃，其中后两种为低碱玻璃材料。绝缘子玻璃材料主要用于制造电力绝缘子。

2. 电真空玻璃

电真空玻璃分为钨组玻璃、钼组玻璃、铂组玻璃和石英玻璃四类。钨组玻璃（封接金属为钨）的主要成分是硼硅酸盐玻璃和铝硅酸盐玻璃。它们的用途是制造高频器件、微波器件、大功率白炽灯和其他电真空器件的玻璃管、壳；钼组玻璃（封接金属为钼合金）的主要成分是硼硅酸盐玻璃，可用于制造大中型功率器件、高功率白炽灯、气体放电灯等外壳；铂组玻璃的成分有钠钙硅玻璃和钠铅硅玻璃，它可用于制造白炽灯、荧光灯和其他电真空器件的玻管、壳、芯柱；石英玻璃可用于制造超高压水银灯和其他电真空器件。

（二）电瓷材料

电瓷材料主要用作高低压、高频、高温条件下的电绝缘及电容器介质等，其主要品种、特性及用途见表3-25。

表 3-25   电瓷材料的主要品种、特性及用途

分类	品 种	主要特性	主要原料	用 途
高低压电瓷	普通长石瓷、高硅质瓷、高铝质瓷等	电气、机械性能良好，耐辐射性好	黏土、长石、石英	普通长石瓷作绝缘子和绝缘套管；后两种适于作超高压、高强度绝缘子
高频瓷	滑石瓷、镁橄榄石瓷、高铝瓷、氮化硼瓷、氧化铍瓷	耐高频、耐热性好	滑石、石英、黏土、氧化铝、菱镁矿等	镁橄榄石瓷适宜作薄膜电阻；高铝瓷作电子管座、半导体封装；氮化硼瓷可用作微波用散热板和高频绝缘材料；氧化铍瓷可作高频封装材料
介电瓷	高钛氧瓷、钛酸镁瓷、钛酸钡瓷	介电温度系数低、介电常数大	二氧化钛、菱镁矿、碳酸钡等	主要作电容器介质；钛酸钡瓷可作电致伸缩元件和压电元件
高温瓷	堇青石瓷、钴英石瓷	热稳定性好，膨胀系数小，耐弧性好	黏土、滑石、钴英石	可用作电热器用热板和断路器用灭弧片

二、磁记录材料

磁记录材料又称信息存储功能材料，主要指涂布或淀积在磁带、磁盘和磁鼓基体上用作记录和存储信息的磁记录介质和磁头材料。

1. 磁头材料

磁头材料具有高饱和磁感应强度、低剩磁感应强度和高导磁率、硬度大、温度稳定性好等特性。磁头材料有铁氧体磁头材料、合金磁头材料、视频磁头材料等。

2. 磁记录介质

磁记录介质是在非磁性理体上涂布或淀积的磁性记录层，有磁带、磁盘、磁鼓、磁卡等。根据磁性层的构造，可将磁记录介质分为颗粒涂布型介质和连续薄膜型介质。

颗粒涂布型介质是用磁粉与粘合剂、溶剂及分散剂、抗磨剂、润滑剂等助剂均匀混合成浆，通过涂布等工艺制成的；连续薄膜型介质是将氧化物或合金经蒸发或电镀等工艺制成。

颗粒涂布型介质中的磁性颗粒（磁粉）主要有氧化铁、钴系氧化铁氧体、金属粉、钡铁氧体粉等；连续薄膜型介质的磁性薄膜可分为氧化物和金属薄膜，高密度记录主要用金属合金薄膜。连续薄膜介质具有较高的记录密度，有利于扩大储存容量或实现做型化。薄膜型硬盘和薄膜型录像磁带以及薄膜磁盘是连续薄膜型介质的典型应用。

3. 磁卡

近年来，磁卡在国内外得到迅速发展，它具有携带方便、安全可靠的特点，因此受到普遍欢迎。

（1）磁卡的结构。磁卡的结构如图 3-3 所示，主要分为两大类：一是直接涂布型，如图 3-3（a）所示，它是采用聚氯乙烯 PVC，涤纶 PET 和纸类作为基片，然后在上面直接涂上磁粉而成，常用于车月票、电话卡、程序卡和管理卡等；二是磁层转移型，如图 3-3（b）、（c）、（d）所示，它是将磁层转移到基片上，其中图 3-3（c）、（d）是用 PVC 芯片与两层透明膜复合而成的，用于信用卡、现金卡、识别卡、高速公路等。磁卡用的磁性材料与磁带相近。

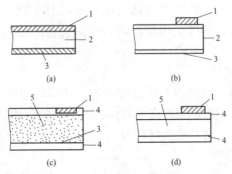

图 3-3　磁卡的基本结构

（a）直接涂布型；（b）、（c）、（d）磁层转移型

1—磁层；2—基片；3—印刷层；4—复合膜；5—PVC 芯片

（2）磁卡的特性。磁卡的一个重要特性是有特殊的磁记录的电磁特性。因为与其他磁记录介质相比，磁卡的工作条件比较恶劣，因此要求具有较高的可靠性和保密性。目前有些厂家试制出不同矫顽力的双层磁卡，它可以利用高矫顽力磁层记录永久的暗码信号，用低矫顽力记录可变的信号，从而满足了可靠性和使用方便的要求。

三、特殊磁性材料

1. 非晶软磁合金材料

非晶态又称玻璃态，非晶态合金内部原子呈无规则排列，是一种无序状态堆积的结构。该合金具有优良的机械、物理性能，并已在电力电子工业中获得应用。非晶态软磁合金有三大类，现简介如下。

（1）钴基非晶合金。钴基非晶合金的特点是具有高的磁导率，低的矫顽力，电阻率较大，高频损耗低。主要用作磁头芯片、变压器互感器铁心、磁屏蔽材料。同时，钴基非晶合金已用作图书防盗传感器、高频开关（频率为 20～500kHz）铁心。

（2）铁基非晶合金。该类合金具有高的饱和磁感应强度，损耗仅为硅钢的 1/4～1/3，可取代硅钢片作铁磁材料，如用作电力变压器、电源变压器的铁心，还可用作电磁传感器和电机芯片。目前该类合金在 50Hz 配电变压器和 100Hz 航空变压器中得到应用，在降低损耗、节约能源上越来越发挥它的优点。

（3）铁镍基非晶态软磁合金。这类合金的性能介于以上两种合金之间，具有较高的 B_s 和 μ 值，主要用于传递中等磁场强度、中等功率的电信号的变压器铁心中。目前，在漏电保护开关的零序互感器铁心中得到应用。

2. 恒导磁合金材料

恒导磁合金材料的特点是在相当宽的磁感应强度范围内，一定宽的温度和频率范围内，磁导率基本不变，它主要用于单极性脉冲变压器和滤波电感等的铁心。目前恒导磁合金材料的型号有 1J34h、1J67h、1J66h 等几种。

3. 磁温度补偿合金材料

磁温度补偿合金主要是铁镍合金，它的特性是饱和磁感应强度和磁导率在室温附近可随温度而变化，因此可作为补偿合金，用于电器仪表、稳压器以及速率计数器等装置。

4. 低膨胀合金材料

低膨胀合金常用的是铁镍合金，分为 $36\%Ni\text{-}Fe$ 和 $31Ni$、$4\%\sim6\%Co\text{-}Fe$ 合金两类。它们的特点是热膨胀系数很小，因此在精密仪表、度量衡装置、精密测量设备等中有着重要的作用。

5. 磁滞伸缩合金材料

磁滞伸缩是指由于磁化而引起的磁性物质的弹性变形，它主要包括纯镍、镁铝和镁钴几种材料。这类合金主要用作超声波换能器铁心、金属磁滞伸缩材料导。

6. 磁屏蔽合金材料

凡具有高磁导率的合金都可用作磁屏蔽，这类合金主要是 Fe-Ni 合金，主要用于电工、电子、航空等领域需磁屏蔽的场合。

7. 高饱和磁感应强度合金材料

高饱和磁感应强度合金材料主要有铁钴合金，这类合金通常称为坡明杜合金，相应的产品有 IJ22、海坡柯、坡明杜、2V 坡明杜、超坡明杜等。IJ22 用于电磁铁极头，磁控管中端焊管，力矩电机转子等；海坡柯的特征是在高温下有高磁导率，可用于高感应电机、变压器等；坡明杜一般用于直流电磁铁和极头；2V 坡明杜可延展，用于受话器振动膜；超坡明杜与 2V 坡明杜相似，但性能要好得多。

8. 矩磁合金材料

矩磁合金的磁滞回线近似矩形，可用来制造磁放大器、无触点继电器、整流器、振流圈、调幅器和脉冲变压器的铁心，以及计算机和仪表元件等。

四、光电材料

1. 光电阴极材料

光电阴极材料是由 Gs、K、Na、Ag、Bi 等的两种或多种元素，经一定的工艺制成。这种材料的特点是受到光的照射而发射电子，因此广泛应用于光电倍增管、摄像管、变像管等，它属于光—光转换器件。

常见的光电阴极材料有：

(1) Sb-Cs 阴极。该材料的特点是波长特性全部处于可见光范围内，富有全色性，暗电流小。另外，它对紫外线光也很灵敏，可用于一般光电管。

(2) Ag-O-Cs 阴极。该材料的优点是在近红外区有高的灵敏度，缺点是热电子引起的暗电流大，它可用于红外光电器件中。

(3) Sb-K-Na-Cs 多碱面阴极。这种材料具有很高的灵敏度，在可见光区域的光谱特性较均匀，对红外和红外光响应好，一般用于微光摄像管。

(4) 紫外光阳极。这类材料对波长在 $1050 \sim 3500 \text{Å}$ 范围内的辐射非常敏感，能产生光电子发射，因此，用作上述波长范围的阴极材料。

(5) 半导体阴极。半导体阴极又称为负电子亲和势阴极，这种阴极其量子效率高，暗发射小，电子能量分布集中。若适当选择材料可使响应波长扩展到红外波段。该类材料在光电倍增管及成像管中已得到应用，特别适用于军事夜视装置。

2. 光敏电阻材料

光敏电阻材料的特点是：在光的照射下，其晶体管中能放出大量电子和空穴，导电性能增大。在外加电场作用下，该材料中能产生光电流和暗电流，并服从于欧姆定律。

常见光敏电阻材料有硫化铅、碲化铅、硒化铅、硫化镉、锑化铟等。光敏电阻主要用于自动照明灯、故障灯、航标指示灯、照相机电子测光系统、断电报警器、照度报警器、键控音量控制等。

3. 光电导材料

当光照射物体时，由于物体内部导电电子运动状态的改变而发生电导率改变的现象称为光电效应，大多数半导体和绝缘体都存在光电效应。

光电导材料分为本征光电导和杂质光电导（非本征激发）。本征光电导是当光照射半导体时，只要光子能量足够大，价带中的电子会被激发到导带，引起导电率的增加；杂质光电导是入射光子把杂质中的电子激发到导带中去或把价带中电子激发到杂质能级上去，引起电导率增加。

4. 红外光电探测材料

红外光电探测材料分为量子型和热释电型两类。量子型材料用于红外光电探测器，主要有掺杂锗、掺杂锗硅合金和掺硼、铝、镓、磷、砷等杂质的硅。热释电型材料用于红外传感器，它是根据当某些强介电物质的表面温度变化时，随着温度的上升或下降变化，这些物质表面上就会产生电荷的变化，即发生热电效应这一原理制成的。最常用的有陶瓷氧化物和压电晶体。

另外，近年来开发的具有热电性的高分子薄膜聚偏二氟乙烯（PVF_2）已用于红外成像器件、火灾报警传感器等。

五、压电材料

研究人员发现，当某些电介质，沿一定方问受到外力作用时，在其表面上会产生电荷。当外力取消后表面上的电荷随之消失，又重新回到不带电的状态。这种将机械能转变为电能的现象称为"正压电现象"；反之，为"逆压电现象"。具有压电效应的电介质称为压电材料，常见的压电材料分为压电晶体、压电陶瓷和高分子压电材料三大类。

1. 压电晶体

压电晶体主要有石英单晶、$LiNbO_3$、$LiTaO_2$、$B_{12}GeO_{20}$、$B_{12}SiO_{20}$等，现简要介绍石英、$LiNbO_3$ 和 $LiTaO_2$ 的性能及用途。

（1）石英又称水晶，它是使用最广泛的压电材料。其特性是在常温下稳定性好，加工容易，损失少。主要用于晶体拾音器、扬声器和传音器等。

（2）$LiNbO_3$ 和 $LiTaO_2$是拉制生长的单晶体，其居里点高，弹性损耗小，耦合系数大。故在高温或高频材料方面得到较广泛的应用，如用于制作压电换能器、超声延迟线介质、晶体滤波器和参量滤波器等。

2. 压电陶瓷

压电陶瓷是人工制造的多晶体压电材料，常用压电陶瓷材料、特点和应用见表 3-26。

表 3-26　　　　　　常用压电陶瓷材料、特点和应用

材　料	特　点	应　用
BaTiO₃	高相对介电常数、对温度很敏感	声纳发声器、超声换能器
PZT-4	压电常数高、良好的驱动性、高耦合	声纳发声器、超声换能器、高压发生器
PZA-5A	高时间常数、低老化、压电常数高	水听器、仪表换能器、传声器、扬声器
PZA-7A	压电常数高、低电容率、低老化	延迟线换能器
PZT-8	显著的高驱动性、压电常数高	声纳发声器、超声换能器
Pb(NbO₃)₂	相对介电常数小、居里点高	水声换能器

3. 高分子压电材料

高分子压电材料是一种新型压电材料，有聚偏二氟乙烯（PVDF）、聚氟乙烯（PVF）、聚氯乙烯（PVC）等，它们都是有机高分子半晶态聚合物。这些材料当受到外力作用时，剩余极化强度改变，呈现出压电效应。

PVDF 薄膜具有极高的电压灵敏度，它比 PZT 压电陶瓷大 17 倍，且在很宽的频率范围内具有很宽的频率响应。另外，它还具有柔软、不脆、耐冲击、价格便宜等优点，PYDF 薄膜用于电声器件、超声和水声探测、医疗器械、地震预测、红外探测等方面。

六、发光材料

1. 半导体发光材料

在电场激发下能产生发光现象，能将电能直接转换成光能的材料称为半导体发光材料。主要半导体发光材料及其物理性能见表 3-27。

表 3-27 主要半导体发光材料及其物理性能

半导体材料	发射光波长/Å	光（色）
ZnS	3400	近紫外
SiC	4500	蓝
ZnSe	4800	蓝
ZnTe	6200	橙
CdTe	8500	近红外
GaSb	15 000	中红外
PbSe	15 000	远红外
InPAs	9100~31 500	近红外~远红外
InCaAs	8500~31 500	近红外~远红外

2. 荧光粉材料

荧光粉材料是受到激发而发出荧光的一种材料，它分为灯用荧光粉和荧光屏用荧光粉两种。

（1）灯用荧光粉。灯用荧光粉材料主要是以氧为主的化合物，以及含氧盐和稀土化合物。根据光通的稳定性表明，稀土荧光粉有很大的优越性。灯用荧光粉材料主要用于照明日光灯、彩色灯、黑光灯和高压汞灯材料。

（2）荧光屏用荧光粉。用于电子束管中的阴极射线激发的荧光粉称为荧光屏用荧光粉，主要用作荧光屏内壁的涂覆材料。其中黑白和彩色电视机中荧光屏用涂覆材料分别由不同比例的荧光粉组成。

（3）磷光体材料。磷光体材料是指当受到电场激发时和激发停止后一定时间内能够发射光的某些有缺陷的无机晶体材料。发射光的光谱包括可见光、紫外线光和近红外线光。磷光体大部分是宽禁带半导体，有些是电介质，它们主要由基质和激活剂组成。大部分基质是硫化物、硒化物和氧化物；激活剂是磷光体中的重金属杂质，如 Ag 和 Cu 等。磷光体的发光机理主要有光致发光、阴极射线发光和场致发光三种。磷光体材料主要用于荧光灯、高压汞灯、彩色电视、α 射线、γ 射线、χ 射线、雷达等的制作。

3. 激光材料

（1）半导体激光材料。这种材料（直接跃迁型）可以制作激光器，它们发出的激光波长主要依赖于该材料的禁带宽度、杂质浓度和温度等因素。半导体激光器起振方法主要有电子束激励法、光激励法和 PN 节电注入法等。PN 节电注入激光器具有结构简单、体积小的特点，又由于激光有很好的单色性、方向性，以它作为光源，以低损耗石英光纤作为光的传输媒介，以半导体光电二极管作为接受器件的光纤通信系统，无需中继站，可长距离通信，因而得到迅速发展。

（2）晶体激光材料。晶体激光材料分为氟化物、盐类和氧化物三类，目前使用的主要有红宝石等晶体。

第 4 章

低压电器及选用

♣ 第 1 节　开关与熔断器的选用

一、低压电器的分类

凡是用来接通和断开电路，以达到控制、调节、转换和保护的电气设备都称为电器。工作在交流 1000V 及以下，直流 1200V 及以下电路中的电器称为低压电器。

1. 型号组成

低压电器产品全型号组成形式如下：

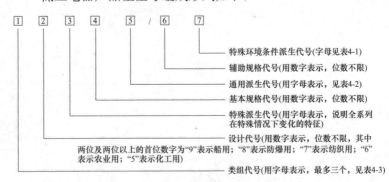

特殊环境条件派生代号(字母见表4-1)
辅助规格代号(用数字表示，位数不限)
通用派生代号(用字母表示，见表4-2)
基本规格代号(用数字表示，位数不限)
特殊派生代号(用字母表示，说明全系列在特殊情况下变化的特征)
设计代号(用数字表示，位数不限，其中两位及两位以上的首位数字为"9"表示船用；"8"表示防爆用；"7"表示纺织用；"6"表示农业用；"5"表示化工用)
类组代号(用字母表示，最多三个，见表4-3)

表 4-1　　　　　　　特殊环境条件派生代号表

派生字母	说　明	备　注
T	按湿带临时措施制造	
TH	湿热带	
TA	干热带	此项派生代号加注
C	高原	在产品全型号后
H	船用	
Y	化工防腐用	

表 4-2　　　　　　　　　通用派生代号表

派生字母	代表意义
A、B、C、…	结构设计稍有改进或变化
J	交流、防溅式
Z	直流、自动复位、防振、重任务
W	无灭弧装置
N	可逆
S	有锁住机构、手动复位、防水式、三相、三个电源、双线圈
P	电磁复位、防滴、单相、两个电源、电压
K	开启式
H	保护式、带缓冲装置
M	密封式、灭磁
Q	防尘式、手车式
L	电流的
F	高返回、带分励脱扣

表 4-3　　　　　低压电器产品型号类组代号表

代号	H	R	D	K	C	Q	J	L	Z	B	T	M	A
名称	刀开关和转换开关	熔断器	自动开关	控制器	接触器	启动器	控制继电器	主令电器	电阻器	变阻器	调整器	电磁铁	其他
A					按钮式			按钮					
B									板式元件				触电保护器
C		插入式		磁力	电磁式				冲片元件	旋臂式			插销
D	刀开关						漏电		带型元件		电压		信号灯
E											阀用		
G			鼓型	高压					管型元件				
H	封闭式负荷开关	汇流排式											接线盒
J				交流		减压		接近开关	锯齿型元件				交流接触器节电器

续表

代号	H	R	D	K	C	Q	J	L	Z	B	T	M	A
名称	刀开关和转换开关	熔断器	自动开关	控制器	接触器	启动器	控制继电器	主令电器	电阻器	变阻器	调整器	电磁铁	其他
K	开启式负荷开关				真空			主令控制器					
L		螺旋式	照明				电流			励磁			电铃
M		封闭管式	灭磁		灭磁								
N													
P				平面	中频		频率			频敏			
Q										起动		牵引	
R	熔断器式刀开关						热		非线性电力电阻				
S	转换开关	快速	快速	时间		手动	时间	主令开关	烧结元件	石墨			
T		有填料管式		凸轮	通用		通用	脚踏开关	铸铁元件	起动调速			
U						油浸	旋钮			油浸起动			
W			万能式			无触点	油度	万能转换开关		液体起动		起重	
X		限流	限流			星三角		行程开关	电阻器	滑线式			
Y	其他	其他	其他	其他	其他	其他	其他		硅碳电阻元件	其他		液压	
Z	组合开关	自复	装置式		直流	综合	中间					制动	

2. 分类

根据在电气线路中所处的地位和作用不同,低压电器可分为低压配电电器和低压控制电器两大类;低压电器按动作方式不同可分为自动切换和非自动切换两类;低压电器按有无触点的结构分又可分为有触点和无触点两类。

二、低压开关的选用

低压开关广泛用于各种配电设备和供电线路，作为不频繁地接通和分断低压供电线路，以作为隔离电源之用。另外，它也可作小容量笼型异步电动机的直接起动。

（一）负荷开关

负荷开关有开启式（俗称胶盖瓷底刀开关）和封闭式（俗称铁壳开关），如图4-1所示。

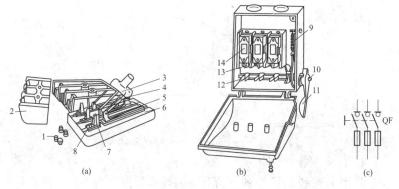

(a)   (b)   (c)

图4-1 负荷开关

（a）开启式负荷开关；（b）封闭式负荷开关；（c）电气符号

1—胶盖紧固螺钉；2—胶盖；3—瓷柄；4—动触点；5—出线座；
6—瓷底；7—静触点；8—进线座；9—速断弹簧；10—转轴；
11—手柄；12—闸刀；13—夹座；14—熔断器

刀开关按线路的额定电压、计算电流及断开电流选择，按短路电流校验其动、热稳定值。

刀开关断开负载电流不应大于制造厂允许断开的电流值。一般结构的刀开关通常不允许带负载操作，但装有灭弧室的刀开关，可做不频繁带负载操作。

刀开关所在线路的三相短路电流不应超过制造厂规定的动、热稳定值，其值见表4-4。

表 4-4　　　　　刀开关动、热稳定性和保安性技术数据

额定工作电流 I_N/A	1s热稳定电流 有效值/kA		电动稳定电流 峰值/kA		极限保安电流 峰值/kA	
	中央 手柄式	杠杆 操作式	中央 手柄式	杠杆 操作式	中央 手柄式	杠杆 操作式
$I_N \leqslant 100$	6	7	15	15	30	30
$100 < I_N \leqslant 250$	10	12	20	25	40	40
$250 < I_N \leqslant 400$	20	20	30	40	50	50
$400 < I_N \leqslant 630$	25	25	40	50	60	60
$630 < I_N \leqslant 1000$	30	30	50	70		95
$1000 < I_N \leqslant 1600$	35		90			110

型号含义：

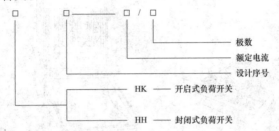

极数

额定电流

设计序号

HK　开启式负荷开关

HH　封闭式负荷开关

1. 技术数据

常用 HK 和 HH 系列负荷开关的技术数据见表 4-5 和表 4-6。

表 4-5　　　　　HK 系列开启式负荷开关的技术数据

型号	额定电流 I/A	极数	额定电压 U/V	可控制电动机功率 P/kW	熔丝规格	
					熔丝线径 ϕ/mm	熔丝材料
HK1	15	2	220	1.5	1.45~1.59	铅熔丝
	30			3.0	2.30~2.52	
	60			4.5	3.36~4.00	
	15	3	380	2.2	1.45~1.59	
	30			4.0	2.30~2.52	
	60			5.5	3.36~4.00	
HK2	10	2	250	1.1	0.25	纯铜丝
	15			1.5	0.41	
	30			3.0	0.56	
	10	3	380	2.2	0.45	
	15			4.0	0.71	
	30			5.5	1.12	

表 4-6　　HH 系列封闭式负荷开关的技术数据

型号	额定电压 U/V	额定电流 I/A	极数	熔丝规格		
				额定电流	线径 φ/mm	材料
HH3	250/440	15	2/3	6	0.26	纯铜丝
				10	0.35	
				15	0.46	
		30		20	0.65	
				25	0.71	
				30	0.81	
		60		40	1.02	
				50	1.22	
				60	1.32	
		100		80	1.62	
				100	1.81	
		200		200		
HH4	380	15	2, 3	6	1.08	铅熔丝
				10	1.25	
				15	1.98	
		30		20	0.61	纯铜丝
				25	0.71	
				30	0.80	
		60		40	0.92	
				50	1.07	
				60	1.20	
	440	100	3	60、80、100		RTO 系列熔断器
		200		100、150、200		
		300		200、250、300		
		400		300、350、400		

2. 选用诀窍

（1）用于照明或电热电路的负荷开关额定电流，应大于或等于被控制电路各个负载额定电流之和。

（2）用于电动机的电路，根据经验，开启式负荷开关的额定电流一般可为电动机额定电流的 3 倍；封闭式负荷开关的额定电流一般可为电动机额定电流的 1.5 倍。

3. 使用与维护

（1）负荷开关不准横装或倒装，必须垂直地安装在控制屏或开关板上，不允许将开关放在地上使用。

（2）负荷开关安装接线时，电源进线和出线不能接反，开启式负荷开关的电源进线应接在上端进线座，负载应接在下端出线座，以便更换熔丝。60A 以上的封闭式负荷开关的电源进线应接在上端进线座，60A 以下应接在下端进线座。

（3）封闭式负荷开关的外壳应可靠接地，以防意外漏电造成触电事故。

（4）更换熔丝必须在闸刀开关断开的情况下进行，而且应换上与原用熔丝规格相同的新熔丝。

（5）应经常检查开关的触点，清理灰尘和油污等物。操作机构的摩擦处应定期加润油，使其动作灵活，延长使用寿命。

（6）在修理负荷开关时，要注意保持手柄与门的联锁，不可轻易拆除。

（二）组合开关

组合开关又名转换开关，常用的 HZ10 系列组合开关的外形如图 4-2 所示。

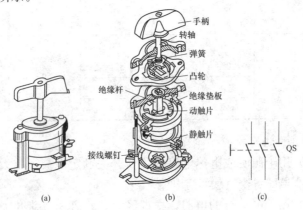

图 4-2　HZ10 组合开关
（a）外形；（b）结构组成；（c）电气符号

1. 技术数据

HZ10 系列组合开关的技术数据见表 4-7，3SB 和 3ST 系列开关是德国西门子的引进产品，其技术数据见表 4-8。

型号含义：

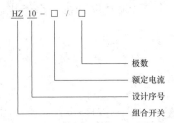

HZ 10 - □ / □

极数
额定电流
设计序号
组合开关

表 4-7　　　　　　　　HZ10 系列组合开关的技术数据

型　号	额定电压 U/V		额定电流 I/A	极数
	交流	直流		
HZ10-10/2	380	220	10	2
HZ10-10/3				3
HZ10-25/3			25	3
HZ10-60/3			60	3
HZ10-100/3			100	3

表 4-8　　　　　　　　3SB 和 3ST 系列开关技术数据

型号	单相交流 50Hz 电源开关额定工作电流 I/A	三相交流 50Hz 电动机开关额定工作电流 I/A	三相交流 50Hz Ｙ-△转换开关额定工作电流 I/A	机械寿命/次	操作频率 f/（次/h）
3ST1	10	8.5	8.5	3×10^{6}	500
3LB3	25	16.5	25		
3LB4	40	30	35	1×10^{6}	100
3LB5	63	45	45		

2. 选用诀窍

（1）用于照明或电热线路的组合开关额定电流，应大于或等于被控制电路中各负载电流的总和。

（2）用于电动机线路的组合开关额定电流，一般取电动机额定电流的 1.5～2.5 倍。

3. 使用与维护

（1）由于转换开关的通断能力较低，故不能用来分断故障电流。当用于控制电动机作可逆运转时，必须在电动机完全停止后，才允许反向接通。

型号含义：

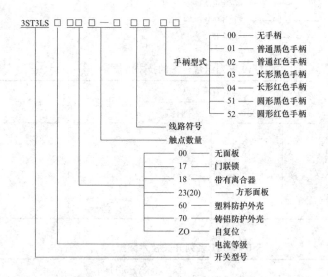

（2）当操作频率过高或负载功率因数较低时，转换开关要降低容量使用，否则会影响开关的使用寿命。

（三）空气断路器（自动空气开关）

空气断路器又名自动空气开关，是低压电路中重要的保护电器之一，对电路及电器设备具有短路、过载和欠压保护作用。它还可用来接通和分断电路，也可用于控制不频繁启动的电动机。

常用的塑壳式（装车式）和万能式（框架式）空气断路器的外形，如图 4-3 所示，结构组成及工作原理如图 4-4 所示。

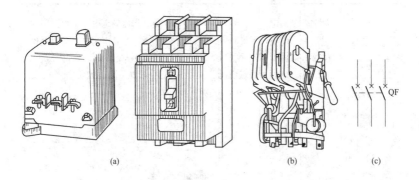

图 4-3　空气断路器

（a）塑壳式；（b）万能式；（c）电气图形和文字符号

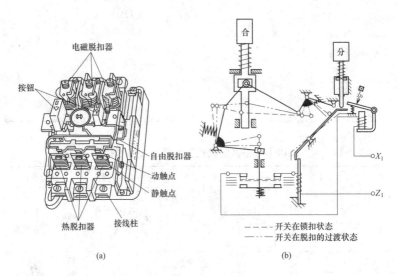

图 4-4　DZ5-20 型空气断路器

（a）结构组成；（b）工作原理

1. 技术数据

常用 DZ5-20、DZ10-100 系列塑壳式空气断路器和 DW10 系列塑壳万能式空气断路器的技术数据见表 4-9～表 4-11。

表 4-9　　　　DZ5-20 系列塑壳式空气断路器技术数据

型号	额定电压 U/V	额定电流 I/V	极数	脱扣器类别	热脱扣器额定电流 I/A（括号内为整定电流调节范围）	电磁脱扣器瞬时动作整定值 I/A
DZ5-20/200	交流380		2	无脱扣器	—	
DZ5-20/30			3			
DZ5-20/210			2	热脱扣	0.15（0.1～0.15）0.20（0.15～0.20）0.30（0.20～0.30）0.45（0.30～0.45）	为热脱扣器额定电流的8～10倍（出厂时整定于10倍）
DZ5-20/310		20	3			
DZ5-20/220			2	电磁脱扣	0.65（0.45～0.65）1.00（0.65～1.00）2.00（1.00～2.00）3.00（2.00～3.00）	
DZ5-20/320	直流220		3			
DZ5-20/230			2	复式脱扣	4.50（3.00～4.50）6.50（4.50～6.50）10.00（6.50～10.00）15.00（10.00～15.00）20.00（15.00～20.00）	
DZ5-20/330			3			

表 4-10　　　DZ10-100 系列塑壳式空气断路器技术数据

型号	额定电压 U/V	额定电流 I/A	极数	脱扣器类别	复式脱扣器 额定电流 I/A	复式脱扣器 瞬时动作整定电流	电磁脱扣器 额定电流 I/A	电磁脱扣器 瞬时动作整定电流
DZ10 100/200	交流380		2	无脱扣器	15		15	脱扣器额定电流的10倍
DZ10 100/300			3		20 25	脱扣器额定电流的10倍	20 25	
DZ10 100/210		100	2	热脱扣	30 40 50		30 40 50	
DZ10 100/310	直流220		3		60 80			
DZ10 100/230			2	复式脱扣	100		100	脱扣器额定电流的6～10倍
DZ10 100/330			3					

表 4-11　DW10 系列塑壳万能式空气断路器的技术数据

型号	额定电流 I/A	过电流脱扣器额定电流 I/A	整定电流范围 I/A	分励脱扣器需要视在功率 S/VA		失压脱扣器需要视在功率 S/VA		电磁铁操作机构需要视在功率 S/VA		电动机操作机构需要视在功率 S/VA		极限通断能力交流 380V cosφ≥0.4 I/A
				220V	380V	220V	380V	220V	380V	220V	380V	
DW10-200/2 DW10-200/3	200	100	100~150~300					10k	10k	—	—	10 000
		150	150~225~450									
		200	200~300~600									
DW10-400/2 DW10-400/3	400	100	100~150~300	145	145	40	40	20k	20k	—	—	15 000
		150	150~225~450									
		200	200~300~600									
		250	250~375~750									
		300	300~450~900									
		350	350~525~1050									
		400	400~600~1200									
DW10-600/2 DW10-600/3	600	500	400~750~1500									15 000
		600	600~900~1800									
DW10-1000/2 DW10-1000/3	1000	400	400~600~1200					—	—	500	500	20 000

型号含义:

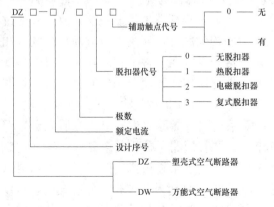

2. 空气断路器的结构与原理

空气断路器的三个基本部分：

（1）执行通断电路的部件——触点和灭弧系统。

（2）感测电路的不正常状态，并作出保护性动作的部件——各种脱扣器。

（3）联系以上两种部件的中间传递部件——自由脱扣和操动机构。

图 4-4（b）是空气断路器的工作原理图。开关的主触点是靠操动机构（手动或电动）合闸的。在正常情况下，触点能接通和分断工作电流；在故障情况下，又能有效并及时地切断高达数十倍额定电流的故障电流，从而保护电路及电路中的电气设备。开关的自由脱扣机构是一套连杆机构，当主触点闭合以后，将主触点锁在合闸位置上。如果电路中发生故障，自由脱扣机构就在相关脱扣器的推动下动作，使钩子脱开。于是，主触点在释放弹簧的作用下迅速分断。脱扣器种类很多，如过电流脱扣器、失压脱扣器和分励脱扣器等。过电流脱扣器在正常情况下，其衔铁呈释放状态。当发生过载或短路故障时，与主电路串联的线圈就会产生强大的电磁吸力，将衔铁往下吸，使得衔铁另一端上的顶杆向上运动，顶开自由脱扣机构中的锁钩，使主触点分断。失压脱扣器的工作恰恰相反，当电路电压正常时，并励线圈产生足够的吸力将衔铁吸住，使顶杆同自由脱扣机构脱离，主触点才得以合闸。如果电压严重下降，或者电压全部消失，衔铁就释放，并通过顶杆迫使自由脱扣机构中的锁钩脱开，使主触点分断。分励脱扣器的工作与失压脱扣器恰恰相反。在正常工作时，并励线圈呈断电状态；而在需要从远方进行操作使开关分闸的时候，应使线圈通电，让铁心吸引衔铁，使自由脱扣机构脱钩，开关随即分闸。

在保护方面，DZ5 系列空气断路器设有过电流脱扣器，但无失压脱扣器。过电流脱扣器有短路保护用的电磁脱扣器和过载保护用的热脱扣器（它们也能组成无脱扣器、仅有一种脱扣器以及兼有两种脱扣器等四种形式）。同时其操作也是储能式的，所以适用于配电开关板、控制线路、照明电路以及电动机和其他用电设备，用作过载及短路保护设施。

3. 选择诀窍

（1）断路器的额定工作电压大于等于线路额定电压。

（2）断路器的额定电流大于等于线路计算负载电流。

（3）断路器的额定短路通断能力大于等于线路中可能出现的最大短路电流（一般按有效值计算）。

（4）线路末端对地短路电流大于等于 1.25 倍断路器瞬时（或短延时）脱扣整定电流。

（5）断路器的欠压脱扣器额定电压等于线路额定电压。

（6）断路器的分励脱扣器额定电压等于控制电源电压。

（7）电动传动机构的额定工作电压等于控制电源电压。

（8）断路器用于照明电路时，电磁脱扣器的瞬时整定电流一般取负载电流的 6 倍。

（9）断路器用于电动机保护时，延时电流整定值等于电动机额定电流；对保护笼型电动机时，断路器的电磁脱扣器瞬时整定电流等于 8～15 倍电动机额定电流；对于保护绕线式转子电动机的断路器，电磁脱扣器瞬时整定电流等于 3～6 倍电动机额定电流。

4. 使用及维护

（1）断路器安装前，应将脱扣器的电磁铁工作面的防锈油脂抹净，以免影响电磁机构的动作值。

（2）断路器与熔断器配合使用时，熔断器尽可能装在断路之前，以保证使用安全。

（3）电磁脱扣器的整定值一经调好后不允许随意更动，长时间使用后，要检查其弹簧是否生锈，以免影响其动作。

（4）断路器在分断短路电流后，应在切除上一级电源的情况下，及时地检查触点。若发现有严重的电灼痕迹，可用干布擦去；若发现触点烧毛，可用砂布或细锉小心修整，但主触点一般不允许用锉刀修整。

（5）应定期清除断路器上的积尘和检查各种脱扣器的动作值，操作机构在使用一段时间后（可考虑 1～2 年一次），在传动机构部分应加润滑油（小容量塑壳式断路器不需要）。

（6）灭弧室在分断短路电流后，或较长时间使用之后，应清除灭弧室内壁和栅片上的金属颗粒和黑烟灰，如灭弧室已损坏，不能再使用。长时间未使用的灭弧室，在使用前应先烘一次，以保证良好的绝缘。

（四）其他常用开关

1. 行程开关、限位开关及微动开关

在电力传动系统中，许多场合往往希望按加工工艺的要求，经常改变被加工元件所在工作台的运动方向，或改变电动机的转速等。如图 4-5 所示行程开关就是用来控制生产机械的转速、转向

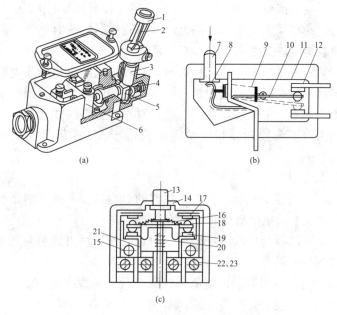

图 4-5　行程开关

（a）行程开关；（b）、（c）微动开关

1—滚轮；2—杠杆；3—轴；4—复位弹簧；5—撞块；6—微动开关；7—操作钮；

8—拉钩；9—弹簧；10—动触点；11—外壳；12—静触点；13—按钮；14—外壳；

15—动合静触点；16—触点弹簧；17—触点；18—接触桥；19—触点；

20—恢复弹簧；21—动断静触点；22、23—螺钉和压板

及其在一定行程中的运动，而限位开关则是当生产机械达到一定
的位置后，用以切断电路以终止生产机械的继续运动或起安全保
护作用。它们一般是固定在机床的某一预定的位置上，当机床运
动部件的挡铁到达它们边缘位置时，碰上开关的压头或轮子，而
将开关的触点打开或闭合，用以打开或闭合控制回路，以达到控
制的目的，也有的装在机床需操作的门上或电控盘的门上，当需
要拆装工件或检修设备时，断开开关触点，使控制回路断电，起
到保证工作人员人身安全的作用。

从结构上来看，行程开关可以分为三个部分：操作头、触点
系统和外壳。操作头是开关的感测部分，它接收机械设备发出的
动作信号，并将信号传递到触点系统。触点系统是开关的执行部
分，它将操作头传来的机械信号，通过本身的转换动作，变换为
电信号，输出到有关控制回路，使之做出必要的反应。

选择时，要注意所要求的运动速度、容量、外形尺寸，如更
换部件要注意是否与原来相同，额定电压、额定电流一定要选准。

由于生产的日益发展，自动化程度不断提高，控制元件要求
越来越高，则某些生产机械要求位移很小的一段距离，运动状态
就要有所改变。这样，行程开关就不能满足要求，就必须采用另
一种开关来代替，即微动开关。微动开关的特点是动作迅速，行
程很小，所需动作压力也很小，体积也很小，所以安装时占地位
置也很小。微动开关的作用同行程开关一样。机床所用的型号也
较多，如果坏了，最好选择同型号产品更换，以免带来像安装位
置不合适，不宜安装，或体积大小不对无法装上等诸多不便。如
果市场上实在买不到同型号的产品，用其他型号产品代替时，尽
量注意外形一致。

2. 接近开关

接近开关是一种非接触型的物体检测装置，它除可使微动开
关、行程开关实现无接触、无触点化外，还可用作高速脉冲发生
器、高速计数器等。由于它具有工作可靠、寿命长、消耗功率低、
操作频率高以及能适应恶劣的工作环境等特点，所以在工业生产
方面已逐渐得到推广应用。

从工作原理来说，接近开关有高频振荡型、电容型、感应电桥型、永久磁铁型、霍尔效应型等，其中以高频振荡型为最常用，它占全部接近开关产量的80％以上。高频振荡型接近开关的工作是以高频振荡电路状态的变化为基础，其工作原理是：当有金属物体进入一个以一定频率稳定振荡的高频振荡器的线圈磁场时，由于该物体内部产生涡流损耗（如果是铁磁金属物体，还有磁滞损耗），使振荡回路电阻增大，能量损耗增加，以致振荡减弱，直至终止。因此，在振荡电路后面接上合适的开关，即能检测出金属物体的存在，并发出相应的控制信号。所以高频振荡型接近开关由振荡器、晶体管放大器与输出器三部分组成。振荡器起振，产生足够强的正弦振荡，输出高频交流电压，经交流放大交检波后送入输出器将信号输出，再用此信号去控制继电器或其他电器。

接近开关常用的有LJ1系列、LJ2系列、LXJ0系列和JG2系列。图4-6所示为JG2-10型接近开关工作原理图，它常用于机床上控制运动部件的极限行程。整个电路由电感三点式振荡器，射极耦合双稳态电路VT2、VT3和稳压电路VS、R_{12}组成。振荡电路的电感线圈抽头点通过R_5、VS、R_6接到VT1发射极，抽头将线圈分为L_1和L_2两部分，振荡电路由L_1、L_2和C_1构成，反馈信号从L_2上取出并为正反馈，只要选择电感线圈的抽头位置，就可以获得等幅振荡，其振荡频率为

$$f_0 = \frac{1}{\sqrt{2\pi(L_1 + L_2 + 2M)C_1}}$$

式中　M——L_1、L_2之间的互感。

将L_1、L_2振荡线圈做成感应磁头，如图4-6所示。当线圈上方可移动的金属远离振荡线圈时，振荡电路产生自激振荡，电阻R_6上有交流电压输出，经VD1、R_7和C_4滤波后，VT2上的输出端得到一足够大的正向电压，VT2饱和导通，这时，VT2集电极电位约为1V，经R_9与R_{10}分压后，不足以使VT2导通。因此输出电压为24V，继电器KA通电动作并接通电路。

当金属接近振荡线圈时，金属体因受高频感应产生涡流，由于涡流的去磁作用，使线圈间的磁耦合大大减弱，L_2上的反馈电

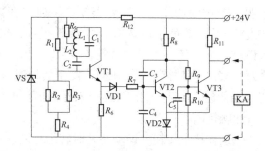

图 4-6　JG2-10 型接近开关工作原理图

压显著降低，从而使振荡停止。这时 R_6 上无交流信号输出，VT2 也就截止，电源电压经 R_8、R_9 和 R_{10} 分压后，使 VT2 的发射极得到一正向偏压，使 VT2 饱和导通，因此输出电压接近 0V，KA 释放，断开电路。电路中 R_6 为负反馈电阻，调节 R_6 可提高振荡灵敏度；R_3 为热敏电阻，使 VT1 工作稳定；采用稳压管 VS 可获得 9～10.5V 稳定电源电压；C_3 和 C_5 用来提高抗干扰能力。

接近开关选择线圈电压要和使用电压相符。

3. 按钮开关

按钮开关又称控制按钮，控制按钮是机床电器设备中常用的另一类开关电器。由于这类电器主要是用来控制其他电器的动作，以发布电器的"命令"用的，所以在低压电器产品中，把它划为主令电器。主要用于远距离操纵接触器、继电器等电磁装置或用于信号和电器联锁装置的线路中。控制按钮的触点允许通过电流很小，一般不超过 5A。

控制按钮是由按钮、恢复弹簧、桥式动触点、静触点和外壳等组成，通常做成附合式，既具有动断、动合触点，当按钮按下时，先分断动断触点，然后再闭合动合触点。当按钮释放后，在恢复弹簧作用下，使触点系统恢复原始状态。根据不同需要，可将单个按钮组合成双联按钮与三联按钮，用于电动机的"启动""停止"以及"正""反""停"的控制。有时也将数个按钮集中安装于一块控制板上，实现集中控制，称为控制按钮站（也称控制站）。

为了标明各个按钮的作用，避免误操作，通常在按钮上做出不同标志或涂以不同颜色予以区分，其颜色有红、黄、白、绿、黑等。一般以红色表示停止按钮，绿色表示启动按钮。

图 4-7 为 LA22 系列控制按钮开关，按钮放松时，静触点 1-2 由动触桥闭合，静触点 3-4 分断。按下按钮时，静触点 1-2 分断，静触点 3-4 由此触桥闭合。

静触点 1-2 是在按下按钮（即动态）时转为分断状态的，所以就将这对触点称为动断触点，因为这对触点在按钮放松（即常态）时是闭合着的。静触点 3-4 是在按下按钮时转为闭合状态，所以就称为动合触点，因为这对触点在按钮放松时是分断着的。

控制按钮在结构上可做成多种型式，如：紧急式——装有突出的蘑菇形钮帽，以便紧急操作；旋钮式——用手钮的旋转进行操作；指示灯式在透明的彩色按钮内可装入信号灯以供信号显示；钥匙式以防止随意开动等。

根据按钮盘孔径的大小，选择合适的按钮，如简单控制又常移动控制的可选择多项功能控制的按钮站。

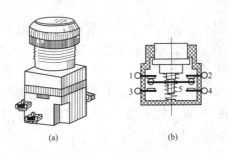

图 4-7　LA22 系列控制按钮开关
（a）外形图；（b）原理图

三、熔断器的选用

熔断器主要用作短路保护，当通过熔断器的电流大于规定值时，以其自身产生的热量使熔体熔化而自动分断电路。熔断器如图 4-8 所示。

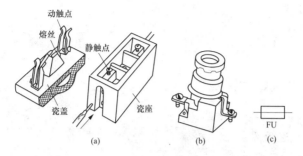

图 4-8 熔断器

(a) RC 系列瓷插式；(b) RL 系列螺旋式；(c) 熔断器符号

（一）技术数据

常用熔断器技术数据见表 4-12。

表 4-12 常用熔断器技术数据

型号	熔管额定电压 U/A	熔管额定电流 I/A	熔体额定电流等级 I/A	最大分断能力 I/A（500V）
RC1A-5	交流三相 380 或单相 220	5	2、5	250
RC1A-10		10	2、4、6、10	500
RC1A-15		15	6、10、15	
RC1A-30		30	15、20、25、30	1500
RC1A-60		60	40、50、60	3000
RC1A-100		100	60、80、100	
RC1A-200		200	120、150、200	
RL1-15	交流 500、380、220	15	2、4、6、10、15	2000
RL1-60		60	20、25、30、35、40、50、60	3500
RL1-100		100	60、80、100	20 000
RL1-200		200	100、125、150、200	50 000
RL2-25		25	2、4、6、10、15、20	1000
RL2-60		60	25、35、50、60	2000
RL2-100		100	80、100	3500

型号含义：

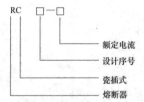

（二）选用方法

1. 熔体额定电流的选择

（1）对于变压器、电炉和照明等负载，熔体的额定电流应略大于或等于负载电流。

型号含义：

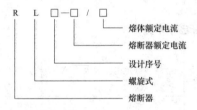

（2）对于输配电线路，熔体的额定电流略小于或等于线路的安全电流。

（3）对电动机负载，一般可按下列公式计算：

1）对于一台电动机的负载的短路保护

$$I_{rN} \geqslant (1.5 \sim 2.5) I_{dN}$$

式中：$(1.5 \sim 2.5)$ 系数视负载性质和起动方式而选取。对于轻载启动、启动次数少、时间短或降压启动时，取小值；对于重载启动、启动频繁、启动时间长或全压启动时，取大值。

2）对于多台电动机负载的短路保护

$$I_{rN} \geqslant (1.5 \sim 2.5) I_{dN} + 其余电动机的计算负荷电流$$

2. 熔断器的选用诀窍

（1）熔断器的额定电压应大于或等于线路工作电压。

（2）熔断器的额定电流应大于或等于所装熔体的额定电流。

3. 使用及维护

（1）应正确选用熔体和熔断器。有分支电路时，分支电路的熔体额定电流就比前一级小 2～3 级。对不同性质的负载，应尽量分别保护，装设单独的熔断器。

（2）安装螺旋式熔断器时，必须注意将电源线接到瓷底的下接线端，以保证安全。

（3）瓷插式熔断器安装熔丝时，熔丝应顺着螺钉旋紧方向绕过去，同时应注意不要划伤熔丝，也不要把熔丝绷紧，以免减小熔丝的截面尺寸或插断熔丝。

（4）更换熔体时应切断电源，应换上相同额定电流的熔体，不能随意加大熔体。

第 2 节　接触器的选用

接触器是用来频繁地远距离接通或断开交直流主电路及大容量控制电路的控制电器。它不同于刀开关类手动切换电器，因为它具有手动切换电器所不能实现的远距离操作功能，同时又具备手动切换电器所没有的失压保护功能；它也不同于自动开关，因为它虽然具有一定的过载能力，但却不能切断短路电流，也不具备过载保护的功能。

接触器由于生产方便，成本低廉、用途广泛，所以在各类低压电器当中，它是生产量最大，使用面最广的产品。主要用于控制电动机、电热设备、电焊机、电容器等，是电力拖动自动控制线路的重要组成元件。

一、接触器的结构与分类

接触器主要由电磁系统、触点系统、灭弧装置等部分组成。按接触器触点通过电流的种类不同，可分为交流接触器和直流接触器。

1. 交流接触器

（1）工作原理。如图 4-9 所示，交流接触器是用于远距离接通和分断电压 24、36、127、220、380V，电流 5、10、20、…、600A 的（新型还有 16、22、32A 等），50Hz 或 60Hz 交流电路，以及频繁地启动和控制交流电动机的控制电器。交流接触器的电

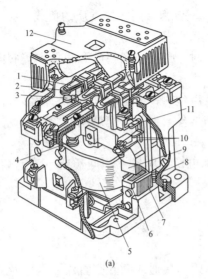
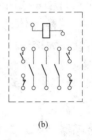

(a)   (b)

图 4-9 交流接触器原理

（a）结构原理图；（b）接线图

1—触点压力弹簧片；2—动触点；3—静触点；4—反作用弹簧；

5—线圈；6—短路环；7—铁心；8—缓冲弹簧；9—衔铁心；

10—辅助动合触点；11—辅助动断触点；12—灭弧罩

磁系统，包括吸引线圈、动铁心（衔铁）和静铁心。铁心为双 E 形，用涂有绝缘漆的电工硅钢片叠制而成。在静铁心的端面上嵌有短路环，用以消除电磁系统的振动力学噪声。常用的 CJ0、CJ10 系列交流接触器，它们大都采用衔铁作直线运动的螺管式电磁场机构，CJ12B 系列交流接触器采用衔铁绕轴转动的拍合式电磁机构。

为了增加铁心的散热面积，交流接触器的线圈骨架一般采用短而粗的圆筒形电工线圈，并与铁心柱之间留有一定间隙，以避免线圈与铁心直接接触引起过热而烧坏。

触点系统包括三对主触点和数对辅助触点，一般采用双断点桥式触点，触点用纯铜制成，并在接触点部分镶上银或合金块。主触点用以接通和分断主电路；辅助触点用以接通与分断控制电路，通常具有动断、动合各二对。所谓触点的动合与动断，是指电磁系统未通电动作前触点的原始状态。动合和动断的桥式动触点是一起动作的，当吸引线圈通电时，动断触点先分断，动合触点随即接通，线圈断电时，动合触点先恢复分断，随即动断触点恢复原来的接通状态。

一般来说，交流接触器在线圈电压为85％额定电压时，应能可靠地动作，而且所有的运动部件在运动过程中都不会停顿在任何中间位置上，否则就有发生因励磁电流过大烧毁线圈的可能，同时触点也可能处于抖动和接触不良状态，从而发生熔焊。

交流接触器在断开大电流电路或高电压电路时，在动、静触点之间会产生很强的电弧，电弧会灼伤触点，并使电路切断时间延迟。为此，10A以上的接触器都装有灭弧装置，常用的有栅片灭弧，对于容量较小的接触器常采用双断口触点和电动力灭弧。

此外，交流接触器还有反作用弹簧、缓冲弹簧、触点压力弹簧片、传动机构和接线柱等。反作用力弹簧的作用是当线圈断电时，使触点复位。缓冲弹簧的作用是为缓冲动铁心在吸合时对静铁心的冲击力。触点压力弹簧片的作用是为了增加动、静触点之间的压力，从而增大触点之间的接触面积，减小接触电阻，防止由于接触电阻过大而引起的触点发热。

交流接触器工作原理是：当吸引线圈通电后，线圈电流产生磁场，产生足够的电磁吸力以克服反作用力，将动铁心吸合，使三对主触点接通，两对动合辅助触点同时接通，而两对动断辅助触点同时分断。当线圈电压消失或线圈电压降低到某一数值，即所谓释放电压时，由于衔铁端面产生的磁通减小，电磁吸力就开始小于反作用弹簧、触点弹簧等产生的反作用力。衔铁就在此作用力的作用下释放，离开铁心，触点随即亦分断。

常用的交流接触器有CJ10、CJ20、CJ12、CJ24，常用交流接触器外形如图4-10所示。德国西门子公司的3TB系列、法国TE公司的LC1-D系列新产品等，它们具有体积小、容量大、使用寿命长等优点，深受广大用户的喜爱，从而得到广泛的应用。

交流接触器的线圈电压在85％～105％额定电压时，能保证可靠的工作。电压过高，交流接触器磁路趋于饱和，线圈电流将显

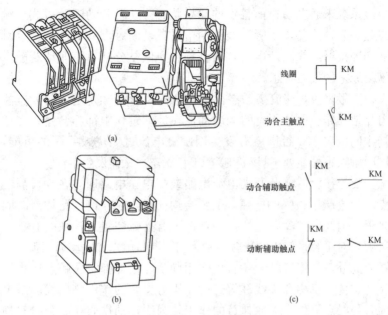

图 4-10　常用交流接触器外形

（a）CJ10-10 型；（b）CJ20-40 型；（c）电气图形和文字符号

著增大，将线圈烧毁；电压过低，电磁吸力不够，衔铁吸合不良，也可能将线圈烧毁。所以，使用时应注意交流接触器的额定电压，同时也决不能把交流接触器的交流线圈误接到直流电源上，否则也将烧毁线圈。

安装调试和维护工作中，应注意衔铁是否灵活，有无卡住现象，不然线圈通电后，衔铁吸不上，很快将线圈烧坏。

（2）技术数据。常用交流接触器的技术数据见表 4-13。

交流接触器型号含义：

表 4-13　　常用交流接触器的技术数据

型号	主触点额定电流/A			辅助触点额定电流/A		可控制电动机的最大功率/kW			吸引线圈电压/V	辅助触点数量	操作频率/(次/h)		电寿命/万次	
	380V	660V	1140V	380V	660V	220V	380V	660V			AC-3	AC-4	AC-3	AC-4
CJ10-5	5					1.2	2.2		除CJ10-5和CJ10-150为：36、110、220、380 外，其余均为：36、110、127、220、380	1动合				
CJ10-10	10					2.2	4							
CJ10-20	20					5.5	10			2动合2动断				
CJ10-40	40	—	—	5	—	11	20				500	—	600	—
CJ10-60	60					17	30							
CJ10-100	100					29	50							
CJ10-150	150					47	75							
CJ12-100 CJ12B	100						50		36、127、220、380	5动合1动断或4合动2动断或3动合3动断	600		15	
CJ12-150 CJ12B	150						75							
CJ12-250 CJ12B	250	—	—	10	—		125							
CJ12-400 CJ12B	400						200				300		10	
CJ12-600 CJ12B	600						300							
CJ20-40	40	25		6		22			36	2动合2动断	1200	300	100	4
CJ20-63	63	40	—			30	35		127		1200	300	200	8
CJ20-160	160	100				85	85		220		1200	300	200	1.5
CJ20-160/11			80				85		380		300	60	200	1.5
CJ20-250	250			10		132					600	120	120	1
CJ20-250/06		200	—					190	127		300	60	120	1
CJ20-630	630					300			220		600	120	120	0.5
CJ20-630/11		400	400					400	380		300	60	120	0.5
3TB40	9	7.2		6	2	4	5.5		24	1动合或1动断或1动合1动断或2动合2动断	1000	1.2×10⁶	250	2×10⁵
3TB41	12	9.5				5.5	7.5		36					
3TB42	16	13.5	—			7.5	11		48			1.2×10⁶		
3TB43	22	13.5				11	11		110		750		250	2×10⁵
3TB44	32	18	—	4	2.5	15	11		220、380					

2. 直流接触器

直流接触器主要是用于远距离接通与分断额定电压至 440V、额定电流至 660A 的直流电路、或频繁地操作和控制直流电动机的一种控制电器，它广泛地用于冶金机械和机床的电气控制设备中。如图 4-11 所示，其结构与工作原理基本上与交流接触器相同，也是由电磁系统、触点、灭弧装置三部分组成。

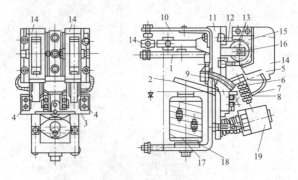

图 4-11　直流接触器原理

1—导磁框架；2—衔铁；3—胶木支座；4—支架；5—动触点；6—触点弹簧；
7—固定螺钉；8—动触点弧角；9—软导线；10—出线母线；11—胶木底座；
12—静触点；13—灭弧线圈；14—灭弧盒；15—灭弧磁导板；
16—灭弧线圈铁心；17—吸引线圈；18—垫衬弹簧；19—联锁触点

直流接触器的电磁系统为沿棱角转动的拍合式铁心，由整块铸钢或铸铁制成。由于铁心中不会产生涡流，而线圈匝数多，阻值大，所以线圈本身发热是主要的，因此线圈制成长而薄的圆筒形。在磁路中为保证衔铁的可靠释放，常垫以非磁性垫片。

直流接触器也有主触点、辅助触点之分。主触点常采用滚动接触的指形触点，辅助触点常采用点接触的桥形触点。

直流接触器主触点在分断直流电路时，产生的电弧比交流电弧难以熄灭，为此常采用磁吹式灭弧装置。直流接触器吸引线圈通的是直流电，工作时没有冲击的启动电流，不会产生对铁心的撞击现象，因而它寿命长，适用于频繁启动的场合。

常用的直流接触器有 CZ0、CJ12Z 等。

二、接触器的选用

正确的选择接触器，就是要使所选用的接触器的技术数据满足控制线路对它提出的具体要求。

1. 选用接触器的类型

交流负载应使用交流接触器，直流负载应使用直流接触器。如果控制系统中主要是交流电动机，而直流电动机或直流负载的容量比较小，也可全用交流接触器控制，但是触点的额定电流应适当选择大些。

三相交流电路中，一般选三极接触器；单相及直流系统中，则常用两极或三极并联。当交流接触器用于直流系统时，也可采用各级串联方式，以提高分断能力。

2. 选择接触器主触点的额定电压和额定电流

通常选择接触器触点的额定电压不低于负载回路的额定电压。主触点的额定电流不低于负载回路的额定电流。

3. 控制电路、辅助电路参数的确定

接触器的线圈电压，应按选定的控制电路电压确定。一般情况下多用交流电控制，当操作频繁时则选用直流电（220、110V两种）控制。

接触器辅助触点种类及数量一般可在一定范围内根据系统控制要求确定其动合、动断数量及组合形式，同时应注意辅助触点的通断能力。当触点数量和其他额定参数不能满足系统要求时，可增加接触器或继电器以扩大功能。

一般情况下，回路有 1～5 个接触器时，控制电压可采用 380V，当回路超过 5 个接触器时，控制电压采用 220V 或 110V，此时均需加装隔离用的控制变压器。

4. 动、热稳定校验

当线路发生三相短路时，其短路电流不应超过接触器的动、热稳定值；当使用接触器切断短路电流时，还应校验其分断能力。

5. 允许动作频率校验

根据操作次数校验接触器所允许的动作频率。接触器在以下频繁操作时，实际操作频率超过允许值、密接启动、反接制动及频繁正、反转等，为了防止主触点的烧蚀和过早损坏，应将触点的额定电流降低使用，或者改用重任务型接触器。这种接触器由于采用了银铁粉末冶金触点，改善了灭弧措施，因而在同样的额定电流下能适应更繁重的工作。

三、接触器的使用与维护

（1）接触器安装前应先检查线圈的额定电压等技术数据是否与实际使用相符。然后将铁心极面上的防锈油脂或粘结在极面上的锈垢用汽油擦净，以免多次使用后被油垢粘住，造成接触器断电时不能释放。

（2）接触器安装时，除特殊订货外，一般应安装在垂直面上，其倾斜角度不得超过 5°，应将散热孔放在上下位置，以利降低线圈的温度。

（3）接触器安装时，应注意不要把零件落入接触器内，以免引起卡阻而烧毁线圈，同时应将螺钉拧紧，以防振动松脱。

（4）接触器触点应定期清扫和保持整洁，但不允许涂油。当接触器表面因电弧作用形成金属小珠时，应及时铲除，但银及银合金触点表面产生的氧化膜，由于接触电阻很小，可以不必铲修。

第 3 节　继电器的选用

一、时间继电器

在机床自动控制系统中，不仅需要瞬时动作的继电器。而且还要一种能满足引力线圈通电后，过一段时间才动作的需要的继电器，时间继电器就是用来完成这项任务的。它是利用电磁原理和机械原理来延时接通或分断的自动控制电器。时间继电器是利用不同的办法，如空气产生阻尼的作用、机械传动、电子计时动作等各种方法，使动作元件延时一定的时间后再动作或返回常态的电器。它运用在延时起动，停止、持续运转或重复循环等用时间作控制的自动控制电路中。

1. 时间继电器型号

目前，国内外机床上所用时间继电器型号众多，如 JS、DH、

JDMG、JSF、JSMJ、JSS、ST、H3Y、JST 等。国产 JS7-A 系列
时间继电器结构原理如图 4-12 所示，其中继电器的组成元件是通
用的，只是电磁铁的安装位置不同。

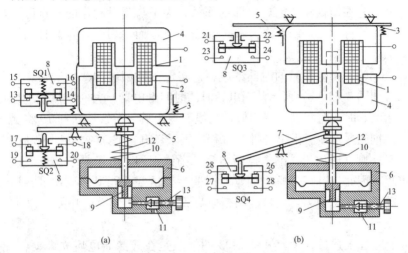

图 4-12　JS7-A 系列时间继电器结构原理

(a) 通电延时的类型；(b) 断电延时的类型

1—线圈；2—衔铁；3—复位弹簧；4—铁心；5—推板；6—气囊式阻尼器；7—杠杆；

8—微动开关（SQ）；9—活塞；10—弱弹簧；11—进气口；12—联杆；

13—调节螺栓；14～28—触点

（1）通电延时的时间继电器。图 4-12（a）为通电延时的时间
继电器，工作原理如下：线圈 1 断电时，衔铁 2 在复位弹簧 3 的作
用下，将活塞 9 推向最下端。这时橡皮膜气囊式阻尼器 6 下方气室
内的空气都通过橡皮膜气囊式阻尼器 6、弱弹簧 10 和活塞 9 的肩
部所形成的单向阀从橡皮膜上方的气室缝隙中顺利地排掉，而弱
弹簧 10 则被压缩。现在，若将线圈通电，衔铁即向上吸合。活塞
杆在弱弹簧的作用下就开始向上移动。移动的速度是根据进气口
11 的节流速度而定的，而节流速度同时也靠可以调节的调节螺栓
13 与它所接触的进气口的缝隙大小来决定的。经过一定时间，随
着从进气口流入空气的增多，使橡皮膜气囊式阻尼器 6 下方气室
内空气逐渐饱和，活塞移到最上端。这时通过杠杆 7 就将微动开
关 SQ2 压动使动断触点 17-18 分断；动合触点 19-20 闭合。SQ2 微

动开关上两对触点是在时间继电器线圈通电吸合后，经过整定的延时一段时间后才动作的，所以触点 17-18 就称为延时动断（延时动断）触点，而 19-20 称为延时动合（延时动合）触点。微动开关 SQ1 是在衔铁吸合之后立即动作的，为了与延时动作的触点区分开，就将触点 13-14 称为瞬时动断触点，而 15-16 称为瞬时动合触点。

（2）断电延时的时间继电器。将电磁铁翻转 180°安装后，可得到图 4-12（b）所示的断电延时的时间继电器。它的工作原理与通电延时的时间继电器相似，当线圈通电后，衔铁经联杆 12 将活塞推到最下端。由于是排气过程，因微动开关 SQ3 就立即压动而 SQ4 则立即放松。继电器断电后，衔铁退回，由于是节流进气过程，因此只有经过整定的延时时间后，活塞才能退回原位，并压动微动开关 SQ4，而当线圈断电后，衔铁退回，微动开关 SQ3 就立即复位。

在上述过程中，开关 SQ3 的触点是在线圈通电后立即动作，断电后立即复位的，所以属于瞬时动作触点。开关 SQ4 的触点 25-26 是在线圈通电后立即闭合，而在断电后延时断开的，因此就称做延时断开的动合触点。触点 27-28 是在线圈通电后立即断开，而在继电后延时闭合的，因此就称做延时闭合的动断触点。

由于空气阻尼或时间继电器制造简单，调整方便、价格便宜，所以广泛应用于机床电路中。其缺点为延时误差大，延时时间短（只有 0.4～60min 和 0.4～180min 两种规格），而且精度不高。所以这两种继电器只适宜用在精度调值不高、环境温度影响不大、灰尘较小的场合。

（3）电动机式时间继电器。电动机式时间继电器是由微型同步电动机拖动减速齿轮以获得延时的时间继电器。图 4-13 为 JS11 通电型时间继电器原理结构图。另外还有断电延时型，所谓通电或断电并不是电源被接通或切断，而是指电动式时间继电器中的离合电磁铁线圈的通电或断电。

JS11 型时间继电器由微型同步电动机、离合电磁铁、减速齿轮组、差动轮系、复位游丝、触点系统、脱扣机构和延时整定装

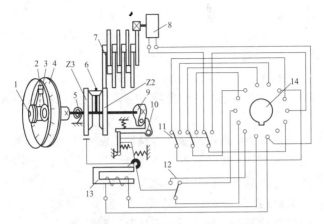

图 4-13 JS11 型通电型时间继电器原理结构图

1—延时整定处；2—指针定位；3—指针；4—刻度盘；5—复位游丝；

6—差动轮系；7—减速齿轮；8—同步电动机；9—凸轮；10—脱扣机构；

11—延时触点；12—不延时触点；13—离合电磁铁；14—凸轮

置等零部件组成。当仅仅接通同步电动机电源时，只是齿轮 Z2 和 Z3 绕轴空转，轴本身是不动的。如果需要延时，就要接通（指通电延时型）或者断开（指继电延时型）离合电磁铁的励磁线圈电路，使离合电磁铁的衔铁动作（或释放），从而将齿轮 Z3 刹住。于是，齿轮 Z2 在继续旋转的过程中，还同时沿着齿轮 Z3 的锥形齿以轴为圆心同轴一起做圆周运动。一旦固定在轴上的凸轮随轴转动到适当的位置，即所需延时整定的位置，它就推动脱扣机构，使延时触点组作相应的动作，并通过一对动断触点的分断来切断同步电动机的电源。需要继电器复位时，只需将离合电磁铁的励磁线圈电源切断（或接通），所有的机构都将在复位游丝的作用下立即回到动作前的状态，并为下一次动作做好准备。

延时时间可利用改变整定装置中定位指针的位置来实现。实际上这就是改变凸轮的初始位置。在调整过程时应当注意，定指针的调整必须是在离合电磁铁励融线圈断开（指通电延时型）或者接通（指断电延时型）时进行。

由于是应用机械延时原理，电动机式延时继电器的延时范围可以做得很宽，如 JSH 型电动机式延时继电器，它按延时长短共有 0～8s、0～40s、0～4min、0～20min、0～2h、0～12h 和 0～72h 等 7 挡，而且延时的整定偏差和重复偏差都比较，一般不超过最大整定值的 1%。

同其他类型的时间继电器比较，电动机式时间继电器具有下列优点：

1）延时值不受电源电压波动以及环境温度变化的影响。

2）延时范围宽，短的只有零点几秒，长的可达几十小时。

3）延时过程能通过指针直观地表示出来。

其主要缺点：

1）机械结构复杂，寿命低，不适宜于频繁操作。

2）体积较大，成本也较高。

3）延时误差受电源频率的影响。

4）不能做成（电源）断电延时型。时间继电器还有晶体管时间继电器等其他许多形式，它们的作用都是一样的，在此不再一一说明。

2. 时间继电器的选用诀窍

时间继电器的结构类型很多，延时原理各异，每一种时间继电器都有各自的特点，应合理选用以发挥它们各自的特长。可从以下几个方面来选择时间继电器：

（1）从延时方式看，有通电延时型和断电延时型两种，以采用哪一种延时方式的继电器对组成控制线路方便为准来选择。

（2）从对延时精度要求看，要求并不高的场合，一般采用价格较低的电磁式或气囊式时间继电器；要求较高的场合，则宜采用电动机式或晶体管式时间继电器。

（3）在操作较频繁的场合常用电磁式时间继电器；在动作频率较高的场合，可用晶体管式时间继电器。

（4）要考虑温度变化的影响。通常，在温度变化较大处，采用气囊式和晶体管式时间继电器是不相宜的。

（5）要考虑电源参数的影响，在电源波动较大的场合，采用气囊式或电动机式时间继电器就比采用晶体管式为好，而在电源频率波动大的场合，则不宜采用电动机式时间继电器。

二、热继电器

1. 热继电器的作用

电动机实际运行中经常遇到过载情况，若电机过载不大，时间较短，只要电机绕组不超过容许的温度，这种过载是允许的。但过载时间过长，绕组温升超过了允许值时，将加剧绕组绝缘的老化，缩短电机的使用寿命，严重时甚至会使电机绕组烧毁。如采用 E 级绝缘材料的电动机，其工作温度每超过极限容许温度 $12\sim15℃$，使用寿命将缩短一半，所以，电动机如果发生过载，轻则使其寿命缩短，重则使其烧毁。因此，凡电动机需长期运行处，都需要对其过载提供保护装置。

图 4-14 为电动机在发热情况下的发热特性，由这条电动机的极限容许过载特性可以看出，此特性曲线是反时限的，即过载倍数 p（通常以过载电流 I 与额定电流 I_N 之比表示，即 $p=\dfrac{I}{I_N}$）与容许过载时间 t 之间的关系总是成反比的。过载倍数越大，容许过载的时间越短，反之亦然。由图 4-14 中曲线可见，电动机只有工作在斜线以下区域内

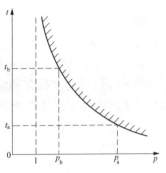

图 4-14 电动机在发热情况
下的发热特性

才是安全的，如果工作在斜线以上区域，就不安全了。

热继电器是利用电流的热效应原理来工作的电器，选用适当的热元件能够获得较好的反时限保护特性，使电动机过载特性与热继电器保护特性具有如图 4-15 所示的配合，即热继电器保护特性位于电动机过载特性的下方。这样，如果电动机发生过载，热继电器就将在电动机未达到其容许过载极限之前动作，切断电动机的电源，使它免遭损坏。由于各种误差的影响，电动机的热继电器的特性都不是一条曲线，而是一条带状。

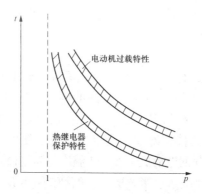

图 4-15　电动机过载特性与热继电器保护特性的配合

2. 热继电器的结构及工作原理

图 4-16 是热继电器的原理示意图，它由热元件、双金属片和触点三部分组成。热元件串接在电动机定子绕组电路中，所以流过热元件的电流为电动机的定子绕组电流。双金属片是热继电器的感测元件，当电动机在额定负载下正常运行时，由热元件给予的热量不足以使它产生需要的形变。一旦热元件因电动机过载而产生了超过其"规定值"的热量，双金属片就会在此热量的作用下产生弯曲位移，并经过一定时间，即产生了足够的弯曲位移之后，迫使继电器的执行元件（触点）动作。

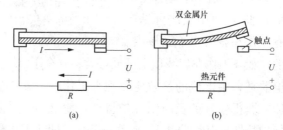

图 4-16　热继电器的原理示意图
（a）正常状态；（b）过热状态

双金属片是热继电器的关键部件。它是由两种具有不同线膨胀系数的金属片用机械碾压而成。线膨胀系数大的称为主动层，小的称为被动层。在未曾加热前，两金属片长度基本一致。当它们受热之后，都会伸长，但由于线膨胀系数不同，且又因它们紧密结合为一体，这样主动层力图作较大的延伸，被动层只作较小的延伸，于是就使双金属片由平板状态转变为向被动层弯曲的状态。用于热继电器的双金属片主动层多采用铁镍铬合金、铜合金、高锰合金等材料，从动层多采用铁镍类合金材料。

　　双金属片的加热方式有三种：直接加热、间接加热和复式加热。直接加热是把双金属片当作热元件，让电流直接通过它。间接加热是通过在电的方面与双金属片联系的加热元件产生热量。复式加热实际上是直接加热与间接加热两种形式的结合，广泛应用的是复式加热。

　　JR16 系列热继电器是我国 20 世纪 60 年代末设计的一种带有差动式单相运转保护装置的热继电器。全系列共分 20、60、150A 三个等级，其热元件共有 20 个编号；继电器全部采用三相式结构，分为带断相保护装置和不带断相保护装置两种。

　　图 4-17 为 JR16 系列热继电器结构示意图，它的结构特征如下：

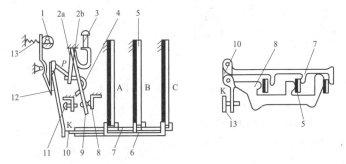

图 4-17　JR16 系列热继电器结构示意图

1—电流调节凸轮；2a、2b—片簧；3—手动复位按钮；4—弓簧；5—主双金属片；
6—外导板；7—内导板；8—断相静触点；9—动触点；10—杠杆；
11—复位调节螺钉；12—补偿双金属片；13—压簧

（1）由电流调节凸轮来调节整定电流。

（2）由温度补偿装置来保证动作特性在－30～＋40℃的周围介质温度范围内基本不变。

（3）由复位调节螺钉来调节复位方式。

（4）由弓簧式瞬跳机构来保证触点动作迅速可靠。

（5）可设置差动式单相运转保护装置。

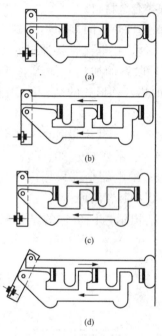

图 4-18　差动式断相保护装置
的动作原理

（a）未通电；（b）三相均通有频定电流；
（c）三相均衡过载；（d）一相断线故障

差动式断相保护装置的动作原理如图 4-18 所示。图 4-18（a）为未通电时的位置；图 4-18（b）是三相均通有额定电流时的情况，此时，三相双金属片均受热，同时向左弯曲，所以内、外导板一齐平行左移一段距离到达图示位置；图 4-18（c）是当三相均衡过载时，三相双金属片都客观存在热向左弯曲，推动外导板（还同时带动内导板）左移，通过补偿双金属片和推杆，并借助于片簧和弓簧，使常闭触点瞬地脱离静触点，从而切断控制回路，达到保护电动机的目的；图 4-18（d）是如果电动机发生一相（如 W 相）断线故障，则该相双金属片逐渐冷却，向右移动，并带动内导板右移，其余两相则继续向左移动，使外导板也仍旧向左移动。这样，内、外两导板一左一右地移动，就产生了差动作用，并通过杠杆的放大作用，使继电器迅速动作，切断控制回路，使电动机得到保护。

不带断相保护装置的一般热继电器，在一相断线而另外两相电流为 1.05 倍刻度电流时，不可能及时动作，有时甚至不动作。而带断相保护装置的热继电器，在这种场合，几分钟内即能可靠

地动作，保护电动机免受烧损。我国目前生产的热继电器主要有
JR0、JR5、JR10、JR15、JR16、JRS1、JRS2（3VA5）、JRS5
(TH-K) 等系列，其中有二相结构与三相结构，有三相带断相保
护装置和不带相保护装置的，可根据需要合理选择。

3. 热继电器的主要技术要求

作为电动机过载保护装置的热继电器，应满足以下三项基本要求：

（1）能保证电动机不因超过极限容许过载能力而被烧毁。

（2）能最大限度地利用电动机的过载能力。

（3）能保证电动机的正常起动。

从这些基本要求出发，对热继电器提出了如下主要技术要求：

（1）应当具有可靠又合理的保护特性。即热继电器应具有一
条与电动机容许过载特性相似的且在其之下的反时限保护特性。
当然，为保证保护动作的可靠性，热继电器的保护特性还应当有
较高的准确度。

（2）应当具有一定的温度补偿。

（3）应当具有自动复位和手动复位。凡能自动复位的热继电
器，在动作后应能于 5min 内可靠地自动复位。手动复位的产品，
在动作 2min 以后，按下手动复位按钮时，亦应能可靠地复位。新
设计的产品一般都兼自动与手动两种复位形式，而且可借复位螺
钉调节成自动复位或手动复位。

（4）动作电流应当可以调节。为了减少热元件的规格，以利
生产和使用，要求整定电流可以通过调节凸轮而在 66%～100%的
范围内调节。

4. 热继电器的选用诀窍

选择合适的热继电器，往往也是决定电路能否可靠地对电动
机进行过载保护的关键。原则上说应按电动机额定电流选择热继
电器的热元件型号规格，热继电器热元件的额定电流 I_N 应接近或
略大于电动机的额定电流 I_{NM}，通常热继电器的额定电流，应留有
一定的调整范围，根据热继电器保护特性选择。当电动机长期过
负载 20%时应可靠动作，此外热继电器的动作时间必须大于电动
机长期允许过负载的时间及启动时间。

此外，为保证电动机能够得到必要和充分的过载保护，必须全面地了解电动机的性能以及它所拖动的性质、电动机的操作频率等。有时还应进行现场试验，调整热继电器的额定电流。对比较重要的、容量较大的电动机，可考虑选用半导体温度热继电器进行保护。

三、速度继电器

速度继电器是在机床控制中应用得相当广泛，它广泛应用在电动机的反接制动的线路上。

JY1 型速度继电器如图 4-19 所示，轴 1 是和速度需要控制的电动机轴连接的，轴上装着由铁镍合金做成圆柱形圆环 3 的永久磁铁 2 在同一轴上，还有另用轴承 2 支持的圆环，在环的内面装着跟鼠笼式异步电动机转子绕组相似的绕组 4。

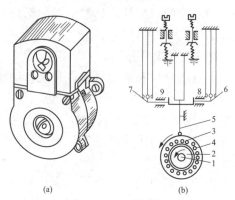

(a)　　　　　　　(b)

图 4-19　JY1 型速度继电器

(a) 外形图；(b) 原理图

1—轴；2—永久磁铁；3—圆环；4—绕组；5—锤；6、7—触点；8、9—弹簧片

当磁铁转动时，在绕组 4 的导体中感应出电动势，并产生电流，因而圆环 3 就向磁铁转动方向转动，这完全和异步电动机转子一样，要跟着磁铁转动，当圆环 3 转动时，锤 5 随着电动机轴的放置方向而使锤头接通 6 或 7 上，当电动机速度接近零时，锤 5 不再压到按点弹簧片 8 或 9，按点复在原位。

这种继电器应用在转速 930～3000r/min。

第 4 节　低压电器的日常维护与故障处理

一、电气设备修理的质量要求

1. 外观检查

（1）机床电气设备应可靠接地，且地线的截面积不小于 $4mm^2$。

（2）所有电气设备外表清洁，安装稳固可靠，而且能方便拆卸、修理和调整。

（3）所有电气设备，元件按图样要求配备齐全，如有代用，需经有关设计人员研究后在图样上签字。

2. 外部配线

（1）全部配线必须整齐、清洁，绝缘无破损现象，绝缘电阻用 500V 绝缘电阻表测量时，应不低于 $0.5M\Omega$。

（2）电线管应整齐完好，可靠固定，管与管的连接采用管接头，管子终端应设有管扣保护圈。

（3）敷设在易受机械损伤部位的导线，应采用铁管或金属软管保护；敷设在不可能遭受到机械损伤部位的导线，可采用塑料管保护；在发热体上方或旁边的导体，应加耐热瓷管保护。

（4）连接活动部分，如箱门、活动刀架、溜板箱等处的导线，严禁采用单股导线，应采用多股导线且最好用软线。多根导线应用线绳、螺旋管捆扎或用塑料管、金属软管保护，防止磨伤、擦伤。对于活动线束，应留有足够的弯曲活动长度，使线束在活动中心不承受拉力。

（5）导线端头上应有线号，线头弯曲方向应和螺帽拧紧方向一致，合股线端头应压接或烫焊锡。

（6）压接导线螺钉应有平垫圈和弹簧垫圈。

（7）主电路、控制电路，特别是接地线颜色应有区别。

（8）备用线数量应符合图样要求。

3. 电器柜

（1）盘面平整，油漆完好，箱门合拢严密，门锁灵活好用。

（2）柜内电器固定牢靠，无倾斜不正现象，应有防振措施。

（3）盘上电器布置应符合图样要求，附件无缺损。

（4）盘上导线配置美观大方，横平竖直，如成束捆线应有线夹可靠地固定在盘上。

（5）盘上导线敷设，应不妨碍电器的拆卸，导线端头应有线号，字母清晰可辨。

（6）各导电部分对地绝缘电阻应不小于1MΩ。

4. 熔断器及过电流继电器

（1）熔体应符合图样要求，熔管与熔片的接触应牢固可靠，无偏斜现象。

（2）继电器动作电流应与图样规定的整值一致。

5. 接触器与继电器

（1）外观清洁，无油，无尘，电木无烧伤痕迹。

（2）触点平整完好，接触可靠。

（3）衔铁动作灵活，无粘卡现象。

（4）可塑接触器应有可靠的机械联锁。

（5）交流接触器应保证三相同时通断，在85%的额定电压下应能可靠的动作。

（6）接触器的灭弧装置应无缺损。

6. 各行程开关和按钮、调速电阻器

（1）安装牢固，外观良好，动作灵活、准确、可靠。

（2）调整时应灵活、平滑，无卡住现象。

（3）接触可靠，无自动变位现象。

（4）绝缘瓷管、手柄定位销子、指针、刻度盘等附件均应完整无缺。

7. 电磁铁

（1）行程不超过说明书规定距离。

（2）工作衔铁动作灵活、可靠，无特殊声响。

（3）在85%额定电压下能可靠地动作。

8. 电气仪表

（1）表盘玻璃完整，盘面刻度、字码清楚。

（2）表针动作灵活，计量准确。

二、常见低压电器的故障及检修

1. 常见自动开关故障及检修方法

常见自动开关故障产生的原因及检修方法见表 4-14。

表 4-14　　　常见自动开关故障产生的原因及检修方法

故障类型	故障现象	产　生　原　因	检　修　方　法
1. 断路器不能闭合	（1）手动操作断路器不能闭合	1）失压脱扣器无电压或线圈损坏； 2）储能弹簧变形，导致闭合力减小； 3）反作用弹簧力过大； 4）机构不能复位再扣	1）施加电压检查线路或更换线圈； 2）更换储能弹簧； 3）重新调整弹簧反作用力； 4）调整再扣接触面至规定值
	（2）电动操作断路器不能闭合	1）操作电源电压不符； 2）电源容量不够； 3）电磁铁拉杆行程不够； 4）电动机操作定位开关变位； 5）控制器中整流管或电容器损坏	1）调换电源； 2）增大操作电源容量； 3）重新调整或更换拉杆； 4）重新调整； 5）重新更换损坏元件
	（3）漏电保护断路器不能闭合	1）操作机构损坏； 2）线路某处漏电或接地	1）送制造厂修理； 2）消除漏电处或接地处的故障
	（4）有一相触点不能闭合	1）一般型断路器的一相连杆断裂； 2）限流断路器拆开机构的可折连杆之间的角度变大	1）更换连杆； 2）调整至原来技术要求的数值
2. 断路器不能分断	（1）分离脱扣器不能使断路器分断	1）线圈短路； 2）电源电压太低； 3）再扣接触面太大； 4）螺钉松动	1）更换线圈； 2）调换电源电压； 3）重新调整； 4）拧紧螺钉
	（2）欠电压脱扣器不能使断路器分断	1）反力弹簧变小； 2）如为储能释放，则蓄能弹簧力变小或断裂； 3）机构卡死	1）调整弹簧； 2）调整或更换蓄能弹簧； 3）消除卡住的原因，如生锈

故障类型	故障现象	产 生 原 因	检 修 方 法
3. 断路器分断过于频繁	（1）启动电动机时断路器立即分断	1）过电流脱扣器瞬动整定值太小； 2）脱扣器某些零件损坏，如半导体器件、橡胶膜等损坏； 3）脱扣器反作用力弹簧断裂或落下	1）调整瞬动整定值； 2）更换脱扣器或更换损坏的零件； 3）更换弹簧或重新装上
	（2）断路器闭合后经一定时间自行分断	1）过电流脱扣器长延时整定值不对； 2）热元件或半导体延时电路元件变化	1）重新调整； 2）更换
	（3）带半导体脱扣器断路器误动作	1）半导体脱扣器元件损坏； 2）外界电磁干扰	1）更换损坏元件； 2）消除外界干扰，例如邻近的大型电磁铁的操作、接触器的分断、电焊等，应予以隔离或更换线路
	（4）漏电保护断路器经常自行分断	1）漏电动作电流变化； 2）线路漏电	1）送制造厂重新校正； 2）寻找原因，如系绝缘损坏，则应更换
4. 断路器的温升故障	断路器温升过高	1）触点压力太小； 2）触点表面磨损严重或接触不良； 3）两个导电零件的连接螺钉松动； 4）触点表面氧化或有油污	1）调整触点压力或更换弹簧； 2）更换触点或清理接触面，不能更换者，只好更换新断路器； 3）拧紧连接螺钉； 4）清除氧化膜或油污
5. 欠电压脱扣器故障	欠电压脱扣器噪声大	1）反作用弹簧力太大； 2）铁心的工作面有油污； 3）短路环断裂	1）重新调整； 2）清除油污； 3）更换衔铁或铁心

续表

故障类型	故障现象	产 生 原 因	检 修 方 法
6. 辅助开关故障	辅助开关不通	1）辅助开关动触桥卡死或脱落； 2）辅助开关传动杆断裂或滚轮脱落； 3）触点不能接触，或表面氧化，或有油污	1）拨正或重新装好触桥； 2）更换传动杆或更换辅助开关； 3）调整触点或清除氧化膜与油污
7. 其他故障	（1）自由脱扣器不能使开关分断	1）反力弹簧作用力变小； 2）蓄能弹簧弹力变小； 3）机构卡阻	1）调整或更换反力弹簧； 2）调整或更换蓄能弹簧； 3）消除卡阻因素
	（2）失压脱扣器不能使开关分断	1）线圈短路； 2）电源电压太低； 3）再扣接触面太大； 4）螺钉松动	1）更换线圈； 2）检查电源过低的原因； 3）重新调整； 4）拧紧螺钉
	（3）带负荷一定时间后自行分断	1）过电流脱扣器长延时整定值不对； 2）热元件整定值不对	重新调整和更换

2. 按钮的常见故障及处理方法

按钮的常见故障及处理方法见表 4-15。

表 4-15   按钮的常见故障及处理方法

故障现象	可能产生的原因	处理方法
触点接触不良	（1）触点烧损； （2）触点表面有污垢； （3）触点弹簧失效	（1）修整触点或更换产品； （2）清洁触点表面； （3）重绕弹簧或更换产品
触点间短路	（1）塑料受热变形，导致接线螺钉相碰短路； （2）杂物或油污在触点间形成通路	（1）更换产品，并查明发热原因，如因灯泡发热所致，可降低电压； （2）清洁按钮内部

3. 接触器的日常维护与故障处理

（1）交流接触器的日常维护。

1）检查外部有无灰尘，检查使用环境是否有导电粉尘及过大的振动，通风是否良好。

2）检测负载电流是否在接触器的额定值以内。

3）检查出线的连接点有无过热现象，压紧螺钉是否松脱。

4）检查接触器振动情况，拧紧各固定螺栓。

5）监听接触器有无异常声响、放电声和焦臭味。

6）检查分、合信号指示是否与接触器工作状态相符。

7）检查线圈有无过热、变色和外层绝缘老化现象。如果线圈温度超过 65°，则说明线圈过热，有可能发生匝间短路故障。

8）检查灭弧罩是否松动和破损，并打开灭弧罩，检查罩内有无被电弧烧烟现象。灭弧罩松动要拧紧固定螺栓，破损要更换。罩内有电弧烧烟现象可用小刀及布条除去黑烟和金属熔粒。

9）检查接触器吸合是否良好，触点有无打火及过大的振动声，断开电源后是否回到正常位置。

10）检查三相触点的同时性，可通过调节触点弹簧来达到。用 500V 绝缘电阻表测量三相触点间的绝缘电阻，应不低于 10MΩ。

11）检查触点磨损及烧伤情况。对于银或银基合金触点，有轻微烧损、变黑时，一般不影响使用，可不必清理；若凹凸不平，可用细锉修平打光；不可用砂布打磨，以免砂料嵌入触点，影响正常工作；若触点烧伤严重、开焊脱落，或磨损厚度超过 1mm，则应予以更换。

辅助触点表面如要修理，可用电工刀背仔细修刮，不可用锉刀修刮，因为辅助触点质软层薄，用锉刀修刮会大大缩短触点寿命。

经检修或更换后的触点，还应调整开矩、超行程和触点压力，使其符合技术要求。

12）检查绝缘杆有无裂损现象。

13）对于金属外壳接触器，应检查接地（接零）是否良好。

（2）接触器常见故障及检修方法。接触器常见故障产生的原因及检修方法见表 4-16。

表 4-16 接触器常见故障产生的原因及检修方法

故障类型	故障现象	产生原因	检修方法
1. 接触器投入运行前空载运行中可能产生的故障	(1) 按下启动按钮, 接触器根本不闭合	1) 线圈供电电路断路; 2) 线圈的导线断路; 3) 按钮的触点失效, 不能接通电路	对照可能故障的原因, 依次检查判断并消除故障
	(2) 按下启动按钮, 接触器不能完全闭合	1) 按钮的触点不清洁或过度氧化; 2) 接触器可动部分卡住; 3) 控制电路电源电压降过大 (低于 85% 额定电压值); 4) 控制电路电源电压小于线圈电压; 5) 接触器反力过大 (即触点压力弹簧和反力弹簧的压力过大) 或触点超额行程过大	
	(3) 按下启动按钮, 接触器闭合过猛或线圈过热、冒烟	控制电路电源电压大于线圈电压	
	(4) 启动按钮释放后接触器分开	与启动按钮联锁的接触器动合联锁触点的接线错误或接触不良	
	(5) 按下停止按钮, 接触器不分开	1) 可动部分卡住; 2) 反力弹簧的反作用力太小; 3) 由于剩磁作用, 或者由于铁心故面的油泥, 使动铁心粘附在静铁心上; 4) 接触器线圈, 联锁触点与按钮间接线不正确而使线圈未断电	

续表

故障类型	故障现象	产生原因	检修方法
2. 铁心的故障	(1) 铁心发出过大的噪声，甚至嘶嘶嘴振动	1) 线圈电压不足； 2) 动、静铁心的接触面相互接触不良； 3) 短路环断裂	1) 调整电源电压； 2) 锉平接触面，使相互接触良好； 3) 按原结构方式更换短路环，或焊接断裂的短路环
	(2) 无压释放失灵	1) 非磁性垫片装错或未装； 2) 反力弹簧装错而使反作用力太小； 3) 主触点过度磨损造成反力弹簧作用力过小； 4) 圆形铁心因过度磨损而使中间极面防止剩磁的气隙过小； 5) 由于剩磁作用，或者由于铁心极面有油泥，使动铁心粘附在静铁心上； 6) 其他原因	按制造厂的技术资料进行更换或加装。 1) 按制造厂的技术资料进行更换或加装； 2) 换上正确的反力弹簧； 3) 更换主触点； 4) 将铁心中间极面锉去 0.05～0.2mm； 5) 清洗油泥或换上新铁心； 6) 针对故障产生的原因消除故障
3. 线圈的故障	(1) 接触器根本不能闭合，或在正常工作情况下突然自行分开	1) 线圈引出线部分裂； 2) 线圈内部的导线断线（多系线圈的焊接处断线）	1) 焊接好并把绝缘修复； 2) 拆开线圈，焊好断线处，并把绝缘修复绕制好。一般可直接换上新线圈
	(2) 线圈局部过热，或因吸力降低而铁心发生噪声	线圈匝间短路	直接以测圈仪测量其线圈数或测量其直流电阻，并以线圈标牌上的圈数或电阻值相比较。一般均换成新线圈而不修理

续表

故障类型	故障现象	产生原因	检修方法
3. 线圈的故障	(3) 目力可见的外伤，如线圈外绝缘擦伤或线圈骨架发生裂缝等	机械性损伤	如果仅系外部损伤，则可进行局部修理，如外部包扎、涂漆或粘结好骨架裂缝；如果机械性损伤而引起线圈内部的短路、断路等，则更换成新线圈
4. 触点及灭弧系统的故障	(1) 接触器闭合过程中触点焊住，使其在线圈断电后不能打开	1) 启动过程中有很大的尖峰电流（如交流接触器控制的电容负载，钨丝灯泡及直流接触器控制的钨丝灯泡），而使接触器的闭合能力不足； 2) 加于线圈的端电压过低，致使磁系统的吸合力不足，而形成触点的停滞不前或反复振动； 3) 闭合过程中可动部分被卡住； 4) 闭合时触点和动铁心均发生跳动	1) 接触器的吸力有较大幅度时，可加大触点的初压力。当闭合能力显不足时，则更换成大一级的接触器； 2) 设法提高线圈的端电压，使其不低于 85% 的额定值； 3) 检查可动部分的运动情况是否正常、灵活，并消除一切卡阻现象； 4) 轻微时可调整触点的初压力及超额行程；严重时只能更换大一级的接触器。对于已焊牢的触点，只能将其拆除。换成新的。当触点轻微焊接时，可稍加外力使其分开，并锉平浅小的金属熔化痕迹，以便重新操作

续表

故障类型	故障现象	产生原因	检修方法
	（2）触点熔焊	1）操作频率过高或选用不当; 2）负载侧短路; 3）触点弹簧压力过小; 4）触点表面有金属颗粒突起或异物; 5）吸合过程中触点停在似接触非接触的位置上。	1）降低操作频率或更换合适型号的触点; 2）排除短路故障,更换触点; 3）调整触点弹簧压力; 4）清理触点表面; 5）消除停滞因素
	（3）触点断相	1）触点烧缺; 2）压力弹簧片失效; 3）联接螺钉松脱	1）更换触点; 2）更换压力弹簧片; 3）拧紧松脱螺钉
4.触点及灭弧系统的故障	（4）相间短路	1）可逆接触器在其可逆转换过程中,由于其正向接触尚未完全分断时反向接触器即已接通而形成短路; 2）装在金属外壳内或壳,因外壳内接相短路于其分断时的喷弧距离内而形成相间短路	1）可逆接触器的原设计不当,应更换成动作时间较长(即磁系统行程较长)的可逆接触器,或在设计时加上联锁保护; 2）此系接触器选用范围不当。可在外壳内壁电弧喷射范围上粘上电气绝缘石棉纸。对已发生过相间短路现象的接触器,如果短路严重,则应更换成新的接触器,如果短路较轻,触点及其他导电零件没有发生熔焊及机械变形,则经全面的清理调整后仍可使用

4. 继电器的安装使用与维护保养

(1) 安装前的检查。

1) 检查继电器的可动部分，要求动作灵活可靠，并检查继电器部件是否完整。

2) 检查继电器的铭牌、数据，电压电流的额定值，以及整定值的范围是否符合设计技术要求。

3) 除去部件表面污垢（如中间继电器双 E 形铁心表面的防锈油），以保证运行可靠。

(2) 安装和调整。

1) 安装接线时，应检查接线正确与否，安装螺钉不得松动。对电磁式控制继电器，先应在主电路触点不带电的情况下，使吸合线圈通电分合数次，检查证明产品动作确实可靠后才能使用。

2) 对保护用的继电器，必须按照继电器的调试方法及要求进行通电调试，如果是过电流继电器及热继电器，应依次检查其整定电流是否符合要求，必须符合要求后才能投入运行，以保证对电路及设备的可靠保护。

(3) 运行和维护。

1) 根据使用环境情况定期半年至一年检查继电器各部件，检查整定值是否有变化，要求可动部分不死，紧固件无松动，损坏部件应及时更换。

2) 应仔细拭去触点上的积灰及油污，以保证接触良好。在触点磨损 1/3 厚度时需要考虑更换。触点烧损后应及时更换。对电磁式控制继电器触点修整后，应注意调整好触点的开距、超程、接触压力及动、静触点接触面。

电磁继电器整定值的调整应在线圈工作温度下进行，以防止冷态和热态下对动作值产生影响。

(4) 控制继电器的故障维修。

继电器的结构和工作原理与接触器十分类似，故触点部分和电磁系统的常见故障维修方法可参考接触器部分，按继电器的自身特点处理控制继电器触点火花易烧损的办法是在触点断口上并联 R、C 电路，那么在触点断开瞬时，电容器 C 储存电感负载磁

223

能，使供给的电弧能量减小并加快熄灭；触点再闭合时，电阻 R 会限制电容器对触点的电流，避免烧损。一般选电容量为 $2.2 \sim 2\mu\mathrm{F}$。电阻由经验公式选取。

为提高控制继电器线圈的可靠性，目前常用的办法是在继电器线圈上并联一只二极管，使触点断开时电感负载的电磁能消耗在并联回路中，使用时应特别注意二极管极性不能接错。

（5）热继电器常见故障修理。热继电器常见故障产生的原因及检修方法见表 4-17。

（6）时间继电器常见故障修理。机床电气自动控制常用时间继电器，多为空气阻尼式时间继电器，它的电磁系统和触点系统的故障及维修同前面几种低压电器所述相同。这里分析空气室造成的故障，主要是延时不准确。

空气室经过拆卸后再重新装配时，往往产生密封不严或漏气，这样会使动作延时缩短，甚至不产生延时。

空气室内要求很严格，如果在拆卸过程中或其他原因，有灰尘进入空气道中，使空气通道受到阻塞，时间继电器的延时就会变长。

长期不用的时间继电器，第一次使用时延时可能要长一些；环境温度发生变化时，对延时的长短也有影响。

（7）速度继电器常见故障修理。速度继电器的故障一般表现为电动机断开电源后不能迅速制动。这种故障原因主要是触点接触不良、绝缘顶块断裂或与小轴的连接松脱；另外，尚有支架断裂、定子短路绕组开路或转子失磁等，查出故障后，应对症维修处理。

5. 电磁铁常见故障修理

电磁铁的常见故障一般为电磁铁不产生吸力或吸力不足，交流电磁铁噪声大且有振动；有电磁吸力而制动器不起制动作用。前者为电磁机构故障，其原因及处理方法与接触器相同；后者为制动器故障，多为制动杠杆连接螺栓松脱，弹簧失效或闸瓦磨损等。

表 4-17　热继电器常见故障产生的原因及检修方法

故障类型	故障现象	产　生　原　因	检　修　方　法
1. 热继电器动作太快、太慢或不动作	(1) 电气设备经常烧毁而热继电器不动作	热继电器的整定电流值与被保护设备的整定电流值不符	应按照被保护设备的容量来更换热继电器的容量（不可按开关的容量来选用热继电器）
	(2) 机器设备操作正常，但热继电器经常频繁动作、造成停工	1) 热继电器可调整部件的固定支承件钉松动，不在原来整定的点上； 2) 热继电器通过巨大的短路电流后，双金属元件已产生永久变形； 3) 热继电器久未校验、灰尘堆积、或生锈，或动作机构卡住、磨损、塑料零件变形等； 4) 可能在安装时将热继电器的可调整部件碰坏了，或是没有对准刻度； 5) 有盖子的热继电器未盖上盖子，或没有盖，或盖子的盖未对准刻度好； 6) 热继电器与外部连接线的接线螺钉没有打紧，或连接线的直径不符合规定； 7) 热继电器的安装方向与不符合规定，或安装地方的环境温度与被保护电气设备的环境温度相差太大	1) 将支承钉钉紧固，重新进行调整试验； 2) 对热继电器重新进行调整试验； 3) 清除热继电器上的灰尘和污垢，重新进行校验（在正常情况下每年应校验一次）； 4) 修理损坏的部件，并对准刻度，重新进行调整试验； 5) 盖好热继电器的盖子； 6) 把接线螺钉拧紧或换上合适的连接线； 7) 将热继电器按照规定的方向安装。按照两地的情况配置适当的热继电器

续表

故障类型	故障现象	产生原因	检修方法
2. 热继电器的动作不稳定	热继电器动作有时快、有时慢	1) 热继电器内部机构有某些部件松动； 2) 在检修中弯折了双金属片； 3) 热继电器通电校验时，电流波动大，或接线螺钉未拧紧，或各次试验之间的冷却时间不同，或电流表不准确等	1) 将这些部件加以固定； 2) 用高倍电流预热处理几次，片拆下来热处理（一般约270℃），以消除内应力； 3) 在校验的电源上加电压稳定器；把接线螺钉拧紧；各次试验后冷却的时间足够；校对电流表是否准确
3. 热继电器主电路不通	接入热继电器后，主电路不通	(1) 热元件烧毁； 1) 负载侧短路；电流过大； 2) 操作频率过高。 (2) 热继电器的接线螺钉未拧紧	(1) 更换热继电器； 1) 排除故障，更换热继电器； 2) 更换合适参数的热继电器。 (2) 拧紧接线螺钉
4. 热继电器控制电路不通	控制电路不通	(1) 触点烧毁，或动触片的弹性消失、动、静触点不能接触； (2) 在可调整的热继电器中，有时由于刻度盘或调整螺钉转到不合适的位置，将触点顶开了	(1) 修理触点和触片； (2) 调整刻度盘或调整螺钉

续表

故障类型	故障现象	产 生 原 因	检 修 方 法
5. 热继电器无法调整	（1）在做热继电器调整定额试验时，通过额定电流时不动作。如果在过载时将它调整到脱扣，则到第二次试验时，通过额定电流时就动作了。反复调整总是这样	热元件的发热量大小，或装错了热继电器（电流值比要求的大）	要换成电阻值较大的热元件，或电流值较小的热继电器
	（2）在做热继电器调整定额试验时，通过额定电流时不动作。如果在过载时将它调整到脱扣，则不能再扣。反复调整总是这样	双金属片安装的方向反了，或双金属片用错，比挠度太小	更换双金属片
	（3）在做热继电器调整定额试验时，通过额定电流时就动作。同时导电板的温度很高	热元件的发热量大，或是装错热继电器（电流值比要求的小）	更换成电阻较小的热元件或电流较大的热继电器

227

为了保证电磁铁能可靠地工作，要求定期检查和维修，维修周期应根据具体情况来确定。维修要点如下：

（1）可动部分经常加油润滑。

（2）定期检查衔铁行程的大小并进行调整。

（3）更换闸片后应重新调整衔铁行程及最小间隙。

（4）检查各部紧固螺栓及线圈接线螺钉。

（5）检查可动部件的磨损程度。

（6）清除电磁铁零件表面的灰尘和污物。

第 5 章

电 工 基 本 操 作

第 1 节　电工基本测量与操作

一、电流的测量与操作

1. 电流的测量方法

电流的测量方法见表 5-1。

表 5-1　　　　　　　　　　　电流测量方法

测量对象	测量方法	电 路 图	说　明
直流电流	支流接入法		将电流表与待测电流的负载直接串联，并注意电流表的极性与量程
交流电流			
直流大电流		电压接头　分流电阻片　电压接头 电流接头	适用于测量直流大电流。一定值分流器的额定输出电压为75mV。接线时应使其外侧电流接头串入待测负载电路，而电流表则以 $R=0.035\Omega$ 定值电阻导线接入其内侧电压接头上。注意极性 分流器的计算 $$R_{FL}=R_i/(n-1)$$ 式中，R_{FL} 为电流表测量机构内阻；R_i 为电流表测量机构内阻；n 为量限扩大倍数

续表

测量对象	测量方法	电 路 图	说 明
交流大电流	电流表经电流互感器串入被测电路		适用于测量交流大电流。一般电流互感器二次绕组额定电流为 5A，因此应使用量程为 5A 的交流电流表，其量程扩大倍数等于互感器的电流变比。 使用时应注意：将电流互感器一次绕组串入待测电路，二次绕组与电流表连接，通电时勿使二次绕组开路，并应将其一端接地，以保障安全。 TA—电流互感器 SA—转换开关
	两互感器三表测量三相电流		
	三互感器三表测量三相电流		
	两互感器一表一转换开关测量三相电流		
	三互感器一表一转换开关测量三相电流		
交直流电流	电压表并联，采样电阻串入被测电路		可测交、直流电流，尤其适用于测交流小电流及电路中不宜直接接入电表的场合。 此法为测定值电阻 r_0 上的电压，r_0 一般选为 0.1、1、10、100Ω，测知电压后据欧姆定律算出所通过的电流即待测负载电流

2. 测量电流用仪器仪表的测量范围和误差

测量电流用仪器仪表的测量范围和误差见表 5-2。

表 5-2　　　　测量电流用仪器仪表的测量范围和误差

仪器仪表	测量范围/A	误差范围/%
指示仪表	直流 $10^{-7}\sim10^2$ 交流 $10^{-4}\sim10^2$	$2.5\sim0.1$ $2.5\sim0.1$
直流电位差计	直流 $10^{-7}\sim10^4$①	$0.1\sim0.005$
分流器	直流 $10\sim10^4$②	$0.5\sim0.02$
霍尔效应大电流仪	直流 $10^3\sim10^5$	$2\sim0.2$
交流互感器	交流 $10^{-1}\sim10^4$②	$0.2\sim0.005$
磁位计	直流 10^2以上 交流	0.1
检流计	直流 $10^{-11}\sim10^{-6}$	根据定标
电子测量放大器	直流 $10^{-12}\sim10^{-4}$ 交流 $10^{-10}\sim10^{-4}$	$2\sim0.1$ $0.5\sim0.1$
电容放大器	直流 $10^{-15}\sim10^5$	$5\sim2$

①　根据选用的辅助设备而定。

②　指扩大量限器具性能。

二、电压的测量与操作

1. 电压的测量方法

电压测量方法见表 5-3。

表 5-3　　　　　　　　　电压测量方法

测量对象	测量方法	电　路　图	说　　明
直流电压	直接接入法		将电压表并联于待测电压的负载两端，注意电压表的极性与量程
交流电压	直接接入法		将电压表并联于待测电压的负载两端，注意电压表的量程

测量对象	测量方法	电 路 图	说 明
交流电压	直接接入法		用一表测量三相电压测（高电压时需接入电压互感器）
直流较高电压	带附加电阻的接法		适用于测量交直流 1kV 以下的电压，所串附加电阻 R' 可按下式计算 $$R' = \frac{U_2 - U_1}{U_1} R_v$$ 式中，R_v 为电压表内阻；U_1 为电压表量程；U_2 为扩大后量程。对直流电压表还应注意其极性
交流较高电压			
交流高电压	电压表经电压互感器并接于被测电路两端		适用于测量交流高电压。一般电压互感器二次绕组的额定电压 100V，因此，应使用量程为 100V 的电压表，其量程扩大倍数等于互感器的电压变比。 使用时应注意勿使电压互感器到绕组短路，并应将其一端接地，以保障安全
具有较高内阻的直流电路电压	利用补偿直流电源与直流电压表测平衡电压		适用于被测直流电路内阻很大，而电压表的接入对输出电压有显著影响的场合。 用电压可调的反极性补偿电源与被测电压串联成闭合回路，电压表接在补偿电源一边。当被测电压与补偿电压平衡时，检流计读数为零，电压表读数即被测电压，电压表吸收电流由补偿电源供给

2. 测量电压用仪器仪表的测量范围和误差

测量电压用仪器仪表的测量范围和误差见表 5-4。

表 5-4　　　　　　测量电压用仪器仪表的测量范围和误差

仪器仪表	测量范围/V	误差范围/%
指示仪表	直流 $10^{-3} \sim 5 \times 10^{5②}$ 交流 $10^{-3} \sim 5 \times 10^5$	$2.5 \sim 0.1$ $2.5 \sim 0.1$
直流电位差计	直流 $10^{-4} \sim 2$	$0.1 \sim 0.001$
交流电位差计	交流 $10^{-4} \sim 2$	$0.5 \sim 0.1$
数字电压表	直流 $10^{-4} \sim 10^3$ 交流 $10^{-4} \sim 10^3$	$0.1 \sim 0.002$ $0.1 \sim 0.05$
附加电阻	直流 $10 \sim 10^{3①}$ 交流 $10 \sim 10^{3①}$	$0.5 \sim 0.01$ $0.5 \sim 0.01$
分压器	直流 $10 \sim 10^{3①}$ 交流 $10 \sim 10^{3①}$	$0.2 \sim 0.001$ $0.2 \sim 0.001$
电压互感器	交流 $10^2 \sim 10^{5①}$	$0.5 \sim 0.005$
检流计	直流 $10^{-9} \sim 10^{-7}$	根据定标
电子测量放大器	直流 $10^{-7} \sim 10^{-3}$ 交流 $10^{-7} \sim 10^{-2}$	$2.5 \sim 0.1$ $0.5 \sim 0.1$

①　指扩大量限器具性能。

②　静电系电压表可直接测量交、直流线路中的高电压。

三、功率的测量与操作

1. 直流电路功率的测量方法

直流电路功率的测量方法见表 5-5。

表 5-5　　　　　　测量直流电路功率的测量方法

测量方法	电路图	功率计算	说　明
电流—电压表法		$P = UI$	高电压、小电流情况下采用。 R—负载电阻

测量方法	电路图	功率计算	说　明
电流—电压表法		$P=UI$	低电压、大电流情况下采用
功率表法		$P=W=C\alpha$	高电压、小电流情况下采用。 W—仪表计数； C—仪表分格常数； α—指针偏转格数
		$P=W=C\alpha$	低电压、大电流情况下采用

注　当负载电流、电压超过仪表量程时，应接入分流器、分压器。

2. 单相交流电路功率的测量方法

单相交流电路功率的测量方法见表5-6。

表 5-6　　　　　　　单相交流电路功率的测量方法

方法	电路图	功率计算	说　明
功率表直接接入法		$P=W=C\alpha$	W—功率表读数； C—仪表分格常数； α—指针偏转格数

方法	电路图	功率计算	说　明
单相功率表经电流、电压互感器接入法	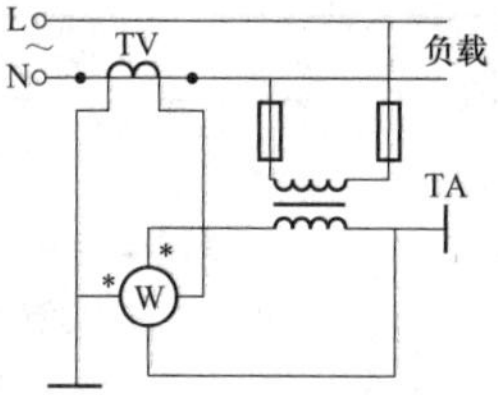	$P = KV \cdot KA \cdot P_1$ KV—电压互感器 TV 变化； KA—电流互感器 TA 变化； $P_1 = C\alpha$ 功率表读数； α—指针偏转格数； $C = (U_N \cdot I_N)/\alpha_m$ C—分格常数，W/格； U_N—所使用功率表的额定电压 (V)； I_N—所使用功率表的额定电流 (A)； α_m—功率表标度尺满刻度的格数	适用于测量高电压、大电流电路的有功功率。使用电流互感器和电压互感器扩大量程，但应注意其同极性端的连接，以使功率表的电压、电流方向与上述直接接入时一致（参看左图）。此时电路的实际功率为 $P = P_1 \cdot KA \cdot KV$ 式中，P_1 为功率表读数，KA 与 KV 分别为电流互感器和电压互感器的变化。 这种利用电流互感器和电压互感器扩大测量范围的方法，也适用于其他交流功率测量中
三电压表法	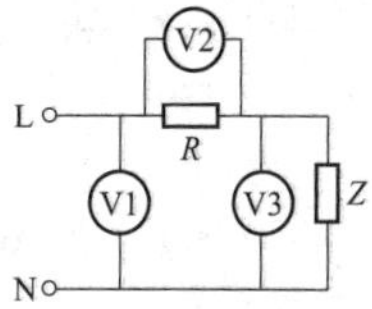	$P = \dfrac{U_1^2 - U_2^2 - U_3^2}{2R}$	R 为阻值很小的无感电阻
三电流表法	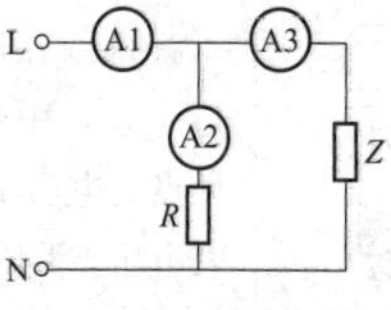	$P = \dfrac{(I_1^2 - I_2^2 - I_3^2)R}{2}$	R 为阻值很大的无感电阻

235

方法	电路图	功率计算	说　明
电压、电流、功率因数表法	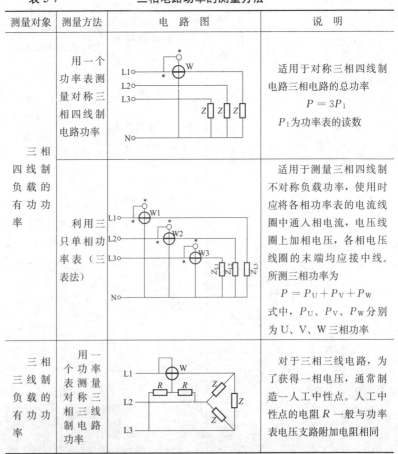	$P = UI\cos\varphi$	

3. 三相电路功率的测量方法

三相电路功率的测量方法见表 5-7。

表 5-7　　　　　　三相电路功率的测量方法

测量对象	测量方法	电　路　图	说　明
三相四线制负载的有功功率	用一个功率表测量对称三相四线制电路功率		适用于对称三相四线制电路三相电路的总功率 $P = 3P_1$ P_1为功率表的读数
	利用三只单相功率表（三表法）		适用于测量三相四线制不对称负载功率，使用时应将各相功率表的电流线圈中通入相电流，电压线圈上加相电压，各相电压线圈的末端均应接中线。所测三相功率为 $P = P_U + P_V + P_W$ 式中，P_U、P_V、P_W分别为 U、V、W 三相功率
三相三线制负载的有功功率	用一个功率表测量对称三相三线制电路功率		对于三相三线电路，为了获得一相电压，通常制造一人工中性点。人工中性点的电阻 R 一般与功率表电压支路附加电阻相同

续表

测量对象	测量方法	电 路 图	说 明
三相三线制负载的有功功率	利用两只单相功率表（二表法）		适用于三相三线制负载，用二表法测量三相总功率为 $$P = P_1 + P_2$$ 式中，P_1、P_2 为两功率表的读数。当负载为感性且阻抗角大于 $60°$ 时，将有一表指针反偏，此时应将该表的电流线圈反接，使读数仍为正，再将两读数相减为总功率
三相三线制负载的有功功率	利用三相有功功率表		三相有功功率表实际相当于两个单相功率表组合在一起，两套测量机构共用一个转轴，其内部接线与上述二表法同。适用于测三相三线制负载的有功功率
三相三线制负载的有功功率	三相有功功率表经电流、电压互感器接入		用电流互感器和电压互感器扩大量程，电路的实际功率为功率表读数乘以电流互感器和电压互感器的变化

测量对象	测量方法	电 路 图	说 明
三相三线制对称负载的三相无功功率	利用一只单相有功功率表（一表法）	L1 —W— Z L2 —— Z L3 —— Z	$Q = \sqrt{3}\,P$ P—功率表读数
	利用两只单相有功功率表（二表法）	L1 —W1— Z L2 —— Z L3 —W2— Z	$Q = \dfrac{\sqrt{3}}{2}(P_1 + P_2)$ P_1、P_2—功率表读数
三相三线制不对称负载的三相无功功率	利用两只单相有功功率表（二表法）	L1 —W1— R L2 —— Z_1 Z_3 Z_2 L3 —W2—	$Q = \sqrt{3}(P_1 + P_2)$ P_1、P_2—功率表读数
	利用三只单相有功功率表（三表法）	L1 —W1— Z_1 L2 —W2— Z_2 L3 —W3— Z_3	P_1、P_2、P_3—功率表读数

4. 功率测量仪器仪表的测量范围和误差

功率测量仪器仪表的测量范围和误差见表 5-8。

表 5-8　　　　功率测量仪器仪表的测量范围和误差

被测量	仪器仪表	测量范围	误差/%
直流功率	电流表、电压表	1～600V、0.1mA～50A	2.5～0.1
	功率表	1～1000V、0.025～10A	2.5～0.1
	电位差计	由分压器分流器测量范围而定	0.1～0.005
	数字功率表	直接接通100V，5A	0.1～0.02

续表

被测量	仪器仪表	测量范围	误差/%
单相交流功率	功率表	1~1000V, 0.025~10A	2.5~0.1
	交流电位差计	小功率	0.5~0.1
	交直流比较仪	10~100V, 0.01~10A	0.1~0.01
	数字功率表	直接接通 1000V, 5A	0.1~0.02
单相交流电能	交流电度表	110~220V, 1~50A	2
	标准电度表	5A, 100V	0.5~0.2
三相交流功率和电能	三相功率表、二个单相功率表、一个单相功率表	直接接通 1~1000V 0.025~10A	2.5~0.1
	三相电能表	由电压互感器电流互感器测量范围而定	

四、电能的测量与操作

1. 电能的测量方法

电能的测量方法见表 5-9。

表 5-9 　　　　　　**电能的测量方法**

测量对象	测量方法	电路图	说明
直流电能	利用直流电能表		电能表直接接入;图中1、2为电流线圈,3、4为电压线圈
直流电能	利用直流电能表		电能表经附加电阻 R 接入以扩大量程
直流电能	利用直流电能表		电能表经分压器接入以扩大量程

续表

测量对象	测量方法	电　路　图	说　　明
直流电能	利用直流电能表		电能表经分流器接入以扩大量程
单相有功电能	单相有功电能表，直接接入		
单相有功电能	利用单相有功电能表，经电流互感器接入		读数 $A = K_A A_1$，A_1 为电能表读数；K_A 为电流互感器变化
三相四线制电路有功电能	利用三只单相有功电能表		可用电压和电流互感器扩大量程
三相三线制电路有功电能	用三相有功电能表		可用电压和电流互感器扩大量程

续表

测量对象	测量方法	电　路　图	说　明
三相三线或三相四线制对称电路的无功电能	利用一只单相电能表	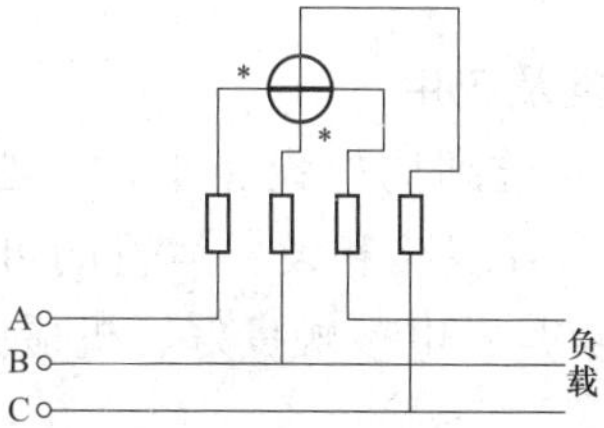	总的无功电能为 $\sqrt{3}$ 倍表的测量值
三相三线制高压大电流电路的有功和无功电能	利用三相有功电能表和三相无功电能表经电流、电压互感器接入	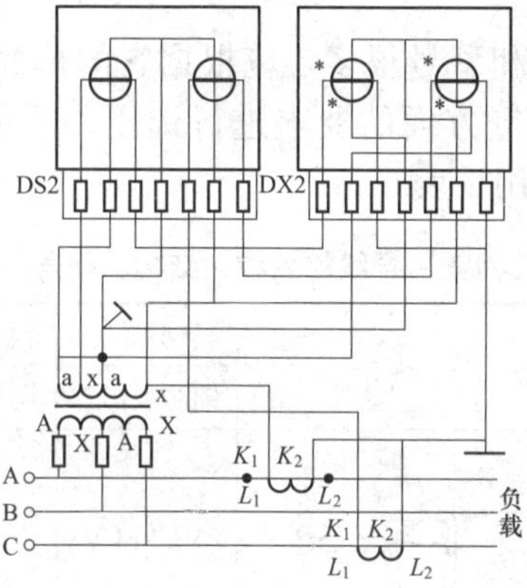	图中采用 DS2 型三相有功电能表和 DX2 型三相无功电能表分别测量三相三线制负载的有功电能和无功电能。它们都经电流互感器和电压互感器接入，以扩大量程

2. 电能测量仪器仪表的测量范围和误差

电能测量仪器仪表的测量范围和误差见表 5-10。

表 5-10　　　　　　　　　仪表的测量范围和误差

被测量	仪器仪表	测量范围	误差/%
直流功率	直流电流表		2~1
单相交流电能	交流电能表	110~220V，1~50A	2
	标准电能表	5A，100V	0.5~0.2
三相交流功率和电能	三相功率表，二个单相功率表，一个单相功率表	直接接通 1~1000V　0.25~10A	2.5~0.1
	三相电能表	由电压互感器电流互感器测量范围而定	

第2节 导线连接与绝缘恢复

一、导线的种类及应用

导线是将电能输送到用电设备上的、必不可少的导电材料。导线连接的质量关系着线路和设备运行的可靠性和安全程度。对导线连接的基本要求是：电接触良好、机械强度足够、接头美观、且绝缘恢复正常。

1. 导线的种类

导线的种类和型号很多，应根据它的截面、使用环境、电压损耗、机械强度等方面的要求进行选用。几种常用导线的名称、结构、型号、应用见表5-11。

表5-11　几种常用导线的名称、结构、型号、应用

名称	结构	型号		允许长期工作用度	主要用途
		铜芯	铝芯		
聚氯乙烯绝缘护套线	线芯 塑料护套　塑料绝缘	BVV	BLVV	65℃	用于500V以下照明和小容量动力线路固定敷设
聚氯乙烯绝缘绞合软线	塑料绝缘	RVS			用于250V及以下移动电器和仪表及吊灯的电源连接导线
聚氯乙烯绝缘平行软线	塑料绝缘	RVB			
拉T橡套软线橡套软线	橡胶或塑料绝缘 橡套或塑料护套　麻绳填芯	RXF RX			用于安装时要求柔软的场合及移动电器电源线
聚氯乙烯绝缘电线	单根线芯 塑料绝缘 多股绞合线芯	BV	BLV		用于500V以下动力和照明线路的固定敷设

常用导线有铜芯线和铝芯线。铜导线电阻率小，导电性能较好；铝导线电阻率比铜导线稍大些，但价格低，因此也广泛应用。

导线有单股和多股两种，一般截面积在 6mm² 及以下为单股线；截面积在 10mm² 及以上为多股线。多股线是由几股或几十股线芯绞合在一起形成一根的，有 7、19、37 股等。

常用导线分类方法如下：

（1）导线又分软线和硬线。

（2）导线还分裸导线和绝缘导线，绝缘导线有电磁线、绝缘电线、电缆等多种。常用绝缘导线在导线线芯外面包有绝缘材料，如橡胶、塑料、棉纱、玻璃丝等。

2. 常用导线的型号及应用

（1）B 系列橡皮塑料电线。这种系列的电线结构简单，电气和机械性能好，广泛用作动力、照明及大中型电气设备的安装线，交流工作电压 500V 以下。

（2）R 系列橡皮塑料软线。这种系列软线的线芯由多根细铜丝绞合而成，除具有 B 系列电线的特点外，还比较柔软，广泛用于家用电器、小型电气设备、仪器仪表及照明灯线等。

二、导线绝缘层的剥离方法

1. 塑料硬线绝缘层的切削

（1）用钢丝钳剖削塑料硬线绝缘层。线芯截面为 4mm² 及以下的塑料硬线，一般用钢丝钳进行剖削。剖削方法如下：

1）用左手捏住导线，在需剖削线头处，用钢丝钳刀口轻轻切破绝缘层，但不可切伤线芯。

2）用左手拉紧导线，右手握住钢丝钳头部用力向外勒去塑料层，在勒去塑料层时，不可在钢丝钳刀口处加剪切力，否则会切伤线芯。

剖削出的线芯应保持完整无损，如有损伤，应重新剖削。

（2）用电工刀剖削塑料硬线绝缘层。线芯面积大于 4mm² 的塑料硬线，可用电工刀来剖削绝缘层，方法如下：

1）在需剖削线头处，用电工刀以 45°角倾斜切入塑料绝缘层，注意刀口不能伤着线芯，如图 5-1（a）所示。

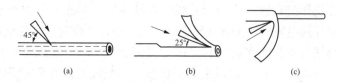

图 5-1　电工刀剖削塑料硬线绝缘层

（a）刀以 45°角倾斜切入；（b）刀以 25°角倾斜推削；（c）翻下余下塑料层

2）刀面与导线保持 25°角左右，用刀向线端推削，只削去上面一层塑料绝缘，不可切入线芯，如图 5-1（b）所示。

3）将余下的线头绝缘层向后扳翻，把该绝缘层剥离线芯，如图 5-1（c）所示，再用电工刀切齐。

图 5-2　用剥线钳或钢丝钳剖削

2. 塑料软线绝缘层的剖削

塑料软线绝缘层用剥线钳或钢丝钳剖削，如图 5-2 所示。剖削方法与用钢丝钳剖削塑料硬线绝缘层方法相同。不可用电工刀剖削，因为塑料软线由多股铜丝组成，用电工刀容易损伤线芯。

3. 塑料护套线绝缘层的剖削

塑料护套线具有二层绝缘：护套层和每根线芯的绝缘层。塑料护套线绝缘层用电工刀剖削，方法如下：

（1）护套层的剖削。

1）在线头所需长度处，用电工刀刀尖对准护套线中间线芯缝隙处划开护套线，如图 5-3（a）所示。如偏离线芯缝隙处，电工刀可能会划伤线芯。

2）向后扳翻护套层，用电工刀把它齐根切去，如图 5-3（b）所示。

（2）内部绝缘层的剖削。在距离护套层 5~10mm 处，用电工刀以 45°角倾斜切入绝缘层，其剖削方法与塑料硬线剖削方法相同。

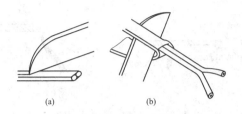

图 5-3 塑料护套线绝缘层的剖削

（a）用刀尖在线芯缝隙处划开护套层；（b）扳翻护套层并齐根切去

4. 橡皮线绝缘层的剖削

在橡皮线绝缘层外还有一层纤维编织保护层，其剖削方法如图 5-4 所示。

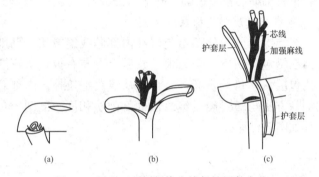

图 5-4 用电工刀剖削橡皮线保护层的办法

（a）用刀切开护套层；（b）剥开已切开的护套层；（c）翻开护套层并切断

（1）把橡皮线纤维编织保护层用电工刀尖划开，将其扳回后齐根切去。剖削方法与剖削护套线的保护层方法类同。

（2）用剖削塑料线绝缘层相同方法削去橡胶层。

（3）最后松散棉纱层到根部，用电工刀切去。

5. 花线绝缘层的切削

花线绝缘层分外层和内层，外层是一层柔韧的棉纱编织层，剖削方法如图 5-5 所示。

（1）用电工刀在线头所需长度处将棉纱织物保护层四周割切一圈后将其拉去。

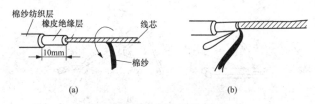

图 5-5 花线绝缘层的剖削

(a) 去除编织层和橡皮绝缘层；(b) 扳翻棉纱

（2）在距离棉纱织物保护层 10mm 处，用钢丝钳按照剖削塑料软线类同方法勒去橡胶层。

（3）有的花线在紧贴线芯处还包缠有棉纱层，在勒去橡皮绝缘层后，再将棉纱层松开扳翻，齐根切去。

6. 铅包线护套层和绝缘层的剖削

铅包线绝缘层分为外部铅包层和内部芯线绝缘层。剖削时先用电工刀在铅包层切下一个刀痕，然后上下左右扳动折弯这个刀痕，使铅包层从切口处折断，并将它从线头上拉掉。内部芯线绝缘层的剖除方法与塑料硬线绝缘层的剖削法相同。剖削铅包层的操作过程如图 5-6 所示。

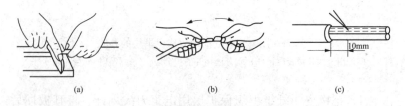

图 5-6 铅包线绝缘层的剖削

(a) 剖切铅包层；(b) 折扳和拉出铅包层；(c) 剖削芯线绝缘层

7. 漆包线绝缘层的去除

漆包线绝缘层是喷涂在芯纱上的绝缘漆层。由于线径的不同，去除绝缘层的方法也不一样。直径在 1mm 以上的，可用细砂纸或细纱布擦去；直径在 0.6mm 以上的，可用薄刀片刮去；直径在 0.1mm 及以下的也可用细砂纸或细纱布擦除，但易于折断，需要小心。有时为了保留漆包线的芯线直径准确以便于测量，也可用

微火烤焦其线头绝缘层，再轻轻
刮去，如图 5-7 所示。

8. 导线绝缘层剖削注意事项

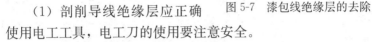

图 5-7　漆包线绝缘层的去除

（1）剖削导线绝缘层应正确
使用电工工具，电工刀的使用要注意安全。

（2）剖削导线组织层时不能损伤线芯。

（3）作导线连接时缠绕方法要正确，缠绕要平直、整齐和紧
密，最后要钳平毛刺，以便于恢复绝缘。

（4）护套线线头与熔断器连接时不应露铜。

三、导线的连接

在电气安装与线路维护工作中，通常因导线长度不够或线路
有分支，需要把一根导线与另一根导线做成固定电连接，在电线
终端要与配电箱或用电设备做电连接，这些电连接的固定点称为
接头。做导线的电连接是电工技术工作的一道重要工序，每个电
工都必须熟练掌握这一操作工艺。

导线的连接方法有很多种，通常有铰接、焊接、压接、紧固
螺钉压接等。不同的连接方法适用于不同的导线种类和不同的使
用环境。

对导线连接的要求：导线接头处的接触电阻应尽量小，也就
是在通过电流时接触点的电压降不能超过允许值，接头处的机械
强度不能低于原导线机械强度的 80%，接头处有绝缘要求的，其
绝缘强度不能比原导线降低，接头处长期使用时能够耐受有害气
体腐蚀。

1. 线头的剖削

做导线电连接之前，必须将导线
端部或导线中间清理干净，要求剖削
绝缘层方法正确。对橡胶绝缘线要分
段剖削，其剖削方法如图 5-8 所示。

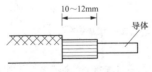

图 5-8　橡胶线绝缘层的剖削

对无保护套的塑料绝缘线，适于采用单层剖削，注意剖削绝缘时，
不能损伤线芯，裸露线长度一般为 50～100mm，截面积小的导线
要短一些，截面积大的导线要长一些。

2. 单股导线的直接连接和 T 形连接

铰接法适用于截面积小于 6mm² 单股铜（铝）线的电连接，铰接电连接有直连接、T 形连接、十字形连接等多种形式，如图 5-9 所示。

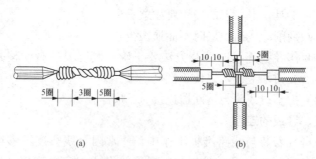

图 5-9　单股导线的铰接

（a）直接连接；（b）十字形连接

（1）单股导线一字形直接连接操作步骤如图 5-10 所示，首先把去除绝缘层及氧化层的两根导线的线头成 X 形相交，互相绞绕 2～3圈。然后板直两线头，接着将每根线头在芯线上紧贴并绕 6 圈，最后多余的线头用钢丝钳剪去，并钳平芯线的末端及切口毛刺。

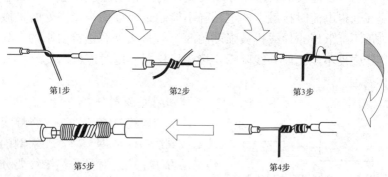

图 5-10　单股导线的一字形直接连接的操作步骤

（2）单股导线 T 形连接的操作步骤如图 5-11 所示。首先把去除绝缘层及氧化层的支路线芯的线头与干线线芯十字相交，使支路线芯根部留出 3～5mm 的裸线，然后将支路线芯按顺时针方向紧贴干线线芯密绕 6～8 圈，最后用钢丝钳切去余下线芯，并钳平线芯末端及切口毛刺。

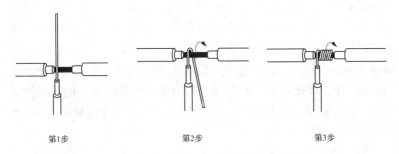

第1步　　　　　　　　第2步　　　　　　　　第3步

图 5-11　单股导线 T 形连接的操作步骤

3. 多股导线的直接连接和 T 形连接

多股导线的直接连接和 T 形连接如图 5-12 所示。

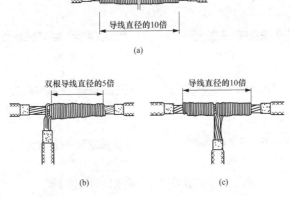

(a)

(b)　　　　　　　　　　　(c)

图 5-12　多股导线的直接连接和 T 形连接

(a) 多股导线的直接连接；(b) 多股导线的 T 形连接（单卷）；

(c) 多股导线的 T 形连接（复卷）

（1）多股导线一字形直接连接的操作步骤如图 5-13 所示。首先在剖削绝缘层切口约全长 2/5 处的线芯进一步绞紧，接着把余

249

下 3/5 的线芯松散呈伞状；接着把两伞状线芯隔股对叉，并插到底，然后捏平叉入后的两侧所有芯线，并理直每股芯线，使每股芯线的间隔均匀；同时用钢丝钳钳紧叉口处，消除空隙。将导线一端距芯线叉口中线的 3 根单股芯线折起，成 90°（垂直于下边多股芯线的轴线）。先按顺时针方向紧绕两圈后，再折回 90°，并平卧在扳起前的轴线位置上。将紧挨平卧的另两根芯线折成 90°，再按第 5 步方法进行操作。把余下的 3 根芯线按第 5 步方法缠绕至第 2 圈后，在根部剪去多余的芯线，并钳平；接着将余下的芯线缠足 3 圈，剪去余端，钳平切口，不留毛刺。另一侧按步骤第 4～7 步方法进行加工。

注意：缠绕的每圈直径均应垂直于下边芯线的轴线，并应使每两圈（或 3 圈）间紧缠紧挨。

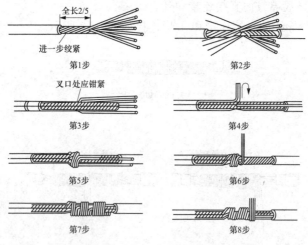

图 5-13　多股导线一字形连接的操作步骤

（2）多股导线 T 形连接的操作步骤如图 5-14 所示。首先剖削支线线头绝缘层后，把支线线头离绝缘层切口根部约 1/10 的一段芯线作进一步的绞紧，并把余下 9/10 的线芯松散呈伞状。剖削干线中间芯线绝缘层后，把干线芯线中间用螺丝刀插入芯线股间，并将分成均匀两组中的一组芯线插入干线芯线的缝隙中，同时移正位置。接着先钳紧干线插入口处，然后将一组芯线在干线芯线上按顺时针方向垂直地紧紧排绕，剪去多余的芯线端头，不留毛刺。

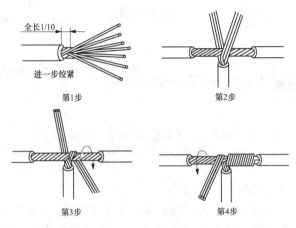

图 5-14　多股导线 T 字形连接的操作步骤

4. 7 股铜芯线的直线连接

把除去绝缘层和氧化层的芯线线头分成单股散开并拉直，在线头总长的 $1/3$ 处（离根部距离）顺着原来的扭转方向将其绞紧，余下的 2/3 长度的线头分散成伞形，如图 5-15（a）所示。将两股伞形线头相对，隔股交叉直至伞形根部相接，然后捏平两边散开的线头，如图 5-15（b）所示。接着把 7 股铜芯线按根数 2、2、3 分成三组，先将第一组的两根线芯扳到垂直于线头的方向，如图 5-15（c）所示，按顺时针方向缠绕两圈，再弯下扳成直角使其紧贴芯线，如图 5-15（d）所示。第二组、第三组线头仍按第一组的缠绕办法紧密缠绕在芯线上，如图 5-15（e）所示。为保证电接触良好，如果铜线较粗较硬，可用钢丝钳将其绕紧。缠绕时注意使后一组线头压在前一组线头已折成直角的根部。最后一组线头应在芯线上缠绕三圈，在缠到第三圈时，把前两组多余的线端剪除，使该两组线头断面能被最后一组第三圈缠绕完的线匝遮住。最后一组线头绕到两圈半时，就剪去多余部分，使其刚好能缠满三圈，最后用钢丝钳钳平线头，修理好毛刺，如图 5-15（f）所示。到此完成了该接头的一半任务，后一半的缠绕方法与前一半完全相同。

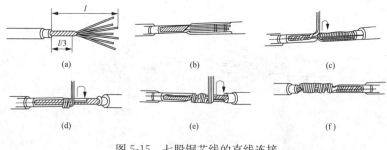

图 5-15　七股铜芯线的直线连接

（a）～（f）步骤 1～6

5. 7 股铜芯线的 T 形连接

把除去绝缘层和氧化层的支路线端分散拉直，在距根部 $l/8$ 处将其进一步绞紧，将支路线头按 3 和 4 的根数分成两组并整齐排列。接着用一字形螺丝刀把干线也分成尽可能对等的两组，并在分出的中缝处撬开一定距离，将支路芯线的一组穿过干线的中缝，另一组排于干路芯线的前面，如图 5-16（a）所示。先将前面一组在干线上按顺时针方向缠绕 3～4 圈，剪除多余线头，修整好毛刺，如图 5-16（b）所示。接着将支路芯线穿越干线的一组在干线上按反时针方向缠绕 3～4 圈。剪去多余线头，钳平毛刺即可，如图 5-16（c）所示。

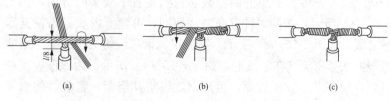

图 5-16　7 股铜芯线的 T 形连接

（a）～（c）步骤 1～3

6. 铜、铝导线之间的连接

铝线表面极易形成氧化膜，增加连接的电阻，电流通过时在接头处产生高温，所以在连接前需清理氧化膜杂质后要快速立即连接。

（1）单股铝线与单股铜线连接。将镀好锡的铜线拿好，用打磨好的铝线在铜线上缠绕 6～10 圈，最后将铜线与铝线缠绕 2 圈压紧即可，此方法只适用于电流较小的低压电路。

（2）多股铝线与多股铜线连接。先将铜线镀锡，然后按截面大小选择铜铝并用沟线夹进行连接，如图 5-17 所示。

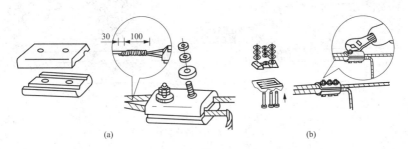

图 5-17　沟线夹的安装方法
（a）小型沟线夹；（b）大型沟线夹

7. 大截面的铜、铝排连接

大截面的铜、铝排连接通常采用铜铝过渡接头，如图 5-18 所示。铜铝接头是采用铜铝闪光焊接机制造的，使用时按被连接的铜、铝截面大小选择铜铝接头的规格。铝线与铜铝接头的铝材部分连接一般采用焊接；铜线与铜铝接头的铜材部分连接，一般采用螺栓连接。

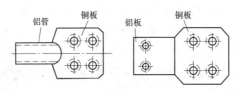

图 5-18　铜、铝过渡接头

8. 钳接管连接法

将清理好的导线芯线，穿入压接管内（见图 5-19，5），然后放入手动冷挤压接钳内（见图 5-19，6）进行压接，压接后的芯线如图 5-19，8 所示，最后包扎绝缘如图 5-19，9 所示。

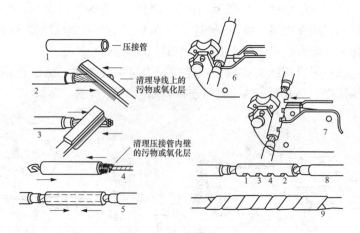

图 5-19　导线的压接操作步骤

9. 压线帽连接法

导线去绝缘后镀锡，长度不超过压线帽的压线长度，然后用压线钳挤压线帽即可，不必再包扎绝缘。

10. 线鼻子与电缆的连接法

图 5-21 所示线鼻子有开口（见图 5-20，1）和闭口（见图 5-20，2）两种。按材质分有铜质的线鼻子，供铜导线和铜电缆或铜母材连接，铝质的线鼻子，供铝导线与铝电缆或铝母材连接；铜铝过渡接头，供铜、铝不同材质导线连接。

连接时，先将导线绝缘层剥离，打磨去除表面氧化层后涂上无酸焊锡膏，然后将线芯并拢镀锡，擦净后放入清理后的线鼻子内（见图 5-20，5），用手锤砸紧，放入压接钳内压接（见图 5-20，6），最后整体清理线鼻子表面后再镀锡处理和包扎绝缘（见图 5-20，10）。

11. 线头与接线桩的连接

（1）线头与针孔接线桩的连接。端子板、某些熔断器、电工仪表等的接线部位多是利用针孔附有压接螺钉压住线头完成连接

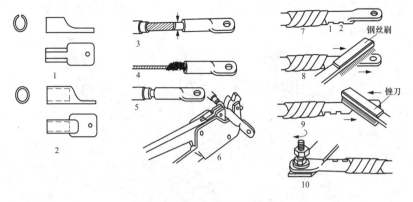

图 5-20 线鼻子及其压接工艺

的。线路容量小，可用一只螺钉压接；若线路容量较大，或接头要求较高时，应用两只螺钉压接。

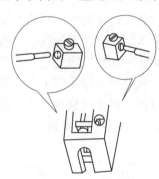

图 5-21 单股芯线与针孔接线压接法

单股芯线与接线桩连接时，最好按要求的长度将线头折成双股并排插入针孔，使压接螺钉顶紧双股芯线的中间。如果线头较粗，双股插不进针孔，也可直接用单股，但芯线在插入针孔前，应稍微朝着针孔上方弯曲，以防压紧螺钉稍松时线头脱出，如图 5-21 所示。

在针孔接线桩上连接多股芯线时，先用钢丝钳将多股芯线进一步绞紧，以保证压接螺钉顶压时不致松散，注意针孔和线头的大小应尽可能配合，如图 5-22 (a) 所示。如果针孔过大可选一根直径大小相宜的铝导线作绑扎线，在已绞紧的线头上紧密缠绕一层，使线头大小与针孔合适后再进行压接，如图 5-22 (b) 所示。如线头过大，插不进针孔时，可将线头散开，适量剪去中间几股。通常 7 股可剪去 1～2 股，19 股可剪去 1～7 股。然后将线头绞紧，进行压接，如图 5-22 (c) 所示。

无论是单股或多股芯线的线头，在插入针孔时，一是注意插到底；二是不得使绝缘层进入针孔，针孔外的裸线头的长度不得超过 3mm。

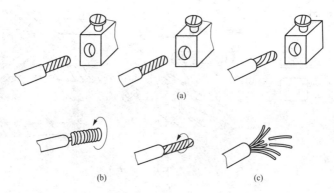

图 5-22　多股芯线与针孔接线桩连接

（a）针孔合适的连接；（b）针孔过大时线头的处理；（c）针孔过小时线头的处理

（2）线头与平压式接线桩的连接。平压式接线桩是利用半圆头、圆柱头或六角头螺钉加垫圈将线头压紧，完成电连接。对载流量小的单股芯线，先将线头弯成接线圈，如图 5-23 所示，再用螺钉压接。对于横截面不超过 10mm²、股数为 7 股及以下的多股芯线，应按图 5-24 所示的步骤制作压接圈。对于载流量较大、横截面积超过 10mm²、股数多于 7 股的导线端头，应安装接线耳。

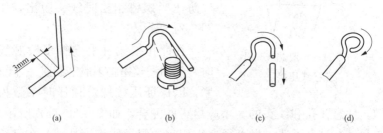

图 5-23　单股芯线压接圈的弯法

（a）离绝缘层根部的 3mm 处向外侧折角；（b）按略大于螺钉直径弯曲圆弧；

（c）剪去芯线余端；（d）修正圆圈

连接这类线头的工艺要求是：压接圈和接线耳的弯曲方向应与螺钉拧紧方向一致，连接前应清除压接圈、接线耳和垫圈上的

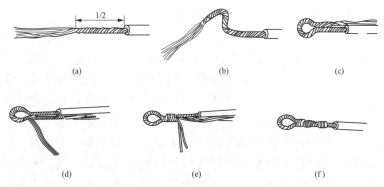

图 5-24　7 股导线压接圈弯法

氧化层及污物，再将压接圈或接线耳压在垫圈下面，用适当的力矩将螺钉拧紧，以保证良好的电接触。压接时注意不得将导线绝缘层压入垫圈内。

　　软线线头的连接也可用平压式接线桩，导线线头与压接螺钉之间的绕结方法如图 5-25 所示，其工艺要求与上述多股芯线的压接相同。

　　（3）线头与瓦形接线桩的连接。瓦形接线桩的垫圈为瓦形，压接时为了不致使线头从瓦形接线桩内滑出，压接前应先将已去除氧化层和污物的线头弯曲成 U 形，如图 5-26（a）所示，再卡入瓦形接线桩压接。如果在接线桩上有两个线头连接，应将弯成 U 形的两个线头相重合，再卡入接线桩瓦形垫圈下方压紧，如图 5-26（b）所示。

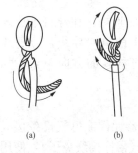

图 5-25　软导线线头连接

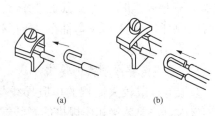

图 5-26　单股芯线与瓦形接线桩的连接
（a）一个线头连接；（b）两个线头连接

12. 导线与电器接线端子的连接

在各种电器元件、电气设备和装置上，均有接线端子供连接导线用。常用的接线端子有针孔式和螺钉平压式两种。

(1) 导线头与针孔式接线端子的连接。在针孔式接线端子上接线时，如果单股芯线与接线端子插线孔大小适宜，只要把线头插入孔中，旋紧螺钉即可。如果单股芯线较细则要把芯线端头折成双根，再插入孔中，如图 5-27 (a) 所示。如果是多股细丝铜软线，必须先把线头绞紧并搪锡或装接针式导线端头，然后再与接线端子连接。注意切不可以有细丝露在接线孔外面，以免发生短路事故。

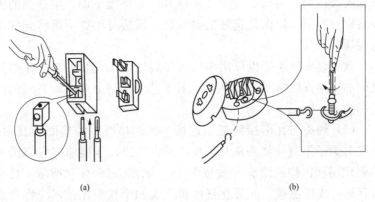

(a)　　　　　　　　　　(b)

图 5-27　导线与接线端子的连接方法

(a) 在针孔式接线端子接线；(b) 在螺钉平压式接线端子上接线

(2) 导线端头与螺钉平压式接线端子的连接。在螺钉平压式接线端子上接线时，对于截面 $10mm^2$ 以下的单股导线，应把线头弯成圆环，并且要求弯曲的方向与螺钉拧紧的方向一致，如图 5-27 (b) 所示。

13. 导线与导线端头的连接

多股导线或较大面积的单股导线与电器元件或电气设备接线柱连接时，需要装接相应规格的导线端头（俗称接线鼻子），使用时，应按接线端子类型选择不同形状的导线端头，各种形状的导线端头如图 5-28 所示。

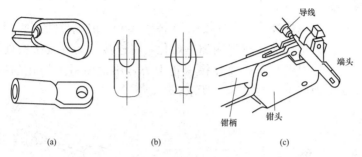

图 5-28 导线与导线端头的压接
（a）D 形接头；（b）U 形接头；（c）压接钳压接端头

（1）单股或多股铝导线与端头的连接方法一般采用压接法，压接操作方法与铝导线的压接方法相同，有条件的也可采用气焊法。

（2）单股或多股铜导线与端头的连接通常采用压接和锡焊两种方法。压接操作方法与铝导线的压接方法相同。锡焊方法有三种：截面积为 2.5mm² 以下的导线，可使用电烙铁焊接；截面积在 4~16mm² 的导线，应采用蘸锡焊接；16mm² 以上的导线，应采用浇锡焊接。

四、铜导线的焊接

1. 电阻焊焊接

对单股铜（铝）导线的连接可采用电阻焊，即交流低电压（6~12V）碳极电阻焊，先将两导线剖削 30~50mm，再将两裸金属线绞合并剪齐，剩余 20~30mm 左右，将焊接电源的一极与被焊接头接通。操纵焊把（碳极）电极使焊接电源接通，随着接触点温度的升高，适量加入焊药（助焊剂），使接头处熔化为球状，如图 5-29 所示。焊点熔化以后，将焊把移走，经冷却形成牢固的电连接。

2. 铜芯导线的锡焊连接

铜芯导线连接后为了保证机械强度和电连接的可靠、永久，还应进行焊接处理，工程要求 70mm²（导线截面积）以下的接头一般实施锡焊，电接头的锡焊方法有三种：浇锡焊、蘸锡焊和电烙铁锡焊。

（1）浇锡焊接。浇锡焊接用于 16～70mm² 的铜导线接头的焊接。方法是把锡放入锡锅内加热熔化，将连接处的导线接头处打磨干净，涂上助焊剂，放在锡锅正上方，用钢勺盛上熔化的锡，从接头上面浇下，如图 5-30 所示。

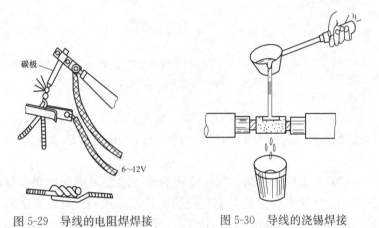

图 5-29　导线的电阻焊焊接　　　　图 5-30　导线的浇锡焊接

（2）蘸锡焊接。蘸锡焊接用于截面积 2.5～16mm² 的导线接头焊接。蘸锡焊接法是把锡放入锅内加热熔化。将接头处打磨干净，涂上助焊剂，放入锡锅中蘸锡，待全部浸润后取出，并除去污物。

（3）电烙铁锡焊。电烙铁锡焊用于截面积 2.5mm² 的以下铜导线接头的焊接。

3. 锡焊材料

（1）焊料。焊料是一种低熔点合金，在电烙铁加热下变成液态，附着在被焊接的金属物体上，冷却后变为固态，保证接点牢固和导电良好。常用的锡焊焊料是锡铅合金，其中也含有其他元素，由于铅含量污染环境，对人身体有害，近年来出现了无铅焊料，我国也正在推广应用之中。手工电烙铁焊接常用管状焊锡丝，它将锡铅合金制成管状而内部填充助焊剂，焊料一般含锡 60% 左右，内部助焊剂是优质松香加一定量的活化剂。焊锡丝的直径有

0.5、0.8、0.9、1.0、1.5、2.0mm 等。

（2）助焊剂。助焊剂分为强酸性焊剂、弱酸类、中性松香类三种，常用的是松香类。松香的主要成分是松香酸和松脂酸酐，在常温下其化学活性差，呈中性，在被加热熔化时呈酸性，溶解被焊金属上的氧化物，并悬浮在液态焊料表面，阻止焊锡被氧化并降低液态锡的表面张力，增加其流动性，当冷却后松香又恢复成固态，有较高的绝缘性，而腐蚀性小。根据经验，将松香溶于酒精制成"松香溶液"（是按松香同酒精 1∶3 比例配合制成），用于手工锡焊效果非常显著。

总之，焊剂在焊锡中的作用是除去氧化层，防止液态锡氧化，减小液态锡表面张力，增加其流动性，有利于焊锡浸润，使焊点美观，焊接形状、光泽俱佳。

4. 导线手工锡焊的操作步骤及要领

（1）保证电烙铁头清洁，温度适宜于锡焊。

（2）采取正确的传热方法，尽量增加烙铁头与被焊接件的接触面积，但不能对焊件施加力。

（3）烙铁头上保持少量液态锡是热量传递的桥梁，依靠锡桥传热，使被焊件很快被加热到焊接温度。

（4）在焊锡凝固之前，不要使焊件移动或振动。

（5）焊剂与焊料用量要适中。

（6）不要用烙铁头作为焊锡的运载工具，烙铁头的焊锡易氧化，焊锡易挥发易导致焊点质量缺陷。

5. 导线的手工焊接工艺要求

导线与导线之间的焊接以绕焊为主，具体操作步骤如下：

（1）去掉导线一定长度的绝缘层。

（2）除去线芯上的氧化层，并穿上合适的绝缘管。

（3）绞合两个线芯，剪齐端部，用电烙铁施焊。

（4）趁热套上绝缘管，冷却后固定在接头处。

（5）注意事项：焊接接头处不能有毛刺，防止刺穿绝缘管，并且要用绝缘胶布带包扎绝缘处，以确保其绝缘强度。

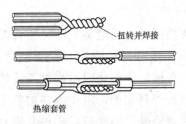

图 5-31　导线的焊接工艺过程

导线的焊接工艺过程如图 5-31 所示。

五、导线绝缘层的恢复

导线连接后必须恢复绝缘，导线的绝缘层破损后也必须恢复其绝缘。要求恢复绝缘后的绝缘强度应不低于原来的绝缘层强度。导线绝缘通常用黄蜡带、涤纶薄膜带和黑胶带作为恢复绝缘层的材料，黄蜡带和黑胶带一般选用宽度 20mm 较为适中，包缠操作也较方便。

绝缘带的包缠方法如下：将黄蜡带从导线左边完整的绝缘层上开始包缠，包缠两根带宽后，方可进入无绝缘层的金属芯线部分，如图 5-32（a）所示。包缠时，黄蜡带与导线保持约 55°的倾斜角，每圈压叠带宽的 1/2，如图 5-32（b）所示。

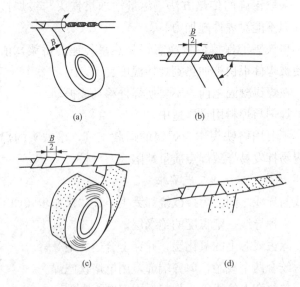

图 5-32　直连导线绝缘带的包缠方法

（a）～（d）步骤 1～4

包缠一层黄蜡带后，将黑胶布接在黄蜡带的尾端，按反向斜叠方向包缠一层胶带，也要每圈压叠带宽的1/2，如图 5-32（c）、（d）所示。

T 形连接导线绝缘带的包缠步骤如图 5-33 中的步骤 1～5 所示。

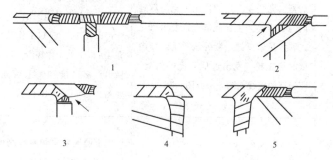

图 5-33　T 形连接导线绝缘带的包缠步骤

第 3 节　室内线路的安装

一、常用电气照明设备

1. 常用电光源

常用电光源见表 5-12。

表 5-12　　　　　　　　　　　**常用电光源**

类型	结构和工作原理	特　点
白炽灯	灯泡的灯丝由电阻率较高的钨丝制成，为防止断裂，灯丝多绕成螺旋式。40W 以下的灯泡内部抽成真空，40W 以上的灯泡在内部抽成真空后又充入少量氩气或氮气等气体，以减少钨丝挥发，延长灯丝寿命。灯泡通电后被燃至白炽而发光，灯丝温度高达 2400～3000℃。灯泡的灯头有螺口式和插口式（卡口式），结构如图 5-34 所示	白炽灯多用于室内一般照明和临时照明，开关频繁，和调光的场所。白炽灯平均寿命一般 1000h，白炽灯发光效率较低，只有 2%～3% 的电能转换为可见光

263

类型	结构和工作原理	特点
荧光灯（日光灯）	结构如图 5-35 所示，当荧光灯通电后，电源电压经镇流器、灯丝，在启辉器（见图 5-36）的作用下充满灯管内的汞蒸气产生弧光放电，发出可见光和大量紫外线，紫外线激励灯管内壁的荧光粉，发出近似日光的灯光，荧光灯的接线如图 5-37、图 5-38 所示	镇流器已采用电子镇流器，具有节能节电、启动电压较高和启动时间短（0.5s）、无噪声、无频闪等特点。可以在 15～60℃工作，悬挂在 4m 以下的工作场所。目前已做出许多节能和特型荧光灯，如图 5-39 和图 5-40 所示
卤钨灯（碘钨灯）	在白炽灯泡内充入含有微量卤族元素或卤化物的气体，是利用卤钨循环原理来提高光源的发光效率和使用寿命的一种新光源，结构如图 5-41（a）所示，接线如图 5-41（b）所示，通电后，灯管内温度高达 1200～1400℃	用于照度要求和悬挂高度均较高的室内外照明场所，具有结构简单、发光效率高、体积小等优点。安装时必须保持水平位置，水平线倾角应小于 4°，否则会缩短使用寿命。因发光时温度很高，必须装在有隔热装置的金属灯架上
高压汞灯（高压水银荧光灯）	常用的高压汞灯有外镇流式荧光高压汞灯（GGY 系列）和自镇流式高压汞灯（GLY 和 GFLY 系列）。如图 5-42（a）所示，当电源接通后，引燃极 6 和辅助电极 1 间首先辉光放电，使放电管 4 温度上升，水银蒸发，到一定程度时，主、辅两电极间产生弧光放电，使放电管 4 内汞汽化而产生紫外线，从而激励外壳与内壁的荧光粉，发出荧光	多用于街道、车间、广场和车站等场所，悬挂高度在 4m 以上，高压汞灯起动时间长，需点燃 8～10min，当电压突降 5%时，灯会熄灭，接线如图 5-43 所示

续表

类型	结构和工作原理	特　点
高压钠灯	高压钠灯结构如图 5-44 所示。 　　高压钠灯主要由灯丝、双金属热继电器、放电管、玻璃外壳组成。 　　灯丝由钨丝绕成螺旋形或编织成能储存一定量的碱土金属氧化物的颗粒，当灯丝发热时碱土金属氧化物就成为电子发射材料。 　　高压钠灯的电路如图 5-45 所示。通电后，电流经过镇流器、热电阻、双金属片动断触点形成通路，此时放电管内无电流。随后热电阻发热，使热继电器动断触点断开，在断开瞬间镇流器线圈产生 3kV 的脉冲电压，与电源电压一起加到放电管两端，使管内氙气电离放电，从而使汞变成蒸气放电，随温度上升，钠也变为气体，5min 左右开始放电，发射出较强的金黄色光	高压钠灯是发光效率高、透雾能力强的新型电光源，广泛应用于广场、车站、道路等大面积的照明场所。 　　高压钠灯属于节能型新电光源，因紫外线少，不招飞虫，适用于户外大广场或马路上应用，但该灯不能用于要求迅速点亮的场所。 　　当电源电压上升或下降 5% 以上时，由于管内压力的变化，容易引起自灭

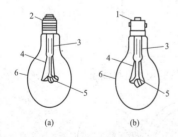

图 5-34　白炽灯泡构造

（a）螺口式；（b）卡口式

1—插口灯头；2—螺口灯头；3—玻璃支架；
4—引线；5—灯丝；6—玻璃壳

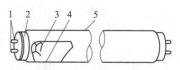

图 5-35　荧光灯管

1—灯脚；2—灯头；3—灯丝；
4—荧光粉；5—玻璃灯管

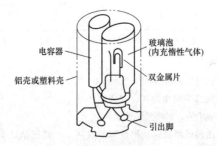

图 5-36　启辉器

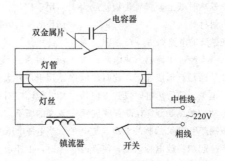

图 5-37　荧光灯的电路

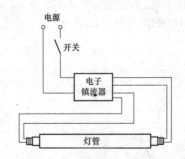

图 5-38　采用电子镇流器的荧光灯接线图

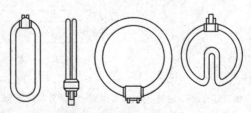

图 5-39　节能型荧光灯管

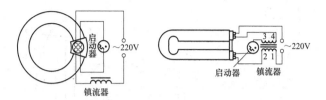

图 5-40　特型荧光灯的接线原理

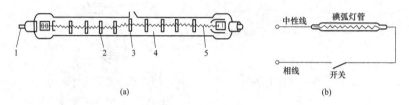

(a)

(b)

图 5-41　碘钨灯及接线图

（a）碘钨灯结构图；（b）碘钨灯接线图

1—灯丝电源触点；2—灯丝支持架；3—石英管；4—碘蒸气；5—灯丝

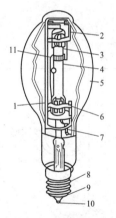

图 5-42　高压汞灯结构

1—辅助极；2—金属支架；3—主电极；

4—放电管；5—玻璃泡（内涂荧光粉）；

6—引燃极；7—电阻；8—螺纹触点；

9—绝缘体；10—触点（电源）；

11—自镇流灯丝

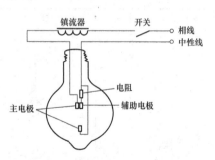

图 5-43　镇流式高压汞灯接线图

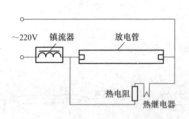

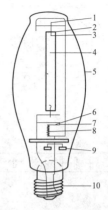

图 5-44　高压钠灯电路图

图 5-45　高压钠灯结构

1—铌排气管；2—铌帽；3—钨丝电极；

4—放电管；5—外泡壳；

6—双金属片；7—触点；8—电阻；

9—钡钛消气剂；10—灯帽

2. 常用灯具

常用灯具见表 5-13。

表 5-13　　　　　常用灯具

名称	外形	名称	外　形	名称	外　形
深照型		防爆型		斜照型	
配照型		立面投光型	混凝土基础　平台	广照型	

二、常用电光源的主要技术特性比较

常用电光源的主要技术特性比较见表 5-14。

表 5-14　　　　常用电光源的主要技术特性比较

特性参数	白炽灯	荧光灯	卤钨灯	高压汞灯	高压钠灯	金属卤素灯	长弧氙灯
额定功串/W	10～1000	6～125	500～2000	50～1000	250～400	400～1000	1500～100 000
发光效率/(m/W)	6.5～19	25～67	19.5～21	30～50	90～100	60～80	20～37
使用寿命/h	1000	2000～3000	1500	2500～5000	3000	200	500～1000
显色指数/%	95～99	70～80	95～99	30～40	20～25	65～85	90～94
启动稳定时间	瞬时	1～3s	瞬时	4～8min	1～8min	1～8min	1～2s
再启动时间	瞬时	瞬时	瞬时	5～10min	0～20min	10～15min	瞬时
功率因数	1	0.4～0.9	小	0.44～0.67	0.44	0.4～0.61	0.4～0.9
频闪效应	无	有	无	有	有	有	有
表面亮度	大	小	大	较大	较大	大	大
电压变化对光通的影响	大	较大	大	较大	大	较大	较大
环境温度对光通的影响	小	大	小	较小	较小	较小	小
耐振性能	较差	较好	差	好	较好	好	好
所需附件	无	镇流器启辉器	无	镇流器	镇流器	镇流器触发器	镇流器触发器

三、常用照明灯具类别和应用概况

常用照明灯具类别和应用概况见表 5-15。

表 5-15   **常用照明灯具的类别和应用概况**

类 别		特 点	应用场所
热辐射光源	白炽灯	(1) 构造简单，使用可靠，价格低廉，装修方便，光色柔和。 (2) 发光效率较低，使用寿命较短（一般仅 1000h）	广泛应用于各种场所
	碘钨灯	(1) 发光效率比白炽灯高 30% 左右，构造简单，使用可靠，光色好，体积小，安装方便。 (2) 灯管必须水平安装（倾斜度不可大于 4°），灯管温度高，管壁可达 500~700℃	广场、体育场、游泳池、工矿企业的车间、仓库、堆厂和门灯，以及建筑工地和田间作业等场所
气体放电光源	荧光灯（日光灯）	(1) 发光效率比白炽灯高 4 倍左右，寿命长，比白炽灯长 2~3 倍，光色较好。 (2) 功率因数低（仅 0.5 左右），附件多，故障率比白炽灯高	广泛应用于办公室、会议室和商店等场所
	高压汞灯（高压水银荧光灯）	(1) 发光效率高，约是白炽灯的 3 倍，耐振耐热性能好，寿命约是白炽灯的 2.5~5 倍。 (2) 启辉时间长，适应电压波动性能差（电压下降 5% 可能会引起自熄）	广场、大型车间、车站、码头、街道、露天工厂、门灯和仓库等场所
	管形氙灯（小太阳）	(1) 功率极大，几千瓦至数十万瓦，体积小，寿命长。 (2) 灯管温度高，需配用触发装置	大型广场、车站和码头，以及大型体育场和建筑工地等场所

四、选择光电源及灯具的一般原则

(1) 一般室内照明，为节电宜采用荧光灯代替白炽灯，最好使用三基色荧光灯。

(2) 处理有色物品的场所，宜用显色性好的光源或三基色荧光灯。

(3) 灯具吊挂较低的场所，宜用荧光灯或高压钠灯。

（4）安装高度在 4m 以上的室内光源，宜用金属卤化物灯，也可选用高压钠灯、金属卤灯物灯和荧光灯混合使用。

（5）高大厂房和露天场所一般选用高压钠灯、金属卤化物灯或外镇流高压汞灯，不宜采用管形卤钨灯和大功率白炽灯。

（6）生产场所应尽量不用自镇流式高压汞灯和大功率白炽灯，但在要求照度不高和开关频繁时才用白炽灯。

（7）在 1～15℃ 的低温场所，宜选用与快速起动镇流器配套的荧光灯。

（8）厂区和居民的道路照明，宜用高压钠灯和外镇流式高压汞灯。

（9）在通风散热不良的场所，应选用有散热孔的灯罩。

（10）应选用维修方便、使用安全的灯具。

（11）在有爆炸性气体或粉尘的车间内，应选用防尘、防尘防水或防爆式灯具，控制开关不应装在同一场所，需要装在同一场所时应采用防爆式开关。

（12）潮湿的室内外、场外，应选用具有结晶水山门的封闭式灯具或带有防水灯口的敞开式灯具。

（13）灼热、多尘的场所，应选用投光灯。

（14）有腐蚀性气体和特别潮湿的室内，应选用密封式灯具，灯具的各部件要做防腐处理，开关设备需加保护装置。

（15）有粉尘的室内，按粉尘的排出量及性质，可采用完全封闭式或密封式灯具。

（16）在可能受到机械损伤的车间内，可采用有保护网的灯具；在振动场所，可采用带防振装置的灯具。

五、室内低压电气线路的敷设

（一）塑料护套线配线

护套线是一种具有聚氯乙烯塑料或橡皮护套层的双芯或多芯导线，它具有防潮、耐酸和防腐蚀等性能，可直接敷设在空心楼板和建筑物的表面，用钢精轧片或塑料卡作为导线的固定支持物。

1. 塑料护套线的配线方法

（1）定位划线。先根据各用电器的安装位置，确定好线路的走向，然后用弹线袋划线。按护套线的安装要求，如图 5-46 所示。

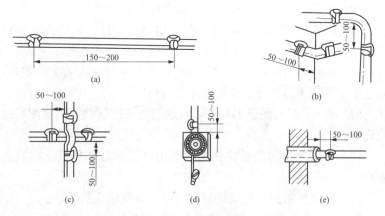

图 5-46 塑料护套线固定方法与间距
（a）直线部分；（b）转角部分；（c）十字交叉部分；（d）进入木台；（e）进入管子

（2）凿眼并安装木楔。在确信铁钉钉不进壁面灰层时，必须凿眼安装木楔，确保线路不松动。

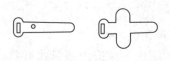

图 5-47 常用钢精轧片线卡

（3）钢精轧片的固定。常用钢精轧片线卡如图 5-47 所示，其规格可分为 0、1、2、3、4 号等几种，号码越大，长度越长。护套线线径大的或敷设线数多的，应选用号数较大的钢精轧片。在室内、外照明线路中，通常用 0 号和 1 号钢精轧片线卡。

（4）放线。在放线时需两人合作，一人把整盘线套入双手中，另一人将线头向前直拉。放出的导线不得在地上拖拉，以免损伤护套层。

（5）护套线的敷设。护套线的敷设必须横平竖直，敷设时，用一只手拉紧导线，另一只手将导线固定在钢精轧片线卡上，如图 5-48 所示。

对截面较大的护套线，为了敷直，可在直线部分两端各上一副瓷夹。先把护套线一端固定在瓷夹中，然后勒直并在另一端收紧护套线，再固定到另一副瓷夹中，两副瓷夹之间护套线按档距

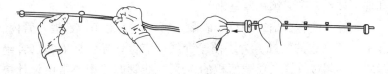

图 5-48　护套线的收紧方法

固定在钢精轧片线卡上，如图 5-48 所示。

（6）钢精轧片线卡的夹持　护套线均置于钢精轧片的钉孔位后，可按图 5-49 所示方法用钢精轧片线卡夹持护套线。

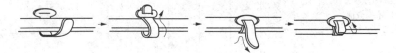

图 5-49　钢精轧片线卡操作步骤

2. 护套线敷设的注意事项

（1）护套线截面的选择。室内铜芯线不小于 0.5mm²，铝芯线不小于 1.5mm²；室外铜芯线不小于 1.0mm²，铝芯线不小于 2.5mm²。

（2）护套线与接线盒或电气设备的连接。护套线进入接线盒或电器时，护套层必须随之进入。

（3）护套线的保护。敷设护套线不得与接地体、发热管道接近或交叉时应加强绝缘保护。容易机械损伤的部位，应穿钢管保护。护套线在空心楼板内敷设，可不用其他保护措施，但楼板孔内不应有积水和损伤导线的杂物。

（4）线路高度要求。护套线敷设离地面最小高度不应小于 500mm，在穿越楼板及离地低于 150mm 的一般护套线，应加电线管保护。

（二）线管配线

1. 钢管的选用

配线用的钢管有厚壁和薄壁两种，后者又叫电线管。对于干燥环境，也可用薄壁钢管明敷和暗敷。对潮湿、易燃、易爆场所和地下埋设，则必须用厚壁钢管。

钢管不能有折扁、裂纹、砂眼，管内应无毛刺、铁屑，管内、外不应有严重的锈蚀。为了便于穿线，应保证导线截面积（含绝缘层）不超过线管内径截面积的40%。线管的选用通常由设计决定，单芯绝缘导线穿管管径选用表见表5-16。

表 5-16　　　　　　单芯绝缘导线穿管管径选用表

导线截面（mm²） / 穿管内径（mm） / 穿管根数 线管类别	水、煤气钢管				电线管			
	2	3	4	5	2	3	4	5
1.5	15	15	15	20	20	20	20	25
2.5	15	20	20	20	20	20	25	25
4	15	20	20	20	20	20	25	25
6	20	20	20	20	20	25	25	32
10	20	25	25	32	25	32	32	48
16	25	25	32	32	32	32	40	40
25	32	32	40	40	32	40	—	—
35	32	40	50	50	40	40		
50	40	50	50	70				
70	50	50	70	70				
95	50	50	70	70				
120	70	70	80	80				

2. 钢管配线

（1）除锈和涂漆。敷设前，应将已选用的钢管内外的灰渣、油污与锈块等清除。为了防止除锈后重新氧化，应迅速涂漆。常用的除锈去污方法有如下两种：

1）手工除锈。在钢丝刷两端各绑一根长度适当的铁丝，将铁丝和钢丝刷穿过钢管，来回拉动，如图5-50所示，即可除去钢管内壁锈块。钢管外壁可直接用钢丝刷或除锈机除锈。除锈后立即涂防锈漆。但在混凝土中埋设的管子外壁不能涂漆，否则影响钢管与混凝土之间的结构强度。如果钢管内壁有油垢或其他赃物，也可在一根长度足够的铁丝中扎上适量的布条，在管子中来回拉动，即可擦掉，待管壁清洁后，再涂上防锈漆。

2）压缩空气吹除法。在管子的一端注入高压压缩空气，吹净管内赃物。

（2）套丝。为了使钢管与钢管之间或钢管与接线盒之间连接起来，就需在连接处套丝。钢管套丝时可用管子套丝绞板，如图 5-51 所

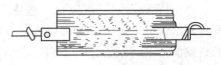

图 5-50　用钢丝刷除钢管内壁锈块

示。套丝时，应先把线管夹在管钳或台虎钳上，然后用套丝绞板绞出螺纹。

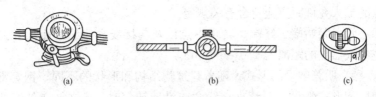

(a)　　　　　　　　(b)　　　　　　　　(c)

图 5-51　管子套丝工具

(a) 钢板绞板；(b) 板架；(c) 板牙

（3）钢管的锯削。敷设电线的钢管一般都用钢锯锯削。

（4）弯管。有手动弯管器弯管、电动液压顶弯机液压弯管等方法。

（5）钢管的连接。

1）钢管与钢管连接，采用管箍连接。为了保证管接口的严密性，管子螺纹部分应顺螺纹方向缠上麻丝，并在麻丝上涂一层白漆，然后拧紧，并使两端面吻合。

2）钢管与接线盒的连接。钢管的端部与各种接线盒连接时，应采用接线盒内外各用一个薄形螺母或锁紧螺母来夹紧线管。安装时，先在线管管口拧入一个螺母，管口穿入接线盒后，在盒内再拧入一个螺母。然后用两把扳手，把两个螺母反向拧紧，如果需密封，则在两螺母之间各垫入封口垫圈。

（6）钢管的接地。钢管配线必须可靠接地。为此，在钢管与钢管、钢管与接线盒及配电箱连接处，用 $\phi6\sim\phi10$ 圆钢制成的跨接线连接。

（7）钢管的敷设。

1）明管敷设的顺序和工艺。

a）明管敷设的一般顺序：按施工图确定的电气设备安装位置，划出管道走向中心交叉位置，并埋设支撑钢管的紧固件。按线路敷设要求对钢管进行下料、清洁、弯曲、套丝等加工。在紧固件上固定并连接钢管，将钢管、接线盒、灯具或其他设备连成一个整体，并使管中系统妥善接地。

b）明管敷设的基本工艺：明管敷设要求整齐美观、安全可靠。沿建筑物敷设要横平竖直，固定点直线距离应均匀，其固定点的最大允许距离应符合有关规定。

管卡距始端、终端、转角中点以及与接线盒边缘的距离和跨越电气器具的距离为 150~500mm。

2）明管敷设的形式。随着建筑物结构和形状的不同，钢管常用以下形式敷设：明管进接线盒或沿墙转弯时，应在转弯处弯曲成"鸭脖子"。

明管沿墙建筑面凸面棱角拐弯时，可在拐弯处加装拐角盒，以便穿线接线。

明管沿墙壁敷设时，可用管卡直接将线管固定在墙壁上，或用管卡固定在预埋的角钢支架上。

3）暗管敷设的一般顺序。按施工图确定接线盒、灯头盒及线管在墙体、楼板或天花板中的位置，测出线路和管道敷设长度。

对管道加工并确定好接线盒、灯头盒位置，然后在管口堵上木塞或废纸，在盒内填废纸或木屑，以防止水泥沙浆或杂物进入。

将钢管或连接好的接线盒等固定在混凝土模板上。

在管与管、管与盒、管与箱的接头两端焊上跨接线，使该管路系统的金属壳体连成一个可靠的接地整体。

4）暗管敷设的工艺。在现浇混凝土楼板内敷设钢管，应在浇灌混凝土前进行。用石（砖）块在楼板上将钢管垫高 15mm 以上，使钢管与混凝土模板保持一定距离，然后用铁丝将其固定在钢筋上，或用钉子将其固定在模板上。

在砖墙内敷设钢管应在土建砌砖时预埋，边砌砖边预埋，并用砖屑、水泥砂浆将管子塞紧。砌砖时若不预埋钢管，应在墙体上预留管槽或凿打管槽，并在钢管的固定点预埋木楔，在木楔上钉上钉子，敷设时将钢管用铁丝绑在钉子上，再将钉子进一步打入木楔，使管子与槽壁紧贴，最后用水泥砂浆覆盖槽口，恢复建筑物表面的平整。

在地下敷设钢管，应在浇灌混凝土前将钢管固定。其方法是先将木桩或圆钢打入地下泥土中，用铁丝将钢管绑在这些支撑物上，下面用石块或砖块垫高，距离地面高 15~20mm，再浇灌混凝土，使钢管位于混凝土内部，以避免潮气的腐蚀。

在楼板内敷设钢管，由于楼板厚度的限制，对钢管外径的选择有一定要求：楼板厚 80mm，钢管外径应小于 40mm；楼板厚 120mm，钢管外径不得超过 50mm。注意，浇灌混凝土前，在灯头盒或接线盒的设计位置预埋木砖，待混凝土固化后，再取出木砖，装入灯头盒或接线盒。

3. 硬塑料管的配线

(1) 硬塑料管的选用。敷设电线的硬塑料管应选用热塑料管，优点是在常温下坚硬，有较大的机械强度，受热软化后，又便于加工。对管壁厚度的要求是：明敷时不得小于 2mm；暗敷设时不得小于 3mm。

(2) 硬塑料管的连接。

1) 加热连接法。

a) 直接加热连接法。对直径为 50mm 及以下的塑料管可用直接加热连接法。连接前先将管口倒角，将连接处的外管倒内角，内管倒外角，如图 5-52 所示。然后将内、外管各自插接部分的接触面用汽油、苯或二氯乙烯等溶剂洗净，待溶剂挥发完后用喷灯、电炉或其他热源对插接部分加热，加热长度为管径的 1.1~1.5 倍。也可将插接部分浸入 130℃ 的热甘油或石蜡中加热至软化状态，将内管涂上粘合剂，趁热插入外管并调到两管轴心一致时，迅速用湿布包缠，使其尽快冷却硬化，如图 5-53 所示。

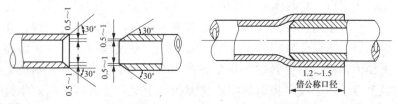

图 5-52　塑料管口倒角　　　　图 5-53　塑料管的直接插入

　　b）模具胀管法。对对直径为 65mm 及以上的硬塑料管的连接，可用模具胀管法。先仍按照直接加热连接法对接头部分进行倒角、清除油垢并加热，等塑料管软化后，将已加热的金属模具趁热插入外部接头部，如图 5-54（a）所示。然后用冷水冷却到 50℃左右，脱出模具，在接触面涂上粘合剂，再次加热，待塑料管软化后进行插接，到位后用水冷却，使外管收缩，箍紧内管，完成连接。

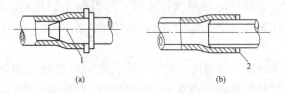

(a)　　　　　　　　　　(b)

图 5-54　硬塑料管模具插接
（a）胀管插接；（b）接口焊接
1—成型模；2—焊缝

　　硬塑料管在完成上述插接工序后，如果条件具备，用相应的塑料焊条在接口处圆周上焊接一圈，使接头成为一个整体，则机械强度和防潮性能更好。焊接完工的塑料管接头如图 5-54（b）所示。

　　2）套管连接法。两根硬塑料管的连接，可在接头部分加套管完成。套管的长度为它自身内径的 2.5～3 倍，其中管径在 50mm 以下者取较大值，管内径以待插接的硬塑料管在套管加热状态刚能插进为合适。插接前，仍需先将管口在套管中部对齐，并处于同一轴线上，如图 5-55 所示。

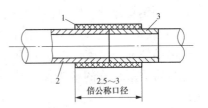

图 5-55　套管连接法
1—套管；2、3—接管

（3）弯管。塑料管的弯曲通常用加热弯曲法。加热时要掌握好火候，首先要使管子软化，又不得烤伤、烤变色或使管壁出现凸凹状。弯曲半径可作如下选择：明敷不能小于管径的 6 倍；暗敷不得小于管径的 10 倍。对塑料管的加热弯曲有直接加热和灌砂加热两种方法。

1）直接加热弯曲。直接加热法适用于管径在 20mm 及其以下的塑料管。将待加热的部分在热源上匀速转动，使其受热均匀，待管子软化时，趁热在木模上弯曲成型。

2）灌砂加热法。灌砂加热法适用于管径在 25mm 及其以上的硬塑料管。对于这类内径较大的管子，如果直接加热，很容易使其弯曲部分变瘪。为此，应先在管内灌入干燥沙粒并捣紧，封住两端管口，再加热软化，在模具上弯曲成型。

（4）硬塑料管的敷设。与钢管在建筑物上（内）的敷设基本相同，但要注意下面几点：

1）硬塑料管明敷时，固定管子的管卡距始端、终端、转角中点、接线盒或电气设备边缘 150～500mm；中间直线部分间距均匀，其最大允许间距见表 5-17。

表 5-17　　　　　　硬塑料管明敷时管卡间的最大距离

敷设方法	吊架、支架沿墙敷设		
管内径/mm	≤20	21～50 25～40	>50
最大距离/m	1.0	1.5	2.0

2）明敷的硬塑料管，在易受机械损伤的部分应加钢管保护，如埋地敷设和进设备时，其伸出地面 200mm 段、伸入地下 50mm

段，应用钢管保护。硬塑料管与热力管间距也不应小于50mm。

3）硬塑料管热胀系数比钢管大5～7倍，敷设时应考虑加装热胀冷缩的补偿措施。在施工中，每敷设30m应加装一只塑料补偿盒。将两塑料管的端头伸入补偿盒内，由补偿盒提供热胀冷缩余地。

4）与塑料管配套的接线盒、灯头等不能用金属制品，只能用塑料制品。而且塑料管与线盒、灯头盒之间的固定一般也不应用锁紧螺母和管螺母，多用胀扎管头绑扎，如图5-56所示。

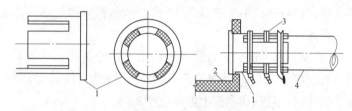

图 5-56　塑料管与接线盒的固定
1—胀扎管头；2—塑料接线盒；3—用铁丝绑线；4—聚氯乙烯管

（5）穿线。管路敷设完毕，应将导线穿入线管中，穿线通常按以下三个步骤进行：

1）穿线准备。必须在穿线前再一次检查管口是否倒角，是否有毛刺，以免穿线时割伤导线。然后向管内穿入 $\phi 1.2$～$\phi 1.6$ 的引线钢丝，用它将导线拉入管内。如果管径较大，转弯较小，可将引线钢丝从管口一端直接穿入，为了避免壁上凸凹部分挂住钢丝，要求将钢丝头部做成如图5-57（a）所示的弯钩。如果管道较长，转弯较多或管径较小，一根钢丝无法直接穿过时，可用两根钢丝分别从两端管口穿入。但应将引线钢丝端头弯成钩状，如图5-57（b）所示，使两根钢丝穿入管子并能互相钩住，如图5-57（c）所示。然后将要留在管内的钢丝一端拉出管口，使管内保留一根完整钢丝；两头伸出管外，并绕成一个大圈，使其不得缩入管内，以备穿线之用。

2）扎线接头。管子内需要穿入多少根导线，应按管子的长度（加上线头及容量）放出多少根，然后将这些线头剥去绝缘层，扭

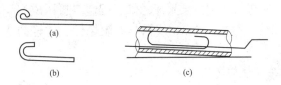

图 5-57　线管穿引线钢丝

（a）钢丝弯钩；（b）钢丝弯钩；（c）两根钢丝钩互相钩住

绞后按图 5-58 所示方法，
将其紧扎在引线头部。

图 5-58　引线钢丝与线头绑扎

3）穿线。穿线前，应
将管口套上橡皮或塑料护
圈，以避免穿线时在管口
内侧割伤导线绝缘层。然后由两人在管子两端配合穿线入管，位
于管子左端的人慢慢拉引线钢丝，管子右端的人慢慢将线束顺便
送入管内，如图 5-59 所示。如果管道较长，转弯较多或管径较小
而造成穿线困难时，可在管内加入适量滑石粉以减小摩擦；但不
得用油脂或石墨粉，以免损伤导线绝缘或将导电粉尘带入管道内。

穿线时应尽可能将同一回路的导线穿入同一管内，不同回路
或不同电压的导线不得穿入同一根线管内。所穿导线绝缘耐压不
应低于 500V，铜芯线最小截面积不得小于 $1mm^2$；铝芯线最小截
面积不得小于 $2.5mm^2$，每根线管内穿线最多不超过 10 根。

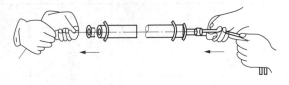

图 5-59　导线穿管

（三）线槽配线

塑料线槽（阻燃型）布线方式适用于科研实验室或预制墙板
结构无法安装暗配线的工程，也适用于工程改造更换线路以及弱
电线路吊顶内暗敷等场所使用。

806 系列塑料线槽由硬聚氯乙烯工程塑料挤压成型，由槽底和槽盖组合而成，每根长 2m。线槽具有阻燃性、体轻的特点，安装维修方便。

1. 塑料线槽的选用

806 系列塑料线槽按其宽度有 25、40、60、80mm 四种尺寸，型号分别为 VXC-25、VXC-40 等。其中宽 25mm 线槽的槽底有两种形式：一种为普通型，底为平面；另一种底有两道隔楞，既三槽线。VXC-25S 用于照明线路敷设，VXC-40～80 型用于动力线路敷设，如图 5-60 所示。

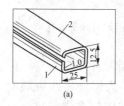 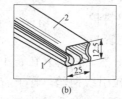 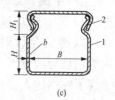

(a)   (b)   (c)

图 5-60   806 系列塑料线槽规格

(a) VXC-25 线槽的规格；(b) VXC-25S 三线槽的规格；(c) 线槽截面尺寸

1—线槽底；2—线槽盖

在选用塑料线槽时，应根据敷设线路的情况选用线槽，VXC 型线槽规格尺寸见表 5-18。

表 5-18   VXC 型线槽规格尺寸   mm

型 号	B	H	H_1	b
VXC-40	40	15	15	1.2
VXC-60	60	15	15	1.5
VXC-80	80	30	20	2.0

2. 塑料线槽的敷设

塑料线槽应先敷设槽底，可埋好木楔，用木螺钉固定槽底，也可用塑料胀管来固定槽底。各种线槽的敷设方法如图 5-61 和图 5-62 所示。

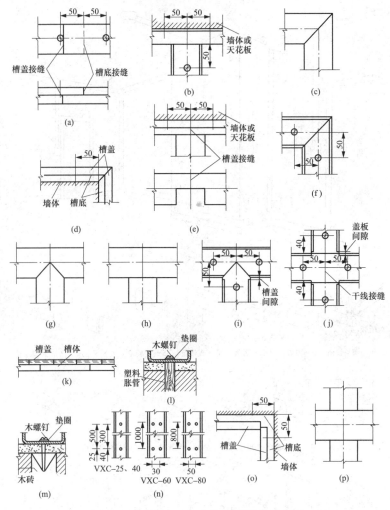

图 5-61　VXC40～80 型塑料线槽敷设方法

（a）槽底和槽盖的对接做法；（b）顶三通接头槽底做法；（c）槽盖平拐角做法；

（d）槽底和槽盖外拐角做法；（e）顶三通接头槽盖做法；（f）槽底平拐角做法；

（g）槽盖分支接头做法之一；（h）槽盖分支接头做法之二；（i）槽底分支接头做法；

（j）槽底十字交叉接头做法；（k）槽底和槽盖错位搭接示意图；（l）用塑料膨胀管安装；

（m）用木砖安装；（n）槽体固定点间距尺寸；（o）槽底和槽盖内拐角做法；

（p）槽盖十字交叉接头做法

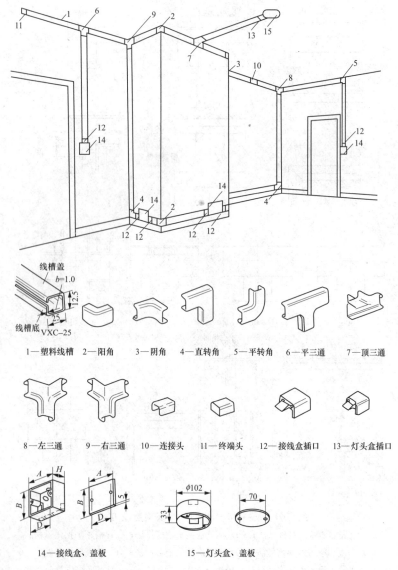

1—塑料线槽　2—阳角　3—阴角　4—直转角　5—平转角　6—平三通　7—顶三通

8—左三通　9—右三通　10—连接头　11—终端头　12—接线盒插口　13—灯头盒插口

14—接线盒、盖板　　　15—灯头盒、盖板

图 5-62　用 VXC-25 型塑料线槽明敷照明示意图

3. 塑料线槽的配线

塑料线槽的配线，应根据线槽内孔面积配线，可参照表 5-19

284

选用。

表 5-19　　　　　　　　　　　　线槽配线表

线槽底宽/mm 导线数 导线规格/mm²	BV、BLV 聚氯乙烯绝缘导线（耐压 500V）				
	两根单芯	三根单芯	四根单芯	五根单芯	六根单芯
1	25	25	25	25	25
1.5	25	25	25	25	25
2.5	25	25	25	25	25
4	25	25	25	25	40
6	25	25	25	40	40
10	25	40	40	40	40
16	40	40	40	40	40
25	40	40	40	40	40
35	40	40	40	40	40
50	40	40	40	40	40

六、常用照明装置的接线及安装

1. 白炽灯的常用接线

白炽灯的常用接线见表 5-20。

表 5-20　　　　　　　　　　　白炽灯的常用接线

名称	接　线　图	说　明
一只单联开关控制一盏灯		开关 S 应安装在相线上，开关以及灯头的功率不能小于所安装灯泡的额定功率。螺口灯头接线时，灯头中心应接相线

名称	接 线 图	说 明
一只单联开关控制一盏灯并连接一只插座		这种安装方法外部连线可做到无接头。接线安装时，插座所连接的用电器功率应小于插座的额定功率，选用连接插座的电线所能通过的正常额定电流应大于用电器的最大工作电流
一只单联开关控制二盏灯（或多盏灯）		安装接线时，要注意所连接的所有灯泡总电流应小于开关允许通过的额定电流值
多只单联开关控制多盏灯		多只单联开关控制多盏灯时，可按图所示虚线部分接线
两只双联开关在两个地方控制两盏灯数		这种方式用于两地需同时控制时，如楼梯、走廊等位置的电灯，需在两地能同时控制的场合。安装时，需要使用两只双联开关

续表

名称	接　线　图	说　明
三只开关控制一盏灯	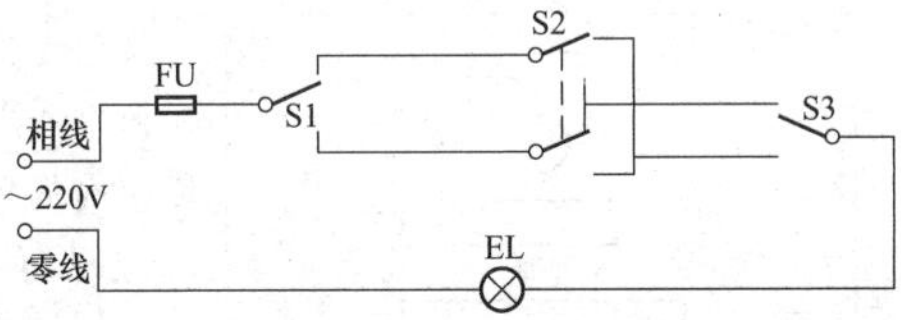	开关 S1 和 S3 用单刀双掷开关。而 S2 用双刀双掷开关。S1、S2、S3 三个开关中的任何一个都可以独立地控制电路通断
五层楼照明灯开关控制	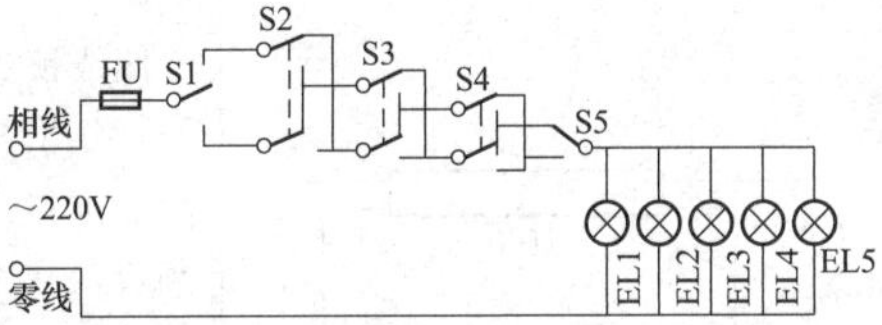	用于方便控制整座楼梯的照明灯。例如：在一楼上楼时开灯，在三楼关灯；或从五楼下楼时开灯，到一楼关灯
两只 110V 灯泡在 220V 电源上使用	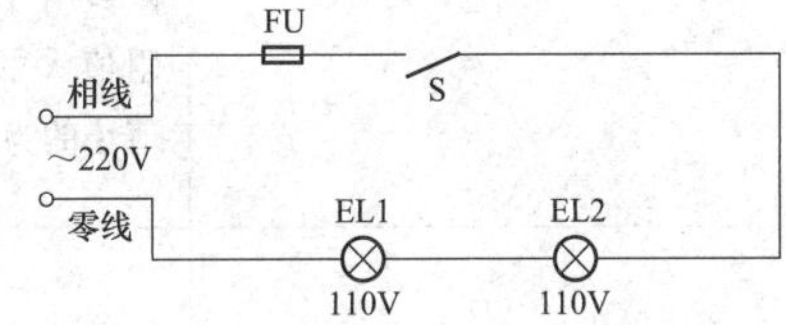	两只 110V 的灯泡功率必须相同，否则，灯泡功率比较小的一个极易烧坏

2. 荧光灯的接线

荧光灯的接线见表 5-21。

表 5-21　　　　荧光灯的接线

名　称	接　线　图	说　明
一般的接线法	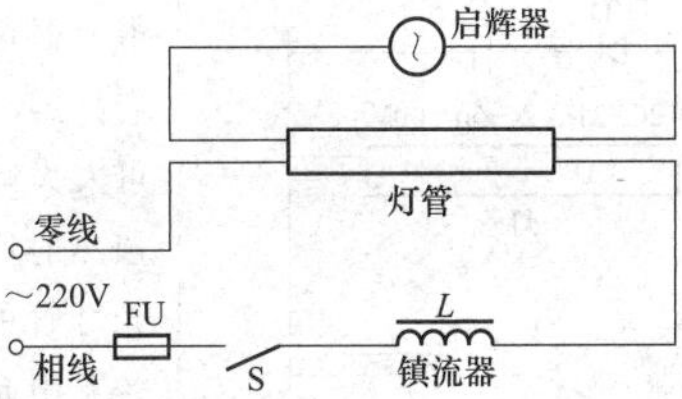	一般日光灯接线如图所示，安装时开关 S 应控制日光灯相线，并且应接在镇流器一端。零线直接接日光灯另一端。日光灯启辉器并接在灯管两端即可。安装时，镇流器、启辉器必须与电源电压、灯管功率相配套

名　称	接　线　图	说　明
双日光灯的接法	相线 FU　　　L ～220V　S　　L 零线 〜 灯管 灯管 〜	这种线路一般用于厂矿和户外广告要求照明度较高的场所。在接线时应尽可能减少外部接头
四线镇流器的接法	零线　　　灯管 ～220V 相线　　　〜　4 L 3 FU　　*1　2* S	四线镇流器有四根引线，分主、副线圈，把镇流器接入电路前，必须看清接线说明，分清主、副线圈。主、副线圈可用万用表测量区分，阻值大的为主线圈，阻值小的为副线圈
在低温低压情况下接入二极管启动的接法	SB　VD 〜 零线　　灯管 ～220V FU　　　L 相线　S1	此法一般适用于功率较小的日光灯。由于启辉时电流较大，注意启动按钮 SB 不要按得太久。二极管可选用 2CP3、2CP4、2CP6 等
快速启辉的接法	VD　C 2CP21　2～5μ/500V 零线　　灯管 ～220V FU　　　L 相线　S	用一只二极管和一只电容器可组成一只电子启辉器，其启辉速度快，可大大减少日光灯管的预热时间，从而延长日光灯管的使用寿命，在冬天用此启辉器可达到一次性快速启动

续表

名　　称	接　线　图	说　明
具有无功功率补偿的接法		电容器的大小与日光灯功率有关。日光灯功率为 15～20W 时，选配电容容量为 2.5μF；日光灯功率 30W 时，选配电容容量为 3.75μF；日光灯功率为 40W 时，选配电容容量为 4.751μF。选配的电容耐压均为 400V
用直流电点燃日光灯的接法		线路中的 R_1 和 R_2 为 0.25W 电阻，电容 C 的容值可在 0.1～1μF 范围内选用，改变 C 值，间歇振荡器的频率也会改变。变压器 T 的 T1 和 T2 为 40 匝，线径为 0.35mm；T3 为 450 匝，线径为 0.21mm
环形日光灯的接法		这种日光灯将灯管的两对灯丝引线集中安装在一个接线板上，启辉器插座兼作灯管插座，使接线变得简单
U 形日光灯的接法		使用时需配用相应功率的启辉器和镇流器
H 形日光灯的接法		H 形日光灯必须配专用的 H 型，镇流器必须根据灯管功率来配置，切勿用普通的直管形日光灯镇流器来代替

3. 插座安装的要求

（1）插座的额定电压必须与受电电压相符，其额定电流不应小于所控电器的额定电流。

（2）插座型号应根据所控电器的防触电类别来选用。从接线孔形状分，有圆孔插座和扁孔插座。由于圆孔插座不具备必要的安全性，已停止生产，现有者也禁止使用。

（3）双孔插座应水平并列安装，如图 5-63（a）所示，不许垂直安装，如图 5-63（b）所示。

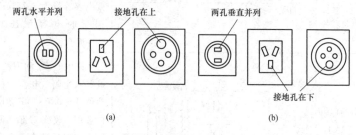

图 5-63　插座安装要求

(a) 正确；(b) 错误

三孔或四孔插座的接地孔（较粗的一个孔）应置于顶部，如图 5-63（a）所示，不许倒装或横装，如图 5-63（b）所示。

（4）各类插座的接线（见图 5-64）必须符合下述规定：

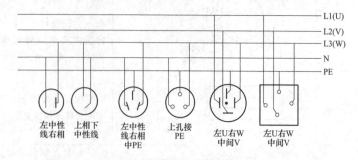

图 5-64　在 TN-S 系统中插座的安装

1）单相二孔插座。面对插座，右侧孔眼接线柱接相线，左侧孔眼接线柱接中性线（零线）。

2) 单相三孔插座。面对插座，上方孔眼（有接地标志）在 TT 系统中接接地线，在 TN-C 系统中接保护中性线；右侧孔眼接相线；左侧孔眼接中性线。

3) 三相四孔插座。面对插座，上方孔眼（有接地标志）在 TT 系统、IT 系统中接接地线，在 TN-C 系统中接保护中性线，相线则是由左侧孔眼起分别接 A、B、C 三相。

（5）插座的安装高度应符合以下规定：

1) 一般居室、托儿所和学校，明装插座不应低于 1.8m；同一场所安装的插座高度应尽量一致，高度相差不应大于 2mm。

2) 车间和试验室的明、暗插座距地面不应低于 0.3m，特殊场所暗装的插座不应低于 0.15m。

3) 儿童活动场所的暗装插座，如果距地面为 0.3m，则必须采用安全型插座。

（6）在同一场所装设不同电压的插座，应符合下述规定：

1) 交、直流或不同电压的插座，应用不同外形或不同颜色加以区分，以免混淆搞错；同时，不同电压的插座应安装在不同的墙面上，且选择的插头和插座均不能可互相插入。

2) 电压较高的插座应装在上层，距地面不应低于 1.8m；安全电压供电的插座，应采用安全型插座，可装在距地面 0.3m 处。

（7）一个插座应控制一台电器。如果用一个插座控制多台电器，可用插座转换器转接。转换器转接的插座个数不得超过四个，所接电器的总额定电流不应超过固定插座的额定电流。

（8）装在居室内的插座，应兼顾用电方便和用电安全两个方面：

1) 10m² 以上的居室，在室内的两面墙壁上各安装一个两孔、一个三孔插座。

2) 10m² 以下的居室，一般在墙上装一个两孔和一个三孔插座。两孔插座用于接 II 类电器，即双重绝缘或加强绝缘的电器；三孔插座用于接 I 类电器，即电器的外壳导电部分需作保护接地或接保护中性线。

（9）禁止两个或几个电器合用一个插头，或两个插头共同插在一个插座内。

（10）严禁将电源引线的线头直接塞在插座的插孔内接取电源。

（11）插头插入插座要插到底，插头不可外露。

（12）经常检查插销（插头和插座总称为插销）是否完好，插头或插座的接线是否松动。插销损坏后，应及时更换。

（13）对功率较大的用电设备。应使用单独安装的专用插座，不能与其他电器共用一个多联插座。

（14）不准吊挂使用多联插座，以免导线受到拉力或摆动，造成压接螺钉松动，插头与插座接触不良。

（15）不准将多联插座长期置于地面、金属物品或桌上使用，以免金属粉末或杂物掉入插孔而造成短路事故。

4. 各种灯具安装的要求

（1）白炽灯安装的要求。

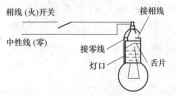

图 5-65　白炽灯接线

1）相线和零线应严格区分，将零线直接接在灯座上，相线经过开关再接到灯头上，如图 5-65 所示。

2）用双股棉织绝缘软线时，有花色的一根导线接相线，没有花色的导线接零线。且软线在吊盒内应结扣，如图 5-66 所示。

3）导线与接线螺钉连接时，先将导线的绝缘层剥去合适的长度后，再将导线拧紧以免松动，最后环成圆扣，而圆扣的方向应与螺钉拧紧的方向一致，如图 5-67 所示。

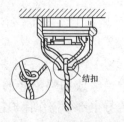

图 5-66　导线结扣做法

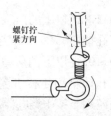

图 5-67　环成圆扣的方向

4）螺口灯安装程序。

a）首先将木台（圆木）固定在墙壁上，如图 5-68 所示，再将相线 L 和中性线 N 穿过木台的两个孔。

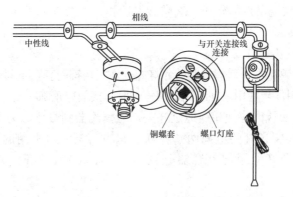

图 5-68　螺口灯安装程序

b）将灯座用螺钉固定在木台上。

c）把两根导线头 L、N 固定在灯座上。一般都是采用螺钉平压式，如图 5-27（b）所示，用旋具拧紧固定。对于针孔固定式，可按图 5-27（a）所示拧紧。

d）最后把接线盒全部装配好。

e）相线 L 接在灯泡中心点的端子上，零线（中性线）N 应接在灯泡螺纹的端子上（见图 5-69）。

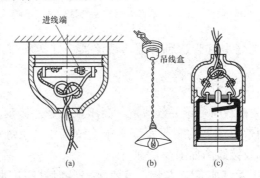

图 5-69　避免芯线承受吊灯质量的安装方法
（a）挂线盒的安装；（b）装成的吊灯；（c）灯座的安装

f）灯头的绝缘外壳不应有破损和漏电。

g）对带刀开关的灯头，开关手柄不应有裸露的金属部分。

h）吊链灯具的灯线不应受力，灯线应与吊链编叉在一起。

i）软线吊灯的软线两端应做保护扣，如图 5-69 所示，两端芯线应搪锡。

（2）荧光灯安装的要求。

1）镇流器、启辉器和荧光灯的规格应相符配套，不同功率不能互相混用。当使用附加线圈的镇流器时，接线应正确，不能搞错。

2）接线时应使相线通过开关，经镇流器到灯管。为提高功率因数，在荧光灯的电源两端并联一只电容器，对常用的 40、30、20W 荧光灯配用的电容器分别为 4.75、3.75、2μF，如图 5-70 所示。

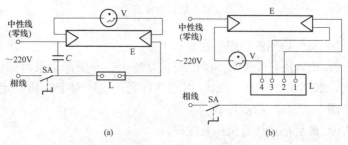

图 5-70 荧光灯的接线图

（a）典型接线；（b）四插头镇流器的接线

E—荧光灯管；L—镇流器；V—启辉器；SA—开关

3）荧光灯由灯管、启辉器、镇流器、灯架和灯座组成，如图 5-71 所示。

（3）高压汞灯的安装要求。

1）安装接线时一定要分清楚，高压汞灯是外接镇流器，还是自镇流，而带镇流器的高压汞灯必须使镇流器与汞灯相匹配。高压汞的结构及接线图如图 5-72 所示。

2）高压汞灯应垂直安装，若水平安装时其亮度要减少 7%，并容易自灭。

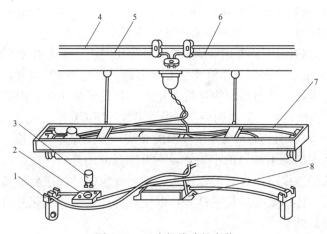

图 5-71　日光灯线路的安装

1—灯座；2—启辉器座；3—启辉器；4—相线；5—中性线；

6—与开关的连接线；7—灯架；8—镇流器

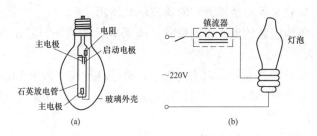

图 5-72　高压汞的结构及接线图

（a）高压汞的结构；（b）镇流器式高压汞的接线图

3）由于高压汞灯的外玻璃壳温度很高，可达 $150\sim250℃$，因此，必须使用散热良好的灯具。

4）电源电压要尽量保持稳定，若电压降比额定电压低 5％，灯泡就可能自灭，而再次起动点燃时间又很长，因此高压汞灯不能接在电压波动较大的线路上。当作为路灯、厂房照明灯时，应采取调压或稳定措施。

（4）碘钨灯安装要求。

1）灯管必须保持水平状态，其倾斜角不应大于 $4°$。

2) 电源电压的变化一般不心超过±2.5%，当电源电压超过额定电压的 5% 时，灯管寿命将缩短一半。

3) 灯管要配用专用灯罩，在室外使用时应注意防雨（雪）。

4) 由于碘钨灯工作时管壁温度很高，可达 600℃ 左右，因此应注意散热，要与易燃物保持一定距离，安装使用前应用酒精擦去灯管外壁的油污，否则会在高温下形成污斑而影响亮度。

5) 灯脚引线必须采用耐高温的导线，或用裸导线连接，开在裸导线上加穿耐高温的小瓷管，不得随意改用普通导线。电源线与灯线的连接应用良好的瓷接头，靠近灯座的导线应套耐高温的瓷套管。连接处必须接触良好，以免灯脚在高温下氧化并引起灯骨封接处炸裂。

（5）金属卤化物灯安装要求。

1) 灯具安装高度宜大于 5m，导线应经接线柱与灯具连接，并不得靠近灯具表面。电源电压波动控制在 15% 范围内。

2) 灯管必须与触发器和限流器配套使用。

3) 落地安装的反光照明灯具，应采取保护措施，防止紫外线辐射伤人。

4) 无外玻璃壳的命属卤化物灯，悬挂高度应不低于 14m。

5) 安装时必须认清方向标记，正确安装，而灯轴中心的偏离不应大于±15°。

（6）高压钠灯安装要求。

1) 电源电压的变化不宜大于±5%，由于高压钠灯的管压、功率、光通量随电源电压的变化而引起的变化比其他气体放电灯大。电压升高时，管压降的增大，容易引起自灭；电压降低时，而光通量减少，将使光色变差。

2) 高压钠灯在任何位置起动时，光电参数基本保持不变。

3) 高压钠灯必须与镇流器配套使用，否则，将会使灯的寿命缩短或起动困难。

4) 配套的灯具应专门设计，不仅要具有良好的散热性能，而且还要求反射光不能通过放电管，以免放电管由于吸热而温度过高，破坏密封，影响寿命，并容易自灭。

5) 再起动的时间长，不适用于要求迅速点燃的场所。

6) 破碎灯管要及时妥善处理，防止有害物质伤害人体。

5. 照明配电板的安装

照明配电板装置是用户室内照明及电器用电的配电点，输入端接在供电部门送到用户的进户线上，它将计量、保护和控制电器安装在一起，便于管理和维护，有利于安全用电。

单相照明配电板一般由电度表、控制开关、过载和短路保护器等组成，要求较高的还装有漏电保护器，单相照明配电板如图 5-73 所示。

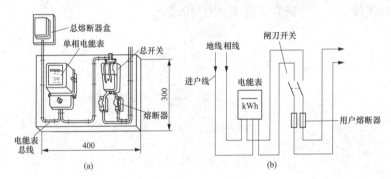

图 5-73 单相照明配电板

（a）布置图；（b）接线图

（1）闸刀开关的安装。闸刀开关的作用是控制用户电路与电源之间的通断，在单相配电板上，一般采用胶盖瓷底闸刀开关。开关上端的一对接线端子与静触点相连，规定接电源进线，这样，当闸刀拉下时，刀片和熔丝上就不带电，保证了装换熔丝的安全。

安装固定闸刀开关时，手柄一定要向上，不能平装，更不能倒装，以防拉闸后，手柄由于重力作用而下落，引起误合闸。

（2）单相电能表的安装。电能表是用来对用户用电量进行计量的仪表。按电源相数分为单相电度表和三相电度表。在小容量照明配电板上，大多使用单相电能表。

1) 电能表的选择。选择电能表时，应考虑照明灯具笔其他用电器具的总耗电量。电能表的额定电流应大于室内所有用电器具的总电流，电能表所能提供的电功率为额定电流和额定电压的乘积。

2）电能表的安装。单相电能表一般应安装在配电板的左边，而开关应安装在配电板的右边，与其他电器的距离大约为 60mm。安装位置如图 5-73 所示。安装时应注意，电能表与地面必须垂直，否则将会影响电能表计数的准确性。

3）电能表的接线。单相电能表的接线盒内一共有四个接线端子，自左向右为①、②、③、④编号。接线方法是①、③接进线，②、④接出线，接线方法如图 5-74 所示。也有的电能表接线特殊，具体接线应以电能表所附接线图为依据。

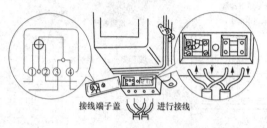

接线端子盖　进行接线

图 5-74　单相电能表的接线方法

第 4 节　室外低压电气线路的敷设

室外低压电气线路分为架空线路和电缆线路两类，本章主要介绍架空线路的敷设。

一、架空线路概述

架空线路是由电杆、导线、横担、金具或铁件、绝缘子和拉线等组成。

室外低压架空线路施工操作包括线路路径的选择、测量电杆定位、划线挖坑、立杆组装、设置拉线、放线架线、紧线绑扎、测试及试运行等工序。

低压架空配电线路是指从低压架空主干线引至用户的一段接户线。

架空配电线路的结构如图 5-75 所示。工矿企业厂区的架空配电线路，通常在同一电杆上架设高压（6～10kV）线路、低压（380/220V）线路、广播线路和电话线路等。这些线路的排列和它们之间的距离都有一定的要求。通常，高压线路应在低压线路的上面，通信和广播线路应在低压线路的下面，如图 5-76 所示。

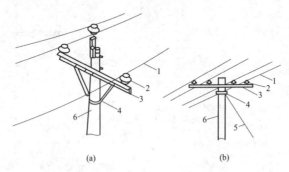

图 5-75　架空配电线路的结构

（a）10kV 线路；（b）380V 线路

1—导线；2—绝缘子；3—横担；4—铁件；5—拉线；6—电杆

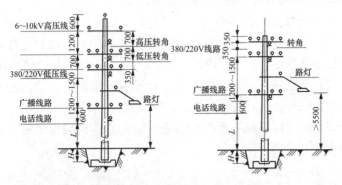

图 5-76　架空线路在电杆上的布置

L—设计规定的电话线距地面高度；H—电杆埋深

低压线路的电杆按其在线路中所起的作用分为：直线杆、耐张杆、转角杆、分支杆、终端杆和跨越杆六种。其电杆的特征如

图 5-77 所示，各种杆型在线路中的应用如图 5-78 所示。

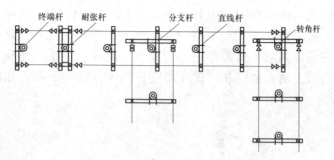

图 5-77　各种电杆的特征

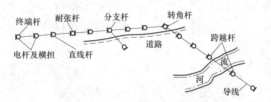

图 5-78　各种杆型在线路中的应用

二、路径选择、测量、划线和挖坑

1. 选择架空线路的要求

（1）架空线路应避开爆炸物、易燃物的生产厂房和仓库，同时还要避开洼地，少占农田，选择交通、运输、维护方便的场所。

（2）架空线路尽量选择直线，但要躲开障碍物。线路的选择还要考虑到今后的发展，以及投资的节省。

（3）确定好路线并测量好各电杆的间距，就要用木桩钉入杆位地面作为标记。

2. 确定坑位

按测定的坑位，标出坑深，并划出开挖尺寸。对于采用人工立杆的坑位，要挖出坡道、核实坑位尺寸，符合要求后，要平整坑底并夯实，坑型如图 5-79 所示。

3. 底盘和卡盘的装设

当杆身较高和土质情况不太好时，在立杆前要将底盘放入坑

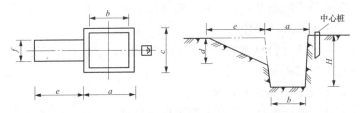

图 5-79 人工或半机械立杆坑型示意图

a—坑口宽度≥卡盘长度+200mm；b—坑底边长=底盘边长+200mm；

c—坑口长度≥2卡盘宽度+200mm；d—坡道深度，一般为2/3H；

e—坡道长度，一般为1.0～1.5m；H—坑深，由设计定出；

f—坡道宽度，一般稍大于杆径对准木桩即可；a/b视土质而定，

坚硬土壤为1.1，疏松砂质土为1.5以上

内立正，立杆后把卡盘固定在电杆根部离地面 500mm 处，然后回填土夯实，如图 5-80 所示。

对于土壤较好，杆高低于 12m 的电杆可不用底盘和卡盘。

底盘的放置，是用大绳拴好底盘，立好滑板，将底盘如图 5-81 所示滑入坑内，用线坠找出杆位中心，将底盘放平、立正。当采用现浇底盘时，将搅拌好的混凝土倒入坑内，再平整、拍实，然后用墨斗在底盘弹出杆拉线。

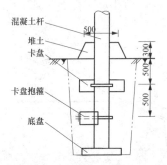

图 5-80 杆立起后基础示意图

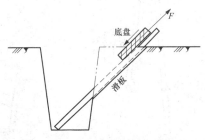

图 5-81 底盘用滑板滑入坑内

装设卡盘时，卡盘上口离地面不应小于 0.5m，直线杆的卡盘装设时要与线路平行，承力杆的卡盘装设时要埋设在承力侧。埋在地下的铁件要涂刷沥青油防腐。

在有条件的地方，卡盘和底盘可用条石制作。

三、人工立杆操作

立杆方法有机械立杆、半机械立杆和人工立杆，外线电工人工立杆操作过程如下。

1. 钢筋混凝土电杆的质量检查

钢筋混凝土电杆，安装前要进行质量检查：

（1）表面光洁平整，内外壁厚度均匀，不应有露钢筋、跑浆等现象。

（2）按规定支点放置检查时，不应出现纵向裂纹，横向裂纹的宽度不应超过 0.1mm，长度不应超过 1/3 周长。

（3）杆长弯曲值不应超过杆长的 1/1000。

2. 人工立杆工具

采用架腿立杆，架腿是用两根杉木杆制成，高低各一副，高的为 5～7m，低的为 3～4m，上部用铁链连接，铁链长约 0.5m，下部每根杆各用穿钉穿过作为把手，距地约 0.8m，如图 5-82 所示。

另外再做一块滑板，其厚 80mm 以上，宽约 500mm，长约 3m，放在坑的侧面，下部与底盘顶死，目的是立杆时使杆尾部顺利落地，不会嵌入坑的泥土中，如图 5-83 所示。

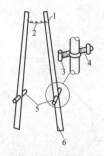

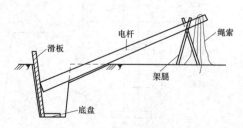

图 5-82　架腿示意图

1—钉卡钉；2—链子或钢丝绳；

3—螺栓；4—用 4mm 铁线缠绕；

5—把手；6—杉木杆

图 5-83　架腿将杆端支起

3. 将杆置于坑口边的方法

电杆的搬运可用人工抬或人工拽拉的办法，如图 5-84 所示，然后将杆的上部抬起，底部顶在滑板上。这时拴好绳索，抬起电杆，将小架腿支在电杆端部，再用力把电杆抬高一点，把大架腿支在电杆下面，把小架腿向前移动（见图 5-85）。

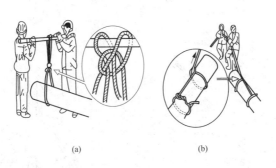

(a)　　　　　　　　　(b)

图 5-84　用人工搬运电杆的方法

（a）抬电杆时，绳索的拴扣方法；（b）拽拉电杆时，绳索的拴扣方法

电杆上端拴上绳索，用力拉［见图 5-85（c）］，抬高后，大架腿向前支撑电杆，如此倒换，最后把电杆立起［见图 5-85（d）］。电杆立正，调好杆位，回填一部分土，然后再校正杆位与垂直度，再回填土，要求把回填土中的大土块打碎。每填回 0.5m，应夯实一次，直至填到卡盘安装部位为止，电杆埋设深度见表 5-22。

表 5-22　　　　　　　　　电杆埋设深度

杆长/m	8.0	9.0	10.0	11.0	12.0	13.0	15.0
埋深/m	1.5	1.6	1.7	1.8	1.9	2.0	2.3

4. 卡盘的安装

（1）将卡盘分散运至杆位，核实卡盘埋设位置及坑探，将坑底平整并夯实。

（2）卡盘上口距地面不应小于 350mm。

（3）直线杆卡盘应与线路平行，应在电杆左、右侧交替埋设。终端杆卡盘应埋设在承力侧，转角杆分为上、下二层，埋设在承

图 5-85　架腿立杆示意图

（a）抬起；（b）支架腿；（c）倒架腿；（d）立起后

1—架腿；2—临时拉线（绳索）

力杆侧。

（4）将卡盘放入坑内，穿上抱箍，垫好垫圈，用螺母紧固。检查无误后填土，回填土时应把土块打碎，每回填 0.5m 应夯实一次，且设高出地面 300mm 的防沉土台。

坑深允许偏差不应大于 $^{+100}_{-500}$ mm；双杆的两杆坑深度差不应大于 200mm。

四、杆上组装

1. 登杆准备和方法

（1）登杆前要检查电杆的坚固性。安全带和脚扣是否有损伤。要求脚扣大小与杆径相适应。同时准备好工具袋，里面所装工具完好、齐全。

（2）试系安全带，检查安全带是否完好。

（3）先将左脚脚扣扣在杆上，距地面 300～500mm，再将右脚脚扣扣在杆上，距地面 700～900mm，然后将左脚套入扣靴内，右手抱杆向上上步，再将右脚套入扣靴内，左手抱杆用力向上，又可上升一步，如此重复动作登到杆顶。

（4）拴好安全带后，可开始作业。

2. 横担、绝缘子组装

（1）杆下人将最下层横担系好绳子上吊到杆的作业处。横担安装在电杆上端，用来固定架设导线的绝缘子，横担的类型如图 5-86 所示。

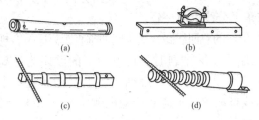

图 5-86　横担的类型

（a）木横担；（b）铁横担；（c）马蹄形瓷横担；（d）圆形瓷横担

（2）最下层横担安装好后，再把中层横担、上层横担以及所需金具吊上，安装好。金具是用来固定横担、绝缘子、导线的抱箍、线夹、穿心螺栓等。铁制金具要镀锌。低压绝缘子类型如图 5-87 所示。

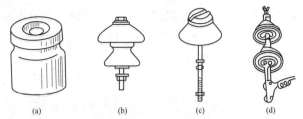

图 5-87　低压绝缘子

（a）鼓形绝缘子；（b）碟形绝缘子；（c）针式绝缘子；（d）悬形绝缘子

（3）横担安装的技术要求。

1）横担安装应平直，从线路方向看其端部上下歪斜不超过

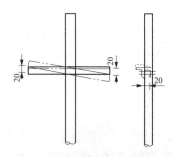

图 5-88　横担安装的偏差找正

20mm，从线路方向的两侧看，横担端部左右歪斜也不许超过 20mm，如图 5-88 所示。

双杆横担左右扭斜不大于横担总长的 1‰。

2）单横担在电杆上安装在负载侧面；承力杆单横担安装在张力的反侧；直线杆、终端杆、耐张杆横担与线路方向垂直；30°以下转角杆的横担应与角平分线方向一致。

3）同杆架设的双回线路，横担间的垂直距离应符合规定的要求。

4）当线路为多层排列时，自上而下的顺序为：高压、动力、照明、路灯；当线路为水平排列时，上层横担距顶杆不宜小于 200mm；直线杆的单横担应装于受电侧，20°转角杆及终端杆应装于拉线侧。

5）螺栓的穿入方向一般为：水平顺线路方向，由送电侧穿入；垂直方向，由下向上穿入，开口销钉应从上向下穿。

6）使用螺栓紧固时，都应装设垫圈、弹簧垫圈，且每端的垫圈不应多于两个；螺母紧固后，螺杆外露不应少于两扣，但最长不应大于 300mm，双螺母可平扣。

7）用水泥砂浆将杆顶严密封堵。

8）陶瓷横担安装时，在固定处要加橡胶垫，垂直安装时，顶端歪斜不应大于 10mm；水平安装时，顶端应向上翘起 5°～15°。

（4）绝缘子安装技术要求。

1）安装前检查绝缘子表面应清洁无污，否则要擦拭干净。

2）瓷釉光滑、无裂纹、无斑点、无烧痕、不缺釉、无气泡等缺陷。

3）所有紧固铁件应镀锌良好。

4）针式绝缘子应与横担垂直，不得平装或倒装。

5）悬式绝缘子、蝶式绝缘子连接金具必须结合紧密、外观无损。

6）绝缘子的交流耐压试验，要用 500V 绝缘电阻表测试，低压绝缘子的绝缘电阻应大于 10MΩ。

五、杆顶组装类型

（1）直线杆（10kV）如图 5-89 所示。

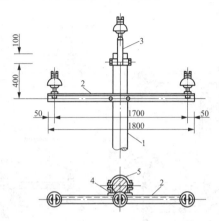

图 5-89　直线杆杆顶组装

1—电杆；2—角铁横担；3—单瓶抱箍；4—抱铁；5—抱箍

（2）陶瓷横担直线杆如图 5-90 所示。

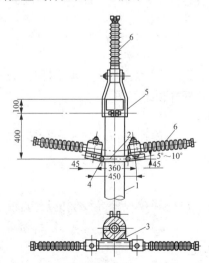

图 5-90　陶瓷横担直线杆杆顶组装

1—杆身；2—角铁横担；3—抱铁；4—抱箍；5—瓷担抱箍；6—瓷担绝缘子

（3）耐张杆［10(6)kV］如图 5-91 所示；

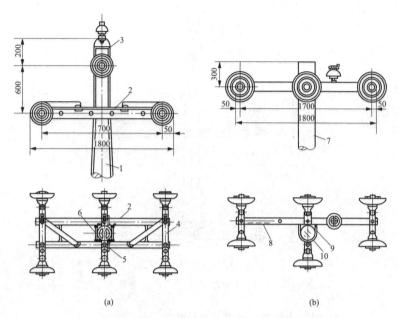

(a)   (b)

图 5-91   10(6)kV 耐张杆杆顶组装图

1—电杆；2—角铁横担；3—立铁；4—连铁；5—横铁；6—抱铁；

7—电杆；8—角铁横担；9—抱铁；10—抱箍

（4）转角杆。图 5-92 是 30°以下转角杆杆顶组装图，图 5-93 是 45°～90°的转角杆杆顶组装图。

六、拉线组装

低压架空配电线路应在进户杆和接户杆上安置拉线，用以平衡电杆所受导线的单向拉力。拉线由抱箍、上把、拉线、下把、拉线盘及拉线坑等组成。

拉线坑位于进户杆和接户杆导线侧的反方向，拉线坑坑形如图 5-94 所示。

1. 拉线的种类

（1）普通拉线。用于终端杆、转角杆和分支杆等处，用以平衡电杆所受导线的单向拉力，如图 5-95（a）所示。

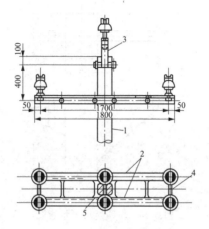

图 5-92 10(6)kV 转角杆杆顶组装图（30°以下）

1—电杆；2—角铁横担；3—双瓶抱箍；4—拉板；5—抱铁

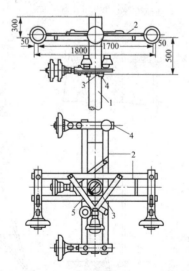

图 5-93 10(6)kV 转角杆杆顶组装图（45°～90°）

1—电杆；2—角铁横担；3—抱铁；4—连铁；5—拉板

（2）水平拉线，又称高桩拉杆，用于交叉跨越和耐张段较长的线路，能抵抗风力，如图 5-95（b）所示。

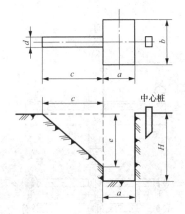

图 5-94　拉线坑坑形示意图

a—坑口宽度≥拉线盘宽度＋100mm；b—坑口长度≥拉线盘长度＋100mm；

c—底把沟长，一般为 1.0～1.5m；d—底把沟宽，≤150mm，对正木桩；

e—底把沟深≥4/5H；H—坑深≥2.0～2.5m，由杆长而定；

水平拉线坑的尺寸由现场而定

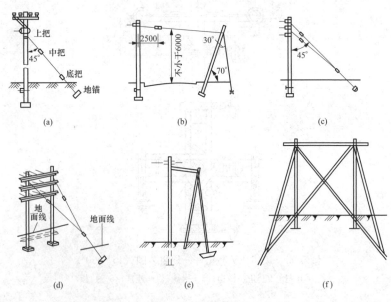

图 5-95　拉线的类型

(a) 普通拉线；(b) 水平拉线；(c) "Y" 形（上下）拉线；

(d) "Y" 形（水平）拉线；(e) 自身拉线；(f) 交叉拉线

（3）"Y"形（上下）扎线。用于受力较大或较高的电杆上，如图 5-95（c）所示。

（4）"Y"形（水平）拉线。用于双杆受力不大的杆上，如图 5-95（d）所示。

（5）自身拉线。用于地面狭窄，受力不大的杆上，如图 5-95（e）所示。

（6）交叉拉线。用于双杆受力较大的杆上，也叫 X 形拉线，如图 5-95（f）所示。

2. 拉线的制作安装

（1）埋设拉线盘及底把，如图 5-96 所示。

（2）拉线制作要点。

1）测量扎线长度及下料，确定出下料长度。

2）制作拉线环。拉线环的制作方法如图 5-97 所示，制作材料是较硬的钢绞线，在用手弯曲钢线时要注意钢绞线弹力，以防伤人。上把的固定方法如图 5-98 所示。

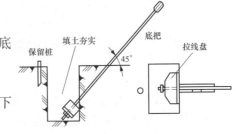

图 5-96 埋设拉线盘及底把

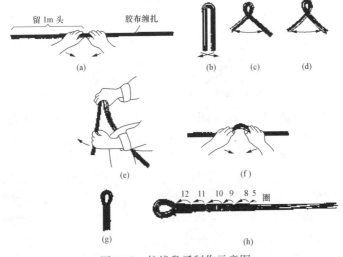

图 5-97 拉线鼻子制作示意图

（a）～（h）制作过程 1～8

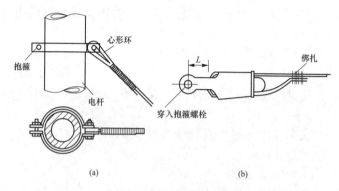

图 5-98　上把的固定方法

（a）上把绑扎法；（b）上把楔形线夹法

3）下把制作。下把紧拉线的示意图如图 5-99 所示，有缠绕法、楔形 UT 线夹法和花篮螺栓法。下把绑扎示意图如图 5-100 所示。

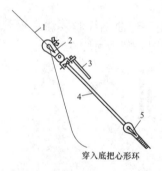

图 5-99　下把紧拉线的示意图

1—钢绞线；2—紧线器；3—紧线器手柄；
4—8 号铅丝；5—底把

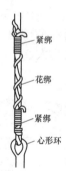

图 5-100　下把绑扎示意图

3. 拉线安装的要求

（1）将已装好底把的拉线盘滑入坑内，找正后分层填土夯实，用扎线抱箍将拉线上端固定在电杆上。

（2）拉线与电杆的夹角不宜小于 45°，若受环境限制，不应小于 30°，水平拉线的拉桩坠线与拉桩杆夹角不应小于 30°。

（3）终端杆及耐张杆承力拉线应与线路方向对正；分角拉线应与线路分角线方向对正；防风拉线应与线路方向垂直。

（4）拉线盘的埋设深度最低不应低于 1.3m，要符合设计要求。

（5）水平拉线的拉桩杆的埋设深度不应小于杆长的 1/6，拉线距路面中心的垂直距离不应小于 6m、拉桩坠线上固定点距拉桩杆顶心为 0.25m，距地面不应小于 4.5m。

（6）回填土时应将土块打碎，每回填 500mm 应夯实一次，且应设置高出地面 300mm 的防沉降土台。

（7）拉线位于交通要道或人易接触的地方，必须加装竹套管保护。竹套管上端垂直距地面不应小于 1.8m，且应涂上明显标志（如红、白相间的油漆）。

（8）进行拉线中、底把连接，可使用紧线器拉紧拉线，并使终端杆及转角杆向拉线侧倾斜，应保证使紧线后的终端杆且转角杆向拉线侧的倾斜不大于一个电杆梢径；水平拉线的拉桩杆向张力反方向倾斜 15°～20°。

七、架线和紧线

架线是由放线、挂线和紧线三个工序组成的，这三个工序同时施工。

1. 放线和挂线

放线有手拿线盘放线和放架线放线两种。

（1）导线截面较小，线路不长，可手拿放线盘放线。放线时，导线一端拴在电杆上，手挎线盘，边走边放，把导线展开，正放几圈后，将线盘翻过来再倒放几圈，以免导线出现背花（扭绞）和死弯等现象，如图 5-101 所示。

（2）导线截面较大，线盘较重，线路较长，可采用放线架放线。放线时，将线轴架起，如图 5-102 所示。架空线路放线方法如图 5-103 所示。

不正确　　　正确

图 5-101　人工放线

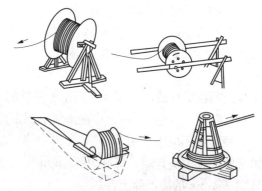

图 5-102　线轴架起方式

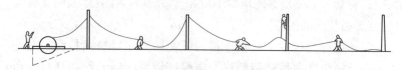

图 5-103　放线方法

图 5-104　用小绳吊起导线

　　(3) 挂线可以在放线过程中进行，由地上人员用挑线杆将导线挑给杆上人员，也可由杆上人员用小绳将导线吊起或拉上电杆，如图 5-104 所示。

　　当导线截面较大、线路耐张段较长时，为防止紧线时擦伤导线，可以用挂线滑轮挂线。挂线滑轮一侧可以打开（又称开口葫芦），导线可以方便的放入或取出。

　　(4) 放线、挂线注意事项：

　　1) 线盘应由专人看管，并负责检查导线质量，发现缺陷及时处理。

　　2) 牵引人应匀速前进，注意联络信号，前进吃力时，应立即停止，并进行检查和处理。

　　3) 应防止导线出现硬弯、扭鼻（打小卷）。导线切勿放在铁横担上，以免擦伤，同时也要防止其它硬物擦伤导线。

4）遇到拉线时，应从拉线外侧绕过。

5）在小角度转角杆上工作的人员应站在转角外侧，以防导线从绝缘子嵌线槽内脱落。

（5）放线时对导线的检查和处理。

1）检查导线型号规格是否符合设计要求，尤其使用旧导线时，更要检查导线的质量、规格能否满足要求。

2）导线有硬弯时应剪断重接。

3）当损伤面积为导线截面积的 5%～10%（7 股导线不断股，19 股导线断 1～2 股）时，应绑扎同规格导线补强。

4）当损伤面积为导线截面积的 20% 以上（7 股导线断 2 股，19 股导线断 4～5 股）时，应剪断重接。

2. 紧线

紧线方法如图 5-105 所示。小型号导线可以直接通过绝缘子紧线，如图 5-105（a）所示，大型号导线或两根导线、三根导线同

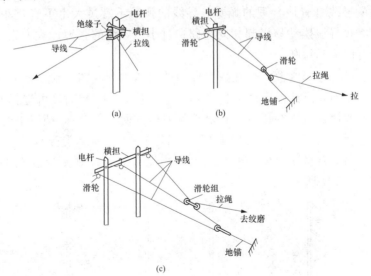

图 5-105　低压线路紧线方法

（a）单线紧线法；（b）二线紧线法；（c）三线紧线法

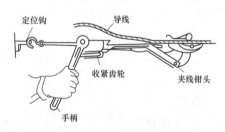

图 5-106　用紧线器紧线

时收紧时，可通过滑轮组紧线，如图 5-105（b）、(c) 所示。还可以用紧线器紧线，如图 5-106 所示。紧线按耐张段一段一段进行，先在一端将导线绑好套环，将套环套入蝶式绝缘子，把绝缘子用拉板挂在耐张杆（或大转角杆、终端杆）横担上，然后在耐张段另一端的耐张杆上紧线。为了防止横担扭转、偏斜，紧线的次序是先紧中间线，后紧两边线。

紧线速度应平稳，用力要均匀。要防止导线接头通过绝缘子槽沟时卡住，也要防止导线掉在横担上。

3. 弧垂的观测和调整

导线弧垂的观测通常与紧线配合进行，观测的目的是使安装后的导线具有最合理的弧垂。导线的弧垂不宜过大也不宜过小。过大，导线摆动易引起相间短路；过小，导线的张力过大，天气变冷时容易拉断。

（1）选择观测点。在耐张段内选出弧垂观测档，耐张段内有 1～6 档时，可选择中部一档观测弧垂；有 7～15 档时，可选择两档来观测弧垂，并尽量选在靠近耐张段的两端；有 15 档以上时，应选择三档（即在耐张段两端和中间各选一档）来观测弧垂。

（2）观测和调整方法。通常，用弧垂测量尺观测导线弧垂，如图 5-107 所示。

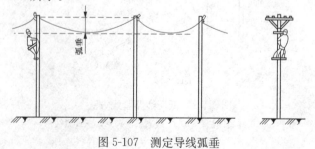

图 5-107　测定导线弧垂

八、导线在绝缘子上的固定

通常，采用绑线缠绕法将导线固定在绝缘子上。绑线应与被绑导线的材料相同。绑线质地要软，易于弯曲。但是，裸铝绞线质地较软，而绑线往往较硬，且绑扎时用力较大，为了不损伤导线，裸铝绞线绑扎前，要进行保护处理。方法是：用铝带将导线包缠两层，包缠长度以两端各伸出绑扎处 20mm 为宜。如果绝缘子绑扎长度为 120mm，则保护层总长度应为 160mm。包缠铝带规格一般为宽 10mm，厚 1mm。包缠时铝带应排列整齐、紧密、平服，前后圈之间不可压叠。裸铝线绑扎保护层缠绕方法，如图 5-108 所示。

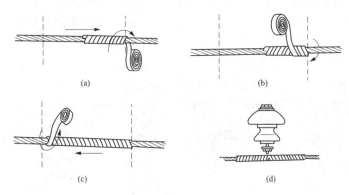

图 5-108　裸铝导线绑扎保护层

（a）中间起端包缠；（b）折向左端包缠；（c）折向右端包缠；（d）包到中间收尾

1. 导线在绝缘子直线支持点上的绑扎

绑扎方法是：将导线紧贴在绝缘子嵌线槽内，扎线一端留出足够在嵌线槽中绕一圈和在导线上绕 10 圈的长度，并使扎线与导线成 X 状相交，如图 5-109（a）所示；将盘成圈状的扎线从导线右下方经嵌线槽背后缠至导线左下方，并压住原扎线和导线，然后绕至导线右边，再从导线右上方围绕至导线左下方，如图 5-109（b）所示；从贴近绝缘子处开始，把两端扎线紧缠在导线上，缠满 10 圈后剪去余端，如图 5-109（c）、（d）所示，绑扎完毕，如图 5-109（e)所示。

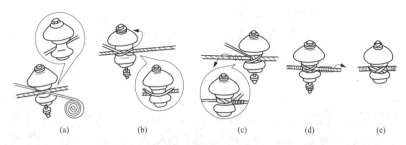

图 5-109　导线在低压绝缘子直接支持点上绑扎

2. 导线在低压绝缘子始端和终端支持点上的绑扎

绑扎的方法是：先将导线末端在绝缘子嵌线槽内围绕一圈，如图 5-110（a）所示；将扎线短端嵌入两导线末端并合处的凹缝中，如图 5-110（b）所示；用扎线长端在贴近绝缘子处按顺时针方向把两导线紧紧地缠扎在一起，如图 5-110（c）所示；缠到 100mm 长以后，与扎线短端用钢丝钳绞紧，然后剪去余端，并使它紧贴在两导线的夹缝中，如图 5-110（d）所示。

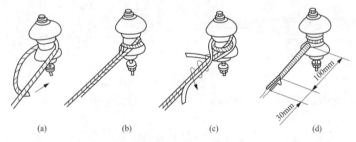

图 5-110　导线在低压蝶形绝缘子始端和终端支持点上的绑扎

（a）～（d）步骤 1~4

无论是直线支持点还是始端和终端支持点，导线与低压瓷柱的绑扎方法均与导线同低压绝缘子的绑扎方法相同。

3. 导线在针式绝缘子颈部的绑扎

先将扎线短端在靠近绝缘子处的导线右边缠绕 3 圈，再与扎线长端互绞 6 圈，并把导线嵌入针式绝缘子颈部的嵌线槽内，如图 5-111（a）所示；一手把导线扳紧在嵌线槽内，另一手将扎线端从绝缘子背后紧紧地围绕到导线左下方，如图 5-111（b）所示；再从导线的左下方围绕到导线右上方，绕绝缘子一圈，如图 5-111（c）所示，后再从导线的左上方围绕到导线右下方，使扎线在导线上形成 X 形的交绑状，如图 5-111（d）所示；最后把扎线长端贴近绝缘子紧缠导线 3 圈，如图 5-111（e）所示，与扎线短端紧绞 6 圈，剪去余端，如图 5-111（f）所示。

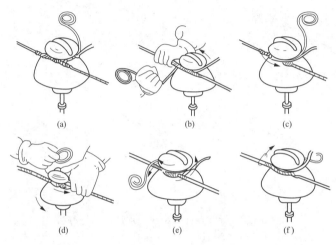

图 5-111　导线在针式绝缘子颈部的绑扎

4. 导线在针式绝缘子顶部的绑扎

把导线嵌入绝缘子顶部的嵌线槽内，先将扎线在导线右边近绝缘子处绕 3 圈，如图 5-112（a）所示；再将扎线长端按顺时针方向从绝缘子颈槽中绕到导线左边内侧，如图 5-112（b）所示，在贴近绝缘子处导线上缠绕 3 圈，如图 5-112（c）所示；然后按顺时针方向从绝缘子颈槽绕到导线外侧，再在原 3 圈外侧导线上缠绕 3 圈，如图 5-112（d）所示；再回到导线左边，重复上述步骤，如图 5-112（e）所示；最后将扎线在顶槽两侧围绕导线扎成 X 形，压住顶槽，如图 5-112（f）、（g）、（h）所示。完成上述操作后，扎线在绝缘子颈圈处与短端相接，互绞 6 圈后剪去余端，如图 5-112（i）所示。

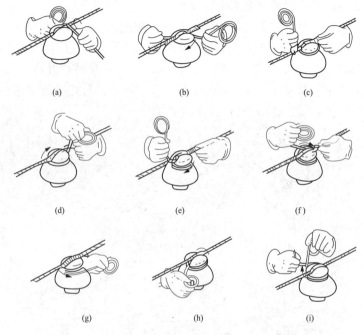

图 5-112　导线在针式绝缘子顶部的绑扎方法

（a）～（i）步骤 1～9

5. 铜导线在蝶式绝缘子上的绑扎

绑扎步骤和方法如图 5-113 所示。

（1）将扎线挂在导线上，如图 5-113（a）所示。

（2）用扎线长端紧缠导线 5 圈。缠绕开始的位置与绝缘子中心线的距离为两导线间距的 3 倍，如图 5-113（b）所示。

（3）将扎线短端压在缠好的 5 圈上面，然后用扎线长端压着短端缠 5 圈，如图 5-113（c）、（d）所示。

（4）用扎线长端在不压着短端的导线上缠 5 圈，再在压着短端的导线上缠 5 圈，然后把导线末端折回，如图 5-113（e）、（f）所示。

（5）用扎线长端在导线弯头后面压着短端在导线上缠 5 圈，最后将扎线的长、短端拧在一起，如图 5-113（g）、（h）所示。

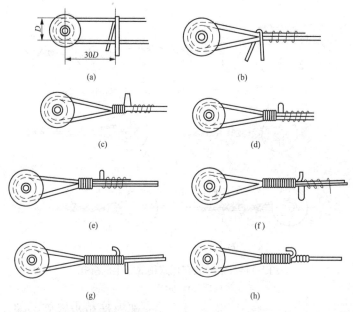

图 5-113 铜导线在蝶式绝缘子上的绑扎

6. 铝导线在蝶式绝缘子上的绑扎（见图 5-114）

铜导线在蝶式绝缘子上的绑扎方法基本适用于铝导线，不同之处是：

（1）导线与绝缘子接触部分用铝带包缠。

（2）铝导线截面为 50mm^2 及以下时，绑扎长度为 150mm；铝导线截面为 70～120mm^2 以下时，绑扎长度为 200mm。

7. 铜、铝导线在耐张杆和终端杆的悬式绝缘子上用耐张线夹固定

其操作步骤和方法如图 5-115 所示。

（1）用紧线器收紧导线，使弛度比要求的弛度稍小些。

（2）将铝导线的缠绕部分用铝带包缠保护层，包缠方法如图 5-115 所示。

（3）卸下耐张线夹的全部 U 形螺栓，将导线放入线夹的线槽内，使导线包缠部分紧贴线槽；然后装上压板和 U 形螺栓，先将

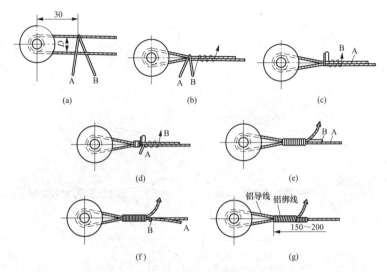

图 5-114　铝导线在蝶式绝缘子上的绑扎

(a)～(g) 步骤 1～7

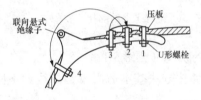

图 5-115　导线用耐张线夹固定示意图

全部螺母初步紧固一遍，待检查无误后再按图 5-115 所示顺序分数次拧紧螺母，使其受力均匀，不歪不碰。

（4）扎线在绝缘子颈槽内应顺序排开，不得互相压在一起。

九、低压进户线的安装

低压进户线是指架空配电线路到用户电源进户点的一段导线，称为进户线，也就是用户用电线路的开端部分。低压进户线适用于小型动力和照明用户。

1. 墙外第一支持物的形式

有横担法和立杆引入法，墙上的横担形式如图 5-116 所示。

2. 进户杆的安装

进户杆有长杆和短杆的种，如图 5-117 所示。进户杆有混凝土杆和木杆，两者埋入地下深度见表 5-23。

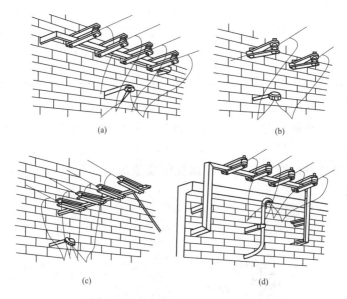

图 5-116　墙上横担引入安装形式

(a) 引入装置的安装（一）；(b) 引入装置的安装（二）；

(c) 引入装置的安装（三）；(d) 引入装置的安装（四）

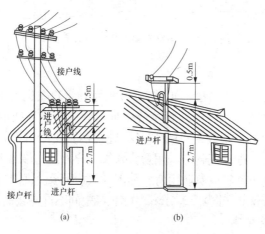

图 5-117　进户杆装置

（a）长进户杆；（b）短进户杆

表 5-23				电杆的埋深要求						(m)
杆长	4	5	6	7	8	9	10	11	12	13	14
木杆	1.0	1.0	1.1	1.2	1.4	1.5	1.7	1.8	1.9	2.0	—
混凝土杆	—	—	—	1.4	1.5	1.6	1.7	1.8	1.9	2.0	2.5

木质杆埋入地下部分应事先作防腐处理。

进户杆的杆顶安装横担和低压瓷绝缘子，横担由镀锌角钢制作。

低压进户线用角钢支架加低压瓷绝缘子的装置，如图 5-118 所示。

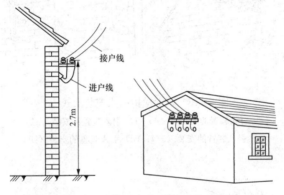

图 5-118　角钢支架加装瓷绝缘子装置

3. 进户线的安装

进户线两端的接法，如图 5-119 所示，进户线进入室内穿墙时要穿入进户瓷管，进户瓷管每线一根，管内绝缘导线的总截面积小应大于管内有效截面积的 40%。进户钢管要用白铁管或经过涂漆的黑铁管。进户瓷管应采用弯头瓷管，户外的一端弯头朝下。

户外进户瓷管应有防雨弯，如图 5-120 所示。进户线截面积不得小于 1.5mm² （铜）、2.5mm² （铝），中间不许有接头。

4. 重复接地

低压进户线应在进口处将电源的中性线接地（或保护零线接地），称为重复接地。接地引线常用直径为 10～12mm 的镀锌圆钢，接地电阻≤10Ω。

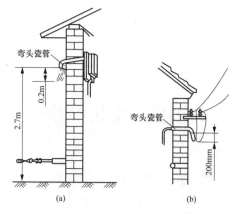

图 5-119　进户线两端的接法

（a）户内一端进总熔断器；（b）户外一端的驰度

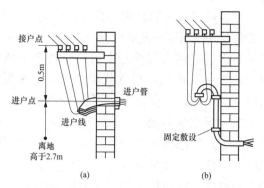

图 5-120　进户线穿墙的安装方法

（a）进户线穿瓷管安装；（b）进户线穿钢管安装

第 6 章

变压器及其检修

第 1 节　变压器概述

一、变压器的种类和作用

1. 变压器的作用及分类

变压器是一种静止的电气设备，它利用电磁感应原理，把输入的交流电压升高或降低为同频率的交流输出电压，以满足高压输电、低压供电及其他用途的需要。

变压器主要由铁心和套在铁心上的两个或多个绕组所组成。接电源的绕组称为一次绕组，与负载相接的绕组称为二次绕组。当一次绕组两端加上适合的交流电压，一次绕组中会流过交流电流，在铁心中激励起交变的磁通，该磁通又在一、二次绕组中产生感应电势。如果二次绕组两端接上负载，二次侧的闭合回路中就会有交变电流，该电流在负载中产生的电功率，是把一次绕组输入的电功率通过磁的联系传递到二次侧电路中的。由于二次绕组中的电流也会产生磁通，该磁通对一次侧磁通（一次绕组中的电流产生的磁通）起阻碍作用，有降低一次绕组中的感应电势的趋势，因而当二次电流增大时，一次电流也相应地增大。由于一、二次绕组的匝数不同，它们工作时会有不同的电势和电流。在电路上它们是相互隔离的。这里提到的一、二次电流，一、二次感应电势、磁通包括它们之间的数量关系。

变压器在传递电功率过程中，仍然要遵守能量守恒定律，即变压器输出的功率加上传递过程中损耗的功率，等于一次侧输入的功率。传送一定的电功率，电压越高则电流越小，所用导线的截面积也越小，可以节约有色金属材料和钢材，达到减少投资和降低运行费用的目的。

电力系统中使用的变压器叫电力变压器，它是电力系统中的重要设备。变压器的用途还很多，如测量系统中的仪用变压器，用来把大电流变换成小电流，或者把高电压变换成低电压，以隔离高压和便于测量；用于实验室的自耦调压器，则可得到任意调节的输出电压，以适应负载的电压要求；用于焊接的电焊变压器，是为了获得电焊所要求的陡降输出特性，以利于焊接和限制短路电流；广播线路中的线间变压器，是为了实现扩音机输出电路与喇叭之间的阻抗匹配等。因此可以说，变压器具有变换电压、电流和阻抗的作用，具有隔离高电压或电流的作用；特殊结构的变压器，还可以具有稳压特性、陡降特性或移相特性等。变压器的种类很多。按用途分除电力变压器外，还有电炉变压器、整流变压器、电焊变压器和特殊变压器；按相数分为单相变压器、三相变压器和多相变压器；按冷却方式分为干式变压器、油浸变压器（包括油浸自冷、油浸风冷、油浸水冷、强迫油循环风冷或水冷等型式）和充气式变压器。

变压器按结构、用途等多种不同的方式进行分类，具体分类见表6-1。

表 6-1　　　　　　　　　变压器的分类

分类方法	类　别	细分类别
按安装地点分	户外 户内	干式、环氧浇注式 油浸式、柱上式、平台式、一般户外
按相数分	单相 三相 三相变两相、两相变三相	T形接法、V形接法
按线圈数量分	双线圈 三线圈 单线圈自耦	特殊整流变压器其分离的线圈有多于三线圈者
按调压方式分	无励磁调压 有载调压	

分类方法	类　别	细分类别
按冷却方式分	油浸自冷	扁管散热或片式散热，瓦楞油箱
	干式空气自冷	附风冷却器
	干式浇铸绝缘	
	油浸水冷	附油水却器
	油浸风冷	附冷却风扇
	强迫油循环风冷 强迫油循环水冷	有潜油泵
按导电体材质分	铜导线 铝导线 半铜半铝	现在还有铝箔或铜箔产品
按导磁体材质分	冷扎硅钢片 热扎硅钢片	国外有磁铁玻璃体
按使用要求分	电炉用	炼钢或炼电石、炼合金
	整流用	牵引、传动、电解或高压整流
	矿用	一般型和防爆型
	船用	
	中频淬火	中频加热
	试验用	高压耐压试验
	电焊用	电焊变压器
	电讯用	调幅变压器

2. 变压器的组成及作用

变压器的主要组成部分是铁心和绕组，由它们组成变压器的器身。为了改善散热条件，大、中容量变压器的器身浸入盛满变压器油的封闭油箱中，各绕组对外线路的连接则经绝缘套管引出。为了使变压器安全、可靠地运行，还设有储油柜、安全气道和气体继电器等附件，如图 6-1 所示。

（1）铁心。铁心是变压器的磁路部分，又作为它的机械骨架。铁心分铁心柱（有绕组的部分）和铁轭（连接两个铁心柱的部分）

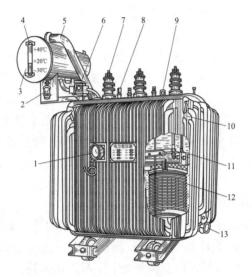

图 6-1　油浸式电力变压器的结构组成

1—信号式温度计；2—吸湿器；3—储油柜；4—油标；5—安全气道；
6—气体继电器；7—高压套管；8—低压套管；9—分接开关；10—油箱；
11—铁心；12—绕组及绝缘；13—放油阀门

两个部分，铁心柱上套装绕组，铁轭的作用是使磁路闭合。为了提高导磁性能、减少磁滞损耗和涡流损耗，铁心多采用 0.35mm 厚的硅钢片叠装而成，片间彼此绝缘。

铁心结构的基本型式有心式和壳式两种。心式变压器的一、二次绕组套装在铁心的两个铁心柱上，其结构特点是：绕组包围铁心。这种型式结构简单，有较多的空间装设绝缘、装配也比较容易，适用于容量大而电压高的电力变压器，因而绝大部分国产的电力变压器均采用心式结构。壳式变压器的结构特点是：铁心包围绕组。这种结构虽然机械强度好，铁心容易散热，但外层绕组的用铜量较多，制造工艺又复杂。除小型干式变压器采用这种结构外，几乎很少采用。

根据铁心柱与铁轭在装配方面的不同，铁心可分为对接式和叠接式两种。对接式铁心的叠装次序为：先把铁心柱和铁轭分别叠装和夹紧，然后再把它们拼在一起，用特殊的夹件结构夹紧。

叠接式铁心的装配次序为：把铁心柱和铁轭的钢片一层一层地交错重叠，为减少装配工时，通常用二、三片作为一层。

叠接式铁心的叠片接缝互相错开，减小了接缝处的气隙，从而减小了磁阻，相应地减小了励磁电流。小型变压器为了简化工艺和减少气隙，常采用 E 字形、F 字型和日字形冲片交错地叠装而成，这种结构的夹紧装置简单、经济，而且可靠性高。

为进一步减小磁阻，还有一种由冷轧钢带绕成的卷带式铁心结构，属于壳式结构。这种结构的铁心可以大大地减小气隙，减少硅钢片的耗费，可节省材料 15%～20%，其容量可做到数百千伏安，但只用于单相变压器中。

大型变压器中采用高导磁系数、低损耗的冷轧硅钢片时，应用斜切钢片。因为冷轧硅钢片顺辗压方向导磁系数高、损耗小，如按直角切片法截料，则在转角处会引起附加损耗。

小型变压器铁心柱的截面是方形的或长方形的；大型变压器为充分利用空间，常采用阶梯形截面。为了改善铁心的内部的散热条件，当铁心柱直径大于 380mm 时，中间还要留有油道。

相应地，大型变压器的铁轭的截面也采用了长方形或阶梯形。为减少励磁电流和铁心损耗，铁轭截面通常比铁心柱截面要大 5%～10%。

（2）绕组。绕组是变压器的电路部分，常用绝缘铜线或铝线绕制而成，近来还有用铝箔绕制的。

变压器中工作电压高的绕组叫高压绕组，工作电压低的绕组叫低压绕组。按高、低压绕组相互位置和形状的不同，绕组可分为同心式和交叠式两种。

1）同心式绕组。同心式绕组是将高、低压绕组同心地套装在铁心柱上，它是一种常用的绕组形式。为了便于与铁心绝缘，把低压绕组装在里面，而把高压绕组装在外面。低压大电流大容量变压器，低压绕组引出线很粗，也可以把它放在外面。高、低压绕组之间留有油道，既利于绕组散热，又可作为两绕组之间的绝缘。

同心式绕组按其绕制方法的不同，又可分为圆筒式、螺旋式和连续式等。同心式绕组的结构简单、制造容易，常用于心式变压器，是电力变压器的主要结构形式。

2）交叠式绕组。交叠式绕组又称饼式绕组，它是将高、低压绕组分成若干线饼，沿着铁心柱的高度交替排列着。为了便于绝缘，一般最上层和最下层安放低压绕组。

交叠式绕组的主要优点是漏抗小，机械强度好，引线方便，这种绕组主要用于壳式变压器中。

（3）套管。变压器套管是将变压器高、低压绕组的引线分别引出到油箱外部的绝缘装置，它还具有固定引线的作用。

常用的变压器套管分为纯瓷式、充油式和电容式三种。通常 1kV 以下的电压等级采用瓷套管；10~35kV 电压等级采用充油式套管；110kV 及以上电压等级采用电容式套管。为了增加表面放电距离，套管外形一般做成多级伞形。

（4）其他附件。电力变压器的其他附件有油箱、油枕、分接开关、安全气道、气体继电器和绝缘套管等，其作用在于保证变压器的安全和可靠运行。油浸式变压器的外壳就是油箱，箱中有用来绝缘的变压器油，它保护铁心和绕组不受外力及潮湿的侵蚀，并通过油的对流，把铁心和绕组产生的热量传递给箱壁。在箱壁的外侧装置有散热管，使箱内的热油上升至箱的上部，经散热管冷却后的油下降至箱的底部，构成自然循环，把热量散失到周围的空气中去。

1）储油柜又名油枕，它是一个圆筒形的容器，装在油箱上，用管道与变压器的油箱接通，使油刚好充满到储油柜的一半，油面的升降被限制在储油柜中。这样可以使油箱内部和外界空气隔绝，避免潮气侵入。储油柜上部的空气通过存放氯化钙等干燥剂的通气管（又名呼吸器）和外界自由流通。储油柜底部有沉积器，用来沉聚侵入储油柜中的水分和其他污物。通过玻璃油表，可以看到其中油面的高低。

2）安全气道又名防爆管，装在油箱顶盖上，作用是保护设备。它是一个长钢筒，上端装有一定厚度的玻璃板或酚醛纸板（防爆膜）。当变压器内部发生严重故障而产生大量气体时，油箱内部的压力超过 0.5 个大气压，油流和气体将冲破防爆膜向外喷出，避免油箱受到强大的压力而爆裂。

3）气体继电器是变压器的主要保护装置，装在变压器的油箱和储油柜之间的管道中，内部有一个带有水银开关的浮筒和一块能带动另一个水银开关的挡板。当变压器内部有故障时，变压器油分解产生的气体聚集在气体继电器上部，使油面降低，浮筒随油面下降，带动水银开关接通信号回路，发出信号。当变压器内部发生严重故障时，油流冲击挡板，挡板偏转时带动一套机构，使另一个水银开关接通跳闸回路，切断电源，避免故障扩大。

4）分接开关。分接开关是一种调压装置，通过切换变压器高压绕组的分接头，来改变绕组的匝数，从而改变变压器的变比进行调压。

变压器运行时，其输出电压是随输入电压的高低、负载电流的大小及其性质而变动的。在电力系统中，为使变压器的输出电压控制在允许的范围内，其一次电压要求在一定的范围内调节，因而一次绕组一般都有抽头，称为分接头。它利用分接开关与不同的分接头相接，就可以改变一次绕组的匝数，从而达到调节变压器输出电压的目的。

分接开关分为有载调压和无载调压两种。用于无载调压的分接开关，是分接开关中最普通的一种，其调节范围是额定输出电压的 ±5%；用于有载调压的分接开关，由于要切换电流，其结构要复杂一些，其调节范围可达 ±15%。绝缘套管由外部的瓷套与中心的导电杆组成。它穿过变压器上面的油箱壁，其导电杆在油箱中的一端与绕组的出线端相接，在外面的一端和外线路相接。绝缘套管的结构因电压的高低而不同，电压不高时可用简单的瓷质空心式套管，电压较高时可在瓷套管和导电杆之间充油，电压更高时除充油外，环绕着导电杆还可以包上几层同心绝缘纸筒，而在这些纸筒上附一层均压铝箔。这样沿着铝箔的径向距离方向，绝缘层和铝箔构成了一系列的串联电容器，使套管内部的电场均匀分布，因而增强了绝缘性能。

二、变压器的型号含义

1. 变压器铭牌数据的含义

变压器铭牌数据的含义如下：

（1）型号。表示变压器的结构特点、额定容量和高压侧电压等级。如：S7-500/10，其中 S 表示三相，7 表示设计序号，500 表示额定容量（kVA），10 表示高压侧额定电压（kV）。

（2）额定电压。一次绕组的额定电压是指一次绕组上的正常工作线电压；二次绕组的额定电压是指当一次绕组接额定电压，分接开关在额定分接头上，空载时二次绕组的线电压，单位 V 或 kV。

（3）额定电流。指根据允许发热条件而规定的满载线电流，单位 A。在三相变压器中，铭牌上所表示的电流数值是变压器一、二次侧线电流的额定值。

（4）额定容量。反映变压器传递最大电功率的能力，单位 VA 或 kVA。一台三相变压器的容量大小，由它的输出电压 U_{2N} 和输出电流 I_{2N} 的乘积决定，即三相变压器的额定容量 $S_N = \sqrt{3} U_{2N} I_{2N}$。

由于 $\dfrac{U_1}{U_2} = \dfrac{I_2}{I_1} = K$，忽略损耗时

$$S_N = \sqrt{3} U_{2N} I_{2N} = \sqrt{3} U_{1N} I_{1N}$$

当已知一台三相变压器的额定容量及额定电压，可用上式计算该变压器的额定电流。一台变压器在运行过程中，实际输出的有功功率并不一定达到该数值，而是与负载的功率因数有关。例如一台 $S_N = 100\text{kVA}$ 的三相变压器，当负载的功率因数 $\cos\varphi = 0.8$ 时，虽然它的输出电流已达到其额定值 I_N，但变压器所输出的电功率为

$$P = \sqrt{3} U_N I_N = S_N \cos\varphi = 80\text{kW}$$

这个数值要比它的额定容量 S_N 小。

因此，不能把变压器的实际输出功率与它的额定容量混为一谈。选择变压器的容量，要根据负载的视在功率计算，即按照负

载的额定电压、额定电流的乘积计算，而不能按照负载所需的有功功率来计算。

（5）阻抗电压。标志在额定电流时变压器阻抗压降的大小。

（6）温升。指变压器在额定运行状态时允许超过周围环境温度的值，它取决于变压器所用绝缘材料的等级。

此外，铭牌上还标明有油重、器身重、总重、绝缘材料等级及联接组标号等。

为了确保变压器的安全运行，对正在运行的变压器，要定期的检查，以便及时发现和排除故障，避免故障扩大。

2. 电力变压器的型号含义

电力变压器的型号含义如下：

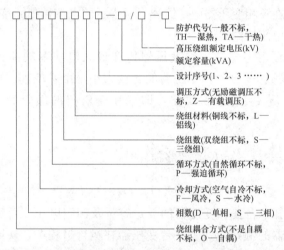

防护代号(一般不标，TH—湿热，TA—干热)
高压绕组额定电压(kV)
额定容量(kVA)
设计序号(1、2、3……)
调压方式(无励磁调压不标，Z—有载调压)
绕组材料(铜线不标，L—铝线)
绕组数(双绕组不标，S—三绕组)
循环方式(自然循环不标，P—强迫循环)
冷却方式(空气自冷不标，F—风冷，S—水冷)
相数(D—单相，S—三相)
绕组耦合方式(不是自耦不标，O—自耦)

三、变压器的基本结构及部件作用

1. 变压器基本结构

按变压器用途不同，变压器有许多结构形式，常用的变压器有干式和油浸式变压器两种。图 6-2 是干式变压器外形，图 6-3 是油浸式变压器外形。

2. 变压器各部件的作用

变压器各部件的作用如下：

（1）铁心。起磁路作用。

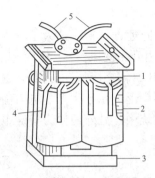

图 6-2　干式变压器外形

1—铁心；2—绕组；3—底盖；
4—低压引出线；5—高压引出线

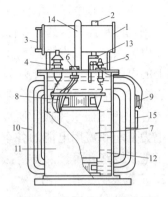

图 6-3　油浸式变压器外形

1—储油柜；2—注油塞；3—油位计；
4—高压套管；5—低压套管；6—调压开关；
7—高压绕组；8—铁心；9—测温计；
10—散热器；11—油箱；12—变压器油；
13—气体继电器；14—安全气道；15—铭牌

（2）绕组。起电路作用。

（3）调压装置。用来改变绕组匝数，调整电压的装置。

（4）油箱及冷却装置。油箱用来存放油和支承器身及冷却之用，冷却装置是使油循环冷却，达到变压器降温之用。

（5）储油柜。减少油与空气接触面，调节油量和注油用。

（6）安全气道。内部发生故障时，防止内部增高压力。

（7）保护装置。当内部发生匝间短路、绝缘击穿、铁心故障等产生气体时，或油箱漏油等使油面降低时起保护作用。

（8）温度计。监视变压器运行温度。

（9）出线套管。为了将绕组的端头从油箱内引出至油箱外面，并要有足够对地之间绝缘距离。

（10）变压器油。起绝缘、灭弧和冷却作用。

四、变压器的用途及工作原理

1. 变压器用途

变压器是利用电磁感应原理进行电能变换的一种电磁转换装置。将变压器一次侧交流电压或电流或信号通过电磁感应传递给

335

二次侧，使二次侧电压、电流或信号的数值与一次侧不同或相同，从而达到电能传递的目的，在传递时电源频率不变。

在电力系统中，发电厂发出的电能向远方传输时，为了减少线路上的电能损耗，需要升高电压（需用升压变压器），为了满足用户用电的低电压要求，又需要降低电压（需用降压变压器），这就需要各种变压器来完成，所以变压器广泛应用于生产、电力输送、电力分配和需用电能的各个用电系统中，另外还作为特殊电源用于电子线路方面。

2. 变压器的工作原理

变压器是利用磁感应原理，以相同的频率在两个或两个以上绕组间变换交流电压和电流而传输电能的一种静止电器，其工作示意图如图 6-4 所示。

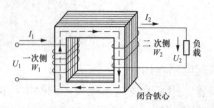

图 6-4　变压器工作示意图

下面以单相双绕组变压器为例，说明变压器的工作原理，变压器工作原理图如图 6-5 所示。

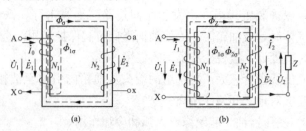

图 6-5　变压器工作原理图

（a）空载时；（b）负载时

（1）空载时。单相变压器一次绕组的两端 A、X 接入电源，电

压为 $\dot{U}_1$（接入电源边的绕组称为一次绕组，接负载端的称为二次绕组）。电压 $\dot{U}_1$ 的 A 点电位高于 X 点电位，所以空载电流 $\dot{I}_0$ 从 A 点流入，从 X 端流出。一次绕组匝数为 N_1，二次绕组匝数为 N_2。因为是空载，所以次绕组两端 a、x 断开。

空载电流 $\dot{I}_0$ 乘上 N_1，得到磁动势 $\dot{I}_0 = \dot{I}_0 N_1$，磁动势产生主磁通 $\dot{\Phi}_0$，主磁通 $\dot{\Phi}_0$ 在闭合铁心中流动，切割一、二次绕组，在其中分别产生感应电动势 $\dot{E}_1$ 和 $\dot{E}_2$，如图 6-5（a）所示。根据右手螺旋定则，由绕组的绕向（一次绕组为左绕向）和电流 $\dot{I}_0$ 的方向，可判定磁通 $\dot{\Phi}_0$ 的方向朝上，磁通经过闭合铁心形成顺时针方向流动。

主磁通 $\dot{\Phi}_0$ 切割二次绕组产生感应电动势 $\dot{E}_2$，因二次绕组开路，所以没有电流流通。空载磁动势 $\dot{I}_0$ 除了产生主磁通之外，还有一部分磁通漏掉，也就是不切割二次绕组，称为漏磁通 $\dot{\Phi}_{1\sigma}$，但切割一次绕组，在其中产生感应电动势 $\dot{E}_{1\sigma}$。漏磁通 $\dot{\Phi}_{1\sigma}$ 路线是通过左铁心柱到空气或油返回左铁心柱。

漏磁通 $\dot{\Phi}_{1\sigma}$ 很小，可以看成 $\dot{U}_1 = \dot{E}_1$，由法拉第电磁感应定律可知

$$\dot{U}_1 = \dot{E}_1 = 4.44 f N_1 \Phi_{0m} = 4.44 f N_1 B_m A_C$$

$$\dot{U}_2 = \dot{E}_2 = 4.44 f N_2 \Phi_{0m} = 4.44 f N_2 B_m A_C$$

式中　N_1、N_2——一次、二次绕组匝数；

$\quad\quad\quad\Phi_{0m}$——总磁通 Φ_0 的最大值，Wb，即 $\Phi_0 = \Phi_{0m} \sin wt$；

$\quad\quad\quad f$——电源频率，Hz，工频为 50Hz；

$\quad\quad\quad B_m$——磁通密度最大值，T；

$\quad\quad\quad A_C$——铁心柱截面积，m^2。

当 $K_u > 1$ 时，$N_1 > N_2$，$U_1 > U_2$，所以是降压变压器；当 $K_u < 1$ 时，$N_1 < N_2$，$U_1 < U_2$，是升压变压器，这就是变压器改

变电压的原理。

（2）负载时。当二次绕组接入负载 Z 后，如图 6-5（b）所示，二次绕组中便有电流 $\dot{I}_2$ 流通，$\dot{I}_2 N_2 = \dot{F}_2$，$\dot{I}_2$ 产生磁通 $\dot{\Phi}_2$，此磁通切割一次绕组时，一次绕组电流 $\dot{I}_0$ 增为 $\dot{I}_1$，一次空载磁动势由 $\dot{I}_0 N_1$ 变成 $\dot{I}_1 \dot{N}_1$，由于电源电压 $\dot{U}_1$ 不变，所以总磁通量 $\dot{\Phi}_0$ 不变，也就是 $\dot{F}_0$ 不变，于是可写成下面公式，即

$$\dot{F}_1 + \dot{F}_2 = \dot{F}_0 = \dot{I}_0 N_1$$

$$\dot{I}_1 \dot{N}_1 + \dot{I}_2 N_2 = \dot{I}_0 N_1$$

因为 $\dot{I}_0$ 非常小，$\dot{I}_1 + (N_1/N_2)\dot{I}_2 = \dot{I}_0 \approx 0$。

于是得到 $\qquad -\dot{I}_1/\dot{I}_2 = N_2/N_1 = K_i$

式中　$\dot{F}_0$——空载磁动势；

$\qquad \dot{F}_1$——一次磁动势；

$\qquad \dot{F}_2$——二次磁动势；

$\qquad K_i$——变压器电流比。

说明绕组中的电流与匝数成反比，负号表示 $\dot{I}_1$ 与 $\dot{I}_2$ 的方向相反，计算数量时可取绝对值，不考虑符号。变压器负载运行时，一次电流 $\dot{I}_1$ 中的一部分是励磁电流 $\dot{I}_0$ 另一部分是抵消二次电流 $\dot{I}_2$，从而维持原电流 $\dot{I}_0$ 不变，这是电源电压不变所决定的。

（3）功率关系。从上面公式知道，电压比 $K_u = U_1/U_2 = N_1/N_2 = I_2/I_1 = 1/K_i$，如果忽略变压器损耗，则有

单相变压器 $\qquad U_{N1} I_{N1} = U_{N2} I_{N2}$，$P_1 = P_2$

三相变压器 $\sqrt{3} U_{N1} I_{N1} = \sqrt{3} U_{N2} I_{N2}$，$P_1 = P_2$

式中　U_{N1}、U_{N2}——一、二次绕组的额定电压；

$\qquad I_{N1}$、I_{N2}——一、二次绕组的额定电流；

$\qquad P_1$、P_2——一、二次绕组额定功率。

即 $P_1 = U_1 I_1 = U_2 I_2 = P_2$，效率是 100%。事实上，变压器总是有损耗的（如铁损、铜损等），所以效率小于 100%。

第 2 节　变压器干燥处理

一、变压器必须干燥的条件

变压器符合下列条件之一者必须干燥处理：

（1）变压器保存期已超过规定期限，或器身在空气中暴露时间超过允许时间。器身在空气相对湿度不超过 65％条件下，暴露时间超过 16h；在相对湿度不超过 75％条件下，暴露时间超过 12h（暴露时间的计算以器身露出油面至再浸入油面为止）。

（2）变压器绕组明显受潮，吊心后发现器身上有水滴，箱底水量成堆成片，铁心和铁轭绝缘上有明显水迹。

（3）器身绝缘电阻不合格，或较上次测试值降低 30％及以上。

（4）变压器运输时，密封不严，长期接触潮气。

（5）运输用的空气干燥器中的硅胶受潮变色，使绝缘电阻不合格。

（6）变压器绕组局部或全部重绕以后。

（7）更换高压引线分接，重焊低压引线，改接线重新包扎大部分引线绝缘时受潮。

二、变压器可不经干燥的条件

变压器在下列条件下可不经干燥处理：

（1）绕组绝缘电阻或吸收比、介质损耗因数符合标准要求者。

（2）变压器密封良好，变压器油符合标准规定者。

（3）判断变压器是否局部受潮，可测吸收比，当吸收比大于 1.3 时，表明绝缘未受潮。判断变压器是否整体受潮，可测试介质损耗角正切值。对于 35kV 级及以下变压器 $\tan\delta$ 小于 1.5％；对于 35kV 以上变压器，$\tan\delta$ 小于 0.8％，则表明绝缘未受潮，不需干燥处理。

（4）带油但不装储油柜运输的 110kV 及以上的变压器，在不低于 10℃温度下测试绝缘电阻，如果满足下列条件者可不进行干燥处理：①绝缘电阻值不低于出厂记录的 70％；②油内含水量不超标，油击穿电压不低于出厂记录的 75％；③介质损耗角正切不大于出厂记录的 130%。

（5）不带油运输的 110kV 及以上的变压器，在不低于 10℃温度不测试绝缘电阻时，如能满足下列条件可不经干燥处理：①在不低于出厂最低试验温度下，用 2500V 绝缘电阻表测试绝缘电阻不小于出厂值的 70%，测量介质损耗角正切值 tanδ 不大于出厂值的 13% 时；②油箱底部残油含水量不超标，耐电压大于 50kV；③注油 6h 时取油样化验，含水量不超标，击穿电压不低于 40kV 时。

三、变压器轻度干燥的条件

变压器具备以下条件时，可进行轻度干燥处理：

（1）检修经验表明，吸收比小于 1.3，但大于 1.0；20℃时，tanδ 大于 1.5% 而低于 2% 可轻度干燥。

（2）变压器油经检查不合标准，但又接近标准规定。

（3）变压器有渗漏油现象，但油箱和器身未发现明显受潮。

（4）器身在空气中暴露时间超过规定，但未超过 48h。

（5）不带油运输的变压器，残油击穿电压低于规定时；从发货日起超过 6 个月（应 3 个月）未注油者。

四、真空热油雾化喷淋干燥法

1. 常用干燥方法

变压器常用的几种干燥方法有：

（1）在干燥炉内干燥法。

（2）油箱铁损真空干燥法。

（3）热风干燥法。

（4）绕组铜损干燥法。

（5）零序电流干燥法及零序短路干燥法。

（6）真空热油雾化喷淋干燥法。

（7）热油循环法。

选择干燥方法时，要由变压器容量大小、施工现场条件等来决定。有时可同时采取几种干燥方法综合使用，下面仅介绍真空热油雾化喷淋干燥法。

2. 真空热油雾化喷淋干燥法烘干基本原理

真空热油雾化喷淋干燥法适用于现场干燥大中型油浸变压器。

干燥前，需将变压器内腔油放掉，准备合格的干燥的变压器油（一般 2～3t），加热至 100℃左右（不超过 105℃），用油泵将加热好的变压器油打入变压器油箱内，通过特制的雾化喷嘴将热油变成雾状喷淋在变压器器身绝缘上，使器身和油箱内部温度升高，水气散发。器身绝缘中的水气一部分被真空抽走（控制油箱内温度在某一范围内，变压器油不会被抽走），另外一部分水汽被雾化的变压器油带到箱底，被齿轮油泵抽走。由于雾化油能够"无孔不入"地渗入到绝缘材料的各个角落和缝隙中，所以加热均匀，吸收水气彻底。

3. 真空热油雾化喷淋干燥法干燥装置及工作程序

图 6-6 是真空热油雾化喷淋干燥装置示意图。

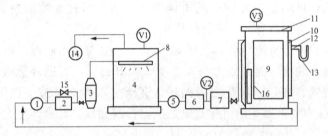

图 6-6　真空热油雾化喷淋干燥装置示意图

1—齿轮油泵；2—可控式电加热器（40～60kW）；3—除酸硅胶罐；

4—真空脱水脱气设备；5—齿轮油泵；6—町控制电加热器（80～120kW）；

7—压榨式滤油机；8—喷雾装置；9—变压器器身；10—油箱外保温层；

11—油箱；12—冷凝器；13—U 形管；14—真空泵；

15—油旁路的压力调整阀；16—油位计；V1～V3—真空表

干燥前对油箱的机械强度进行鉴定，确定抽真空的极限值，必要时可采用槽钢在油箱外点焊进行补强。

干燥前，油箱内所有变压器油全部放出，另准备合格干燥的变压器油进行雾化干燥工作；如果油箱中原有变压器油质量较好，也可以在放油时，油箱内保留一部分（油面在下铁轭上面附近即可，大约 2～3t 油）作为雾化干燥器身之用。

干燥前，变压器油箱外表面（包括油箱盖）要保温。油箱内要安放好测温元件，箱外安放好测量仪表和控制线路、操作台等。

为了使油雾化，还要准备好喷油雾化装置，制造特殊的喷油嘴，在一定油压下保证将变压器油雾化，喷淋在变压器身上。

进行干燥时，首先开动真空泵，真空度为 1.3×10^4 Pa 时开始。开始时真空度不要太高，真空泵 14 在低真空度下工作。真空度上升程度取决于变压器油箱的机械强度，以油箱壁在弹性范围内变形为度，然后由齿轮油泵 1 抽出变压器油箱内的油通过加热器 2 加热，送入到除酸硅胶罐 3 内，除酸后的变压器热油进入真空脱水脱气设备 4 内（可自行制造简易真空滤油机）。

变压器油经过除酸、脱水、脱气之后，由齿轮油泵 5 打入可调式电加热器内再加热（100℃左右），再进入压榨式滤油机 7 或滤网内，目的是清除油中的机械杂质。然后再打入喷油装置内，从喷嘴喷淋到器身上，进行加热和干燥。

热油将器身绝缘各部位的水气带走，沉入油箱底部，再由齿轮油泵 1 抽出（油泵压力约 0.2～0.25MPa），进行循环除酸、脱水、脱气、加热、除杂质等循环，直至变压器绝缘被干燥为止。100℃左右的油温是由可控式电加热器控制和加热，喷油压力（能形成油雾）是由旁路调节阀控制，真空度是用真空表 V1～V3 显示出来，油箱内剩余油面高度是由油位计 16 观察。

4. 真空热油雾化喷淋干燥法的特点

（1）真空热油雾化喷淋干燥法是一种高效率、优质量的现场烘干的方法，尤其适用于 1000kV·A 以上大中型油浸变压器，在直接在现场进行烘干。

（2）由于热油形成雾状喷射在线圈绕组绝缘上，所以不会损伤绝缘。

（3）烘干后器身绝缘不收缩，不会因绝缘收缩而引起各部紧固件松动，所以烘干后可以不必做第二次吊心检查工作。

（4）简单易行。

5. 真空热油雾化喷淋干燥法烘干注意事项

（1）干燥所用的变压器油，最好是干燥的合格的变压器油，要求：①油中水分含量小于 10；②在 90℃ 时，tanδ 值应小于

0.2%；③油击穿电压值在 50kV 以上。所以直接使用变压器本身的油进行烘干时，需要将这部分油反复过滤，经过多次除酸、脱水、脱气和滤除杂质才能符合要求，这样做就会影响烘干速度。

（2）热油的流量控制在 $0.025\sim0.03m^3$，喷油嘴喷出的油压可控制在 $0.19\sim0.29MPa$。

（3）变压器油箱的机械强度不够时，可考虑在油箱外临时焊上加强筋，待烘干完成后，再拆除临时加强筋。这样做可提高真空度，有利于提高烘干速度。

（4）烘干所有的输油管道，使用前均要采用合格的变压器油冲洗干净，经几次冲洗后，冲洗用油与冲洗前的油在性能上相同，才表明油管冲洗合格了。

（5）烘干过程，应每 1h 测一次绝缘电阻和各部位的温度，作好记录。

（6）干燥结束后，干燥用的变压器油从油箱底部全部排出，再用合格的变压器油冲洗器身和油箱。

（7）必要时吊心检查，一般情况可不进行吊心，因为绝缘不收缩，各紧固件不会松动。

（8）真空注油。

6. 判断绝缘干燥合格标准

（1）干燥过程中，每隔 1h 测量一次绝缘电阻值，开始烘干时各部位的绝缘电阻随温度上升而降低，以后，又随温度上升而上升，一直上升到某一稳定值，经历一段时间（6～8h）不变且无凝结水，则认为变压器烘干合格，可画出绝缘电阻与时间的关系变化曲线。

（2）连续测量集水器内的集水量，一直达到集水量稳定到某一最小值，并经历一段稳定时间，则认为合格。

实际判断绝缘干燥时，上述两种考核方法可综合考虑。

五、干燥时安全技术措施

（1）变压器附近严禁吸烟和做与烟火有关的各项工作，同时要放置灭火用具（砂箱、铁锹、水桶等）。

（2）清除变压器周围的易燃物和垃圾。

（3）所有电气装置均应妥善接地。

（4）测量绝缘电阻时要先拉闸，不可带电测量。

（5）手提灯电压不大于 36V。

（6）接入或断开电源时，必须带橡胶绝缘手套。

（7）值班人员必须有专人负责。

（8）温度计的安装，注意不要碰到线圈，不要垫很厚绝缘，以防影响测量的准确性。

（9）发现局部过热时要及时拉闸，线圈最高温度不超过规定温度（95℃）。

（10）发现火灾时，值班人员要及时发出火警和切除电源。

（11）严格遵守安全规程。

第3节 变压器故障检修

一、变压器检修目的

长期运行和新安装的变压器，由于受到电磁力、热应力、电腐蚀、化学腐蚀、运输振动、受潮等影响，会导致变压器发生各种故障，为了保证变压器安全运行，对不符合规定和要求的部分零部件，应更换或修复，对检测和检查发现隐患的地方，要定期进行检修。变压器通过检修、消除隐患和故障，保证安全运行。

二、变压器检修的周期及项目

1. 变压器检修周期

变压器检修分为大修和小修两大类，是以吊心与否为分界线。变压器大修是指变压器吊心或吊开钟罩的检查和修复，小修是指不吊心或不吊开钟罩的检查和修理。

当变压器临时发生故障时，有可能随时决定吊心或吊开钟罩进行检修。

正常运行的主要变压器在投运后的第 5 年内和以后每 5～10 年内应吊心大修一次；一般变压器及线路配电变压器如果未曾过载运行，一般是 10 年大修一次。

对于充氮和胶囊密封的变压器可适当延长检修周期，经预防性试验认为有必要吊心时，才吊心检查大修。

一般情况下，变压器小修周期是每年至少一次，环境特别恶劣地区可缩短检修周期，火电厂内每半年要小修一次。

对于新安装的变压器或运输后变压器投入运行满一年时，均应吊心检修一次，以后每隔 5～10 年大修一次。

2. 变压器小修项目

（1）检查和清除变压器外观缺陷，并进行全面清扫工作。

（2）检查储油柜的油位，放出积油器中污油及水分。

（3）检查安全气道、防爆膜有无破裂。

（4）检修套管的密封情况，套管引出线接头情况，清扫套管和调整套管的油位，检修全部阀门、塞子和密封状态。

（5）检查气体继电器和测温装置。

（6）检查和调整分接开关，并试操作。

（7）检查散热器的风扇及控制系统。

（8）补充变压器油和套管中的油，取油样做简化试验。

（9）检查接地装置是否接地良好。

（10）检修变压器保护装置、测量装置及操作控制箱。

（11）油漆及附件检修、涂漆。

（12）进行例行的测量和试验。

3. 变压器大修项目

（1）吊心或吊开钟罩检修器身。

（2）做大修前的各项试验及变压器油化验工作。

（3）检修绕组、引线及磁屏蔽装置。

（4）检修铁心、穿心螺栓、铁轭夹件、压钉以及接地片等。

（5）检修分接开关（无励磁的和有载的分接开关）、夹件、围屏，处理缺陷。

（6）检修 60kV 及以上的油纸电容套管和 40kV 以下的充油套管。

（7）检修箱壳及附件（套管、散热器、储油柜等）。

（8）检修冷却系统（风扇、油泵等）。

（9）检修测量仪表及信号装置，如电接点式温度计、电阻式遥测温度计、水银温度计等。

（10）清理油箱、处理渗漏油、更换密封件及喷漆工作。

（11）滤油或换油。

（12）变压器总装配。

（13）变压器干燥。

（14）试验和变压器投入运行。

4. 故障变压器的检修项目

（1）外部检查。发现变压器出现故障，首先应从外部详细检查，同时做必要的试验，分析和判定故障可能原因及提出检修方案。

1）检查储油柜的油面是否正常。

2）安全气道的防爆膜是否爆破。

3）套管有无炸裂。

4）变压器外壳温度如何。

5）油箱渗漏油情况如何。

6）一次引线是否松动，有无发热现象。

7）再根据仪表指示和运行记录进行分析。

8）根据气体继电器动作情况，收集气样，鉴别气体的可燃性和对颜色进行分析。如果气体呈黄色，不燃烧，则是木质材料过热；如果气体呈淡灰色，有强烈臭味，则是绝缘纸过热；如果气体呈灰色或黑色，气体易燃，则是变压油过热故障。

9）根据差动保护器的动作，配合试验进行更深入的分析。

（2）电气试验检查。

1）绝缘电阻的测试。按试验规程要求选用电压等级合适的绝缘电阻表进行测试，拆开一、二次引线连接，必要时中性点也打开。如果测试的绝缘电阻值很低，则说明有接地故障；如果测出的绝缘电阻值小于上次测量的70%，且吸收比低于1.3，则说明变压器已受潮。

2）绝缘油样化验。对从气体继电器取出的气样和从变压器油箱内取出的油样进行化验分析，判别故障原因和性质。有条件时要做气相色谱分析，检查变压器的潜伏性故障。

3）电压比测定。测出电压比可以判定分接开关是否有故障以及绕组匝间是否有短路故障存在。

4）绕组直流电阻的测定。测量绕组直流电阻可以查出焊接故障以及绕组断路、短路、分接开关、引线断路等故障。为了查明故障点，应将绕组连接线打开，测量每相的直流电阻值。三相直流电阻值大于 5％时，并与上次测得的数据相差 2％～3％，可以判定是绕组有故障。

5）直流泄漏和交流耐压试验。变压器做外施耐压之前应先做直流泄漏试验，如果变压器存在缺陷，能在直流泄漏试验中表现出来，可避免先做外施耐压试验变压器绝缘被击穿的可能。查找故障时，尽可能在非破坏情况下查出。如果直流泄漏试验检查不出故障时，再做外施耐压试验。

6）空载试验。通过空载试验，可以看出三相空载损耗和三相空载电流是否平衡和过大，从而发现变压器的故障。

三、变压器吊心或钟罩的操作

1. 吊心前的准备

（1）现场应有所需的起重设备，能吊出器身或吊开钟罩（质量见铭牌）。

（2）准备好滤油设备，一般用压榨式滤油机或真空滤油机。

（3）准备好干燥方案和设备。

（4）准备好试验设备以及各种仪表和操作工具等。现场周围用围栏围上，附好安全标志。

（5）对吊心前的变压器做绝缘电阻、直流电阻等测试，目的是了解变压器检修前的绝缘情况和电气参数。变压器经修理后做试验时，测试的数据可与吊心前比较。另外要做油化验等工作，总之，要留有原始记录。

（6）现场要有消防器材，并严禁吸烟。

2. 吊心注意事项

（1）起吊之前做好起吊准备工作，起吊设备吨位足够，所以钢丝绳应经严格检查合格，否则不能使用，吊绳与铅垂线之间夹角不大于 30°；先试吊，合格后才能正式吊心。

（2）吊心时要选择无风晴天，相对湿度不大于 75%，器身在空气中停留时间尽可能短，以防绕组绝缘受潮。环境温度应大于 −15℃，器身低于环境温度时，应使器身加热温度高于大气温度 10℃ 以上。器身暴露在空气中的时间见表 6-2 的规定。

表 6-2　　　　　　　　器身暴露在空气中的时间　　　　　　　h

变压器绝缘等级/kV	相对湿度≤75%	相对湿度≤85%
≤35	24	18
110	16	12
220~330	12	8
500	8	

注　当相对湿度大于 85% 时，要采取防护措施，如周围加温、绕组加温或缩短检修时间等。

器身在空气中暴露的时间，是从开始放油时器身与外界空气相接触时算起，注油时间不包含在内。当空气相对湿度大于 75% 时不允许吊心检查。

（3）吊心时，要有专人负责，油箱四角要有人监视，防止器身与器箱相撞。钟罩吊起时不可在空中摆动，以防撞坏器身。钟罩吊起 100mm 时暂停，检查吊绳有无偏斜，如有偏斜应放下找正后再吊起。

（4）使用的工具要有专人保管，事先登记件数。

四、绕组绝缘受潮故障及检修

1. 绕组绝缘受潮原因

（1）由于变压器密封不严，渗漏油，外界潮气和雨水浸入。

（2）绕组表面有油泥，不干净。

（3）变压器油劣化分解，产生水分。

（4）绕组绝缘老化。

（5）绕组有虚接地部位。

2. 绕组绝缘受潮的检修

（1）吊出器身，用合格的变压器油冲洗几遍，炉温为 95~100℃，每隔 2h 测一次绝缘电阻，当绝缘电阻上升到最高值并稳定6～8h，可出炉。

（2）箱体密封不严和渗漏油处要处理好。

（3）绕组虚接地部位检查出来后及时修复。

（4）变压器油要按规定进行化验。

（5）变压器不可过电压和过载运行。

（6）吸湿剂定期更换，变压器油定期补足。

五、绕组过热故障及检修

1. 造成绕组过热的原因

（1）绕组故障。如匝间短路故障，产生高热，严重时使变压器油因局部过热产生沸腾的"咕噜、咕噜"响声。造成绕组匝间短路故障原因有：

1）绕制绕组时操作不当，尤其在导线换位时因弯头和敲打致使导线绝缘遭受损伤。

2）因长期过载，绝缘老化。

3）油面因渗漏油下降，使绕组失去冷却。

4）油道堵塞、油泥敷在绝缘表面上影响散热。

（2）局部发热。引线和绕组焊接处、绕组内部焊接处、引线与套管的导电杆螺母连接处等局部发热。

（3）接触不良。分接开关接触不良，造成局部过热，如接触点压力不够、接触面有烧伤、定位指示与开关的接触位置不对应、开关接触点有污垢和油泥、开关触点松动，使周围绝缘发热等。

（4）绕组变形。绕组变形，使油道堵塞。

2. 检修方法

由于绕组过热故障均在油箱内部，所以修理时，要吊出器身进行检查和修理。

（1）对于焊接点因焊接质量不好而过热时，可将焊接点外包和白布带或绝缘纸（因过热会变色炭化）彻底清除掉，经过重新焊接后再包扎绝缘处理。

（2）分接开关故障处理，首先是拆下分接开关后进行检查，失去弹性的弹簧要更新；烧伤的触点要换新的，轻微烧伤可用细锉刀和细砂布打磨修整。整体分接开关要用合格变压器油冲洗几遍，彻底清除开关箱内油泥和脏物。检修后做直流电阻测试检查，各触点接触应良好、位置正确。

（3）对于绕组故障严重时，如绝缘老化、绕组严重烧毁应进行大修重绕绕组。

六、绕组短路故障及检修

1. 绕组短路故障现象

绕组发生匝间、相间或股间短路故障时，最明显的故障现象如下：

（1）油温剧烈增高，油箱内的变压器油因过热而翻滚，发出"咕嘟、咕嘟"声。

（2）电流明显增大、高压熔体熔断，箱壳发生振动，低压侧电流不稳，绕组直流电阻不平衡。

（3）油箱安全气道和储油柜冒黑烟、向外喷油。

（4）气体继电保护动作，跳闸断电。

2. 绕组短路故障原因

（1）施工不当，造成导线绝缘损坏，如安换位弯头时用力过猛、方法不对使导线绝缘压破，器身装配时，压紧力过大等。

（2）导线和绝缘材质不好，导线有重皮、尖角和毛刺、绝缘质地不良，漆膜附着力不强，匝间绝缘有破损（如"跑层"和"拔缝"现象）。

（3）绕制线圈时，拉力不均，由于拉力太小，线匝间松弛，在电磁力振动下匝绝缘磨破形成匝间短路。

（4）运行方面的原因：①干燥处理不当和绕组在运行中受潮，油箱内进水；②长期过载，使绕组绝缘因过热而老化；③由于大气过电压或操作过电压的原因，使绕组匝间或相间绝缘击穿短路；④油道堵塞，油流不畅或冷却器故障，使绕组温度过高而使绝缘老化；⑤由于渗漏油原因，使变压器油面过低，绕组露出油面形成绕组短路；⑥变压器运行年久失修，绝缘老化，耐压强度过低。

（5）采用的换位导线材质不良，导线编织松散，抗弯强度较差，造成股间短路。

（6）拆装变压器时，在紧固引线螺母时，使套管下软铜缓冲片相碰，形成相间短路。

（7）导线外包绝缘厚度不够，造成绕组绝缘击穿，如 220kV 绕组的匝间绝缘厚度过去（1979 年）用 0.95～1.3mm，厚度不够，造成匝间绝缘事故。

（8）施焊质量不合格，有虚焊现象，焊点没锉平，有尖角刺破绝缘。由于接触电阻太大，使绕组局部过热而损坏绝缘。

（9）油中有杂质、油泥、在电场作用下腐蚀绕组绝缘，使绝缘劣化。

3. 绕组短路的检修

确定绕组短路后，应着手吊心检查和修理。

（1）放油，拆下紧固螺栓。

（2）吊开钟罩或油箱盖，解开围屏，对器身进行详细检查并制订修理方案。

（3）外观检查绕组绝缘劣化和故障情况、判定绕组绝缘老化程度。

绝组绝缘老化程度可根据其外表颜色、弹性、密度、机械强度以及有无损伤来判定，从而确定绕组是继续使用还是局部或全部重绕大修。

（4）对于绕组绝缘良好，只是外绕组局部因短路"放炮"。这时可采取局部修理。首先松开绕组紧固压钉，清理绕组表面脏物。拆下故障线匝，用同规格的导线采用"大回旋的盘绕"办法进行绕线，按原始记录或图样接好，将补绕的线段和接头焊接好。经检查试验无问题后，锁紧压钉，包好围屏，扣上钟罩，注油做变压器整体试验，合格出厂。

（5）对于绕组损坏严重的或内部与中部绕组匝间短路的，则需拆开铁轭夹件，卸下上铁轭片，吊出端绝缘和故障绕组。大修后或整体更换新绕组后，套装好各绕组及端部绝缘和主绝缘，插上铁轭片，紧固线圈和铁轭夹件，接头焊接后，检查试验，合格后扣回钟罩或箱盖，经绝缘干燥处理，做出厂试验。

（6）绕组相间短路故障通常是两相线圈引线上的软铜接线长（缓冲片）相碰引起的，检修时要把相碰的两相软铜接线卡用扳手拧离开，并拧紧即可。

（7）绕组股间短路故障可用 500V 绝缘电阻表检查，检查出来后尚不知短路点，再用股间短路探测器查找。

七、绕组断路故障及检修

1. 绕组断路原因

（1）引出线与套管接线松脱。

（2）引出线与分接开关接触不良或错位。

（3）导线接头处焊接不良。

（4）外界机械振动，使引线断开。

（5）绕组发生短路将导线烧断。

（6）导线换位时，使导线换位处并联导线扭断或裂缝，运行中断开。

（7）雷击断线。

2. 绕组断路检修

（1）如果是熔断器的熔体烧断，可用合适规格的熔体换上。

（2）引线焊接处烧断，要用银焊方法补焊牢。引线与套管或分接开关用螺栓螺母连接的，应再次紧固，发现螺纹乱扣应更换合格的螺栓。

（3）分接开关触点接触不良，要检查修理。如分接开关弹簧压力不够、触点磨损要换新的，修后要测试直流电阻值。

八、绕组接地故障及检修

1. 绕组接地原因

（1）主绝缘老化、破裂。

（2）绝缘油受潮。

（3）绕组内有杂物落入。

（4）过电压击穿绝缘。

（5）油箱内有金属物搭接在铁心和某一相绕组上。

（6）有金属物搭接在箱盖和接地相瓷套管端子上等。

2. 绕组检修方法

（1）首先测量绕组对地的绝缘电阻，发现接地时应吊心检查和修理。

（2）查出异物或金属物造成绕组接地，排除金属物即可解决。

（3）对于绝缘老化的变压器绕组，要及时重绕大修。

（4）受潮的绝缘油要进行过滤处理，检查受潮原因，及时处理。

（5）防止变压器过电压，加强保护措施。

九、绕组放电故障及检修

1. 绕组局部放电原因

（1）油中含有水分或受潮，使绕组之间或绕组与铁心、油箱壁之间绝缘强度降低造成局部放电。

（2）绝缘材料含有空穴、质地不良，使耐压强度降低。

（3）金属件有尖角、毛刺、漆痕等，在高电压下产生放电。

2. 产生火花放电的原因

（1）处于高电位的金属件，因悬浮电位产生火花放电。

（2）油中杂质引起火花放电。

3. 产生电弧放电的原因

（1）引线烧断时产生电弧放电。

（2）分接开关飞弧时，产生电弧放电。

（3）绕组匝间绝缘击穿时也产生电弧放电。

十、绕组绝缘击穿故障及检修

1. 击穿故障原因

（1）过电压的影响。过电压有操作过电压、暂态过电压和雷电过电压。操作过电压容易造成主绝缘和相间绝缘的损坏。暂态过电压使三相变压器发生单相故障时，主绝缘的电压对中性点接地系统将增加30%，对中性点不接地系统将增加73%，因而会损伤绝缘。雷电过电压会引起纵绝缘（匝间、相间绝缘）上电压分布不均匀，从而使绝缘遭受损伤。过电压的电压越高、作用时间越长、作用的次数越多，则绝缘受损伤越大。

（2）质量问题。绝缘材料质量差，有缺陷或绝缘结构不合理。在修理中常见的质量问题有：

1）高压绕组抽头引线间绝缘包扎不良。

2）导线换位处的 S 弯受损伤，绝缘垫过薄或垫偏。

3）绝缘材质不合格，绝缘体存在内部缺陷，绝缘强度降低。

4）导线质量不好，不符合质量标准。

（3）制造或修理工艺不良造成绝缘击穿。绕制线圈时，导线表面有毛刺，绝缘局部破损，焊接头焊接不良，绝缘结构不合理，弯 S 弯换位时绝缘垫损坏，引线或抽头部位绝缘包扎不良等。

（4）其他。

1）绕组长期过载运行。

2）变压器烘干处理不当，运行中受潮。

3）分接开关倒换错位，使局部短路。

4）绝缘老化，变压器运行年久失修，绝缘油劣化变质。

5）油箱渗漏油严重，绕组露出油面。

6）油泥过多，油管堵塞，影响变压器散热，使绝缘老化。

2. 检修方法

（1）对入厂的绝缘材料和电磁线要严格检查，不合格的产品不能投入生产。

（2）绕组的绕制、焊接、浸漆烘干处理等，要严格按照施工工艺和质量标准进行施工。

（3）要有预防过电压措施。

（4）确认绝缘有击穿故障，要吊心或吊钟罩，吊出器身后进行绕组检查和处理。

对于局部绝缘击穿，如果导线未烧断或烧伤时，先剥去旧绝缘，擦拭线圈表面，用细砂布打去毛刺，再用绸带或电话纸包扎好绝缘，要求包紧，经局部预热后刷上 1030 绝缘漆，局部干燥或整体入炉干燥。

十一、铁心常见故障及检修

1. 铁心过热故障及检修

造成变压器铁心过热的原因有：

（1）电源电压过高。变压器在过高电压下运行，铁心磁通密度过饱和，使铁损耗增加许多，造成铁心过热。

修理方法是调节变压器分接开关分接头，使电源电压在 $\pm 5\%$ 范围内。

（2）绕组匝间短路。造成绕组匝间短路的原因是修理重绕绕组时对绕组绝缘有损伤，如不正确的敲打、弯头等，使绕组绝缘遭受机械损伤；运行日久，绝缘老化；长期过载运行等。修理方法是重新绕制绕组。

（3）铁心硅钢片存在短路。

（4）铁心冷却油道堵塞。由于油道撑条变形、松动、歪斜，将油道堵住，使油流不畅，变压器铁心因冷却不佳而造成铁心过热。

2. 铁心短路及检修

铁心短路的原因有内因和外因两种情况。

（1）硅钢片本身缺陷（内因）引起短路及其修理。

1）大修时更换铁心，选用的硅钢片有缺陷，如硅钢片涂的绝缘漆膜脱落，绝缘氧化膜附着力差脱落，硅钢片表面粗糙等，造成片间短路。

2）硅钢片保管不当，长期受潮，使其表面锈蚀，漆膜脱落，造成片间短路。

3）硅钢片加工毛刺超标，叠装后压破绝缘漆膜，造成片间短路。

4）叠片压力过大，损伤了片间绝缘。

（2）外界原因引起铁心短路及修理。硅钢片本身无缺陷，但由于外界原因引起铁心全部或局部产生短路。

（3）有些紧固件是与铁心绝缘的，但由于某种原因隔开铁心的绝缘板或绝缘套管损伤或破裂，造成局部铁心硅钢片被金属紧固件短路，如钢带绑扎时的绝缘卡扣损坏或铁心柱穿心螺杆排间短路等，造成邻近的硅钢片短路。解决办法是更换紧固件（如铁轭夹件、穿心螺杆、钢带用绝缘卡扣、拉板等）与铁心之间的绝缘。钢带绑扎的绝缘卡扣损坏时，要更换成新品。

（4）接地片与跨过的硅钢片短接，应在接地片下面垫好绝缘。

（5）绝缘油道的两端铁心相连通，造成原因是油道缝隙内进入导电脏物或油道片翘起使油道两端铁心相连。解决办法是彻底清理油道中脏物，不规则的油道片调整合适。最后检查油道两侧只有一个接地点为合格，否则应重新处理。

（6）铁心硅钢片被烧伤或机械损伤。由于绕组故障或零部件故障产生电弧将硅钢片局部烧熔；另外硅钢片遭受机械损伤，使部分硅钢片变形、挤压造成铁心短路故障。修理时视短路故障程度而采取不同的方法。

3. 铁心异常响声及检修

变压器通电后会产生"嗡嗡"的均匀响声，这是正常的响声，如果变压器响声中还有其他杂声时，这就是异常响声。产生异常响声的原因及检修方法如下：

（1）电源电压过高或过载而引起异常响声。这种响声比正常响声大，随着电压、电流增大而增大，当负载突变时，这响声可能夹杂"割、割、割"响声，从电压表、电流表的指针上可看出指针产生摆动。解决办法是调整变压器的分接头，使电源电压正常；另外查得负载情况，使负载正常。

（2）紧固件松动。铁轭穿心螺杆未拧紧，产生很大的异声。如果拧紧后还未消除，说明铁心叠片边缘还有未压紧的区域，可在未压紧的硅钢片缝隙中垫入薄纸板塞紧。

（3）绕组匝间短路，使铁心磁通密度过饱和产生很大的异声。同时由于绕组短路严重发热，铁心过热，造成变压器油局部沸腾，会发出"咕噜、咕噜"像水烧开的声响。解决的办法是吊心检查，必要时重绕线圈，同时检查绝缘油，必要时要过滤处理。

（4）铁心大修装配工艺不当造成异响。铁心大修装配工艺不当会出现不正常的响声，有以下几种情况：

1）铁心装配时，硅钢片之间接缝不均或缝隙过大，在硅钢片接缝处形成空间，在电磁力作用产生振动，这种故障最好重新插片。

2）使用硅钢片的厚度不同，或者有的两片一叠，有的三片一叠，叠片数目不一致，或者每级铁心总厚度不一致，均会产生异响，又因为在电磁力作用下，各硅钢片的接合处有"悬空"和"空隙"处，产生电磁振动。如果仅有个别处，又有铁心表面，可用塞纸办法解决，一般情况下只有"推倒"重新进行铁心装置。

3）在铁心叠片时，使用损伤的硅钢片，如弯曲的、边缘撬边的等，也会产生电磁噪声。

发现上述故障时，首先检查各紧固件是否紧固，要逐件拧紧后再通电检查，如果还未降低或消除异声，最后只能重新装配铁心。

4. 穿心螺杆绝缘损坏及检修

穿心螺杆有铁心柱紧固用的穿心螺杆和紧固铁轭用的铁轭穿心螺杆，它们与铁心孔之间是靠绝缘管和绝缘垫圈进行绝缘的。对于铁心柱穿心螺杆绝缘损坏的修理是把它去掉，铁心柱用无纬绑扎带绑扎，这样做可根除隐患，新产品早已不用心柱穿心螺杆了，只有检修老变压器时偶尔碰上。铁轭穿心螺杆绝缘套管破裂或绝缘垫圈破裂，会使螺杆与轭部硅钢片碰在一起，使硅钢片局部短路，造成螺杆接地。

在检修时，用绝缘电阻表测量穿心螺杆绝缘电阻。如果测量值较前降低一半以上时，应找出原因，更换新穿心螺杆绝缘套和绝缘垫。为了应急，可采用薄绝缘纸板代替绝缘套管，使变压器运行，但事后必须更换合格的绝缘套。

对于螺杆绝缘套管和绝缘垫破碎的，必须按同规格的换上。

在更换新绝缘套管时，要注意套管长度要合适，应在铁轭孔内，不可长出铁轭厚度，应比铁轭厚度短 3~5mm，这样拧紧螺母后，就不会因绝缘套管过长而被挤裂、挤碎，造成螺杆接地。放置绝缘垫时要放正，拧紧螺母时压力要合适，不可用力过猛而把铁轭绝缘挤破。再确认铁轭螺杆有故障必须更新时，首先拧下铁轭穿心螺杆的紧固螺母，然后抽出故障螺杆，取出绝缘套管，清理铁轭孔内脏物，将新绝缘套管插入孔内，垫正铁轭绝缘垫，套入清理干净的铁螺杆，使上下垂直不歪斜，再拧紧紧固螺母。最后，测试绝缘电阻和绕组直流电阻，合格为止。

5. 铁心接地片不良故障及检修

变压器铁心接地不良，会出现特征气体，油中可燃气体剧增。另外介质损耗因数值偏大，油箱内有间歇放电现象，气体继电器动作。

造成铁心接地不良的原因是接地片未能在硅钢片中夹紧，深度不够，或铁片之间松散，低压引线对铁轭放电，使接地片受损伤。对于大型变压器，为了降低局部放电量，在铁心柱表面装设接地屏，以屏蔽铁心柱表面的棱角。有的接地屏所连接的各铜带的连接片在插入心柱时，将铁心短接，烧毁了绝缘纸板。

修理方法是重新正确装配。对于接地铜片要在铁心内夹紧，松散的铁轭要将铁轭夹件重新夹紧，低压引线对铁轭放电故障要排除。

十二、变压器套管故障及检修

变压器吊心检修时，应将套管拆下进行检查和修理。

1. 套管外观检查

（1）检查套管表面前要擦拭干净，检查套管表面瓷质是否有放电烧痕，有无裂纹和破损，要求瓷质光滑完整无损。

（2）导电杆螺纹是否损坏，有无过热现象。

（3）检查套管各密封处是否有渗漏油现象，如有，要更换合适的密封件，然后对称地均匀地拧紧固定螺钉。

（4）检查套管上的储油柜（玻璃油盅）有无裂纹，吸湿器是否堵塞，油位是否正常，有裂纹的储油柜要更换。为了防止套管内的绝缘油受日光照射加速老化，更换的储油柜表面应涂白漆，在背阳面留一条缝不涂漆，便于看油位高低。

（5）检查油位是否正常，对于缺油的要补充。

（6）取出油样做简化试验。

2. 35kV 及以下连通型充油套管的检修

（1）套管外观检查。

（2）套管解体检修时，对角拧松法兰螺母或螺栓，用手轻轻晃动套管，使法兰与密封胶垫间产生缝隙，然后可取下瓷套。

（3）拆下的零件放在专用箱内保存，不可遗失。将所拆下的螺母、螺栓、垫圈清洗干净，螺纹损伤的要修理或更换新的，数量不够的要补齐。

（4）密封胶垫换新的，旧的不要复用。

（5）取出绝缘筒，绝缘筒的导电杆表面的覆盖层要保护好，清除油垢后用塑料布包严，防止污染和受潮。

（6）用干净布擦拭瓷套内壁，使瓷套内清洁。在套管下部第一瓷裙与压台之间要均匀涂半导体漆，防止局部放电。

（7）瓷套和绝缘件送入干燥炉内干燥，温度控制在 70～80℃，不少于 4h 的烘干，升温速度为 10℃/h 左右。

（8）烘干合格后，将套管垂直放在支架上，进行组装，组装程序与拆卸程序相反。组装时使导电杆处于瓷套中心位置，如果间隙不均会引起局部放电。

3. 充油套管现场整体清洗

高压充油套管中绝缘油由于运行日久老化变劣，在检修时应更换合格的新变压器油，如果电容芯子受潮和被污染还要进行清洗烘干处理。

套管的清洗要用合格的变压器油冲洗，温度不低于 20℃。首先将套管垂直放在专用支架上（见图 6-7），取旧油样做简化分析，同时测量介质损失角正切值、泄漏电流作为原始记录。打开放油塞，将套管中的脏油全部放净。拆下储油柜，用合格的变压器油自顶部开口处向下冲洗套筒内部电容芯子和绝缘油泥。冲洗是用油泵进行的，如有条件也可在现场用真空泵抽出潮气以及真空下注轴，如图 6-8 所示。冲洗干净后（一般要 30min 左右）放油，注入温度为 35～40℃的合格新油，再冲洗 2～3h。清洗后，停 1h 取

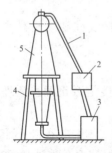

图 6-7　套管清洗示意图
1—软管；2—离心机；3—滤油泵；
4—支架；5—套管

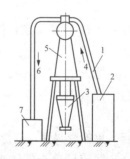

图 6-8　套管注轴装配示意图
1—软管；2—油桶；3—支架；4—油
5—套管；6—空气；7—真空泵

油样，并从套管中放出变压器油，最后再真空注入新的合格变压器油，并按试验标准做耐压试验，1min 不击穿为合格。试验时，套管的下部应置于油中进行。除做耐压试验外，必须测试介质损耗因数 tanδ。

十三、气体继电器故障及检修

1. 气体继电器故障检修要求

（1）首先打开继电器外罩，拆开外部引线（见图 6-9），然后拧下继电器上盖的固定螺钉，取出气体继电器的芯子。

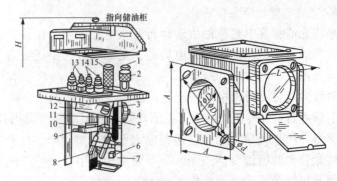

图 6-9 QJ2 型挡板式气体继电器的结构

1—顶针；2—嘴子；3—上磁铁；4—重锤；5—上干簧接点；

6—下磁铁；7—挡板；8—下于簧接点；9—调节杆；10—弹；

11—探针；12—开口杯；13—跳闸端子；14—信号端子；15—罩

（2）清理上盖油泥和污物，检查各接线柱和端子是否紧固、完整。

（3）检查挡板是否灵活。

（4）检查内部接点到接线柱间的连接是否正确。清理视窗，使其干净。

（5）更换密封件，内部清理干净后把气体继电器芯子回装。

（6）回装后检查气体继电器整体密封情况，加油压 200kPa，保持 1h 应无渗漏。

（7）端子绝缘强度试验。测量引线小套管之间及对地的绝缘电阻，并做耐压试验，工频，2000V，1min 不击穿为合格。如用

2500V 绝缘电阻表测绝缘电阻时，要求摇 1min，绝缘电阻应在 300MΩ 以上。

（8）信号回路动作容积试验。当气体容积达到 250～300cm³ 空气时，信号回路应动作。

（9）跳闸回路做流速试验。自然油冷却的变压器动作流速应为 0.8～1.0m/s（容量≤120MV·A）；强油循环的变压器动作流速应为 1.0～1.2m/s；容量>120MV·A 时为 1.2～1.3m/s。

（10）气体继电器检修时，为了调节上油杯信号接点动作的气体容积 250～300cm³，可改变重锤的位置，同样，调节下油杯的平衡锤和挡板位置时，可使下油杯动作并能调节油的流速。

转动螺杆，可调节下磁铁与下于簧触点的距离 0.5～1mm。

2. 气体继电器安装操作

图 6-10 是气体继电器的正确安装。为使继电器动作灵敏，使油箱内气体全部进入继电器内，要求连接油箱和储油柜的连接管应与箱盖的最高点连接，并使导油管对箱盖有不小于 2%～4% 的升高坡高。另外要使箱盖沿气体继电器的方向有 1%～1.5% 的升高坡度。

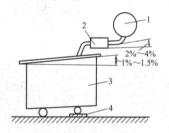

图 6-10 气体继电器的正确安装
1—储油柜；2—气体继电器；
3—油箱；4—垫块

安全气道、瓷套管底部应有钢板罩，加强筋应打孔，使气泡能顺利地进入油管中去。但要注意，气体继电器本身安装是水平的，可在安装时用水准仪测量。气体继电器外壳红色箭头方向应指向储油柜，不可装反。

十四、储油柜常见故障及检修

储油柜常见的故障有渗漏油；油位计玻璃管有油垢，不透明；柜内锈蚀；隔膜密封不良；油连接管堵塞；胶囊破裂（胶囊是用 0.6mm 厚的多层丁腈和氯酊橡胶制成）等。

检修时首先把储油柜中的油从下部放油孔放出，排除沉淀油泥，将储油柜用干净的变压器油冲洗几遍。对于储油柜一侧端盖是可拆的，可拧开固定螺栓拆下端盖，进行柜内检查。以前老式储油柜不能拆端盖时，要用乙炔气切割一端，并在四周留下圆环，以备改成可拆式端盖时补焊新端盖。将储油柜内表面清洗干净。如果锈蚀非常严重时，要用火碱水冲洗干净后，试漏补焊。全部冲洗和修理后，再在柜内表面喷上耐油清漆，清理所有密封垫处的漆膜和锈蚀。

油位计玻璃管清理干净，使其透明，不应有裂纹。油位计的指示应正确，温度标记要清楚，不清楚的要重新画上，按图 6-11 所示进行标志。

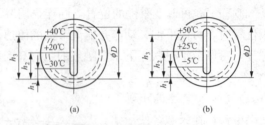

图 6-11　温度标记尺寸
（a）一般地区用；（b）热带地区用

储油柜与安全气道和油箱的连接管应无堵塞，保证油路畅通。对于全密封式储油柜，还要检查隔膜或胶囊袋是否密封完好。要拆下来做充气试验，如有漏气，可在漏气处除油，然后用聚硫橡胶粘补，最后试漏。对于严重裂损的隔膜要更新。

储油柜检修全部密封后要做密封检查，用 50kPa 油压试漏，经 6h 不渗漏为合格。胶囊式储油柜取出胶囊倒出积水要做密封试漏，可通气进行气压检查，压力为 20～30kPa，时间 12h，无渗漏为合格。也可将充气胶囊浸泡在清水池中检查，不冒气泡为合格，时间不少于 12h，否则更换全部密封垫。

合格的胶囊用干净布擦净放入储油柜内，气体继电器的连管口应加焊挡罩，防止胶囊堵塞连管口。为防止油进入胶囊，胶囊出口应高于油位计和安全气道连管，并保证相互连通。

隔膜式储油柜在检修前试油压，压力为 20～30kPa，时间 12h，应无渗漏。拆下各部分的连管要清洗干净，拆下指针式油位计连杆和油位计，检查后保存。

分解中节法兰螺栓，取下上节油箱，取出隔膜清理干净。清扫上下节油箱，最后外壁刷油漆，内壁刷绝缘漆，要求漆膜均匀。

更换所有密封胶垫，要求无渗漏现象，按解体相反的程序进行组装。

十五、吸湿器的检修

为使进入储油柜中的空气不含杂质，进入的空气要先通过变压器吸湿器的油室过滤，然后再经过硅胶吸收空气中的水分，使进入储油柜的空气无杂质又是干燥的清洁气体，从而延长变压器油劣化速度。

吊式吸湿器的结构如图 6-12 所示，其安装尺寸见表 6-3。

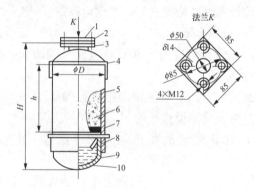

图 6-12 吊式吸湿器结构

1—盖板；2—密封垫；3—法兰；4—密封垫；5—玻璃管；
6—硅胶；7—网；8—密封垫；9—变压器油池；10—罩

表 6-3　　　　　　　　吊式吸湿器安装尺寸　　　　　　　　mm

硅胶重/kg	油重/t	H	h	ϕD	密封垫	玻璃管	配储油柜
0.2	0.15	216	100	105	$\phi 790/$	$\phi 80/100 \times 100$	$\leqslant \phi 250$
0.5	0.2	216	100	145	105×4	$\phi 120/140 \times 100$	$\phi 310$
1.0	0.2	266	150	145	$\phi 116/$	$\phi 120/140 \times 150$	$\phi 440$
1.5	0.2	336	220	145	145×6	$\phi 120/140 \times 220$	$\phi 610$
3	0.7	336	200	205	$\phi 176/$	$\phi 180/200 \times 200$	$\phi 800$
3	0.7	436	300	205	205×4	$\phi 180/200 \times 300$	$\geqslant \phi 900$

检修时取下吸湿器，倒出失效的吸附剂，更换新吸附剂。最好采用变色硅胶，这是因为为了显示硅胶受潮情况，一般均采用变色硅胶，当硅胶吸收水分失效后，从蓝色变成粉红色，这时可更换新硅胶，或者将失效的硅胶烘干，从粉红色变成天蓝色后继续使用。

十六、油位计的检修

常用的油位计有普通的和磁力油位计两种。

1. 普通油位计检修

（1）油位计玻璃管应透明，没有浮球的可增加浮球，使油面显示清楚。

（2）油位计密封结构应良好，否则应改进。

（3）油位计应标有－30℃、＋20℃、＋40℃三条油面线，油面线位置为：油位计温度为－30℃时应能见到油面，为油位计下孔处，不得过高过低。

油位计温度为＋20℃时为储油柜直径的45％～50％。油位计温度为＋40℃时为储油柜直径的55％～60％。

（4）油位计长度应满足未运行的－30℃、可见真实油面，＋40℃时油面不得超过玻璃窗。

（5）无储油柜的变压器，箱壁上不宜装管式油位计，可装板式或划最低油面线，其最低油面线应满足套管下端带电体浸在油面下30mm。

（6）油位计应装在变压器的低压侧。

2. 磁力油位计的检修

铁磁式油位计，它是安装在隔膜式储油柜上，常用的有UZB-250（U—油位计、Z—指针型、B—变压器用）型铁磁式油位计，如图6-13所示。

（1）首先打开储油柜视察孔3盖板（见图6-14），拆下支架4上的开口销，拆开连杆5与密封隔膜相连接的支架铰链，从储油柜上整体拆下磁力油位计7，在拆卸时勿损伤连杆5。

（2）检查传动机构是否灵活，有无卡轮、滑齿现象。要求传动机构工作正常，转动灵活。

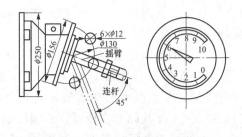

图 6-13　UZB-250 型铁磁式油位计

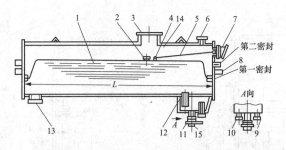

图 6-14　储油柜

1—隔膜；2—放气塞；3—视察孔；4—支架；5—连杆；6—接吸湿器管接头；
7—油位计；8—放水塞；9—加、放油管接头；10—导气管接头；
11—气体继电器管接头；12—集气盒；13—集污器；14—固定螺栓；15—蝶阀

（3）检查主动磁铁和从动磁铁是否耦合和同步转动，指针指示是否与表盘刻度相符，否则应调节限位块，调好后紧固螺栓以防松脱。连杆摆动 45°时，指针应旋转 270°从 "0" 位置指示到 "10" 位置，应传动灵活，指示正确。

（4）检查限位报警装置动作是否正确，否则应调节凸轮或开关位置。当指针在 "0" 最低油位和 "10" 最高油位时，应分别发出信号。

（5）更换密封胶垫后进行复装，应使密封良好，无漏油现象。

十七、温度计故障的检修

1. 温度计的种类和功用

油浸变压器均设有温度计以监测上层油温。小型变压器只装设水银温度计即可，水银温度计的安装如图 6-15 所示，其塞座 5

焊在箱盖的温度计孔中，管内注油，然后插入水银温度计。水银温度计的温度指示标准是全刻度±2℃。

1000kV·A 及以上的变压器及容量为 160kV·A 及以上的油浸密封式变压器，要安装信号温度计（又称扇形温度计），如图 6-16 所示。8000kV·A 及以上的变压器还要装设电阻温度计（控温度计）。40 000kV·A 及以上变压器；长轴两端各装有一个信号温度计和电阻温度计。电阻式温度计温度指示标准为全刻度±1℃。

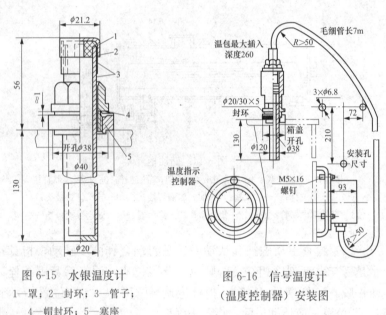

图 6-15　水银温度计

1—罩；2—封环；3—管子；

4—帽封环；5—塞座

图 6-16　信号温度计

（温度控制器）安装图

对于风冷变压器应装设两个信号温度计，一个用于测量上层油温；另一个用于接冷却自动控制线路。

信号温度计是带有电触点装置的气压计式遥控温度计。当变压器油温变化时，其金属毛细管内密封的氯甲烷饱和，气体压力增加，此压力传给气压弹簧管，使其弹性变形，从而使温度计的指针产生偏转。指针指在温度刻度盘上某一温度值，此值便是油温。指针上有触点（动触点）另外刻度盘上还有可调的一个静触点，一个是上限接点，另一个是下限接点，它们都是静触点，当油温超过上、下限时，偏转的指针（动触点）便与静触点接触、于是发出信号或接通某一回路，通知运行人员。通常上限定在85℃，用红色表示，下限定在70℃，用黄色表示。上、下限的静触点位置可以调节。

触点短接及切断时的电流为0.2A，电压为220V，安装座板焊在离地面1.5m高的低压侧。

信号温度计的指示及触点的动作误差范围：当测量温度为0～40℃时，误差为＋4～8℃；当测量温度在40～100℃时，误差范围为±4℃。通常选用WTZK-02型信号温度计，其参数如下。

测温范围：20～100℃；

设定温度可调范围：50～100℃；

温度误差不超过：±2℃；

环境温度：－40～50℃，户外装置。

2. 检修要求

(1) 变压器箱盖上应有温度计管座，温度计管伸入箱盖下80～120mm。

(2) 电接点压力式温度计可根据用户要求加装。一般1000kV·A及以上的变压器应装设信号温度计，可选用WTZK-02型。

(3) 温度计座管内注油后才能装入测温端，表套和管座不得有渗漏油现象。

(4) 信号温度计在检修时，要与标准温度计相比较进行校验；另外要用绝缘电阻表测量电触点的绝缘电阻值。

温度计经校验后应符合该温度计所规定的准确度等级，拉杆和齿轮传动机构应转动灵活。

十八、安全气道（压力释放阀）的故障及检修

如果变压器内部发生短路击穿故障，又由于某种原因不能立即切除电源时，油箱内部会产生很高的压力，会造成油箱破裂，油大量跑出，造成火灾事故。为防止油箱破坏，采用安全气道（喷油管及压力释放阀），使跑出的油从安全气道或靠释放阀跑出，流到指定的安全地点。我国800kV·A及以上带储油柜的油浸变压器应装有安全气道,当油箱内产生压力超过 50kPa 时,安全气道的玻璃膜应破坏,油箱内油由此安全气道中喷出。对于没有储油柜的充氮保护的变压器应有保护装置,当内部压力超过 75kPa 时,玻璃膜应破坏,油箱内油从安全气道冲出,并导向油箱外侧的安全地点,这样可减少火灾发生。

1. 安全气道的安装要求

安全气道是斜放着,它与箱盖成 60°左右倾斜角,也有的斜角是 15、22.5℃或 30℃,总之不能垂直放置。玻璃膜安装示意图如图 6-17 所示,要使玻璃膜夹在两个密封垫之间,以防压碎玻璃膜,另外拧紧螺栓时,一定要均匀对称拧紧。安全气道与储油柜的连接如图 6-18 所示。

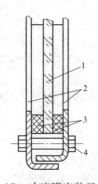 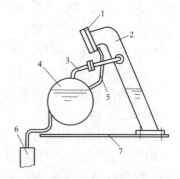

图 6-17　玻璃膜安装示意图　　　图 6-18　安全气道与储油柜的连接
1—玻璃膜;2—安全气道外盖;　　1—防爆膜;2—安全气道筒;3—连接管;
3—密封橡胶垫;4—螺栓　　　　4—储油柜;5—加强筋;6—吸湿器;7—箱盖

2. 安全气道常见故障及检修

(1) 安全气道的常见故障。安全气道常见故障有:

1) 安全气道内表面严重生锈,铁锈落在铁心和绕组上,并参加油循环,对变压器安全运行带来威胁。

2) 防爆玻璃膜密封方法不良,漏气或压碎玻璃膜。

3) 法兰盘焊缝渗漏油或密封处渗漏油。

4) 安全气道本身焊缝渗漏油。

5) 缺少与储油柜连接管,无加强的固定装置等。

安全气道腐蚀原因是由于其内表面没有涂防锈漆保护，因密封不良或玻璃膜破裂、焊缝开裂等，使外界潮气侵入，使安全气道内表面严重生锈。铁锈碎末沿着内壁堆落在铁心和绕组上，有部分极小颗粒的铁沫参加油循环，将变压器油污化。

（2）安全气道的检修。检修方法是将拆下的安全气道放油，然后放在碱水槽中清洗（碱水含 2%～5% 火碱，加热 60℃ 左右），露出金属光泽后，再用热水或蒸气冲洗掉残碱，然后在 0.15～0.17MPa 压力下试漏，经 24h 不渗漏为合格（也可充满油倒置经 4h 不漏为合格），否则要进行补焊。补焊是采用直径为 2～2.5mm 电焊条，电流调到 80～100A，也可用气焊或二氧化碳保护焊，视施工具体条件而定。修理后，要在内表面涂上 1302 防锈漆。内壁应装有隔板，下部装有小型放水阀门，要求无渗漏。

对于充氮的变压器，玻璃膜必需密封，并与储油柜连通。上玻璃膜时，要对角拧紧螺栓，使防爆膜受力均匀，玻璃膜厚度应符合要求。同时连管无堵塞，接头密封良好。

3. 采用压力释放阀的优点及检修质量要求

目前在密封变压器中采用压力释放阀代替安全气道，作为油箱防爆保护装置。

采用压力释放阀比安全气道的优越性在于：

（1）动作性能可靠。因安全气道的玻璃膜或金属膜破坏的分散性比较大，这是因为膜厚度不均、材质不匀称、有时划上十字，且深浅不同，均会形成玻璃膜破坏的分散性，而压力释放阀是弹簧控制结构，所以比较可靠。

（2）压力释放阀结构紧凑、体积小，可减少变压器外形尺寸，并且安装简便。

（3）压力释放阀为密封式，不与大气相通，可防止油劣化。

（4）可与电源接通，能发出报警信号。

压力释放阀有一金属膜盘，正常时受弹簧反压力贴在阀座上。当油箱内有故障时，高温使油箱内压力超过弹簧反压力时，使膜盘顶起，变压器油在膜盘和阀座之间喷出，其阀的结构如图 6-19 所示。

检修质量要求：

（1）释放阀开启和关闭压力控制温度为－30～90℃。

（2）开启时间不小于2ms。要求释放阀密封性能良好，能防雨、防潮、防盐雾。应加导流罩，使喷出的油定向喷出。微动开关动作正确，触点接触良好，检查各部连接螺栓及压力弹簧应完好，无锈蚀和松动。接点接触良好，信号正确，无误动作。

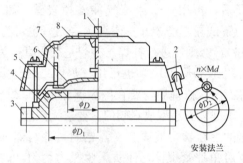

图6-19　YSF型压力释放阀的典型结构

1—标志杆；2—接线盒；3—安装法兰；4—阀座；
5—螺杆；6—膜盘；7—弹簧；8—护罩

十九、散热器的故障及检修

（1）固定式散热器在变压器检修时，要仔细检查焊缝是否渗漏油，为此要彻底清扫散热器表面，用金属洗涤剂清除油垢。趁变压器检修吊心时，油箱内无油情况下进行补焊。散热管是采用有缝钢管弯制而成，在弯曲处最易开裂，所以要全面检查补焊好。

（2）大中型变压器的散热器是可拆卸的，容量较大的（如6300kV·A及以上），散热器上还有冷却风扇，检修时是将散热器拆下来单独清洗、试漏和补焊处理。

（3）拆下的散热器可以卧放或立放，首先将油管连接在上下法兰处，并通过上下两个阀门与油泵或滤油机、过滤器连接在一起，如图6-20所示。

（4）先用本身旧油循环1h后放出，要放干净，然后再打入合格的新油，循环1h。

（5）清洗出来的油泥经滤油器过滤。

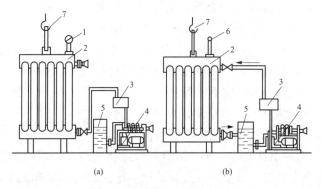

图 6-20　散热器试漏和冲洗
（a）加压装置；（b）冲洗装置
1—压力计；2—散热器；3—油加热器；4—压力滤油机；
5—容器；6—出气漏斗；7—吊钩

（6）另外，散热器外部要用毛刷刷洗干净，这时可进行试漏和补焊工作。

（7）补焊合格后，再用合格变压器油冲洗几遍。拆下滤油和油泵装置，将散热器密封好待用。

（8）试漏时，要用 60～70℃ 热油，最后清洗时也要用热油，效果较好。

（9）试漏时，对于片状散热器试漏标准压力为 0.05～0.1MPa，10h；对于管状散热器压力为 0.1～0.15MPa，10h，不渗漏为合格。可用涂刷肥皂水方法检查焊缝处密封情况。

二十、变压器渗漏油处理

1. 变压器渗漏油原因

油浸变压器中的绝缘油较多，约占设备总重的 30% 左右，所以运行中的变压器经常发现渗漏油故障，严重影响变压器安全运行和污染环境。

渗漏油主要原因是密封处密封不良和焊接点焊缝开裂而造成，如箱沿、各种油门、闸杆等密封处常出现渗漏故障，又如各处焊缝开裂，尤其是散热管、阀门座等处。除上述两种主要原因外，由于螺钉乱扣、铸铁件砂眼、加工精度不够的配合表面也会造成渗漏油故障。修理经验表明,由于密封件密封不良造成渗漏油故障率占45%,由于焊接不良造成渗漏油故障率占36%,其他原因,如螺钉乱扣占5%左右、铸件砂眼占2%左右,剩下的12%是因为其他原因造成的,如拆装时变压器遭受机械损伤,修理施工工艺不当以及选择密封材质不良等。

2. 密封件密封不良造成渗漏油及消除

(1) 箱沿橡胶材料接头密封不良。

1) 密封不良原因。通常箱沿与箱盖的密封是采用耐油橡胶棒或橡胶垫密封的,如果其接头处处理不好会造成渗漏油故障。

2) 消除办法。采用粘合办法,使接头形成整体,便消除渗漏油故障。粘合工艺如下:

a) 将丁腈生橡胶坯剪成小块 (4mm×4mm),放入磨口瓶内,再倒入甲苯,使生橡胶块全部浸入甲苯中,浸泡24h后搅拌均匀,使成糊状待用。

b) 将耐油橡胶棒 (一般有 $\phi8$、$\phi12$、$\phi16$、$\phi20$ 几种) 按需要长度下料,在两个接口处切成斜面,斜面长度大于或等于橡胶棒直径的2倍左右。

c) 将其两接触表面 (斜面) 锉平、锉毛,要求斜面接触严密。

d) 将胶合剂均匀地涂在两个斜面上,在室温下晾干10min后,可将两斜面压合在一起作为搭接头。

e) 将搭接头放在热压模具内,使搭接部分略高于橡胶棒高度0.5mm左右,盖好上压模,拧紧固定螺栓。

f) 将热压膜具放在加热床上加压加热,温度控制在210±10℃,热压时间保持15~20min。

g) 冷却到室温后,卸模具,取出橡胶棒,削去飞边,清除掉粘在模具上的残胶。

h) 要求热压的搭接头表面光滑、无毛刺,粘合成一个整体,无气泡和砂眼等缺陷。

i) 使用接头粘合成整体的耐油胶棒 (或垫),垫在箱沿处就不会渗漏。

(2) 密封件材质不良及安装工艺不正确。

1）有些密封材料质量存在问题，表现在外形上厚薄不均，表面有气泡、有杂质；性能上吸油率高，抗老化性能差、弹性小等。

2）安装操作时，压缩率超过 35％以上，使胶垫失去弹性。

3）紧螺钉时，用力不均，使密封件受力不均，密封处有缝隙。

（3）解决办法。

1）应选用优质耐油橡胶垫，要求其弹性、硬度、吸油率、抗老化性能等，均符合质量标准规定。

密封胶垫应选用胶垫标号为 B-9 号的"0"形胶棒，断面直径有 $\phi8$、$\phi12$、$\phi16$、$\phi20$ 四种。矩形胶排断面尺寸有 12mm×20mm、16mm×25mm、20mm×30mm 三种。胶板厚度有 2、4、6、8、10mm 五种，购料尺寸为 1000mm×1000mm，可自行加工。

2）对于厚薄不均、表面有气泡、起层、有杂质的低劣产品，坚决不能使用。

3）密封面不平的法兰，应经过机加工修整平坦后才能使用，能够用锉刀锉平的法兰平面，可用手工修整；对于脏污的表面要擦拭干净。

4）安装压紧橡胶垫时，要保持胶垫厚度的压缩率为 35％～40％。扭紧螺钉时，要求对角紧固，为了密封可靠，也可事先在密封接触面处涂上厌氧胶密封，最后再上紧螺钉。

5）对于多螺钉的盖板密封时，应按对称位置轮换拧紧。

6）对于圆橡胶棒的压缩量应为原直径的 1/5～1/3；对于橡胶垫压缩量，压到原垫厚度的 1/10～1/5。同时胶垫不得挤出盖板边缘的外边。

7）所有紧固螺钉不得一次紧固到位，应按顺序循环紧固，至少循环 2～3 次以上。

8）为加强密封效果，在紧固前，最好在密封件表面上涂上厌氧胶，稍干后再紧固螺钉。

3. 焊接处渗漏油原因及消除

（1）渗漏油分析。主要是焊接质量不良，存在虚焊、脱焊，焊缝中存在针孔、砂眼等缺陷。变压器出厂时因有焊药和油漆覆盖，运行后隐患便暴露出来。另外由于电磁振动，会使焊缝振裂，造成渗漏油。

（2）带油电焊补焊安全作业。尽可能不采用带油焊接，如果设备不允许倒油清洗，时间不允许，渗漏点不多也可采用，但要注意设备和人身安全问题。除了备好消防器材和采取好安全措施外，要严格遵守下面的安全作业要求：

1）采用带油电焊补焊。首先找出渗漏点，找全、找准，不可遗漏，用尖铲或尖冲子将渗漏点铆死，然后用细焊条快速补焊。要求快焊的原因是怕油箱内的变压器油在油压下冲破焊点外溢，一般控制点焊的时间在 6s 以内。要求焊接时，间歇进行，这是因为防止局部过热使绝缘油炭化。

2）采用负压带油补焊。带油焊接存在许多施工困难：①油箱内的油流会溢出熄灭电弧；②燃烧的油烟与油混在一起，影响焊接质量；③由于油箱内油的对流作用，使焊点温度不够（贴焊接处温度约 55℃ 左右）也影响焊接质量。

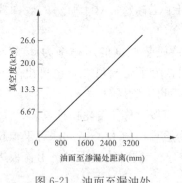

图 6-21　油面至漏油处
距离的真空度

鉴于上述原因，采用负压带油补焊就可以解决上述施工困难问题。因为油箱内是负压，焊接熔化的铁水因负压会向孔隙里流动。抽真空办法，可采用真空泵，抽真空度大小可按图 6-21 选择。

有的修理单位自制抽真空工具，如图 6-22 所示。

用一只自行车胎打气筒和一只真空表、2～3m 长透明硬塑料管、一个盛油的小容器组成抽真空工具［见图 6-22（a）］，真空表的刻度要按具体情况重新绘制后贴上。

当渗漏点在 A 处时［见图 6-22（b）］，测量 A 点与储油柜面水平高度为 1.8m。施焊前，把抽真空表的真空度事先折合到高度，然后制作真空表的刻度，这时真空表的指示已换算到高度，停止抽气。这时渗漏点内外压力平衡，可以进行电焊补焊工作。

4. 螺栓或管子扣渗漏油的原因及消除

（1）渗漏油的原因。出厂时加工粗糙，密封不良，变压器密封一段时间后便产生渗漏油故障。

（2）消除办法。

1）装配时应在螺栓上涂上一层胶粘剂，对于经常拆卸部位，可涂 7903 动密封胶；对于受压力件，可涂一层尼龙密封胶。

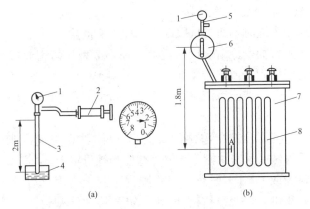

图 6-22　抽真空工具及其与变压器连接

（a）自制抽真空工具结构；（b）抽真空工具与变压器连接

1—真空表；2—打气筒；3—玻璃管；4—盛油容器；5—装在变压器上的抽真空工具；
6—变压器储油柜；7—变压器油箱；8—冷却器管

2）另一种办法是将螺母卸出，经清洗后涂上 7903 密封，然后再配制一个密封帽盖将螺栓盖住，并涂上 S-7 聚硫胶或用 GHJ-1 胶泥将漏点全密封住，固化后投入运行。

5. 铸铁件渗漏油的原因及消除

（1）原因分析。渗漏主要原因是铸铁件有砂眼及裂纹所致。

（2）消除办法。

1）用 GHJ-1 型堵漏胶堵上，然后密封。首先是在漏点打入铅丝，用锤子铆死，然后用丙酮将渗漏点清洗干净，用堵漏胶密封。

2）用铸铁焊条或不锈钢焊条用电焊进行补焊。

6. 法兰连接渗漏油的原因及消除

（1）原因分析。法兰表面不平、紧固螺钉松动或密封材质不佳，均会造成法兰连接处渗漏油。

（2）消除办法。更换新密封垫，并在垫表面涂上 M-1 型尼龙密封胶，最后安装压紧，螺钉要均匀对称拧紧。

7. 阀杆与填料处密封方法

安装时用柔性石墨垫圈，涂上 7903 动密封胶即可。

8. 螺纹联接处渗漏油消除

螺纹处渗漏时，通常采取以下三种方法消除：

（1）先放油，拧出螺栓清洗后，涂 S-7 型聚硫密封胶或 7903 耐油密封润滑脂，再拧上螺母。

（2）将螺栓拧出后清洗，涂上 7903 耐油密封润滑脂，再拧上螺母。

（3）先将螺栓拧出清洗，涂上 7903 耐油密封润滑脂暂时堵漏，然后再做一只密封帽，将整个螺栓和螺母罩上，再涂以 S-7 型聚疏密封胶或 GHJ-1 耐热快固化胶泥全封上，固化后投入运行。采用 S-7 型和 7903 密封材料时，一定要将被涂密封面清洗干净，否则效果不佳。

9. 厌氧胶密封

变压器油箱各密封部位和水冷却管路所用的各种密封胶垫，均可用厌氧胶密封粘合。厌氧胶作为密封粘合剂，是以丙烯酸酯树脂为主体配制的胶液，它可以像普通胶水那样随时随处使用。它不含大量挥发性的有机溶剂，一旦将厌氧胶液（型号 YE-150）涂在密封面上，经压接后与空气隔离，胶液开始硬化，在室温下达到密封目的。具有渗润性好、毒性小等优点。

为了快速固化，还可在涂胶前涂上促化剂（型号 CL），一般来说，间隙越小，固化温度越高，则固化时间越短，强度越高。

10. 散热器渗漏油的原因及消除

（1）原因分析。散热器的散热管通常是用有缝钢管压扁后经冲压制成，在散热管弯曲部分和焊接部位常产生渗漏油，这是因为冲压散热管时，管的外壁受张力，其内壁受压力，存在残余应力所致。

(2) 消除办法。

1) 临时应急办法是在渗漏处包垫上一块 2～3mm 厚的耐油橡胶垫，再用薄铁皮做箍桶橡胶垫卡紧、箍上，堵住渗漏点。

2) 采用负压补焊法。将散热器上下平板阀门（蝶阀）关闭，使散热器中的油与箱体内油隔断，从散热器下边的放油塞放出一部分油，把上油室的放气塞抽真空（0.02～0.05MPa），使散热器内呈负压，这时用细焊条，小电流快速点焊渗漏点。焊好后，解除真空，添补变压器油，打开上下平板阀门，使散热器恢复运行。

11. 隔膜式储油柜法兰渗漏油的原因及消除

(1) 原因分析。主要原因是法兰盘不平，上下胶带错位以及胶带接头工艺不好造成的。

(2) 消除办法。将刚性连接限位密封方法改为弹性连接密封，取消限位垫铁，用整根白橡胶棒密封，或用生胶粘结。

二十一、无励磁分接开关的故障及检修

变压器采用调压装置的目的是提供给负载所需的合适电压，调节负荷电流等。调压方法是利用调压装置改变变压器某侧的绕组匝数（通常是改变一次绕组匝数），从而改变电压比，即调整了电压。

1. 无励磁分接开关结构

(1) 三相中性点调压无励磁分接开关结构。典型三相中性点调压无励磁分接开关结构如图 6-23 所示。

这种分接开关是由接触系统、绝缘系统和操动机构所组成。

1) 接触系统由动触点和定触点以及相应的支持件和紧固件所组成。一般定触点（黄铜）用铜螺栓固定在绝缘座上，与绕组的分接引线相连。动触点用黄铜板冲压成星形，以板上冲出的半球面作为接触点。动触点的三片同时搭接到相差 120℃ 的三个定触点上形成中性点，用一公用弹簧将动、定触点压紧，保证良好接触。

2) 绝缘系统由固定定触点的绝缘座和固定动触点的绝缘轴构成。绝缘座直径决定于定触点间的绝缘距离，而绝缘轴的长度则决定于变压器高压绕组的工频试验电压。

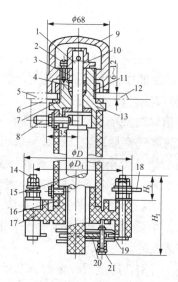

图 6-23　典型三相中性点调压无励磁分接开关结构

1—转轴；2—定位螺钉；3—塞子；4—封环 2（$\phi 14/20$mm）；

5—密封垫圈（$\phi 57/68$mm）；6—卡板；7—封环 1（$\phi 42/58$mm）；

8—定位钉；9—罩；10—定位件；11—圆螺母；12—箱盖；13—安装法兰；

14—螺栓（M8）；15—绝缘轴；16—绝缘管；17—绝缘座；18—接线片；

19—定触点；20—动触点；21—螺栓 2（M8）

3）操动机构由转轴、定位件、手柄和定位螺钉等组成。绝缘管上端为安装用的法兰，它与圆螺母配合夹紧在变压器箱盖的开孔四周上。绝缘轴上端为转轴，用以改变分接位置。

典型的操动机构无手柄，操动时先拧出定位螺钉 2，用扳子拧动定位件 10 对准分接位置数（1、2、3）后，再拧入定位螺钉 2 定位。

（2）三相中部调压无励磁分接开关结构。这种开关的典型结构为半笼形水平放置夹片式，适用于 66kV 及以下电压等级的变压器。动、定触点分相沿水平方向间隔分布，而每相触点处于同一垂直面上，如图 6-24 所示。这种开关与绕组中部的分接头用分接引线相连接，动触点将两个相邻的定触点连通，从而接通了绕组中部相应的两个分接头。

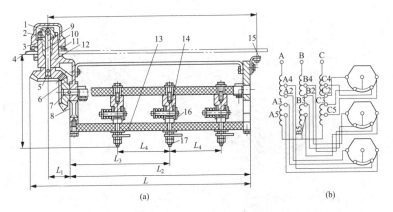

图 6-24　典型三相中部调压无励磁分接开关结构

（a）外形结构；（b）接线图

1—定位件；2—定位钉；3—罩；4—密封线圈（φ57/68mm）；5—轴；

6—锥齿轮；7—轴；8—法兰盘；9—塞子；10—密封环 2 个（φ14/20mm）；

11—圆螺母；12—密封环 1 个（φ42/58mm）；13—绝缘杆；14—触点支持件；

15—螺栓 M12×18mm；16—动触点；17—定触点 M8

　　另一种新型横条形卧式开关结构如图 6-25 所示，此开关定触点一字横排在一个水平面上，用齿条带动，动触点接触两个定触点，其优点是可降低在变压器油箱内部占有的高度。

　　（3）单相中部调压无励磁分接开关结构。这种分接开关有DWTⅡ型和 DW 型两种，其操切机构与分接开关本体是分开的。三相变压器用三个单相分接开关，适用于 35kV 及以上变压器上。

　　DWTⅡ型为夹片式，改进后的 DWTⅡ型单相无励磁分接开关如图 6-26 所示，开关的动触点在上下极限工作状态时有定位装置。上极限位置通过绝缘杆上的轴肩实现；下极限位置为动触点螺母往下移动撞到绝缘撑套的位置。当对操动机构上的位置提示有怀疑时，可转动手柄到上或下极限位置，即可得到正确的定位。

　　操动杆预先用绝缘锥锁固定在分接开关上，操动杆上部由定位纸板固定。当上节油箱扣上时，操动杆的锥形头部自行进入开关升高座内。操动机构上槽轮外增设护罩，防止转动手柄时造成槽轮的误动作。

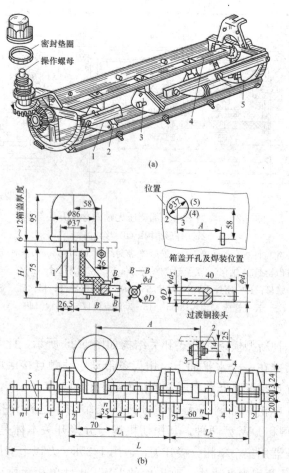

图 6-25 S9 新型系列变压器用三相中部调压无励磁横条形分接开关

（a）外形图；（b）结构尺寸图

1—绝缘座；2—螺栓（M8×30mm）；3—支板；4—齿条；5—绝缘杆

DW 型开关为六柱触点式，动触点为楔形，称为楔形分接开关，如图 6-27 所示。它的定触点用铜棒制成，被固定在支撑绝缘座板上面。动触点将相邻的两根定触点短接，动触点上弹簧可以使动、定触点紧密地相接触，并采用偏转推进机构，主轴旋转300°，动触点变换一个分接，这种开关适用于 220kV 电压等级及以下的变压器。

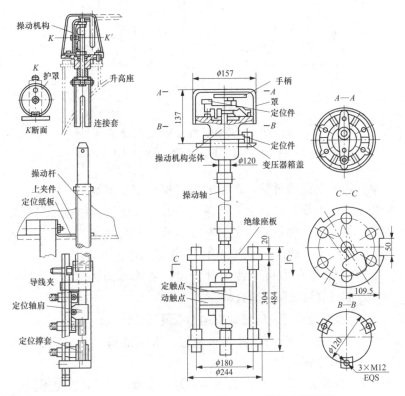

图 6-26　DWTⅡ型单相
无励磁分接开关

图 6-27　单相中部调压
楔形分接开关

2. 无励磁分接开关工作原理

通常无励磁分接开关直接固定在变压器油箱盖上，采用手工转动手柄操作。动触点片相距 120℃，同时与定触点闭合，形成中性点。

图 6-28 是无励磁分接开关原理连接图。

3. 无励磁分接开关的故障检修

（1）常用故障检修。

1）无励磁开关常见的故障是导电部分接触不良，接触电阻增大使触点发热，使变压器油劣化，由色谱分析可看出裸金属过热

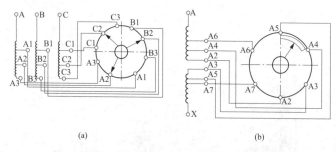

图 6-28　无励磁分接开关原理连接图

(a) 三相中性点调压；(b) 三相中部调压（仅表示一相）

迹象。由于变压器过热，严重时造成整台变压器烧毁。触点工作面烧毛，可用细砂纸打磨，严重烧伤时需要更换新触点，另外要检查弹簧压力，弹簧是否因过热而退火，退火的弹簧要更换，否则压力不够或不稳定。触点表面的油泥必须擦拭于净。

2）触点的压力可用测力计测量，要求压力为（25～40）×10^4h。测试直流电阻值应合格。

3）检查分接开关的操动机构是否灵活、到位。

4）要检查所有绝缘件是否完好，有无破损。分接线是否牢固，不应有甩锡现象。

5）检查机械零部件是否齐全完好，小轴、销子是否完善。

6）检查器身与箱盖连接结构的变压器分接开关时，应检查其在箱盖上固定的可靠性，是否牢固。

7）要求分接开关的触点位置与指示位置一致，三相位置也要一致。绕组分接线与开关触点连接松动时，要拧紧紧固件。

8）测量静动触点在接触位置时的线圈直流电阻值，并与出厂值比较应符合要求。一般接触电阻≤500μΩ，或用 0.05mm×10mm 塞尺检查，此塞尺不应插入接触的触点间内。

9）检查密封情况，不可渗漏油。

（2）无励磁分接开关检修标准。

1）开关绝缘部分。

a）绝缘件无损伤、裂纹和变形缺陷。

b）绝缘件表面清洁、干燥无杂质。

c）10kV 级开关绝缘距离应按以下标准：WSP 型分接开关，沿绝缘表面对地绝缘距离不小于 30mm；沿绝缘表面相间绝缘距离，对于中部调压的不小于 25mm，对于中性点调压的不小于 15mm；沿绝缘表面本相触点间的绝缘距离不小于 12mm。

WS 楔型分接开关沿绝缘表面对地绝缘距离不应小于 35mm；沿绝缘上表面的绝缘距离不小于 12mm，且须有 2～3mm 的凸台；沿绝缘下表面的绝缘距离不小于 8mm。触点间油间隙不小于 4mm，触点对地部分绝缘距离不小于 20mm。

d）检修后的开关，电气试验项目应全部合格。

2）开关机械部分。

a）触点接触面应平滑、无烧痕、无油泥和氧化膜，镀层无脱落开关现象。

b）触点接触严密，触点接触电阻应小于 500μΩ。弹簧压力不低于 200kPa。动、定触点应对正，左右偏差不得超过 2mm。

c）各紧固件应完整、齐全，并锁紧牢固。定触点螺母要拧紧，检查其根部应无松动现象。

d）开关的转动部分应灵活，不过紧、不松旷，允许有 1～2mm 的回弹，指示正确。

e）各零部件应完整、干净，无锈蚀和脏污。

3）单相无励磁分接开关的装配要求。要求操动连杆长短合适，在现场检修时要作好原始记录，安装可"对号入座"。装配时操动连杆下端槽口应准确地插入开关本体绝缘轴的定位销钉上，不可插到定位销外面，如图 6-29 所示。

对于 DW 夹片式开关，在变换分接时无明显手感和声响，而 DWG 型开关在变换分接时有手感和声响，则表明插入正确。对于 DW 楔形开关先定在"1"位置上，操动连杆上接头宽槽与开关接头销钉的大头对准时插入，

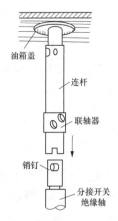

油箱盖

连杆

联轴器

销钉

分接开关
绝缘轴

图 6-29　分接操动连杆装配

然后逆时针转动，直至转不动为止，这表明插入正确。

第4节 其他变压器简介

一、互感器

（一）电压互感器

1. 电压互感器的工作原理和用途

电压互感器又称仪用变压器，它是将交流高电压变换为标准低电压（通常为100V）的一种电器，其外形如图6-30所示。

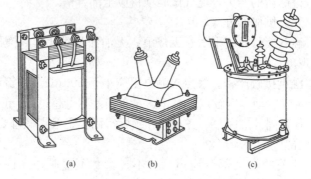

图 6-30 电压互感器的外形

（a）JDG-0.5型；（b）JDZJ-10型；（c）JDJJ-35型

电压互感器的工作原理与变压器相同，其原理接线图如图6-31所示。测量时一次绕组与被测电路并联，二次绕组接测量仪表。

电压互感器的主要用途是与仪表配合使用，测量高电压。另外，还可与继电器配合，作为电力系统及设备的安全保护。

2. 电压互感器的主要类型

电压互感器按其绝缘形式不同分为干式、塑料浇注式、油浸式和充气式等；按相数不同可分为单相和三相两类；按结构不同又可分为普通型和串级型。

干式互感器结构简单、体积大，一般用于0.5kV的户内装置；塑料浇注式互感器主要用于3～35kV的户内装置；油浸式互感器

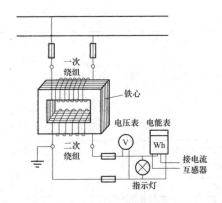

图 6-31 电压互感器原理接线图

主要用于 10kV 及以上的户外装置。

3. 电压互感器的型号含义及主要技术数据

（1）电压互感器的型号含义。电压互感器的型号含义如下：

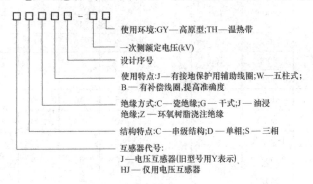

（2）电压互感器的主要技术数据。电压互感器的主要技术数据见表 6-4。

表 6-4　　　　　　电压互感器的主要技术数据

型号	额定电压 /V			额定容量 /VA			最大容量 /VA
	一次绕组	二次绕组	辅助绕组	0.5 级	1 级	3 级	
JDG-0.5	220	100		25	40	100	200
	380						
	500						

续表

型号	额定电压/V			额定容量/VA			最大容量/VA
	一次绕组	二次绕组	辅助绕组	0.5级	1级	3级	
JDG1-0.5	220 380 500	100		15	25	50	120
JDG4-0.5	220 380 500	100		15	25	50	100
JSGW-0.5	380	100	100/3	50	80	250	340
JDJ-3	3000	100		30	50	120	240
JDJ-6	6000	100		50	80	200	400
JSJW-6	3000	100	100/3	50	80	200	400
	6000			80	150	320	640
JDZ-3	3000	100		30	50	120	240
				25	40	100	200
JDZ-6	1000	100		30	50	100	200
	3000			50	80	200	300
	6000						
JDZ1-6	3000	100		25	40	100	200
	6000			50	80	200	400
JDZJ-6	$1000/\sqrt{3}$ $3000/\sqrt{3}$ $6000/\sqrt{3}$	$100/\sqrt{3}$	$100/\sqrt{3}$	40	60	150	300

注 1. JDG型为单相双绕组干式户内用电压互感器，能在1.1倍额定电压下长期运行。

2. JDJ型为单相双绕组油浸式电旺互感器。

3. JSJW型为三相三绕组五柱铁心油浸式电压互感器。一次绕组和二次绕组分别接成带中性点的星形（YN，yn0），三个绕组端均固定于箱盖上。二次电压（100V）供测量仪表和继电器用。辅助绕组供母线绝缘监视用。

4. JDZ型为单相双绕组树脂浇注绝缘的户内用电压互感器，具有体积小、质量轻、能防潮、防盐雾、防霉菌等特点。

5. JDZJ型为单相三绕组浇注绝缘的户内用电压互感器，供中性点不直接接地的系统作电压、电能测量和单相接地保护用。

4. 电压互感器使用的注意事项

（1）电压互感器的一次绕组应并联在高压电路中，二次绕组与测量仪表、继电器、指示电路等并联。

（2）运行中的电压互感器二次侧不允许短路，否则会烧毁二次绕组，故通常电压互感器的一、二次侧都要装有熔断器。

（3）电压互感器的二次绕组和外壳应可靠接地，以免电压互感器的绝缘被击穿时，二次绕组和外壳上出现的高电压危及工作人员和损坏仪表。

5. 电压互感器的运行检查

（1）投入运行后，应检查二次电压是否正常，各仪表指针是否正确。

（2）检查一次侧熔体及限流电阻有无异常现象，各接头有无松脱及放电现象。

（3）检查套管有无污垢、裂纹及放电现象。

（4）检查油位是否正常，外壳有无渗油现象。

（5）检查互感器本身有无异常声响。

（6）若发现互感器内部有冒烟或放电时，应先进行必要的倒闸操作，移去负载，用断路器将故障互感器切断，或待高压熔断器熔断后，拉开隔离开关。

（二）电流互感器

1. 电流互感器的工作原理和用途

电流互感器又称变流器，它是将高压电流或低压大电流变换成标准小电流（通常为 5A）的一种电器，其外形结构如图 6-32 所示。

电流互感器的工作原理与变压器相同，其原理接线图如图 6-33 所示。测量时，一次绕组串联在被测电路中，二次绕组与测量仪表、继电器、指示电路等串联。

电流互感器的主要用途是与仪表配合，测量电力系统的电流，另外，还可与继电器配合，保护电力设备和人员的安全。

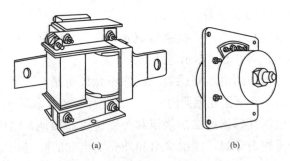

图 6-32　电流互感器的外形

（a）LQG-0.5 型；（b）LDZJ1-10 型

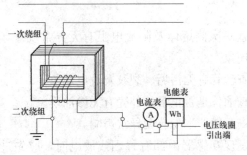

图 6-33　电流互感器原理接线图

2. 电流互感器的型号含义及主要技术数据

（1）电流互感器的型号含义。电流互感器的型号含义如下：

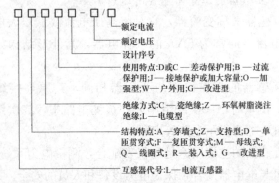

（2）电流互感器的主要技术数据。电流互感器的主要技术数

据见表 6-5。

表 6-5　　　　　　　　　电流互感器的主要技术数据

型　号	额定电压 /kV	额定一次电流 /A	额定二次电流 /A	级别	额定负载 /Ω
LMZ1-0.5 LMK1-0.5	0.5	5，10，15，30，50，75，150	5	0.5	0.2
		20，40，100，200		1	0.3
		300，400			
LMZJ1-0.5 LMKJ1-0.5	0.5	5，10，15，30，50，75，150，300	5	0.5	0.4
		20，40，200，400		1	0.6
LMZB1-0.5 LMKB1-0.5	0.5	5，10，15，30，75，100，150，300	5	0.5	0.4
				1	0.6
		20，40，200，400		3	1
LA-10	10	5～200	5	0.5	0.4
				1	0.4
		300，400		3	0.6
LAJ-10	10	20～200	5	0.5	1
		300		1	1
		400		D	2.4
LDZ1-10	10	300，400，500	5	0.5	0.4
				1	0.6
				3	0.6
LDZJ1-10	10	300，400，500	5	0.5	0.8
				1	1.2
				D	1.2

注　1. 电流互感器额定一次电流等级分为：5、7.5、10、15、20、30、40、50、75、100、150、200、300、400、600、750、1000、2000、3000、4000、5000、7500、10 000A 等。

2. LMZ、LMZJ 及 LMZB 型为树脂浇注绝缘母线式户内用电流互感器。

3. LMK、LMKJ 及 LMKB 型为塑料外壳作绝缘的母线式户内用电流互感器。

4. LA 及 LAJ 型为树脂浇注绝缘穿墙式户内用电流互感器。

5. LDZ 及 LDZJ 型为单匝树脂浇注绝缘户内用电流互感器。

3. 电流互感器使用的注意事项

（1）电流互感器的一次额定电压应与系统的额定电压相符合。

（2）电流互感器的一次额定电流一般应大于被测电流。

（3）电流互感器应串联在被测电路中使用。

（4）运行中的电流互感器二次侧绝不允许开路，否则会在二次侧产生高压，危及人身和设备安全。

（5）电流互感器的一端和外壳应可靠接地，以防高压危险。

4. 电流互感器的运行检查

（1）检查互感器的瓷质部分是否清洁，有无破损、裂纹及放电痕迹。

（2）检查互感器有无异常声响和焦臭味。

（3）检查一次侧导线接头是否牢固，有无松动、过热现象。

（4）检查二次侧接地是否牢固、良好，有无松动、断裂现象。

（5）检查充油互感器的油面是否正常，有无渗漏现象。

（6）检查二次侧仪表指示是否正常。

二、电焊变压器

1. 电焊变压器的工作原理

电焊变压器又称交流弧焊机，它是一种特殊的降压变压器。

图 6-34 为电焊变压器原理电路，它是由变压器 T 在二次侧回路串入电抗 L 构成的。

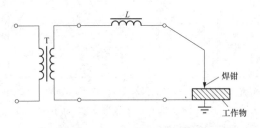

图 6-34　电焊变压器原理电路

未进行焊接时，变压器二次侧开路电压为 $60\sim80\text{V}$。开始焊接时，焊工用焊条迅速轻敲，接触工件的瞬间，变压器二次侧短路，二次电压降为零。

随着焊条接触工件后，缓慢离开工件约 5mm 左右时，将产生电弧（起弧），该电弧的高温熔化焊条和工件金属，对工件实现焊接。在电弧稳定燃烧进行焊接的过程中，焊钳与工件间的电压约为 20～40V。要停止焊接，只需把焊条与工件间的距离拉大，电弧即可熄灭。

焊接不同的工件，需要采用不同直径的电焊条，也就需要不同大小的焊接电流。通常采用改变电抗器的电抗值，即改变铁心状态、线圈匝数、线圈位置等方法来实现。由此，将电焊变压器的类型分为动铁式、动圈式和串联电抗器式三种。

2. 电焊变压器的基本结构

（1）动铁式电焊变压器。动铁式电焊变压器又称磁分路动铁式电焊变压器，其结构示意图如图 6-35 所示。它是通过动铁心的前后移动，改变电抗线圈磁路的磁阻，从而改变电抗线圈的电抗值，来实现对焊接电流的调节的。

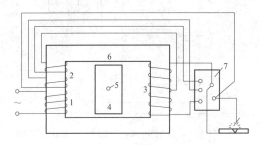

图 6-35　动铁式电焊变压器的结构示意图

1——一次绕组；2、3—二次绕组；4—动铁心；5—螺杆；6—静铁心；7—接线板

（2）动圈式电焊变压器。动圈式电焊变压器没有专门设电抗线圈，它是靠二次绕组本身的漏电抗来控制焊接电流的，其结构如图 6-36 所示。

（3）串联电抗器式电焊变压器。串联电抗器式电焊变压器又称组合电抗式电焊变压器，它分为同体式和分体式两种。其原理是通过改变动铁心和静铁心的相对位置从而改变电抗器的电抗值，来实现对焊接电流的调节。串联电抗器式（同体式）电焊变压器的结构示意图如图 6-37 所示。

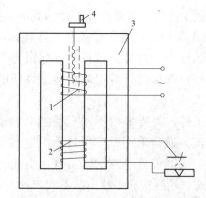

图 6-36　动圈式电焊变压器结构示意图

1— 一次绕组；2—二次绕组；3—铁心；4—手柄

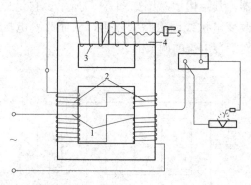

图 6-37　串联电抗器式（同体式）电焊变压器的结构示意图

1— 一次绕组；2—二次绕组；3—电抗线圈；4—动铁心；5—手柄

3. 电焊变压器的技术数据

（1）BX1 系列动铁式电焊变压器的技术数据和绕组数据见表 6-6、表 6-7。

表 6-6　　　BX1 系列动铁式电焊变压器的技术数据

项　目 \ 型　号	BX1-135	BX1-330	BX1-500
电源电压/V	220 或 380	220 或 380	380
二次空载电压/V	60～75	60～70	60
二次工作电压/V	30	30	30

续表

项 目 ＼ 型 号	BX1-135	BX1-330	BX1-500
额定暂载率/%	65	65	60
额定焊接电流/A	135	330	500
电流调节范围/A	25～150	50～450	50～680
额定输入容量/kVA	8.7	21	31
效率/%	78	80	81.5
功率因数	0.48	0.50	0.61
额定一次电流/A	41 或 23.5	96 或 56	82.5
用途	焊接低碳钢板	焊接低碳钢板	焊接低碳钢板
外形尺寸 长/mm×宽/mm×高/mm	780×475×628	882×577×786	880×518×751

表 6-7　　**BX1 系列动铁式电焊变压器的绕组数据**

项 目 ＼ 型 号		BX1-135		BX1-330		BX1-500
一次绕组	电压/V	220	380	220	380	380
	导线名称	双玻璃丝包线		双玻璃丝包线		双纱包扁铜线
	导线截面/mm²	2.83×6.4	2.83×3.53	4.1×10	2.26×5.5	4.7×6.4
	并绕根数	1	1	1	2	2
	匝数	132	232	80	138	每个线圈 48
	导线质量/kg	13	11	36.5	36.5	36.5
二次绕组	导线名称	裸扁铜线		裸扁铜线		裸扁铜线
	导线截面/mm²	3.8×8		5.1×13.5		4.7×16.8
	并绕根数	1		1		2
	匝数	13		10		每个线圈 8
	导线质量/kg	3		5		20.5
电抗线圈	导线名称	裸扁铜线		裸扁铜线		裸扁铜线
	导线截面/mm²	3.8×8		5.1×13.5		3.28×22
	并绕根数	1		1		2
	匝数	40		23		16
	导线质量/kg	5.5		11.5		12.8

（2）BX2 系列串联电抗器式电焊变压器的技术数据和绕组数据见表 6-8～表 6-11。

表 6-8　　BX2 系列串联电抗器式电焊变压器的技术数据

项　目 \ 型　号	BX2-500	BX2-700	BX2-1000
电源电压/V	220 或 380	220 或 380	220 或 380
二次空载电压/V	80	72	69
二次工作电压/V	45.5	43	42
额定负载率/%	60	60	60
额定焊接电流/A	500	700	1000
电流调节范围/A	200～600	250～900	400～1200
额定输入容量/kVA	42	56	76
效率/%	87	87	90
功率因数	0.62	0.62	0.62
额定一次电流/A	190 或 110	245 或 147	340 或 196
空载电流/A	8 或 4.6	10.5 或 6	8.6 或 5
空载损耗/W	350	400	500
焊接变压器质量/kg	445	500	560
用途	焊接低碳钢板	焊接低碳钢板	焊接低碳钢板
外形尺寸 长/mm×宽/mm×高/mm	950×818×1215	950×818×1215	950×818×1215

表 6-9　　BX2-500 型串联电抗器式电焊变压器的绕组数据

	项　目 \ 型　号	BX2-500 型			
	电压/V	220		380	
	导线截面/mm²	3.53×10.8		3.53×6.4	
	导线种类	双玻璃丝包线		双玻璃丝包线	
一次绕组	并联根数	2		2	
	导线质量/kg	23.5		23.5	
	线圈编号	Ⅰ	Ⅱ	Ⅰ	Ⅱ
	线圈匝数	25	25	43	43
	抽头标号	78　0	76　0	78　0	76　0
	抽头匝数	0　25	0　25	0　43	0　43

续表

项目	型号	BX2-500型							
二次绕组	导线截面/mm²	4.1×12.5				4.1×12.5			
	导线种类	裸铜线				裸铜线			
	并联根数	2				2			
	导线质量/kg	13.5				13.5			
	线圈编号	I		II		I		II	
	线圈匝数	9		9		9		9	
	抽头标号	0	45	0	46	0	45	0	46
	抽头匝数	0	9	0	9	0	9	0	9
电抗线圈	导线截面/mm²	2.63×19.5				2.63×19.5			
	导线种类	裸铜线				裸铜线			
	并联根数	2				2			
	线圈匝数	18（引线另加一匝）				18（引线另加一匝）			

表6-10 BX2-700型串联电抗器式电焊变压器的绕组数据

项目	型号	BX2-700型							
一次绕组	电压/V	220				380			
	导线截面/mm²	3.8×12.5				3.8×7.4			
	导线种类	双玻璃丝包线				双玻璃丝包线			
	并联根数	2				2			
	导线质量/kg								
	线圈编号	I		II		I		II	
	线圈匝数	23		23		40		39	
	抽头标号	78	79	80	76	82	81	78	79	80	76	82	81
	抽头匝数	0	21	23	0	21	23	0	36	40	0	35	39
二次绕组	导线截面/mm²	5.1×14.5				5.1×14.5			
	导线种类	裸铜线				裸铜线			
	并联根数	2				2			

项目 \\ 型号		BX2-700 型							
二次绕组	导线质量/kg								
	线圈编号	I		II		I		II	
	线圈匝数	8		8		8		8	
	抽头标号	0	45	0	46	0	45	0	46
	抽头匝数	0	8	0	7	0	8	0	7
电抗线圈	导线截面/mm²	3.28×22				3.28×22			
	导线种类	裸铜线				裸铜线			
	并联根数	2				2			
	线圈匝数	15（引线另加一匝）				15（引线另加一匝）			

表 6-11　BX2-1000 型串联电抗器式电焊变压器的绕组数据

项目 \\ 型号		BX2-1000 型							
一次绕组	电压/V	220				380			
	导线截面/mm²	4.4×14.5				4.4×8.6			
	导线种类	双玻璃丝包线				双玻璃丝包线			
	并联根数	2				2			
	导线质量/kg	35.8				35.8			
	线圈编号	I		II		I		II	
	线圈匝数	19		19		33		33	
	抽头标号	78	79	80	76	82	81	78	79	80	76	82	81
	抽头匝数	0	17	19	0	17	19	0	29	33	0	29	33
二次绕组	导线截面/mm²	4.4×22				4.4×22			
	导线种类	裸铜线				裸铜线			
	并联根数	2				2			
	导线质量/kg	22				22			
	线圈编号	I		II		I		II	
	线圈匝数	6		6		6		6	
	抽头标号	0	45	0	46	0	45	0	46
	抽头匝数	0	6	0	6	0	6	0	6

续表

型 号 项 目		BX2-1000 型	
电 抗 线 圈	导线截面/mm^2	4.4×22	4.4×22
	导线种类	裸铜线	裸铜线
	并联根数	2	2
	线圈匝数	10（引线另加一匝）	10（引线另加一匝）

（3）BX3 系列动圈式电焊变压器的技术数据和绕组数据见表 6-12～表 6-14。

表 6-12　　　BX3 系列动圈式电焊变压器的技术数据

型 号 项 目		BX3-120			BX3-300			BX3-500		
电源电压/V		220 或 380			220 或 380			220 或 380		
电流调节范围/A	接法 I	20～55			40～125			60～190		
	接法 II	50～160			115～400			170～670		
空载电压/V	接法 I	75			75			70		
	接法 II	65			60			60		
工作电压/V		25			30			30		
额定负载率/%		60			60			60		
效率/%		81			83			87		
功率因数		0.45			0.53			0.52		
各负载率时/%		100	60	35	100	60	35	100	60	35
输入容量/kVA		6.5	8.2	11	15.9	20.5	27.5	25.8	33.2	44.5
一次电流 （A）	220V	29.5	37.2	50	72.5	93.5	125	117	151	202
	380V	17	21.5	29	41.8	54	72	68	87.4	117
二次电流/A		93	120	160	232	300	400	388	500	670
质量/kg		100			190			280		
外形尺寸 长/mm×宽/mm×高/mm		485×480×630			520×525×800			587×560×883		

397

表 6-13   BX3-120 型动圈式电焊变压器的绕组数据

项 目	型 号	BX3-120 型										
一次绕组	电压/V	220						380				
	导线截面/mm²	1.81×4.1						1.81×2.44				
	导线种类	双玻璃丝包线						双玻璃丝包线				
	并联根数	1						1				
	导线质量/kg	11.8						12.2				
	线圈编号	Ⅰ			Ⅱ			Ⅰ			Ⅱ		
	线圈匝数	180			180			310			310		
	抽头标号	1	2	3	4	5	6	1	2	3	4	5	6
	抽头匝数	0	155	180	0	155	180	0	268	310	0	268	310
二次绕组	导线截面/mm²	3.53×6.4						3.53×6.4				
	导线种类	双玻璃丝包线						双玻璃丝包线				
	并联根数	1						1				
	导线质量/kg	11.2						11.2				
	线圈编号	Ⅰ			Ⅱ			Ⅰ			Ⅱ		
	线圈匝数	60			60			60			60		
	抽头标号	7	8	9	10	11	12	7	8	9	10	11	12
	抽头匝数	0	55	60	0	55	60	0	55	60	0	55	60

表 6-14 BX3-300 型、BX3-500 型动圈式电焊变压器的绕组数据

项 目	型 号	BX3-300 型						BX3-500 型				
一次绕组	电压/V	380						380				
	导线截面/mm²	2.44×4.1						3.53×5.5				
	导线种类	双玻璃丝包线						双玻璃丝包线				
	并联根数	1						1				
	导线质量/kg	21						34				
	线圈编号	Ⅰ			Ⅱ			Ⅰ			Ⅱ		
	线圈匝数	180			180			140			140		
	抽头标号	1	2	3	4	5	6	1	2	3	4	5	6
	抽头匝数	0	144	180	0	144	180	0	124	140	0	124	140

项　目	型　号	BX3-300 型		BX3-500 型	
二次绕组	导线截面/mm²	2.26×18		3.53×22	
	导线种类	双玻璃丝包线		双玻璃丝包线	
	并联根数	1		1	
	导线质量/kg	12		19.3	
	线圈编号	Ⅰ	Ⅱ	Ⅰ	Ⅱ
	线圈匝数	30	30	23	23
	抽头标号	7　8	9　0	7　8	9　0
	抽头匝数	0　30	0　30	0　23	0　23

4. 电焊变压器的使用与维护

（1）电焊变压器应放在通风良好、干燥的地方，并注意防尘。

（2）对于长期停用或第一次投入运行的电焊变压器，应用 500V 绝缘电阻表进行检查，绝缘电阻不应低于 0.5MΩ。

（3）要注意检查配电系统的开关、熔断器、电压等级、电源功率是否符合要求。

（4）焊机外壳应可靠接地。

（5）检查焊机各部位接线是否正确，电线接头是否牢固。

（6）在焊接过程中，应注意检查焊机的温升，焊钳与工件接触的时间不能过长，以免烧坏焊机。

（7）要经常检查焊接电缆有无破损及过热现象。

（8）工作完毕后，应及时切断焊机电源，以免发生危险。

（9）在焊机使用一段时间后，应用细砂布将各接触面的氧化层除去。

5. 电焊变压器的常见故障及其排除方法

电焊变压器的常见故障及其排除方法见表 6-15。

表 6-15　　　　　　电焊变压器的常见故障及其排除方法

常见故障	可能原因	排除方法
焊机不起弧	(1) 电源没有电压； (2) 电源电压过低； (3) 焊机接线错误； (4) 焊机线圈短路或断路	(1) 检查电源开关和熔断器的接通情况及电源电压； (2) 调整电源电压； (3) 检查一次侧和二次侧的接线是否正确； (4) 检修线圈
焊接电流过小	(1) 焊机功率过小； (2) 电源引线和焊接电缆过长，压降过大； (3) 电源引线和焊接电缆盘成盘形，电感过大； (4) 焊接电缆接头松动	(1) 更换大功率的焊机或两台并联使用； (2) 减小导线长度或加大线径； (3) 将导线放开； (4) 将接头重新接好
焊接电流过大	电抗线圈或二次绕组中起电抗作用的线圈绝缘损坏	检修线圈
焊接电流忽大忽小	(1) 传动部件磨损，框架螺栓松动，滑道间隙过大，使动铁心位置不稳定； (2) 导线接触不良； (3) 一台单人焊机两人同时使用； (4) 电源容量过小，其他用电设备的运行导致焊接电流变化	(1) 更换损坏的零件。如系螺杆磨损，可将手柄调好位置后固定住使用； (2) 将导线重新接好； (3) 停止一处； (4) 提高电源容量或减少其他用电设备
焊机过热	(1) 电源电压过高； (2) 焊机过载； (3) 焊机线圈短路； (4) 铁心硅钢片短路； (5) 铁心夹紧螺杆及夹件的绝缘损坏	(1) 用电压表检查电源电压值并与焊机铭牌上的规定数值相对照； (2) 按规定的负载持续率下的焊接电流值使用； (3) 检修线圈； (4) 清洗硅钢片，重刷绝缘漆； (5) 更换绝缘

常见故障	可能原因	排除方法
导线接头处发热、发红或烧毁	(1) 接线处接触电阻过大或接线松动； (2) 接线螺栓是铁制的； (3) 焊接时间过长	(1) 将接线拆开，用细砂纸将接触处的污垢及氧化层擦去，然后拧紧螺母； (2) 更换为铜制的； (3) 按规定负载持续率进行焊接
熔断器经常熔断	(1) 电源线短路或接地； (2) 一次或二次绕组匝间短路	(1) 检查电源线的情况； (2) 检修线圈
焊机外壳带电	(1) 线圈绝缘损坏，与铁心、外壳接触； (2) 电源引线或焊接电源碰外壳； (3) 无接地线或接地不良	(1) 用兆欧表检查线圈的对地绝缘电阻； (2) 检查电源引线和焊接电缆与接线板的连接情况； (3) 接好地线
焊机振动或噪声过大	(1) 动铁心上的螺杆和拉紧弹簧松动或脱落； (2) 动铁心或动圈的传动机构有故障； (3) 移动滑道磨损严重，间隙过大； (4) 线圈短路	(1) 加固动铁心及拉紧弹簧； (2) 检修传动杆； (3) 更换磨损的零件； (4) 检修线圈
调节手柄摇不动或动铁心、动线圈不能移动	(1) 传动机构上油垢太多或已锈住； (2) 传动机构磨损； (3) 移动滑道上有障碍； (4) BX3 系列焊机线圈的引出线挂住或挤在线圈中	(1) 清洗或除锈； (2) 检修或更换磨损的零件； (3) 清除障碍物； (4) 清理线圈引出线

三、整流变压器

1. 整流变压器的用途及分类

整流变压器是整流设备中的重要组成部分，其功能是将交流电网电压变换成一定大小和相数的电压，然后再经过整流，以满足直流输出的需要。通常为使整流得到的直流电压更平直，整流变压器的二次侧通常不少于三相，有的是六相、十二相、十八相。

整流变压器广泛用于电解、化工、牵引、调速、冶炼等多种行业，其工作原理、结构、使用与维护方法与电力变压器基本相同。

2. 整流变压器的型号含义

整流变压器型号的含义见表 6-16。

表 6-16　　　　　　　　整流变压器基本型号含义

序号	分类	含　义		符号
1	用途	整流		Z
		电解、化工		H
2	相数	三相		S
3	绕组外绝缘介质	变压器油		—
		空气		G
		成形固体		C
4	冷却方式	自冷		—
		风冷		F
		强油风冷		FP
		强油水冷		SP
5	调压方式	无励磁调压或不调压		—
		一次（两侧）绕组有载调压		Z
		内附的自耦变压器调压或串联调压变压器有载调压		T
6	导线材质	铜		—
		铝		L
7	内附装置	平衡电抗器		K
		磁放大器（饱和电抗器）		B

3. 常用整流变压器的技术数据

常用整流变压器的技术数据见表 6-17～表 6-19。

表 6-17　　　　　　电化学整流变压器的主要技术数据

| 型号 | 网侧电压/kV | 直流电参数及特征 | | | | 联结组标号 | 质量/kg | | 外形尺寸/mm 长×宽×高/吊高 |
		整流电路	空载电压/V	工作电流/A	调压级数等效相数		器身	总体	
ZHSK-1000/35	35	双星带平衡电抗	139.5	5200	5/6	Dy11-y5	2580	6630	2550×1340×3 500/5500
ZHSZK-2500/10	10		95~36	15 000	27/6	Dy11-y5	5340	14 200	4300×2500×2 800/4500
ZHSZK-2300/10	10		173~90	8000	14/6	Dy11-y5	4400	10 800	4200×3100×3 800/5500
ZHSZK-3150/10	10		180~126	12 000	7/6	Dy11-y5	4900	13 900	3700×3300×3 890/6000
ZHSTK-2000/10	10		70~9.5	12 000	7/6	Dy11-y5	3700	9420	3700×3300×3 890/6000
ZHSZK-3500/10	10		305~180	4600	9/6	Dy0-y6	4460	11 860	3700×3280×3 900/6000
ZHSZK-6000/10	10	双星带平衡电抗	83~50	30 000	27/6	Dy11-y5	7300	12 200	4000×3600×3 400/6000
ZHSZK-6300/10	10		301~207	16 000	19/6	Dy11-y5	5580	15 400	3900×3800×3 800/6000
ZHSZK-8000/10	10		180~90	25 000	27/6	Dy11-y5	10 870	25 230	4540×3800×3 750/6000
ZHSZK-9500/35	35		80~56	80 000	9/6	Yy0-y6	16 500	42 000	4700×4450×4 600/800
ZHSZK-4000/35	35		205~148	15 000	27/6	Yy0-y6	7200	17 900	3720×2150×3 850/6500
ZHSTK-7200/35	35		400~250	11 000	27/6	Yy0-y6	11 500	24 500	4800×3000×3 600/6000
ZHSTK-5800/35	35	桥式	400~250	11 000	27/6	Dy11-y5	8500	21 000	4300×2900×3 600/6000

表6-18 牵引、拖动调速系统用整流变压器的主要技术数据

型号	网侧电压/kV	直流电参数及特性				联结组标号	质量/kg			外形尺寸/mm 长×宽×高/吊高
		空载电压/V	工作电流/A	整流方式	等效相数		器身	油	总体	
ZS-200/10	10	405 135	470	三相桥	6	Dd0	605	215	1045	1380×840× 1490/3000
ZS-400/10	10	405 135	950	三相桥	6	Dd0	985	330	1645	1800×1250× 1650/3500
ZS-800/10	10	540 270	1415	三相桥	6	Dd0	1860	920	3490	1920×1840× 2240/4000
ZS-1000/10	10	540 270	1770	三相桥	6	Dd0	2135	1000	4070	2240×1850× 2360/4000
ZS-1250/10	10	776	1500	双三相桥	12	Dd0-y11	2220	1910	5200	2150×2000× 3040/4500
ZS-2500/10	10	776	3000	双三相桥	12	Dd0-y11	3770	2140	7890	2490×2200× 2970/4000
ZS-3150/10	10	709	4250	三相桥	6	Dy11	4285	2450	9000	2500×2250× 2750/4000
ZS-3600/10	10	709	4860	三相桥	6	Dy11	4960	2630	10 100	2500×2250× 2800/4000
ZS-5000/35	10	3240	1500	三相桥	6	Dy5	6970	3200	14 050	3000×2290× 3700/4500
ZS-12 000/35	10	3510	3320	双三相桥	12	Dy5-d0	12 250	5120	22 100	3300×2500× 3720/5500

表6-19 ZS9 系列整流变压器的主要技术数据

型号	额定容量/kVA	电压组合		联结组标号	空载损耗/W	负载损耗/W	空载电流/%	阻抗电压/%	质量/kg		
		高压/kW	低压/V						器身	油	总体
ZS9-30	30	3	380	Yyn0	150	800	3	6	171	105	386
ZS9-250	250	6	320	Yd11	640	4000	2	5	674	226	1134
ZST9-315	315	6	365	Yd11	760	4800	1.5	4	740	245	1283

续表

型号	额定容量/kVA	电压组合		联结组标号	空载损耗/W	负载损耗/W	空载电流/%	阻抗电压/%	质量/kg		
		高压/kW	低压/V						器身	油	总体
ZS9-400	400	6.3	240	Dy11	920	5800	1.9	6	1113	513	2012
ZS9-420	420	6.3	460	Dy11	920	6900	1.9	10	1064	455	2019
ZS9-432	432	6	679	Yd11	920	6500	1.9	8	900	355	1680
ZS9-460	460	6	381	Yy0	1080	6900	3.2	4	1027	325	1800
ZSS9-475	475	6.3	440	Yy0-Yd11	1080	6900	1.9	7.5	1245	610	2400
ZS9-500	500	6	481	Yd11	1080	6900	1.9	4	1077	335	1862
ZS9-560	560	6	462	Yd11	1300	8100	1.3	4.27	1212	389	2113
ZS9-593	593	10	540	Yd11	1300	8100	1.8	4.5	1382	442	2400
ZS9-630	630	6.3	460	Dy11	1300	8100	1.3	6	1400	540	2500
ZS9-2×400	2×400	10	500	Dd0Dy11	1540	9900	1.8	4	1802	993	3628
ZS9-1000	1000	10	440	Yd11	1800	11 600	1.0	5.5	2048	759	3633
ZS9-1228	1228	3	438	Dyn11	2200	13 800	0.8	6	2332	854	4129
ZS9-1250	1250	10	810	Dd0	2200	13 800	0.8	8	2243	1071	4288
ZS9-1400	1400	6.3	420	Dy11	2650	1650	1.1	5.5	2572	1093	4790
ZS9-1500	1500	6	550	Dy11	2650	1650	0.8	5.75	2752	1020	5023
ZS9-1600	1600	6.3	240	Dd12	2650	16 500	0.8	6	3107	2048	6638
ZS9-1800	1800	10	440	Dd0	3100	19 800	1.0	4	2985	1360	5921
ZS9-2000	2000	6	712	Dy11	3100	19 800	1.0	6	3366	1323	6054
ZS9-2400	2400	6.3	900	Yd11	3650	23 000	1.0	8	3617	1628	1564
ZS9-2800	2800	10	1150	Dy11	4400	27 000	0.9	12	4088	2193	8299
ZS9-3500	3500	10	0.525	Dd0	4850	29 500	0.85	6.6	5060	2353	9687
ZS9-4200	4200	6.3	980	Dy11	6400	36 700	0.8	8	5519	2229	10 711
ZS9-5000	5000	6	1320	Yy0	5300	32 000	0.8	10	6012	2172	11 060
ZS9-5500	5500	10	1220	Dd0	6700	38 700	0.7	8	7100	3900	14 240
ZS9-6000	6000	10	1220	Dd0	7500	41 000	0.7	8	7480	3990	14 525

第7章

电 动 机

第1节 电动机概述

一、电机的作用及分类

电机是用于能量转换或信号变换的一种机电装置，按用途不同可以分为普通旋转电机和控制电机两类，它们都是根据电磁感应原理进行工作的，没有本质上的区别。

普通旋转电机主要有交流电机和直流电机两大类；控制电机按其功能和用途分为信号元件和功率（执行）元件两大类，作为信号元件的控制电机有测速发电机、旋转变压器、自整角机等，作为执行元件的控制电机有伺服电动机、步进电动机等。普通电机主要用于机电能量转换，因此要求有较高的力能指标；控制电机用于机电信号的检测、放大和执行，任务是完成机电信号变换，对其主要要求是运行可靠、响应迅速和精确度高等。

直流电机是直流发电机和直流电动机的总称，直流电机作为一种电能和机械能相互转换的装置，它具有可逆性，即一台直流电机既可作为发电机运行也可以作为直流电动机运行。

交流电机主要有同步电机和异步电机两种，同步电机主要用作发电机，异步电机主要用作电动机。

单相交流电动机由于用电电源方便，因此，被广泛应用于家用电器、医疗器械及自动控制系统中。对转速要求恒定的电器，如高级唱机、高级磁带录音机、电时钟等，用单相交流同步电动机作为动力则更为理想。

尽管在相同的容量情况下，单相交流电机比三相交流电机体

积大、重量增加、成本高、效率低，但由于上述的优点，小功率
单相交流电动机的使用范围依然极广。

1. 电机的用途

电机的用途见表7-1。

表 7-1 电机的用途

应用领域	用 途	举 例
电力工业	电机是发电厂的主要动力设备。如将水力、热力、风力、太阳能、核能等转换为电能，都需要使用发电机	如水轮发电机、汽轮发电机、风力发电机、柴油发电机等
工业企业	在机械、冶金、石油、煤炭和化学工业以及其他各种工业企业中，广泛地应用各种电动机。一个现代化工厂需要几百台至几万台电机	例如各种机床都采用电动机拖动，尤其是数控机床，都需由一台或多台不同功率和形式的电动机来拖动和控制；各种专用机械，如高炉运料装置、轧钢机、吊车、风机、水泵、搅拌机、纺织机、造纸机、印刷机和建筑机械等都大量采用电动机驱动
交通运输业	随着城市交通运输和电气铁道的发展，需要大量具有优良启动和调速性能的牵引电动机	在航运和航空事业中，需要很多具有特殊要求的船用电机和航空电机。在铁路运输中，需要电力机车用电动机。在公路运输中，需要电动汽车用电动机等
农业和农副产品加工	在农业和农副产品加工中，随着农业机械化的进展，电动机的应用也日趋广泛	如电力排灌、脱粒、碾米、榨油、粉碎等农业机械，都是用电动机拖动
国防工业	在军事和各种自动控制系统中，如雷达、计算机技术和航天技术等，需要大量的控制电机作为自动控制系统和计算装置中的执行元件、检测元件和解算元件	如伺服电机、测速发电机、步进电机、自整角机、力矩电机、旋转变压器等
其他领域	此外，在文教、医疗以及日常生活中，电机的应用也越来越广泛	如空调和冰箱中的压缩机电动机、风扇电动机、吸尘器电动机、洗衣机电动机以及教学仪器和医疗器械用电动机等

2. 电机的分类

电机的分类见表 7-2。

表 7-2　　　　　　　　　　电机的分类

分类方法	名　称	特　点
按照能量转换方式分类	(1) 发电机。 (2) 电动机。 (3) 控制电机	(1) 将机械能转换为电能。 (2) 将电能转换为机械能。 (3) 不以功率传递为主要职能，而在自动调节系统中起控制作用
按照电流性质分类	(1) 直流电机。 (2) 交流电机： 1) 同步电机。同步电机通常主要用作发电机运行。 2) 异步电机。异步电机又称为感应电机。异步电机通常主要用作电动机运行，也可以作为发电机使用，但工作性能较差。因此，异步发电机仅用于要求不高的农村小型发电设备中	(1) 应用于直流电系统的电机。 (2) 应用于交流电系统的电机： 1) 电机的速度等于同步速度（同步速度决定于该电机的极数和频率，同步速度的确切意义将在后文说明）。 2) 作为电动机运行时，速度永远较同步速度小，作为发电机运行时，速度永远较同步速度大
按照旋转速度分类	(1) 同步电机。 (2) 异步电机。 (3) 直流电机。 (4) 交流换向器电机	(1) 电机的转速 n 恒等于同步转速 n_s（n_s 为电机气隙中旋转磁场的转速，$n_s=\dfrac{60f}{p}$，即 n_s 与电流的频率 f 成正比，n_s 与电机的极对数 p 成反比）。 (2) 电机的转速 n 不等于同步转速 n_s（作为电动机运行时，$n<n_s$；作为发电机运行时，$n>n_s$）。 (3) 电机没有固定的同步转速。 (4) 电机的转速可以在宽广的范围内随意调节

上述电机的分类还可归纳如图 7-1 所示。

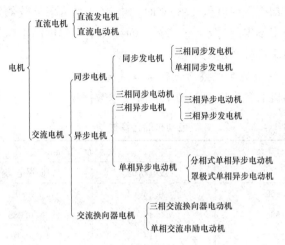

图 7-1　电机的分类图

二、电机常用标准技术数据

1.电动机的允许温升

在额定电压变动$-5\%\sim+10\%$的范围内，电动机可以在额定功率下连续运行；若越过上述范围，则应控制负荷。运行中电动机的允许温升见表 7-3。

表 7-3　　　　　　　　　　电动机的允许温升

序号	电动机部件	环境温度/℃	允许温度/℃	
			温度计法	电阻法
1	滑环	35	70	
2	换向器	35	65	
3	滑动轴承	35	30	
4	滚动轴承	35	65	
5	A 级绝缘的绕组	35	60	65
6	B 级绝缘的绕组	35	75	85
7	E 级绝缘的绕组	40	65	75
8	F 级绝缘的绕组	40	85	100
9	H 级绝缘的绕组	40	95	100

注　对于封闭式电动机，电动机温升可允许提高 5℃。

当冷却空气温度低于 35℃时，电动机的功率可较额定功率为高，但最多不得超过 8%～10%；而冷却空气温度高于 35℃时，电动机的功率应较额定功率低（35－t）%。

2. 电动机的允许振动与轴承润滑技术数据

电动机的允许振动与轴承润滑技术数据见表 7-4～表 7-8。

表 7-4   电动机的允许振动

转　速 /(r/min)	振　动　值/mm	
	一般电动机	防爆电动机
3000	0.06	0.05
1500	0.10	0.085
1000	0.13	0.10
750 以下	0.16	0.12

表 7-5   滑动轴承电动机的允许轴向窜动量

电动机功率 /kW	轴向窜动量/mm	
	向一边	向两边
10 以下	0.50	1.00
10～20	0.75	1.50
30～70	1.00	2.00
70～125	1.50	3.00
125 以上	2.00	4.00
轴颈直径大于 200mm 的电机	轴颈直径的 2%	

表 7-6   滚动轴承添加油脂的标准

转速/(r/min)	加　入　量
1500 以下	加入轴承腔的 1/2 以上 圆柱形轴承加到最下面滚柱的 2/3 即可
1500～3000	加入轴承腔的 1/2 圆柱形轴承加到最下面滚柱的 1/2 处即可

滚动轴承添加油脂的一般经验公式

$$D = 25 \sim 40\text{mm 时} \qquad t = \frac{D}{4}$$

$$D = 45 \sim 60\text{mm 时} \qquad t = \frac{D}{5}$$

$$D = 70 \sim 310\text{mm 时} \qquad t = \frac{D}{6}$$

式中　D——油环直径；

　　　t——油位高度（油环下部内径到油面距离）。

表 7-7　　　　　　　滚动轴承的允许间隙

轴承内径	允许间隙	轴承内径	允许间隙
30~50	0.10	100~120	0.30
50~80	0.20	120~140	0.30
80~100	0.25	140~180	0.35

表 7-8　　　　　　　滑动轴承的允许间隙

部　位	转速小于 750r/min			转速大于 1000r/min		
轴的直径/mm	30~50	50~80	80~120	30~50	50~80	90~120
间隙（两面之和）/mm	0.1~0.15	0.15	0.15~0.2	0.15	0.15~0.2	0.2~0.25

3. 电动机与机械找正检查的允许公差

安装及检查电动机故障，有时需检查电动机和机械之间的连接是否合乎规定。对轮按全面间隙的允许公差见表 7-9，两对轮平面间隙见表 7-10。

表 7-9　　　　　　　对轮按全面间隙的允许公差　　　　　　mm

类型	允许公差	
	圆周	平面
半固定式	0.6	0.05
固定式	0.04	0.02
齿轮	0.1	0.08

表 7-10 两对轮平面间隙 mm

对轮直径	两对轮平面间隙
90～140	2.5
140～260	2.5～4
200～500	4～6

4. 电动机引出线的规格

电动机引出线可选择国产牌号为 BXP 的橡皮绝缘线，它的截面积可根据电机额定电流选择，见表 7-11。

表 7-11 电动机引出线的规格

电流 /A	引出线截面积 /mm²	电流 /A	引出线截面积 /mm²
0.4～0.7	0.3	46～60	10
1.2～2	0.72	61～90	16
3.4	1	91～120	25
5.6～6	1	121～150	35
6～10	1.5	151～190	50
11～20	2.5	191～240	70
21～30	4	241～290	95
31～45	6		

5. 转子绑扎钢丝的选择

(1) 钢丝的选择。在修理时，若无原来的钢丝，可按下式计算

$$W_2 = W_1 \frac{d_1^2}{d_2^2}$$

式中　W_1——原钢丝匝数；

　　　W_2——改后钢丝匝数；

　　　d_1——原钢丝直径；

　　　d_2——改后钢丝直径；

（2）钢丝的拉力。钢丝拉力见表7-12。

表 7-12　　　　　　　　　钢丝拉力表

钢丝直径/mm	拉力/N	钢丝直径/mm	拉力/N
0.5	118～147	1.0	490～588
0.6	167～196	1.2	637～784
0.7	245～294	1.5	980～1152
0.8	294～343	1.8	1372～1470
0.9	392～441	2.0	1764～1960

三、常用电动机的防护型式

1. 电动机防护型式的含义

电动机防护型式的表示方法如下：

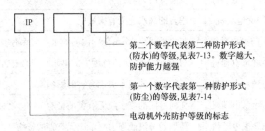

表 7-13　　电动机外壳按防止固体异物进入内部及防止人体
触及内部带电或运动部分的防护等级

防护等级	简　称	定　义
0	无防护	没有专门的防护
1	防止大于 50mm 的固体进入的电动机	能防止直径大于 50mm 的固体异物进入壳内，能防止人体的某一大面积部分（如手）偶然或意外地触及壳内带电或运动部分，但不能防止有意识地接近这些部分
2	防止大于 12mm 的固体进入的电动机	能防止直径大于 12mm 的固体异物进入壳内，能防止手指、长度不超过 80mm 物体触及或接近壳内带电或运动部分
3	防止大于 2.5mm 的固体进入的电动机	能防止直径大于 2.5mm 的固体异物进入壳内，能防止厚度（或直径）大于 2.5mm 的工具、金属线等触及或接近壳内带电或转动部分

413

防护等级	简 称	定 义
4	防止大于 1mm 的固体进入的电动机	能防止直径大于 1mm 的固体异物进入壳内，能防止厚度（或直径）大于 1mm 的导线、金属条等触及或接近壳内带电或转动部分
5	防尘电动机	能防止触及或接近机内带电或转动部分。不能完全防止尘埃进入，但进入量不足以影响电机的正常运行

表 7-14   电动机外壳按防止水进入内部程度的防护等级

防护等级	简称	定 义
0	无防止电动机	没有专门的防护
1	防滴电动机	垂直的滴水应无有害影响
2	15°防滴电动机	与铅垂线成 15°角范围内的滴水，应无有害影响
3	防淋水电动机	与铅垂线成 60°角范围内的淋水，应无有害影响
4	防溅水电动机	任何方向的溅水应无有害的影响
5	防喷水电动机	任何方向的喷水应无有害的影响
6	防海浪电动机	猛烈的海浪或强力喷水应无有害的影响
7	防浸水电动机	在规定的压力和时间内浸在水中，进入水量应无有害的影响
8	潜水电动机	在规定的压力下长时间浸在水中，进入水量应无有害的影响

2. 电动机防护型式实例

（1）防滴式电动机。防滴式（又称防护式）电动机的机座下面有通风口，散热好，能防止水滴、沙粒和铁屑等杂物溅入或落入电动机内，但不能防止潮气和灰尘侵入，适用于比较干燥、没有腐蚀性和爆炸性气体的环境。防滴式电动机的外形如图 7-2 所示。

（2）封闭式电动机。封闭式电动机的机座和端盖上均无通风孔，完全封闭。封闭式又分为自冷式、自扇冷式、他扇冷式、管道通风式及密封式等。封闭式电动机适用于尘土多、特别潮湿等较恶劣的环境。封闭式电动机的外形如图 7-3 所示。

图 7-2　防滴式电动机的外形　　图 7-3　封闭式电动机的外形

（3）潜水电动机。潜水电动机是一种用于水下驱动的动力源，它常与潜水泵组装成潜水电泵机组或直接在潜水电动机的轴伸端装上泵部件组成机泵合一的潜水电泵产品，潜入井下或江、河、湖泊、海洋水中以及其他任何场合的水中工作。潜水电泵的外形如图 7-4 所示。

（4）防爆电动机。防爆电动机是在正常电动机结构的基础上，进一步加强机械、电气和热保护措施。使之在过载条件下避免出现电弧、火花或高温危险，确保防爆安全性的电动机。防爆电动机适用于石油、

图 7-4　潜水电泵的外形

化工、制药、煤矿及燃料油等行业中储存、输送具有易燃、易爆的气体或蒸汽的场合。防爆电动机的外形如图 7-5 所示。

图 7-5　防爆电动机的外形

四、电动机的工作制

电动机所拖动的负载及运行情况是多种多样的,按照电动机工作时间的长短与发热和冷却情况的不同,规定电动机有三种基本工作制(或称工作方式)。电动机基本工作制见表7-15。

表 7-15　　　　　　　　　　电动机基本工作制

类别	代号	含　义
连续工作制	S1	连续工作制是指该电动机在铭牌规定的额定值下,能够长时间连续运行。适用于风机、水泵、机床的主轴、纺织机、造纸机等很多连续工作方式的生产机械
短时工作制	S2	短时工作制是指该电动机在铭牌规定的额定值下,能在限定的时间内短时运行。我国规定的短时工作的标准时间有 15、30、60、90min 四种。适用于水闸闸门启闭机等短时工作方式的设备
断续周期工作制	S3	断续周期工作制是指该电动机在铭牌规定的额定值下,只能断续周期性地运行。按国家标准规定每个工作与停歇的周期 $t_z = t_g + t_o \leqslant 10\text{min}$。每个周期内工作时间占的百分数称为负载持续率(又称暂载率),用 $FS\%$ 表示,计算公式为 $$FS\% = \frac{t_g}{t_g + t_o} \times 100\%$$ 式中　t_g——工作时间; 　　　t_o——停歇时间。 我国规定的标准负载持续率有 15%、25%、40%、60% 四种。 断续周期工作制的电动机频繁启动、制动,其过载能力强、转动惯量小、机械强度高,适用于起重机械、电梯、自动机床等具有周期性断续工作方式的生产机械

　　注　电动机的工作制(又称工作方式或工作定额)是指电动机在额定值条件下运行时,允许连续运行的时间,即电动机的工作方式。工作制是对电机各种负载,包括空载、停机和断电,及其持续时间和先后次序情况的说明。

五、电动机的安装

1. 电动机的搬运与安装地点的选择

(1) 搬运电动机的注意事项。搬运电动机时,应注意不应使电动机受到损伤、受潮或弄脏。

如果电动机由制造厂装箱运来,在没有运到安装地点前,不要打开包装箱，宜将电动机存放在干燥的仓库内，也可以放置室外，但应有防雨、防潮、防尘等措施。

中小型电动机从汽车或其他运输工具上卸下来时，可使用起重机械；如果没有起重机械设备，可在地面与汽车间搭斜板，慢慢滑下来。但必须用绳子将机身拖住，以防滑动太快或滑出木板。

质量在100kg以下的小型电动机，可以用铁棒穿过电动机上的吊环，由人力搬运，但不能用绳子套在电动机的皮带轮或转轴上，也不要穿过电动机的端盖孔来抬电动机。搬运中所用的机具、绳索、杠棒必须牢固，不能有丝毫马虎。如果搬运中使电动机转轴弯曲扭坏，使电动机内部结构变动，将直接影响电动机使用，而且修复很困难。

（2）安装地点的选择。选择安装电动机的地点时一般应注意：

1）尽量安装在干燥、灰尘较少的地方。

2）尽量安装在通风较好的地方。

3）尽量安装在较宽敞的地方，以便进行日常操作和维修。

2. 电动机安装前的检查

电动机安装之前应进行仔细检查和清扫。

（1）检查电动机的功率、型号、电压等应与设计相符。

（2）检查电动机的外壳应无损伤，风罩风叶应完好。

（3）转子转动应灵活，无碰卡声，轴向窜动不应超过规定的范围。

（4）检查电动机的润滑脂，应无变色、变质及硬化等现象，其性能应符合电动机工作条件。

（5）拆开接线盒，用万用表测量三相绕组是否断路。引出线鼻子的焊接或压接应良好，编号应齐全。

（6）使用绝缘电阻表测量电动机的各相绕组之间，以及各相绕组与机壳之间的绝缘电阻，如果电动机的额定电压在500V以下，则使用500V绝缘电阻表测量，其绝缘电阻值不得小于0.5MΩ，如果不能满足要求则应对电动机进行干燥处理。

（7）对于绕线转子电动机需检查电刷的提升装置。提升装置应标有"起动""运行"的标志，动作顺序是先短路集电环，然后提升电刷。

电动机在检查中，如有下列情况之一时，应进行抽芯检查：

1）出厂日期超过制造厂保证期限者。

2）经外观检查或电气试验，质量有可疑时。

3）开启式电动机经端部检查有可疑时。

4）试运转时有异常情况者。

3. 电动机底座基础的制作

为了保证电动机能平稳地安全运转，必须把电动机牢固地安装在固定的底座上。电动机底座的选用方法是生产机械设备上有专供安装电动机固定底座的，电动机一定要安装在上面；无固定底座时，一般中小型电动机可用螺栓装置在固定的金属底板或槽轨上，也可以将电动机紧固在事先埋入混凝土基础内的地脚螺栓或槽轨上。

（1）电动机底座基础的建造。电动机底座的基础一般用混凝土浇筑而成，电动机的安装座墩如图 7-6 所示。座墩的尺寸要求：H 一般为 100～150mm，具体高度应根据电动机规格、传动方法和安装条件来决定；B 和 L 的尺寸应根据底板或电动机机座尺寸来定，但四周一般要放出 50～250mm 裕度，通常外加 100mm，基础的深度一般按地脚螺栓长度的 1.5～2 倍选取，以保证埋设地脚螺栓时，有足够的强度。

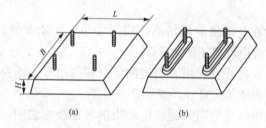

图 7-6 电动机的安装座墩

（a）直接安装墩；（b）槽轨安装墩

（2）地脚螺栓的埋设方法。为了保证地脚螺栓埋得牢固，通常将地脚螺栓做成人字形或弯钩形，如图 7-7 所示。地脚螺栓埋设

时，埋入混凝土的长度一般不小于螺栓
直径的 10 倍，人字形开口和弯钩形的
长度约是埋入混凝土内长度的一半
左右。

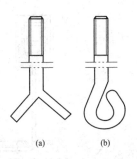

图 7-7　预埋的地脚螺栓
（a）人字形；（b）弯钩形

（3）电动机机座与底座的安装。为
了防止振动，安装时应在电动机与基础
之间垫衬一层质地坚韧的木板或硬橡皮
等防振物；4 个地脚螺栓上均要套用弹
簧垫圈；拧紧螺母时要按对角交错次序
逐步拧紧，每个螺母要拧得一样紧。

安装时还应注意使电动机的接线盒接近电源管线的管口，再
用金属软管伸入接线盒内。

4. 电动机的安装方法

安装电动机时，质量在 100kg 以下的小型电动机，可用人力
抬到基础上；比较重的电动机，应用起重机或滑轮来安装，但要
小心轻放，不要使电动机受到损伤。电动机在基础上的安装如图
7-8 所示。

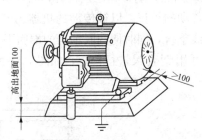

图 7-8　电动机在基础上的安装

穿导线的钢管应在浇注混凝土前预埋好，连接电动机一端的
钢管，管口离地不得低于 100mm，并应使其尽量接近电动机的接
线盒，如图 7-9 所示。

5. 电动机的校正

（1）水平校正。电动机在基础上安放好后，首先检查水平情
况。通常用水准仪（水平仪）来校正电动机的纵向和横向水平。

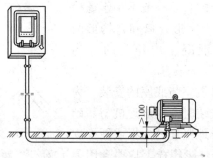

图 7-9 钢管埋入混凝土内

如果不平，可用 1.5～5mm 的钢片垫在机座下，直到符合要求为止。注意：不能用木片或竹片来代替，以免在拧紧螺母或电动机运行中木片或竹片变形碎裂。校正好水平后，再校正传动装置。

（2）带传动的校正。用带传动时，首先要使电动机带轮的轴与被传动机器带轮的轴保持平行；其次两个带轮的中心线应在一条直线上。若两个带轮的宽度相同，校正时可在带轮的侧面进行，将一根细线拉直并紧靠两个带轮的端面，如图 7-10 所示，若细线均接 A、B、C、D 四点，则带轮已校正好，否则应进行校正。

（3）联轴器传动的校正。以被传动的机器为基准调整联轴器，使两联轴器的轴线重合，同时使两联轴器的端面平行。

校准联轴器可用钢直尺进行校正，如图 7-11 所示。将钢直尺

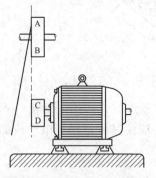

图 7-10 带轮传动的校正方法

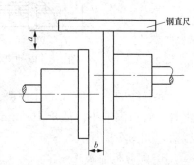

图 7-11 用钢直尺校正联轴器

搁在联轴器上，分别测量纵向水平间隙 a 和轴向间隙 b，再用手将电动机端的联轴器转动，每转 90°测量一次 a 与 b 的数值。若各位置上测得的 a、b 值不相同，应在机座下加垫或减垫。这样重复几次，调整后测得的 a、b 值在联轴器转动 360°时不变即可。两联轴器容许轴向间隙 b 应符合表 7-16 的规定。

表 7-16   **两联轴器容许轴向间隙 b**   mm

联轴器直系 d	90～140	140～260	260～500
容许轴向间隙 b	2.5	2.5～4	4～6

（4）齿轮传动的校正。电动机轴与被传动机器的轴应保持平行。两齿轮轴是否平行，可用塞尺检查两齿轮的间隙来确定，如间隙均匀，说明两轴已平行。否则，需要重新校正。一般齿轮啮合程度可用颜色印迹法来检查，应使齿轮接触部分不小于齿宽的 2/3。

第 2 节 交流电动机

一、交流电动机的分类及用途

电动机是一种将电能转换为机械能的动力设备，应用十分广泛，按所用电源的不同可分为交流电动机和直流电动机。交流电动机按工作原理不同分为同步电动机和异步电动机。同步电动机的旋转速度与交流电源频率有严格的对应关系，在运行中转速严格保持恒定不变，异步电动机的转速随负载的变化稍有变化。异步电动机应用最为广泛，它具有结构简单、价格低廉、坚固耐用、使用维护方便等优点。异步电动机又分为三相电动机和单相电动机，单相电动机功率小，多用于小型机械设备或家用电器；三相电动机功率大，多用于工矿企业中。

三相异步电动机按防护方式不同分为开启式、防护式、封闭式和防爆式；按转子结构不同可分为笼型和绕线转子；根据安装方式不同可分为卧式和立式；根据电动机轴伸不同又分为单轴伸和双轴伸。三相异步电动机的分类见表 7-17。

表 7-17   三相异步电动机的分类

序号	分类因素	主要类别
1	输入电压	(1) 低压电动机（3000V 以下）； (2) 高压电动机（3000V 以上）
2	轴中心高等级	(1) 小型电动机（63～315mm）； (2) 中型电动机（355～560mm）； (3) 大型电动机（≥630mm）
3	转子绕组型式	(1) 笼型转子电动机； (2) 绕线转子电动机
4	使用时的安装方式	(1) 卧式； (2) 立式
5	使用环境（防护功能）	(1) 封闭式； (2) 开启式； (3) 防爆型； (4) 化工防腐型； (5) 防湿热型； (6) 防盐雾型； (7) 防振型
6	用途	(1) 普通型； (2) 冶金及起重用； (3) 井用（潜油或水）； (4) 矿山用； (5) 化工用； (6) 电梯用； (7) 需隔爆的场合用； (8) 附加制动器型； (9) 可变速型； (10) 高起动转矩型； (11) 高转差率型

在使用中，对不要求调速和启动性能要求不高的场合，如各种机床、水泵、通风机等生产机械上应优先选用三相异步电动机；对要求大启动转矩的生产机械，可选用高启动转矩的三相笼型异步电动机，如斜槽式、深槽式或双笼型异步电动机。对启动、制

动比较频繁、启动、制动转矩较大，而且有一定调速要求的生产机械，应优先选用三相绕线转子异步电动机；对要求大功率、衡转速和改善功率因数的场合，应选用三相同步电动机。一般情况下应选用卧式电动机和单轴伸电动机；在干燥清洁的环境应使用开启式电动机；防护式电动机适用于比较干燥、灰尘不多、无腐蚀气体和爆炸性气体的环境；封闭式电动机用于潮湿、尘土多、有腐蚀性气体、易引起火灾和易受风雨侵蚀的环境中；密闭式电动机则用于浸入水中的机械。

二、三相异步电动机的工作原理及工作过程

1. 三相异步电动机工作原理

图 7-12 是三相异步电动机工作原理示意图。在一个可用手柄转动的两极永久磁铁中，放置一个可以自由转动的笼型绕组，如图 7-12 （a）所示，其圆周均匀地分布着很多根细的导条，导条的两端分别用两个铜环（称端环）把它们连接起来成为一个整体。

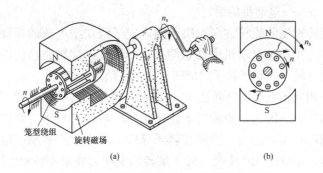

图 7-12　三相异步电动机工作原理示意图

（a）结构示意图；（b）原理图

转动手柄使永久磁铁旋转，就会发现笼型绕组跟着磁铁朝相同的方向旋转，这是因为当两个磁极旋转时，笼型绕组中的导体（即导条）就切割磁力线，其切割的方向与磁极的旋转方向相反。根据电磁感应定律及右手定则可知，在导体中将产生感应电动势，其方向如图 7-12 （b）所示（⊙为出，⊗为进）。由于导体两端被端环短路，因此，在感应电动势的作用下，导体中就有感应电流

流过，如果不考虑导体中电流与电动势的相位差，则导体中感应电流的方向与感应电动势的方向相同。这些通有感应电流的导体在磁场中会受到电磁力 f 的作用，导体受力方向可根据左手定则确定。因此，在图 7-12（b）中，N 极范围内的导体受力方向向右，而 S 极范围内的导体的受力方向向左，这是一对大小相等、方向相反的力，因此，就形成了转矩，使笼型绕组（转子）朝着磁场旋转的方向转动起来。这就是异步电动机的简单工作原理。

实际的三相异步电动机是利用定子三相对称绕组通入三相对称电流而产生旋转磁场的，这个旋转磁场的转速称为同步转速，用字母 n_s 表示，它由电源频率 f 以及定子绕组的极对数 p 来决定，即

$$n_s = \frac{60f}{p}$$

式中　　n_s——同步转速，r/min；

　　　　f——电源频率，Hz；

　　　　p——电动机的极对数。

旋转磁场的旋转方向取决于通入定子绕组中电流的相序，如果对调三相异步电动机中任意两根电源线，则旋转磁场的旋转方向随之反转，电动机转子的旋转方向也就随之改变。

三相异步电动机的转速 n 不可能达到旋转磁场的转速（即同步转速）n_s。因为，假设两者转速相同，则转子导体与旋转磁场之间就没有相对运动，因而在转子导体中就不能产生感应电动势和电流，也就不能产生推动转子旋转的电磁力和电磁转矩。因此，异步电动机的转速 n 总是低于同步转速 n_s，即两种转速之间总是存在差异，异步电动机因此而得名。

2. 三相异步电动机的工作过程

三相异步电动机的三相绕组在定子铁心中互成 120°，因此当定子绕组通入相位互差 120° 的三相对称交流电后，就会在定子空间产生一旋转磁场。转子导体在定子空间切割该磁场的磁力线，就在转子中产生感应电动势，又因转子是通过短路环形成闭合回路的，于是就在产生感应电动势的同时形成了感应电流，此感应电流在旋转磁场中受到磁场力的作用而产生电磁转矩，使转子旋

转输出机械转矩，带动负载工作。

电动机的转向取决于定子绕组所产生的旋转磁场的转向，而旋转磁场的转向又取决于接入定子三相绕组的三相交流电的相序，所以只要改变相序就可以改变转向。而改变三相交流电相序的方法是：将接入电动机的三根相线中的任意两根接头对换。

如果通入三相异步电动机的三相交流电断开一相，造成缺相运行，其余两相绕组的负载将明显增加，此时必须立即切断电源检修，否则会因流过绕组的电流过大而将绕组烧毁。

三、三相异步电动机的基本结构

三相异步电动机有多种类型，其外形和局部结构各异，但其主要结构部件却基本相同。

三相异步电动机由两个基本部分组成：固定的部分称为定子，主要由机座、定子铁心、定子绕组等组成；旋转的部分称为转子，主要由转子铁心、转子绕组和转轴等组成。转子装在定子腔内，为了保证转子能在定子内自由转动，定、转子之间必须有一定间隙，称为气隙。此外，在电动机中还有一些其他零部件，如端盖、轴承、轴承盖、风扇、风罩等，在绕线转子三相异步电动机中还有集电环（又称滑环）及电刷装置等。笼型三相异步电动机的基本结构如图 7-13 所示，绕线转子三相异步电动机的基本结构如图 7-14所示。

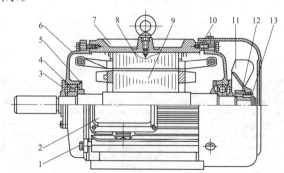

图 7-13　笼型三相异步电动机的基本结构

1—紧固件；2—接线盒；3—轴承外盖；4—轴承；5—轴承内盖；6—端盖；7—机座；8—定子铁心；9—转子；10—风罩；11—外风扇；12—键；13—轴用挡圈

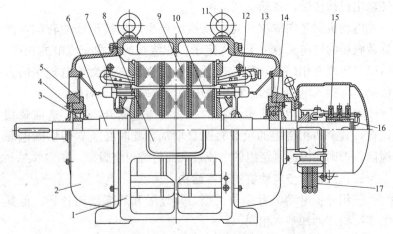

图 7-14 绕线转子三相异步电动机的基本结构

1—机座；2、13—端盖；3、14—轴承；4—轴承外盖；5—轴承内盖；6—转轴；

7—转子绕组；8—接线盒；9—定子铁心；10—转子铁心；11—吊环；

12—定子绕组；15—电刷装置；16—集电环；17—转子绕组引出线

四、三相异步电动机的额定值与接法

1. 常用交流电动机铭牌数据的含义

三相异步电动机的铭牌，如图 7-15 所示。它标出了电动机的额定值和主要技术数据，供正确选用电动机之用。电动机按铭牌所规定的条件和额定值运行时就叫额定运行状态。

三相异步电动机		
型号：Y-112M-4	功率：4.0kW	频率：50Hz
电压：380V	电流：8.8A	接法：△
转速：1440r/min	效率	功率因数
工作制：连续	绝缘等级：B级	质量：45kg
标准编号	出厂编号	年 月
××电机厂		

图 7-15 三相异步电动机的铭牌

（1）电动机的型号。三相异步电动机的型号由三部分组成：

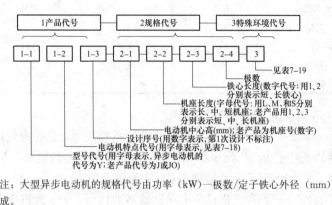

注：大型异步电动机的规格代号由功率（kW）—极数/定子铁心外径（mm）三个小节组成。

表 7-18　　　　　　　　　　常用异步电动机的特点代号

特点代号	汉字意义	产品名称	新产品代号	老产品代号
—	—	笼型异步电动机	Y	J、JO、JS
R	绕	绕线转子异步电动机	YR	JR、JRZ
K	快	高速异步电动机	YK	JK
RK	绕快	绕线转子高速异步电动机	YRK	JRK
Q	启	高启动转矩异步电动机	YQ	JQ
H	滑	高转差率（滑差）异步电动机	YH	JH、JHO
D	多	多速异步电动机	YD	JD JDO
L	立	立式笼型异步电动机	YL	JLL
RL	绕立	立式绕线转子异步电动机	YRL	—
J	精	精密机床用异步电动机	YJ	JJO
Z	重	起重冶金用笼型异步电动机	YZ	JZ
ZR	重绕	起重冶金用绕线转子异步电动机	YZR	JZR
M	木	木工用异步电动机	YM	JMO
QS	潜水	井用潜水异步电动机	YQS	JQS

表 7-19 常用异步电动机特殊环境代号

特殊环境条件	代号	特殊环境条件	代号
高原用	G	热带用	T
海船用	H	湿热带用	TH
户外用	W	干热带用	TA
化工防腐用	F		

1）Y 系列电动机的型号示例。

Y-100L2-4：Y 为三相异步电动机的系列代号，100 为机座至输出转轴的中心高度（mm），L 为机座类别（L 为长机座，M 为中机座，S 为短机座），2 号铁心长，4 为磁极数。

Y-132S-6：Y 为三相异步电动机的系列代号，132 为机座至输出转轴的中心高度（mm），S 为短机座，6 为磁极数。

2）J、JO2 系列电动机的型号示例。

J2-61-2：表示防护式三相异步电动机，第二次系列设计，6 号机座，1 号铁心长，2 个磁极。

JO2-32-4：表示封闭三相异步电动机，O 为封闭式，2 为设计序号，第二次系列设计，3 为机座长，2 号铁心长，4 个磁极。

（2）额定功率 P_N。指电动机在额定工作状态下，即额定电压、额定负载和规定冷却条件下运行时，转轴上输出的机械功率，单位为 W 或 kW。

（3）额定电流 I_N。指电动机在额定工作状况下运行，输出额定功率时，流入定子绕组的线电流，单位为 A。

（4）额定电压 U_N。指电动机正常运行时，定子绕组上应加的三相电源的线电压，单位为 V 或 kV。

（5）额定频率 f_N。我国工频为 50Hz。

（6）额定转速 n_N。指电动机在额定状态下运行时的转子的转速，单位为 r/min。

此外，铭牌上还标有额定功率因数、额定效率、温升（或绝缘等级）、工作制等。绕线转子三相异步电动机还标明转子电压和转子电流。转子电压是指电动机转子静止并三相开路，定子绕组加额定频率的额定电压时，转子绕组所感应的线电压，也称转子开路电压；转子电流是指电动机额定工作状态运行时，转子绕组的线电流。

2. 电动机的连接方法

电动机定子三相绕组与交流电源的连接方法，小型电动机（3kW 以下）大多采用星形（Y）联结，大中型电动机（4kW 以上）采用三角形（△）联结，以便采用Y-△降压起动法。三相电动机的接线方法如图 7-16 所示。

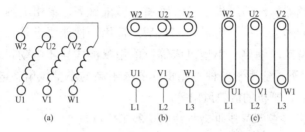

图 7-16　三相电动机的接线方法
（a）端子排列顺序；（b）Y联结；（c）△联结

一般中小型三相异步电动机都将三相绕组的首末端引出，固定在接线盒内的六个接线柱上。线头旁标有各项的首末端符号，其中 U1、V1、W1（老型号电动机用 D1、D2、D3）为三相绕组的首端，U2、V2、W2（老型号电动机用 D4、D5、D6）为三相绕组的末端。三相绕组在接线端子上的排列顺序如图 7-16（a）所示，星形（Y）联结或三角形（△）联结如图 7-16（b）、（c）所示。

五、单相笼型异步电动机

1. 单相笼型异步电动机的种类和用途

单相异步电动机是利用单相电源供电的一种小容量交流异步电动机。它具有结构简单、成本低廉、运行可靠、维修方便等优点，特别是可以直接用 220V 交流电源供电，所以得到广泛应用；与同容量的三相异步电动机相比较，单相电动机的不足之处是体积较大，运行性能差，效率较低，一般只能制成小型和微型系列，容量一般在几瓦到几百瓦。

单相异步电动机分为电阻起动式、电容起动式、电容运行式、电容起动和运转式、罩极式等几种。

单相电阻起动式异步电动机，功率40～370W，适用于小型机床、鼓风机、电冰箱等；单相电容启动式异步电动机，功率120～750W，适用于启动转矩要求较高的场合，如小型空压机、磨粉机、电冰箱等；单相电容运行式异步电动机，功率8～180W，适用于轻载启动，要求长期运行的场合，如电风扇、录音机、洗衣机、空调器、仪用风机、电吹风和电影机械等；单相电容启动和运转式异步电动机，功率8～750W，适用于性能要求较高的家用电器、特殊压缩泵、小型机床等；单相罩极式异步电动机，功率100W以下，适用于各种力能指标要求不高的小型风扇、电唱机、电吹风、计算机的散热风扇等。

2. 单相笼型异步电动机的构造和工作原理

由于单相绕组通入正弦交流电只能产生单相脉动磁场，因此没有启动转矩，不能自行启动。一般采用电容分相法、电阻分相法或罩极分相法来获得旋转磁场，使电动机启动旋转。

（1）单相电容运行异步电动机。它的定子铁心上嵌放两套绕组，绕组的结构基本相同，空间位置互差90°电角度，其他结构与三相异步电动机相同，如图7-17所示。向空间位置互差90°电角度的两相定子绕组中通入相位互差90°电角度的电流，便产生了旋转磁场，笼型转子在该旋转磁场作用下获得启动转矩而使电动机旋转，转子的转速总是小于旋转磁场的转速。要使单相异步电动机反转，必须使旋转磁场反转，即把工作绕组或启动绕组中的一组首端和末端与电源的接线对调。

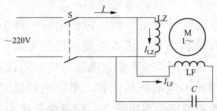

图 7-17　单相电容运行异步电动机电路原理图

（2）单相电容启动式异步电动机。单相电容启动式异步电动机的结构与单相电容运行异步电动机相似，只是在单相电容启动异步电动机的启动绕组中又串联了一个启动开关，如图 7-18 所示。当电动机转子静止或转速较低时，启动开关 S 处于接通位置；当电动机转速达到

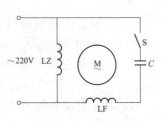

图 7-18　单相电容启动式异步电动机电路原理图

80％左右的额定转速时，启动开关 S 断开，启动绕组从电源上切除，此时单靠工作绕组拖动负载运行。

（3）单相电阻启动式异步电动机。单相电阻启动式异步电动机结构与单相电容运行式异步电动机相似，其电路如图 7-19 所示。工作绕组 LZ 匝数多，导线较粗，相当于一个电感；启动绕组 LF 匝数少，导线细，又有启动电阻，相当于一个电阻，启动时，两个绕组都参与工作，当转速达到 80％左右时，启动开关断开，启动绕组从电源上切除。

（4）单相罩极式异步电动机。单相罩极式异步电动机旋转磁场的产生与上述电动机不同，罩极式异步电动机的结构如图 7-20 所示。电动机定子铁心通常由厚 0.5mm 的硅钢片叠压而成，每个磁极的 1/3 处开有小槽。在极柱上套有铜制的短路环，就好像把这部分磁极罩起来一样，所以称为罩极式异步电动机。励磁绕组套在整个磁极上，必须正确连接，以使其上下刚好产生一对磁极。

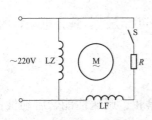

图 7-19　单相电阻启动式异步电动机电路原理图

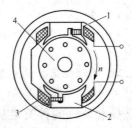

图 7-20　单相罩极式异步电动机的结构

1—短路环；2—凸极式定子铁心；

3—定子绕组；4—转子

罩极式异步电动机磁极的分布是在空间上移动的，好似旋转磁场一样，从而使笼型结构的转子获得起动转矩，并且也决定了电动机的转向是由未罩部分向被罩部分旋转，其转向是由定子的内部结构决定的，改变电源接线不能改变电动机的转向。

六、异步电动机的选择

（一）电动机的选择条件及步骤

1. 电动机选择的基本条件

选择电动机时，应根据生产机械的技术要求和使用环境的特点进行合理选用，既要保证运行安全可靠，又要注意维护方便，节省投资和运行费用。选择电动机应满足以下三个基本条件：

（1）电动机的容量应能得到最大限度的利用。

（2）电动机的机械特性、启动性能和调速性能等，应能完全适合生产机械的要求。

（3）电动机的结构形式，应能适合使用场所的环境条件。

2. 电动机选择的主要步骤

正确电动机选择的主要步骤如下：

（1）根据生产机械性能的要求，选择电动机的系列（种类）。

（2）根据生产机械工作场所的电源情况，选择电动机的额定电压。

（3）根据生产机械上的安装位置，选择电动机的安装结构形式。

（4）根据生产机械的运行速度及传动情况，选择电动机的额定转速。

（5）根据生产机械所需的功率和运行方式，选择电动机的额定容量。

（二）电动机选择注意事项

1. 电动机种类的选择

选择电动机的种类是从三相或单相、调速性能、启动性能、维护及价格等方面来考虑的。

（1）对于无特殊调速要求的一般生产机械，应尽可能选用笼型三相异步电动机。

（2）对于某些要求启动性能好，在不大的范围内平滑调速的设备,如起重机、卷扬机等,可选用绕线转子三相异步电动机。

(3) 在只有单相电源的场合,对于对启动转矩要求较高的设备,应选用单相电容启动异步电动机;对于对启动性能、过载能力、功率因数和效率均要求较高的设备,应选用单相双值电容异步电动机。

2. 电动机型号的选择

要选择交流电动机型号时,应按下列原则进行选择:

(1) 应首先考虑选用笼型异步电动机。

(2) 应根据生产机械的要求和用途,选择适当的型号。

(3) 应根据工作环境的需要来选择适当的异步电动机。

1) 三相异步电动机的主要型号、特点和用途见表 7-20。

2) 单相异步电动机的结构特点和应用见表 7-21。

表 7-20　　　　三相异步电动机的主要型号、特点和用途

| 名称 | 型号 | | 型号的汉字意义 | 结构特点 | 用途 |
	新型号	旧型号			
异步电动机	Y	J2、JO2 J3、JO3 JK JS JL JQ、JQO JQ2	异	铸铁外壳,小机座有散热筋,大机座采用管道通风,铸铝笼型转子,大机座用双笼型转子,有防护式和封闭式	用于一般机器与设备上,如拖动水泵、鼓风机、机床等
绕线转子异步电动机	YR	JR JRO	异绕	有防护式和封闭式,铸铁外壳,绕线转子	用于电源容量不足以启动笼型电动机及要求启动电流小,启动转矩高等场合
高启动转矩异步电动机	YQ	JQ JQO JGO	异起	同 Y 型,转子采用双笼或深槽,启动转矩大	用于启动静止负载或惯性较大的负载机械。如压缩机、粉碎机等

433

名称	型号		型号的汉字意义	结构特点	用途
	新型号	旧型号			
高转差率（滑差）异步电动机	YH	JH JHO	异滑	结构同 Y 型，转子一般采用铝合金浇铸	用于传动较大飞轮力矩和不均匀冲击负载的金属加工机械。如锤击机、剪切机、冲压机、压缩机、绞车等
多速异步电动机	YD	JD JDO	异多	结构同 Y 型，以改变极对数得到多种转速，引出线为 6～12 根	同 Y 型，使用于要求有 2～4 种转速的机械
精密机床用异步电动机	YJ	JJO	异精	结构同 Y 型，转子精密平衡，采用低噪声轴承及槽配合	同 Y 型，使用于要求振动小、噪声低的精密机床
制动异步电动机（旁磁式）	YEP	JZD	异（制）旁	定子同 Y 型，转子有旁磁路结构	
制动异步电动机（杠杆式）	YEG	JZD	异（制）杠	定子同 Y 型，转子上带杠杆式制动机构	用于要求快速制动的机械，如电动葫芦、卷扬机、起重机、电动阀等机械
制动异步电动机（附加制动器）	YEJ	JZD	异（制）加	定子同 Y 型，转子非出轴端带有制动器	
锥型转子制动异步电动机	YEZ	JZZ	异（制）锥	定、转子均采用锥型结构，防护式或封闭式，铸铁外壳上有散热，自扇吹冷	
电磁调速异步电动机	YCT	JZT	异磁调	封闭式异步电动机与电磁转差离合器组成	用于纺织、印染、化工、造纸、船舶及要求变速的机械上
换向器式（整流子）调速异步电动机	YHT	JZS	异换调	防护式，铸铁外壳，手动及电动调速两种，有换向器转子	同上，但效率与功率因数比 YCT 高

名称	型号		型号的汉字意义	结构特点	用途
	新型号	旧型号			
齿轮减速异步电动机	YCJ	JTC	异齿减	由封闭式异步电动机与两级圆柱齿轮减速箱合成一整体	用于要求低速、大转矩的机械，如运输机械、矿山机械、炼钢机械、造纸机械及其他要求低转速的机械
摆线针轮减速异步电动机	YXJ	JXJ	异线减	由封闭式异步电动机与摆线针轮减速器组成	同 YCJ 型
力矩异步电动机	YLJ	JLJ	异力矩	强迫通风式铸铁外壳，笼型转子导条采用高电阻材料	用于纺织、印染、造纸、电线电缆、橡胶、冶金等具有软特性及恒转矩的机械上
起重冶金用异步电动机	YZ	JZ	异重	封闭式，铸铁外壳上有散热，自扇吹冷，笼型转子	用于起重机械及冶金辅助机械
起重冶金用绕线转子异步电动机	YZR	JZR	异重绕	同上，转子为绕线转子	同 YZ 型
隔爆型异步电动机	YB	JB JBS	异爆	防爆式，钢板外壳，铸铝转子，小机座上有散热筋	用于有爆炸性气体的场合
电动阀门用异步电动机	YDF		异电阀	同 Y 型	用于启动转矩与最大转矩高的场合，如电动阀门
化工防腐用异步电动机	Y-F	JO-F JO2-F	异-腐	结构同 Y 型，采取密封及防腐措施	用于化肥、氯碱系统等化工厂的腐蚀环境中
船用异步电动机	Y-H	JO2-H	异船	结构同 Y 型，机座由钢板焊成或由高强度具有韧性铸铁制成	用于船舰上
并用（充水式）潜水异步电动机	YQS	JQS	异潜水	由水泵、电动机及整体密封盒等三大部分组成	用于农业排灌及消防等场合

表 7-21　　　笼型单相异步电动机结构特点和应用

电动机类型	电阻启动	电容启动	电容运转	电容启动与运转	罩极式
基本系列代号	YU(JZ、BO、BO$_2$)	YC(JY、CO、CO$_2$)	YY(JX、DO、DO$_2$)	YL	YJ
接线原理图					
机械特性曲线 $\frac{T}{T_N}=f(n)$ $\frac{T}{T_N}$—输出转矩倍数; T_N—额定输出转矩; n—转速					
基本系列代号	YU (JZ、BO、BO$_2$)	YC(JY、CO、CO$_2$)	YY(JX、DO、DO$_2$)	YL	YJ
最大转矩倍数 T_{max}	>1.8	>1.8	>1.6	>2	<0.5
最初启动转矩倍数	1.1~1.6	2.5~2.8	0.35~0.6	>1.8	
最初启动电流倍数	6~9	4.5~6.5	5~7	1.8	
功率范围/W	40~370	120~750	8~180	8~750	15~90
额定电压/V	220	220	220	220	220
同步转速(n/min)	1500、3000	1500、3000	1500、3000	1500、3000	1500、3000

续表

电动机类型	电阻启动	电容启动	电容运转	电容启动与运转	罩极式
结构特点	定子具有一次绕组和二次绕组,它们的轴线在空间相差90°电角度。电阻值较大的一次绕组并接于电源,当一次绕组转速达到80%同步转速时,通过启动开关将二次绕组切离电源,由一次绕组单独工作。为使二次绕组得到较高的电阻对电抗的比值,可采取如下措施: (1) 用较细铜线,以增大电阻; (2) 部分线圈反绕,以增大电阻减少电抗; (3) 用电阻率较高的铝线; (4) 串入一个加电阻。	定子一次绕组、二次绕组分布与电阻启动电动机相同,但二次绕组与一个电容器串联,经启动开关与一次绕组并接于电源。当一次绕组转速达到75%～80%同步转速时,将二次绕组、电容器由同步的启动开关断开,由一次绕组单独工作。	定子具有一次绕组和二次绕组,它们的轴线在空间相差90°电角度。二次绕组串联一个工作电容器(容量较小得多)后,并接于电源,且二次绕组长期参与运行。	定子绕组与电容器运转电动机相同,但二次绕组与两个电容器并联的电动机串联。当电动机转速达到75%～80%同步转速时,通过启动开关将电源、电容器切离,工作电容器继续参与运行。启动电容器大于工作电容器容量。	一般采用凸极定子,一次绕组是集中绕组,并在极靴的一小部分套有电阻很小的短路环(又称罩极隐极绕组)。另一种片形状和一般异步电动机相同,它们一次绕组和罩极绕组,均为分布在空间相差一定的电角度(一般为45°),罩极绕组匝数少、导线粗。
典型应用	具有中等启动转矩,适用于小型车床、鼓风机、医疗机械等	具有较高启动转矩,适用于小型空气压缩机、电冰箱、磨粉机、水泵及满载启动的机械等	启动转矩较低,但有较高的功率因数和效率、体积小、质量轻,适用于电风扇、通风机、水泵及各种灵音启动的机械	具有较高的启动性能、过载能力,功率因数和效率,适用于家用电器、泵、小型机床等	启动转矩、功率因数和效率均较低,电动机模型及各种轻载启动的小功率电动设备

注 1. 单相电容启动与运转异步电动机,又称单相双值电容异步电动机。
2. 基本系列代号中括号中代号是老系列代号。

3. 电动机电压的选择

要求电源电压与电动机额定电压相符。交流异步电动机的额定电压一般选用 380V 或 80/220V。

4. 电动机转速的选择

电动机和被它拖动的生产机械都有各自的额定转速。异步电动机额定转速是根据生产机械的要求而选定的。电动机与生产机械配套后，两者都应在各自的额定转速下运转。如果采用联轴器直接传动，电动机的额定转速应等于生产机械的额定转速。如果采用带传动，电动机的额定转速不应与生产机械的额定转速相差太多，其变速比不宜大于 3。采用带传动时，一般可选同步转速为 1500r/min 的电动机，这种电动机的转速比较容易与一般生产机械的转速匹配。

选择电动机的转速时，应注意转速不宜选得过低，这是因为当功率一定时，电动机的额定转速越低，则极数越多，体积越大，价格越高，而且效率越低。反之，电动机的转速也不宜选得过高，否则会使传动装置过于复杂。

通常电动机多采用 4 极转速，即同步转速为 1500r/min。

5. 电动机结构形式的选择

（1）灰尘少，无腐蚀性气体的场合，选用防护式。

（2）灰尘多、潮湿或还有腐蚀性气体的场合，选用封闭式。

（3）有爆炸性气体的场合，选用防爆式。

6. 电动机种类的选择

（1）要求机械特性较硬而无特殊要求的一般生产机械（如功率不大的水泵、通风机和小型机床），尽可能选用笼型电动机。

（2）某些要求起动性能好，在不大范围内平滑调速的设备（比如起重机、卷扬机等），可采用绕线式电动机。

7. 电动机外壳防护等级的选择

电动机外壳防护等级表示其防止外界固体和液体（一般指水）进入机壳内的能力。用代号 IP 后加两位数字组成（个别情况还有其它内容），例如 IP23，第一位数字表示防固体等级是 2，第二位数字表示防液体等级是 3。

异步电动机常用的防护等级有 IP23、IP44、IP54 等。

防护等级为 IP23（又称防护式）的电动机的外壳有通风孔，能防止水滴、铁屑及杂物从上面或与垂直方向成 60°以内的方向掉进电动机内部，但灰尘、潮气还能侵入电动机内部。它的通风情况较好，价格便宜，在干燥、灰尘不多的场合可以采用。

防护等级为 IP44（又称封闭式）的电动机的定子绕组和转子等都装在一个封闭的机壳内，能防止灰尘、铁屑、杂物侵入电动机的内部，但它的封闭不是很严密，所以不能在水下工作。在灰尘较多、水土飞溅的场合，都广泛采用这种防护等级的电动机。

8. 电动机容量的选择

电动机的容量（额定功率）必须根据被拖动的生产机械（又称负载）所需的功率来决定。如果电动机的容量选得太小，则会使电动机难以启动，即使勉强启动成功，也会因电流超过额定值而使电动机过热甚至烧毁。反之，如果电动机的容量选得太大，虽然能保证生产机械正常运行，但不能充分发挥电动机的作用，不仅会造成资金和材料的浪费，而且电动机在轻载时，其效率和功率因数都较低，造成电力浪费。

电动机的容量是根据它的发热情况来选择的，而电动机的发热情况又与负载的大小及运行时间的长短（即工作制，又称工作方式）有关，所以应按不同的工作制选择电动机的容量。

（1）连续恒定负载下电动机容量的选择。对于连续恒定负载应选择连续工作制电动机，其容量应等于或略大于生产机械所需的功率/传动效率。传动效率与传动方式有关，直接传动时取 1，平带传动时取 0.9，V 带传动时取 0.95。

（2）连续变化负载下电动机容量的选择。对于连续变化负载也应选择连续工作制电动机，选择其容量时，常采用等效负载法，就是假设一个恒定负载来代替实际的变化负载，但两者的发热情况应相同，然后按连续恒定负载选择电动机的容量，其容量应等于或略大于等效负载的功率。

（3）短时负载下电动机容量的选择。对于短时负载一般应选择短时工作制电动机，其容量应等于或略大于生产机械所需的功率/传动效率。

对于短时负载，也可选择连续工作制电动机，而电动机可以容许过载，工作时间越短，则过载可以越大，但过载量必须小于电动机的最大转矩。选择电动机的容量可根据负载系数 λ（最大转矩/额定转矩）来考虑。电动机的容量应大于或等于生产机械所需的功率/λ。

对于短时负载，如果找不到合适的短时工作制电动机，可选用断续周期工作制电动机。一般可参考下列对应关系选择：短时工作的标准时限 t_s＝30min 相当于负载持续率 ε＝15％；t_s＝60min 相当于 ε＝25％；t_s＝90min 相当于 ε＝40％。

（4）断续周期性负载下电动机容量的选择。对于断续周期性负载，应选择断续周期工作制电动机，其容量应等于或略大于生产机械所需的功率/传动效率。

对于断续周期性负载，也可选用连续工作制电动机，其容量也可以应用等效负载法来选择。

选择电动机的容量时，还要考虑到配电变压器容量的大小。一般直接起动的最大的一台电动机的容量不宜超过变压器容量的1/3。

第3节 直流电动机

一、直流电动机的分类及用途

直流电机是电能和机械能相互转换的旋转电机。将机械能转换为直流电能的电机称为直流发电机；将直流电能转换为机械能的电机称为直流电动机。但也有其他用途的电机，如自动控制系统中作为执行元件及一般传动动力用的力矩电动机等。

直流电机具有可逆性，如果将直流发电机接上直流电源，就可以成为电动机。反之，将直流电动机用原动机带动旋转，便可以作为发电机使用，因此，直流电动机和发电机的结构基本相同。

1. 直流电动机的作用

直流电动机由直流电源供电，将直流电能转换为机械能，驱动机械负载旋转。直流电动机与交流电动机相比较，它具有良好的启动性能和调速性能，过载能力较高，启动、制动转矩较大以及发电机调压比较方便等特点，因此广泛应用于需要宽广调速的场合和要求有特殊运行性能的自动控制系统中，例如，应用于冶金矿山机械、轧钢机、高炉卷扬机、电力机车、交通运输、纺织印染、造纸印刷、化工和金属切削机床等工作负载变化较大、要求能频繁启动、反复改变方向、平滑调速的生产机械上。但是直流电动机的制造成本和维修费用比较高，价格较贵。

2. 直流电动机的分类

直流电动机的特性与其励磁方式有密切联系，按照励磁线圈与电枢线圈的连接关系，直流电动机可分为永磁、他励、并励、串励和复励等类型。

他励直流电动机适用于调速范围宽、负载变化时转速变化不大的场合，如某些精密机床；并励直流电动机适用场合与他励直流电动机相同；串励直流电动机适用于起动较频繁、有冲击性负载的场合，如起重机械、电力牵引装置等；复励直流电动机广泛应用于起重设备、牵引设备、轧钢机及冶金辅助机械中。

永磁直流电机按照有无电刷可分为永磁无刷直流电机和永磁有刷直流电机。永磁直流电机是用永磁体建立磁场的一种直流电机。永磁直流电机广泛应用于各种便携式的电子设备或器具中，如录音机、VCD 机、电唱机、电动按摩器及各种玩具，也广泛应用于汽车、摩托车、电动自行车、蓄电池车、船舶、航空、机械等行业，在一些高精尖产品中也有广泛应用，如录像机、复印机、照相机、手机、精密机床、银行点钞机、捆钞机等。

直流电机及其派生、专用产品的用途见表 7-22。

表 7-22　　　　直流电机及其派生、专用产品的用途

序号	产品名称	主要用途	型号	原用型号
1	直流电动机	一般用途，基本系列	Z	Z、ZD、ZJD
2	直流发电机	一般用途，基本系列	ZF	Z、ZF、ZJF
3	广调速直流电动机	用于恒功率调速范围较大的传动机械	ZT	ZT

序号	产品名称	主要用途	型号	原用型号
4	冶金起重直流电动机	冶金辅助传动机械等用	ZZJ	ZZ、ZZK、ZZY
5	直流牵引电动机	电力传动机车、工矿电机车和蓄电池供电车等用	ZQ	ZQ
6	船用直流电动机	船舶上各种辅助机械用	Z-H	Z_2C、ZH
7	船用直流发电机	作船上电源用	ZF-H	Z_2C、ZH
8	精密机床用直流电动机	磨床、坐标镗床等精密机床用	ZJ	ZJD
9	汽车启动机	汽车、拖拉机、内燃机等用	ST	ST
10	汽车发电机	汽车、拖拉机、内燃机等	F	F
11	挖掘机用直流电动机	冶金矿山挖掘机用	ZKJ	ZZC
12	龙门刨床用直流电动机	龙门刨床用	ZU	ZBD
13	防爆安全型直流电动机	矿井和有易爆气体的场所用	ZA	Z
14	无槽直流电动机	快速动作伺服系统中用	ZW	ZWC
15	力矩直流电动机	用于位置或速度伺服系统中作为执行元件	ZLJ	
16	直流测功机	测定原动机效率和输出功率用	CZ	ZC

二、直流电动机的工作原理

直流电动机的工作原理遵循电磁力定律，这个定律说明，通电导体在磁场中要受到电磁力的作用，当磁场方向与电流方向相互垂直时（见图 7-21），作用在通电导体上的电磁力为

$$f = B_X l \, I \tag{7-1}$$

式中　f——表示作用在通电导体上的电磁力；

　　　B_X——表示通电导体所在位置的磁感应强度（即磁通密度）；

　　　l——表示导体在磁场中的长度；

　　　I——表示导体中的电流。

电磁力的方向可以用左手定则来判断。图 7-22 所示表示左手定则的用法：将左手伸直，使拇指与其余四指位于同一平面，并与其余四指垂直，让磁力线垂直指向掌心，四指指向电流方向，则拇指的指向就是电磁力的方向，在电机中，磁场方向与电流方向相互垂直，因而可以用左手定则确定电磁力的方向。

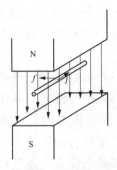

图 7-21　磁场对通电
导体的作用力

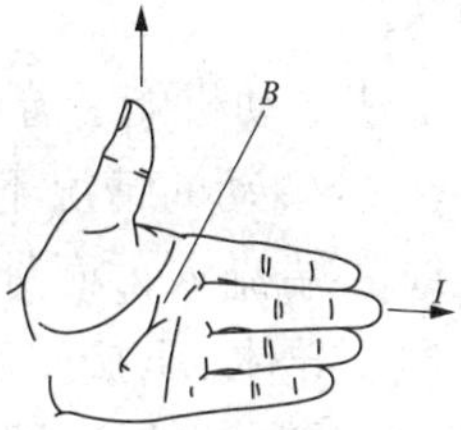

图 7-22　左手定则

也就是说，在一定的条件下，通电导体在磁场中会受到电磁力的作用，这个电磁力就是电动机拖动机械负载运动的动力。图 7-23 为直流电动机工作原理示意图。图中 N、S 是固定不动的两个主磁极，加上两个固定不动的电刷 A、B 称为定子。N、S 组成了直流电动机工作时不可缺少的磁场，称为主磁场。这

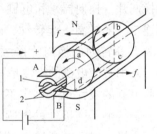

图 7-23　直流电动机工作
原理示意图

两个磁极可以是永久磁铁，也可以是电磁铁。如果是电磁铁，则磁极铁心外面要套上励磁线圈，当励磁线圈通入直流电后，铁心就成为具有一定极性的磁极。

在两个主磁极之间，安装一个可以转动的、由铁磁材料制成的圆柱体（由硅钢片叠合而成），圆柱体的表面绕有一匝线圈 a-b-c-d。圆柱体和线圈合起来称为电枢（也称转子）。线圈的两端与两个半圆形铜环 1、2 相接。这两个环称为换向片，片与片之间、片

与转轴之间都是绝缘的，换向片固定在一个套筒上，并与转轴同时旋转；两个铜环上面有固定的两个电刷 A、B 与之滑动接触，电刷再通过导线和电源相连接，构成了电流回路。这样线圈 a-b-c-d 成为载流体，它在磁场中必受到电磁力的作用，电磁力的方向用左手定则来判定。如图 7-23 中所示，导体 a-b 和 c-d 所受电磁力分别为 f_{ab} 和 f_{cd}，方向虽然相反，但对于转动轴来说，它们所形成的转矩的方向却是相同的。这些转矩将推动圆柱体和线圈沿逆时针方向转动。

为了使电动机能沿着一定的方向连续不断的转动，就必须在线圈 a-b-c-d 转动的情况下，应始终保持进入 N 极下的导体电流方向从线圈端流入；而进入 S 极下的导体电流方向从线圈端流出。这样，导体 a-b 旋转到 S 级极面时，电流方向不再是由 a 到 b，而要改变为 b 到 a。同样，导体 c-d 内的电流方向也要相应的改变。

线圈内电流方向的改变是通过换向装置来实现的，换向装置由换向片（换向器）和电刷组成。换向片分别与线圈的两个端头相连，并随线圈一起转动。而在空间固定不动的两个导电的电刷 A 和 B 和转动的换向片接触，就能实现线圈内电流流向的改变。由于外加直流电源的极性是固定不变的，而电刷也是固定不动的，因此电刷的极性也是固定不变的，两个换向片在旋转的过程中却在交替接触不同极性的电刷，因此线圈内的电流方向也相应地在交替变换，但每个磁极下导体中的电流方向却是恒定不变的。因为 N 极下的导体所连接的换向片永远和电刷 A 接触，而 S 极上的导体所连接的换向片永远和电刷 B 接触。直流电动机就是在这样的条件下取得连续不断的定向转动的。

三、直流电动机的基本结构

1. 直流电动机的结构组成

直流电动机主要由主磁极（主磁极绕组）、换向极（换向极绕组）、电枢、换向器、刷架和机座等部分组成。其结构如图 7-24 所示，其主要结构部件如图 7-25 所示。

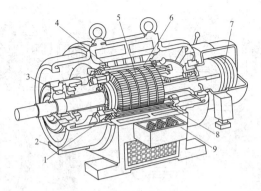

图 7-24　直流电动机的结构

1—转子绕组；2—端盖；3—轴承；4、8—定子绕组；
5—转子；6—定子；7—集电环；9—接线盒

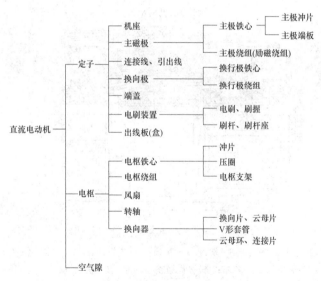

图 7-25　直流电动机的主要结构部件

2. 直流电动机的主要零部件

直流电动机的主要零部件如图 7-26 所示，Z2 系列直流电动机总装配图如图 7-27 所示，直流电动机各主要结构部件及其作用如下：

445

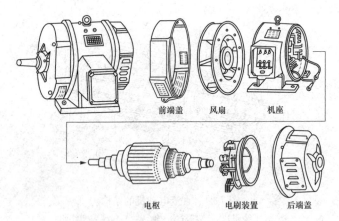

图 7-26　直流电动机的主要零部件

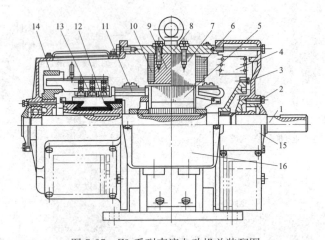

图 7-27　Z2 系列直流电动机总装配图

1—轴；2—轴承；3—端盖；4—风扇；5—电枢铁心；6—主磁极绕组；

7—主磁极铁心；8—机座；9—换向极铁心；10—换向极绕组；11—电枢绕组；

12—换向器；13—电刷；14—刷架；15—轴承盖；16—出线盒

（1）主磁极。主磁极的作用是建立电动机的磁极磁势，产生主磁通。主磁极由主极铁心、绕组等组成，如图 7-28 所示。

1）主磁极铁心。主磁极铁心包括极身和极靴（又称极掌）两部分。极靴比极身宽，可使磁极下面的磁通分布均匀。为了减少极靴表面由于磁通脉动引起的铁损耗，主磁极铁心通常用 0.5～1mm 厚的普通薄钢板（或用 0.5mm 厚的硅钢片）叠成。

在高速、大容量及负荷和方向高速变化的直流电动机上，其主磁极极靴冲片冲有槽，作为安装补偿绕组用，如图 7-29 所示。

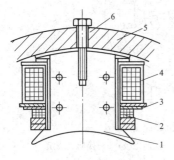

图 7-28　主磁极

1—主极铁心；2—串励线圈；3—主极绝缘；
4—并励线圈；5—机座；6—固定螺杆

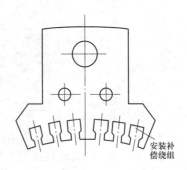

安装补偿绕组

图 7-29　带有补偿绕组的主磁极冲片

2）主磁极绕组。主磁极绕组是一个集中绕组，除串励电动机以外，主要安装并励（或他励）绕组，有些电动机还带有少量串励绕组，辅助励磁绕组和补偿绕组。

并励绕组是由圆形或扁形高强度漆包线、玻璃丝包线或双玻璃丝包线绕制而成的多层绕组，小型电动机的并励绕组直接绕制在框架上。励磁绕组通电后，即产生磁通。直流电动机磁路分布如图 7-30 所示。

（2）换向极。换向极又称附加极或间极，它的作用是用来减少电动机运行时电刷与换向器之间可能产生的火花。它由铁心和绕组两部分构成，换向极铁心通常用整体钢制成，大容量、高速电动机的换向极铁心则由低碳钢板冲制叠压而成。

换向极绕组匝数很少，通常是立式连续螺圈式绕组。换向极安装在相邻两个主磁极之间的中线上，用螺钉和机座固定在一起。

（3）机座。机座既是电动机的外壳，又是固定主磁极、换向极以及端盖等零部件的支撑件，也是电动机磁路的一部分。机座中有磁通通过的部分称为磁轭。机座是由铸钢或钢板焊成，具有

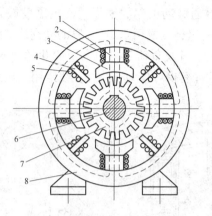

图 7-30 直流电机磁路分布

1—极身；2—励磁绕组；3—极靴；4—换向磁极；5—换向极绕组；

6—转轴；7—电枢铁心；8—磁轭（机座）

良好的导磁性及机械强度。

机座的型式，除少数大型电动机作成分半式外，绝大多数为整体式。分半式机座的分半面，通常在内圆的水平中心面上，但也有低于此面一段距离的。

对于由晶闸管电源装置供电的某些大容量、冲击负荷、可逆转的直流电动机，机座轭圈用 1～1.5mm 厚钢板或 0.5mm 厚硅钢片冲制叠压而成，如图 7-31 所示。

（4）电刷装置。电刷装置由电刷和刷架组成。

1）刷架。固定电刷的部件。它由刷杆座、刷杆、刷握、弹簧压板和电刷等组成，如图 7-32 所示。刷杆座固定在端盖上，刷杆固定在刷杆座上，刷杆与主磁极的数目相同。每根刷杆上装有一个或几个刷握。刷握、刷杆、刷杆座之间彼此绝缘。电刷的顶上有一弹簧压板。近年来，压电刷的弹簧多采用恒压弹簧，使电刷在换向上保持一定的接触压力。

2）电刷。电刷与外电路连接，起导电作用。电刷的性能对电动机的换向的影响很大，因此在选用或更换电刷时，一定要注意型号和规格。

（5）电枢铁心。转子（电枢）由电枢铁心、绕组、换向器、

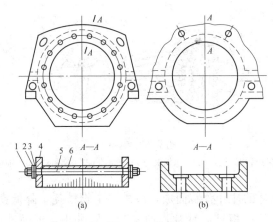

图 7-31　机座

（a）叠片机座与剖面；（b）铸钢机座与剖面

1—螺母；2—垫圈；3—绝缘垫圈；4—机座端板；5—绝缘螺杆；6—冲片机座轭

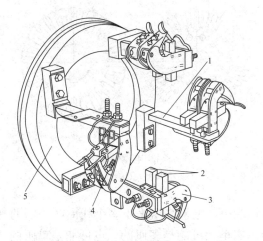

图 7-32　刷架

1—刷杆；2—电刷；3—刷握；4—弹簧压板；5—刷杆座

转轴和风叶等组成，如图 7-33 所示。其作用是和定子一起来产生感应电动势和电磁转矩，从而实现能量的转换。

电枢铁心是用来安放电枢绕组并作为电机磁路的组成部分，为了减少铁心中产生的涡流及磁滞损耗，通常用 0.5mm 厚的涂绝

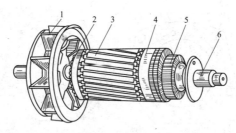

图 7-33　电枢

1—风扇；2—绕组；3—电枢铁心；4—绑带；5—换向器；6—轴承

缘漆的硅钢片的冲片叠装而成，以减少电枢铁耗，降低铁心温度。中小型电机的电枢铁心冲片，通常为整圆冲出，上面冲有安装绕组的开口槽或半闭口槽、通风孔、轴孔和键槽等，其冲片形状如图 7-34 所示。

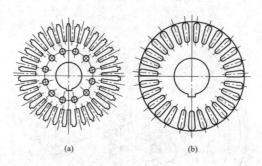

图 7-34　电枢铁心冲片

（a）开口槽；（b）半闭口槽

　　（6）电枢绕组。电枢绕组是由多个线圈按一定的规律连接而成的，每个线圈单元可能是多匝的，也可能是单匝的。每个线圈可能有一个线圈单元，也可能有多个线圈单元。小容量电枢绕组用绝缘圆导线绕成，大中型电机一般采用扁铜线。

　　电枢绕组是直流电机产生感应电动势和电磁转矩的关键部件，有了它才能进行机电能量的转换。

　　电枢绕组安放在电枢槽内，并以一定的规律与换向器连接成闭合回路。由各线圈组成的闭合回路，通过换向器被正负电刷截成若干并联支路,并与电路相连。每一支路各元件的对应边一般均处于相同极性的磁场下,以获得最大的支路电动势和电磁转矩。

(7)换向器。在直流电动机中换向器是将输入的直流电流转换为电枢绕组内的交变电流,以保证产生恒定方向的电磁转矩。

换向器由换向片(铜片)制成,呈圆柱体,结构如图 7-35 所示。相邻两换向片间垫 0.6~1mm 厚的云母片绝缘,圆柱两端用两个 V 形截面的压圈夹紧,在 V 形压圈和换向片组成的圆柱之间垫以 V 形云母绝缘环。每一换向片上开一小槽或接一升高片,以便焊电枢绕组的线端。电枢绕组各线圈的始末两端,按一定规律接到换向片上。

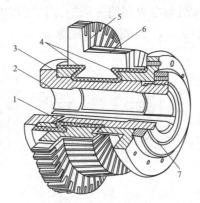

图 7-35　换向器

1—绝缘套筒；2—钢套；3—V 形钢环；4—V 形云母片环；
5—云母片；6—换向片；7—螺旋压圈

四、直流电动机的励磁方式及特点

1. 直流电动机的励磁方式

直流电动机的励磁绕组与电枢回路相互之间有几种连接方式,不同的连接方式(即励磁方式)对电机的运行性能将产生较大的差异。直流电动机的励磁方式可分为如下几种。

(1)他励电动机。励磁绕组和电枢回路是各自分开的,励磁绕组由独立的直流电源供电,其电压可在较大范围内调整,如图 7-36(a)所示。用永久磁铁作为主极磁场的电动机也可以当作他励直流电动机。

（2）并励电动机。励磁绕组与电枢回路并联连接，如图7-36（b）所示，励磁绕组的电流与电枢两端的电压有关。

（3）串励电动机。励磁绕组与电枢回路是串联的，如图7-36（c）所示，励磁绕组的电流与电枢回路的电流相等。

（4）复励电机。有两种励磁绕组：一种和电枢回路并联连接（即并励绕组）；另一种和电枢回路串联连接（即串励绕组），如图7-36（d）所示。当串励绕组产生的磁动势与并励绕组产生的磁动势方向相同，两者相加时，称为积复励；当串励绕组产生的磁动势与并励绕组产生的磁动势方向相反，两者相减时，称为差复励。另外，并励绕组与电枢回路并联的方法可按实线接法或虚线接法，前者称为短复励，后者称为长复励。

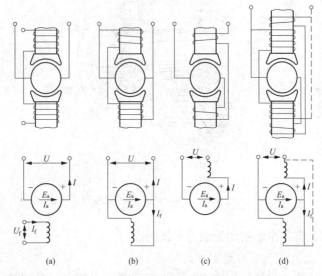

图 7-36　直流电动机按励磁方式分类接线图

（a）他励；（b）并励；（c）串励；（d）复励

一般直流发电机的主要励磁方式是他励、并励和复励。由于并励和复励时的励磁电流是发电机自己供给的，所以又总称为自励发电机。直流电动机的励磁电流都是由外电源供给的，无所谓他励和自励之分。

2. 直流电动机的接线图

直流电动机的接线方式见表 7-23。电动机转向从换向器一端看，正转为顺时针方向旋转，反转为逆时针方向旋转。

表 7-23　　　　　　　　直流电动机的接线方式

直流电动机的励磁方式	顺时针方向旋转	逆时针方向旋转
他励电动机 （加补偿绕组， 附启动器及调速器）	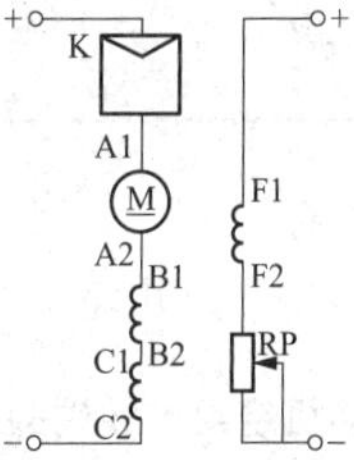	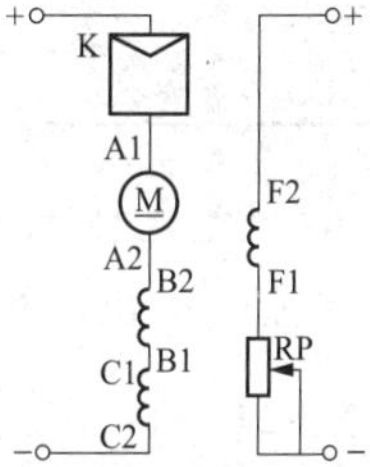
并励电动机 （附启动器及调速器）	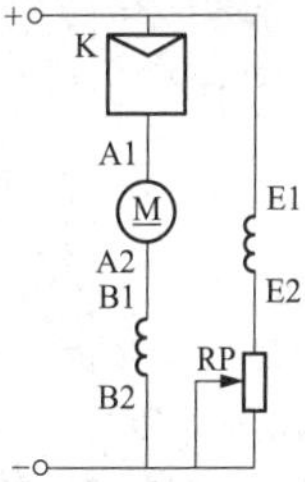	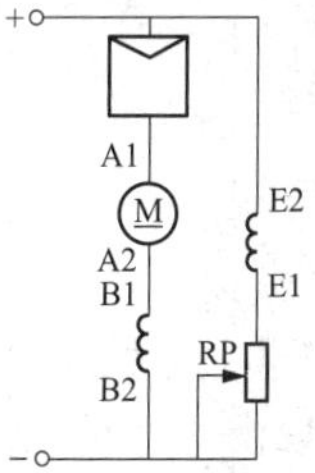
串励电动机 （附启动器）	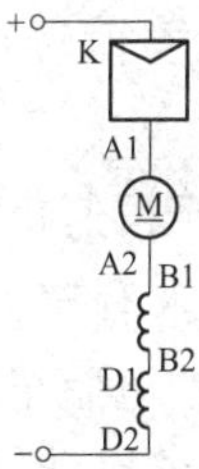	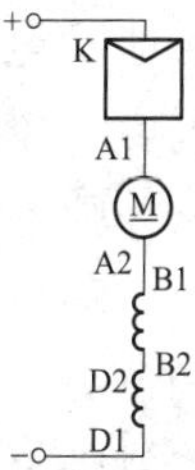

直流电动机的励磁方式	顺时针方向旋转	逆时针方向旋转
复励电动机 （附启动器）		

3. 直流电动机的出线标志

直流电动机绕组出线端的标志见表 7-24。

表 7-24　　　　　直流电动机绕组出线端的标志

绕组名称	1980 年国家标准		1965 年国家标准		1965 年前曾使用	
	始端	末端	始端	末端	始端	末端
电枢绕组	A1	A2	S1	S2	S1	S2
换向绕组	B1	B2	H1	H2	H1	H2
补偿绕组	C1	C2	BC1	BC2	B1	B2
串励绕组	D1	D2	C1	C2	C1	C2
并励绕组	E1	E2	B1	B2	F1	F2
他励绕组	F1	F2	T1	T2	W1	W2

注　1980 年国家标准采用的符号与 IEC 国际标准相同。

4. 不同励磁方式直流电动机的用途

（1）他励电动机。用于需要恒转矩调速及可逆运行的场合，便于实现启动控制。

（2）并励电动机。一般用于恒速负载。

（3）串励电动机。用于要求有较大启动转矩，转速允许有较大变化的负载，如蓄电池供电的电瓶车、电力机车等。

（4）复励电动机。用于要求启动转矩大，但转速又变化不大的负载，如冶金辅助传动机械，以及需要恒功率调速的场合。

五、直流电动机的铭牌

直流电动机的铭牌主要包括以下几项：

1. 直流电动机的型号

直流电动机的型号由三部分组成：第一部分为产品代号；第二部分为规格代号；第三部分为特殊环境代号。三部分之间以短横线相连。

常用中小型直流电机的型号含义如下：

（1）直流电机的型号含义。

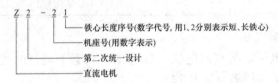

```
Z 2 - 2 1
        └─ 铁心长度序号(数字代号,用1、2分别表示短、长铁心)
      └─── 机座号(用数字表示)
    └───── 第二次统一设计
  └─────── 直流电机
```

（2）直流电动机的型号含义。

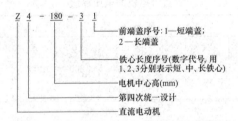

```
Z 4 - 180 - 3 1
            └─ 前端盖序号:1—短端盖;
                          2—长端盖
          └─── 铁心长度序号(数字代号,用
                1、2、3分别表示短、中、长铁心)
      └─────── 电机中心高(mm)
    └───────── 第四次统一设计
  └─────────── 直流电动机
```

2. 额定功率

额定功率是指电机在长期运行时所允许的输出功率，单位为 W 或 kW。对发电机而言，额定功率为出线端输出的电功率；对电动机而言，为机轴上输出的有效机械功率。我国的直流电动机的功率等级见表 7-25。

表 7-25　　　　直流电机的功率等级　　　　kW

直 流 电 动 机						
0.37	0.55	0.75	1.1	1.5	2.2	3
4	5.5	7.5	10	13	17	22
30	40	55	75	100	125	160
200	250	320	400	500	630	800
1000	1250	1600	2050	2600	3300	4300
5350	6700					

直 流 发 电 机						
0.7	1	1.4	1.9	2.5	3.5	4.8
6.5	9	11.5	14	19	26	35
48	67	90	115	145	185	240
300	370	470	580	730	920	1150
1450	1900	2400	3000	3600	4600	5700
7000						

3. 额定电压

额定电压是指直流电机在额定工作状态下运行时的端电压。直流电机的电压等级见表 7-26。

表 7-26　　　　　　直流电机的电压等级　　　　　　V

直 流 电 动 机								
6	12	24	36	48	60	72	110	160
220	(330)		440	630	800	1000		
				(660)				

直 流 发 电 机								
6	12	24	36	48	60	72	115	230
(330)	460	630	800	1000				
		(660)						

注 表中有括号的电压不常使用。

4. 额定电流

额定电流是指直流电机在额定工作状态下运行时的线端电流。直流电动机指输入电流，直流发电机指输出电流，单位为 A（安倍）。

5. 额定转速

额定转速是指直流电动机在额定状态下运行时的转速。直流电动机的转速等级见表 7-27。

表 7-27			直流电动机的转速等级				r/min
直流电动机							
3000	1500	1000	750	600	500	400	320
250	200	160	125	100	80	63	50
40	32	25					
直流发电机							
3000	1500	1000	750	600	500	427	
375	333	300					

6. 励磁方式

电动机的主要励磁方式可分为他励、并励、串励和复励等。

7. 励磁电压

励磁电压是指电动机在额定工作状态下运行时，励磁绕组两端的额定电压，单位为 V（伏特）。

8. 励磁电流

额定励磁电流是指在保证额定励磁电压时，励磁绕组中的电流，单位为 A（安倍）。

直流电动机铭牌中其他项目，如额定工作方式、额定温升等均与三相异步电动机相同。

第 4 节　电动机的运行、维护和保养

一、异步电动机的运行、维护

1. 电动机启动前的准备及检查

（1）新的或长期不用的电动机，使用前都应该测量电动机绕组间和绕组对地绝缘电阻。对绕线式转子电动机，除检查定子绝缘外，同时还应检查转子绕组及滑环对地和滑环之间的绝缘电阻，每施加 1kV 工作电压不得小于 1MΩ。通常对 500V 以下电动机用 500V 绝缘电阻表测量，对 500～3000V 电动机用 1000V 绝缘电阻表测量，对 3000V 以上电动机用 2500V 绝缘电阻表测量。一般三相 380V 电动机的绝缘电阻应大于 0.5MΩ 时方可使用。

（2）检查铭牌所示电压、频率、接法与电路电压等是否相符，

接法是否正确。

（3）检查电动机内有无杂物。用干燥的压缩空气（≤202.7kPa）吹净内部，也可使用吹风机或手风箱（俗称皮老虎）等来吹，但不能碰坏绕组。

（4）检查电动机的转轴是否能自由旋转，不可有过松或过紧现象。对于滑动轴承，转子的轴向游动量每边约 2～3mm。

（5）检查轴承是否有油。一般高速电动机应采用高速机油、低速电动机应采用机械油、滚珠轴承的润滑脂采用 HSYI03 硫化钼复合钙基脂（干湿热带电动机用）或钙钠基 1 号润滑脂（一般电动机用）。

（6）检查电动机接地装置是否可靠。

（7）对绕线式电动机还应检查滑环上的电刷表面是否全部贴紧滑环，导线是否相碰，电刷提升机构是否灵活，电刷的压力是否正常。

（8）对不可逆转的电动机，需检查运转方向是否与该电动机运转指示箭头方向相同。

（9）对新安装的电动机，应检查地脚螺栓是否拧紧，以及机械方面是否牢固。

（10）检查电动机机座与电源线钢管接地情况。

经过上述准备工作和检查后方可启动电动机。电动机启动后应空转一段时间，在这段时间内应注意轴承温升不能超过允许值，而且应该注意是否有不正常噪声、振动、局部发热等现象，如有不正常现象，需消除后才能投入正常运行。

2. 正常使用的电动机启动时的注意事项

（1）正常使用的电动机启动前的检查。

1）检查电源电压是否正常。对于额定电压为 38V 的电动机，电源电压不宜低于 360V，且不宜高于 400V。

2）检查线路的接线是否可靠，熔断器的安装是否正确，熔丝有无损坏。

3）检查联轴器的连接是否牢固；传动带连接处是否良好，传动带松紧是否合适；机组传动是否灵活、有无摩擦、卡住、窜动等不正常的现象。

4）检查机组周围有无妨碍运行的杂物或易燃物品等。

（2）电动机启动时的注意事项。

1）操作人员应整理好自己的服装，以防卷入旋转机械；机组近旁不应有其他人员。

2）拉合闸时，操作人员应站在开关的侧面，以防被电弧烧伤；拉合闸动作应迅速果断。

3）使用星形—三角启动器或自耦减压启动器时，必须遵守操作程序。

4）注意被启动电动机与电源容量的配合。一台变压器同时为几台较大容量的异步电动机供电时，应对各台电动机的启动时间和顺序进行安排，不能同时启动，应根据容量由大到小逐台启动。

5）电动机连续启动次数不能过多。电动机空载连续启动次数一般不能超过 3～5 次；经长时间工作，处于热状态下的电动机，连续启动一般不能超过 2～3 次。否则，电动机将可能过热损坏。

6）合闸后如果电动机不转或转速很慢、声音不正常时，应迅速拉闸，查明原因并予以排除。

3. 电动机的启动及停车

（1）在供电电路许可的情况下，一般鼠笼电动机可采用全压启动。如果在供电电路不许可的情况下，则采用降压启动。常用的降压启动设备有自耦变压器、电抗器、星形—三角启动器、延边三角启动器等。

（2）绕线式电动机启动时，应将启动变阻器接入转子电路中，对有电刷提升机构的电动机应将电刷放下，并断开短路装置，然后合上定子电路开关，开始扳动变阻器手柄，根据电动机转速的上升程度，将手柄慢慢从启动位置扳到运转位置。当电动机达到额定转速后，提起电刷，合上短路装置，这时启动变阻器回到原来位置，电动机的启动完毕。

（3）电动机在停车时，应断开定子电路内的电阻，然后将电刷提升机构扳到启动位置，断开断路装置。

4. 电动机运行中的监视

对正常运行的异步电动机，应保持清洁，不允许有水滴、油滴或杂物落入电动机内部；应监视其运行中的电压、电流、温度及可能出现的故障现象，并针对具体情况进行处理。

（1）电动机电压的监视。异步电动机长期运行时，电压应不高于额定电压的 10％，不低于额定电压的 5％，三相电压不对称的差值也不应超过额定值的 5％，否则应减载或调整电源。

（2）电动机电流的监视。电动机的运行电流（负载电流）不得超过铭牌上规定的额定电流。检查负载电流时，还应对照三相电流的大小，当三相电流不平衡的差值超过 10％时，应停机处理。

（3）电动机温升的监视。电动机运行时，其各部位的温度不能超过允许值。对于中小型异步电动机，常用酒精温度计进行温度测量。测量时，可用温度计靠近被测轴承表面或定子铁心，读取温度示值。测绕组温度时，可旋下吊攀，把温度计插入吊攀螺孔内（温度计底部用金属箔包住）。读得的温度值为绕组表面温度，再加上 15℃就是绕组的实际温度。没有温度计时，可在确定电动机外壳不带电后，用手背去试电动机外壳温度。若手能在外壳上停留而不觉得很烫，说明电动机未过热；若手不能停留，则说明电动机已过热。

（4）电动机运行中故障现象的监视。对运行中的电动机，应经常观察它的外壳有无裂纹，螺钉（栓）是否有脱落或松动。电动机有无异常声响或振动等。监视时，要特别注意电动机有无冒烟和异味出现，若嗅到焦煳味或看到冒烟，必须立即停机处理。

对于轴承部位，要注意它的温度和响声。温度升高、响声异常，则可能是轴承缺油或磨损。

对于采用联轴器传动的电动机，若中心校正不好，会在运行中发出响声，并伴随着发生电动机的振动和联轴器螺栓胶垫的迅速磨损。这时应重新校正中心线。对于采用带传动的电动机，应注意传动带不应过松而导致打滑，但也不能过紧而使电动机轴承过热。

而且还应检查电动机及开关外壳是否漏电和接地不良。用验电笔检查电动机及开关外壳时，如发现金属外壳带电，说明设备漏电，应立即停机处理。

5. 电动机在运行中的维护

（1）应经常保持清洁，不允许有水滴、油污或灰尘落入电动机内部。

（2）注意负载电流不能超过额定值。

（3）经常检查轴承发热、漏油等情况。一般在更换润滑脂时，将轴承及轴承盖先用煤油清洗，然后用汽油洗干净。润滑脂的容量不宜超过轴承内容积的 70％。

（4）电动机各部分最高容许温度和容许温升，根据电动机绝缘等级和类型而定（参见表 7-3）。

（5）电动机在运转中不应有摩擦声、尖叫声和其他杂声，如发现有不正常声音应及时停车检查，消除故障后才可继续运行。

（6）对绕线式电动机，应检查电刷与滑环间的接触情况与电刷磨损情况。如发现火花时应清理滑环表面，可用 00 号砂布磨平滑环，并校正电刷弹簧压力。

（7）各种型式电动机都必须使其通风良好。电动机的进风与出风口必须保证畅通无阻。

6. 三异步电动机的常见故障及其排除方法

异步电动机的故障是多种多样的，同一故障可能有不同的表面现象，而同样的表面现象也可能由不同的原因引起。因此，应认真分析，准确判断，及时排除。三相异步电动机的常见故障及其排除方法见表 7-28，分相式单相异步电动机的常见故障及其排除方法见表 7-29，罩极式单相异步电动机的常见故障及其排除方法见表 7-30。

表 7-28 　　　　　三相异步电动机的常见故障及其排除方法

常见故障	可能原因	排除方法
电动机空载不能启动	(1) 熔丝熔断； (2) 三相电源线或定子绕组中有一相断线； (3) 隔离开关或启动设备接触不良； (4) 定子三相绕组的首尾端错接； (5) 定子绕组短路； (6) 转轴弯曲； (7) 轴承严重损坏； (8) 定子铁心松动； (9) 电动机端盖或轴承盖组装不当	(1) 更换同规格熔丝； (2) 查出断线处，将其接好、焊牢； (3) 查出接触不良处，予以修复； (4) 先将三相绕组的首尾端正确辨出，然后重新连接； (5) 查出短路处，增加短路处的绝缘或重绕定子绕组； (6) 校正转轴； (7) 更换同型号轴承； (8) 先将定子铁心复位，然后固定； (9) 重新组装，使转轴转动灵活
电动机不能满载运行或启动	(1) 电源电压过低； (2) 电动机带动的负载过重； (3) 将三角形连接的电动机误接成星形连接； (4) 笼型转子导条或端环断裂； (5) 定子绕组短路或接地； (6) 熔丝松动； (7) 隔离开关或启动设备的触点损坏，造成接触不良	(1) 查明原因，待电源电压恢复正常后再使用； (2) 减少所带动的负载，或更换大功率电动机； (3) 按照铭牌规定正确接线； (4) 查出断裂处，予以焊接修补或更换转子； (5) 查出绕组短路或接地处，予以修复或重绕； (6) 拧紧熔丝； (7) 修复损坏的触点或更换为新的开关设备
电动机三相电流不平衡	(1) 三相电源电压不平衡； (2) 重绕线圈时，使用的漆包线的截面积不同或线圈的匝数有错误； (3) 重绕定子绕组后，部分线圈接线错误； (4) 定子绕组有短路或接地； (5) 电动机"单相"运行	(1) 查明电压不平衡的原因，予以排除； (2) 使用同规格的漆包线绕制线圈，更换匝数有错误的线圈； (3) 查出接错处，并改接过来； (4) 查出绕组短路或接地处，予以修复或重绕； (5) 查出线路或绕组断线或接触不良处，并重新焊接好

常见故障	可能原因	排除方法
电动机的温度过高	(1) 电源电压过高； (2) 欠电压满载运行； (3) 电动机过载； (4) 电动机环境温度过高； (5) 电动机通风不畅； (6) 定子绕组短路或接地； (7) 重绕定子绕组时，线圈匝数少于原线圈匝数，或导线截面积小于原导线截面积； (8) 定子绕组接线错误； (9) 电动机受潮或浸漆后未烘干； (10) 多支路并联的定子绕组，其中有一路或几路绕组断路； (11) 在电动机运行中有一相熔丝熔断； (12) 定、转子铁心相互摩擦（又称扫膛）	(1) 调整电源电压或待电压恢复正常后再使用电动机； (2) 提高电源电压或减少电动机所带动的负载； (3) 减少电动机所带动的负载或更换大功率的电动机； (4) 更换特殊环境使用的电动机或降低环境温度，或降低电动机的容量使用； (5) 清理通风道里淤塞的泥土；修理被损坏的风叶、风罩；搬开影响通风的物品； (6) 查出短路或接地处，增加绝缘或重绕定子绕组； (7) 按原数据重新改绕线圈； (8) 按接线图重新接线； (9) 重新对电动机进行烘干后再使用； (10) 查出断路处，接好并焊牢； (11) 更换同规格熔丝； (12) 查明原因，予以排除，或更换为新轴承
轴承过热	(1) 装配不当使轴承受外力； (2) 轴承内无润滑油； (3) 轴承的润滑油内有铁屑、灰尘或其他脏物； (4) 电动机转轴弯曲，使轴承受到外界应力； (5) 传动带过紧	(1) 重新装配电动机的端盖和轴承盖，拧紧螺钉，合严止口； (2) 适量加入润滑油； (3) 用汽油清洗轴承，然后注入新润滑油； (4) 校正电动机的转轴； (5) 适当放松传动带

续表

常见故障	可能原因	排除方法
电动机启动时熔丝熔断	（1）定子三相绕组中有一相绕组接反； （2）定子绕组短路或接地； （3）工作机械被卡住； （4）启动设备操作不当； （5）传动带过紧； （6）轴承严重损坏； （7）熔丝过细	（1）分清三相绕组的首尾端，重新接好； （2）查出绕组短路或接地处，增加绝缘，或重绕定子绕组； （3）检查工作机械和传动装置是否转动灵活； （4）纠正操作方法； （5）适当调整传动带； （6）更换为新轴承； （7）合理选用熔丝
运行中产生剧烈振动	（1）电动机基础不平或固定不紧； （2）电动机和被带动的工作机械轴心不在一条线上； （3）转轴弯曲造成电动机转子偏心； （4）转子或带轮不平衡； （5）转子上零件松弛； （6）轴承严重磨损	（1）校正基础板，拧紧底脚螺栓，紧固电动机； （2）重新安装，并校正； （3）校正电动机转轴； （4）校正平衡或更换为新品； （5）紧固转子上的零件； （6）更换为新轴承
运行中产生异常噪声	（1）电动机"单相"运行； （2）笼型转子断条； （3）定、转子铁心硅钢片过于松弛或松动； （4）转子摩擦绝缘纸； （5）风叶碰壳	（1）查出断相处，予以修复； （2）查出断路处，予以修复，或更换转子； （3）压紧并固定硅钢片； （4）修剪绝缘纸； （5）校正风叶
启动时保护装置动作	（1）被驱动的工作机械有故障； （2）定子绕组或线路短路； （3）保护动作电流过小； （4）熔丝选择过小； （5）过载保护时限不够	（1）查出故障，予以排除； （2）查出短路处，予以修复； （3）适当调大； （4）按电动机规格选配适当的熔丝； （5）适当延长

常见故障	可能原因	排除方法
绝缘电阻降低	（1）潮气侵入或雨水进入电动机内； （2）绕组上灰尘、油污太多； （3）引出线绝缘损坏； （4）电动机过热后，绝缘老化	（1）进行烘干处理； （2）清除灰尘、油污后，进行浸渍处理； （3）重新包扎引出线； （4）根据绝缘老化程度，分别予以修复或重新浸渍处理
机壳带电	（1）引出线与接线板接头处的绝缘损坏； （2）定子铁心两端的槽口绝缘损坏； （3）定子槽内有铁屑等杂物未除尽，导线嵌入后即造成接地； （4）外壳没有可靠接地	（1）应重新包扎绝缘或套一绝缘管； （2）仔细找出绝缘损坏处，然后垫上绝缘纸，再涂上绝缘漆并烘干； （3）拆开每个线圈的接头，用淘汰法找出接地的线圈，进行局部修理； （4）将外壳可靠接地

表 7-29　分相式单相异步电动机的常见故障及其排除方法

常见故障	可能原因	排除方法
电源电压正常，通电后电动机不能启动	（1）电动机引出线或绕组断路； （2）离心开关的触点闭合不上； （3）电容器短路、断路或电容量不足； （4）轴承严重损坏； （5）电动机严重过载； （6）转轴弯曲	（1）认真检查引出线、主绕组和副绕组，将断路处重新焊接好； （2）修理触点或更换离心开关； （3）更换与原规格相符的电容器； （4）更换新轴承； （5）检查负载，找出过载原因，采取适当措施消除过载状况； （6）将弯曲部分校直或更换转子

常见故障	可能原因	排除方法
电动机空载能启动或在外力帮助下能启动，但启动迟缓且转向不定	(1) 二次绕组断路； (2) 离心开关的触点闭合不上； (3) 电容器断路； (4) 主绕组断路	(1) 查出断路处，并重新焊接好； (2) 检修调整触点或更换离心开关； (3) 更换同规格电容器； (4) 查出断路处，并重新焊接好
电动机转速低于正常转速	(1) 主绕组短路； (2) 启动后离心开关触点断不开，二次绕组没有脱离电源； (3) 一次绕组接线错误； (4) 电动机过载； (5) 轴承损坏	(1) 查出短路处，予以修复或重绕； (2) 检修调整触点或更换离心开关； (3) 查出接错处并更正； (4) 查出过载原因并消除； (5) 更换新轴承
启动后电动机很快发热，甚至烧毁	(1) 一次绕组短路或接地； (2) 一次绕组与二次绕组之间短路； (3) 启动后，离心开关的触点断不开，使启动绕组长期运行而发热，甚至烧毁； (4) 一、二次绕组相互接错； (5) 电源电压过高或过低； (6) 电动机严重过载； (7) 电动机环境温度过高； (8) 电动机通风不畅； (9) 电动机受潮或浸漆后未烘干； (10) 定、转子铁心相摩擦或轴承损坏	(1) 重绕定子绕组； (2) 查出短路处予以修复或重绕定子绕组； (3) 检修调整离心开关的触点或更换离心开关； (4) 检查一、二次绕组的接线，将接错处予以纠正； (5) 查明原因，待电源电压恢复正常以后再使用； (6) 查出过载原因并消除； (7) 应降低环境温度或降低电动机的容量使用； (8) 清理通风道，修复被损坏的风叶、风罩； (9) 重新进行烘干处理； (10) 查出相摩擦的原因，予以排除或更换轴承

二、直流电动机的使用与维护

1. 直流电动机的使用

(1) 使用前的准备及检查。

1) 清扫电动机内部灰尘、电刷粉末及污物等。

2) 检查电动机的绝缘电阻,对于额定电压在 500V 以下的电动机,绝缘电阻不应小于 0.5MΩ,若低于 0.5MΩ 需进行烘干后方能使用。

3) 检查换向器表面是否光洁,如发现有机械损伤或火花灼痕,或换向片间云母凸出等,应对换向器进行保养。

表 7-30　罩极式单相异步电动机的常见故障及其排除方法

常见故障	可能原因	排除方法
通电后电动机不能启动	(1) 电源线或定子一次绕组断路; (2) 短路环断路或接触不良; (3) 罩极绕组断路或接触不良; (4) 一次绕组短路或被烧毁; (5) 轴承严重损坏; (6) 定、转子之间的气隙不均匀; (7) 装配不当,使轴承受外力; (8) 传动皮带过紧	(1) 查出断路处,并重新焊接好; (2) 查出故障点,并重新焊接好; (3) 查出故障点,并焊接好; (4) 重绕定子绕组; (5) 更换新轴承; (6) 查明原因,予以修复。若转轴弯曲应校直; (7) 重新装配,上紧螺钉,合严止口; (8) 适当放松传动皮带
空载时转速太低	(1) 小型电动机的含油轴承缺油; (2) 短路环或罩极绕组接触不良	(1) 填充适量润滑油; (2) 查出接触不良处,并重新焊接好
负载时转速不正常或难于启动	(1) 定子绕组匝间短路或接地; (2) 罩极绕组绝缘损坏; (3) 罩极绕组的位置、线径或匝数有误	(1) 查出故障点,予以修复或重绕定子绕组; (2) 更换罩极绕组; (3) 按原始数据重绕罩极绕组

常见故障	可能原因	排除方法
运行中产生剧烈振动和异常噪声	（1）电动机基础不平或固定不紧； （2）转轴弯曲造成电动机转子偏心； （3）转子或皮带轮不平衡； （4）转子断条； （5）轴承严重缺油或损坏	（1）校正基础板，拧紧底脚螺钉，紧固电动机； （2）校正电动机转轴或更换转子； （3）校平衡或更换新品； （4）查出断路处，予以修复或更换转子； （5）清洗轴承，填充新润滑油或更换轴承
绝缘电阻降低	（1）潮气侵入或雨水进入电动机内； （2）引出线的绝缘损坏； （3）电动机过热后，绝缘老化	（1）进行烘干处理； （2）重新包扎引出线； （3）根据绝缘老化程度，分别予以修复或重新浸渍处理

4）检查电刷边缘是否碎裂，电刷是否磨损得太短，刷辫是否完整，刷握的压力是否适当，刷架的位置是否符合规定的标记。如不符合规定需更换电刷时，应按原尺寸和型号更换，如没有同型号电刷时，可参照表 7-31、表 7-32 选用。

5）检查各部件的螺钉是否紧固。

6）检查各操动机构是否灵活，位置是否正确。

表 7-31　　　　　　　常用电刷的类别及应用范围

类别	型号	老型号	基本特征	主要应用范围
石墨电刷	S-3	S-3	硬度较低，润滑性较好	换向正常，负荷均匀，电压为 80～120V 的直流电动机
	S-6	SQZ-6	多孔、软质石墨电刷，硬度低	汽轮发电机的集电环，80～230V 的直流电动机
电化石墨电刷	D104	DS-4	硬度低，润滑性好，换向性能好	一般用于 0.4～200kW 直流电动机，充电用直流发电机，轧钢用直流发电机，汽轮发电机和绕线型异步电动机的集电环，直流电焊机等

类别	型号	老型号	基本特征	主要应用范围
电化石墨电刷	D172	DS-72	润滑性能好，摩擦系数小，换向性能好	大型汽轮发电机的集电环，励磁机，水轮发电机的集电环，换向正常的直流电机
	D207	DS-7	强度和机械强度较高，润滑性好，换向性能好	大型轧钢直流电机，矿用直流电动机
	D213	DS-13	硬度和机械强度比D214 高	汽车、拖拉机的发电机，具有机械振动的牵引电动机
	D214 D215	DS-14 DS-15	硬度和机械强度较高，润滑、换向性能好	汽轮发电机的励磁机，换向困难，电压在 200V 以上的带有冲击性负荷的直流电动机，如牵引电动机，轧钢电动机
	D252	DS-52	硬度中等，换向性能好	换向困难，电压为 120～400V 的直流电动机，牵引电动机、汽轮发电机的励磁机
	D308 D309	DS-8 DS-9	质地硬，电阻系数高，换向性能好	换向困难的牵引电动机，角速度较高的小型直流电动机以及电动机扩大机
	D374	DS-74	多孔，电阻系数高，换向性能好	换向困难的高速直流电动机，牵引电动机，汽轮发电机的励磁机轧钢电动机
金属石墨电刷	J102 J164	TS-2 TS-64	高含铜量，电阻系数小，允许电流密度大	低电压、大电流直流发电机，如电解、电镀、充电用直流发电机，绕线型异步电动机的集电环
	J201	T-1	中含铜量，电阻系数比高含铜电刷允许电流密度较大	电压在 60V 以下的低电压，大电流直流发电机，如汽车发电机、直流电焊机、绕线型异步电动机的集电环
	J204	TS-4		电压在 40V 以下的低电压大电流直流电机，汽车辅助电动机，绕线型异步电动机的集电环
	J205	TSQ-5		电压在 60V 以下的发电机，汽车、拖拉机用的直流启动电机，绕线型异步电动机的集电环
	J203	T-3	低含铜量，与高、中含铜量的电刷相比，电阻系数较大，允许电流密度较小	电压在 80V 以下的大电流直流充电发电机，小型直流牵引电动机，绕线型异步电动机的集电环

表 7-32　　　　常用电刷的主要技术特性及运行条件

型号	一对电刷接触电压降/V	摩擦系数不大于	额定电流密度/(A/cm²)	最大圆周速度/(m/s)	使用时允许的压力/kPa
S-3	1.9	0.25	11	25	19.6~24.5
S-6	2.6	0.28	12	70	21.6~23.5
D104	2.5	0.20	12	40	14.7~19.6
D172	2.9	0.25	12	70	14.7~19.6
D207	2.0	0.25	10	40	19.6~39.2
D213	3.0	0.25	10	40	19.6~39.2
D214	2.5	0.25	10	40	19.6~39.2
D215	2.9	0.25	10	40	19.6~39.2
D252	2.6	0.23	15	45	19.6~24.5
D308	2.4	0.25	10	40	19.6~39.2
D309	2.9	0.25	10	40	19.6~39.2
D374	3.8	0.25	12	50	19.6~39.2
J102	0.5	0.20	20	20	17.7~22.6
J164	0.2	0.20	20	20	17.7~22.6
J201	1.5	0.25	15	25	14.7~19.6
J204	1.1	0.20	15	20	19.6~24.5
J205	2.0	0.25	15	35	14.7~19.6
J203	1.9	0.25	12	20	14.7~19.6

（2）发电机的启动和停车。

1）检查线路情况（接线及测量仪表的连接等），将磁场变阻器调节到开断位置。

2）启动原动机，使其达到发电机的额定转速。

3）调节磁场变阻器，使电压升至一定值。

4）合上线路开关，逐渐增加发电机的负载，调节磁场变阻器使电压保持在额定值。

5）如需要发电机停车，逐渐切除发电机负载，同时调节磁场变阻器到开断位置。

6）切断线路开关。

7）停止原动机。

（3）直流电动机的启动方法。对直流电动机启动性能的一般要求是，在电动机启动电流不超过容许值的情况下，获得尽可能大的启动方法有以下三种：

1）直接启动。直接启动不需附加启动设备，操作简单。但其主要缺点是启动电流很大，可达到额定电流的 10～20 倍。这不仅不利于电网上其他受电器的运行，还会使机组受到较大的机械冲击和电动机换向恶化。因此，允许直接启动的电动机功率大小，应根据电网容量而定。一般当功率不大于 1kW 和启动电流为额定电流的 6 倍以下的直流电动机才可允许直接启动。

2）电枢回路串电阻启动。在电枢回路串入启动电阻，可以限制启动电流，但启动电流也不能太小，应控制在额定电流的 2～2.5 倍范围内，并使启动转矩大于额定转矩，迅速完成启动过程。

启动电阻通常为一只能分级的可变电阻，在启动过程中应及时逐级短接。一般不允许将启动电阻在电动机正常运行时接入电路使用，因为长时间通过电流不仅会烧坏电阻，而且还要消耗电能。

这种启动方法广泛用于各种规格的直流电动机，但由于在启动过程中能量消耗较大，因此对经常频繁启动和大、中型电动机不宜采用。

3）降压启动。用降低电源电压的方法来限制启动电流，是用于他励式直流电动机。这种启动方法，在启动过程中能量消耗少，启动平滑，但需配有专用的电源设备，故多数用于要求经常频繁启动的情况下大、中型直流电动机上。

（4）电动机的启动和停车。

1）检查线路情况（接线及测量仪表的连接是否正确等），磁场回路是否断开或断线；检查启动器的弹簧是否灵活，转动臂是否在开断位置。

2）如是变速电动机，则将调速器调到最低转速位置。

3）合上线路开关，电动机在负载下开动启动器，在每个触点上停留约 2s，直到最后一点，转动臂被低压释放器吸住为止。

4）如为变速电动机，可调节调速器，直到转速达到需要为止。

5）如需要停车，先将转速降到最低（对变速电动机）。

6）移去负载（除串励电机外）。

7）切断线路开关，此时启动器的转动臂应立即被弹簧拉到开断位置。

2. 直流电动机运行中的维护

对运行中的直流电动机，必须经常进行维护，及时发现异常情况，消除设备隐患，保证电动机长期安全运行。

（1）电动机在运行中应检查各部分的温度、振动、声音和换向情况，并应注意有无过热变色和绝缘枯焦等不正常的气味。

（2）如果是压力油循环系统，还应检查油压和进出油的温度是否符合规定要求。一般进油温度≤45℃，出油温度≤65℃。

（3）用听棒检查各部分部件的声音，测定转子、定子间除电磁音响、通风音响外，有无其他摩擦声音。检查轴瓦或轴承有无异响。

（4）对主电路的连接点和绝缘体，注意有无过热变色，有无绝缘枯焦等不正常气味。

（5）对闭式冷却系统，应注意水温和风温，还应检查冷却器有无漏水和结露，补充风网有无堵塞不畅等情况。

（6）时刻注意电机的电流和电压值，注意不要过载。具有绝缘检查装置的直流系统，应定期检查对地绝缘情况。

（7）换向器表面的氧化膜颜色是否正常，电刷与换向器间有无火花，换向器表面有无炭粉和油垢积聚，刷架和刷握上是否有积灰。

（8）电刷边缘是否碎裂，是否磨损到最短长度。

（9）电刷刷辫是否完整，有无断裂和断股情况，与刷架的连接是否良好，有无接地与短路的情况。

（10）是否有电刷或刷辫因过热而变色，电刷在刷握内有无卡涩或摆动情况。

（11）各电刷间，刷压是否均匀，压指是否压好。

（12）是否有换向器磨损不均，不平直度超过允许值，片间云母凸出引起电刷振动等情况。

3. 电刷下火花过大故障产生的原因及排除方法

　　直流电动机的故障是多种多样的，产生故障的原因较为复杂，并且互相影响。多数故障可从换向火花的增大反映出来。换向火花有五级，即 1、$1\frac{1}{4}$、$1\frac{1}{2}$、2、3 级。微弱的火花对电动机运行并无危害，如果火花范围扩大和程度加剧，就会烧灼换向器及电刷，甚至使电动机不能运行。火花等级及电动机运行情况见表 7-33。

表 7-33　　　　　　　　电刷下火花的等级

火花等级	电刷下的火花程度	换向器及电刷的状态	允许运行方式
1	无火花	换向器上没有黑痕及电刷上没有灼痕	允许长期连续运行
$1\frac{1}{4}$	电刷边缘仅小部分（约 1/5～1/4 刷边长）有断续的几点点状火花		
$1\frac{1}{2}$	电刷边缘大部分（大于 1/2 刷边长）有连续的较稀的颗粒状火花	换向器上有黑痕但不发展，用汽油擦其表面即能除去，同时在电刷上有轻微灼痕	
2	电刷边缘大部分或全部有连续的较密的颗粒状火花，开始有断续的舌状火花	换向器上有黑痕出现，用汽油不能擦除，同时电刷上有灼痕。如短时出现这一级火花，换向器上不出现灼痕，电刷不致被烧焦或损坏	仅允许在短时过电流或短时过转矩时出现
3	电刷的整个边缘有强烈的舌状火花，伴有爆裂声音	换向器上的墨痕相当严重，用汽油不能擦除，同时电刷上有灼痕。如在这一火花等级下短时运行，则换向器上将出现灼痕，同时电刷将被烧焦或损坏	仅允许在直接启动或逆转的瞬间出现，但换向器及电刷应仍能适用于以后的正常工作

产生火花的原因及检查方法如下：

（1）电动机过载。当判断为电动机过载造成火花过大时，可测电动机电流是否超过额定值。如电流过大，说明电动机过截。

（2）电刷与换向器接触不良。

1）换向器表面太脏。

2）弹簧压力不合适。可用弹簧秤或凭经验调节弹簧压力。

3）在更换电刷时，错用了其他型号的电刷。

4）电刷与刷握间隙配合太紧或太松。配合太紧可用砂布磨研，如配合太松需更换电刷。

5）接触面太小或电刷方向放反了。接触面太小主要是在更换电刷时研磨方法不当造成的。正确的万法是，用 00 号细砂布压在电刷与换向器之间（带砂的一面对着电刷，紧贴在换向器表面上，不能将砂布拉直），砂布顺着电动机工作转向移动，如图 7-37 所示。

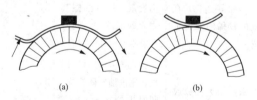

图 7-37　磨电刷的方法

（a）正确方法；（b）错误方法

（3）刷握松动，电刷排列不成直线。电动机在运行中如果电刷不成直线，会影响换向。电刷位置偏差越大，火花越大。

（4）电枢振动造成火花过大。

1）电枢与各磁极间的间隙不均匀，造成电枢绕组各支路内的电压不同，其内部产生的均压电流使电刷产生火花。

2）轴承磨损造成电枢与磁极上部间隙过大，下部间隙小。

3）联轴器（也叫对轮）轴线找正的不正确。

4）用皮带传动的电机，皮带过紧。

（5）换向片间短路。

1）电刷粉末、换向器铜粉充满换向器沟槽中。

2）换向片间云母腐蚀。

3）修换向器时形成毛刺，没有及时清除。

（6）电刷位置不在中性线上。由于修理过程中移动不当或刷架螺栓松动，造成电刷下火花过大。必须重新调节中性点。其方法是：

1）直接调整法。首先松开固定刷架的螺栓，戴上绝缘手套，用两手拉紧刷架座，然后开车，甩手慢慢逆电机旋转方向转动刷架。如火花增加或不变，可改变方向旋转，直到火花最小为止。

2）感应法。感应法电路接线如图 7-38 所示。当电枢静止时，将毫伏表接到相邻的两组电刷上（电刷与换向器接触要良好），励磁绕组通过开关 S 接到 1.5～3V 的直流电源上。交替接通和断开励磁绕组的电路，毫伏表指针会左右摆动。这时，将电动机刷架顺电动机旋转方向或逆方向移动，直至毫伏表指针基本不动时，电刷架位置即在中性点位置。

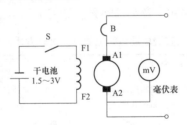

图 7-38　感应法确定电刷中性点位置

3）正反转电动机法。对于允许逆转的直流电动机，先使电动机顺转，后逆转。随时调整电刷位置，直到正反转速一致时，电刷所在的位置是中性点位置。

（7）换向极绕组接反。判断的方法是取出电枢，电机通以低压直流电。用小磁针试验换向极极性。顺着电机旋转方向，发电机为 n-N-s-S，电动机为 n-S-s-N（其中大写字母为主磁极极性，小写字母为换向极极性）。

（8）换向极磁场太强或太弱。

1）换向极磁场太强会出现以下现象。绿色针状火花，火花的位置在电刷与换向器的滑出端；换向器表面对称烧伤。对于发电机，可将电刷逆着旋转方向移动一个适当的角度；对于电动机，可将电刷顺着旋转方向移动一个适当的角度。

2）换向极磁场太弱会出现以下现象。火花位置在电刷与换向器的滑出端。对发电机，需将电刷顺着旋转方向移动一个适当角度；对电动机，则需将电刷逆着旋转方向移动一个适当角度。

（9）换向器偏心。换向器偏心除制造原因外，主要是修理方法不当造成的。

（10）换向片间云母凸出。对换向片槽挖削时，边缘云母片未能清除干净，待换向片磨损后，云母片便突出，造成跳火。

（11）电枢绕组与换向器脱焊。用万用表（或电桥）逐一测量相邻两片换向器片的电阻，如测到某两片间的电阻大于其他任意两片的电阻，说明这两片间的绕组已经脱焊或断线。

4. 直流电动机常见故障及排除方法

直流电动机常见故障及排除方法见表 7-34。

表 7-34　　　　　直流电动机常见故障及排除方法

常见故障		可能原因	排除方法
发电机	发电机电压不能建立	（1）并励绕组两出线端接反； （2）励磁回路电阻过大或有开路； （3）并励或复励电机中没有剩磁； （4）励磁绕组短路或并励绕组与串励绕组、换向极绕组之间短路； （5）电动机旋转方向错误； （6）转速太低； （7）电枢绕组短路或换向片间短路； （8）电刷偏离中性线太多； （9）电刷过短或弹簧压力过小，使电刷与换向器接触不良	（1）对调并励绕组两出线端； （2）调节磁场变阻器到最小；检查回路中有无断线及接头松动； （3）重新充磁：用外加直流电源与励磁绕组瞬时接通，充磁时，注意电源极性应与绕组极性相同； （4）查出短路点并排除； （5）改变电动机转向； （6）测量电机转速是否与铭牌规定相符，否则应提高转速； （7）查出短路点并排除； （8）调整电刷位置，使之接近中线性； （9）更换成新电刷或调整弹簧压力

常见故障		可能原因	排除方法
发电机	发电机空载电压达不到额定值	(1) 发电机转速低于额定转速; (2) 磁场变阻器电阻太大; (3) 励磁绕组匝间短路; (4) 串励绕组和并励绕组相互接错; (5) 电刷不在中性线上	(1) 检查原动机转速是否太低;原动机与发电机间的传动带是否过松;修理、更换后速度比是否不适当; (2) 调节磁场变阻器,若阻值不能调节,则应检查变阻器是否接触不良或被卡住,并予以修复; (3) 检查短路情况,并修复; (4) 应拆开重新接线; (5) 调整电刷位置,选择电压最高处
	发电机空载电压正常,负载后电压显著下降	(1) 复励发电机串励绕组极性接反; (2) 电刷与换向器接触不良,或接触电阻过大; (3) 电刷不在中性线上; (4) 发电机过载	(1) 调换串励绕组两出线端; (2) 观察换向火花;揩擦换向器表面;修磨电刷消除电阻过大的故障点; (3) 调整电刷位置,使之靠近中性线; (4) 减去一部分负载
电动机	电动机不能启动	(1) 因电路发生故障,使电动机未通电; (2) 电枢绕组断路; (3) 励磁回路断路或接错; (4) 电刷与换向器接触不良或换向器表面不清洁; (5) 换向极绕组或串励绕组接反,使电动机在负载下不能启动,空载下启动后工作也不稳定; (6) 启动器故障;	(1) 检查电源电压是否正常;开关触点是否完好;熔断器是否良好;查出故障,予以排除; (2) 查出断路点,并修复; (3) 检查励磁绕组和磁场变阻器有无断点;回路直流电阻值是否正常;各磁极的极性是否正确; (4) 清理换向器表面,修磨电刷,调整电刷弹簧压力; (5) 检查换向极和串励绕组极性,对错接者予以调换; (6) 检查启动器是否接线错误或装配不良;启动器接点是否被烧坏;电阻丝是否烧断;应重新接线或整修;

常见故障		可能原因	排除方法
电动机	电动机不能启动	（7）电动机过载； （8）启动电流太小； （9）直流电源容量太小； （10）电刷不在中性线上	（7）检查负载机械是否被卡住，使负载转矩大于电动机堵转转矩；负载是否过重，针对原因予以消除； （8）检查启动电阻是否太大，应更换合适的启动器，或改接启动器内部接线； （9）启动时如果电路电压明显下降，应更换直流电源； （10）调整电刷位置，使之接近中性线
	电动机转速过高	（1）电源电压过高； （2）励磁电流太小； （3）励磁绕组断线，使励磁电流为零，电动机飞速； （4）串励电动机空载或轻载； （5）电枢绕组短路； （6）复励电动机串励绕组极性接错	（1）调节电源电压； （2）检查磁场调节电阻是否过大，该电阻接点是否接触不良；检查励磁绕组有无匝间短路，使励磁磁动势减小； （3）查出断线处，予以修复； （4）避免空载或轻载运行； （5）查出短路点，予以修复； （6）查出接错处，重新连接
发电机及电动机	励磁绕组过热	（1）励磁绕组匝间短路； （2）发电机气隙太大，导致励磁电流过大； （3）电动机长期过压运行	（1）测量每一磁极的绕组电阻，判断有无匝间短路； （2）拆开发电机，调整气隙； （3）恢复正常额定电压运行
	电枢绕组过热	（1）电枢绕组严重受潮； （2）电枢绕组或换向片间短路； （3）电枢绕组中，部分绕组元件的引线接反； （4）定子、转子铁心相互摩擦； （5）电动机的气隙相差过大，造成绕组电流不均衡； （6）电枢绕组中均压线接错； （7）发电机负载短路； （8）电动机端电压过低； （9）电动机长期过载； （10）电动机频繁启动或改变转向	（1）进行烘干，恢复绝缘； （2）查出短路点，予以修复或重绕； （3）查出绕组元件引线接反处，调整接线； （4）检查定子磁极螺栓是否松脱，轴承是否松动、磨损，气隙是否均匀，予以修复或更换； （5）应调整气隙，使气隙均匀； （6）查出接错处，重新连接； （7）应迅速排除短路故障； （8）应提高电源电压，直至额定值； （9）恢复额定负载下运行； （10）应避免启动、变向过于频繁

常见故障		可能原因	排除方法
发电机及电动机	电刷与换向器之间火花过大	(1) 电刷磨得过短,弹簧压力不足; (2) 电刷与换向器接触不良; (3) 换向器云母凸出; (4) 电刷牌号不符合要求; (5) 刷握松动; (6) 刷杆装置不等分; (7) 刷握与换向器表面之间的距离过大; (8) 电刷与刷握配合不当; (9) 刷杆偏斜; (10) 换向器表面粗糙、不圆; (11) 换向器表面有电刷粉、油污等; (12) 换向片间绝缘损坏或片间嵌入金属颗粒造成短路; (13) 电刷偏离中性线过多; (14) 换向极绕组接反; (15) 换向极绕组短路; (16) 电枢绕组断路; (17) 电枢绕组和换向片脱焊; (18) 电枢绕组或换向器短路; (19) 电枢绕组中,有部分绕组元件接反; (20) 电机过载; (21) 电压过高	(1) 更换电刷,调整弹簧压力; (2) 研磨电刷与换向器表面,研磨后轻载运行一段时间进行磨合; (3) 重新下刻云母; (4) 更换与原牌号相同的电刷; (5) 紧固刷握螺栓,并使刷握与换向器表面平行; (6) 可根据换向片的数目,重新调整刷杆间的距离; (7) 一般调到2～3mm; (8) 不能过松或过紧,要保证在热态时,电刷在刷握中能自由滑动; (9) 调整刷杆与换向器的平行度; (10) 研磨或车削换向器外圆; (11) 清洁换向器表面; (12) 查出短路点,消除短路故障; (13) 调整电刷位置,减小火花; (14) 检查换向极极性,在发电机中,换向极的极性应为沿电枢旋转方向,与下一个主磁极的极性相同;而在电动机中,则与之相反; (15) 查出短路点,恢复绝缘; (16) 查出断路元件,予以修复; (17) 查出脱焊处,并重新焊接; (18) 查出短路点,并予以消除; (19) 查出接错的绕组元件,并重新连接; (20) 恢复正常负载; (21) 调整电源电压为额定值

第8章

输配电设备及运行维护

第1节 发电、输电和配电概况

一、电能的生产、输送和分配

1. 电能的生产

电能的生产简称发电。电能的开发和应用，是人类征服自然过程中取得的具有划时代意义的光辉成就。电能是由煤炭、石油、水力、核能、太阳能和风能等一次能源通过各种转换装置而获得的二次能源，各种发电装置的示意图如图8-1所示。目前，世界各国电能的生产主要采用以下三种方式。

（1）火力发电。它是利用煤炭、石油燃烧后产生的热量来加热水，使之成为高温、高压蒸汽，再用蒸汽推动汽轮机旋转并带动三相交流同步发电机发电。

火力发电的优点是建厂速度快，投资成本相对较低。缺点是消耗大量的燃料，发电成本较高，对环境污染较为严重。目前，我国及世界上绝大多数国家仍以火力发电为主。

（2）水力发电。它是利用水流的势能来发电，即用水流的落差及流量去推动水轮机旋转并带动三相交流同步发电机发电。

水力发电的优点是发电成本低，不存在环境污染问题，并可以实现水利的综合利用。缺点是一次性投资大，建站时间长，而且受自然条件的影响较大。我国水力资源丰富，开发潜力很大，特别是长江三峡水利枢纽工程（在我国湖北省宜昌市境内由长江西陵峡段与下游的葛洲坝水电站构成梯级电站）的建设（共装32台水轮机组，每台700MW，共计22 400MW），2012年7月4日，

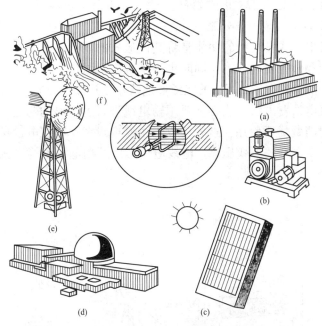

图 8-1　各种发电装置示意图

（a）火力发电；（b）柴油机发电；（c）太阳能发电；
（d）核能发电；（e）风能发电；（f）水力发电

随着三峡电站最后一台水电机组投产，这意味着，装机容量达到 2240 万千瓦的三峡水电站，已成为全世界最大的水力发电站和清洁能源生产基地，从而也使我国水力发电量得到大幅度的提高。

（3）核能发电。它是利用原子核裂变时释放出来的巨大能量来加热水，使之成为高温、高压蒸汽，再用蒸汽推动汽轮机并带动三相交流同步发电机发电。

核能发电消耗的燃料少，发电成本较低，但建站难度大、投资高、周期长。全世界目前核能发电量约占总发电量的 16%，其中法国最高，约占本国总发电量的 80%。我国目前仅占 2% 左右。

此外，还可利用太阳能、风力、地热等能源发电，它们都是清洁能源，不污染环境，有很好的开发前景。我国的大西北及广东等沿海地区风力资源丰富，近年来国家正加大投入并积极利用外资进行开发，已取得了较好的经济效益和社会效益。

2. 电能的输送与分配

发电站或发电厂的功能是将其他形式的能量转换成电能，为了安全和节省发电成本，同时也为了减少对城市的污染，目前发电站一般都建在远离城市的能源产地或水陆运输比较方便的地方。因此发电站发出的电能必须要用输电线进行远距离的输送，以供给电能消费场所使用。这就构成了由发电设备、输配电设备（包括高、低压开关、变压器、电线电缆）以及用电设备等组成的电力系统，如图 8-2 所示。

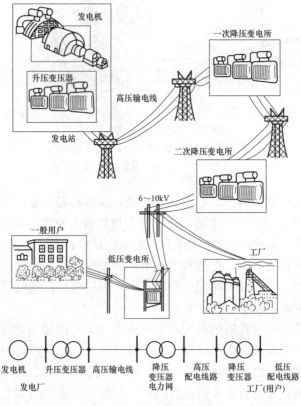

图 8-2　电力系统示意图

为了增大供电的可靠性，提高供电质量和均衡供、用电的需求，目前世界各国都将本国或一个大地区的各发电站并入一个强大的电网，构成一个集中管理、统一调度的大电力系统（电力网）。

电力系统中，联系发电和用电设备的输配电系统，称为电力网，简称电网。电能输送时，电流会在输电导线中产生电压降落和功率损耗。输送同样功率的电能时，电压越高，则电流越小。因而远距离大容量输电，通常采用升压变压器将电压升高后再输送，可减少电路上的电压降，减小功率损耗，提高电力系统运行的经济性。

因此，目前世界各国毫无例外地都采用高压输电，而且不断地由高压（110～220kV）向超高压（330～750kV）和特高压（750kV以上）升级。目前我国高压输电的电压等级有3、6、10、35、63、110、220、330、500、750kV十个等级，世界上正在实验的最高输电电压是1000kV。但由于发电机本身结构及绝缘材料的限制，不可能直接产生这样高的电压，因此在输电时首先必须通过升压变压器将电压升高。

随着电力、电子技术的发展，超高压、远距离输电已开始采用直流输电方式，与交流输电相比，具有更高的输电质量和效率。其方法是将三相交流电经整流成为直流，远距离送至终端后，再由电力电子器件将直流电转变为三相交流，供用户使用。我国长江三峡、葛洲坝水电站的强大电力就是通过直流输电方式送到华东地区的。

高压电能输送到用电区后，为了保证用电安全并合乎用电设备的电压等级要求，还必须通过各级降压变电所，将电压降至合适的数值。例如，工厂输电线路，高压为35kV或10kV，低压为380V和220V。

当高压电送到工厂以后，由工厂的变、配电所进行变电和配电。变电是指变换电压的等级；配电是指电力的分配。变电分输电电压的变换和配电电压的变换，完成前者任务的称变电所，完成后者任务的称变配电所。如果只具备配电功能而无变电设备的称为配电所。大、中型工厂部有自己的变、配电所。用电量在1000kW以下的工厂、企业等用电部门，一般只需一个低压配电室即可。

在配电过程中，通常把动力用电和照明用电分别配电，即把各动力配电线路和照明配电线路分开，这样可缩小局部故障带来的影响。

供电部门在向用户供电时，将根据用户负荷的重要性、用电的需求量及供电条件等诸多因素，确定供电的方式，以保证供电质量。电力负荷通常分为三类：一类负荷是指停电时可能引起人身伤亡、设备损坏、产生严重事故或混乱的场所，如大医院、地下铁道、机场、铁路运输、政府重要机关部门等。它们一般采用两个独立的电源系统供电；二类负荷是指停电时将产生大量废品、减产或造成公共场所秩序严重混乱的部门，如炼钢厂、化工厂、大城市热闹场所等，它们一般由两路电源线进行供电；三类负荷是指不属于上述一、二类电力负荷的用户，其供电方式为单路。

目前规定1000V以下的电压为低压。低压电网通常用四根线向用户供电，其中三根为相线（即火线）另一根是零线（即地线），俗称三相四线供电制。三相四线制供电的优点是可以在同一电网中供出两类交流电，即三相交流电和单相交流电，并可供出380V和220V两种交流电压。工矿企业的机床设备等功率较大的对称性用电设备通常接在三根相线上，取用380V的三相交流电压。而民用照明电路，家用电器等则接在一根相线和零线之间，取用220V的单相交流电压。

二、安全距离与输电间距

间距是指带电体与地面之间、带电体与其他设备和设施之间、带电体与带电体之间必要的安全距离。其距离的大小取决于电压高低、设备类型、安装方式和周围环境等。

1. 线路安全距离

（1）架空线路。架空线路一般采用多股绞线敷设，多股绞线具有以下优点：

1）多股线的机械强度较高，当截面较大时，多股线在同一处都出现缺陷的几率很小。

2）当截面较大时，多股线柔性高，制造、安装和存放都较容易。

3）当导线受风力作用而产生振动时，多股线不易折断。

未经相关部门许可的情况下，架空线路不得跨越建筑物，架空线路与有爆炸、火灾危险的厂房之间应保持必要的防火距离，且不应跨越具有可燃材料层屋顶的建筑物。高压线走廊两侧不应有高大树木。

1）人在带电线路杆上工作时与带电导线的最小安全距离，见表 8-1。

表 8-1　人在带电线路杆上工作时与带电导线的最小安全距离

电压等级/kV	安全距离/m	电压等级/kV	安全距离/m
10 及以下	0.70	220	3.00
20～35	1.00	330	4.00
60～110	1.50	500	5.00

2）架空线路与交通设施之间的最小安全距离，见表 8-2。

表 8-2　　　架空线路与交通设施之间的最小安全距离

项目		分项	测量基点		距离/m	
					低压	高压
铁路	标准轨距	垂直	轨道顶面		7.5	7.5
			承力索或接触线		3.0	3.0
		水平	电杆外缘至轨道中心	交叉	5.0	5.0
				平行	杆高加 3.0	
	窄轨	垂直	轨道顶面		6.0	6.0
			承力索或接触线		3.0	3.0
		水平	电杆外缘至轨道中心	交叉	5.0	5.0
				平行	杆高加 3.0	
道路		垂直	路面		6.0	7.0
		水平	电杆至道路边缘		0.5	0.5

续表

项目	分项	测量基点	距离/m	
			低压	高压
通航河流	垂直	50年一遇洪水位	6.0	6.0
		最高航行水位的最高压顶	1.0	1.5
	水平	边导线至河岸上缘	最高电杆高度	
特殊管道（输送易燃易爆物的管道）	垂直	架空线在上方	1.5	3.0
		架空线在下方	1.5	—
	水平	边导线至管道	1.5	2.0
索道	垂直	架空线在上方	1.5	2.0
		架空线在下方	1.5	2.0
	水平	边导线至索道	1.5	2.0

注　表中各项水平距离若是在开阔地区，一般不应小于电杆高度；低压指1kV以下，高压指10kV。

3）临近或交叉其他电力线工作的安全距离，见表8-3。同杆架设时，电力线路应位于弱电线路的上方，高压线路位于低压线路的上方。

表8-3　　临近或交叉其他电力线工作的安全距离

电压等级/kV	安全距离/m	电压等级/kV	安全距离/m
10及以下	1.0	154～220	4.0
35（20～44）	2.5	330	5.0
60～110	3.0	500	6.0

（2）电缆线路。直埋电缆埋设深度不应小于0.7mm，并应位于冻土层之下。当电缆与热力管道接近时，电缆周围土壤温升不应超过10℃，超过时，须进行隔热处理。

电缆之间、电缆与管道、道路、建筑物之间平行和交叉时的最小安全距离见表8-4。

表 8-4   电缆之间、电缆与管道、道路、建筑物之间
平行和交叉时的最小安全距离

项 目		最小净距/m	
		平行	交叉
电力电缆间及其与控制电缆间	10kV 及以下	0.10	0.50
	10kV 以上	0.25	0.50
控制电缆间		—	0.50
不同使用部门的电缆间		0.50	0.50
热管道（管沟）及热力设备		2.00	0.50
油管道（管沟）		1.00	0.50
可燃气体及易燃液体管道（沟）		1.00	0.50
其他管道（管沟）		0.50	0.50
铁路路轨		3.00	1.00
公路		1.50	1.00
城市街道路面		1.00	0.70
杆基础（边线）		1.00	
建筑物基础（边线）		0.60	—
排水沟		1.00	0.50
电气化铁路路轨	交流	3.00	1.00
	直流	10.0	1.00

（3）室内线路。室内低压配电线路是指 1kV 以下的动力和照明配电线路。室内低压线路有多种敷设方式，间距要求各不相同。室内线路与工业管道和设备间的最小安全距离见表 8-5。

2. 配电装置安全距离

（1）10kV 及以下变电所室内外配电装置的最小电气安全距离见表 8-6。

（2）10kV 高压配电室内各种通道的最小宽度见表 8-7。

（3）低压配电屏前、后通道的最小宽度见表 8-8。

表 8-5　　　室内线路与工业管道和设备间的最小安全距离　　　mm

管线型式			导线穿金属管	电缆	明敷绝缘导线	裸母线	天车滑触线	配电设备
煤气道	平行		100	500	1000	1000	1000	1500
	交叉		100	300	300	500	500	—
乙炔管	平行		100	1000	1000	2000	3000	3000
	交叉		100	500	500	500	500	—
氧气管	平行		100	—	500	1000	1500	1500
	交叉		100	300	300	500	500	—
	平行	上方	1000	1000	1000	1000	1000	500
		下方	500	500	500	1000	1000	500
蒸汽管	交叉		300	300	300	500	500	—
通风管	平行		—	200	100	1000	1000	100
	交叉		—	100	100	500	500	—
上、下水道	平行		—	200	100	1000	1000	100
	交叉		—	100	100	500	500	—
设备	平行		—	—	—	1500	1500	—
	交叉		—	—	—	1500	1500	—
压缩空气管	平行		—	200	100	1000	1000	100
	交叉		—	100	100	500	500	—
暖、热水管	平行	上方	300	500	300	1000	1000	100
		下方	200	500	200	1000	1000	100
	交叉		100	100	100	500	500	—

表 8-6　　10kV 及以下变电所室内外配电装置的最小电气安全距离

符号	适用范围	场所	不同额定电压下的安全距离/mm			
			<0.5kV	3kV	6kV	10kV
	无遮栏裸带电部分至地（楼）面之间	室内	屏前 2500 屏后 2300	2500	2500	2500
		室外	2500	2700	2700	2700
	有 IP2X 防护等级遮栏的通道净高	室内	1900	1900	1900	1900

续表

符号	适用范围	场所	不同额定电压下的安全距离/mm			
			<0.5kV	3kV	6kV	10kV
A	裸带电部分至接地部分和不相同的裸带电部分之间	室内	20	75	100	125
		室外	75	200	200	200
B	距地（楼）面2500mm以下裸带电部分的遮栏防护等级为IP2X时，裸带电部分与遮护物间水平净距	室内	100	175	200	225
		室外	175	300	300	300
	不同时停电检修的无遮栏裸导体之间的水平距离	室内	1875	1875	1900	1925
		室外	2000	2200	2200	2200
	裸带电部分至无孔固定遮栏	室内	50	105	130	155
C	裸带电部分至用钥匙或工具才能打开或拆卸的栅栏	室内	800	825	850	875
		室外	825	950	950	950
	低压母排引出线或高压引出线的套管至屋外人行通道地面	室外	3650	4000	4000	4000

注 海拔高度超过1000m时，表中符号A项数值应按每升高100m增大1%进行修正。B、C两项数值应相应加上A项的修正值。

表8-7 **10kV高压配电室内各种通道的最小宽度**

开关柜布置方式	柜后维护通道宽度/mm	柜前操作通道宽度/mm	
		固定式	手车式
单排布置	800	1500	单车长度+1200
双排面对面布置	800	2000	双车长度+900
双排背对背布置	1000	1500	单车长度+1200

注 1. 固定式开关柜为靠墙布置时，柜后与墙净距应大于50mm，侧面与墙净距离大于200mm。

2. 通过宽度在建筑物的墙面遇有柱类局部凸出时，凸出部位的通道宽度可减小200mm。

表8-8 **低压配电屏前、后通道的最小宽度**

型式	布置方式	屏前通道宽度/mm	屏后通道宽度/mm
固定式	单排布置	1500	1000
	双排面对面布置	2000	1000
	双排背对背布置	1500	1500
抽屉式	单排布置	1800	1000
	双排面对面布置	2300	1000
	双排背对背布置	1800	1000

注 当建筑物墙面遇有柱类局部凸出时，凸出部位的通道宽度可减小200mm。

第 2 节　常用配电线路及安装

一、电气线路的安装及安全技术

1. 架空线路

架空线路运行中通常采取巡视检查的方法来确保线路的安全运行，巡视项目见表 8-9。

表 8-9　　　　　架空线路安全运行的巡视项目

巡视项目	巡 视 内 容
定期巡视	(1) 检查沿线整体状况； (2) 杆塔、导线及架空地线是否完好无损； (3) 导线、架空地线的固定和连接处，防雷及接地装置，拉线等的固定与连接是否牢固、可靠； (4) 变压器台灯塔等是否运行正常
不定期巡视	(1) 水泥电杆有无混凝土脱落、露筋现象； (2) 线路上使用的器材，有无松股、交叉、折叠和破损等缺陷； (3) 导线截面和松弛度是否符合要求，一个档距内一根导线上的接头不得超过一个，且接头位置距导线固定处应在 0.5m 以上；裸铝绞线不应有严重腐蚀现象；钢绞线、镀锌铁线的表面良好，无锈蚀； (4) 金具是否光洁，无裂纹、砂眼、气孔等缺陷，安全强度系数不应小于 2.5； (5) 绝缘子瓷件与铁件应结合紧密，铁件镀锌良好；绝缘子瓷釉光滑，无裂纹、斑点，无损坏，歪斜，绑线未松脱； (6) 横担是否符合规程要求，上下歪斜和左右扭斜不得超过 20mm； (7) 拉线有无严重锈蚀和严重断股；居民区、厂矿内的混凝土电杆的拉线从导线间穿过时，应设拉线绝缘子； (8) 线间、交叉、跨越和对地距离是否符合规程要求； (9) 防雷、防振设施是否良好，接地装置有无损坏，接地电阻是否符合要求，且避雷器预防试验合格； (10) 运行标志是否完整醒目； (11) 运行资料是否齐全、数据正确，且应与现场情况相符
特殊巡视	(1) 发生自然灾害时的线路状况； (2) 线路故障时的线路状况； (3) 夜间负荷高峰时的线路状况

2. 电缆线路

电缆线路巡视检查的内容见表 8-10。

表 8-10　　　　　　　　电缆线路巡视检查的内容

运行中的维护项目	检查项目
（1）户内、外电缆及终端头的维护；	（1）线路巡视；
（2）壕沟电缆的维护；	（2）耐压试验；
（3）隧道和沟道电缆的维护；	（3）负荷测量；
（4）充油电缆的维护；	（4）温度检查；
（5）地面分支箱的检查	（5）防止腐蚀

3. 进户装置

低压进户线的主要安全要求有：

（1）进厂线须经磁管、硬塑料管或钢管穿墙引入。穿墙保护管在户外一端（反口管）应稍低，端部弯头朝下，进户线做成防水弯，户外一端应保持有 200mm 的弛度。

（2）进户线的安全载流量应满足计算负荷的需要。

（3）进户线的最小截面积允许为：铜线 1.5mm²，铝线 2.5mm²。进户线不宜用软线，中间不可有接头。

4. 室内线路及其安装

室内线路通常由导线、导线支持物和用电器具等组成。室内线路的安装有明线安装和暗线安装两种。导线沿墙壁、天花板、梁及柱子等明敷设称为明线安装；导线穿管埋设在墙内、地坪内或装设在顶棚里称为暗线安装。

按配线方式分，室内线路的安装有瓷（塑料）夹板配线、绝缘子配线、塑料护套线配线、电线管配线及钢索配线等。

（1）室内线路的安装要求。

1）室内线路的安装方式及导线的选择，一般根据周围环境的特征以及安全要求等因素决定，见表 8-11。

2）使用的导线其额定电压应大于线路工作电压，明线敷设的导线应采用塑料或橡皮绝缘导线，室内明线敷设导线的最小截面积和距离见表 8-12。

表 8-11　　　　室内线路的安装方式及导线的选用

环境特征	配线方式	常用导线
干燥环境	瓷（塑料）夹板、铝片卡明配线	BLV、BLVV、BLXF、BLX
	绝缘子明配线	BLV、LJ、BLXF、BLX
	穿管明敷或暗敷	
潮湿和特别潮湿的环境	绝缘子明配线（敷设高度＞3.5m）	BLV、BLXF、BLX
	穿塑料管、钢管明敷或暗敷	
多尘环境（不包括火灾及爆炸危险尘埃）	绝缘子明配线	BLV、BLVV、BLXF、BLX
	穿明敷或暗敷	BLV、BLXF、BLX
有腐蚀性的环境	绝缘子明配线	BLV、BLVV
	穿塑料管明敷或暗敷	BLV、BV、BLXF
有火灾危险的环境	绝缘子明配线	BLV、BLX
有爆炸危险的环境	穿钢管明敷或暗敷	BV、BX

表 8-12　　　　室内明线敷设导线的最小截面积和距离

配线方式	绝缘导线最小截面积/mm²		敷设距离					
			绝缘导线截面积/mm²		前后支持物间最大距离/m	线间最小距离/mm	与地面最小距离/m	
	铜芯	铝芯	铜芯	铝芯			水平敷设	垂直敷设
瓷夹板配线	1.0	1.5	1.0～2.5	1.0～2.5	0.6	—	2.0	1.3
			4.0～10	4.0～10	0.8			
绝缘子配线	2.5	4.0	4.0		6.0（吊灯为3）	100	2.0	1.3
			2.5及以上	6.0及以上	10（吊灯为3）	150		
护套线配线	1.0	1.5			0.2	—	0.15	0.15

　　3）为确保安全，室内电气管线路和配电设备与其他管道、设备间的最小距离，应符合表 8-5 的要求，表中有两个数字者，分子数字为电气管线路敷设在管道上面的距离，分母数字为电气管线

路敷设在管道下面的距离。施工时，如不能满足表 8-5 所列距离，则应采取如下措施：

a）电气线路与蒸汽管不能保持表 8-5 所列距离时，可在蒸汽管外包隔热层，这样平行净距可减至 200mm；交叉距离只需考虑施工维护方便。

b）电气管线路与暖水管不能保持表 8-5 所列距离时，可在暖水管外包隔热层。

c）裸母线与其他管道交叉不能保持表 8-5 所列距离时，可在交叉处的裸母线外加装保护网或罩。

4）线路安装时，应尽量避免导线有接头。若必须接头时，应采用压接或焊接。但穿在电线管内的导线，在任何情况下都不能有接头。必要时，可把接头放在接线盒或灯头盒内。

5）当导线穿过楼板时，应装设钢管套加以保护，钢管长度应从离楼板面 2m 高处，到楼板下出口处为止。

6）导线穿墙要用瓷管保护，瓷管的两端出线口，伸出墙面的距离不小于 10mm，除穿向室外的瓷管应一线一根瓷管外，同一回路的几根导线可以穿在一根瓷管内，但管内导线的总面积（包括外绝缘层）不应超过管内总面积的 40%。

7）当导线通过建筑物伸缩缝时，导线敷设应稍有松弛，对于钢管线路安装时，应设补偿盒子，以适应建筑物的伸缩性。

8）当导线互相交叉时，为避免碰线，在每根导线上应套以塑料管或其他绝缘管，并将套管固定，不使其移动。

（2）室内线路的安装工序。

1）按施工图纸确定灯具、插座、开关、配电箱和启动设备等的装置。

2）沿建筑物确定导线敷设的路径及穿过墙壁或楼板的位置。

3）在土建未抹灰前，在安装线路所需的全部固定点上打好孔眼，预埋木榫或膨胀螺栓的套筒。

4）装设瓷夹板、铝夹片或电线管。

5）敷设导线。

6）对导线进行连接、分支和封端，并将导线的出线端与灯具、插座、开关、配电箱等设备连接。

（3）室内线路的巡视检查。室内线路的巡视检查一般包括下列内容：

1）导线与建筑物等是否摩擦、相蹭；绝缘、支持物是否损坏和脱落。

2）车间裸导线各相的弛度和线间距离是否保持一致。

3）车间裸导线的防护网板与裸导线的距离有无变动。

4）明敷导线管和木槽板等有无碰裂、砸伤现象，铁管的接地是否完好。

5）铁管或塑料管的防水弯头有无脱落或导线蹭管口现象。

6）敷设在车间地下的塑料管线路，其上方是否堆放重物。

7）三相四线制照明线路，其零线回路各连接点的接触是否良好，有无腐蚀或脱开现象。

8）是否有未经电气负责人的许可，私自在线路上接用的电气设备以及乱拉、乱扯线路的情况。

5. 导线与电缆的安全载流量

导线长期允许通过的电流称为导线的安全载流量。

导线的安全载流量主要取决于线芯的最高允许温度。如果通过导线的电流过大，电流的热效应会使导体的温度过高，将加速绝缘导线和电缆的老化甚至被击穿，敷设于室内的导线工作电流过大，还可能引起火灾。因此，必须将导线的工作电流限制在安全载流量内。

当电流通过导线或电缆时，由于二者都存在阻抗，所以会造成电能消耗，从而使导线或电缆发热，温度升高。通常，通过导线或电缆的电流越大，发热温度也越高。当温度上升到一定值时，导线或电缆的绝缘可能损坏，接头处的氧化也会加剧，结果导致漏电或断线，严重时其至引起火灾等事故。

导线和电缆的安全载流量取决于它们的种类、规格、环境温度和敷设方式等，通常由有关单位（电缆研究所等）进行试验后提供此项数据和资料（可从电工手册中查到）。

塑料绝缘导线的安全载流量见表 8-13。

表 8-13　　　　　　　塑料绝缘导线的安全载流量　　　　　　　　A

截面 /mm²	电线线芯 根数/单根 直径/mm	明线		钢管配线						塑料管配线						50℃时有效 电阻/(Ω/km)	
				二根		三根		四根		二根		三根		四根			
		铜	铝	铜	铝	铜	铝	铜	铝	铜	铝	铜	铝	铜	铝	铜	铝
1.0	1/1.13	17	—	12	—	11	—	10	—	10	—	10	—	9	—	20.52	—
1.5	1/1.37	21	16	17	13	15	11	14	10	14	11	13	10	11	9	13.74	23.0
2.5	1/1.76	28	22	23	17	21	16	19	13	21	16	18	14	17	12	8.24	13.9
4.0	1/2.24	37	28	30	23	27	21	24	19	27	21	24	19	22	17	5.15	8.63
6.0	1/2.73	48	37	41	30	36	28	32	24	36	27	31	23	28	22	3.43	5.79
10	7/1.33	65	51	56	42	49	38	43	33	49	36	42	33	38	29	2.06	3.47
16	7/1.70	91	69	71	55	64	49	56	43	62	48	56	42	49	38	1.29	2.17
25	7/2.12	120	91	93	70	82	61	74	57	82	63	74	56	65	50	0.83	1.39
35	7/2.50	147	113	115	87	100	76	91	70	104	78	91	60	81	61	0.59	0.99
50	19/1.83	187	143	143	108	127	96	113	87	130	88	114	88	102	78	0.41	0.69
70	19/2.14	230	178	177	135	159	124	143	110	160	136	145	113	128	100	0.30	0.50
95	19/2.50	282	216	216	165	195	143	173	132	199	151	178	137	160	121	0.22	0.34

二、配电板的安装

配电板通常由进户总熔丝盒、电能表和电流互感器等部分组成。配电装置一般由控制开关、过载及短路保护电器等组成，容量较大的还应装有隔离开关。

一般将总熔丝盒装在进户管的墙上，而将电流互感器、电能表、控制开关、短路和过载保护电器均安装在同一块配电板上，如图 8-3 所示。

1. 总熔丝盒的安装

常用的总熔丝盒分铁皮盒式和铸铁壳式。铁皮盒式分 1 型～4 型四个规格。1 型最大，盒内能装三只 200A 熔断器；4 型最小，盒内能装三只 10A 或一只 30A 熔断器及一只接线桥。铸铁壳式分 10、30、60、100、200A 五个规格，每只内均只能单独装一只熔断器。

总熔丝盒的作用是防止下级电力线路的故障蔓延到前级配电干线上，造成更大区域的停电；能加强计划用电的管理（因低压用户总熔丝盒内的熔体规格，由供电单位放置，并在盖上加封）。

（1）总熔丝盒应安装在进户管的户内侧，如图 8-4 所示。

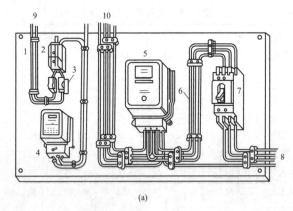

(a)

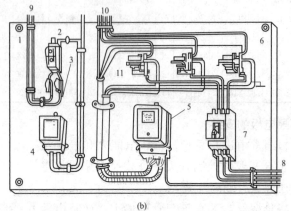

(b)

图 8-3　配电板的安装

1—照明部分；2—总开关；3—用户熔断器；4—单相电能表；

5—三相电能表；6—动力部分；7—动力总开关；8—接分路开关；

9—接线盒；10—接总熔丝盒；11—电流互感器

（2）总熔丝盒必须安装在实心木板上，木板表面及四沿必须涂以防火漆。安装时，1 型铁皮盒式和 200A 铸铁壳式的木板，应用穿墙螺栓或膨胀螺栓固定在建筑面上，其余各型木板可用木螺钉来固定。

（3）总熔丝盒内的熔断器上接线柱，应分别与进户线的电源相线连接，接线桥的上接线桩应与进户线的电源中性线连接。

（4）如安装多个电能表，则在每个电能表的前面应分别安装总熔丝盒。

2. 电流互感器的安装

（1）电流互感器二次侧（即二次回路）标有"K1"或"＋"的接线桩，要与电能表电流线圈的进线桩连接；标有"K2"或"－"的接线柱要与电能表的出线桩连接，不可接反。电流互感器的一次侧（即一次回路）是标有"L1"或"＋"的接线桩，应接电源进线，标有"L2"或"－"的接线桩应接出线，如图 8-5 所示。

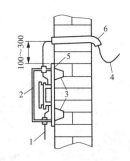

图 8-4　总熔丝盒的安装

1—电能表总线；2—总熔丝盒；
3—木榫；4—进户线；
5—实心木板；6—进户管

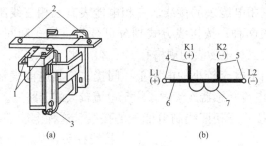

图 8-5　电流互感器

1—二次回路接线桩；2—一次回路接线桩；3—接地接线桩；
4—进线桩；5—出线桩；6—一次绕组；7—二次绕组

（2）电流互感器二次侧的"K2"或"－"接线桩的外壳和铁心都必须可靠接地，电流互感器应装在电能表的上方。

3. 电能表的安装

电能表有单相电能表和三相电能表两种，它们的接线方法各不相同。

（1）单相电能表的接线。单相电能表共有 4 个接线柱头，从左到右按 1、2、3、4 编号。接线方法一般按号码 1、3 接电源进线，2、4 接出线，如图 8-6 所示。

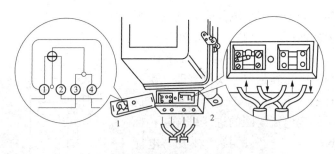

图 8-6 单相电能表的接线

1—接线性头盖子；2—进行接线

也有些单相电能表的接线是按照号码 1、2 接电源进线，3、4 接出线设置的，所以具体的接线方法应参照电能表接线盒盖子上的接线图。

（2）三相电能表的接线。三相电能表有三相三线制和三相四线制电能表两种；按接线方式划分可分为直接式和间接式两种。常用直接式三相电能表的规格有 10、20、30、50、75、100A 等多种，一般用于电流较小的电路上；间接式三相电能表常用的规格是 5A，与电流互感器连接后，用于电流较大的电路上。

1）直接式三相四线制电能表的接线。这种电能表共有 11 个接线柱头，从左至右按 1、2、3、4、5、6、7、8、9、10、11 编号，其中 1、4、7 是电源相线的进线桩头，用来连接从总熔丝盒下桩头引出来的三根相线；3、6、9 是相线的出线桩头，分别去接总开关的三个进线桩头；10、11 是电源中性线的进线桩头和出线柱头；2、5、8 三个接线柱头可空着，如图 8-7 所示，其连接片不可拆卸。

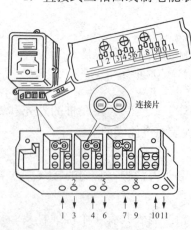

图 8-7 三相电能表接线盒

2）直接式三相三线制电能表的接线。这种电能表共有 8 个接线柱头，其中 1、4、6 是电源相线进线柱头；3、5、8 是相线出线桩头；2、7 两个接线柱可空着，如图 8-8 所示。

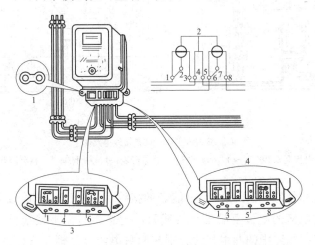

图 8-8　直接式三相三线制电能表的接线
1—连接片；2—接线图；3—进线的连接；4—出线的连接

3）间接式三相四线制电能表的接线。这种三相电能表需配用三只不同规格的电流互感器，接线时把总熔丝盒下接线桩头引来的三根相线分别与三只电流互感器一次侧的"＋"接线桩头连接。同时用三根绝缘导线从这三个"＋"接线桩引出，穿过钢管后分别与电能表 2、5、8 三个接线桩连接。接着用三根绝缘导线，从三只电流互感器二次侧的"＋"接线桩头引出，穿过另一根钢管与电能表 1、4、7 三个进线桩头连接。然后用一根绝缘导线穿过后一根保护钢管，一端连接三只电流互感器二次侧的"－"接线桩头，另一端连接电能表的 3、6、9 三个出线桩头，并把这根导线接地。最后用三根绝缘导线，把三只电流互感器一次侧的"－"接线桩头分别与总开关进线桩头连接起来，并把电源中性线穿过前一根钢管与电能表 10 进线桩连接。接线桩 11 是用来连接中性线的出线，如图 8-9 所示。接线时，应先将电能表接线盒内的三块连接片都拆下。

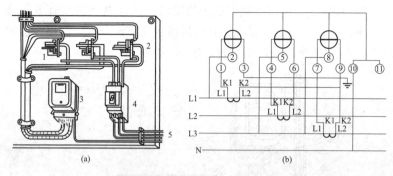

图 8-9　三相四线制电能表间接接线图

（a）接线外形图；（b）接线电路图

1—电流互感器；2—动力部分；3—三相电能表；4—总开关；5—接分路开关

4）间接式三相三线制电能表的接线。这种三相电能表需配用两只同规格的电流互感器。接线时，把总熔丝盒下接线桩头引出来的三根相线中的两根相线分别与两只电流互感器一次侧的"＋"接线桩头连接。同时从该两个"＋"连线桩头，用铜芯塑料硬线引出，并穿过钢管分别接到电能表 2、7 接线桩头上，接着从两只电流互感器二次侧的"＋"接线桩用两根铜芯塑料硬线引出，并穿过另一根钢管分别接到电能表 1、6 接线桩头上。然后用一根导线从两只电流互感器二次侧的"－"接线柱头引出，穿过后一根钢管接到电能表的 3、8 接线桩头上，并应把这根导线接地。最后将总熔丝盒桩头余下的一根相线和从两只电流互感器一次侧的"－"接线桩头引出的两根绝缘导线，接到总开关的三个进线桩头上，同时从总开关的一个进线桩头（总熔丝盒引入的相线桩头）引出一根绝缘导线，穿过前一根钢管，接到电能表 4 接线柱上，如图 8-10 所示。同时注意，应将三相电能表接线盒内的两块连接片都拆下。

（3）电能表总线必须采用铜芯塑料硬线，其最小截面积不得小于 $1.5m^2$，中间不准有接头，自总熔丝盒至电能表之间沿线敷设长度不宜超过 10m。

（4）电能表总线必须明线敷设，采用线管安装时，线管也必

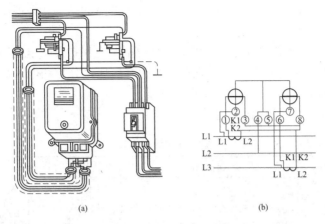

图 8-10　三相三线制电能表间接接线图

（a）接线外形图；（b）接线电路图

须明装。在进入电能表时，一般以"左进右出"原则接线。

（5）电能表安装必须垂直于地面，表的中心离地面高度应在
1.4～1.5m。

三、漏电保护器的选用及安装

1. 漏电保护器的功能和分类

当低压电网发生人身触电或设备漏电时，若能迅速地切断电源，就可以使触电者脱离危险或使漏电设备停止运行，从而避免造成事故。在发生上述触电或漏电时，能在规定时间内自动完成切断电源的装置称为漏电保护器。

（1）漏电保护器的功能。漏电保护器安装在中性点直接接地的三相四线制低压电网中，防止人身触电和由于漏电引起的火灾、电气设备烧损以及爆炸事故。其主要功能是提供间接接触保护。当其额定动作电流在 30mA 及以下时，也可以作为直接接触保护的补充保护。

（2）漏电保护器的分类。漏电保护器是根据其运行方式、电路原理、动作原理、保护功能、安装形式、极数和线数、过电流保护特性、漏电动作时间特性和额定漏电动作电流可调性以及结构性特征、接线方式等进行分类的。通过对漏电保护器的分类，

有助于从各个不同的侧面去了解漏电保护器的结构、性能及工作原理。

1）按工作原理分类：可分为电压型漏电保护器、电流型漏电保护器（又有电磁式、电子式和中性点接地之分）和电流型漏电保护继电器。

漏电保护器的分类见表 8-14。

表 8-14　　　　　　　　　漏电保护器的分类

名　称		保护原理	图　示
电压型漏电保护器		当电动机外壳漏电，外壳对地电压上升到危险数值时，漏电脱扣器迅速动作切断供电电路	
电流型漏电保护器	电磁式	二极： 当负载侧有漏电或触电事故时，电流 I_1 和 I_2 不相等，电流互感器 TA 的铁心中存在磁通量，TA 的二次线圈产生感应电动势，脱扣线圈中便有了交流电流，衔铁动作使主开关断开，切除故障电路	
		三极： 当负载侧有漏电故障时，I_1、I_2 和 I_3 的相量和不等于零，电流互感器 TA 的环形铁心中就有了磁通，TA 二次线圈产生感应电动势，脱扣器线圈中出现电流，衔铁动作使主开关断开，切除故障电路	
		四极： 当负载侧有漏电故障时，I_1、I_2 和 I_3 的相量和不等于零，电流互感器 TA 的环形铁心中就有了磁通，TA 二次线圈产生感应电动势，脱扣器线圈产生电流，衔铁动作使主开关断开，切除故障电流	

名　　称		保护原理	图　　示
电流型漏电保护器	电子式	当发生漏电故障或触电事故时，电流继电器 TA 将漏（触）电信号传给电子放大器，经放大后再给漏电脱扣器，使主开关断开，切断故障电路	

电压型保护器接于变压器中性点和大地间，以发生触电时中性点偏移产生的对地电压为信号来产生动作切断电源，但由于它是对整个配变低压网进行保护的，不能分级保护，因此停电范围大，动作频繁，目前已被淘汰。

2）按动作结构分类：电流型漏电保护器可分为直接动作式和间接动作式。直接动作式的动作信号直接作用于脱扣器使之掉闸断电。间接动作式对输出信号经放大、蓄能等环节处理后再使脱扣器动作掉闸。一般直接动作式均为电磁型保护器，电子型保护器均为间接动作式。

3）按动作电流值分类：可分为高灵敏度漏电保护器（额定漏电动作电流为 $5\sim30\mathrm{mA}$）、中灵敏度漏电保护器（额定漏电动作电流为 $50\sim1000\mathrm{mA}$）、低灵敏度漏电保护器（额定漏电动作电流为 $1000\mathrm{mA}$ 以上）。

4）按动作时间分类：可分为瞬时型漏电保护器、延时型漏电保护器和反时限型漏电保护器。

瞬时型漏电保护器的一般动作时间不超过 $0.25\mathrm{s}$。

延时型漏电保护器在漏电保护器的控制回路中增加延时电路，使其动作时间达到一定的延时，一般规定一个延时级差为 $0.2\mathrm{s}$。

反时限型漏电保护器的动作时间随着动作电流的增大而在一定范围内缩短。一般电子式漏电保护器都有一定的反时限特性，在额定漏电动作电流下其动作时间为 $0.2\sim1\mathrm{s}$；在 1.4 倍额定漏电动作电流下动作时间为 $0.1\sim0.5\mathrm{s}$；4.4 倍额定漏电动作电流下动作时间小于 0.05s。

5）按功能分类：在型式上，按保护器具有的功能大体上可分为三类：

a）漏电继电器。只具备检测、判断功能，不具备开闭主电路功能。

b）漏电开关。同时具备检测、判断、执行功能，它是漏电继电器和开关的结合体。

c）漏电保护插座。将漏电开关和插座组合在一起，使插座具备触电保护功能，适用于移动电器和家用电器。

电磁式和电子式漏电保护器的性能对比见表 8-15。

表 8-15　　　　电磁式和电子式漏电保护器的性能比较

比较项目	型　　式	
	电磁式漏电保护器	电子式漏电保护器
辅助电源	不需要辅助电源	需要辅助电源
电源电压对特性的影响	无影响，缺相或电源电压降低时也能可靠动作	有影响，电源电压断电或降低时要影响动作特性，甚至拒动
环境温度对特性的影响	很小	有影响
绝缘耐压能力	强，可经受低压电器的工频耐压试验	弱，只能按电子元件的允许范围进行试验
耐受感应雷电和操作过电压的冲击能力	强	弱
受外界磁场干扰	较小	较大
动作时间	运作速度快，可以做到小于 0.04s	动作速度比电磁式慢，做到小于 0.04s 困难
接线要求	进出线倒接不影响性能	进出线不可倒接，否则要损坏开关
结构	复杂	简单

2. DZL18-20 型集成电路单相漏电保护器的工作原理

DZL18-20 型集成电路单相漏电保护器由主开关、试验回路、零序电流互感器、压敏电阻、电子放大器、晶闸管及脱扣器组成。

DZL18-20 型集成电路漏电保护器的零序电流互感器选用 U85 坡莫合金材料制成。由于集成电路采用内部稳压，具有功耗低、温度小和稳定性好的特点，它能接受漏电信号并与基准信号比较。当漏电电流超过基准信号时，立即放大并输出具有一定驱动功率的信号，集成电路漏电保护器的零序电流互感器设计得较小，二次回路 500 匝，在一次回路电流达 30mA 时，能保证有 $20 \sim 25mV$ 的电压输出。为了克服电子式漏电保护器耐过电压低的缺点，线路中引入 MYH 型压敏电阻做过电压吸收元件。

DZL18-20 型集成电路单相漏电保护器的性能见表 8-16，表中 I_N 为额定漏电动作电流。

DZL18-20 型集成电路单相漏电保护器额定电压为 220V（50Hz），二极；额定漏电动作电流有 30、15、10mA 三种；对应的漏电不动作电流为 15、7.5、6mA，动作时间小于 0.1s。

表 8-16　　　DZ18-20 型集成电路单相漏电保护器性能表

额定电压/V	额定电流/A	过载脱扣器额定电流/A	额定漏电动作电流/mA	额定漏电不动作电流/mA	动作时间/s		
					I_N	$2I_N$	$5I_N$
220	20	10、16、20	10、15、30	6、7.5、15	≤0.2	≤0.1	≤0.04

脱扣器采用拍合式电磁系统，因为此结构简单，加工便利，成本低。

电子组件板为漏电保护器的关键部件，它主要由专用集成块和晶闸管组成，原理线路图如图 8-11 所示，图中虚线框内所示部分为专用集成块的结构原理图。

漏电或触电信号是通过零序电流互感器送入 1、8 端，然后与基准稳压源输出的信号进行比较。当漏电信号小于基准信号时，差动放大器保持其初始状态，2 端为零电平，5 端输出电平小于或等于 0.3V；反之，若漏电信号大于基准信号，放大器立即起放大作用，使 2 端输出一个经放大 10 倍的高电平。该信号被送入电平判别电路，并被滤去干扰信号。一旦确认是漏电信号，当即为整形驱动电路所整形输出，并通过晶闸管驱动脱扣器，使之动作。

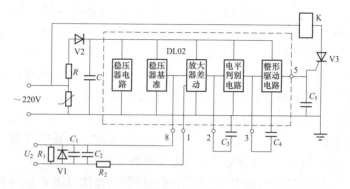

图 8-11　电子组件板原理线路图

稳压回路提供稳定的工作电压。

　　3. 漏电保护器的选用

　　要合理地选用漏电保护器，一方面应根据被保护对象的不同要求选型；另一方面应有效地、最大限度地利用漏电保护器所具有的功能，取得电路总体上的协调配合。在经济与技术合理的基础上，确保用电的可靠性。错误的选型不仅不能达到保护目的，而且还会失去保护作用，造成事故时拒动或无事故时误动，因此，正确合理地选择漏电保护器，是实施漏电保护措施的关键。应从以下几个方面来选择：

　　（1）根据国家技术标准。

　　（2）根据保护对象。

　　（3）根据环境要求。

　　（4）根据被保护电网正常泄漏电流的大小。

　　（5）根据漏电保护器的保护功能。

　　（6）根据负荷种类。

　　（7）根据被保护电网的运行电压、负荷电流及供电方式。

　　（8）根据分级保护动作特性协调配合的要求。

　　在选用漏电保护器时，首先应使其额定电压和电流大于（或等于）线路的额定电压和计算负荷电流。其次应使其脱扣器的额定电流也大于（或等于）线路计算电流，其极限通断能力应大于

（或等于）线路最大短路电流。最后，线路末端单相对地短路电流与漏电保护器瞬时脱扣器的整定电流之比应≥1.25。

1）根据使用场所选用漏电保护器，见表 8-17。

表 8-17　　　　　　根据使用场所选用漏电保护器

使用场所	选用类型	作　用
（1）电动工具、机床、潜水泵等单独设备的保护； （2）分支回路保护； （3）小规模住宅主回路的全面保护	额定漏电动作电流在 30mA 以下、漏电动作时间小于 0.1s 的高灵敏度高速型漏电保护器	（1）防止一般设备漏电引起的触电事故； （2）防止漏电引起的火灾
（1）分支电路保护； （2）需提高设备接地保护效果处	额定漏电动作电流为 50～500mA、动作时间小于 0.1s 的中灵敏度高速型漏电保护器	（1）容量较大设备的回路漏电保护； （2）在设备的电线需要穿管子并以管子做接地极时，防止漏电引起的事故； （3）防止漏电引起火灾
（1）干线的全面保护； （2）在分支电路中，装设高灵敏度高速型漏电保护器以实现分级保护	额定漏电动作电流为 50～500mA、漏电动作时间有延时的中灵敏度延时型漏电保护器	（1）设备回路的全面漏电保护； （2）与高速型漏电保护器配合，以形成对整个电网更加完善的保护

2）对特殊负荷和场所应按其特点选用漏电保护器。

a）医院中的医疗电气设备安装漏电保护器时，应选用额定漏电动作电流为 10mA 的快速动作漏电保护器。

b）安装在潮湿场所的电气设备，应选用漏电动作电流 15～30mA 的快速动作漏电保护器。

c）安装于游泳池、喷水池、水上游乐场、浴室的照明线路，应选用额定漏电动作电流为 10mA 的快速动作漏电保护器。

d）在金属物体上工作，操作手持电动工具或行灯时，应选用额定漏电动作电流为 10mA 的快速漏电保护器。

e）连接室外架空线路的电气设备应选用冲击电压不动作型漏电保护器。

f) 对带有架空线路中的总保护的电路，应选择中、低灵敏度及延时保护动作的漏电保护器。

漏电保护装置的类型与供电和用电设备特征的选择见表8-18。

表8-18　漏电保护装置的类型与供电和用电设备特征的选择

类型	环　境		额定动作电流/mA	备注
防止人身触电事故	用于直接或间接触电击防护的漏电保护装置		30	高灵敏度、快速型
	浴室、游泳池、隧道等场所		10	高灵敏度、快速型
	触电后可能导致二次事故的场合		6	快速型
防止火灾	木质灰浆结构的一般住宅和规模小的建筑物		30	中灵敏度
	除住宅以外的中等规模的建筑物	主干线	200	中灵敏度
		分支回路	30	高灵敏度
	钢筋混凝土类建筑		200	中灵敏度
防止电气、电热设备烧毁	设备绝缘电阻随温度变化有较大波动		≥100	冲击电压不动作型
不允许停转的电动机	允许电动机启动时有漏电电流		15	漏电报警式

4. 漏电保护器的安装

(1) 需要安装漏电保护装置的场所。

1) 带金属外壳的Ⅰ类设备和手持式电动工具；

2) 安装在潮湿或强腐蚀等恶劣场所的电气设备；

3) 建筑施工工地的电气施工机械设备；

4) 临时性电气设备；

5) 宾馆类的客房内的插座；

6) 触电危险性较大的民用建筑物内的插座；

7) 游泳池、喷水池或浴室类场所的水中照明设备；

8) 安装在水中的供电线路和电气设备；

9) 医院中直接接触人体的电气医疗设备（胸腔手术室除外）；

10) 公共场所的通道照明及应急照明电源，消防用电梯及确保公共场所安全的电气设备的电源；

11）消防设备（如火灾报警装置、消防水泵、消防通道照明等）的电源、防盗报警装置用电源，以及其他不允许突然停电的场所或电气装置的电源。若在发生漏电时被立即切断，将会造成严重事故或重大经济损失，应装设不切断电源的漏电报警装置。

（2）漏电保护装置的安装要求。

1）漏电保护装置的安装应符合生产厂家产品说明书的要求，应考虑供电线路、供电方式、系统接地类型和用电设备特征等因素。

2）安装漏电保护装置之前，应检查电气线路和电气设备的泄漏电流值和绝缘电阻值。当电气线路或设备的泄漏电流大于允许值时，必须更换绝缘良好的电气线路或设备。

3）漏电保护装置标有电源侧和负荷侧，安装时必须加以区别，按照规定接线，不得接反。如果接反，会导致电子式漏电保护装置的脱扣线圈无法随电源切断而断电，以致长时间通电而烧毁。

4）安装漏电保护装置时必须严格区分中性线和保护线。使用三极四线式和四极四线式漏电保护装置时，中性线应接入漏电保护装置。经过漏电保护装置的中性线不得作为保护线、不得重复接地或连接设备外露可导电部分。

5）保护线不得接入漏电保护装置。

6）漏电保护装置安装完毕后应操作试验按钮试验三次，带负荷分合三次，确认动作正常后，才能投入使用。

（3）漏电保护器的安装接线方法。漏电保护器常用接线方法有如下几种。

1）单相家庭生活用电漏电保护器安装接线方法，如图 8-12 所

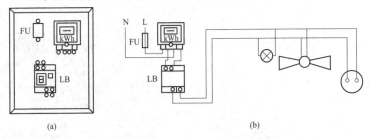

图 8-12　家用漏电保护器的安装接线示意图

(a) 安装位置图；(b) 电路图

示为一般家庭单相生活用电（无专用保护接地线）漏电保护器的安装接线示意图。

2）动力、照明混合用电漏电保护器接线方法，如图 8-13 所示为动力、照明混合用电（组合式）漏电保护器的安装接线示意图。

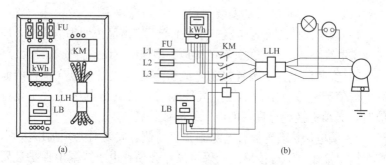

图 8-13　照明混合用电漏电保护器的安装接线示意图

（a）安装位置图；（b）接线图

不同供电系统中漏电保护装置的接线形式见表 8-19。

表 8-19　　　　不同供电系统中漏电保护装置的接线形式

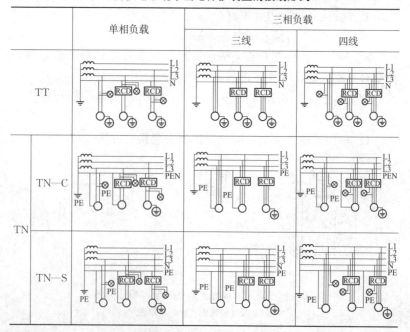

续表

		单相负载	三相负载	
			三线	四线
TN	TN—C —S	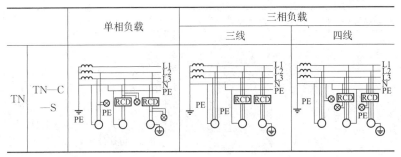		

第 3 节　变配电设备的运行

一、变配电设备概述

变压器是电力系统中使用较多的一种电气设备，它对电能的经济传输、灵活分配和安全使用起着举足轻重的作用。在其他部门中，也广泛使用着各种类型的变压器，以提供特种电源或满足特殊的用途。

电力变压器是变电所内最关键的设备，除此之外，还有许多变配电设备参与运行，几种常见变配电设备的外形和特点见表 8-20。

表 8-20　　　　几种常见变配电设备的外形和特点

设备名称	设备外形	设备特点
油浸式有载（心式）变压器		储油柜采用隔膜式，使变压器油与大气隔离，避免油受潮和老化，储油柜端头装有磁铁式油表，可直接查看油面位置，变压器具有完善的导油、导气管路系统，变压器油箱顶部装有两个压力释放器，当变压器内部压力达到一定值时能可靠释放能量，确保设备的安全运行。 图中变压器的有载分接开关带有电动驱动机构，为复合式结构

续表

设备名称	设备外形	设备特点
干式变压器		干式变压器在我国使用普遍。此类变压器故障后不会爆炸，广泛用于高层建筑、地铁、车站、机场、商业中心以及政府机关、电台、电视台等要害部门
S11 系列全密封电力变压器		新型全密封变压器省去了储油柜装置，采用波纹油箱，油箱可随内部温度升高而产生一定变形，使变压器进行自助"呼吸"。此种全密封变压器可以十几年免维护，目前多应用于城市供电
固定式高压开关柜		高压成套配电装置（高压开关柜）是按不同用途的接线方案，将所需的高压设备和相关一、二次设备组装而成的成套设备，用于供配电系统的控制、监测和保护
GCK1-5 型低压抽出式开关柜		抽屉式低压开关柜的安装方式为抽出式，每个抽屉为一个功能单元，按一、二次线路方案要求将有关功能单元的抽屉叠装安装在封闭的金属柜体内，这种开关柜适用于三相交流系统中，可作为电动机控制中心的配电和控制装置

设备名称	设备外形	设备特点
箱式变电站		组合式变电站又称箱式变电站，它把变压器和高、低压电气设备按一定的一次接线方案组合在一起，置于一个箱体内，是将高压柜、变压器、低压柜、计量单元及智能系统优化组合成的完整的智能化配电成套装置。 新型组合式变电站具有变电、电能计量、无功补偿、动力配电、照明配电等多种功能。目前广泛用于城市高层建筑、居民小区、市政设施、公路、码头及临时施工用电等场所
FN3 型户内高压负荷开关		高压负荷开关能通断正常的负荷电流和过负荷电流，隔离高压电源。 高压负荷开关只有简单的灭弧装置，因此它不能切断或接通短路电流，使用时通常与高压熔断器配合，利用熔断器来切断短路故障
GW4 型户外交流高压隔离开关		高压隔离开关具有明显的分断间隙，因此它主要用来隔离高压电源，保证安全检修，并能通断一定的小电流。它没有专门的灭弧装置，因此不允许切断正常的负荷电流，更不能用来切断短路电流

在工厂供配电系统中担负输送、变换和分配电能任务的电路，称为主电路（一次电路）；用来控制、指示、监测和保护主电路

（一次电路）及其主电路中设备运行的电路，称为二次电路（二次回路）。

一次电路中的所有电气设备，称为一次设备或一次元件，二次电路中的所有电气设备，称为二次设备或二次元件。

二、变配电设备的运行维护

1. 一般要求

（1）在有人值班的变电所内，应每小时抄表一次。若变压器在过负荷下运行，则至少每半小时抄表一次。

（2）无人值班的变电所，应于每次定期巡视时，记录变压器的电压、电流和上层油温。

（3）定期对电力变压器进行外部检查。电力变压器停电时，应先停负荷侧，后停电源侧；送电时，应先接通电源侧，再依次接通负荷侧。

2. 巡视项目

（1）检查变压器的声响是否正常。正常的声响是均匀的嗡嗡声，若声响较平常沉重，说明变压器过负荷；若声响尖锐，说明电源电压过高。

（2）检查油温是否超过允许值。变压器上层油温一般不超过85℃，最高不超过95℃。油温过高，可能是变压器过负荷引起，也可能是由于变压器出现内部故障。

（3）检查油枕及气体继电器油位和油色，检查各密封处有无渗油和漏油现象。油面过高，可能是冷却装置运行不正常或变压器内部故障等造成的油温过高所引起的；油面过低，可能有渗油现象。变压器油正常应为透明略带浅黄色，若油色变深变暗则说明油质变坏。

（4）检查瓷套管是否清洁，有无破损裂纹和放电痕迹；高低压接头的螺栓是否紧固，有无接触不良和发热现象。

（5）检查防爆膜是否完整无损；检查吸湿器是否畅通，硅胶是否已吸湿饱和。

（6）检查接地装置是否完好。

（7）检查冷却、通风装置是否正常。

（8）检查变压器及其周围有无其他影响其安全运行的异物（如易燃、易爆物体等）和异常现象。

在巡视中发现的异常情况，应记入专用记录簿内；重要情况应及时汇报主管部门，请示处理。

3. 开关柜的检查和检修

开关柜的检查和检修可参照表 8-21 的要求执行。

表 8-21　　　　　　　　开关柜的检查和检修项目

主要设备	运行中的巡视检查项目	停电后的检修要求
固定式高压开关柜	（1）开关柜中各电气元件在运行中是否有异常响声和气味； （2）运行中的注油设备油位是否正常，油色是否变黑，有无渗漏现象； （3）用红外线测温仪或示温蜡片检查各连接部分是否过热； （4）仪表及指示灯是否指示正确； （5）接地和接零装置的连线有无松脱和断线	（1）应按具体情况对柜中装设的断路器进行需要大修、小修及达到允许遮断故障次数后的内检、试验； （2）支持绝缘子及穿墙套管应清洁、无裂纹及放电痕迹； （3）各电气连接部分的接触应可靠，并涂有中性凡士林油； （4）框架的固定应牢固、无松动现象； （5）断路器及隔离开关的传动部分应灵活、可靠； （6）断路器与隔离开关的闭锁应可靠、灵活
手车式高压开关柜	（1）开关柜中各电气元件在运行中是否有异常响声和气味； （2）仪表及指示灯指示是否正常	（1）手车开关的隔离触点的弹簧弹性良好，触指应无烧伤痕迹，触点涂中性凡士林油； （2）手车推入、拉出应灵活、无卡涩，一次隔离触点的中心线应同水平和垂直中心线相重合，动、静触点的底面间隙应为（15±3）mm； （3）接地触点的表面应清洁，接触电阻不应大于 1Ω； （4）断路器的防误闭锁可靠； （5）断路器及接地隔离开关传动部分可靠、灵活

主要设备	运行中的巡视检查项目	停电后的检修要求
低压开关柜	(1) 空气断路器及刀开关拉合是否可靠、灵活; (2) 各电气连接部分是否可靠; (3) 各电器元件的固定是否牢固、可靠; (4) 可动触点与固定触点接触是否可靠; (5) 各电器元件是否清洁	(1) 安装在柜内的电器设备,应能方便更换,更换时不影响其他回路运行; (2) 空气断路器及刀开关拉合可靠、灵活; (3) 各电气连接部分可靠,并涂中性凡士林油; (4) 各电器元件的固定应牢固、可靠; (5) 抽屉式开关柜中的抽屉应能互换; (6) 可动触点与固定触点接触可靠; (7) 各电器元件应清洁、无尘土

三、变配电设备的倒闸操作

倒闸操作是指拉开或合上某些断路器和隔离开关、直流回路,切除或投入继电保护装置,拆装临时接地线等操作。

倒闸操作的基本要求是:

(1) 倒闸操作必须填写倒闸操作票。倒闸操作票示例见表 8-22。

(2) 每张操作票只能填写一个操作任务。

(3) 操作票应填写设备的双重名称,即设备名称和设备编号。

(4) 倒闸操作人填写操作票,票面应清楚整洁,不得任意涂改;操作人和监护人应根据模拟屏核对所填写的操作项目,并分别签名。

(5) 倒闸操作必须由两人执行,其中对设备较为熟悉者作为监护。倒闸操作安全作业要点见表 8-23。

(6) 开始操作前,应核对设备名称、编号和位置,进行模拟预演无误后方可进行设备操作,操作中应认真执行监护复诵制。

表 8-22 **倒闸操作票示例**

供电局（或线路工区）倒闸操作票　　编号：

操作开始时间：　年　月　日　时　分，终了时间：　日　时　分

操作任务：

	顺序	操 作 项 目

备注：

操作人：　　　　　　监护人：　　　　　工作许可人：

表 8-23 **倒闸操作安全作业要点**

作业项目	安全隐患	安全作业要点
停送柱上开关、隔离开关或跌开式熔断器	高低压感电	（1）倒闸操作要严格执行操作票，严禁无票操作； （2）倒闸操作应由两人进行，一人操作，一人监护； （3）操作机械传动的开关或刀闸应戴绝缘手套；操作没有机械传动的开关或刀闸，应使用合格的绝缘杆；雨天操作应使用有防雨罩的绝缘杆； （4）雷电时严禁进行开关倒闸操作； （5）登杆操作时，操作人员严禁穿越和碰触低压导线（含路灯线）

作业项目	安全隐患	安全作业要点
停送柱上开关、隔离开关或跌开式熔断器	弧光灼伤	（1）杆上同时有刀闸和开关时，应先拉开关后拉刀闸，送电时与此相反； （2）作业结束合线路分段开关时，必须检查线路地线全部拆除后方可操作； （3）负荷开关主触点不到位时严禁进行操作； （4）操作油开关时操作人员应穿阻燃服或在安全距离外进行操作
	高空坠落	（1）操作时，操作人和监护人应戴安全帽，登杆操作应系好安全带； （2）登杆前应检查登杆工具是否完好，采取防滑措施
变压器台停送电	感电伤人	（1）要严格执行变压器台操作程序票； （2）操作应由两人进行，一人操作，一人监护； （3）应使用合格的绝缘杆；雨天操作应使用有防雨罩的绝缘杆； （4）摘挂跌开式熔断器应使用绝缘棒，其他人员不得触及设备； （5）应先拉开二次负荷开关，再拉一次跌开式开关； （6）雷电时严禁进行变压器台更换熔丝工作
	物体打击	操作时操作人员应戴好安全帽

四、低压带电工作的安全措施

在 380V/220V 低压电气设备和线路上带电工作，电气工作人员思想上绝对不能麻痹，不能认为电压低危险性小。统计数字表明，在触电伤亡事故中，在低压电气设备和线路上触电的比例大，所以一定要严格按规定，做好安全措施。

下面这些安全注意事项，在开展低压带电工作时必须注意。

（1）低压带电工作应有专人监护，使用有绝缘柄的工具，并站在干燥的绝缘物上进行工作。人体与地和接地金属之间要有足够的安全距离。人体与其他相的导体（包括中性线）之间有良好的绝缘或规定的安全距离。工作时带电部分尽可能位于检修人员的一侧，检修人员最好单手操作，以免发生两相触电事故。

（2）对于高、低压同杆架设的线路，假如要在低压线路上工作时，应先检查与高压线的距离，采取防止误碰高压线的措施。工作人员手的活动范围和头部与上层合杆的 6～10kV 高压线路应保持 0.7m 以上距离，与 35kV 高压线路应保持 1.0m 以上距离。

（3）工作人员必须穿长袖工作服、工作裤，严禁穿汗背心、短裤进行带电工作。要穿戴好绝缘鞋、绝缘手套和安全帽，高处作业除戴好安全帽外还要系好安全带。

（4）在工作中要认清相线、中性线，要严格按顺序拆搭。断开导线时应先断相线，后断零线；搭接导线时顺序应相反。人体在工作中不准同时接触任何两根导线。

（5）工作中不准用钢卷尺或夹有金属丝的皮卷尺、线尺进行测量工作，也不得使用锉刀及用金属物制成的毛刷等工具。

（6）在带电的电流互感器二次回路上工作时，应有专人监护，并站在绝缘垫上工作。工作中严禁将电流互感器二次开路，以防二次开路时产生的高电压损坏设备或伤人和铁心产生的高温烧毁设备。要断开二次回路时必须用短接片将电流互感器二次先短路，而且禁止在电流互感器与短接端子之间的回路或导线上工作。

（7）在带电的电压互感器二次回路上工作时，应使用绝缘工具，并防止二次回路发生短路，以免很大的短路电流使电压互感器发热烧坏或伤人。

在低压电气设备和线路上工作，应尽可能停电进行，以确保工作安全。

五、保证变配电所安全运行的组织措施

变配电所的安全运行直接关系到电力系统的安全运行和工矿企业的可靠供电，因此抓好变配电所的安全运行是电气工作的重要任务。

为了保障变、配电所安全可靠运行，在变、配电所内有一系列规章制度，这些制度都是保证电气设备安全运行和保证变、配电所安全运行必不可少的，是长期运行工作的总结，必须严格认真执行。

执行工作票、操作票制度和执行交接班制度、巡回检查制度、设备定期试验轮换制度,这就是常称的"两票三制"。"两票三制"是从长期的生产运行中总结出来的安全工作制度,是防止电气事故的有效措施,必须坚决贯彻执行。

本章对交接班制度、巡回检查制度、设备定期试验轮换制度作简要介绍。

1. 交接班制度

在一个工作班工作完毕,下一个工作班即将开始工作前进行工作交接的制度称交接班制度。交接班工作很重要,不少事故就是因为两个工作班工作交接时没有交接清楚而引起。所以交接班工作必须严肃认真,绝不能马虎了事。根据长期运行工作的总结,认为交接班时要做到"五清四交接"。所谓"五清"就是指对交接的内容要讲清、听清、问清、看清、点清;所谓"四交接"就是要进行站队交接、图板交接、现场交接、实物交接。站队交接是交接班双方均应站队立正、面对面把各项内容交接清楚,图板交接是交班负责人会同全值接班人员在模拟图板上交待清楚当时的运行方式,现场交接是指对现场设备(包括电气二次设备)停复役的变更情况,接地线设置情况以及继电保护方式或定值的变更情况等交接清楚,实物交接是指具体实物(如工作票和操作票、文件、通知、工具、仪器仪表等物件)要交接清楚。只有把各项内容交接清楚,下一班工作才能正确无误地继续进行,否则就可能发生事故。一般交接的项目有以下几项:

(1) 系统异常运行及事故处理情况。

(2) 各项操作任务的执行情况。

(3) 设备的停复役变更,继电保护方式或定值变更情况。

(4) 工作票的执行情况和缺陷情况。

(5) 设备的检修情况和缺陷情况,信号装置异常情况。

(6) 各种记录簿、资料、图纸的收存保管情况。

(7) 上级命令指示或有关通知。

(8) 各种安全用具、开关钥匙及有关材料工具情况。

(9) 本值尚未完成,需下一班续做的工作和注意事项。

(10) 系统运行方式及模拟图板接线情况等。

当完成交接班手续，双方在值班记录上签字后，值班负责人应向电网有关值班调度员汇报设备的检修，重要缺陷以及本变配电所的运行方式、气候等情况，并核对时钟，组织本值人员简要的分析运行情况和应做哪些工作，然后分赴各自岗位。

如果在交接班过程中，需要进行的重要操作、异常运行或事故处理，仍由交班人员负责处理，必要时可请接班人员协助工作。需待事故处理或操作结束或告一段落后，经调度员同意后再继续交接班。

用户变配电所一般电气设备较少，接线简单，在交接班时也应参照上述要求交接班，以确保变、配电所运行安全。

2. 巡回检查制度

巡回检查是沿着预先拟订好的科学的、切合实际的路线，对所有电气设备按规定的巡回周期和运行规程规定的检查项目依次进行巡视检查。通过巡视检查可及时发现事故隐患，防止事故发生。因此巡回检查时应思想集中，一丝不苟，不能漏查设备和漏查项目。要做到：跑到、听到、看到、闻到、摸到（不允许触及者除外）。一般变配电所正常的设备巡回检查周期是：

（1）三班轮值制度配电所，每值巡回检查不少于两次。

（2）轮值轮换值宿制变配电所，每24h内巡回检查不少于4次，包括夜间巡回一次。

除定期巡回检查外，还应根据设备情况，负荷情况、自然条件及气候情况增加巡查次数。例如：对过负荷设备，要求每小时巡查一次，对严重过负荷设备应严密监视；对发生故障处理后的设备，在投入运行后4h内每2h检查一次；对危及安全运行的重大设备缺陷，每隔半小时或1h巡查一次；遇大雾、大雪、冰冻、台风、汛期、雷雨后，要增加特巡次数等。

3. 设备定期试验轮换制度

对变电所内备用设备及继电保护自动装置等进行定期试验、校验和轮换使用，是及时发现缺陷、消除缺陷、保持设备始终处于完好状态的重要手段。确保设备在使用时能正确使用并可靠运行，在故障时继电保护自动装置能正确动作切除故障，并正确报警，是变电所安全运行重要的组织措施之一。单位应针对设备情况，根据规程规范的规定制订本单位设备定期试验轮换计划，经批准后严格执行，确保变配电所运行安全。

❦ 第 4 节 配电变压器安全运行与维护

配电变压器是将电网高电压降压直接供电给用户或用电设备的变压器。这一类变压器面广、量大，跟用户和用电设备关系极为密切。配电变压器故障将直接影响到安全可靠用电，如工厂主变压器假如出事故停电，将影响到整个工厂的正常生产。因此，正确选择配电变压器，用好管好配电变压器十分重要。

一、工厂主变压器的选择

1. 计算负荷概念

电工常识告诉我们，用电设备额定容量之和与实际用电量之间是有区别的。例如某一车间有 100 台用电设备，不可能要用一起用，要停一起停，这里面存在一个同时率问题；另外某一台用电设备额定容量与实际用电量也不可能相等，额定容量往往比实际用电量要大一些。这里面存在一个负荷率问题。选择主变压器容量和其他电气设备、线路时，假如按用电设备额定容量之和来选择，那选出的变压器容量和其他电气设备的容量及线路规格往往就偏大，这样显然对经济合理运行不利。所以在确定主变压器容量和选择电气设备时，不是将用电设备容量之和作为依据，而是用计算负荷。

计算负荷是一个假想负荷，它和实际用电量比较接近。用计算负荷作为主变压器容量选择的依据，选择出来的变压器容量既满足实际用电需要，又不会因过大而造成不能经济运行。变压器所带负荷一般在 60% ～70% 额定容量时运行最经济。变压器假如长期工作在轻载或空载状态，电能损耗很大，这显然不合理。因此，供电部门将不准使用，要求用户将变压器相应减小。

2. 车间计算负荷的计算

假如工厂供电系统是工厂设总降压变压器，然后以低压

380V/220V 供电到车间用电设备用电。这种方式车间计算负荷可按下式计算

$$P_{30} = K_1 g K_2 g \sum P_N$$

式中 K_1——车间用电设备同时率；

K_2——车间用电设备平均负荷率；

$\sum P_N$——车间用电设备额定容量之和（备用设备容量不计入）；

P_{30}——车间计算负荷。

常把 K_1 与 K_2 的乘积称为需要系数 L，即

$$K = K_1 \cdot K_2$$

同时率（同时系数）K_1 与负荷率（负荷系数）K_2 的数值可参考有关资料结合本车间实际情况确定。

计算负荷的计算方法很多，上述计算方法是用得较多的需要系数法。其他方法可参见有关资料，需说明的是式中没有考虑设备和配电线路效率，因此是近似计算。另外式中各设备的额定容量跟其工作性质有关，对于一般长期和短时工作制的用电设备其额定容量就是设备铭牌容量；而对于反复短时工作制的用电设备则必须将铭牌规定的负荷持续率所对应的额定容量换算成统一的负荷持续率所对应的功率。具体换算方法可查阅有关资料。

3. 全厂计算负荷的确定

将各车间的计算负荷相加并乘以全厂用电同时率（同时系数）即得到工厂总降压变电所二次侧母线上的计算负荷（如果总降压变电所至车间的线路较长，还需要计及线路的功率损耗）。

将总降压变电所二次侧母线上的计算负荷再加上变压器的损耗，即可得出总降压变电所的计算负荷，也就是全厂的计算负荷。

变压器容量一般是按视在功率表示，所以要将全厂有功计算负荷再除以全厂平均功率因数才是需要的全厂总降压变压器的总容量。

4. 工厂总降压变电所主变压器台数选择

总降压变电所的变压器对工厂供电的关系很大，它直接关系

到工厂用电。同时它对建设投资影响也很大。变压器台数多，需要较多的开关设备，而且使接线复杂，运行维护工作量增大。若只用一台变压器，那在变压器检修或故障时，全厂停电，供电可靠性就不能保证。所以在确定主变压器台数时，必须进行认真的技术经济分析，需因地制宜地根据工厂用电实际情况综合分析确定，需考虑到受电进线的回路数、工厂负荷的重要性、工厂负荷变化大小幅度、工厂供电方案等。假如工厂有不能停电的重要负荷，那主变压器就不宜采用一台；假如工厂负荷大小变化幅度较大，采用一台变压器，在负荷小时变压器会轻载运行，那就需要采用两台，负荷重时两台变压器一起运行，负荷轻时投入一台运行，所以需考虑多方面因素。

除特殊情况外，总降压变电所一般装设 1~2 台变压器。大一些的工矿企业常采用两台变压器供电，这样运行较灵活，供电可靠性较高，对保证变压器经济运行有好处。

5. 主变压器容量选择

变压器容量的选择，不仅要满足正常工作时用电负荷需要，而且要考虑事故情况下能承担重要负荷供电或全厂 70% 负荷供电，并留有适当的裕度。

对于装设两台主变压器的变电所，主变压器容量一般按下列原则选择。

（1）明备用。两台变压器一台工作另一台备用。对于这种情况，则每台变压器的容量按根据全厂计算负荷计算出的所需变压器总容量的 100% 考虑。

（2）暗备用。两台变压器在正常情况下都投入工作。对于这种情况，则每台变压器的容量按照全厂计算负荷计算出的所需变压器总容量的 70% 考虑。这样在正常运行时，两台变压器一起投入工作，每台变压器承担 50% 负荷

$$50\%/70\% \approx 70\%$$

正好满足变压器经济运行要求；当一台变压器故障或检修停用时，另一台至少能承担全厂 70% 用电负荷，再考虑到变压器在事故运行状态下允许的过负荷能力，基本上仍旧能维持全厂供电

要求。

变压器在事故情况下允许的过负荷倍数和时间，参见表 8-24 和表 8-25。

表 8-24　油浸变压器在事故情况下允许过负荷倍数和时间

过负荷倍数		1.3	1.45	1.60	1.75	2.0	2.4	3.0
允许时间/ min	户内	60		15	8	4	2	0.8
	户外	120	80	45	20	10	3	1.5

表 8-25　干式变压器在事故情况下允许过负荷倍数和时间

过负荷倍数	1.1	1.2	1.3	1.5	1.6
允许时间/min	75	60	45	18	5

二、电力变压器的运行维护

变压器在运行中，应做好运行监视及巡视检查，要及时掌握和发现变压器异常，以便迅速处理，避免事故发生。

1. 运行监视

变压器运行应严格按照其铭牌规范和 DL/T 572—2010《电力变压器运行规程》中的规定运行。值班人员应根据装设的仪表指示，严密监视其运行状况，要准时抄表记录，及时掌握和发现变压器异常。运行中主要监视项目为：温升、负荷、电压、变压器油质等。对于配电变压器还应监视在最大负荷时三相负荷的不平衡度，苦超过规定应将负荷重新分配。

2. 巡视检查

（1）正常的巡视检查项目。

1）检查变压器油枕内和充油套管内的油色、油面的高度是否正常，其外壳有无渗漏油现象，并检查气体继电器内有无气体。

2）检查变压器套管是否清洁，有无破损、放电痕迹及其他现象。

3）检查变压器的声音有无异常及变化。

4）检查变压器上层油温（一般不高于 85℃），做好记录，并检查其油位高低是否符合标准线。

5）检查防爆管的防爆膜是否完好。

6）检查散热器、风扇是否有不正常响声或停转的现象，各散热器的阀门应全部打开。

7）检查呼吸器内吸湿剂是否已吸潮到饱和状态。

8）检查外壳接地是否良好，接地线有无断裂和锈蚀现象。

9）对强油风冷的变压器应检查潜油泵和风扇运转是否正常；对强油水冷的变压器应检查油冷却器内油压是否大于水压，冷却水池中不应有油。

10）变压器室门、锁完好，不漏雨渗水，照明和温度适当。

（2）交压器的特殊检查项目。

1）大风时，检查变压器高压引线接头有无松动，变压器顶盖及周围有无杂物可能吹上设备。

2）雾天、阴雨天，应检查套管、绝缘子有无电晕、闪络、放电现象。

3）雷雨、暴雨后应检查套管、绝缘子有无闪络放电痕迹。

4）下雪天，应检查积雪是否融化，并检查其融化速度。

5）夜间，应检查套管引线接头有无烧红、发热现象。

6）大修及新安装的变压器投运后几小时，应立即检查散热器排管的散热情况。

7）天气突然变化趋冷，应检查油面有无下降以及下降情况。

3. 停电清扫

对变压器除加强巡视检查外，还应有计划的进行停电清扫和检查。清扫套管及有关附属设备，检查引线及接线端子等连接点的接触情况，测量绕组的绝缘电阻和接地电阻。

4. 停电修理

变压器在运行中如发生下列情况应立即停电修理：

（1）变压器音响很大，很不均匀，有爆裂声。

（2）在正常负荷及冷却条件下，变压器温度不正常并不断上升。

（3）油枕喷油或防爆管喷油。

（4）漏油致使油面降落到允许限度。

（5）油色严重变坏，油内出现炭质等。

（6）套管有严重破损和放电现象。

三、电力变压器的常见故障及处理

变压器在运行中如发生不正常现象，绝不能忽视，必须立即找出原因进行处理，防止故障扩大，发生可怕的事故。

变压器运行中常见的异常情况和故障如下。

1. 声音异常

变压器在运行中总是有一定的声音，而且运行情况不同声响会有一定的变化。运行值班人员可根据声音的正常与不正常判断变压器是否发生故障。例如在大容量电动机启动时，所发出的声响要增大一些，过负荷时声音变高而且很沉重，铁心松动会发出不均匀的噪声，线圈有击穿现象会有"劈啪"放电声，带谐波分量重的一些负荷（电弧炉、硅整流器等）会发出较重的叫声，二次系统短路或接地时会发出很大的噪声等。值班运行人员发现变压器声音有异常，就要分析判断找出原因，然后对症处理。

2. 油温过高

变压器内发生绕组匝间或层间短路；铁心硅钢片间绝缘损坏或穿芯螺栓绝缘损坏与硅钢片短接使铁心涡流增大；分接开关有故障使接触电阻增大以及低压侧线路上有短路，都会使变压器油箱内油温升高。

在正常负荷和冷却条件下，假如变压器油温较平时高出 10℃以上，则变压器内部就可能发生了故障，这时必须找出原因，尽快分别给予处理，防止故障扩大。

3. 油色显著变化

变压器油的颜色发生显著变化，说明变压器油内已有炭粒和水分或油发生化学变化有结晶沉淀，油的酸值增高（pH 值增大）。这时油的闪点就降低，绝缘强度已下降，就很容易引起导电部分对外壳放电及相间短路等事故。

4. 油枕或防爆管喷油

当变压器内部有短路故障，保护装置又发生拒动，这时油箱内部会因短路电流产生的热量，而引起压力急增，这时防爆管防爆膜会破损喷油，这是很严重的事故，必须立即将变压器停用作吊芯检查和对保护装置进行检查修复。假如防爆管、油枕质量有问题引起喷油，那应立即停电将防爆管、油枕更换。

5. 套管闪络或爆炸

套管密封不严、瓷件受机械损伤、套管脏污严重等都会引起套管发生闪络或爆炸。发生这种事故应立即采取措施清扫套管脏污或停电更换套管，然后恢复运行。

6. 铁心发生故障

铁心硅钢片片间绝缘损坏，这时空载损耗增大，油质变坏；铁心硅钢片片间绝缘严重损坏或穿心螺栓绝缘损，有金属物将芯片短接或两点以上接地等，会使铁心严重发热，造成油质变化甚至烧坏绕组，引起严重事故。这时应将变压器立即停用进行吊芯检查和测量片间绝缘电阻，然后检修，恢复正常后才能再投运。

7. 绕组故障

绕组故障有相间短路、对地击穿、匝间短路及断线等类型。

相间短路主要由于绕组绝缘老化、变压器油变质绝缘强度下降等原因引起，这时继电保护装置应立即动作，自动切断变压器各侧电源、变压器停用。

绕组对地绝缘击穿引起的主要原因也是绕组绝缘老化，绝缘强度降低，变压器油质变坏以及绕组内有金属杂物等。在短路冲击和过电压冲击时对地击穿。

匝间短路往往由于绕组绝缘原有霉点等薄弱环节，在运行过程中过电流发热或过电压冲击会使薄弱点击穿，发生匝间短路，而且会逐渐扩大短路范围。这时瓦斯保护装置会动作，轻瓦斯动作发信号，重瓦斯动作跳闸（自动切断变压器各侧电源，使变压器停下来）。对这类故障或事故应及时进行吊芯检查处理。

断线往往由于接头焊接不良，短路电流冲击或匝间短路烧断导线所致。断线可能在断口处发生电弧，使油分解。这时气体继电器会动作发信或跳闸。应及时进行吊芯检查和有关测量，判断出故障点进行处理。

8. 分接开关故障

分接开关是调节变压器抽头，改变输出电压的装置。假如分接开关弹簧压力不够，触点滚轮压力不均，接触电阻大，可造成触点严重过热、灼伤或熔化，影响变压器运行，因此出现故障后应对症迅速处理。

9. 三相电压不平衡

三相负荷不平衡，绕组发生匝间短路或层间短路，系统发生铁磁谐振等均可能造成三相电压不平衡。三相电压不平衡会影响供用电，而且会使线损增大，发生三相电压不平衡时应进行调整或及时处理修复变压器绕组的一些故障。

四、电力变压器的保护装置

为了保护变压器运行安全，变压器都装有一定数量的保护装置。具体装设哪些保护装置，需根据变压器容量及型式和变压器在供电系统中的地位参见有关规程执行。

（一）户外高压跌落式熔断器

容量较小的配电变压器一般采用高压跌落式熔断器作为短路保护，户外高压跌落式熔断器基本结构如图8-14所示。

跌落式熔断器适用于周围空间没有导电尘埃和腐蚀气体、没有易燃易爆危险及剧烈振动的户外场所，它既可作为10kV线路和变压器的短路保护，又可在一定条件下，直接用高压绝缘钩棒（俗称令克棒）来操作熔管的分合，以断开或接通小容量空载变压器、空载线路和小负荷电流，其操作要求与高压隔离开关相同。

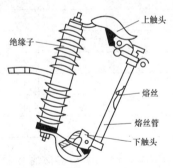

图8-14 户外高压跌落式熔断器基本结构

上触头

绝缘子

熔丝

熔丝管

下触头

正常运行时，跌落式熔断器串联在线路上，熔管上部动触点借助熔丝的张力拉紧后，推入上静触点内锁紧，同时下动触点与下静触点也相互压紧，从而使电路接通。

当变压器绕组或引线发生短路故障时，短路电流使熔丝迅速熔断，形成电弧，消弧管因电弧的灼热作用而分解出大量气体，使管内形成很大的压力，并沿管道形成强烈的纵向吹弧，使电弧迅速拉长而熄灭。熔丝熔断后熔管的上动触点因失去张力而下翻，使锁紧机构释放熔管，在触点弹力及熔管自重作用下，回转跌落，造成电路明显的断开间隙，切断电源，使配电变压器得到保护。跌落式熔断器安装倾斜角度一般在 15°～30°。

户外跌落式熔断器所用的熔丝的额定电流按被保护变压器高压侧额定电流的 2～2.5 倍选择。配电变压器容量超过 100kVA 时，熔丝按变压器高压侧额定电流的 1.5～2 倍选择。

10～180kVA 配电变压器配用熔丝的容量见表 8-26，供工作中选择参考。

表 8-26 　　　10～108kVA 配电变压器配用熔丝的容量

额定电压/kV	10		6		0.4	
额定电流/A 变压器/kVA	变压器	熔丝	变压器	熔丝	变压器	熔丝
10	0.58	3	0.96	3	14.4	15
20	1.15	3	1.92	5	28.8	30
30	1.73	5	2.89	7.5	43.3	50
50	2.89	7.5	4.81	10	72.1	80
75	4.33	10	7.22	15	108.2	120
100	5.77	15	9.62	20	144.3	150
180	10.39	20	17.32	40	259	260

（二）配电变压器防雷保护

在雷雨季节，架空线路和变压器有可能受到雷电过电压的侵袭。雷电过电压比电气设备本身的额定电压高许多倍，造成绝缘击穿，甚至引起燃烧爆炸，所以变压器必须有防雷保护。配电变压器常用的防雷保护设备是避雷器和保护间隙，当雷电过电压波袭来时，它们引雷电流入地，使配电变压器等电气设备免遭雷电过电压的破坏。

（三）继电保护装置

变压器装设的继电保护类型有以下几种。

1. 纵联差动保护

变压器纵联差动保护是利用变压器一次电流和二次电流进行比较而构成的保护装置，主要用来保护变压器绕组相间短路和引出线相间短路以及大电流接地系统的单相接地短路。

变压器纵联差动保护的原理图如图 8-15 所示。它由装在变压器高、低压侧的电流互感器和接在两电流互感器二次电路中的差动继电器组成。两组电流互感器之间的所有电气元件及引线均包括在保护范围之内。

变压器纵联差动保护的工作原理如下：

（1）正常工作情况下，变压器两侧的电流互感器 1TA、2TA 一次电流为正常工作电流，方向相同，二次电流通过差动继电器 KA 线圈的方向相反，因而相互抵消，差动继电器 KA 不动作。

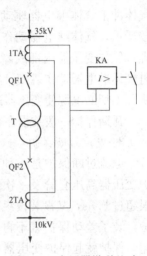

图 8-15 变压器纵联差动
保护原理图

（2）保护范围外（区外）短路，变压器两侧的电流互感器 1TA、2TA 的一次电流方向还是相同，二次电流流过差动继电器 KA 线圈的电流方向还是相反，还是相互抵消，差动继电器 M 还是不动作。

（3）保护范围之内（区内）短路，变压器两侧电流互感器 1TA、2TA 的一次电流方向相反，二次电流流过差动继电器 KA 线圈方向相同，两个二次电流叠加使差动继电器 KA 立即动作，切除变压器一、二次侧电源，使变压器退出运行。

变压器纵联差动保护是灵敏度极高、保护范围内全线速断的一种变压器主保护，它一般装设在容量大的变压器上。

2. 瓦斯保护

瓦斯保护是保护变压器油箱内部故障的一种基本保护装置，

它也是变压器的主保护。

气体继电器是瓦斯保护的主要元件，它装设在变压器油箱与油枕之间的联通管上，并有一定的倾斜度。当变压器油箱内部线圈发生匝间、层间、相间短路或产生局部放电时，短路电流和电弧使变压器油和其他绝缘材料分解，产生气体，气体上升经过气体继电器流入油枕上部。若内部故障已相当严重，则产生的大量气体冲击气体继电器驱动机构，气体继电器便动作。内部故障比较严重，气体继电器动作发信号，告知运行值班人员尽快予以处理；假如变压器内部故障十分严重，已威胁变压器运行安全，这时气体继电器动作跳闸，立即将变压器两侧断路器（开关）自动跳开，切断电源使变压器退出运行。

瓦斯保护一般装设在容量较大的变压器上。

3. 电流过断保护

电流过断保护是一种不带时限的过电流保护装置，它主要保护变压器高压套管及一次绕组内部故障。在过电流保护的动作时限超过 0.5s，又没装设纵差动保护的变压器上均装设电流速断保护，装了差动保护就不再装速断保护。在不装差动保护时，电流速断保护就起保护变压器相间故障及严重接地短路故障的主保护作用。它结构简单、动作迅速，但有"死区"，即被保护范围内有一段范围不能速断，需带有一定时限。

4. 过电流保护

变压器过电流保护一般装在变压器的电源侧，它主要反应变压器相间故障，动作时带有一定的时限，作为无时限保护（速断、差动保护）的后备保护用。

5. 过负荷保护

变压器在系统事故运行方式时允许一定时间一定值的过负荷。

过负荷对电气设备来讲就是工作电流超过了设备的额定电流，其热效应产生的热量就超过了设备长期工作允许热量，过负荷越严重超过值就越大，这将加速绝缘老化，影响设备安全运行，所以电气设备不允许过负荷很大，不允许过负荷时间过长。否则要缩短设备使用寿命，严重时还会引起火灾烧坏设备。但过负荷与短路不一样，前者是并没发生事故，只是运行不正常，而后者是已发生事故，不能再运行，否则事故面还要扩大，所以对于前者刚发生过负荷就不能立即切断电源，要过负荷相当严重，过负荷时间已一定长的情况下才切断电源，设备才停止运行；对于后者发生短路故障时就必须立即切断电源，把故障压缩在最小范围内以及保护设备安全。

对于变压器同样是这样，假如变压器过负荷已超过了允许范围，则为了保护变压器安全，过负荷保护装置应立即动作。变压器过负荷保护动作一般是发警报信号，告知值班人员进行处理，如减小变压器负荷、加强冷却通风等。

6. 温度信号

当变压器温度超过允许值，温度信号装置便报警，值班运行人员可立即采取增强冷却通风减小供电负荷等措施，使变压器温度恢复正常，以保证变压器安全运行。

五、电力变压器的检修与试验要求

1. 变压器大修

变压器大修周期一般 10 年左右，大修项目如下，供参考。

（1）检查和清扫外壳，包括本体、顶盖、衬垫、油枕、散热器、阀门、防爆管等及消除渗漏。

（2）根据油质情况，过滤变压器油。

（3）检查接地装置，保障接地良好。

（4）检查铁心、穿芯螺栓的绝缘及铁心接地情况，保障良好。

（5）检查及清扫变压器绕组及绕组压紧装置、垫块、引线、各部分螺丝、油路及接线板。

（6）检查并修理分接头切换装置，包括附加电抗、静触点、动触点及其传动机构。

（7）检查并修理有载调压分接头的控制装置，包括电动机、传动机构及其操作回路。

（8）检查并清扫全部套管。

（9）检查充油式套管的油质情况。

（10）校验及调整温度计、指示仪表、继电保护、控制、信号装置及其二次回路。

（11）检查空气干燥剂（吸湿剂）。

（12）检查及清扫油标。

（13）按规定进行各项预防性试验。

对于变压器大修有以下基本要求：

（1）吊芯一般应在良好的天气（相对湿度不大于 75％），并且在无灰烟、尘土、水气的清洁场所进行。芯子在空气中暴露时间应尽量缩短，在干燥空气中（相对湿度不大于 65％）不超过 16h；在潮湿空气中（相对湿度不大于 75％）不超过 12h。

．（2）对于运行时间较长的变压器，需重点检查绕组的绝缘是否老化。

（3）变压器绕组间隔衬垫应牢固、绕组无松动或变形和位移，高低压绕组应对称并无油粘物。

（4）分接开关接点应牢固，无过热、烧伤痕迹，绝缘板和胶管应完整无损，接点实际位置与顶盖上的标记一致。

（5）铁心紧固、整齐、漆膜完好，表面清洁，油道畅通。

（6）穿芯螺栓紧固绝缘良好。用 1000V 绝缘电阻表测定 10kV 变压器的绝缘电阻不应低于 2MΩ，35kV 变压器不低于 5MΩ。

（7）铁心接地良好。

（8）气体继电器应正确完好，二次回路的绝缘电阻合格。

2. 变压器小修

变压器小修每年至少一次，安装在特别污秽地区的变压器，还应缩短检修周期。小修的项目如下，供参考：

（1）消除已发现并能就地消除的缺陷。

（2）清扫外壳及出线套管，发现套管破裂或胶垫老化者应更换，漏油者应检查胶垫规格是否符合，不符合或已老化损坏者应立即更换。有的漏油原因是螺丝拧得不紧，应将螺丝拧紧。

（3）检查外部，拧紧引出线接头，如发现烧伤应修整并接好。

（4）检查油表，清除油枕中的污物，缺油时补油。

（5）检查呼吸器和出气孔是否堵塞，并清除污垢。

（6）检查气体继电器及引线是否完好。

（7）检查放油阀开闭好坏。

（8）跌落式熔断器保护的变压器应检查熔管和熔丝是否完好。

（9）检查变压器接地线是否完好。

（10）按预防性试验规程规定进行有关试验，试验结果应正常。

3. 变压器的试验

变压器在安装投运前要进行交接试验，大修后应进行大修试验，并应按规定定期进行绝缘预防性试验。

配电变压器的试验项目如下，供参考：

（1）测量变压器绕组连同套管的直流电阻。与同温度下产品出厂实测数值比较，相应变化不应大于 2%。

（2）测量绕组的绝缘电阻和吸收比。绝缘电阻不应低于出厂值的 70%，吸收比应大于 1.3。

（3）测量绕组连同套管的泄漏电流。测量结果与出厂数据相比较，应无显著变化。

（4）测量绕组连同套管的介质损失角正切 tanδ，测得的数据与出厂数据比较应不大于原始数据的 130%。

（5）进行交流耐压试验，并要求合格。

（6）测量穿芯螺栓绝缘电阻，一般要求达 10MΩ 以上。

（7）油箱和散热器做油压试验。对于波状油箱和有散热器油箱，其压力应比正常压力增加 0.3m 油柱，并作油压试验 15min 无渗油现象。

（8）进行绝缘油耐压试验，并合格。

（9）空载和短路试验，测得数据应符合设计和制造厂规定。

（10）进行油的气相色谱分析，各项数据应符合要求。

根据变压器检修周期，准时认真地做好计划检修以及定期对变压器进行试验检测、加强监视是保障变压器健康和运行安全的重要措施，因此，应按有关规程的规定认真进行。

六、电力变压器安装要求

安装质量好坏对电气设备投运后的安全有很大的影响。电力变压器是主设备，安装就有更高的要求。下面就变压器安装过程中的一些要求作简要介绍。

1. 变压器的搬运

电力变压器体积大，结构复杂，而且多为油浸式，所以在搬运过程中必须十分小心，不能损伤变压器。尤其是8000kVA以上的大容量变压器的运输和装卸，必须先对运输路径及两端装卸条件作充分调查，做好措施，确保安全。

对小型电力变压器的搬运，在施工现场一般均采用起重运输机械。在搬运过程中必须注意下列安全事项：

（1）采用吊车装卸时，应使用油箱壁上的吊耳，不准使用油箱顶盖上的吊环。吊钩应对准变压器中心，吊索与铅垂线的夹角不得大于30°。

（2）当变压器吊起离地后，应停车检查各部分是否有问题，变压器是否平衡，若不平衡，则应重新调正。确认各处无异常时，方可继续起吊。

（3）变压器装在车上时，其底部应垫方木，且用绳索将变压器固定，防止运输过程中发生滑动或倾倒。

（4）在运输中车速不可太快，要防止剧烈冲击和严重振动损坏变压器绝缘部件。变压器运输倾斜角不应超过15°。

（5）变压器短距离搬运可利用底座滚轮在搬运轨上牵引，前进速度需控制好，牵引的着力点应在变压器重心下。

（6）干式变压器在运输途中，应有防雨措施。

2. 变压器安装前的检查

变压器运送到现场后，在安装前必须对有关项目进行检查、试验，指标符合要求后方可施工安装。

变压器安装前的检查，试验内容如下：

（1）变压器应有出厂产品合格证，技术文件应齐全，型号规格应与设计相符，附件、备件应齐全完好。

（2）变压器本体及各附件外表应无损伤，无漏袖、渗油现象，密封应完好，表面无缺陷。

（3）对变压器油进行耐压试验并合格。

（4）测量变压器的绝缘电阻。在变压器的安装过程中要测量几次绝缘电阻，第一次在进行变压器其他试验项目之前，工频耐压试验之后还应复测。所测绝缘电阻值不应低于被测变压器出厂试验数值的 70%（同一温度下）。

（5）进行交流耐压试验并符合要求。

（6）转动变压器调压装置（包括分接开关），检查操作是否灵活，接触点是否可靠，接触是否良好。

（7）检查滚轮距是否与基础铁轨距相吻合。

（8）必要时还要作吊芯器身检查。

3. 变压器的干燥处理

新装油浸式电力变压器如不能满足下列条件时，则在施工安装前应进行干燥处理。

（1）带油运输的变压器。

1）绝缘油电气强度合格，油中无水分；

2）绝缘电阻或吸收比符合规定要求；

3）介质损失角正切值 $\tan\delta$（%）符合规定要求。

（2）充氮运输的变压器。

1）器身内保持正压；

2）残油中不含有水分，电气强度不低于 30kV；

3）注入合格油后，绝缘油电气强度合格，油中无水分，绝缘电阻或吸收比符合规定要求，介质损失角正切值 $\tan\delta$（%）符合规定要求。

4. 变压器油的处理

变压器油是油浸式变压器的主要绝缘和冷却介质，它的质量和技术性能好坏直接影响到变压器的安全运行，因此对注入变压器的绝缘油有严格的要求。

新装变压器在运输和安装过程中或在保管过程中，可能会使变压器油中混进水分和杂物。这些水分和杂物脏污，使变压器油的绝缘强度降低，起燃点降低，所以必须采用有效方法把水分和脏污染物去除，即进行油的干燥和净化。变压器油是否需要处理，可正确取出少许油样进行电气强度试验和化学分析，然后决定，变压器油干燥净化方法可参见有关资料。

5. 变压器安装

变压器经过全面检查无误后即可就位安装，配电变压器安装形式目前主要有三种，即户外杆上安装、户外落地安装、室内变压器室安装。

无论哪种安装形式，都必须严格按规程规范要求，正确地根据安装图纸进行。尤其要保证电气安全距离、防止施工安装中损坏变压器部件、基础必须牢固、变压器固定要牢靠。下面介绍室内变压器室安装时一些安全要求：

首先室内变压器室必须根据安全距离要求、防火要求、通风要求、安装要求等规定设计。另外，因为变压器基础台面高于室外地坪，所以还得在室外搭建一个与室内变压器基础台面同样高的临时平台，平台必须牢固。安装时，先将变压器平稳地吊到平台上，然后慢慢推入室内。变压器在就位安装中，必须注意以下安全问题：

（1）变压器基础导轨应水平，轨距应与变压器轮距相吻合。装有气体继电器的变压器应使顶盖沿气体继电器气流方向有1‰～1.5‰的升高坡度（制造厂规定不需要坡度的除外）以防变压器发生内部故障在油箱内产生的气体在变压器油箱与顶盖之间积聚。

（2）变压器就位符合要求后，对于装有滚轮的变压器应将滚轮用可以拆卸的制动装置加以固定。

（3）在装接变压器进出线时要特别注意，防止套管中的连接螺栓跟着转动，不能使套管端部受到额外力的影响。

（4）在变压器的接地螺栓上需可靠地接地。如果配电变压器的接线组别是 Y，y_n 型式，则低压侧零线端子必须可靠地接地，这对变压器投运后的安全运行有极大的影响。变压器基础轨道亦应和接地干线可靠连接，保证可靠接地。

（5）在变压器安装过程中禁止举拉变压器的附件，严防工具或材料跌落砸坏变压器套管和附件。

（6）变压器外表面如有油漆脱落应进行修补。

6. 变压器安装工程竣工验收及试运行

变压器安装工程全部结束后，在投入试运行之前应进行全面的检查和试验。

（1）补充注油。当变压器需要补充注油时，为防止空气进入油中，在现场注油经常是从油枕注油。先将油枕与油箱的联管控制阀关闭，然后把规格和质量符合要求的变压器油从油枕的注油孔注入。待油面达到油枕高度的 3/4 左右时，停止注油，让油枕内的油静止 15～30min，使混入油中的空气逐渐逸出。然后打开联管上的控制阀，使油枕内的变压器油缓慢流入油箱，直到油充满油箱和变压器的有关附件，并且达到油枕内油标规定的油面高度为止。

补充注油工作完成后，应使变压器油在变压器内静止 6～10h，再拧开气体继电器的放气阀，检查有无气体积聚，并加以排放。同时在变压器油箱中取油样作电气强度试验，检查油的绝缘强度是否合格。

（2）整体密封检查。变压器安装完毕后，应用高于附件最高点的油柱压力进行整体密封检查。试验持续时间为 3h，变压器各部分应无渗漏。

（3）电力变压器投入试运行前的检查。变压器投入试运行前应再一次全面检查，确认其符合运行条件时，方可投入试运行。

试运行前检查项目如下：

1）变压器本体、冷却装置及所有附件均无缺陷，且不渗油；

2）轮子的制动装置应牢固，抗振措施牢靠（无棱轮的变压器底部固定牢靠固）；

3）油漆完整，相色标志正确，接地可靠；

4）事故排油设施完好，消防设施齐全；

5）油枕、冷却装置、油系统上的油门均应打开，油面指示正确；

6）变压器顶盖上无遗留杂物；

7）高压套管的接地小套管应予接地，电压抽取装置不用时其抽出端子也应接地，套管顶部结构的密封应良好；

8）油枕和充油套管的油位应正常；

9）电压切换装置的位置应符合运行要求，有载调压切换装置远方操作应动作可靠，指示位置正确；

10）中性点经消弧线圈接地的变压器，消弧线圈的分接头位置应符合整定要求；

11）变压器的相位及线圈的接线组别应符合运行要求；

12）温度计指示正确，整定值符合要求；

13）冷却装置运行正常，联动正确，水冷装置的油压应大于水压；强迫油循环的变压器应启动全部冷却装置，进行较长时间循环后放完残留空气；

14）保护装置整定值符合规定要求，操作及联动试验正确。

（4）电力变压器试运行时的检查。

1）接于大电流接地系统的变压器，在进行冲击合闸时，变压器中性点必须接地；

2）变压器第一次投入时，可全电压冲击合闸，如有条件时应从零起升压。冲击合闸时，变压器一般可由高压侧投入；

3）第一次受电后，持续时间应不少 10min，变压器应无异常情况；

4）变压器应进行 5 次全电压冲击合闸，均应无异常情况，励磁涌流不应引起保护装置误动；

5）变压器并列运行时，应先核对相位，相位应一致；

6）带电后，检查变压器及冷却装置所有焊缝和连接面，不应有渗油现象。

七、电力变压器火灾及爆炸预防

用户变压器大多是油浸自然冷却式。变压器油是热馏石油的一种产品，闪点为 140℃，并易蒸发、燃烧，同空气混合能构成爆炸性混合物。变压器油中如有杂质，则会降低油的绝缘性能，引起绝缘击穿，在油中发生火花和电弧，引起火灾，甚至爆炸。因此对变压器油有严格要求，油质应透明纯净，不得含有水分、灰尘、氢气、烃类气体等任何杂质。对于干式变压器，如果散热不好，就很容易发生火灾。

1. 油浸式变压器发生火灾危险的主要原因

（1）变压器绕组绝缘损坏发生短路。变压器绕组的纸质和棉纱绝缘材料，如果经常受到过负荷发热或绝缘油酸化腐蚀等作用，将会发生老化变质，损坏绝缘，引起匝间、层间短路，使电流急增造成绕组发热燃烧。同时，绝缘油因热分解，产生可燃性气体，与空气混合达到一定的比例，形成爆炸性混合物，当遇到火花时就会发生燃烧或爆炸。

变压器绕组短路也可能由于制造质量不好，绝缘损坏引起。也可能在检修过程中，碰动高低压绕组引线和铜片时，使其与箱壁相碰或接近，造成绝线间距太小而形成接地或相间短路，使高低压绕组起火。

（2）接触不良。在线圈与线圈间、线圈端部与分接头间、分接头转换开关接点接触部分等如果接触不良，连接不好，都可能由于接触电阻过大造成局部高温，引起油燃烧，甚至爆炸。

（3）铁心过热。变压器铁心硅钢片间绝缘损坏、夹紧螺栓绝缘损坏、铁心硅钢片固定不紧密，会使变压器运行中铁心发热过大，造成起火并使绝缘油分解燃烧。

（4）油中电弧闪络。变压器线圈之间，与油箱壁之间由于损坏而放电产生电弧闪络；雷击过电压击穿等引起电弧闪络，使油发生燃烧。变压器漏油，使油箱中的油面降低而减弱油流的散热作用，也会使变压器的绝缘材料过热和燃烧。

（5）外部线路短路。由于外力损坏或自然灾害，如砍树或大风刮倒树木倒在线路上引起短路或断线接地；风筝等落在导线上；变压器高低压套管上爬上鼠类、鸟类等小动物造成短路；高低压保护在故障时拒动，不能切断电路等都可能造成变压器起火。

2. 预防措施

（1）保证油箱上防爆管完好。当变压器油因过热分解，产生大量气体，在压力很大时，它可冲破防爆管防爆膜向外喷出，保护变压器安全，所以必须保证防爆管和防爆膜完好。

（2）保证变压器装设的保护装置正确完好。当变压器内部或外部发生事故和故障时，保护装置可迅速自动切断电源，保障变压器安全。若变压器运行有异常时，它会向值班人员报警，值班人员可立即处理，避免发生更大事故。

（3）变压器的设计安装必须符合规程规范规定。如变压器应安装在一级耐火的建筑物内，并有良好的通风；变压器应有蓄油坑、贮油池；两台变压器之间有隔火墙等。施工安装要正确，质量一定要保证。

（4）加强变压器的运行管理和检修工作。要定期检查变压器，监视上层油温不超过 85℃；定期做油化试验；定期做变压器的预防性试验。变压器在安装和检修过程中，要防止高低压套管穿芯螺栓转动，安装和检修完毕后要根据规定做必要的电气试验等。

（5）可装设离心式水喷雾、1211 灭火剂组成的固定式灭火装置及其他自动灭火装置。

（6）干式变压器通风冷却一定要做好，必要时可采取人为措施降低干式变压器环境温度。

第 5 节　工厂供配电系统及其安全

从发电厂的发电机开始，包括变电所、输配电线路，一直到用户用电设备为止的整个系统称为电力系统。

电力系统中的各级电压线路及其联系的各级变配电所称为电力网，简称电网。

供电系统通常指电网直接向用户供电的这一部分系统，包括供配电线路、用户、配电所直到用电设备上的一个整体。

供电系统的安全运行关系到对用电设备供电可靠性，同时也影响到电力系统的安全运行。

电力生产的特点是发电、供电、用电同时进行，中间任何一个环节出问题，就将影响整个电力生产。因此保障供用电系统安全对整个电力系统的安全经济运行有着重要的意义。

一、用电负荷分类及供电要求

（一）电力负荷分类

电力系统中电力负荷分为下列几种：

（1）用电负荷。用户的用电设备在某一时刻实际取用的功率的总和称为用电负荷，也就是用户在某一时刻对电力系统要求的功率。

（2）线损负荷。电能在输送过程中，在线路上和变压器中损耗的功率的总和称为线损负荷。

（3）供电负荷。用电负荷加上同一时刻的线损负荷即为发电厂在此时刻对外供电时所承担的全部负荷，称为供电负荷。

（4）厂用电负荷。电厂在发电过程中要耗用一部分功率和电能，用在厂用用电设备功率消耗上，厂用用电设备所消耗的功率称为厂用电负荷。

（5）发电负荷。供电负荷加上同一时刻各发电厂的厂用电负荷构成电力系统在此时刻的全部生产负荷，称为电力系统的发电负荷。

（二）用电负荷分类

用电负荷根据其对供电可靠性的要求分下列几种。

1. 一级负荷

凡符合下列情况之一的用电负荷称为一级用电负荷。

（1）中断供电时将造成人身伤亡。

（2）中断供电时将在经济上造成重大损失。例如：重大设备损坏、重大产品报废、用重要原料生产的产品大量报废、国民经济中重点企业的连续生产过程被打乱需要长时间才能恢复等。

（3）中断供电时将影响有重大政治、经济意义的用电单位的正常工作，例如：重要交通枢纽、重要通信枢纽、重要宾馆、大型体育场馆、经常用于国际活动的大量人员集中的公共场所等用电单位中的重要电力负荷。

在一级用电负荷中，当中断供电将发生中毒、爆炸和火灾等情况的负荷，以及特别重要场所的不允许中断供电的负荷，应视为特别重要的负荷。

2. 二级负荷

凡符合下列情况之一的用电负荷称为二级用电负荷。

（1）中断供电时将在经济上造成较大损失。例如：主要设备损坏、大量产品报废、连续生产过程被打乱需较长时间才能恢复、重点企业大量减产等。

（2）中断供电将影响重要用电单位的正常工作。例如：交通枢纽、通信枢纽等用电单位中的重要电力负荷，以及中断供电将造成大型影剧院、大型商场等较多人员集中的重要的公共场所秩序混乱等。

3. 三级负荷

不属于一级和二级负荷的用电负荷称为三级负荷。

（三）供电要求

1. 一级负荷供电要求

（1）一级负荷应由两个电源供电，当一个电源发生故障时，另一个电源不应同时受到损坏。

（2）一级负荷中特别重要的负荷，除由两个电源供电外，还应增设应急电源，并不准将其他负荷接入应急供电系统。

应急电源有下列几种：

1）独立于正常电源的发电机组，即与电网在电气上独立的电源。例如：柴油发电机等。

2）供电网络中独立于正常电源的专用的馈电线路。

3）蓄电池。

4）干电池。

具体选择哪种应急电源，一般可根据允许中断供电的时间来选择。例如：允许中断供电时间在 15s 以上的供电系统可选用快速自启动的发电机组；自动投入装置的动作时间能满足允许中断供电时间的系统可选用带自动投入装置的独立于正常电源的专用馈电线路；允许中断供电时间为毫秒级的系统可选用蓄电池不间断供电装置或柴油机不间断供电装置等。

2. 二级负荷供电要求

二级负荷的供电系统，宜采用两回路线供电。可接到电网变电所的两段母线上受电。

3. 三极负荷供电要求

三极负荷供电一般不考虑特殊要求。

二、保证供配电系统电能质量

1. 电能质量指标

电能质量的主要指标是：电压、频率、波形。

保证供电的电能质量是保证用电设备安全经济运行的关键。

电气设备在其额定电压和频率条件下工作时，其技术经济性能达到最佳状态，可保证设备安全可靠长期运行，否则会有不良后果。例如感应电动机，如果电压偏高，对绝缘寿命就有影响；如果电压偏低，则电动机的转矩将按电压平方成比例减小，在拖动负荷不变的情况下，电动机就要过负荷，造成电动机过热，严重时甚至烧毁，如果供电系统的频率偏高或偏低，将影响电动机转速，影响产品产量和质量；如果供电电压的波形不是正弦波，波形发生了畸变，则就会产生很多高次谐波成分，使电机、变压器铁心发热，损耗增加，而且还会产生高频干扰，影响弱电设备、电子计算机等正常工作。

所以在供电系统设计、运行管理过程中，一定要充分考虑保证供电系统电能质量。要正确选用供电电压，要正确选择供电线路导线截面，计算供电距离电压损耗，合理选择供电回路数，要限制非线性负荷投入，采用合理的调压措施及无功补偿，有非线性负荷则应有抑制高次谐波的措施，还要做好功率平衡等。

2. 控制非线性用电设备引起电网波形畸变措施

控制各类非线性用电设备所产生的谐波引起电网电压正弦波形畸变，可采用下列措施：

(1) 各类大功率非线性用电设备由容量较大的电网供电。

(2) 对于大功率静止整流器设备可采取下列方法：

1) 提高整流变压器二次侧的相数和增加整流器的整流脉冲数。

2) 多台相数相同的整流装置，使整流变压器的二次侧有适当的相角差。

3) 按谐波次数装设分流滤波器。

(3) 选用高压绕组三角形接线，低压绕组星形接线的三相配电变压器。

（4）装设静止无功补偿装置，吸收冲击负荷的动态谐波电流。

3. 工厂常用的电压调整措施

（1）正确选择变压器的变比和电压分接头。工厂用的电力变压器一般为无载调压型，其高压绕组（一次绕组）有 $U_N \pm 5\%$ 的电压分接头。当设备端电压偏低时，可将电压分接头放在较低挡，这样可升高设备端电压；反之，设备端电压过高时可将变压器分接头放在较高挡，以降低端电压。

对调压要求高的情况，可选用有载调压变压器，使变压器的电压分接头在带负荷情况下自动调整，保证设备端电压的稳定。

（2）降低系统阻抗。供配电系统中的电压损耗在输送功率定下后，其数值与各元件的阻抗成正比。所以减少供配电系统的变压级数、增大供配电线路的导线截面，是减小电压损耗的有效方法，线路中各元件电压损耗减少，就可提高末端用电设备的供电电压。

（3）使三相负荷平衡。三相负荷假如不平衡，会使有的相负荷过大，而有的相负荷过小。负荷过大的相，电压损耗大大增加，这样使末端用电设备端电压太低，影响用电安全。

（4）采取补偿无功功率措施。如前所述，系统功率因数太低，会使系统无功损耗增大，同时使线路中各元件的电压损耗也增加，使末端用电设备端电压太低，影响安全用电。提高功率因数的方法，一方面在供电系统设计时要正确选择设备，防止出现"大马拉小车"等不合理现象，即提高自然功率因数；另一方面可在工厂变电所的低压母线上或用电设备附近装设并联电容器，用其补偿电感性负荷过大的感性电流，提高功率因数，提高末端用电电压。

电网电压偏低可能有两方面原因，一是由于无功功率，使无功功率在系统中过多传送，造成电压损耗增加、电压下降。二是供电距离太长，线路导线截面太小，变压级数太多，造成电压损耗增大，引起电压下降。对于前者应采用无功补偿设备（例如投入并联电容器或增加并联电容器数量）解决，对于后者可采用调整变压器分接头，降低线路阻抗等方法解决。

（5）合理改变供电系统运行方式。例如由两台变压器并列运行的工厂，当负荷轻时改为一台运行，还有合理调整对用电设备的供电方式等都能起到改善电压的作用。

三、工厂变配电所所址选择

工厂变电所是从电网受电后，经过变压然后再配电（经过变电所后电压会改变，但频率不变）。工厂配电所是从电网受电后直接再分配，增加供电回路数（经过配电所后电压不变，频率不变，配电所没有变压器）。

有的工厂设工厂总变电所，总变电所从电网高压受电后，经过变压器降压成低压电，然后送到各车间用电设备直接使用；有的工厂设总配电所，从电网高压受电后，直接再分配，仍用高压电送到各车间，在各车间再设降压变压器，将电压降低，供车间用电设备使用；有的工厂设总变电所，总变电所内的降压变压器把电网来的高压电变成低压供给附近用电设备用电，另外又用高压电送到较远的用电场所，在那儿再设降压变压器将高压电降为低压供给那一片用电设备使用。究竟采用哪种供电方式好，要因地制宜，根据不同情况选择不同方案。总的要求是满足电能质量，保证用电设备安全可靠用电。另外在技术条件满足的情况下要尽量节省基建投资，还要考虑减少年运行费用。

因此，为了保障变配电所安全运行和供配电系统的经济合理以及安装维护方便，变配电所所址选择应根据下列要求综合考虑确定：

（1）所址要尽可能接近负荷中心。

（2）进出线方便。

（3）不宜设在多尘或有腐蚀性气体的场所，如无法远离时，不应设在污染源的下风侧。

（4）不应设在有剧烈振动的场所。

（5）不应设在厕所、浴室或其他经常积水场所的正下方或毗邻。

（6）不应设在爆炸危险场所以内和不宜设在有火灾危险场所的正上方或正下方。如果一定要布置在爆炸危险场所范围内和布置在与火灾危险场所的建筑物毗连时，则应符合现行的 GB 50058—2014

《爆炸和火灾危险环境电力装置设计规范》的规定。

（7）变配电所为独立建筑物时，不宜设在地势低洼和可能积水的场所。

（8）高层建筑地下层变配电所的位置，宜选择在通风、散热条件较好的场所。

（9）变配电所位于高层建筑（或其他地下建筑）的地下室时，不宜设在最底层，假如地下只有一层时，则应采取适当抬高变配电所地面等防水措施。应避免洪水或积水从其他渠道淹到变配电所的可能。

（10）变配电所所址选择时还应考虑设备运输、吊装等方便。

四、工厂变配电所的布置要求

工厂变配电所有户外式和户内式，即变压器及一些电气设备布置在户外或户内。目前中小型工厂 10kV 变配电所多采用户内布置。户内式变配电所主要由三部分组成：高压配电室、变压器室、低压配电室。此外，有的变配电所还设有高压电容器室和值班室。

（一）变配电所布置的总体要求

（1）应考虑设备的维护、检修、试验及搬运便利。值班室一般应尽量靠近高、低压配电室，且有门直通。高、低压配电室内通道最小宽度值见表 8-27 和表 8-28，变压器外廓与变压器室内墙壁的最小距离值见表 8-29。

表 8-27　　　　　　高压配电室内通道最小宽度

布置方式	维护通道/m	操作通道/m	
		固定式	手车式
单列布置	0.8	1.5	单车长+1.2
双列布置	0.8	2.0	双车长+0.9

表 8-28　　　　　　低压配电室内通道最小宽度

布置方式	屏前操作通道/m	屏后操作通道/m	屏后维护通道/m
单列布置	1.5	1.2	1.0
双列布置	2.0	1.2	1.0

表 8-29　　　　　变压器外廓与变压器室内墙壁最小距离

变压器容量/kVA	100～1000	1250 以上
至后壁与侧壁净距/m	0.6	0.8
至大门净距/m	0.8	1.0

（2）配电室长度超过 8m 时应设有两个出口，并尽量布置在配电室的两端，如果两个出口间距离超过 15m 时还应在中间增加出口；楼上楼下均为配电装置室时，位于楼上的配电装置室至少应设一个出口直接通向室外；配电室的门应向外开；配电室通往值班室的门应为双向开启门；值班室应有门直接通向户外或走廊；门的材料不能采用木门，应采用铁皮包的木门或铁门，门的宽度不应小于 0.8m，高度不低于 1.9m。高、低压配电室都应考虑自然通风和自然采光，采用光窗应为不能开启式，并有防止雨、雪和小动物进入的措施，一般规定高压室不宜开窗，如一定要开窗，窗户应有钢板护网，网孔不大于 10mm。

（3）进出线方便，如果是架空线进线，则高压配电室宜位于进线侧。户内变电所的变压器室一般宜靠近低压配电室。

（4）高压电力电容器室一般设置在高压配电室隔壁，两室之间用防火墙隔开。高压电容器安装应符合设计及技术规范规定，电容器室室温要控制在 40℃以下。

低压电力电容器柜一般装在低压配电室，与低压配电屏并列安装。

（5）节约占地面积和建设费用。变配电所有低压配电室时，值班室可与其合并，但这时值班人员经常工作的一面低压配电屏的正面或侧面离墙距离不得小于 3m。当高压开关柜少于 5 台时，可与低压配电屏装在同一房间，但这时高、低压开关柜之间距离不得小于 2m。

（6）符合防火防爆要求。例如配电室的防火等级不应低于 3 级。

（7）留有发展余地，变配电所要有扩展的可能。

在确定变配电所的总体布置方案时，应因地制宜，合理设计，通过几个方案的技术经济比较，选择最佳方案。图 8-16 所示为一个工厂变电所的平面布置图。

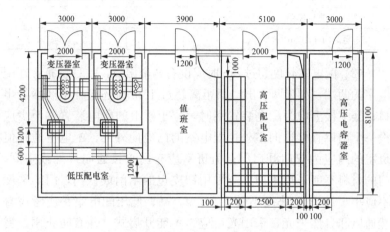

图 8-16　工厂变电所的平面图示例

（二）配电装置的安全净距

1. 配电装置类型

根据电气主接线的要求，用来接收和分配电能的装置称为配电装置，它主要由开关设备（包括操作机构）、保护电器、测量电器、母线等组成。电气主接线中各种电气设备的布置通过配电装置来落实，电气主接线的安全、可靠、灵活、经济具体也由配电装置来实现，因此配电装置的设计很重要，它是变电所电气设计的重要内容之一。

根据电气设备装置地点不同，配电装置分为屋外配电装置、屋内配电装置及成套配电装置。

（1）屋内配电装置。屋内配电装置是将电气设备布置在室内，它具有下列优点：

1）外界环境条件（如气温、湿度、污秽和化学气体等）对电气设备的运行影响小，因此维护工作量小；

2）操作在屋内进行，比较方便；

3）占地面积小，但建设投资大。

（2）屋外配电装置。屋外配电装置是将电气设备布置在室外，它的优点是：

1）土建工程量和费用较小；

2）扩建比较方便；

3）相邻设备之间的距离较大，便于维护和检修，其缺点是由于电气设备都敞露在屋外，受气候、环境条件影响较大，维护工作量大，而且有些设备的价格相对较高，另外，占地面积也较大。

（3）成套配电装置。成套配电装置是制造厂成套供应的设备。同一回路的开关电器，测量电器、保护电器和辅助设备等都装在一个或两个全封闭或半封闭的金属柜中。制造厂生产有各种不同电路的成套配电柜和元件，设计时可根据主接线要求选择，组合成整个配电装置。成套配电装置的特点是：

1）结构紧凑、占地面积小；

2）所有电器元件已在工厂组装成一整体，大大减小现场安装工作量，缩短建设周期，便于扩建和搬迁；

3）运行可靠性高，维护方便；

4）耗用钢材较多、造价较高。

成套配电装置有三种：①低压成套配电装置；②高压成套配电装置；③六氟化硫（SF_6）全封闭组合电器。低压成套配电装置有固定式和抽屉式两种。高压开关柜有固定式和手车式两种，其中手车式是将断路器及其操作机构装在小车上，正常运行时手车推入，断路器通过隔离触点与母线及出线相连接，检修时可将小车拉出柜外，很方便，并可用相同规格的备用小车推入，使电路很快恢复供电。六氟化硫（SF_6）全封闭组合电器是把特殊设计制造的断路器、隔离开关、接地开关、电流互感器、电压互感器、避雷器等设备按接线要求组合在一个全封闭的金属壳体内，在壳体内充有高性能的绝缘和灭弧介质六氟化硫（SF_6）气体。

六氟化硫（SF_6）全封闭组合电器与常规电器的配电装置相比，有以下优点：

1）大量节省配电装置占地面积与空间。

2）运行可靠性高。由于带电部分封闭在金属壳内，因此不受污秽、潮湿和各种恶劣气候等环境条件影响，也不会发生小动物造成短路和接地事故。六氟化硫（SF_6）是一种不燃的惰性气体，不会发生火灾，一般也不会发生爆炸事故。

3）土建工作量小，建设速度快。

4）检修周期长，维护方便。全封闭六氟化硫（SF_6）断路器由于触点很少氧化，触点开断后烧损极微，因此可很长时间才检修，在运行中也无须进行绝缘子清扫等工作，所以维修工作量大为减少。

5）能妥善解决高压配电装置电磁干扰、静电感应等环境保护问题。因为封闭且接地的金属外壳起了很好的屏蔽作用，无须采取专门的措施。另外，由于高压部分被金属外壳屏蔽，不易发生人身触电事故，六氟化硫（SF_6）全封闭组合电器的主要缺点是：金属材料消托大；对材料性能，加工与装配精度要求高；造价贵。

2. 配电装置的安全净距

配电装置的整个结构尺寸，是综合考虑了电气设备的外形尺寸、检修维护和运输的安全距离等因素而决定的。在各种间隔距离中，最基本的是空气中不同相带电部分之间及带电部分对接地部分之间的最小容许空间净距离，这个距离称为最小安全净距，即所谓 A 值。在这个距离下，无论在正常额定工作电压下或各种短时过电压的作用下都不会发生空气绝缘的击穿。A 值的大小是根据过电压与绝缘配合计算并根据间隙放电试验曲线确定的。在 A 值的基础上，屋内外配电装置中各部分相互安全距离尺寸被分为 A、B、C、D、E 五种，如图 8-17 和图 8-18 所示，其含义如下：

(1) A 值。A 值分为 A_1 和 A_2 两项。

A_1：带电部分至接地部分间的最小安全空气距离。

A_2：不同相导体间的最小安全空气距离。

(2) B 值。B 值分为 B_1、B_2 和 B_3 三项。

B_1：带电体对栅栏和带电体对运输设备间的安全净距。$B_1 = A_1 + 750mm$，式中 750mm 是考虑运行值班人员的手臂误入栅栏时手臂的长度。

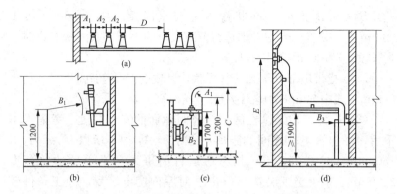

图 8-17 屋内配电装置最小电气距离（mm）的图例

（a）带电部分至接地部分间，不同相的带电部分之间以及不同时停电的
无遮栏裸导体之间的水平距离；（b）带电部分至栅栏的净距；

（c）带电部分至网状遮栏和无遮栏裸导体至地（楼）面的净距离；

（d）板状遮栏和出线套管至屋外通道的路面的净距离

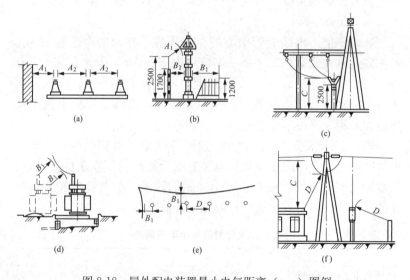

图 8-18 屋外配电装置最小电气距离（mm）图例

（a）硬母线不同相的导体和带电部分至接地部分间的净距；（b）带电部分至围栏的净距；

（c）带电部分或绝缘子最低部分对接地部分的净距；

（d）设备运输时其外廓至遮栏裸导体间的净距；

（e）需要不同时停电检修无遮栏裸导体间的水平和垂直交叉净距；

（f）带电部分至建筑物和围墙的净距

B_2：带电部分至网状遮栏的安全净距。$B_2 = A_1 + 70 + 30$mm，式中 70mm 是考虑运行值班人员的手指误入网状遮栏时手指长度，30mm 是考虑施工误差。

B_3：指带电部分至无孔（板状）遮栏的安全净距。$B_3 = A_1 + 30$mm，式中 30nm 为施工误差。

（3）C 值。指无遮栏的裸导体距地面的安全高度。考虑人举手后，手与带电体之间的距离不得小于 A_1 值，所以 $C = A_1 + 2500$mm，式中 2500mm 是考虑运行值班人员举手后的总高度 2300mm，加上施工误差 200mm。对屋内配电装置，施工条件较屋外好，可不再增加施工误差，即 $C = A_1 + 2300$mm。

（4）D 值。指保证配电装置检修时人和裸导体之间的距离不小于 A_1 值的约束值。$D = A_1 + 1800$mm $+ 200$mm。式中 1800mm 是考虑检修人员和工具的活动范围，200mm 是考虑屋外条件较差而取的裕度。对屋内配电装置可不再增加裕度，即 $D = A_1 + 180$mm。

（5）E 值。出线套管中心线至屋外通道路面的净距称 E 值。考虑到人站在载重汽车上举手高度不大于 3.5m，因此在 35kV 及以下时，E 值为 4m；110kV 及以上时，E 值为 $A_1 + 3500$mm。当经过出线套管直接引线到屋外配电装置时，出线套管的引线至屋外地面的距离可按不小于屋外的 C 值考虑。

表 8-30 和表 8-31 分别为屋内配电装置和屋外配电装置的最小电气间距。安全净距是保证配电装置安全运行的基本条件、设计、安装配电装置必须严格符合安全净距的要求，配电装置安全运行才能保证变配电所安全运行，因此至关重要。

表 8-30　　　　　　屋内配电装置的最小电气间距　　　　　　mm

额定电压/kV	3	6	10	35	110J*	110
带电部分至接地部分间 A_1	75	100	125	300	850	950
不同相的导体间 A_2	75	100	125	300	900	1000
带电部分至遮栏 B_1	825	850	875	1050	1600	1700
带电部分至网状遮栏 B_2	175	200	225	400	950	1050
带电部分至无孔遮栏 B_3	105	130	155	330	880	980
无遮栏裸导体至地（楼）板 C	2500	2500	2500	2600	3150	3250

续表

额定电压/kV	3	6	10	35	110J*	110
需要不同时停电检修的无遮栏裸导体间水平净距 D	1875	1900	1925	2100	2650	2750
架空出线套管至地面 E	4000	4000	4000	4000	5000	5000

* 中性点直接接地系统。

表 8-31　　　　　　　屋外配电装置的最小电气间距　　　　mm

额定电压/kV	3~10	35	110J*	110	220J*	330J*
带电部分至接地部分间 A_1	200	400	900	1000	1800	2600
不同相的导体间 A_2	200	400	1000	1100	2000	2800
带电部分至栅栏 B_1	950	1150	1650	1750	2550	3350
带电部分至网状遮栏 B_2	300	500	1000	1100	1900	2700
无遮栏裸导体至地面 C	2700	2900	3400	3500	4300	5100
需要不同时停电检修的无遮栏裸导体间水平净距 D	2200	2400	2900	3000	3800	4600

* 中性点直接接地系统。

第 9 章

常用机床电气控制与保护

本章以国际电工委员会（ICE）制定的标准及我国新颁布的电气技术国家标准为依据，主要介绍机床电气线路的基本概念，三相异步电动机（未注明的均为三相鼠笼式异步电动机）及直流电动机的启动、调速、制动以及顺序控制、行程控制和多地控制等机床电气控制基本线路，机床电气保护及控制线路，是各类机床控制线路分析和设计的基础和关键。

第1节 交流电动机基本控制线路

一、单向启动控制线路

1. 接触器点动正转控制线路

利用接触器构成的点动正转控制线路如图 9-1 所示，该线路具

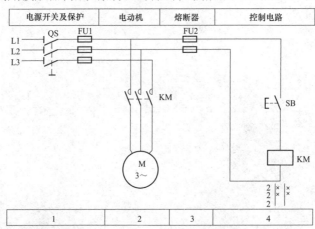

图 9-1 接触器点动正转控制线路

有电动机点动控制和短路保护功能，而且可实现远距离的自动控制，常用于电动葫芦等起重电动机控制和车床溜板箱快速移动电动机控制。

（1）电路结构及主要电气元件作用。由图 9-1 可知，该接触器点动正转控制线路由 1～4 区组成。其中 1 区和 3 区为电源开关及保护电路，2 区为三相异步电动机 M 主电路，4 区为控制电路。对应图区中使用的各电气元件符号及功能说明见表 9-1。

表 9-1　　　　　　　　电气元件符号及功能说明表（1）

符　号	名称及用途	符　号	名称及用途
M	三相异步电动机	QS	隔离开关
KM	M 控制接触器	FU1、FU2	熔断器
SB	M 点动按钮		

（2）工作原理。电路通电后，隔离开关 QS 将 380V 的三相电源引入该点动正转控制线路。当需要电动机 M 启动运转时，按下其点动按钮 SB，接触器 KM 得电吸合，其主触点闭合接通电动机 M 的三相电源，电动机 M 通电运转。

当需要电动机 M 停止运转时，松开其点动按钮 SB，接触器 KM 失电释放，其主触点处于断开状态，切断电动机 M 的三相电源，电动机 M 失电停转。

图 9-1 所示点动正转控制线路中容易出现故障的元件为接触器 KM 和电动机 M。当接触器 KM 出现故障时，将使电动机 M 工作于单相运转状态或不能启动。进行检修时，应与电动机 M 自身原因引起的单相运转、绕组短路和不能启动等故障进行区别。

2. 接触器连续正转控制线路

利用接触器构成的连续正转控制线路如图 9-2 所示，该线路具有电动机连续正转控制、欠压和失压（或零压）保护功能，是各种机床电气控制线路的基本控制线路。

（1）电路结构及主要电气元件作用。由图 9-2 可知，该接触器连续正转控制线路由 1～4 区组成。其中 1 区和 3 区为电源开关及保护电路，2 区为三相异步电动机 M 主电路，4 区为控制电路。对应图区中使用的各电气元件符号及功能说明见表 9-2。

表 9-2　　　　　电气元件符号及功能说明表（2）

符　号	名称及用途	符　号	名称及用途
M	三相异步电动机	SB2	M 启动按钮
KM	M 控制接触器	QS	隔离开关
SB1	M 停止按钮	FU1、FU2	熔断器

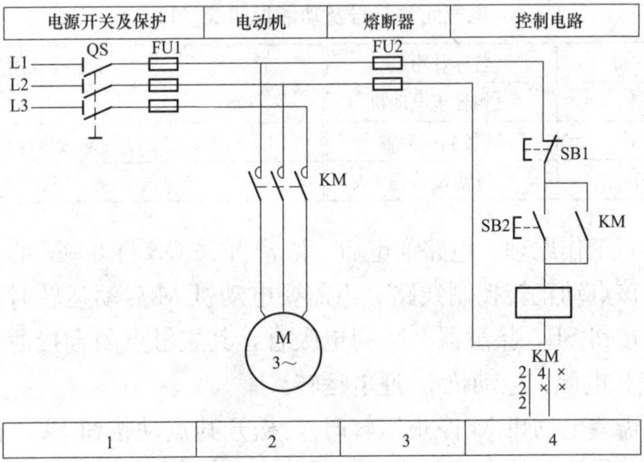

图 9-2　接触器连续正转控制线路

（2）工作原理。电路通电后，隔离开关 QS 将 380V 的三相电源引入该连续正转控制线路。当需要电动机 M 启动运转时，按下其启动按钮 SB2，接触器 KM 得电吸合，其主触点闭合接通电动机 M 的三相电源，电动机 M 得电启动运转。同时，接触器 KM 辅助动合触点闭合自锁，即启动按钮 SB2 松开后，接触器 KM 仍能通电吸合，使电动机 M 连续运转。

当需要电动机 M 停止运转时，按下其停止按钮 SB1，接触器 KM 失电释放，其主触点和辅助动合触点均处于断开状态，从而切断电动机 M 的电源，电动机 M 失电停转。

此外，根据接触器工作原理可知，在电动机正常运行时，若线路电压下降至某一数值或突然停电，接触器线圈两端的电压随之下降或为零压，使接触器线圈磁通减弱或消失，产生的电磁吸力减小。当电磁吸力减小到小于反作用弹簧的拉力时，动铁心被迫释放，主触点和自锁触点同时分断，自动切断主电路和控制电路，电动机失电停转，从而实现欠压和失压（或零压）保护功能。当线路电压重新恢复正常时，由于接触器主触点和自锁触点均处于断开状态，故电动机不能自行启动运转，保证了人身和设备的安全。

图 9-2 所示接触器的自锁正转控制线路中容易出现故障的元件仍为接触器 KM 和电动机 M。当接触器 KM 自锁触点出现故障时，电动机由自锁正转控制转变为点动正转控制。

3. 接触器具有过载保护的连续正转控制线路

利用接触器构成的具有过载保护的连续正转控制线路如图 9-3 所示，该线路具有电动机连续正转控制、欠压和失压（或零压）、短路、过载保护等功能，是电动机连续正转控制的典型实用电路。

（1）电路结构及主要电气元件作用。由图 9-3 可知，具有过载保护的连续正转控制线路由 1～4 区组成。其中 1 区和 3 区为电源开关及保护电路，2 区为三相异步电动机 M 主电路，4 区为控制电路。对应图区中使用的各电气元件符号及功能说明见表 9-3。

表 9-3　　　　　电气元件符号及功能说明表（3）

符　号	名称及用途	符　号	名称及用途
M	三相异步电动机	SB2	M 启动按钮
KM	M 控制接触器	QS	隔离开关
KR	热继电器	FU1、FU2	熔断器
SB1	M 停止按钮		

（2）工作原理。电路通电后，隔离开关 QS 将 380V 的三相电源引入该具有过载保护的连续正转控制线路。当需要电动机 M 启动运转时，接下其启动按钮 SB2，接触器 KM 得电吸合并自锁，其主触点闭合接通电动机 M 的三相电源，电动机 M 启动连续运转。

当需要电动机 M 停止运转时，按下其停止按钮 SB1，接触器

KM 失电释放，其主触点和辅助动合触点均处于断开状态，从而切断电动机 M 的电源，电动机 M 失电停转。

热继电器 KR 可实现电动机 M 的过载保护功能。当电动机 M 在运行中过载时，流过电动机 M 绕组的电流增大，即流过热继电器 KR 热元件的电流增大，KR 热元件的发热量增加，当增加的发热量达到整定值时，KR 中热膨胀系数不同的双金属片变形弯曲，使其动断触点处于断开状态，接触器 KM 失电释放，其主触点断开，切断电动机 M 工作电源，电动机 M 停止运行，从而实现电动机 M 的过载保护。热继电器 KR 动作后，经一段时间冷却可自动复位或经手动复位。其动作电流的调节可通过旋转凸轮旋钮于不同位置来实现。

图 9-3 所示接触器的具有过载保护的自锁正转控制线路中容易出现故障的元件为热继电器 KR。当热继电器 KR 出现故障时，电动机 M 将不能启动或误保护。值得注意的是，热继电器 KR 的整定电流应按电动机 M 的额定电流进行调整，且不允许弯折双金属片。

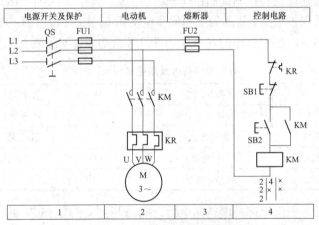

图 9-3　接触器具有过载保护的连续正转控制线路

4. 接触器连续与点动混合正转控制线路

利用接触器构成的连续与点动混合正转控制线路如图 9-4 所示，具有电动机连续正转控制和电动机点动控制双重功能。它适用于需要试车或调整刀具与工件相对位置的机床。

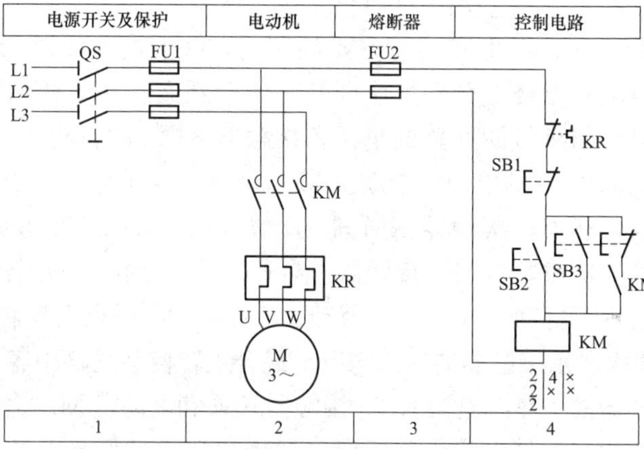

图 9-4　接触器连续与点动混合正转控制线路

（1）电路结构及主要电气元件作用。由图 9-4 可知，该接触器连续与点动混合正转控制线路由 1～4 区组成。其中 1 区和 3 区为电源开关及保护电路，2 区为三相异步电动机 M 主电路，4 区为控制电路。对应图区中使用的各电气元件符号及功能说明见表 9-4。

表 9-4　　　　电气元件符号及功能说明表（4）

符　号	名称及用途	符　号	名称及用途
M	三相异步电动机	SB2	M 连续运转启动按钮
KM	M 控制接触器	SB3	M 点动按钮
KR	热继电器	QS	隔离开关
SB1	M 停止按钮	FU1、FU2	熔断器

（2）工作原理。电路通电后，隔离开关 QS 将 380V 的三相电源引入该接触器连续与点动混合正转控制线路。当需要电动机 M 连续运转时，按下其连续运转启动按钮 SB2，接触器 KM 得电吸合并自锁，其主触点闭合接通电动机 M 的电源，电动机 M 通电连续运转。

当需要电动机 M 停止运转时，按下其停止按钮 SB1，切断接触器 KM 线圈回路电源，接触器 KM 失电释放，主电路中接触器 KM 主触点断开，电动机 M 停止运转。

当需要对电动机 M 进行点动控制时，按下点动按钮 SB3，其动断触点和动合触点分别处于断开和闭合状态。其动合触点闭合接通接触器 KM 线圈回路的电源，接触器 KM 得电吸合，其主触点接通电动机 M 的电源，电动机 M 启动运转。同时 SB3 的动断触点处于断开状态，接触器 KM 辅助动合触点不能实现自锁功能。当松开点动按钮 SB3 时，接触器失电释放，电动机 M 失电停止运转，即实现了电动机 M "一点就动、松开不动"的点动控制动能。

图 9-4 所示接触器的连续与点动混合正转控制线路中容易出现故障的元器件为热继电器 KR、接触器 KM 和电动机 M。值得提醒大家注意的是，带电检修故障时，对于初学者必须要有经验的人员在现场监护，并要确保用电安全。

二、正反转控制线路

1. 接触器连锁的正反转控制线路

利用接触器连锁构成的正反转控制线路如图 9-5 所示，该线路具有电动机正反转控制，过流保护和过载保护等功能，常用于功

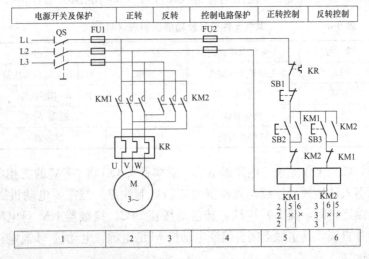

图 9-5　接触器连锁的正反转控制线路

率大于 5.5kW 的电动机正、反转控制，对于小于 5.5kW 的电动机正反转的控制则采用转换开关控制，请读者参阅相关文献资料。

（1）电路结构及主要电气元件作用。由图 9-5 可知，该接触器连锁正反转控制线路由 1～6 区组成。其中 1 区和 4 区为电源开关及保护电路，2 区和 3 区为三相异步电动机 M 主电路，5 区和 6 区为控制电路。对应图区中使用的各电气元件符号及功能说明见表 9-5。

表 9-5　　　　　　　　　电气元件符号及功能说明表（5）

符　号	名称及用途	符　号	名称及用途
M	三相异步电动机	SB2	M 正转启动按钮
KM1	M 正转接触器	SB3	M 反转启动按钮
KM2	M 反转接触器	QS	隔离开关
KR	热继电器	FU1、FU2	熔断器
SB1	M 停止按钮		

（2）工作原理。电路通电后，隔离开关 QS 将 380V 的三相电源引入该接触器连锁正反转控制线路。当需要电动机 M 正向运转时，按下其正转启动按钮 SB2，接触器 KM1 得电吸合并自锁；其辅助动断触点断开，切断接触器 KM2 线圈回路的电源，实现接触器 KM1 和接触器 KM2 连锁控制；同时其主触点闭合接通电动机 M 正转电源，电动机 M 正向启动运转。

当需要电动机 M 反向运转时，按下反转启动按钮 SB3，接触器 KM2 得电吸合并自锁，其辅助动断触点断开，切断接触器 KM1 线圈回路的电源，实现接触器 KM1 和接触器 KM2 连锁控制；同时其主触点接通电动机 M 反转电源，电动机 M 反向启动运转。

值得注意的是，接触器连锁正反转控制线路的优点是工作安全可靠，缺点是操作不便。因电动机从正转变为反转时，必须先按下停止按钮后，才能按下反转启动按钮，否则由于接触器的连锁作用，不能实现反转。为克服此线路的不足，可采用按钮连锁和接触器双重连锁的正反转控制线路。

2. 按钮连锁的正反转控制线路

利用按钮连锁构成的正反转控制线路如图 9-6 所示，该线路也具有电动机正反转控制，过流保护和过载保护等功能，且可克服接触器连锁正反转控制操作不便的缺点。

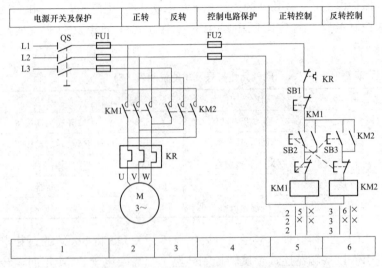

图 9-6　按钮连锁的正反转控制线路

（1）电路结构及主要电气元件作用。由图 9-6 可知，该按钮连锁的正反转控制线路由 1～6 区组成。其中 1 区和 4 区为电源开关及保护电路，2 区和 3 区为三相异步电动机主电路，5 区和 6 区为控制电路。对应图区中使用的各电气元件符号及功能说明见表 9-6。

表 9-6　　　　　电气元件符号及功能说明表（6）

符　号	名称及用途	符　号	名称及用途
M	三相异步电动机	SB2	M 正转启动按钮
KM1	M 正转接触器	SB3	M 反转启动按钮
KM2	M 反转接触器	QS	隔离开关
KR	热继电器	FU1、FU2	熔断器
SB1	M 停止按钮		

（2）工作原理。电路通电后，隔离开关 QS 将 380V 的三相电源引入该按钮连锁正、反转控制线路。当需要电动机 M 正向运转时，按下其正转启动按钮 SB2，接触器 KM1 得电吸合并自锁，其主触点闭合接通电动机 M 的正转电源，电动机 M 正向运转。同时 SB2 的动断触点处于断开状态，切断接触器 KM2 线圈回路电源，从而实现接触器 KM1 与接触器 KM1 的连锁控制。当需要电动机 M 停止运转时，按下停止按钮 SB1，接触器 KM1 失电释放，电动机 M 停止运转。当需要电动机 M 反转时，按下反转启动按钮 SB3，其控制过程与电动机 M 正转控制过程相同，读者可自行分析。

此外，按钮连锁的正反转控制线路还可将电动机 M 由当前的运转状态不需按停止按钮 SB1，而直接按下它的反方向启动按钮改变它的运转方向。例如，当电动机 M 当前状态为反转时，若需要 M 正转，则可直接按下正转启动按钮 SB2，此时串接在接触器 KM2 线圈回路的 SB2 动断触点断开，切断接触器 KM2 线圈回路的电源，使接触器 KM2 失电释放，电动机 M 停止反转。然后，接触器 KM1 得电吸合并自锁，电动机 M 正向启动运转。

图 9-6 所示按钮连锁的正反转控制线路的优点是操作方便，缺

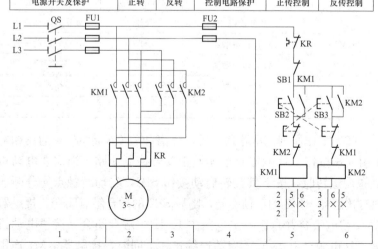

图 9-7　按钮、接触器双重连锁的正反转控制线路

点是容易产生电源两相短路故障。例如，当正转接触器 KM1 发生主触点熔焊或被杂物卡住等故障时，即使接触器 KM1 失电，主触点也处于闭合状态，这时若直接按下反转启动按钮 SB3，接触器 KM2 得电吸合，其主触点处于闭合状态，此时必然造成电源两相短路故障，所以采用此线路工作时存在安全隐患。在实际工作中，经常采用按钮、接触器双重连锁的正反转控制线路。

3. 按钮、接触器双重连锁的正反转控制线路

利用按钮、接触器双重连锁构成的正反转控制线路如图 9-7 所示，该线路也具有电动机正反转控制，过流保护和过载保护等功能，且可克服接触器连锁正反转控制线路和按钮连锁正反转控制线路的不足。

(1) 电路结构及主要电气元件作用。由图 9-7 可知，该按钮、接触器双重连锁的正、反转控制线路由 1～6 区组成。其中 1 区和 4 区为电源开关及保护电路，2 区和 3 区为三相异步电动机 M 主电路，5 区和 6 区为控制电路。对应图区中使用的各电气元件符号及功能说明见表 9-7。

表 9-7　　　　　电气元件符号及功能说明表 (7)

符　号	名称及用途	符　号	名称及用途
M	三相异步电动机	SB2	M 正转启动按钮
KM1	M 正转接触器	SB3	M 反转启动按钮
KM2	M 反转接触器	QS	隔离开关
KR	热继电器	FU1、FU2	熔断器
SB1	M 停止按钮		

(2) 工作原理。电路通电后，隔离开关 QS 将 380V 的三相电源引入该按钮、接触器双重连锁正反转控制线路。当需要电动机 M 正向运转时，按下其正转启动按钮 SB2，其动断触点先分断实现对接触器 KM2 的连锁控制，随后 SB2 的动合触点闭合，接触器 KM1 得电吸合并自锁，主电路中 KM1 主触点闭合，接通电动机 M 正转电源，电动机 M 启动连续正转。同时，接触器 KM1 连锁触点分断与按钮 SB2 动断触点一起实现对接触器 KM2 双重连锁控

制。当需要电动机 M 反向运转时，按下反转启动按钮 SB3，其控制过程与电动机 M 正转控制过程相同，读者可自行分析。

当需要电动机 M 停止运转时，按下其停止按钮 SB1，切断控制线路供电回路，接触器 KM1 或 KM3 失电释放，电动机 M 失电停止运转。

图 9-7 所示按钮、接触器双重连锁的正、反转控制线路中容易出现故障的元器件是热继电器 KR、接触器 KM1、接触器 KM2、电动机 M、按钮 SB2 和按钮 SB3。其中按钮 SB2 和 SB3 的常见故障有触点烧损、触点表面有尘垢、触点弹簧失效、塑料受热变形导致接线螺钉相碰短路和杂物或油污在触点间形成通路等。

三、行程控制和自动往返控制线路

1. 行程开关行程控制线路

利用行程开关构成的行程控制线路如图 9-8 所示，常用于生产机械运动部件的行程、位置限制。如在摇臂钻床、万能铣床、镗床、桥式起重机及各种自动或半自动控制机床设备中运动部件的控制。

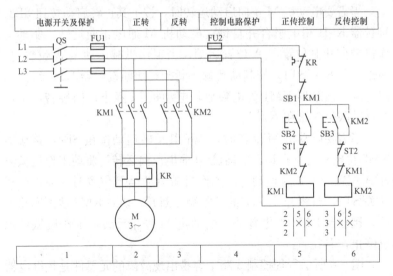

图 9-8　行程开关行程控制线路

（1）电路结构及主要电气元件作用。由图 9-8 可知，该行程控制线路由1～6区组成。其中1区和4区为电源开关及保护电路，2区和3区为主相异步电动机M主电路，5区和6区为控制电路。对应图区中使用的各电气元件符号及功能说明见表9-8。

表9-8　　　　电气元件符号及功能说明表（8）

符　号	名称及用途	符　号	名称及用途
M	三相异步电动机	SB2	M正转启动按钮
KM1	M正转接触器	SB3	M反转启动按钮
KM2	M反转接触器	QS	隔离开关
KR	热继电器	FU1、FU2	熔断器
SB1	M停止按钮	ST1、ST2	行程开关

（2）工作原理。电路通电后，隔离开关QS将380V的三相电源引入该行程控制线路。实际应用时，设行程开关ST1安装在A位置，行程开关ST2安装在B位置。当电动机M正转时，驱动工作机械从B位置向A位置运动，当电动机M反转时，则驱动工作机械从A位置向B位置运动。

当需要电动机M正向启动运转时，按下其正转启动按钮SB2，接触器KM1得电吸合并自锁，电动机M通电正向运转，驱动工作机械离开B位置向A位置运动，当工作机械运动至A位置时，撞击行程开关ST1，使其动断触点断开，切断接触器KM1线圈回路电源，接触器KM1失电释放，电动机M停止正向旋转，工作机械被限位停止在A位置。

当需要电动机M反转时，按下其反转启动按钮SB3，接触器KM2得电吸合并自锁，电动机M通电反向运转，驱动工作机械离开A位置向B位置运动，当工作机械运动至B位置时，撞击行程开关ST2，行程开关ST2的动断触点断开，切断KM2线圈回路电源，接触器KM2失电释放，电动机M停止反转，工作机械被限位停止在B位置。

图9-8所示行程控制线路中容易出现故障的元器件是热继电器KR、接触器KM1、接触器KM2、电动机M、行程开关ST1和行程开关ST2。其中行程开关ST1和ST2的常见故障有触点接触不良、触点接线松脱、触点弹簧失效、复位弹簧失效、内部撞块卡

阻和调节螺钉太长，顶住开关按钮等。

2. 行程开关自动往返行程控制线路

图 9-8 实例中行程控制线路所控制的工作机械只能运动至所指定的行程位置上即停止，而有些机床在运行时要求工作机械能够自动往返运动，实现该功能的控制线路称为自动往返行程控制线路，利用行程开关构成的自动往返行程控制线路如图 9-9 所示。

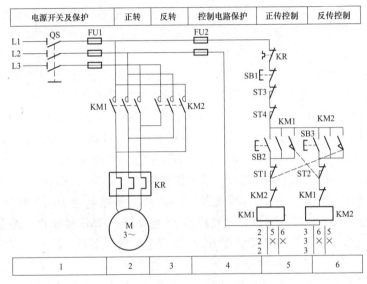

图 9-9　行程开关自动往返行程控制线路

（1）电路结构及主要电气元件作用。由图 9-9 可知，该自动往返行程控制线路由 1～6 区组成。其中 1 区和 4 区为电源开关及保护电路，2 区和 3 区为三相异步电动机 M 主电路，5 区和 6 区为控制电路。对应图区中使用的各电气元件符号及功能说明见表 9-9。

表 9-9　　　　　电气元件符号及功能说明表（9）

符　号	名称及用途	符　号	名称及用途
M	三相异步电动机	SB2	M 正转启动按钮
KM1	M 正转接触器	SB3	M 反转启动按钮
KM2	M 反转接触器	QS	隔离开关
KR	热继电器	FU1、FU2	熔断器
SB1	M 停止按钮	ST1～ST2	行程开关

（2）工作原理。电路通电后，隔离开关 QS 将 380V 的三相电源引入该自动往返行程控制线路。当需要电动机 M 正向启动运转（设向右运动为正转）时，按下其正转启动按钮 SB2，接触器 KM1 得电吸合并自锁，其主触点闭合接通电动机 M 正转工作电源，电动机 M 正向启动运转，驱动工作机械向右运动。同时，KM1 的辅助动断触点断开，切断接触器 KM2 线圈回路的电源，可避免电动机 M 正向运转时接触器 KM2 线圈通电闭合造成主电路电源短路。当工作机械运行至行程开关 ST1 处时，撞击 ST1，使其动断触点处于断开状态，接触器 KM1 失电释放，电动机 M 停止正转；KM1 的辅助动断触点复位闭合，为接通接触器 KM2 线圈电源做好准备。然后行程开关 ST1 的动合触点被压下闭合，接触器 KM2 得电吸合并自锁。其辅助动断触点处于断开状态，切断接触器 KM1 线圈回路的电源，实现接触器 KM1 与接触器 KM2 连锁控制；主电路中接触器 KM2 主触点闭合接通电动机 M 反转电源，电动机 M 反向启动运转，带动工作机械向左运动。当运行至行程开关 ST2 处时，撞击行程开关 ST2，其动断触点处于断开状态，接触器 KM2 失电释放，电动机 M 停止反转；KM2 的辅助动断触点复位闭合，为接通接触器 KM1 线圈电源做好准备。然后行程开关 ST2 的动合触点被压下闭合，接触器 KM1 得电吸合并自锁，其主触点接通电动机 M 正转电源，电动机 M 带动工作机械向右运动。如此往返循环，直至按下停止按钮 SB1，电动机 M 才停止运转。

在图 9-9 中，行程开关 ST3、ST4 的作用是：当工作机械运动至左端或右端时，若行程开关 ST1 或 ST2 出现故障失灵，工作机械撞击它时不能切断各接触器线圈的电源通路时，工作机械将继续向左或向右运动，此时会撞击行程开关 ST3 或 ST4，对应 ST3 或 ST4 动断触点断开，从而切断控制电路的供电回路，强迫对应接触器线圈断电，使电动机 M 停止运行。

图 9-9 所示自动往返行程控制线路中容易出现故障的元器件仍是热继电器 KR、接触器 KM1、接触器 KM2、电动机 M 和行程开关 ST1～ST4。值得注意的是，在进行安装时，行程开关必须牢固安装在合适的位置上。安装后，必须用手动工作台或受控装置进

行试验，合格后才能使用。

四、多地控制和顺序控制线路

1. 接触器多地控制线路

能在两地或多地控制同一台电动机的控制方式称为电动机的多地控制。利用接触器构成的多地控制线路如图 9-10 所示。该线路具有电动机单向运动控制和多地控制动能，是要求具有多地控制功能机床的常用控制线路单元。

（1）电路结构及主要电气元件作用。图 9-10 可知，该接触器

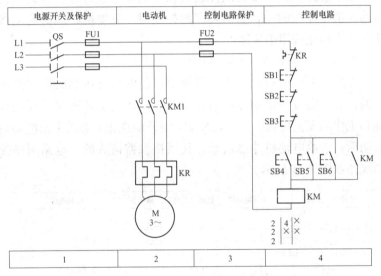

图 9-10　接触器多地控制线路

多地控制线路由 1～4 区组成。其中 1 区和 3 区为电源开关及保护电路，2 区为三相异步电动机 M 主电路，4 区为控制电路。对应图区中使用的各电气元件符号及功能说明见表 9-10。

表 9-10　　　　　电气元件符号及功能说明表（10）

符　号	名称及用途	符　号	名称及用途
M	三相异步电动机	SB4～SB6	M 多地启动按钮
KM	M 正转接触器	QS	隔离开关
KR	热继电器	FU1、FU2	熔断器
SB1～SB3	M 多地停止按钮		

（2）工作原理。电路通电后，隔离开关 QS 将 380V 的三相电源引入该接触器多地控制线路。当需要电动机 M 启动运转时，按下启动按钮 SB4 或 SB5 或 SB6，接触器 KM 通电吸合并自锁，主电路中接触器 KM 主触点闭合接通电动机 M 工作电源，电动机 M 启动运转。按下停止按钮 SB1 或 SB2 或 SB3，接触器 KM 失电释放，其主触点断开切断电动机 M 的电源，电动机 M 停止运转。

图 9-10 所示多地控制线路中容易出现故障的元器件是接触器 KM 和电动机 M。其常见故障在前面实例中已经介绍，在此不再赘述。值得注意的是，当需要多地控制时，只要把各地的启动按钮并接、停止按钮串接即可。

2. 接触器主电路顺序控制线路

在装有多台电动机的生产机械上，各电动机所起的作用是不同的，有时需按一定的顺序启动或停止，才能保证操作过程的合理和工作的安全可靠。例如，X62W 型万能铣床上要求主轴电动机启动后，进给电动机才能启动。利用接触器构成的主电路顺序控制线路如图 9-11 所示。

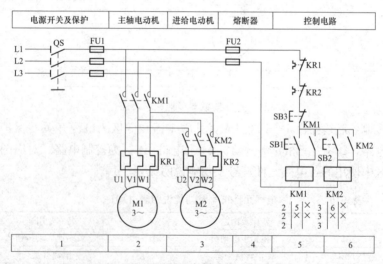

图 9-11 接触器主电路顺序控制线路

（1）电路结构及主要电气元件作用。由图 9-11 可知，该主电路顺序控制线路由 1～6 区组成。其中 1 区和 4 区为电源开关及保护电路，2 区为主轴电动机 M1 主电路，3 区为进给电动机 M2 主电路，5 区和 6 区为控制电路。对应图区中使用的各电气元件符号及功能说明见表 9-11。

表 9-11　　　　　电气元件符号及功能说明表（11）

符　号	名称及用途	符　号	名称及用途
M1	主轴电动机	SB1	M1 启动按钮
M2	进给电动机	SB2	M2 启动按钮
KM1	M1 控制接触器	SB3	M1、M2 停止按钮
KM2	M2 控制接触器	QS	隔离开关
KR1、KR2	热继电器	FU1、FU2	熔断器

（2）工作原理。电路通电后，隔离开关 QS 将 380V 的三相电源引入该接触器主电路顺序控制线路。当需要主轴电动机 M1 启动运转时，按下其启动按钮 SB1，接触器 KM1 通电吸合并自锁，其主触点闭合接通电动机 M1 的电源，电动机 M1 启动运转，同时接触器 KM1 主触点的闭合为电动机 M2 电源的接通做好了准备。然后再按下电动机 M2 的启动按钮 SB2，接触器 KM2 通电吸合并自锁，主电路中接触器 KM2 主触点闭合接通电动机 M2 的电源，电动机 M2 通电启动运转。按下停止按钮 SB3，接触器 KM1、KM2 均失电释放，电动机 M1、M2 停止运转。

由上述分析可知，进给电动机 M2 只有在主轴电动机 M1 启动后才能启动运转，从而实现了主轴电动机 M1 和进给电动机 M2 的顺序控制。

图 9-11 所示主电路顺序控制线路中容易出现故障的元器件是热继电器 KR1、KR2，接触器 KM1，KM2 和电动机 M1、M2。其中热继电器的常见故障有动作触点接触不良、热元件烧断或脱焊、动作结构卡阻和动作触点烧坏等。

3. 接触器控制电路顺序控制线路

利用接触器构成的控制电路顺序控制线路如图 9-12 所示，该线路具有电动机顺序控制、短路保护和过载保护等功能，是顺序控制线路的另一种电路结构形式。

(1) 电路结构及主要电气元件作用。由图 9-12 可知，该控制电路顺序控制线路由 1～6 区组成。其中 1 区和 4 区为电源开关及保护电路，2 区为主轴电动机 M1 主电路，3 区为进给电动机 M2 主电路，5 区和 6 区为控制电路。对应图区中使用的各电气元件符号及功能说明见表 9-12。

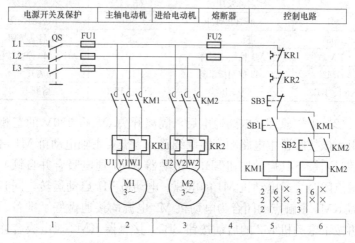

图 9-12　接触器控制电路顺序控制线路

表 9-12　　　　　电气元件符号及功能说明表（12）

符　号	名称及用途	符　号	名称及用途
M1	主轴电动机	SB1	M1 启动按钮
M2	进给电动机	SB2	M2 启动按钮
KM1	M1 控制接触器	SB3	M1、M2 停止按钮
KM2	M2 控制接触器	QS	隔离开关
KR1、KR2	热继电器	FU1、FU2	熔断器

(2) 工作原理。电路通电后，隔离开关 QS 将 380V 的三相电源引入该接触器控制电路顺序控制线路。

当需要主轴电动机 M1 启动运转时，按下其启动按钮 SB1，接触器 KM1 通电吸合并自锁，其主触点闭合接通电动机 M1 工作电源，电动机 M1 启动运转。同时，KM1 的辅助动合触点闭合，为进给电动机 M2 的启动运转做好了准备。当需要进给电动机 M2 启动运转时，按下其启动按钮 SB2，接触器 KM2 得电吸合并自锁，其主触点接通电动机 M2 工作电源，电动机 M2 启动运转。接下停止按钮 SB3，接触器 KM1、KM2 均失电释放，电动机 M1、M2 失电停止运转。

图 9-12 所示控制电路顺序控制线路中容易出现故障的元器件是热继电器 KR1、KR2、接触器 KM1、KM2 和电动机 M1、M2。其中接触器常见故障有触点过热、触点磨损、主触点熔焊、铁心噪声大、衔铁不释放、线圈匝间短路、线圈烧坏等。

4. 接触器顺序启动、逆序停止控制线路

利用接触器构成的顺序启动、逆序停止控制线路如图 9-13 所示，该线路具有电动机顺序启动、逆序停止控制，短路保护和过载保护等功能。该线路广泛应用于传送带运输机控制线路。

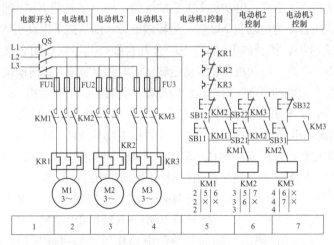

图 9-13　接触器顺序启动、逆序停止控制线路

(1) 电路结构及主要电气元件作用。由图 9-13 可知，该顺序启动、逆序停止控制线路由 1～7 区组成。其中 1 区为电源开关电路，2 区为三相异步电动机 M1 主电路，3 区为主相异步电动机 M2 主电路，4 区为三相异步电动机 M3 主电路，5～7 区为控制电路。对应图区中使用的各电气元件符号及功能说明如表 9-13 所示。

表 9-13 电气元件符号及功能说明表（13）

符　号	名称及用途	符　号	名称及用途
M1～M3	三相异步电动机	SB21	M2 启动按钮
KM1	M1 控制接触器	SB22	M2 停止按钮
KM2	M2 控制接触器	SB31	M3 启动按钮
KM3	M3 控制接触器	SB32	M3 停止按钮
KR1～KR3	热继电器	QS	隔离开关
SB11	M1 启动按钮	FU1、FU2	熔断器
SB12	M1 停止按钮			

（2）工作原理。电路通电后，隔离开关 QS 将 380V 的三相电源引入该顺序启动、逆序停止控制线路。

当需要三相异步电动机 M1～M3 顺序启动运转时，首先按下 M1 启动按钮 SB11，接触器 KM1 得电吸合并自锁，其主触点闭合接通电动机 M1 电源，电动机 M1 启动运转。同时接触器 KM1 辅助动合触点闭合，为电动机 M2 启动运转做准备。随后按下电动机 M2 启动按钮 SB21，接触器 KM2 得电吸合并自锁，其主触点闭合接通电动机 M2 电源，电动机 M2 启动运转。同时接触器 KM2 辅助动合触点闭合，为电动机 M3 启动运转做准备。此时若按下电动机 M3 启动按钮 SB31，则接触器 KM3 通电吸合并自锁，其主触点接通电动机 M3 电源，电动机 M3 启动运转。从而使电动机 M1、M2、M3 按顺序依次启动，以防止货物在运输带上堆积。电动机 M1、M2、M3 的逆序停止控制过程与顺序控制过程相同，请读者自行分析。

图 9-13 所示顺序启动、逆序停止控制线路中容易出现故障的是热继电器 KR1～KR3、接触器 KM1～KM3 和电动机 M1～M3。由于三台电动机都用熔断器和热继电器作短路和过载保护，根据上述分析可知，三台电动机中任何一台出现过载故障时，三台电动机均会停止运转。

五、降压启动控制线路

1. 接触器串电阻降压启动控制线路

交流电动机在启动时，其启动电流一般为额定电流的 6～7 倍左右。对于功率小于 7.5kW 的小型异步电动机可采用直接启动的方式，但当交流电动机功率超过 7.5kW 时，则应考虑对其启动电流进行限制，否则会影响电网的供电质量。常用的启动电流限制方法是降压启动法，用于降压启动的控制线路称为交流电动机的降压启动控制线路。常用的降压启动控制线路有：串电阻降压启动控制线路、Y-△降压启动控制线路、自耦变压器降压启动控制线路和延边△降压启动控制线路等。利用接触器构成的串电阻降压启动控制线路如图 9-14 所示。

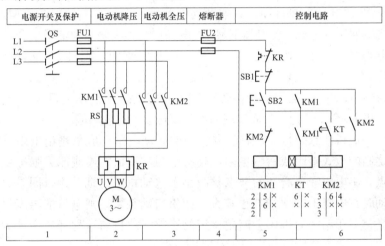

图 9-14　接触器串电阻降压启动控制线路

（1）电路结构及主要电气元件作用。由图 9-14 可知，该串电阻降压启动控制线路由 1～6 区组成。其中 1 区为电源开关及保护电路，2 区和 3 区为三相异步电动机 M 主电路，4～6 区为控制电路及保护电路。对应图区中使用的各电气元件符号及功能说明见表 9-14。

表 9-14　　　　　电气元件符号及功能说明表（14）

符　号	名称及用途	符　号	名称及用途
M1	三相异步电动机	SB1	M 停止按钮
KM1、KM2	M 控制接触器	SB2	M 启动按钮
RS	M 启动电阻器	QS	隔离开关
KR	热继电器	FU1、FU2	熔断器
KT	时间继电器		

（2）工作原理。电路通电后，隔离开关 QS 将 380V 的三相电源引入该串电阻降压启动控制线路。当需要电动机 M 运行时，按下其启动按钮 SB2，接触器 KM1 得电吸合并自锁，其主触点串电阻 R_S 接通电动机 M 的三相电源，M 通电启动运转。同时接触器 KM1 在 5 区的辅助动合触点闭合，接通时间继电器 KT 线圈的电源，KT 通电开始计时。经过整定时间，电动机 M 的转速升至设定值时，时间继电器 KT 动作，其通电延时闭合触点闭合，接触器 KM2 通电吸合并自锁，其辅助动断触点断开，切断接触器 KM1 线圈回路的电源，接触器 KM1 失电释放，其主触点和辅助动合触点均复位断开，切断时间继电器 KT 线圈回路电源，时间继电器 KT 失电释放，其通电延时闭合触点复位断开。同时，主电路中接触器 KM2 的主触点短接接触器 KM1 的主触点及启动电阻 R_S，电动机 M 全压运行，从而实现串电阻降压启动控制动能。

值得注意的是，该启动方法中的启动电阻一般采用由电阻丝绕制的板式电阻或铸铁电阻，具有电阻功率大、通流能力强等优点，串电阻降压启动的缺点是减小了电动机的启动转矩，同时启动时在电阻上功率消耗也较大，如果启动频繁，则电阻的温度很高，对于精密的机床会产生一定的影响，故目前这种降压启动的方法在生产实际中的应用正在逐步减少。

图 9-14 所示串电阻降压启动控制线路中容易出现故障的元器件是启动电阻 R_S、热继电器 KR、接触器 KM1、接触器 KM2 和电动机 M。值得注意的是，进行安装与调试时，电阻器 R_S 如果安装在箱体内，则要考虑其产生的热量对其他电器的影响；当将电阻器置于箱外时，必须采取遮护或隔离措施，以防发生触电事故。

2. 接触器手动控制 Y-△降压启动控制线路

Y-△降压启动是指电动机启动时，把定子绕组接成 Y 连接，以降低启动电压，限制启动电流。待电动机启动后，再把定子绕组改接成△连接，使电动机全压运行。由于功率在 7.5kW 以上的电动机其绕组均采用△连接，因此均可采用 Y-△降压启动的方法来限制启动电流。利用接触器、按钮构成的手动控制 Y-△降压启动控制线路如图 9-15 所示。

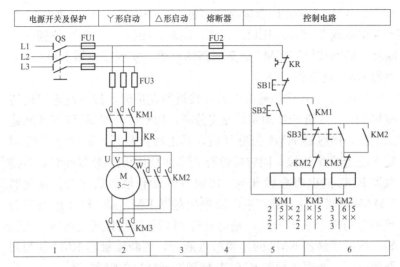

图 9-15　接触器、按钮手动控制 Y-△降压启动控制线路

（1）电路结构及主要电气元件作用。由图 9-15 可知，该 Y-△降压启动控制线路由 1～6 区组成。其中 1 区为电源开关及保护电路，2 区和 3 区为三相异步电动机 M 主电路，4～6 区为控制电路及保护电路。对应图区中使用的各电气元件符号及功能说明见表 9-15。

表 9-15　　　　　电气元件符号及功能说明表（15）

符　号	名称及用途	符　号	名称及用途
M1	三相异步电动机	SB1	M1 停止按钮
KM1	M 控制接触器	SB2	Y 连接降压启动按钮
KM2	Y 连接接触器	SB3	△连接运转按钮
KM3	△连接接触器	QS	隔离开关
KR	热继电器	FU1～FU3	熔断器

（2）工作原理。电路通电后，隔离开关 QS 将 380V 的三相电源引入该 Y-△降压启动控制线路。当需要电动机 M 启动运转时，按下 Y 连接启动按钮 SB2，接触器 KM1 和接触器 KM3 均通电吸合并利用接触器 KM1 辅助动合触点实现自锁。主电路中接触器

KM1、KM3 主触点闭合接通电动机 M 三相电源，使电动机 M 定子绕组接成 Y 连接降压启动运转。同时，接触器 KM3 的连锁触点断开，切断接触器 KM2 线圈回路的电源，实现接触器 KM3 与接触器 KM2 的连锁控制。

当电动机 M 运转速度上升并接近额定值时，按下△连接运转按钮 SB3，按钮 SB3 动断触点先分断，切断接触器 KM3 线圈回路的电源，接触器 KM3 失电释放，其主触点断开，解除电动机 M 定子绕组的 Y 连接；同时接触器 KM3 的连锁触点恢复闭合，为接触器 KM2 通电吸合做准备。按钮 SB3 动合触点后闭合，接触器 KM2 通电吸合并自锁，主电路中接触器 KM1、KM2 主触点闭合接通电动机 M 三相电源，使电动机 M 定子绕组接成△连接全压运转。同时接触器 KM2 的连锁触点断开，切断接触器 KM3 线圈回路的电源，实现接触器 KM2 与接触器 KM3 的连锁控制。

值得注意的是，笼型异步电动机采用 Y-△，降压启动时，定子绕组启动时电压降至额定电压的 $\dfrac{1}{\sqrt{3}}$，启动电流降至全压启动的 1/3，从而限制了启动电流，但由于启动转矩也随之降至全压启动的 1/3，故仅适用于空载或轻载启动。与其他降压启动方法相比，Y-△降压启动投资少，线路简单、操作方便，在机床电动机控制中应用较普遍。

图 9-15 所示手动控制 Y-△，降压启动控制线路中容易出现故障的元器件是接触器 KM2、接触器 KM3、热继电器 KR、熔断器 FU1、熔断器 FU2。其中电路接通瞬间，熔断器熔体熔断的可能原因有熔体电流等级选择过小、负载侧短路或接地、熔体安装时受机械损伤等。

3. 时间继电器自动控制 Y-△降压启动控制线路

利用时间继电器构成的自动控制 Y-△，降压启动控制线路如图 9-16 所示，该线路能在电动机运转转速上升并接近额定值时，自动实现定子绕组 Y 连接至△连接的转换。适用于功率在 7.5kW 以上、定子绕组采用△连接的电动机启动控制。

（1）电路结构及主要电气元件作用。由图 9-16 可知，该自动

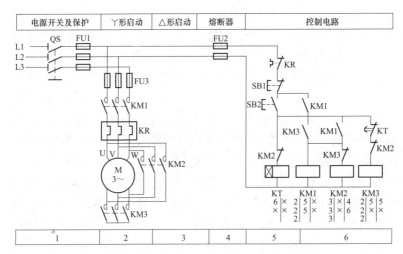

图 9-16　时间继电器自动控制 Y-△降压启动控制线路

控制 Y-△，降压启动控制线路由 1～6 区组成。其中 1 区为电源开关及保护电路，2 区和 3 区为三相异步电动机 M 主电路，4～6 区为控制电路及保护电路。对应图区中使用的各电气元件符号及功能说明见表 9-16。

表 9-16　　　　电气元件符号及功能说明表（16）

符号	名称及用途	符号	名称及用途
M	三相异步电动机	KT	时间继电器
KM1	M 控制接触器	SB1	M 停止按钮
KM2	△连接接触器	SB2	M 启动按钮
KM3	Y 连接接触器	QS	隔离开关
KR	热继电器	FU1~FU3	熔断器

（2）工作原理。电路通电后，隔离开关 QS 将 380V 的三相电源引入该自动控制 Y-△，降压启动控制线路。当需要电动机 M 运行时，按下启动按钮 SB2，时间继电器 KT 和接触器 KM3 均得电吸合，接触器 KM3 的连锁触点断开，切断接触器 KM2 线圈回路

的电源，使接触器 KM3 闭合时接触器 KM2 不能通电闭合；同时接触器 KM3 的辅助动合触点闭合，接通接触器 KM1 线圈回路的电源，使 KM1 得电吸合并自锁。此时时间继电器 KT 开始计时，主电路中接触器 KM1、KM3 主触点将电动机 M 绕组接成 Y 连接降压启动。经过设定时间后，当电动机 M 的运转速度上升并接近额定值时，时间继电器 KT 动作，其通电延时闭合触点断开，切断接触器 KM3 线圈回路的电源，接触器 KM3 失电释放，其主触点断开，同时其辅助动断触点复位闭合，接通接触器 KM2 线圈的电源，接触器 KM2 得电吸合，其辅助动断触点断开，切断时间继电器 KT、接触器 KM3 线圈的电源，使 KM2 得电吸合时；时间继电器 KT 和接触器 KM3 不能得电吸合，此时电动机 M 绕组接成△连接全压运行，从而实现电动机的 Y-△降压启动自动控制动能。

图 9-16 所示自动控制 Y-△，降压启动控制线路中容易出现故障的元器件是热继电器 KR、时间继电器 KT、接触器 KM2、接触器 KM3 和电动机 M。值得注意的是，接线时要保证电动机接法的正确性，即接触器 KM2 主触点闭合时，应保证定子绕组的 U1 与 W2、V1 与 U2、W1 与 V2 相连接；接触器 KM3 的进线必须从三相定子绕组的末位端引入，若误将其从首端引入，则在接触器 KM3 吸合时，会产生三相电源短路事故。

4. 自耦变压器的降压启动控制线路

自耦变压器降压启动也称为串电感降压启动，它是利用串接在电动机 M 绕组回路中的自耦变压器降低加在电动机绕组上的启动电压，待电动机启动后，再使电动机与自耦变压器脱离，电动机即可在全压下运行。利用自耦变压器构成的降压启动控制线路如图 9-17 所示。

（1）电路结构及主要电气元件作用。由图 9-17 可知，该自耦变压器降压启动控制线路由 1～6 区组成。其中 1 区为电源开关及保护电路，2 区和 3 区为三相异步电动机 M 主电路，4～6 区为控制电路及保护电路。对应图区中使用的各电气元件符号及功能说明如表 9-17 所示。

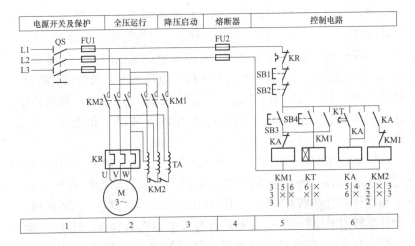

图 9-17　自耦变压器降压启动控制线路

表 9-17　电气元件符号及功能说明表（17）

符号	名称及用途	符号	名称及用途
M	三相异步电动机	TA	自耦变压器
KM1	M 控制接触器	SB1、SB2	M 两地停止按钮
KM2	M 全压运转接触器	SB3、SB4	M 两地启动按钮
KR	热继电器	QS	隔离开关
KT	时间继电器	FU1、FU2	熔断器
KA	中间继电器		

　　（2）工作原理。电路通电后，隔离开关 QS 将 380V 的三相电源引入该自耦变压器降压启动控制线路。当需要电动机 M 启动运行时，按下其启动按钮 SB3 或 SB4，接触器 KM1 和时间继电器 KT 得电吸合并自锁，接触器 KM1 的主触点闭合，使电动机 M 串联自耦变压器降压启动，同时时间继电器 KT 开始计时。经过设定时间，当电动机 M 的转速上升至接近额定值时，时间继电器 KT 动作，其通电延时闭合触点闭合，接通中间继电器 KA 线圈电源，

中间继电器 KA 通电闭合并自锁，其动断触点断开，切断接触器 KM1 线圈电源，接触器 KM1 失电释放，主电路中接触器 KM1 主触点断开；同时接触器 KM1 辅助动断触点复位闭合，为接触器 KM2 通电吸合做好准备。此时，中间继电器 KA 的动合触点闭合，接通接触器 KM2 线圈的电源，接触器 KM2 得电吸合，主电路中接触器 KM2 主触点闭合，直接接通电动机 M 的三相电源，电动机 M 全压运行。

实际应用时，常用的自耦变压器降压启动方法是采用成品补偿降压启动器，补偿降压启动器包括手动和自动操作两种形式。手动操作的补偿器有 QJ3、QJ5、QJ10 等型号，其中 QJ10 系列手动补偿器用于控制 10～75kW 八种容量电动机的启动；自动操作的补偿器有 XJ01 型和 CTZ 系列等，其中 XJ01 型补偿器适用于 14～28kW 电动机，读者可根据电动机容量自行选用。

图 9-17 所示自耦变压器降压启动控制线路中容易出现故障的元器件是自耦变压器 TA、接触器 KM1、接触器 KM2、时间继电器 KT 和中间继电器 KA。值得注意的是，电动机 M 降压启动时，定子绕组得到的电压是自耦变压器 TA 的二次侧电压 U_2，若自耦变压器 TA 变比 $K=U_1/U_2>1$，则利用自耦变压器降压启动时电压降为额定电压的 $1/K$，电网供给的启动电流减小到 $1/K^2$，启动转矩也降为直接启动的 $1/K^2$，故自耦变压器降压启动仅适用于电动机空载或轻载启动。

5. 接触器延边△降压启动控制线路

延边△降压启动是指电动机启动时，把定子绕组接成延边△连接降压启动，待电动机启动后，再把定子绕组改接成△连接全压运行。利用接触器构成的延边△降压启动控制线路如图 9-18 所示，适用于定子绕组特别设计的电动机降压启动控制。

（1）电路结构及主要电气元件作用。由图 9-18 可知，该延边△降压启动控制线路由 1～8 区组成。其中 1 区为电源开关电路，2 区和 3 区为三相异步电动机 M 主电路，4～8 区为控制电路及保护电路。对应图区中使用的各电气元件符号及功能说明如表 9-18 所示。

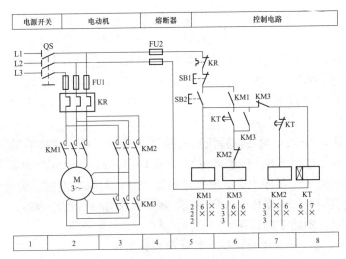

电源开关	电动机	熔断器	控制电路

图9-18 接触器延边△降压启动控制线路

表9-18 电气元件符号及功能说明表（18）

符号	名称及用途	符号	名称及用途
M	三相异步电动机	KT	时间继电器
KM1	M控制接触器	SB1	M停止按钮
KM2	延边△连接接触器	SB2	M启动按钮
KM3	△连接接触器	QS	隔离开关
KR	热继电器	FU1、FU2	熔断器

（2）工作原理。电路通电后，隔离开关QS将380V的三相电源引入该延边△降压启动控制线路。当需要电动机启动运转时，按下其启动按钮SB2，接触器KM1、KM2均得电吸合并通过接触器KM1辅助动合触点实现自锁，主电路中接触器KM1主触点和接触器KM2主触点同时闭合，使电动机连接成延边△降压启动；另外，接触器KM2的辅助动断触点断开，实现接触器KM2与接触器KM3连锁控制。同时，时间继电器KT得电吸合，时间继电器KT开始计时。经过设定时间，当电动机M转速上升至接近额定值时，时间继电器KT动作，其通电延时断开触点断开，切断接触器KM2线圈回路的电源，接触器KM2失电释放，其主触点分断，解除电动机M延边△连接。时间继电器KT的通电延时闭合

触点闭合，接通接触器 KM3 线圈回路的电源，接触器 KM3 得电吸合并自锁，其辅助动断触点断开，切断时间继电器 KT 线圈回路的电源，时间继电器 KT 失电释放，其辅助触点瞬时复位。主电路中接触器 KM3 主触点闭合，与接触器 KM1 主触点一起将电动机 M 接成△连接全压运行。从而实现电动机 M 的延边△降压启动控制动能。

　　图 9-18 所示延边△降压启动控制线路中容易出现故障的元器件是热继电器 KR、接触器 KM1、接触器 KM3、时间继电器 KT 和电动机 M。其中电磁式时间继电器常见的故障有电磁线圈断线、传动机构卡住或损坏、气室漏气、橡皮膜损坏和气道阻塞等。

六、制动控制线路

1. 通电型电磁抱闸制动器制动控制线路

　　电动机在切断电源停转的过程中，产生一个和电动机实际旋转方向相反的制动力矩，迫使电动机迅速制动停转的方法叫制动。交流电动机制动方法有机械制动和电力制动两种，其中机械制动常采用电磁抱闸制动器制动；电力制动常用的方法有反接制动、能耗制动、电容制动等。利用通电型电磁抱闸制动器构成的制动控制线路如图 9-19 所示。

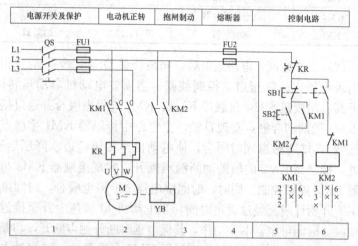

图 9-19　通电型电磁抱闸制动器制动控制线路

（1）电路结构及主要电气元件作用。由图 9-19 可知，该通电型电磁抱闸制动器制动控制线路由 1～6 区组成。其中 1 区和 4 区为电源开关及保护电路，2 区和 3 区为三相异步电动机 M 主电路，5 区和 6 区为控制电路。对应图区中使用的各电气元件符号及功能说明见表 9-19。

表 9-19　　　　　　　电气元件符号及功能说明表（19）

符　号	名称及用途	符　号	名称及用途
M	三相异步电动机	SB1	M 制动停止按钮
YB	电磁抱闸器	SB2	M 启动按钮
KM1	M 控制接触器	QS	隔离开关
KM2	YB 控制接触器	FU1、FU2	熔断器
KR	热继电器		

（2）工作原理。电路通电后，隔离开关 QS 将 380V 的三相电源引入该电磁抱闸制动控制线路。当需要电动机 M 启动运转时，按下其启动按钮 SB2，接触器 KM1 得电吸合并自锁，其主触点闭合接通电动机 M 的电源，电动机 M 通电运转。当需要电动机 M 制动停止时，按下其制动停止按钮 SB1，其动断触点断开，切断接触器 KM1 线圈回路的电源，使接触器 KM1 失电释放，主电路中接触器 KM1 主触点断开，切断电动机 M 绕组电源，电动机 M 失电，但由于惯性的作用，电动机 M 转子继续旋转。此后按钮 SB1 的动合触点被压下闭合，接通接触器 KM2 线圈的电源，使 KM2 得电吸合，其主触点接通制动电磁铁 YB 线圈的电源，制动电磁铁 YB 动作，使闸瓦紧紧抱住闸轮，电动机 M 迅速停止，从而实现电动机制动控制。

利用电磁抱闸制动器制动在车床上被广泛采用。其优点是能够准确定位，同时当电动机处于停转常态时，电磁抱闸制动器线圈无电流流过，闸瓦与闸轮分开，技术人员可以用手扳动电动机主轴调整工件、对刀等。

图 9-19 所示电磁抱闸制动器制动控制线路电路简单，进行安装后一般不用调试即可通电工作，其中容易出故障的元器件为电磁抱闸制动器。进行安装时，电磁抱闸制动器必须与电动机一起安装在固定的底座或座墩上，且电动机轴伸出端上的制动闸轮与闸瓦制动器的抱闸机构要在同一平面上，即轴心要一致。

2. 断电型电磁抱闸制动器制动控制线路

利用断电型电磁抱闸制动器构成的制动控制线路如图 9-20 所示。该电路具有短路、过载等保护功能，常用于电动葫芦、起重机等三相异步电动机需制动控制的机床控制线路，是利用电磁抱闸制动器实现三相异步电动机制动的另一种电路形式。

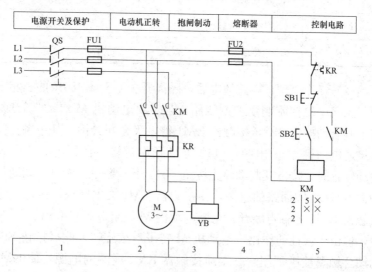

图 9-20 断电型电磁抱闸制动器制动控制线路

（1）电路结构及主要电气元件作用。由图 9-20 可知，该电磁抱闸制动控制线路由 1～5 区组成。其中 1 区和 4 区为电源开关及保护电路，2 区和 3 区为三相异步电动机 M 主电路，5 区为控制电路。对应图区中使用的各电气元件符号及功能说明见表 9-20。

表 9-20　　　　　电气元件符号及功能说明表（20）

符　号	名称及用途	符　号	名称及用途
M	三相异步电动机	SB1	M 制动停止按钮
KM	M 控制接触器	SB2	M 启动按钮
YB	电磁抱闸器	QS	隔离开关
KR	热继电器	FU1、FU2	熔断器

（2）工作原理。电路通电后，隔离开关 QS 将 380V 的三相电源引入该断电型电磁抱闸制动控制线路。

当需要三相异步电动机 M 启动运转时，按下其启动按钮 SB2，接触器 KM 得电吸合并自锁，其主触点闭合接通三相异步电动机 M 的工作电源，同时电磁抱闸 YB 通电工作，克服制动装置弹簧的拉力带动机械抱闸松开对三相异步电动机 M 转轴的抱闸，电动机 M 通电启动运转。

当需要三相异步电动机 M 制动停止时，按下其制动停止按钮 SB1，接触器 KM 失电释放。其主触点断开切断三相异步电动机 M 的工作电源，电动机 M 失电，但由于惯性作用继续运转。同时，电磁抱闸 YB 断电，制动装置在弹簧力的作用下，带动抱闸将电动机 M 转轴紧紧抱住，电动机 M 迅速停转，从而实现电动机 M 制动控制动能。

图 9-20 所示电磁抱闸制动控制线路具有制动力强、安全可靠等优点，广泛应用在起重设备上。但由于电磁抱闸体积较大，制动器磨损严重，且快速制动时会产生振动，在精密机床上较少使用。

3. 接触器单向反接制动控制线路

依靠改变电动机定子绕组的电源相序形成制动力矩，迫使电动机迅速停转的方法叫反接制动。利用接触器构成的单向反接制动控制线路如图 9-21 所示，适用于制动要求迅速，系统惯性较大，不经常启动和制动的场合，如铣床、镗床、中型车床等主轴的制动控制。

（1）电路结构及主要电气元件作用。由图 9-21 可知，该单向

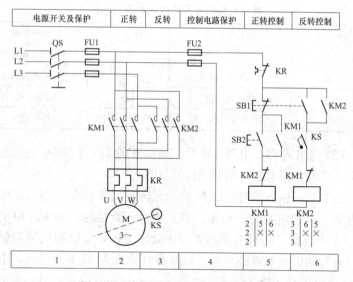

图 9-21 接触器单向反接制动控制线路

反接制动控制线路由 1~6 区组成。其中 1 区和 4 区为电源开关及保护电路，2 区和 3 区为三相异步电动机 M 主电路，5 区和 6 区为控制电路。对应图区中使用的各电气元件符号及功能说明如表 9-21 所示。

表 9-21　　　　　　电气元件符号及功能说明表（21）

符　号	名称及用途	符　号	名称及用途
M	三相异步电动机	SB1	M 停止按钮
KM1	M 正转接触器	SB2	M 启动按钮
KM2	M 反转接触器	QS	隔离开关
KS	速度继电器	FU1、FU2	熔断器
KR	热继电器		

（2）工作原理。电路通电后，隔离开关 QS 将 380V 的三相电源引入该反接制动控制线路。当需要电动机 M 启动运转时，按下其启动按钮 SB2，接触器 KM1 得电吸合并自锁，其连锁触点断开，切断接触器 KM2 线圈回路的电源，实现接触器 KM1 与接触

器 KM2 的连锁控制。同时，主电路中接触器 KM1 主触点接通电动机 M 的正转电源，电动机 M 正向启动运转，当 M 的正向转速达到 120r/min 时，与电动机 M 同轴相联的速度继电器 KS 动作，使其动合触点闭合，为电动机 M 停车时反接制动做好准备。

当需要电动机 M 停止运行时，按下制动停止按钮 SB1，其动断触点首先断开，切断接触器 KM1 线圈回路的电源，接触器 KM1 失电释放。主电路中接触器 KM1 主触点复位断开，切断电动机 M 正转电源，电动机 M 断电，但由于惯性的作用，电动机 M 转子继续正向旋转。此后按钮 SB1 的动合触点闭合，接通接触器 KM2 线圈回路的电源，接触器 KM2 得电吸合并自锁，主电路中接触器 KM2 主触点接通电动机 M 的反向旋转电源，电动机 M 通电产生反向旋转转矩。由于该反向旋转转矩与电动机转子的正向惯性旋转方向刚好相反，电动机 M 正向旋转速度在这个反向旋转转矩的作用下迅速下降。当正向速度下降至 100r/min 时，速度继电器 KS 的动合触点在自身弹簧力的作用下断开，切断接触器 KM2 线圈的电源，KM2 失电释放，主电路中接触器 KM2 主触点断开，切断通入电动机 M 的反转电源，电动机 M 反接制动结束。

图 9-21 所示单向反接制动控制线路制动力强、制动迅速，其中常出现故障的元器件是电动机 M、接触器 KM1 和接触器 KM2。反接制动时，由于旋转磁场与转子的相对转速（$n_1 + n$）很高，故转子绕组中感生电流很大，致使定子绕组中的电流也很大，一般约为电动机额定电流的 10 倍左右。因此，反接制动适用于 10kW 以下小容量电动机的制动，且对 4.5kW 以上的电动机进行反接制动时，需在定子回路中串入限流电阻 R，以限制反接制动电流。

4. 接触器双向反接制动控制线路

利用接触器构成的双向反接制动控制线路如图 9-22 所示。该线路具有短路保护、过载保护、可逆运行和制动等功能，是一种比较完善的控制线路。

（1）电路结构及主要电气元件作用。由图 9-22 可知，该双向反接制动控制线路由 1~6 区组成。其中 1 区为电源开关及保护电路，2 区和 3 区为三相异步电动机 M 主电路，4~6 区为控制电路

及保护电路。对应图区中使用的各电气元件符号及功能说明见
表 9-22。

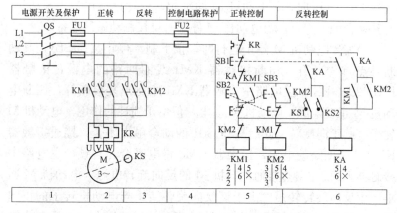

图 9-22　接触器双向反接制动控制线路

表 9-22　　　　　**电气元件符号及功能说明表（22）**

符号	名称及用途	符号	名称及用途
M	三相异步电动机	SB1	M 停止按钮
KMI	M 正转接触器	SB2	M 正转启动按钮
KM2	M 反转接触器	SB3	M 反转启动按钮
KS	速度继电器	QS	隔离开关
KR	热继电器	FU1、FU2	熔断器
KA	中间继电器		

（2）工作原理。电路通电后，隔离开关 QS 将 380V 的三相电
源引入该双向反接制动控制线路。当需要电动机 M 正向启动运转
时，按下正转启动按钮 SB2，接触器 KM1 通电吸合并自锁，接触
器 KM1 的辅助动合触点闭合，为电动机 M 正向运转反向制动停
止做好准备；另外接触器 KM1 的辅助动断触点断开，实现接触器
KM1 与接触器 KM2 连锁控制动能。同时，主电路中接触器 KM1
主触点闭合，接通电动机 M 正向旋转电源，电动机 M 通电正向启
动运转。当电动机 M 正向旋转速度达到 120r/min 时，速度继电器

KS 的动合触点 KS2 闭合, 为电动机 M 正向运转反接制动停止做好准备。

当需要电动机 M 停止时, 按下制动停止按钮 SB1, 其动断触点首先断开, 切断接触器 KM1 线圈电源, 接触器 KM1 失电释放, 其辅助动合、动断触点复位, 主电路中接触器 KM1 主触点断开, 切断电动机 M 正转电源, 电动机 M 断电。但由于惯性的作用, 电动机 M 继续正向运转。然后, 按钮 SB1 的动合触点被压下闭合, 接通中间继电器 KA 线圈电源, 中间继电器 KA 通电闭合并自锁, KA 动合触点闭合。接触器 KM2 得电吸合并自锁, 主电路中接触器 KM2 主触点接通电动机 M 反转电源, 电动机 M 通电产生一个与正向旋转方向相反的反向力矩, 使电动机 M 正向运转速度迅速下降。当电动机 M 正向转速下降至 100r/min 时, 速度继电器 KS 的动合触点 KS2 在自身弹簧力的作用下断开, 切断接触器 KM2 线圈电源, 接触器 KM2 失电释放, 主电路中接触器 KM2 主触点断开, 切断电动机 M 反向运转电源, 中间继电器 KA 各触点复位, 完成电动机 M 正向运转反向制动过程。

电动机反向启动运转正向制动停止控制过程与上述过程相同, 请读者自行分析。

图 9-22 所示可逆运行反接制动控制线路所用元器件较多, 线路也比较复杂, 但具有操作方便、运行安全可靠等特点, 其中常出现故障的元器件是速度继电器 KS、接触器 KM1 和接触器 KM2。通电试车时, 若制动不正常, 可检查速度继电器是否符合规定要求。若需调节速度继电器的调整螺钉时, 必须切断电源, 以防止出现相对地短路而引起事故。

5. 接触器全波整流能耗制动控制线路

能耗制动是在电动机脱离交流电源后, 迅速给定子绕组通入直流电源, 产生恒定磁场, 利用转子感应电流与恒定磁场的相互作用达到制动的目的。由于此制动方法是将电动机旋转的动能转变为电能, 并消耗在制动电阻上, 故称为能耗制动或功能制动。利用接触器构成的全波整流能耗制动控制线路典型电路如图 9-23 所示。

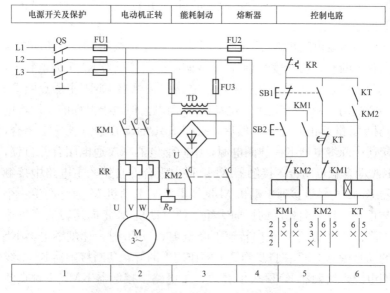

图 9-23　接触器全波整流能耗制动控制线路

（1）电路结构及主要电气元件作用。由图 9-23 可知，该全波整流能耗制动控制线路由 1～6 区组成。其中 1 区为电源开关及保护电路，2 区和 3 区为三相异步电动机 M 主电路，4～6 区为控制电路及保护电路。对应图区中使用的各电气元件符号及功能说明见表 9-23。

表 9-23　　　　　　电气元件符号及功能说明表（23）

符　号	名称及用途	符　号	名称及用途
M	三相异步电动机	SB2	M 启动按钮
KM1	M 控制接触器	QS	隔离开关
KM2	M 制动接触器	FU1～FU3	熔断器
KR	热继电器	TD	电源变压器
KT	时间继电器	U	桥式整流器
SB1	M 停止按钮	R_p	可调电阻器

（2）工作原理。电路通电后，隔离开关 QS 将 380V 的三相电

源引入该全波整流能耗制动控制线路。当需要电动机 M 启动运行时，按下启动按钮 SB2，接触器 KM1 得电吸合并自锁，其辅助动断触点断开，实现接触器 KM1 与接触器 KM2 连锁控制。同时，主电路中接触器 KM1 主触点闭合，接通电动机 M 工作电源，M 通电运转。

当需要电动机 M 制动停止时，按下制动停止按钮 SB1，其动断触点首先断开，切断接触器 KM1 线圈的电源，接触器 KM1 失电释放，其辅助动断触点复位闭合，为电动机 M 制动停止做好准备。同时，主电路中接触器 KM1 主触点断开，切断电动机 M 的电源，电动机 M 失电，但由于惯性的作用，电动机 M 转子继续转动。随后按钮 SB1 的动合触点被压下闭合，接通接触器 KM2 和时间继电器 KT 线圈电源，接触器 KM2 和时间继电器 KT 得电吸合，两者的动合触点闭合自锁；同时，主电路中接触器 KM2 主触点闭合，将整流装置直流电源引入电动机 M 的两相绕组中，对电动机 M 进行能耗制动，电动机 M 转子速度迅速下降。经过设定时间，时间继电器 KT 的通电延时断开触点分断，切断接触器 KM2 线圈电源，接触器 KM2 失电释放，各辅助动合、动断触发复位，完成电动机 M 能耗制动过程。

图 9-23 所示全波整流能耗制动控制线路的优点是制动准确、平稳，且能量消耗较小；缺点是需附加直流电源装置，故设备费用较高，制动力较弱，在低速运转时制动力矩小。能耗制动适用于要求制动准确、平稳的场合，如磨床、立式铣床等的控制线路中。实际应用中，常出现故障的元器件是接触器 KM1、接触器 KM2 和直流整流装置。

6. 电容器制动控制线路

电容制动是指电动机脱离交流电源后，立即在电动机定子绕组的出线端接入电容器，利用电容器回路形成的感生电流迫使电动机迅速停转的制动方法。利用电容器构成的制动控制线路如图 9-24 所示。该控制线路一般适用于 10kW 以下的小容量电动机，特别适用于存在机械摩擦和阻尼的生产机械和需要多台电动机同时制动的场合。

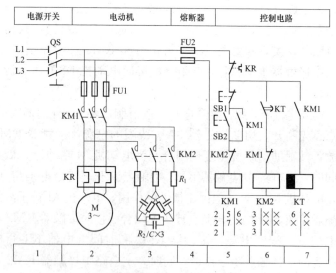

| 电源开关 | 电动机 | 熔断器 | 控制电路 |

图 9-24　电容器制动控制线路

（1）电路结构及主要电气元件作用。由图 9-24 可知，该电容器制动控制线路由 1～7 区组成。其中 1 区和 4 区为电源开关及保护电路，2 区和 3 区为三相异步电动机 M 主电路，5～7 区为控制电路。对应图区中使用的各电气元件符号及功能说明见表 9-24。

表 9-24　　　　　电气元件符号及功能说明表（24）

符　号	名称及用途	符　号	名称及用途
M	三相异步电动机	SB1	M 停止按钮
KM1	M 控制接触器	SB2	M 启动按钮
KM2	M 制动接触器	QS	隔离开关
KR	热继电器	FU1、FU2	熔断器
KT	时间继电器	C	制动电容器

（2）工作原理。电路通电后，隔离开关 QS 将 380V 的三相电源引入该电容器制动控制线路。当需要电动机 M 启动运转时，按下其启动按钮 SB2，接触器 KM1 得电吸合并自锁，其连锁触点分断，实现对接触器 KM2 的连锁控制；主电路中接触器 KM1 主触

点闭合接通电动机 M 工作电源，电动机 M 得电启动运转。同时，接触器 KM1 在 7 区中的辅助动合触点闭合，接通时间继电器 KT 线圈电源，时间继电器 KT 得电吸合，其延时分断动合触点瞬时闭合，为接触器 KM2 得电做准备。

当需要电动机 M 制动停止时，按下制动停止按钮 SB1，切断接触器 KM1 线圈电源，接触器 KM1 失电释放，主电路中接触器 KM1 主触点断开，切断电动机 M 电源，电动机 M 失电，但由于惯性的作用，电动机 M 转子继续转动。同时，接触器 KM1 的连锁触点复位闭合，接通接触器 KM2 线圈电源，KM2 得电吸合，其连锁触点分断，实现对接触器 KM1 的连锁控制。同时，主电路中接触器 KM2 主触点闭合，电动机 M 接入三相电容进行电容制动，电动机 M 运转速度迅速下降。经过整定时间，时间继电器 KT 动作，其延时分断动合触点断开，切断接触器 KM2 线圈电源，接触器 KM2 失电释放，其主触点断开，三相电容被切除，从而实现电容制动控制。

图 9-24 所示的电容制动控制线路具有制动迅速、能量损耗小和设备简单的特点，其中常出现故障的元器件是时间继电器 KT、接触器 KM1 和接触器 KM2。控制电路中，电容器的耐压应不小于电动机的额定电压，其电容量也应满足要求。经验证明，对于 380V、50Hz 的笼型异步电动机，每千瓦每相约需要 $150\,\mu\text{F}$ 左右的电容。

七、调速控制线路

1. 双速电动机时间继电器调速控制线路

双速电动机是指通过不同的连接方式可以得到两种不同转速，即低速和高速的电动机。其常用调速控制线路有基于时间继电器的双速电动机调速控制线路和基于接触器的双速电动机调速控制线路两种。其中利用时间继电器构成的双速电动机调速控制线路如图 9-25 所示。

（1）电路结构及主要电气元件作用。由图 9-25 可知，该双速电动机时间继电器调速控制线路由 1～6 区组成。其中 1 区为电源开关及保护电路，2 区和 3 区为三相异步电动机 M 主电路，4～6

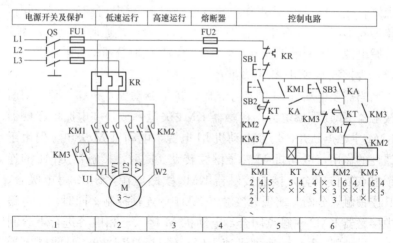

图 9-25　双速电动机时间继电器机调速控制线路

区为控制电路及保护电路。对应图区中使用的各电气元件符号及功能说明见表 9-25。

表 9-25　　　　　　电气元件符号及功能说明表（25）

符　号	名称及用途	符　号	名称及用途
M	三相异步电动机	SB1	M 停止按钮
KM1	M 低速运转接触器	SB2	M 低速启动按钮
KM2、KM3	M 高速运转接触器	SB3	M 高速启动按钮
KR	热继电器	QS	隔离开关
KT	时间继电器	FU1、FU2	熔断器
KA	中间继电器		

（2）工作原理。电路通电后，隔离开关 QS 将 380V 的三相电源引入该调速控制线路。当需要双速电动机 M 低速运转时，按下其低速启动按钮 SB2，接触器 KM1 得电吸合并自锁，其辅助动合触点断开，切断接触器 KM2、KM3 线圈电源的通路；同时主电路中接触器 KM1 主触点闭合，接通双速电动机 M 电源，双速电动机 M 接成△连接低速启动运转。

当需要双速电动机 M 高速运转时，按下其高速启动按钮 SB3，时间继电器 KT 和中间继电器 KA 均通电闭合并通过中间继电器 KA 的动合触点自锁，时间继电器 KT 开始计时；同时中间继电器 KA 动合触点闭合，接通接触器 KM1 线圈电源，接触器 KM1 通电闭合并自锁。主电路中接触器 KM1 主触点闭合接通双速电动机 M 电源，M 接成△连接低速启动。经过设定时间后，时间继电器 KT 动作，其通电延时断开触点断开，切断接触器 KM1 线圈电源，接触器 KM1 失电释放，其辅助动合、动断触点复位，主电路中接触器 KM1 主触点断开，切断双速电动机 M 低速电源。同时时间继电器 KT 的通电延时闭合触点闭合，接通接触器 KM2 的线圈电源，接触器 KM2 通电闭合，KM2 的辅助动合触点闭合，接通接触器 KM3 线圈电源，接触器 KM3 的辅助动合触点闭合自锁，辅助动断触点断开，切断时间继电器 KT 和中间继电器 KA 线圈的电源，时间继电器 KT 和中间继电器 KA 失电释放，各动合、动断触点复位。主电路中接触器 KM2、KM3 的主触点闭合，将双速电动机 M 接成 YY 连接高速运转。

当需要电动机 M 停转时，按下双速电动机 M 的停止按钮 SB1，此时无论双速电动机 M 处于低速或高速运转状态，各接触器线圈均会失电释放，双速电动机 M 断电停转。

图 9-25 所示双速电动机时间继电器调速控制线路适用于较大功率的电动机。其中容易出现故障的元器件为接触器 KM1～KM3、时间继电器 KT 和中间继电器。进行安装接线时，必须注意主电路中接触器 KM1、KM2 在两种转速下电源相序的改变，不能接错，否则，两种转速下电动机的转向相反，换向时将产生很大的冲击电流。

2. 双速电动机接触器调速控制线路

利用接触器构成的双速电动机接触器调速控制线路如图 9-26 所示，该控制线路具有双速电动机调速控制与短路保护、过载保护等功能，适用于小容量电动机的控制。

（1）电路结构及主要电气元件作用。由图 9-26 可知，该双速电动机接触器调速控制线路由 1～6 区组成。其中 1 区为电源开关及保护电路，2 区和 3 区为三相异步电动机 M 主电路，4～6 区为控制电路及保护电路。对应图区中使用的各电气元件符号及功能说明如表 9-26 所示。

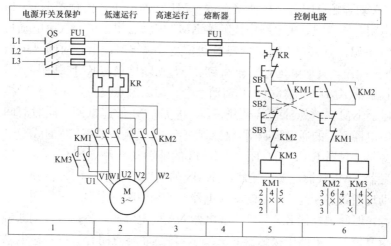

图 9-26　双速电动机接触器调速控制线路

表 9-26　　　　　电气元件符号及功能说明表（26）

符　号	名称及用途	符　号	名称及用途
M	三相异步电动机	SB1	M 停止按钮
KM1	M 低速运转接触器	SB2	M 启动按钮
KM2、KM3	M 高速运转接触器	QS	隔离开关
KR	热继电器	FU1、FU2	熔断器

（2）工作原理。电路通电后，隔离开关 QS 将 380V 的三相电源引入该调速控制线路。当需要双速电动机 M 低速运转时，按下低速启动按钮 SB2，接触器 KM1 通电闭合并自锁，其连锁触点断开实现与接触器 KM2、KM3 的连锁控制。同时，主电路中接触器 KM1 主触点闭合，接通双速电动机 M 的电源，双速电动机 M 接成 △ 连接低速启动运转。

当需要双速电动机 M 高速运行时，在双速电动机 M 停止或低速运转的状态下，按下双速电动机 M 的高速启动按钮 SB3，其辅助动断触点首先断开，切断接触器 KM1 线圈回路的电源，接触器

KM1 失电释放，其主触点、各辅助动合、动断触点复位。然后按钮 SB3 动合触点被压下闭合，接通接触器 KM2、KM3 线圈电源，接触器 KM2、KM3 通电闭合并自锁，接触器 KM2、KM3 的辅助动断触点断开，实现与接触器 KM1 的连锁控制，主电路中接触器 KM2、KM3 主触点闭合，接通双速电动机 M 电源，双速电动机 M 接成 YY 连接而高速运转。按下停止按钮 SB1，无论双速电动机 M 运行于高速或低速，均会使各接触器失电释放，双速电动机 M 断电停转。

图 9-26 所示双速电动机接触器调速控制线路不能自动实现两种转速的转换，故一般适用于要求不高的双速电动机控制，其中容易出现故障的元器件是复合按钮 SB2、SB3 和接触器 KM1～KM3。进行安装接线时，控制双速电动机△连接的接触器 KM1 和 YY 连接的接触器 KM2 的主触点不能对换接线，否则不但无法实现双速控制要求，而且会在 YY 连接运行时造成电源短路事故。

3. 三速电动机调速控制线路

利用接触器构成的三速电动机调速控制线路如图 9-27 所示。该电路具有高速、中速和低速三挡调速功能，适用于不需要无级

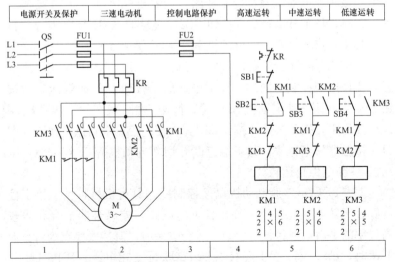

图 9-27　三速电动机调速控制线路

调速的生产机械，如金属切削机床、升降机、起重设备、风机、水泵等控制领域。

（1）电路结构及主要电气元件作用。由图 9-27 可知，该三速电动机调速控制线路由 1～6 区组成。其中 1 区为电源开关及保护电路，2 区和 3 区为三速电动机 M 主电路及控制保护电路，4～6 区为控制电路。对应图区中使用的各电气元件符号及功能说明见表 9-27。

表 9-27　　　　　电气元件符号及功能说明表（27）

符　号	名称及用途	符　号	名称及用途
M	三速电动机	SB2	M 高速启动按钮
KM1	M 高速接触器	SB3	M 中速启动按钮
KM2	M 中速接触器	SB4	M 低速启动按钮
KM3	M 低速接触器	QS	隔离开关
KR	热继电器	FU1、FU2	熔断器
SB1	M 停止按钮		

（2）工作原理。电路通电后，隔离开关 QS 将 380V 的三相电源引入该三速电动机调速控制线路。当需要三速电动机 M 高速启动运转时，按下其高速启动按钮 SB2，接触器 KM1 得电吸合并自锁，其主触点闭合将三速电动机 M 绕组连接成 YY 连接高速运转。同时，KM1 连锁触点断开，切断接触器 KM2、KM3 线圈回路电源，实现连锁控制。同理，按下中速启动按钮 SB3 或低速启动按钮 SB4 可实现三速电动机 M 中速、低速控制。此外，在电动机 M 运行过程中，按下其停止按钮 SB1，将切断控制电路供电回路，即对应接触器失电释放，其主触点断开切断电动机 M 工作电源，电动机 M 断电停止运转。

图 9-27 所示三速电动机调速控制线路具有机械特性、稳定性良好，无转差损耗，效率高，且可与电磁转差离合器配合获得较高效率的平滑调速特性等特点。进行安装时，其接线要点为：△形低速时，U1、V1、W1 经接触器 KM3 接三相电源，W1、U3 并接；Y 形中速时，U4、V4、W4 经接触器 KM2 接三相电源，W1、

U3 必须断开，空着不装；YY 形高速时，U2、V2、W2 经接触器 KM1 接三相电源，U1、V1、W1、U3 并接。

第 2 节　直流电动机基本控制线路

一、启动控制线路

1. 并励直流电动机串电阻启动控制线路

并励直流电动机由于电枢绕组阻值较小，直接启动会产生很大的冲击电流，一般可达额定电流的 10～20 倍，故不能采用直接启动。实际应用时，常在电枢绕组中串接电阻启动，待电动机转速达到一定值时，切除串接电阻全压运行。利用接触器构成的并励直流电动机串电阻启动控制线路如图 9-28 所示。

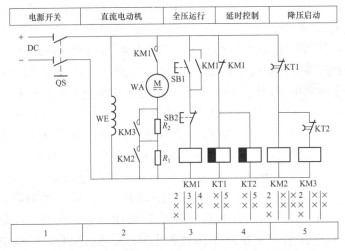

图 9-28　并励直流电动机串电阻启动控制线路

（1）电路结构及主要电气元件作用。由图 9-28 可知，该并励直流电动机串电阻启动控制线路由 1～5 区组成。其中 1 区为电源开关电路，2 区和 3 区为并励直流电动机 M 主电路，4 区和 5 区为控制电路。对应图区中使用的各电气元件符号及功能说明见表 9-28。

表 9-28 电气元件符号及功能说明表 (28)

符 号	名称及用途	符 号	名称及用途
M	并励直流电动机	KT1、KT2	时间继电器
WA	M 电枢绕组	R_1、R_2	启动电阻器
WE	M 励磁绕组	SB1	M 启动按钮
KM1	M 控制接触器	SB2	M 停止按钮
KM2、KM3	M 降压启动接触器	QS	隔离开关

注 实际应用时，KT1 和 KT2 选用断电延时型继电器，用以设置电阻 R_1、R_2 在并励直流电动机启动时串接在电枢绕组中的时间，且 KT1 的时间常数比 KT2 的时间常数设置要短。

（2）工作原理。当需要并励直流电动机 M 启动时，合上电源开关 QS，励磁绕组 WE 通电，同时时间继电器 KT1、KT2 通电吸合，其断电延时闭合触点均处于断开状态，为电枢回路串电阻启动做准备。然后按下启动按钮 SB1，接触器 KM1 通电闭合并自锁，主电路中 KM1 主触点闭合，接通并励直流电动机电枢绕组 WA 电源，并励直流电动机电枢绕组 WA 串电阻 R_1、R_2 限流启动。同时接触器 KM1 的辅助动断触点断开，切断时间继电器 KT1、KT2 线圈电源，时间继电器 KT1、KT2 开始计时。经过设定时间，并励直流电动机 M 转速上升，启动电流减少。此时，由于时间继电器 KT1 的时间常数比时间继电器 KT2 的时间常数设置要短，时间继电器 KT1 的断电延时闭合触点闭合，接触器 KM2 通电闭合，主电路中接触器 KM2 主触点闭合，短接电阻 R_1，从而切除启动电阻 R_1 在电枢绕组中的串接限流作用，并励直流电动机运转速度加快。又经过一定时间，时间继电器 KT2 的断电延时闭合触点闭合，接触器 KM3 通电闭合，主电路中 KM3 主触点闭合，短接电阻 R_2，切除并励直流电动机电枢绕组中的全部电阻，使并励直流电动机全压运行，实现启动控制功能。

当需要并励直流电动机停止运转时，按下停止按钮 SB2，接触器 KM1 失电释放，其主触点切断并励直流电动机电枢绕组的电源，使并励直流电动机停止运转。同时接触器 KM1 的辅助动合、动断触点复位，为下一次电枢绕组串电阻启动做准备。

图 9-28 所示并励直流电动机串电阻启动控制线路电路简单，安装后一般不用调试即可通电工作，其中容易出现故障的元件是时间继电器 KT1、KT2 和接触器 KM1、KM2。通电试车时，应认真检查励磁回路的接线，必须保证连接可靠，以防止电动机运行时出现因励磁回路断路失磁引起的"飞车"事故。

2. 串励直流电动机串电阻启动控制线路

利用接触器构成的串励直流电动机串电阻启动控制线路如图 9-29 所示。常用于要求有大的启动转矩、负载变化时转速允许变化的恒功率负载的领域，如起重机、吊车、电力机车等。

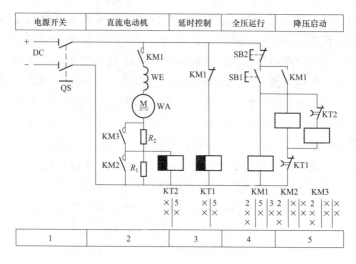

图 9-29　串励直流电动机串电阻启动控制线路

（1）电路结构及主要电气元件作用。由图 9-29 可知，该串励直流电动机的串电阻启动控制线路由 1～5 区组成。其中 1 区为电源开关电路，2 区为串励直流电动机 M 主电路，3～6 区为控制电路。对应图区中使用的各电气元件符号及功能说明见表 9-29。

表 9-29　　　　　　　　电气元件符号及功能说明表（29）

符　号	名称及用途	符　号	名称及用途
M	串励直流电动机	KT1、KT2	时间继电器
WA	M 电枢绕组	R_1、R_2	启动电阻器
WE	M 励磁绕组	SB1	M 启动按钮
KM1	M 控制接触器	SB2	M 停止按钮
KM2、KM3	M 降压启动接触器	QS	隔离开关

注　实际应用时，KT1 和 KT2 选用断电延时型继电器，用以设置电阻 R_1、R_2 在并励直流电动机启动时串接在电枢绕组中的时间，且 KT1 的时间常数比 KT2 的时间常数设置要短。

（2）工作原理。当需要串励直流电动机 M 启动运转时，合上隔离开关 QS，时间继电器 KT1 得电吸合，其瞬时断开延时闭合动断触点断开，为断电延时做准备。按下串励直流电动机 M 启动按钮 SB1，接触器 KM1 通电闭合并自锁，其主触发闭合接通串励直流电动机 M 电源，M 串电阻器 R_1、R_2 限流启动。同时，KM1 的辅助动断触点断开，切断时间继电器 KT1 线圈电源，KT1 失电释放。此时与电阻器 R_1 并接的时间继电器 KT2 线圈通电闭合，其瞬时断开延时闭合动断触点断开。经过一定时间，时间继电器 KT1 的断电延时闭合触点闭合，接触器 KM2 通电吸合，其主触点闭合短接启动电阻器 R_1，此时串励直流电动机 M 电枢绕组和励磁绕组中电流增大，启动速度加快。又经过一定时间，时间继电器 KT2 的断电延时闭合触点闭合，接触器 KM3 得电吸合，其主触点短接启动电阻器 R_2，串励直流电动机全压运行，从而实现降压启动控制过程。

图 9-29 所示串励直流电动机串电阻启动控制线路具有启动转矩大、启动性能好、过载能力较强等特点。值得注意的是，串励直流电动机试车时，必须带 20%～30% 的额定负载，严禁空载或轻载启动运行，且串励直流电动机和拖动的生产机械之间不能用带传动，以防止带断裂或滑脱引起电动机"飞车"事故。

二、正反转控制线路

1. 并励直流电动机正反转控制线路

直流电动机的正反转控制主要是依靠改变通入直流电动机电

枢绕组或励磁绕组电源的方向来达到改变直流电动机的旋转方向。因此，改变直流电动机转向的方法有电枢绕组反接法和励磁绕组反接法两种。利用接触器构成的并励直流电动机正反转控制线路如图 9-30 所示。

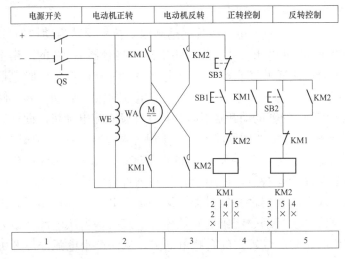

图 9-30　并励直流电动机正反转控制线路

（1）电路结构及主要电气元件作用。由图 9-30 可知，该并励直流电动机正反转控制线路由 1～5 区组成。其中 1 区为电源开关电路，2 区和 3 区为并励直流电动机 M 主电路，4 区和 5 区为控制电路。对应图区中使用的各电气元件符号及功能说明见表 9-30。

表 9-30　　　　　电气元件符号及功能说明表（30）

符　号	名称及用途	符　号	名称及用途
M	并励直流电动机	SB1	M 正转启动按钮
WA	M 电枢绕组	SB2	M 反转启动按钮
WE	M 励磁绕组	SB3	M 停止按钮
KM1	M 正转接触器	QS	隔离开关
KM2	M 反转接触器		

（2）工作原理。电路通电后，当需要并励直流电动机正向运转时，按下正转启动按钮 SB1，接触器 KM1 通电闭合并自锁，主

电路中接触器 KM1 的两组主触点均闭合，接通并励直流电动机电枢绕组正转电源，此时电枢绕组的电源极性为上正下负，并励直流电动机正向启动运转。同时接触器 KM1 的辅助动断触点断开，可防止并励直流电动机处于正向运转状态时因误接反转启动按钮 SB2 时出现的电源短路事故。

当需要并励直流电动机反向运转时，按下反转启动按钮 SB2，接触器 KM2 通电闭合并自锁，主电路中接触器 KM2 的两组主触点均闭合，接通并励直流电动机电枢绕组反转电源，此时电枢绕组的电源极性为上负下正，并励直流电动机反向启动运转。同时接触器 KM2 的辅助动断触点断开，在并励直流电动机反向运转时切断接触器 KM1 线圈回路电源，实现对接触器 KM1 的互锁控制。

图 9-30 所示并励直流电动机正反转控制线路具有电路简单，所用元器件少等特点，适用于各种并励直流电动机控制，其中容易出现故障的元器件是接触器 KM1 和 KM2。实际应用时，由于并励直流电动机励磁绕组的匝数多，电感大，当从电源上断开励磁绕组时，会产生较大的自感电动势，从而产生电弧烧坏开关及接触器触点，而且也容易把励磁绕组的绝缘击穿。因此，一般不采用励磁绕组反接法控制功率较大的并励直流电动机。

2. 串励直流电动机正反转控制线路

利用接触器构成的串励直流电动机正反转控制线路如图 9-31 所示。该电路通过改变励磁绕组 WE 中的电流方向来改变串励直流电动机旋转方向。常用于内燃机车和电力机床等控制领域。

(1) 电路结构及主要电气元件作用。由图 9-31 可知，该串励直流电动机正反转控制线路由 1～5 区组成。其中 1 区为电源开关电路，2 区和 3 区为串励直流电动机 M 主电路，4 区和 5 区为控制电路。对应图区中使用的各电气元件符号及功能说明见表 9-31。

(2) 工作原理。当需要串励直流电动机 M 正向启动运转时，按下其正转启动按钮 SB1，接触器 KM1 得电吸合并自锁，其主触点闭合接通串励直流电动机 M 正转电源，M 正向启动运转。同时 KM1 连锁触点断开，实现连锁控制。当需要串励直流电动机 M 反向启动运转时，按下其反转启动按钮 SB2，接触器 KM2 得电闭合并自锁，其主触点闭合接通串励直流电动机 M 反转电源，M 反向启动运转。同时 KM2 连锁触点断开，实现连锁控制。按下停止按钮 SB3，串励直流电动机 M 不论运行何状态，均会断电停转。

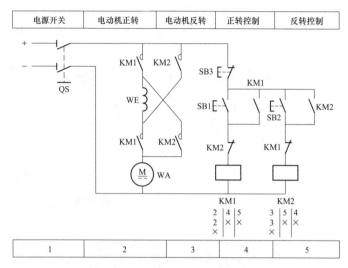

图 9-31　串励直流电动机的正反转控制线路

表 9-31　　　　　　**电气元件符号及功能说明表 (31)**

符　号	名称及用途	符　号	名称及用途
M	串励直流电动机	SB1	M 正转启动按钮
WA	M 电枢绕组	SB2	M 反转停止按钮
WE	M 励磁绕组	SB3	M 停止按钮
KM1	M 正转接触器	QS	隔离开关
KM2	M 反转接触器		

图 9-31 所示串励直流电动机正反转控制线路电路简洁，一般安装无误后无需调试即可通电运行。进行安装时，在配电板上合理布局各电气元件，并对电气元件进行牢固安装，然后贴上醒目的文字符号。值得注意的是，电源开关、按钮板的安装位置要接近电动机和被拖动的机械，以便在控制时能看到电动机和被拖动机械的运行情况。

三、制动控制线路

1. 并励直流电动机能耗制动控制线路

直流电动机的制动与三相异步电动机相似，制动方法也有机械制动和电气制动两大类。其中电气制动常用的有能耗制动、反接制动和发电制动三种。利用接触器构成的并励直流电动机能耗制动控制线路如图 9-32 所示。

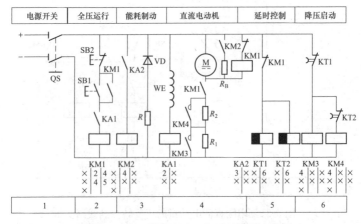

图 9-32　并励直流电动机能耗制动控制线路

（1）电路结构及主要电气元件作用。由图 9-32 可知，该并励直流电动机能耗制动控制线路由 1～6 区组成。其中 1 区为电源开关电路，2、3、5、6 区为控制电路，4 区为并励直流电动机 M 主电路。对应图区中使用的各电气元件符号及功能说明见表 9-32。

表 9-32　　　　电气元件符号及功能说明表（32）

符　号	名称及用途	符　号	名称及用途
M	并励直流电动机	KT1、KT2	时间继电器
WA	M 电枢绕组	SB1	M 启动按钮
WE	M 励磁绕组	SB2	M 制动停止按钮
KM1	M 控制接触器	QS	隔离开关
KM2	M 制动接触器	VD	续流二极管
KM3、KM4	M 降压启动接触器	R_B	制动电阻器
KA1、KA2	中间继电器	R_1、R_2	启动电阻器

(2) 工作原理。合上电源开关 QS,中间继电器 KA1、时间继电器 KT1、KT2 均通电吸合,其中中间继电器 KA1 的动合触点闭合,为并励直流电动机启动运转做好准备。当需要并励直流电动机启动运转时,按下启动按钮 SB1,接触器 KM1 通电闭合并自锁,接通并励直流电动机电枢绕组 WA 电源,此时并励直流电动机串电阻启动,其启动的控制过程请读者自行分析。

当需要并励直流电动机制动停止时,按下制动停止按钮 SB2,接触器 KM1 失电释放,主电路中 KM1 主触点断开,切断并励直流电动机电枢绕组 WA 电源,即电枢绕组 WA 失电。但由于惯性的作用,直流电动机转子仍然旋转。此时,并励直流电动机工作于发电机状态在电枢绕组中产生感生电动势,该感生电动势使中间继电器 KA2 得电吸合,中间继电器 KA2 的动合触点闭合,接触器 KM2 通电闭合,接触器 KM2 的辅助动合触点处于闭合状态,将制动电阻 R_B 串接在电枢绕组 WA 回路中,电枢绕组 WA 中所产生的感生电流消耗在制动电阻 R_B 上,使并励直流电动机转速迅速下降,当转速下降到一定值,其产生的感生电动势不足以维持中间继电器 KA2 吸合时,中间继电器 KA2 释放,其动合触点复位断开,接触器 KM2 失电释放,其动合触点复位断开,并励直流电动机逐渐停止转动,完成能耗制动过程。

图 9-32 所示并励直流电动机能耗制动控制线路具有制动力矩大、操作方便、无噪声等特点,在直流电力拖动中应用较广,其中容易出现故障的元器件是时间继电器和接触器。试车参数测量时,若对电动机无制动停车时间和能耗制动停车时间进行比较,则必须保证电动机的转速在两种情况下基本相同时开始计时。

2. 串励直流电动机能耗制动控制线路

利用接触器构成的串励直流电动机能耗制动控制线路如图 9-33 所示,该控制电路在串励直流电动机断开电源后,将励磁绕组反接并与电枢绕组和制动电阻串联构成闭合回路,使惯性运转的电枢处于自励发电状态,产生与原方向相反的电流和电磁转矩,迫使电动机迅速停转。

(1) 电路结构及主要电气元件作用。由图 9-33 可知,该串励

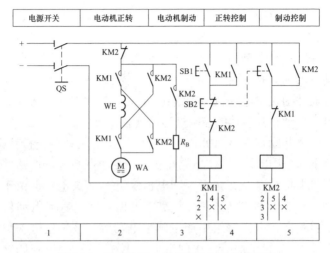

图 9-33　串励直流电动机能耗制动控制线路

直流电动机能耗制动控制线路由 1～5 区组成。其中 1 区为电源开关电路，2 区和 3 区为串励直流电动机 M 主电路，4 区和 5 区为控制电路。对应图区中使用的各电气元件符号及功能说明见表 9-33。

表 9-33　　　　　电气元件符号及功能说明表（33）

符　号	名称及用途	符　号	名称及用途
M	串励直流电动机	SB1	M 启动按钮
WA	M 电枢绕组	SB2	M 制动停止按钮
WE	M 励磁绕组	QS	隔离开关
KM1	M 控制接触器	R_B	制动电阻器
KM2	M 制动接触器		

（2）工作原理。电路通电后，隔离开关 QS 将直流电压 DC 引入该串励直流电动机能耗制动控制线路。

当需要串励直流电动机 M 启动运转时，按下其启动按钮 SB1，接触器 KM1 得电吸合并自锁，其主触点闭合接通电动机 M 电源，M 得电启动运转。同时 KM1 连锁触点断开，实现连锁控制。

当需要串励直流电动机 M 制动停转时，按下其制动停止按钮 SB2，其动断触点首先断开，切断接触器 KM1 线圈回路电源，

KM1 失电释放，其主触点断开，辅助动合、动断触点复位，串励直流电动机 M 断电。然后按钮 SB2 的动合触点被压下闭合，接触器 KM2 得电吸合并自锁，其连锁触点断开实现连锁控制。同时KM2 主触点闭合，将制动电阻器 R_B 与电枢绕组 WA 及反接的励磁绕组 WE 接成闭合回路。此时由于励磁绕组 WE 的反接和串励直流电动机惯性运动，串励直流电动机 M 由电动机状态变成了发电机状态，所形成的电能消耗在制动电阻器 R_B 上。形成与串励直流电动机 M 旋转方向相反的电磁转矩，串励直流电动机 M 迅速停止运转，从而实现串励直流电动机 M 的能耗制动控制功能。

图 9-33 所示串励直流电动机能耗制动控制线路能耗制动设备简单，在高速时制动力矩大，制动效果好。但在低速时制动力矩减小，制动效果变差。进行安装时，电源开关、按钮板的安装位置要接近电动机和被拖动的机械，以便在控制时能看到电动机和被拖动机械的运行情况。

3. 串励直流电动机反接制动控制线路

利用接触器构成的串励直流电动机反接制动控制线路如图 9-34 所示。该制动线路属于电枢直接反接法，即切断电动机的电源后，将电枢绕组串入制动电阻后反接，并保持其励磁电流方向不变的制动方法。

（1）电路结构及主要电气元件作用。由图 9-34 可知，该反接制动控制线路由 1～9 区组成。其中 1 区为电源开关及保护电路，2～4 区为串励直流电动机 M 主电路，3～9 区为控制电路。对应图区中使用的各电气元件符号及功能说明见表 9-34。

表 9-34　　　　电气元件符号及功能说明表（34）

符　号	名称及用途	符　号	名称及用途
M	串励直流电动机	KT1、KT2	时间继电器
WA	M 电枢绕组	KA1、KA2	中间继电器
WE	M 励磁绕组	AC	主令控制器
KM～KM5	接触器	QS	隔离开关
KA	过电流继电器	R_1、R_2	启动电阻器
KV	零压继电器	R_B	制动电阻器

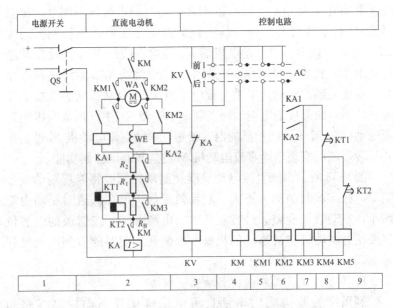

图 9-34　串励直流电动机的反接制动控制线路

（2）工作原理。电路通电后，隔离开关 QS 将直流电压 DC 引入该串励直流电动机反接制动控制线路。当串激励直流电动机 M 准备启动时，将主令控制器 AC 手柄扳至"0"位置，零压继电器 KV 得电吸合并自锁，为电动机 M 启动运转做好准备。

串励直流电动机 M 正转时，将主令控制器 AC 手柄扳至"1"位置，AC 触点闭合，接触器 KM、KM1 得电吸合，其主触点闭合，电动机 M 串入启动电阻器 R_1、R_2 以及制动电阻器 R_B 启动运转。同时，时间继电器 KT1、KT2 线圈得电，它们的动断触点瞬时分断，接触器 KM4、KM5 处于断电状态；KM1 的辅助动合触点闭合，使中间继电器 KA1 线圈得电，KA1 动合触点闭合，使接触器 KM3、KM4、KM5 依次得电动作，它们的动合触点依次闭合短接电阻器 R_B、R_1、R_2，串励直流电动机 M 全压运行，从而实现降压启动控制过程。

当需要串励直流电动机反转时，将主令控制器 AC 手柄由正转位置向后扳至反转位置。接触器 KM1 和中间继电器 KA1 失电释放，其触点复位，电动机在惯性作用下仍沿正转方向转动。此时电枢绕组 WA 电源则由于接触器 KM、KM2 的接通而反向，使电动机运行在反接制动状态，而中间继电器 KA2 线圈上的电压变得很小并未吸合，KA2 动断触点分断，接触器 KM3 失电释放，其动合触点断开，制动电阻器 R_B 接入电枢绕组电路，电动机进行反接制动，其转速迅速下降。当转速降到接近于零时，中间继电器 KA2 线圈上的电压升到吸合电压，此时 KA2 得电吸合，其动合触点闭合，使接触器 KM3 得电动作，R_B 被短接，电动机进入反转启动运转，其详细过程读者可自行分析。若要电动机停转，把主令控制器手柄扳至 "0" 位置即可。

图 9-34 所示串励直流电动机反接制动控制线路具有结构合理、性能稳定可靠及具有多种保护措施等特点。值得注意的是，串励直流电动机采用电枢反接制动时，不能直接将电源极性反接，否则由于电枢电流和励磁电流同时反向，不能实现制动功能。此外，通电试车前要认真检查接线是否正确、牢靠；各电气元件动作是否正常，有无卡阻现象；过电流继电器、时间继电器以及零压继电器的整定值是否满足要求。

四、调速控制线路

根据直流电动机的转速公式 $n = (U - I_a R_a) C_e \Phi$ 可知，直流电动机转速调节方法主要有电枢回路串电阻调速、改变励磁磁通调速、改变电枢电压调速和混合调速四种。本节选取改变励磁磁通调速方法进行介绍，其他调速方法请读者参阅相关文献资料。利用接触器构成的并励直流电动机改变励磁磁通调速控制线路如图 9-35 所示。

1. 电路结构及主要电气元件的作用

由图 9-35 可知，该并励直流电动机改变励磁磁通调速控制线路由 1～5 区组成。其中 1 区为电源开关电路，2 区为并励直流电动机 M 主电路，3～5 区为并励直流电动机 M 控制电路。对应图区中使用的各电气元件符号及功能说明见表 9-35。

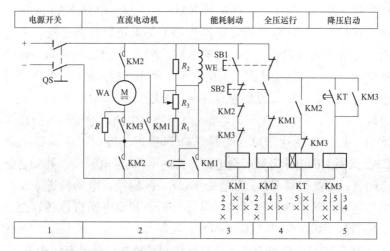

图 9-35　接触器的并励直流电动机改变励磁磁通调速控制线路

表 9-35　　　　　　电气元件符号及功能说明表（35）

符　号	名称及用途	符　号	名称及用途
M	并励直流电动机	KT	时间继电器
WA	M 电枢绕组	SB1	M 制动停止按钮
WE	M 励磁绕组	SB2	M 启动按钮
KM1	M 能耗制动接触器	R_3	调速电阻器
KM2	M 工作接触器	QS	隔离开关
KM3	M 降压启动接触器	R	启动电阻器

2. 工作原理

电路通电后，当需要并励直流电动机启动运转时，按下启动按钮 SB2，接触器 KM2 得电吸合并自锁，主电路中接触器 KM2 主触点闭合，并励直流电动机串电阻器 R 启动。同时时间继电器 KT 得电工作，当延时时间到达时，时间继电器 KT 的通电延时闭合触点闭合，接触器 KM3 通电吸合并自锁，接触器 KM3 的辅助动断触点断开，从而实现与接触器 KM1 互锁控制并使定时继电器

KT 线圈失电释放。主电路中接触器 KM3 的主触点闭合，切除启动电阻 R，并励直流电动机 M 全压运行。

当需要并励直流电动机制动停止运转时，按下制动停止按钮 SB1，接触器 KM2、KM3 均失电释放，主电路中 KM2、KM3 主触点断开，切断并励直流电动机的电枢回路电源，并励直流电动机脱离电源惯性运行。同时接触器 KM2、KM3 的辅助动断触点复位闭合，接触器 KM1 得电闭合，主电路中接触器 KM1 主触点闭合，接通能耗制动回路，串电阻 R 实现能耗制动。同时短接电容 C，实现制动过程中的强励，松开制动停止按钮 SB1，制动结束。

在电动机 M 正常运行状态下，调节调速电阻器的 R_3 的阻值，即改变励磁电流大小，可改变并励直流电动机的运转速度。

图 9-35 所示并励直流电动机改变励磁磁通调速控制线路具有能量损耗较小、经济实用等特点，因而在直流电力拖动中得到了广泛应用，其中容易出现故障的元器件是时间继电器和接触器。此外，由于并励直流电动机在额定运行时，磁路已稍有饱和，所以电动机转速只挂在额定转速以上范围内进行调节。但转速又不能调节得过高，以免电动机振动过大，换向条件恶化，甚至出现"飞车"事故。所以利用改变励磁磁通调速时，其最高转速一般在 3000r/min 以下。

第3节　晶闸管及其触发电路

一、晶闸管

1. 晶闸管结构形式

晶闸管是 20 世纪 60 年代初期出现的电子工业新元件之一，是继半导体二极管、三极管之后，为适应生产发展的需要而创造出的一种新型半导体元件。它可作为可控整流、无触点开关、变频等使用。晶闸管早期全名为"可控的硅整流元件"，简称"可控硅"，常用英文缩写 SCR 来表示。

晶闸管具有体积小、质量小、效率高、动作快、无噪声、操作方便、使用可靠、维护简单等优点。因此，可广泛地应用于工农业生产的自动化、电子化。晶闸管的出现使半导体的应用范围，迈入了强电领域，为机械、冶金、电子、化工、纺织以及国防工业的供电系统进一步小型化、自动化提供了新的途径。

目前，晶闸管外形结构主要有两种形式：一种是螺旋式，如图 9-36（a）所示；另一种是平板压接式，如图 9-36（b）所示。大功率的晶闸管愈来愈多地采用平板压接式结，此结构两面散热，用陶瓷代替了金属材料，用压接代替锡焊。这样能提高电流容量，节约钢、铜材料，保证接触良好，但维护不太方便，且需要金属银。

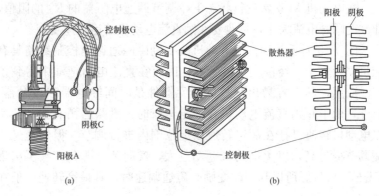

图 9-36　晶闸管结构形式
（a）螺旋式晶闸管；（b）平板压接式晶闸管

晶闸管是一种四层三端半导体器件，其结构和电路符号如图 9-37 所示，三端分别为阳极 A、阴极 C 和控制极 G。

晶闸管的电气性能与闸流管类似。当晶闸管加上反向电压（阳极接负，阴极接正）时，它的特性和普通二极管的反向电压特性一样。也就是当反向电压没有超过反向峰值电压时，只有很小的泄漏电流（几毫安到十几毫安）通过晶闸管。当反向电压超过反向峰值电压时，晶闸管泄漏电流迅速增长，终致击穿损坏。

当晶闸管加上正向电压（阳极接正、阴极接负）时，当正向

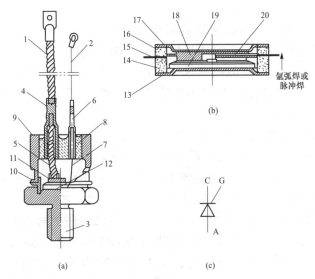

图 9-37　晶闸管的结构和电路图形符号

（a）螺栓形结构；（b）平板形结构；（c）元件图形符号

1—阴极外引线；2—控制极外引线；3—底座（阳极）；4—阴极导管；

5—阴极内引线；6—控制极导管；7—控制极内引线；8—玻璃绝缘子；

9—钢套；10—钢环；11—上钼片；12、19—管芯；13—下金属件；

14—下陶瓷件；15—控制极金属件；16—上陶瓷件；17—上金属件；

18—阴极铜压块；20—带绝缘套的控制极内引线

电压未超过正向转折电压 U_{BO} 时，如控制极 G 没有加上电压即控制极电流 $i_g=0$，则正向电流也很小（几毫安到十几毫安），相当晶闸管内阻很大，这种状态叫做正向阻断状态，即晶闸管没有导通。但是，当控制极加上足够大的电压，使控制极阴极间流过足够大电流（几十毫安到一百多毫安）时，阳极和阴极间电阻立刻变得很小，流过很大的电流，即晶闸管导通了。把加到控制极的电压、电流叫做控制信号或触发信号。

晶闸管一旦导通，即使把控制极电压去掉，晶闸管仍将继续保持导通。要使晶闸管重新回到不导通状态，或者说使晶闸管断开，必须把阳极、阴极间加一反向电压，晶闸管才能断开，这就是晶闸管的特点。

2. 晶闸管的工作原理

为了便于掌握晶闸管应用知识，首先以单向晶闸管为例，研究晶闸管的控制极对阳极电流的控制作用。为了说明晶闸管的工作原理，可把晶闸管这个四层三端半导体元件看成是由两个三极管的组合，即 P-N-P 管 V2 及 N-P-N 管 V1 组成，如图 9-38 所示。

晶闸管的阳极 A 相当于第二个三极管（P-N-P）的发射极，而阴极 C 相当于第一个三极管（N-P-N）的发射极，中间两层半导体为两个三极管共用，分别为两管的基极和集电极，控制极 G 则相当于第一个三极管 V1 的基极。

当晶闸管加上正向电压时，若在控制极、阴极间加上正向电压 E_g，这时 V1 的基极发射极回路中就有控制电流 I_g 通过，这 I_g 就是 V1 的基极电流。经过 V1 的放大在 V1 集电极上便通过大小近似于 $\beta_1 I_g$（β_1 为 V1 的放大倍数）的电流。从图 9-38（b）可以看出，此电流恰是 V2 的基极电流，又经 V2 放大，在 V2 集电极中通过大小为 $\beta_1\beta_2 I_g$（β_2 为 V2 放大倍数）的电流，此电流又通过 V1 的基极，再一次得到放大，如此周而复始，两个三极管很快就充分导通，于是，晶闸管处于导通状态了。导通后其管压降几乎为零，晶闸管就流过由负载决定的电流。

当晶闸管导通后，由于 V1 的基极流过远大于 I_g 的电流，因而即使控制电压消失，晶闸管仍能继续保持导通。

如果晶闸管接上反向电压，即阳极接负、阴极接正，此时，两等效三极管都处于反向电压下，不能对输入信号放大，故无论有无控制电压，晶闸管都不会导通。

如果晶闸管在正向阳极电压下，不加控制电压，或者控制电压极性接反，那么，虽然两只三极管都处于放大状态，但没有输入信号被放大，晶闸管亦不会导通。

晶闸管正向电压如果太高，控制极无信号，也会击穿。反向电压如果太高，同样会造成晶闸管被击穿。

晶闸管的伏安特性如图 9-39 所示，横坐标表示阳极电压，纵坐标表示电流。控制电流 I_g 作参变量，I_H 是维持电流，在转折所

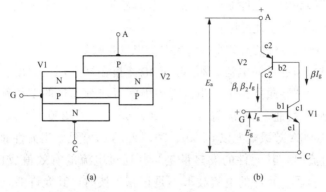

图 9-38 晶闸管等效示意图

(a) 结构；(b) 等效电路

对应的电压 U_{BO} 称作转折电压，I_{BO} 为转折电流。随控制信号（电流 I_g）不同有不同的转折电压，最后形成了二极管的正向特性，U_{RB} 为反向击穿电压，I_{RB} 为反向击穿电流。

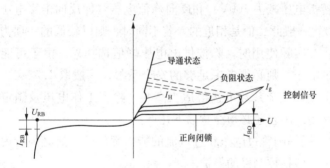

图 9-39 晶闸管的伏安特性

3. 晶闸管的型号、参数及选择

目前我国的晶闸管元件的型号及含义如下：

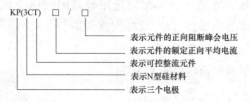

新型晶闸管元件 KS 型，表示双向晶闸管元件。KK 型表示平板式凹、凸型快速晶闸管元件。

晶闸管元件的参数很多，主要的电气参数如下：

（1）额定正向电流。额定正向电流指在规定环境温度、标准散热和元件导通条件下，阳极与阴极间可连续通过的工频额定正弦半波平均值。通常有 1、5、20、50、100、200、300、500、800、1000A 等级，尤以 5、20、50、200A 最常见。当元件通过非恒定直流时，其元件的发热量是与其通过电流的有效值成比例，因此，当通过元件的电流波形不是正弦半波时，其允许通过的平均电流就不同于额定平均电流。例如额定平均电流为 1A 的晶闸管元件在通以恒定直流时，可通过电流为 1.573A，在正弦全波时，可通过 1.414A，在半波时就是 1A。若导通角只有 90°时，则可通过的平均电流只有 0.71A。

（2）工作电压。在技术规格中，给出正向阻断峰值电压（即正向转折电压减去 100V）和反向峰值电压（即反向击穿电压减去 100V），一般此二值是相近的，若不同时，则以较低的一项为峰值电压。在实际使用时，除按供电电压峰值选择外，由于可能产生线路过电压，则必须考虑足够的安全系数，一般取 1.5～2。对于感性负载，安全系数可选得适当高些。除了工作电压及额定电流外，使用晶闸管还必须注意以下几点：

1）因晶闸管过电压和过电流的能力都较差，故必须考虑适当的保护，包括控制极的保护。

2）当晶闸管阳极电压虽未超过转折电压，但如果电压的变化率过大，也可能使晶闸管导通，这是因为控制极的结电容存在的原因。电压变化率越大，则结电容的电流越大，当大到控制电流时，便使晶闸管导通了。为此应选用较高的电压变化率的元件或考虑串入一定的电感或选用 RLC 网路保护。

二、晶闸管整流电路

常见晶闸管整流电路见表 9-36。

表 9-36　　　　　　**常见晶闸管整流电路**

序号	名　　称	电　路　图
1	单相半波 可控整流电路	
2	单相全波 可控整流电路	
3	单相桥式 可控整流电路	
4	三相半波 可控整流电路	
5	三相桥式 可控整流电路	 三相桥式半控整流电路　　　三相桥式全控整流电路
6	可逆整流电路	 有触点换接可逆整流电路　　　无触点换接可逆整流电路

表 9-36 中介绍的可控整流电路，输出的直流电压极性是不可改变的。而在生产实践中，有许多场合需要改变直流电压的极性。例如刨床工作台的拖动电动机需要正反向运转，这就要求加在直流电动机电枢或磁场的电压极性可以变换。直流输出电压的极性可以从正电压连续调至负电压，称之为可逆。实现上述要求的方法有二。

（1）有触点换接可逆整流电路。当接触器 KM1 或 KM2 接通时，电动机就顺时针或逆时针旋转。因为是有触点电路，所以只适用于小功率电路。

（2）无触点换接可逆整流电路。无触点换接可以使用两套可控整流电路，就是将两组整流电路反向连接，用触发电路控制哪一套工作以达到换向的目的。由于无触点可逆电路没有触点，所以适用于大功率电路。

三、晶闸管触发电路

晶闸管的导通除了必须具有正向接阳极、负向接阴极外，还必须加入具有一定功率的正向控制信号。此控制信号又称为触发信号。触发信号可以是直流、交流，或者是脉冲。

触发信号一般要求具有一定的功率，足够的移相范围，而且必须与晶闸管正向阳极电压同步。对于触发脉冲还应有一定的脉冲前沿陡度和脉冲宽度。

产生触发信号的电路称为触发电路。触发电路是晶闸管整流系统的心脏，触发器性能的好坏，不但影响晶闸管的工作范围和调节精度，而且对系统的快速性和可靠性也有很大的影响。因此设计一个优良的晶闸管整流装置，关键在于触发电路。触发电路的种类繁多，可以采用电阻、电容、电感、氖管等电气元件组成；也可以用自饱和磁放大器、半波磁放大器等磁性元件组成；但多数采用晶体管、单结晶体管、小型晶闸管、雪崩二极管、隧道二极管等半导体元件组成。下面仅就常用的阻容移相桥，单结晶体管触发电路和晶体管触发电路加以分析讨论。

1. 阻容移相桥触发电路

阻容移相桥触发电路如图 9-40 所示。

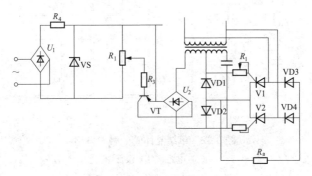

图 9-40 阻容移相桥触发电路

2. 单结晶体管脉冲触发电路

单结晶体管是一种特殊的晶体管,它是具有一个 P-N 结的三端半导体器件。因只有一个 P-N 结,故称之为单结晶体管。又因具有一个发射极 E 和两个基极 B1、B2,故又称之为双基极二极管。单结晶体管的表示符号如图 9-41 所示,单结晶体管的触发电路如图9-42 所示。

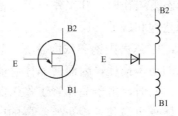

图 9-41 单结晶体管的表示符号

3. 晶体管脉冲触发电路

晶体管是一种半导体元件,具有体积小、质量小、寿命长、效率高、价格低等优点,而且产品品种多,使用方便,容易实现微型化,因而广泛地应用于晶闸管的触发装置上,尤其在要求较

高的单相和多相整流和逆变电路中，晶体管触发电路应用更为
广泛。

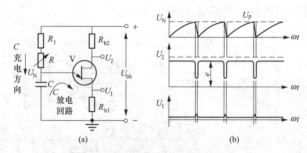

图 9-42 单结晶体管的触发电路

(a) 电路；(b) 波形图

用于脉冲触发电路中的晶体管与应用于放大、振荡、调频等
电路中的晶体管不同，后者晶体管工作于放大状态，而前者晶体
管工作于大信号的开关状态。

晶体管在大信号工作时，很类似一个开关：在晶体管基极电
流为零，即截止状态时，集电极电阻可达几兆欧，仅流过几个微
安的漏电流；而当基极电流较大，晶体管处于饱和导通状态时，
集电极流过很大电流，相当于只有几个欧姆内阻的开关闭合。因
此晶体管在开关状态下工作时，其工作点可从截止区很快地经过
线性放大区，而到达饱和区域。反之，只要 $I_b \geq I_e / h_{FE}$ 时晶体管
即工作于饱和状态，I_b 越大则饱和浓度越深。晶体管工作于饱和
状态时只有非常低的功率损耗，因而使晶体管能够控制几倍于额
定耗散功率的负载。同时，由于晶体管工作于深度饱和区，参数
比较稳定；要使晶体管由饱和到截止所需要的电荷量较大，故能
抵抗一定的外来干扰。从而对使用条件的要求（如温度变化，电
源电压波动等）就不需太严格。

利用晶体管开关特性可以组成晶体管脉冲触发电路，此种触
发电路移相的实现一般都采用在同步电压波形上叠加直流控制电
压的方法，利用控制电压的改变而达到移相的目的。

晶体管触发电路如图 9-43 所示。

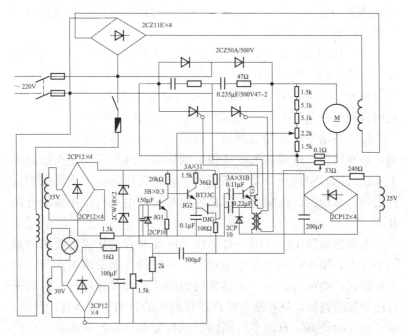

图 9-43　晶体管触发电路

第 4 节　电动机的保护及控制线路

电气控制系统除了能满足生产机械的加工工艺要求外，要想长期无故障运行，还必须有各种保护措施。保护环节是所有机床电气控制系统不可缺少的组成部分，利用它来保护电动机、电网、电气控制设备以及人身安全等。

一、电气控制系统常用的保护环节

电气控制系统中常用的保护环节有过载保护、短路保护、零电压和欠电压保护以及弱磁保护等。

1. 短路保护

当电动机绕组的绝缘、导线的绝缘损坏或线路发生故障时，会造成短路现象，产生短路电流，并引起电气设备线路绝缘损坏和产生强大的电动力使电气设备损坏。因此在产生短路现象时，必须迅速将电源切断并采用保护措施，常用的短路保护元件有熔断器和自动空气断路器。

（1）熔断器保护。熔断器的熔体（熔片或熔丝）是由易熔金属（如铅、锌、锡）及其合金等做成的，串联在被保护的电路中，当电路发生短路或严重过载时，短路电流首先合熔体自动熔断，从而将被保护电动机的电源切断电路，达到保护的目的。

（2）自动空气断路器保护。自动空气熔断器又称自动空气开关，它有短路、过载和欠电压保护的作用，这种开关能在线路发生上述故障时快速地自动切断电源。它是低压配电的重要保护元件之一，常作为低压配电盘的总电源开关及电动机变压器的合闸开关。

通常熔断器比较适用于对动作准确度和自动化程度要求较差的系统中，如小容量的笼型电动机、一般的普通交流电源等。发生短路时，很可能造成一相熔断器熔断，造成单相运行；但对于自动空气断路器，只要发生短路瞬时动作的脱扣器就会自动跳闸，将三相同时切断。自动空气断路器结构复杂，操作频率低，广泛用于要求较高的场合。

2. 过载（热）保护

电动机长期超载运行，电动机绕组温升超过其允许值，电动机的绝缘材料就要变脆，寿命减少，严重时会使电动机损坏。过载电流越大，达到允许温升的时间就越短。引起电动机过热的原因很多，例如，负载过大、三相电动机单相运行、欠电压运行及电动机启动故障造成启动时间过长等，过载保护装置则必须具备反时限特性（即动作时间随过载倍数的增大而迅速减少）。

常用的过载保护元件是热继电器。热继电器可以满足这样的要求，当电动机为额定电流时，电动机为额定温升，热继电器不动作；在过载电流较小时，热继电器要经过较长时间才动作；过载电流较大时，热继电器经过较短时间就会动作。

由于热惯性的原因，热继电器不会受电动机短时过载冲击电流或短路电流的影响而瞬时动作，所以在使用热继电器作过载保护的同时，还必须设有短路保护。并且选作短路保护的熔断器熔体的额定电流不应超过热继电器发热元件的额定电流的4 倍。

为了使过载保护装置能可靠而合理地保护电动机，应尽可能使保护装置与电动机的环境温度一致。当电动机的工作环境温度和热继电器的工作环境温度不同时，保护的可靠性就受到影响。为了能准确地反映电动机的发热情况，某些大容量和专用的电动机制造时就在电动机易发热处设置了热电偶、热动开关等温度检测元件，用以配合接触器控制它的电源通断。现有一种用热敏电阻作为测量元件的热继电器，它可将热敏元件嵌在电动机绕组中，可更准确地测量电动机绕组的温升。

3. 过电流保护

短时过电流虽然不一定会使电动机的绝缘损坏，但可能会引起电动机发生机械方面的损坏，因此也应予以保护。原则上，短路保护所用装置都可以用作过电流保护，不过对有关参数应适当选择。常用的过电流保护装置是过电流继电器。

过电流保护广泛用于直流电动机或绕线转子异步电动机，对于三相笼型电动机，由于其短时过电流不会产生严重后果，往往不采用过电流保护而采用短路保护。

过电流往往是由于不正确的启动和过大的负载转矩引起的，一般比短路电流要小。在电动机运行中产生过电流要比发生短路的可能性更大，尤其是在频繁正反转起制动的重复短时工作制动的电动机中。直流电动机和绕线转子异步电动机线路中，过电流继电器也起着短路保护的作用，一般过电流的强度值为启动电流的 2.2 倍左右。

4. 零电压与欠电压保护

当电动机正在运行时，如果电源电压因某种原因消失就会停止转动，那么在电源电压恢复时，电动机就有可能自行启动（也称自启动），这就有可能造成生产设备的损坏和工件的损坏，甚至造成人身事故。电网中，同时有许多电动机及其他用电设备自行启动也会引起不允许的过电流及瞬间网络电压下降，为了防止电压恢复时电动机自行启动的保护叫零电压保护。

当电动机正常运转时，电源电压过分地降低将引起一些电器释放，造成控制线路不正常工作，可能产生事故；还会引起电动机转速下降甚至停转。因此需要在电源电压降到一定允许值以下时将电源切断，这就是欠电压保护。

一般常用磁式电压继电器实现欠电压保护。图 9-44 所示是电动机常用保护接线图，主要元件的保护过程如下：

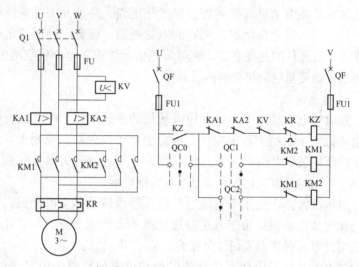

图 9-44　电动机常用保护接线图

（1）短路保护：熔断器 FU。

（2）过载保护（热保护）：热继电器 KR。

（3）过电流保护：过电流继电器 KA1、KA2。

（4）零电压保护：电压继电器 KZ。

（5）低电压保护：欠电压继电器 KV。

（6）连锁保护：通过正向接触器 KM1 与反向接触器 KM2 的动断触点实现。电压继电器 KZ 起零电压保护作用，在该线路中，当电源电压过低或消失时，电压继电器 KZ 就要释放，接触器 KM1 或 KM2 也马上释放，因为此时主令控制器 QC 不在零位（即 QC0 未闭合），所以在电压恢复时，KZ 不会通电动作，接触器 KM1 或 KM2 就不能通电动作。若使电动机重新启动，必须先将主令开关 QC 打回零位，使触点 QC0 闭合，KZ 通电并自锁，然后再将 QC 打向正向或反向位置，电动机才能启动。这样就通过 KZ 继电器实现了零电压保护。

在许多机床中不是用控制开关操作，而是用按钮操作的。利用按钮的自动恢复作用和接触器的自锁作用，可不必另加设零电压保护继电器。如图 9-45 所示，当电源电压过低或断电时，接触器 KM 释放，此时接触器 KM 的主触点和辅助触点同时打开，使电动机电源切断并失去自锁。当电源恢复正常时，必须由操作人员重新按下启动按钮 SB2，才能使电动机启动，所以像这样带有自锁环节的电路本身已兼备了零电压保护环节。

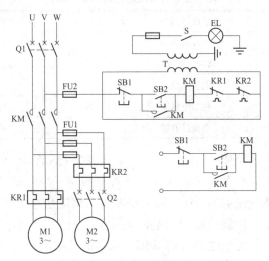

图 9-45 CW6140 型车床控制线路

5. 断相保护

断相保护用于防止电动机断相运行，可用 ZDX-1 型、DDX-1 型电动机断相保护继电器以及其他各种断相保护装置完成对电动机的这种保护。

二、电动机保护控制线路

1. 三相异步电动机过载、断相及堵转瞬动多功能保护控制线路

电动机在运行过程中，除要按生产机械的工艺要求完成各种

正常运转外，还必须在线路出现短路、过载、过电流、欠电压、失压及弱磁等现象时，能自动切除电源停转，以防止和避免电气设备和机械设备的损坏事故，保证操作人员的人身安全。图 9-46 所示为具有过载、断相及堵转瞬动保护功能的多功能保护控制线路。

（1）电路结构及主要电气元件作用。由图 9-46 可知，该多功能保护控制线路由 1～5 区组成。其中 1 区为电源开关电路，2 区为三相异步电动机 M 主电路，3～5 区为控制电路。对应图区中使用的各电气元件符号及功能说明见表 9-37。

表 9-37　　　　　电气元件符号及功能说明表（36）

符　号	名称及用途	符　号	名称及用途
M	三相异步电动机	V	晶体管
KM	M 控制接触器	TC	降压变压器
TA1～TA3	电流互感器	U	桥式整流器
R_t	热敏电阻器	SB1	M 停止按钮
KA	电流继电器	SB2	M 启动按钮

（2）工作原理。电路通电后，隔离开关 QS 将 380V 交流电压引入该三相异步电动机多功能保护控制线路。当电动机正常运行时，由于线电流基本平衡（即大小相等，相位互差 120°），所以在电流互感器二次侧绕组中的基波电动势合成为零，但三次谐波电动势合成后是每个电动势的 3 倍。取得的三次谐波电动势经二极管 V1 整流、V2 稳压（利用二极管的正向特性）、电容器 C_1 滤波，再经过 R_t 与 R_2 分压后，加至晶体管 V 的基极，使 V 饱和导通。于是电流继电器 KA 得电吸合，其动合触点闭合。按下电动机 M 启动按钮 SB2，接触器 KM 得电闭合并自锁，电动机 M 得电正常启动运转。

当电动机出现电源断相时，其余两相中的线电流大小相等，方向相反，使电流互感器二次绕组中总电动势为零，即晶体管 V 的基极电压为零，V 处于截止状态。电流继电器 KA 失电释放，其动合触点复位断开切断接触器 KM 线圈回路电源，KM 失电释放，其主触点断开切断电动机 M 电源，M 断电停止运转。

当电动机 M 由于故障或其他原因使其绕组温度过高且超过允许值时，PTC 热敏电阻器 R_t 的阻值急剧上升，晶体管 V 的基极电压急剧降低至接近于零，V 处于截止状态，电流继电器 KA 失电释放，其动合触点断开，接触器 KM 失电释放，电动机 M 脱离电源停转。

图 9-46 所示三相异步电动机过载、断相及堵转瞬动多功能保护控制线路电路简洁，灵敏度及精度高，一般不用调试即可通电运行。值得注意的是，为了提高保护装置的灵敏度，需将 PTC 热敏电阻器贴近电动机 M 绕组并加以固定。此外，电流继电器整定值应在不通电时预先整定好，并在试车时校正。

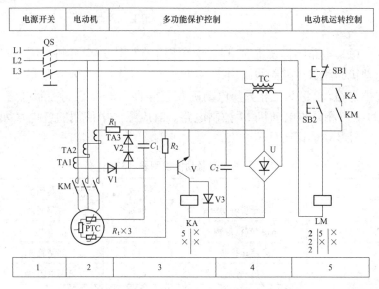

图 9-46　三相异步电动机过载、断相及堵转瞬动多功能保护控制线路

2. 三相异步电动机断相保护电气控制线路

断相运行是电动机烧毁的主要原因。本例介绍的电动机断相保护电气控制线路，能在电动机断相运行时及时切断工作电源，保护电动机免受损坏。利用三端稳压集成电路 LM7812 构成的三相异步电动机断相保护控制线路如图 9-47 所示。

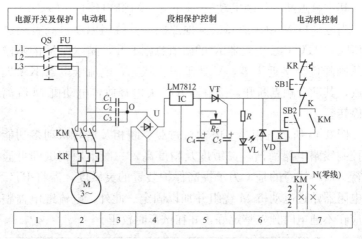

图 9-47　三相异步电动机断相保护电气控制线路

（1）电路结构及主要电气元件作用。由图 9-47 可知，该三相电动机断相保护控制线路由 1～7 区组成。其中 1 区为电源开关及保护电路，2 区为三相异步电动机 M 主电路，3～6 区为控制电路，7 区为三相异步电动机 M 控制电路。对应图区中使用的各电气元件符号及功能说明见表 9-38。

表 9-38　　　　　电气元件符号及功能说明表（37）

符　号	名称及用途	符　号	名称及用途
M	三相异步电动机	U	桥式整流器
KM	M 控制接触器	K	继电器
SB1	M 停止按钮	VT	晶闸管
SB2	M 启动按钮	R_p	可调电阻器
KP	热继电器	QS	隔离开关
$C_1 \sim C_3$	检测电容器	FU	熔断器
C_4、C_5	滤波电容器	IC	三端稳压集成电路

（2）工作原理。电路通电后，当三相电源正常时，检测电容器 $C_1 \sim C_3$ 的公共接点 O 上无电流流过，C_4 两端无电压，晶闸管 VT 处于截止状态。此时继电器 K 处于释放状态，其动断触点 K

接通，发光二极管 VL 不发光，电动机 M 正常运行（实际上由于三相电压不平衡或 $C_1 \sim C_3$ 的容量有所差异，O 点总有一定的微小电流流过，但不会使 K 动作）。

当三相电源任一相断相或出现熔断器烧毁故障时，O 点将有电流流过，在 O、N 两点间产生一定数值的交流电压。该电压经桥式整流器 U 整流、三端稳压集成电路 IC 稳压及 C_4 滤波后，形成 12V 直流电压经晶闸管 VT 加至继电器 K 线圈的两端，使其动断触点断开，切断接触器 KM 线圈回路电源，KM 失电释放，其主触点将电动机的工作电源切断，从而实现断相保护功能。

图 9-47 所示三相异步电动机断相保护控制线路具有通用性强、动作灵敏、电路简单及容易制作等特点。其输出端控制电压可随意选择，能对各种功率的单台或多台三相异步电动机实现断相自动保护功能。

3. 三相异步电动机多功能保护控制线路

利用保护继电器构成的三相异步电动机多功能保护控制线路如图 9-48 所示。该电路具有漏电保护、断相保护、短路保护和过载保护功能，且能实现点动控制和长期工作，适用于单台电动机的保护。

（1）电路结构及主要电气元件作用。由图 9-48 可知，该三相电动机多功能保护控制线路由 1～6 区组成。其中 1 区和 4 区为电源、开关及保护电路，2 区为三相异步电动机 M 主电路，5 区和 6 区为控制电路。对应图区中使用的各电气元件符号及功能说明见表 9-39。

表 9-39　　　　　电气元件符号及功能说明表（38）

符　号	名称及用途	符　号	名称及用途
M	三相异步电动机	KR	热继电器
KM	M 控制接触器	TA	环形电流互感器
SB1	M 启动按钮	QS	隔离开关
SB2	M 停止按钮	FU1、FU2	熔断器
SB3	M 点动按钮		

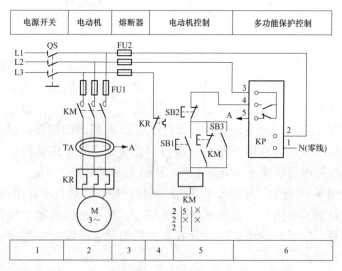

图 9-48   三相异步电动机多功能保护控制线路

（2）工作原理。电路通电后，保护继电器 KP 通电吸合（L1 相线与中性线 N 之间的交流 220V 电压作为 KP 的工作电源），其动合触点接通，动断触点断开。此时若按下启动按钮 SB1，则接触器 KM 通电吸合并自锁，主电路中 KM 主触点 KM1 接通电动机 M 电源，M 通电运转；若按动点动按钮 SB3，则在 SB3 按下时 M 通电运转，在 SB3 复位后 M 断电停转。

当电动机 M 漏电或人的身体触及漏电的电动机 M 时，环形电流互感器 TA 中流过的电流增大，使 KP 动作，切断电动机 M 的工作电源并自锁。这时只有在查明故障原因并修复后，方能重新启动电动机。

当三相交流电源的一相出现断相时，接触器 KM 均会断电释放，使电动机 M 停转，从而保护了电动机，防止其因断相运行而损坏。

当电动机 M 出现过电流或过载时，热继电器 KR 动作，使 KM 失电释放，电动机 M 停转。

图 9-48 所示三相异步电动机多功能保护控制线路具有电路简

洁、性能稳定、保护范围宽等特点，进行安装后一般不用调试即可通电正常工作。值得注意的是，电流互感器的安装应与电动机 M 的三相输入线垂直。

4. 三相异步电动机缺相自动延时保护电气控制线路

基于三相异步电动机的缺相自动延时保护电气控制线路如图 9-49 所示。该保护电路具有缺相自动延时保护功能和电路简单、不需外接电源等特点，适用于各种自动（或手动）控制设备的三相异步电动机。

（1）电路结构及主要电气元件作用。由图 9-49 可知，该三相异步电动机缺相自动延时保护电气控制线路由 1～7 区组成。其中 1 区为电源开关及保护电路，2 区为三相异步电动机 M 主电路，3～5 区为缺相自动延时保护电路，6 区和 7 区为三相异步电动机控制电路。对应图区中使用的各电气元件符号及功能说明见表 9-40。

表 9-40　　　　　　　电气元件符号及功能说明表（39）

符　号	名称及用途	符　号	名称及用途
M	三相异步电动机	VS	稳压二极管
KM	M 控制接触器	VU	单结晶体管
SB1	M 停止按钮	KR	热继电器
SB2	M 启动按钮	K	继电器
$C_1 \sim C_3$	检测电容器	VL	发光二极管
C_4	滤波电容器	QS	隔离开关
U	桥式整流器	FU1	熔断器

（2）工作原理。电路通电后，当三相电源正常时，电容器 $C_1 \sim C_3$ 连接点 O 上的交流电压较低，该电压经桥式整流器 U 整流、C_4 滤波后，不足以使稳压二极管 VS 和单结晶体管 VU 导通，继电器 K 处于释放状态，三相异步电动机 M 正常运转。

当三相电源中缺少某一相电压时，在 O 点与零线 N 之间将迅速产生 12V 左右的交流电压。此电压经 U 整流及 C_4 滤波后，使 VS 反向击穿导通，电容器 C_5 开始充电，延时几秒钟（C_5 充电结束）后，VU 受触发导通，VL 点亮，K 得电吸合，其动断触点断

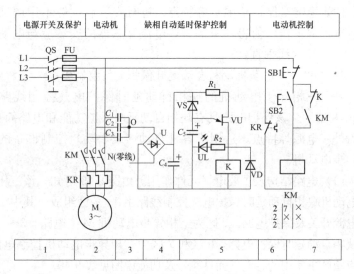

| 电源开关及保护 | 电动机 | 缺相自动延时保护控制 | 电动机控制 |

图 9-49　三相异步电动机缺相自动延时保护电气控制线路

开，切断接触器 KM 线圈回路电源，KM 失电释放，其主触点断开切断电动机 M 工作电源，M 失电停止运转。

当三相电源恢复正常后，经过短暂的延时后，VU 恢复截止，K 释放。此时可按动启动按钮 SB2 重新启动电动机 M。

此外，由于 C_4 和 C_5 上的电压不能突变，避免了启动时接触器不同步或电网电压瞬时不平衡等造成的误动作。

第 5 节　常用机床电气控制应用实例

一、CW6132 型卧式车床电气控制

1. CW6132 型卧式车床的主电路

CW6132 型卧式车床电气控制线路如图 9-50 所示。该车床共有两台电动机，M1 为主轴电动机，拖动主轴旋转并通过进给机构实现进给运动，主要有单向启动运转控制和过载保护控制等电气控制要求；M2 是冷却泵电动机，驱动冷却泵对零件加工部位进行供液，电气控制要求是加工时启动供液，并能长

期运转。

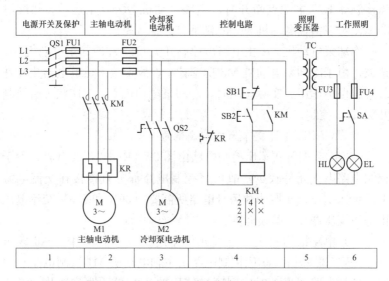

图 9-50　CW6132 型卧式车床电气控制线路

（1）电路结构及主要电气元件作用。CW6132 型卧式车床主电路由图 9-50 中 1~3 区组成。其中 1 区为电源开关及保护部分，2 区为主轴电动机 M1 主电路，3 区为冷却泵电动机 M1 主电路。对应图区中使用的各电气元件符号及功能说明见表 9-41。

表 9-41　　　　　电气元件符号及功能说明表（40）

符　号	名称及用途	符　号	名称及用途
M1	主轴电动机	QS2	M2 转换开关
M2	冷却泵电动机	KR	热继电器
KM	M1 控制接触器	FU1、FU2	熔断器
QS1	隔离开关		

（2）工作原理。电路通电后，隔离开关 QS1 将 380V 的三相电源引入 CW6132 型卧式车床主电路。其中主轴电动机 M1 主电路由接触器 KM 主触点、热继电器 KR 热元件和主轴电动机 M1 组成。实际应用时，主轴电动机 M1 工作状态由接触器 KM 主触点

控制。即当接触器 KM 主触点闭合时，主轴电动机 M1 启动运转；当接触器 KM 主触点断开时，主轴电动机 M1 停止运转。热继电器 KR 实现主轴电动机 M1 过载保护功能。

冷却泵电动机 M2 主电路由控制开关 QS2 和冷却泵电动机 M2 组成，由于冷却泵电动机 M2 功率较小，故未接入热继电器热元件起过载保护作用。实际应用时，冷却泵电动机 M2 工作状态由控制开关 QS2 控制。

2. CW6132 型卧式车床的控制电路

CW6132 型卧式车床控制电路由图 9-50 中 4～6 区组成。由于控制电路电气元件较少，故可将控制电路部分直接接在交流电源上。机床工作低压照明和信号电路所需要的 36V 和 6.3V 交流电压由电源变压器 TC 单独提供。

(1) 电路结构及主要电气元件作用。由图 9-50 中 4～6 区可知，CW6132 型卧式车床控制电路由主轴电动机 M1 控制电路和照明、信号电路组成。对应图区中使用的各电气元件符号及功能说明见表 9-42。

表 9-42　　　　　电气元件符号及功能说明表 (41)

符　号	名称及用途	符　号	名称及用途
TC	控制变压器	SA	照明灯控制开关
FU3、FU4	熔断器	EL	照明灯
SB1	M1 停止按钮	HL	电源指示灯
SB2	M1 启动按钮		

(2) 工作原理。CW6132 型卧式车床的主轴电动机 M1 主电路中接通电路的元件为接触器 KM 主触点。

在确定其控制电路时，只需找到相应元件的控制线圈即可。

1) 主轴电动机 M1 控制电路。主轴电动机 M1 控制电路由图 9-50 中 4 区对应电气元件组成。电路通电后，当需要主轴电动机 M1 启动运转时，按下启动按钮 SB2，接触器 KM 得电吸合并自锁，其主触点闭合接通主轴电动机 M1 工作电源，主轴电动机 M1 启动运转。

当需要主轴电动机 M1 停止运转时，按下停止按钮 SB1，接触器 KM 失电释放，其主触点断开切断主轴电动机 M1 工作电源，主轴电动机 M1 停止运转。

2）照明、信号电路。CW6132 型卧式车床照明、信号电路由图 9-50 中 5 区和 6 区对应电气元件组成。实际应用时，从控制变压器 TC 二次侧输出 36、6.3V 交流电压分别作为机床工作照明、信号电路电源。EL 为车床工作照明灯，由照明灯控制开关 SA 控制。HL 为电源指示灯，熔断器 FU3、FU4 实现照明、信号电路短路保护。

二、Z3040 型立式摇臂钻床电气控制

1. Z3040 型立式摇臂钻床的主电路

Z3040 型立式摇臂钻床是具有广泛用途的另一种万能型钻床，可以在中小型零件上进行多种形式的加工，如钻孔、镗孔、铰孔、刮平面及攻螺纹，因此要求钻床的主轴运动和进给运动的有较宽的调速范围。Z3040 型立式摇臂钻床的主轴的调速范围为 50：1，正转最低转速为 40r/min，最高为 2000r/min，进给范围为 0.05～1.60r/min。其调速是通过三相交流异步电动机和变速箱来实现的，也有的采用多速异步电动机拖动，这样可以简化变速机构。

摇臂钻床的主轴旋转运动和进给运动由一台交流异步电动机拖动，主轴的正反向旋转运动是通过机械转换实现的，故主电动机只有一个旋转方向。

摇臂钻床除了主轴的旋转和进给运动外，还有摇臂的上升、下降及立柱的夹紧和放松。摇臂的上升、下降由一台交流异步电动机拖动，立柱的夹紧和放松由另一台交流电动机拖动。Z3040 型立式摇臂钻床是通过电动机拖动一台齿轮泵，供给夹紧装置所需要的压力油。而摇臂的回转和主轴箱的左右移动通常采用手动，此外还有一台冷却泵电动机对加工的刀具进行冷却。

摇臂钻床适合于在大、中型零件上进行钻孔、扩孔、铰孔及攻螺纹等工作，在具有工艺装备的条件下还可以进行镗孔。

Z3040 型立式摇臂钻床电气控制线路如图 9-51 所示。

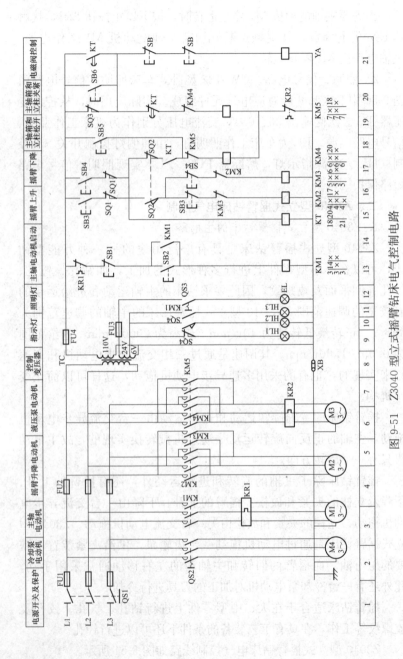

图 9-51 Z3040 型立式摇臂钻床电气控制电路

（1）电路结构及主要电气元件作用。Z3040 型立式摇臂钻床主电路由图 9-51 中 1～7 区组成。其中 1 区为电源开关及保护部分，2 区为冷却泵电动机 M4 主电路，3 区为主轴电动机 M1 主电路，4 区和 5 区为摇臂升降电动机 M2 主电路，6 区和 7 区为液压泵电动机 M3 主电路。对应图区中使用的各电气元件符号及功能说明见表 9-43。

表 9-43　　　Z3040 型摇臂钻床电气元件目录表（42）

符号	名称及用途	符号	名称及用途
M1	主电动机	YA2	立柱松开、夹紧用电磁铁
M2	摇臂升降电动机	K1	工作准备用中间继电器
M3	液压泵电动机	SA1	冷却泵电动机电源转换开关
M4	冷却泵电动机	SB1	主轴电动机停止按钮
KM1	主轴旋转接触器	SB2	主轴电动机启动按钮
KM2	摇臂上升接触器	SB3	摇臂上升按钮
KM3	摇臂下降接触器	SB4	摇臂下降按钮
KM4	主轴箱、立柱、摇臂放松接触器	SB5	立柱、主轴箱松开按钮
KM5	主轴箱、立柱、摇臂夹紧接触器	SB6	立柱、主轴箱夹紧按钮
KR1	M1 过载保护热继电器	FU1	总电源熔断器
KR2	M3 过载保护热继电器	FU2	M1、M2 保护熔断器
KT	控制 KM5 吸合的时间继电器	FU3	照明保护熔丝
QS1	总电源组合开关	YA	摇臂升降夹紧放松电磁铁
QS2	冷却泵电动机转换开关	QS3	照明开关
SQ1	摇臂升降终端保护开关	EL	低压照明灯
SQ2	摇臂升降限位开关	HL1	松开指示灯
SQ3	摇臂夹紧限位开关	HL2	夹紧指示灯
SQ4	指示灯明暗限位控制开关	HL3	主轴电机运转指示灯
T	控制变压器		

（2）工作原理。电路通电后，断路器 QS1、QS2 将 380V 的三相电源引入 Z3040 型立式摇臂钻床。其中主轴电动机 M1 主电路属于单向运转单元主电路结构，电动机 M1 只作单方向旋转，主轴的

正、反转用机械的方法来变换。实际应用时，由接触器 KM1 主触点控制主轴电动机 M1 电源的通断，热继电器 KR1 热元件实现主轴电动机 M1 的过载保护功能。

摇臂升降电动机 M2 和液压泵电动机 M3 均属于正反转单元主电路结构。实际应用时，分别由接触器 KM2、KM4 主触点控制对应拖动电动机正转电源的通断，接触器 KM3、KM5 主触点控制对应拖动电动机反转电源的通断，热继电器 KR2 热元件实现液压泵电动机 M3 的过载保护功能。另外，由于摇臂升降电动机 M2 为短时点动工作，故未设置过载保护装置。

冷却泵电动机 M4 主电路由转换开关 QS2 和冷却泵电动机 M4 组成。实际应用时，冷却泵电动机 M4 工作状态由转换开关 QS2 控制。另外，由于冷却泵电动机为短时工作，故也未设置过载保护装置。

2. Z3040 型立式摇臂钻床的控制电路

Z3040 型立式摇臂钻床控制电路由图 9-51 中 8～21 区组成。其中 8 区为控制变压器部分，实际应用时，合上断路器 QS1，380V 交流电源加至控制变压器 TC 的一次绕组两端，经降压后输出 110V 交流电压作为控制电路的电源。另外，24V 交流电压为机床工作低压照明电路电源，6V 交流电源为信号电路电源。

在安装机床电气设备时，应当注意三相交流电源的相序。如果三相电源的相序接错，电动机的旋转方向就会与规定的方向不符，在开动机床时容易产生事故。Z3040 型立式摇臂钻床三相电源的相序可以用立柱的夹紧机构来检查，其夹紧和放松动作有指示标牌指示。接通机床电源，然后按立柱夹紧或松开按钮，如果夹紧和松开动作与标牌的指示相符合，就表示三相电源的相序是正确的；如果夹紧与松开动作与标牌的指示相反，则说明三相电源的相序接错了，这时就应当断开总电源，把三相电源线中的任意两根相线对调即可。

（1）电路结构及主要电气元件作用。由图 9-51 中 8～21 区可知，Z3040 型立式摇臂钻床控制电路由欠电压保护电路、主轴电动机 M2 控制电路、摇臂升降电动机 M3 控制电路、立柱和主轴箱松开及夹紧控制电路和照明、信号电路组成。对应图区中使用的各电气元件见表 9-43。

(2) 工作原理。Z3040 型立式摇臂钻床的主轴电动机 M1、摇臂升降电动机 M2 和液压泵电动机 M3 的主电路中接通电路的电气元件为对应接触器 KM1～KM5 主触点。所以，在确定各控制电路时，只需各自找到它们相应元件的控制线圈即可。

1) 主轴电动机 M1 的控制。主轴电动机 M1 控制电路由图 9-51 中13 区和 14 区对应电气元件组成。按下启动按钮 SB2，接触器 KM1 通电闭合并自锁，其 3 区中的主触点闭合接通主轴电动机 M1 电源，主轴电动机 M1 通电启动运转，指示灯 HL3 亮；若按下停止按钮 SB1，则接触器 KM1 失电释放，其主触点处于断开状态，即主轴电动机 M1 失电停止运转，指示灯 HL3 灭。

2) 摇臂升降电动机 M2 和液压泵电动机 M3 的控制。按上升（或下降）按钮 SB3（或 SB4），时间继电器 KT 获电吸合，KT 的瞬时闭合和延时断开动合触点闭合，接触器 KM4 和电磁铁 YA 同时获电，液压泵电动机 M3 旋转，供给压力油。压力油经二位六通阀进入摇臂松开油腔，推动活塞和菱形块，使摇臂松开。同时活塞杆通过弹簧片压住限位开关 SQ2，SQ2 的动断触点断开，接触器 KM4 断电释放，电动机 M3 停转；SQ2 的动合触点闭合，接触器 KM2（或 KM3）获电吸合，摇臂升降电动机 M2 启动运转，带动摇臂上升（或下降）。如果摇臂没有松开，SQ2 的动合触点不能闭合，接触器 KM2（或 KM3）也不能吸合，摇臂也就不会升降。当摇臂上升（或下降）到所需位置时，松开按钮 SB3（或 SB4），接触器 KM2（或 KM3）和时间继电器 KT 断电释放，电动机 M2 停转，摇臂停止升降。时间继电器 KT 的动断触点经 1～3s 延时后闭合，使接触器 KM5 获电吸合，电动机 M3 反转，供给压力油。压力油经二位六通阀进入摇臂夹紧油腔，向反方向推动活塞，这时菱形块自锁，使顶块压紧 2 个杠杆的小头，杠杆围绕轴转动，通过螺钉拉紧摇臂套筒，这样摇臂被夹紧在外立柱上。同时活塞杆通过弹簧片压住限位开关 SQ3，SQ3 的动断触点断开，接触器 KM5 断电释放。同时 KT 的动合触点延时断开，电磁铁 YA 也断电释放，电动机 M3 断电停转。时间继电器 KT 的主要作用是控制接触器 KM5 的吸合时间，使电动机 M2 停转后，再夹紧摇臂。KT 的延时时间视需要调整为 1~3s，延时时间应视摇臂在电动机 M2 切断电源至停转前的惯性大小进行调整，应保证摇臂停止上升（或下降）后才进行夹紧。SQ1 是摇臂升（降）至极限位置时使摇臂升降电动机停转的限位开关，其 2 对动断触点需调整在同时接通位置，而动作时又须是 1 对接通、1 对断开。摇臂的自动夹紧是由限位开关 SQ3 来控制的，当摇臂夹紧时，限位开关 SQ3 处于受压状态，SQ3 的动断触点是断开的，接触器 KM5 线圈处于断电状态；当摇臂在松开过程中，限位开关 SQ3 就不受压，SQ3 的动断触点处于闭合状态。

3）立柱、主轴箱的松开和夹紧控制。立柱、主轴箱的松开或夹紧是同时进行的，按压松开按钮 SB5（或夹紧按钮 SB6），接触器 KM4（或 KM5）吸合，液压泵电动机获电旋转，供给压力油，压力油经二位六通阀（此时电磁铁 YA 处于释放状态）进入立柱夹紧及松开液压缸和主轴箱夹紧及松开液压缸，推动活塞和菱形块，使立柱和主轴箱分别松开（或夹紧），指示灯亮。

Z3040 型摇臂钻床的主轴箱、摇臂和内外立柱 3 个运动部分的夹紧，均用安装在摇臂上的液压泵供油，压力油通过二位六通阀分配后送至各夹紧松开液压缸。分配阀安放在摇臂的电器箱内。

4）冷却泵电动机 M4 的控制。冷却泵电动机 M4 由转换开关 SQ2 直接控制。

三、XA6132 型卧式万能铣床电气控制

1. XA6132 型卧式万能铣床的主电路

XA6132 型卧式万能铣床主要由底座、床身、悬梁、刀杆刀架、升降台、溜板和工作台等部件组成，可用各种圆柱铣刀、圆片铣刀、角度铣刀、成形铣刀和面铣刀加工各种平面、斜面、沟槽、齿轮等，如果使用万能铣刀、圆工作台、分度头等铣床附件，还可以扩大机床加工范围。XA6132 型卧式万能铣床电气控制电路如图 9-52 所示。

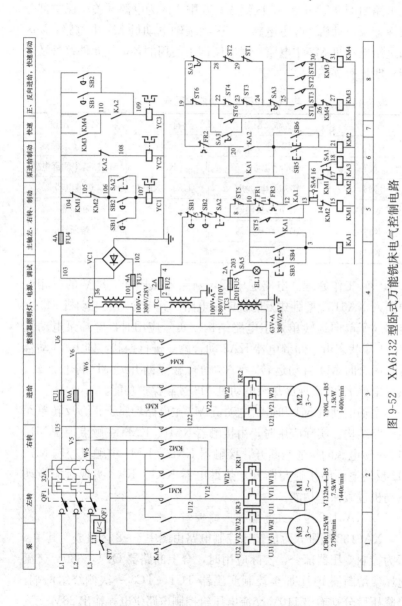

图 9-52 XA6132 型卧式万能铣床电气控制电路

(1) 电路结构及主要电气元件作用。XA6132 型卧式万能铣床主电路由图 9-52 中 1～3 区组成，其中 1 区为电源开关、保护部分及冷却泵电动机 M3 主电路，2 区为主轴电动机 M1 主电路，3 区为进给电动机 M2 主电路。对应图区中使用的各电气元件符号及功能说明见表 9-44。

表 9-44　　　　　电气元件符号及功能说明表（43）

符　号	名称及用途	符　号	名称及用途
M1	主轴电动机	KM4	M2 反转接触器
M2	进给电动机	KA3	M3 控制中间继电器
M3	冷却泵电动机	KR1～KR3	热继电器
KM1	M1 正转接触器	QF1	断路器
KM2	M1 反转接触器	FU1	熔断器
KM3	M2 正转接触器		

(2) 工作原理。电路通电后，断路器 QF1 将 380V 的三相电源引入 XA6132 型卧式万能铣床主电路。其中冷却泵电动机 M3 主电路属于单向运转单元主电路结构。实际应用时，冷却泵电动机 M3 工作状态由中间继电器 KA3 动合触点进行控制，即 KA3 动合触点闭合时 M3 启动运转，KA3 动合触点断开时 M3 停止运转。热继电器 KR3 实现冷却泵电动机 M3 过载保护功能。

主轴电动机 M1 和进给电动机 M2 主电路均属于正、反转单元主电路结构。实际应用时，由接触器 KM1、KM3 主触点控制 M1、M2 正转电源的接通与断开，接触器 KM2、KM4 主触点控制 M1、M2 反转电源的接通与断开。热继电器 KR1、KR2 实现对应拖动电动机过载保护功能。

2. XA6132 型卧式万能铣床的控制电路

XA6132 型卧式万能铣床控制电路由图中 4～8 区组成。其中 4 区为控制变压器部分，实际应用时，合上断路器 QF1，380V 交流电压经熔断器 FU1 加至控制变压器 TC1～TC3 一次侧绕组两端，经降压后分别输出 110V 交流电压给控制电路供电，输出 28V 交流电压再经桥式整流形成 28V 直流电压给直流控制电路供电，输出

24V 交流电压给机床工作照明电路供电。

（1）电路结构及主要电气元件作用。由图 9-52 中 4～8 区可知，XA6132 型卧式万能铣床控制电路由主轴电动机 M1 控制电路、进给电动机 M2 控制电路、工作台进给控制电路和机床工作照明电路组成。对应图区中使用的各电气元件符号及功能说明见表 9-45。

表 9-45　　　　　电气元件符号及功能说明表（44）

符　号	名称及用途	符　号	名称及用途
SB1、SB2	主轴两地停止按钮	SA1～SA5	转换开关
SB3、SB4	M1 两地启动按钮	TC1～TC3	控制变压器
SB5、SB6	M2 两地启动按钮	VC1	桥式整流器
KA1～KA3	中间继电器	YC1～YC3	电磁离合器
ST1～ST6	行程开关	FU2～FU5	熔断器

（2）工作原理。XA6132 型卧式万能铣床的主轴电动机 M1、进给电动机 M2、冷却泵电动机 M3 主电路中接通电路的电气元件分别为接触器 KM1、KM2，接触器 KM3、KM4 主触点和中间继电器 KA3 动合触点。所以，在确定各控制电路时，只需各自找到它们相应元件的控制线圈即可。

1）主轴电动机 M1 控制电路。主轴电动机 M1 控制电路由图 9-52 中 5 区、6 区对应电气元件组成。其中 SA1 为冷却泵电动机 M3 转换开关，SA2 为主轴上刀制动开关，SA4 为主轴电动机 M1 转向预选开关，ST5 为主轴变速冲动开关。

a）主轴电动机 M1 启动控制。主轴电动机 M1 由正反转接触器 KM1、KM2 实现正、反转全压启动，由主轴换向开关 SA4 预选电动机的正反转。当需要主轴电动机 M1 启动运转时，将换向开关 SA4 扳至主轴所需的旋转方向，然后按下其启动按钮 SB3 或 SB4，中间继电器 KA1 通电吸合并自锁，其在 12 号线与 13 号线间的动合触点闭合，使接触器 KM1 或 KM2 得电吸合，其主触点闭合接通主轴电动机 M1 工作电源，M1 实现全压启动。同时，接触器 KM1 或 KM2 在 104 号线与 105 号线或 105 号线与 106 号线间的动断触点断开，切断主轴电动机 M1 制动电磁离合器 YC1 线圈回路电源，YC1 失电释放。此外，中间继电器 KA1 在 12 号线与 20 号线间的动合触点闭合，为工作台的进给与快速移动做好准备。

b) 主轴电动机 M1 的制动控制。由主轴停止按钮 SB1 或 SB2，正转接触器 KM1 或反转接触器 KM2 以及主轴制动电磁离合器 YC1 构成主轴制动停车控制环节。当需要主轴电动机 M1 停止运转时，按下 SB1 或 SB2，KM1 或 KM2 断电释放，M1 断开三相交流电源，同时 YC1 线圈通电，形成磁场，在电磁吸力作用下将摩擦片压紧产生制动，使主轴迅速制动；当松开 SB1 或 SB2 时，YC1 线圈断电，摩擦片松开，从而实现主轴制动控制功能。

c) 主轴换刀制动。在主轴上刀或更换铣刀时，主轴电动机 M1 不得旋转，否则将发生严重人身事故。为此，电路设有主轴上刀制动环节，它由主轴上刀制动开关 SA2 控制。在主轴上刀换刀前，将 SA2 扳至"接通"位置。SA2 在 7 号线与 8 号线间的动断触点断开，使主轴启动控制电路断电，主轴电动机 M1 不能启动旋转；同时，SA2 在 106 号线与 107 号线间的动合触点闭合，接通主轴制动电磁离合器 YC1 线圈，使主轴处于制动状态。上刀换到结束后，再将 SA2 扳至"断开"位置，SA2 触点复位，解除主轴制动状态，为主轴电动机 M1 启动做好准备。

d) 主轴变速冲动控制。主轴变速操纵箱装在床身左侧窗口上，变换主轴转速的操作顺序如下：先将主轴变速手柄拉出，然后转动主轴变速盘，将主轴的速度调整到当前加工所需要的数值，再将变速手柄推回原处。在手柄推回原处时，手柄瞬时压下主轴变速冲动行程开关 ST5，此时 ST5 在 8 号线与 13 号线间的动合触点闭合，在 8 号线与 10 号线间的动断触点断开。接触器 KM1 线圈瞬间通电吸合。其主触点瞬间闭合接通主轴电动机 M1 工作电源做瞬时点动，即起到主轴变速齿轮瞬时冲动的作用，从而实现主轴变速冲动控制。

2) 进给电动机 M2、圆工作台控制电路。进给电动机 M2、圆工作台控制电路由图中 7、8 区对应电气元件组成。其中 SA3 为圆工作台转换开关，ST1、ST2 为纵向进给行程开关，ST3、ST4 为垂直、横向进给行程开关。其具体控制过程与 X6132 型卧式万能铣床进给电动机控制过程基本相似，读者可参照自行分析。

3）冷却泵电动机 M3 和机床照明控制电路。冷却泵电动机 M3 在铣削加工时由冷却泵转换开关 SA1 控制，当 SA1 扳至"接通"位置时，中间继电器 KA3 通电闭合，冷却泵电动机 M3 启动运转。机床工作照明由控制变压器 TC3 供给 24V 安全电压，并由控制开关 SA5 控制照明灯 EL 工作状态。熔断器 FU6 实现照明电路短路保护功能。

3. XA6132 型卧式万能铣床电气保护

XA6132 型卧式万能铣床主轴电动机过载保护由热继电器 KR1 来实现；进给电动机的过载由 KR2 来实现其保护，短路保护则由 FU1 来实现；冷却泵电动机 M3 的过载由热继电器 KR3 来实现。当以上 M1、M2、M3 三个电动机过载时，由于电路中热敏元件的作用，都会使辅助电路中各自的动断触点断开，而使控制主电路通电的接触器失电，其主电路中对应的主触点断开，从而使过载的电动机断电而得以保护。

辅助电路的保护：控制回路（经变压器 TC1 供电）由 FU2 对其实现短路保护。直流电路（经变压器 TC2 供电），整流桥进线的交流由 FU3 保护，而整流桥出线的直流则由 FU4 进行保护。

照明回路的短路保护由 FU5 来实现；进给电动机 M2、变压器 TC1、TC2、TC3 的保护由 FU1 来实现；整个电气系统的过载、短路、欠压保护由电源空断开关 QF1 实现。

另外，在铣床床身上，升降工作台上及纵向工作台上都设有行程挡铁块，并与纵向机动操纵手柄上的挡铁块、鼓轮轴的联动轴上的挡铁块相互对应。当纵向、横向及竖向运动超程时，相应的挡铁会相碰，使手柄回到中间位置，并使之与其相对应的行程开关断开；从而使进给电动机 M2 失电停转，实现工作台的超程保护。

四、XS5032 型立式升降台铣床电气维修

1. XS5040 型立式升降台铣床的主电路

XS5040 型立式升降台铣床适合于使用各种棒型铣刀、圆形铣刀、角度铣刀对平面、斜面、沟槽等工件进行铣削加工。该铣床具有足够的刚性和功率，能进行高速切削和承受重负荷的切削工作。XS5040型立式升降台铣床电气控制电路如图9-53所示。

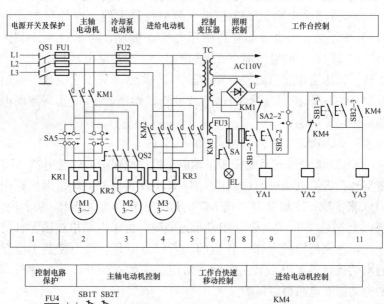

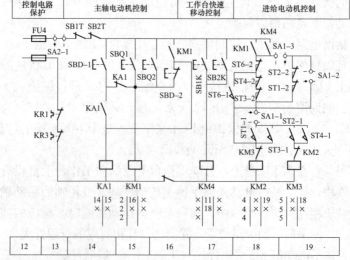

图 9-53　XS5040 型立式升降台铣床电气控制电路

（1）电路结构及主要电气元件作用。XS5040 型立式升降台铣床主电路由图 9-53 中 1～5 区组成，其中 1 区为电源开关及保护部分，2 区为主轴电动机 M1 主电路，3 区为冷却泵电动机 M2 主电路，4 区和 5 区为进给电动机 M3 主电路。对应图区中使用的各电气元件符号及功能说明见表 9-46。

表 9-46　　　　电气元件符号及功能说明表（45）

符　号	名称及用途	符　号	名称及用途
M1	主轴电动机	KR1～KR3	热继电器
M2	冷却泵电动机	QS1	隔离开关
M3	进给电动机	QS2	M2 转换开关
KM1	M1 控制接触器	SA5	M1 换向转换开关
KM2	M3 正转接触器	FU1、FU2	熔断器
KM3	M3 反转接触器		

（2）工作原理。电路通电后，隔离开关 QS1 将 380V 的三相电源引入 XS5040 型立式升降台铣床主电路。其中主轴电动机 M1 主电路属于正反转控制单元主电路结构。实际应用时，接触器 KM1 主触点用于接通主轴电动机 M1 的正反转电源；换向转换开关 SA5 具有"正转""反转"和"停止"三挡，当 QC 分别扳至上述三挡位置时，主轴电动机 M1 分别工作于正转、反转和停转三种状态；热继电器 KR1 热元件实现主轴电动机 M1 的过载保护功能。

冷却泵电动机 M2 主电路属于单向运转单元主电路结构。当主轴电动机 M1 启动运转后，由转换开关 QS2 控制冷却泵电动机 M2 电源的通断，热继电器 KR2 热元件实现冷却泵电动机 M2 的过载保护功能。

进给电动机 M3 主电路也属于正反转控制单元主电路结构。实际应用时，由接触器 KM2 主触点控制进给电动机 M3 正转电源的通断，接触器 KM3 主触点控制进给电动机 M3 反转电源的通断。热继电器 KR3 实现进给电动机 M3 过载保护功能。

2. XS5040 型立式升降台铣床的控制电路

XS5040 型立式升降台铣床控制电路由图 9-53 中 6～19 区组

成，其中 6 区为控制变压器部分。实际应用时，合上隔离开关 QS1，380V 交流电压经熔断器 FU1、FU2 加至控制变压器 TC 一次侧绕组两端，经降压后输出 110V 交流电压给控制电路供电，36V 交流电压给机床工作照明电路供电。

（1）电路结构及主要电气元件作用。由图 9-53 中 6～19 区可知 XS5040 型立式升降台铣床控制电路由主轴电动机 M1 控制电路、进给电动机 M3 控制电路、快速行程控制电路、圆工作台控制电路和机床工作照明控制电路组成。对应图区中使用的各电气元件符号及功能说明见表 9-47。

表 9-47　　　　电气元件符号及功能说明表（46）

符　号	名称及用途	符　号	名称及用途
SBQ1、SBQ2	M1 两地启动按钮	ST1～ST7	行程开关
SB1T、SB2T	M1 两地停止按钮	TC	控制变压器
SB1K、SB2K	工作台快速移动两地控制按钮	U	桥式整流器
SBD	主轴啮合按钮	FU3、FU4	熔断器
KA1	中间继电器	SA	照明灯控制开关
YA1～YA3	离合器	EL	照明灯
SA1、SA2	转换开关		

（2）工作原理。XS5040 型立式升降台铣床主轴电动机 M1 和进给电动机 M3 的主电路中接通电路的电气元件分别为接触器 KM1 主触点和接触器 KM2、KM3 主触点。所以，在确定各控制电路时，只需各自找到它们相应元件的控制线圈即可。

1）主轴电动机 M1 控制电路。主轴电动机 M1 控制电路由图 9-53 中 13～15 区对应电气元件组成。电路通电后，当需要主轴电动机 M1 启动运转时，按下其启动按钮 SBQ1 或 SBQ2，接触器 KM1 得电吸合并自锁，其主触点闭合接通主轴电动机 M1 工作电源，M1 得电启动运转，其运转方向由换向转换开关 SA5 进行选定。当需要主轴电动机 M1 停止运转时，按下其停止按钮 SB1T 或 SB2T，切断接触器 KM1 线圈供电回路，并接通离合器 YA1 工作电源，主轴电动机 M1 断电并迅速制动。变速时为了齿轮易于啮合，须使主轴电动机 M1 瞬时转动。为此必须按动按钮 SBD，使接触器 KM1 瞬时接通。

当主轴上刀换刀时，首先将转换开关 SA2 扳至接通位置，然后再上刀换刀，此时主轴不能旋转。制动上刀完毕后，再将转换开关 SA2 扳至断开位置，主轴方可启动运转。

2）进给电动机 M3 控制电路。进给电动机 M3 控制电路由图 9-53 中18 区、19 区对应电气元件组成。实际应用时，升降台的上下运动和工作台的前后运动由操作手柄进行控制。

手柄的联动结构与行程开关相连接，ST3 控制工作台向前及向下运动，ST4 控制工作台向后及向上运动。

此外，工作台的左右运动亦由操作手柄进行控制，其联动结构控制着行程开关 ST1 和 ST2，分别控制工作台向右及向左运动，手柄所指的方向即为工作台运动的方向。

3）快速行程控制电路。快速行程控制电路由图 9-53 中 17 区对应电气元件组成。主轴电动机 M1 启动运转后，将进给操作手柄扳至所需位置，则工作台按手柄所指的方向以选定的速度运动。此时如按下快速按钮 SB1K 或 SB2K，接触器 KM4 得电吸合，接通快速离合器 YA3 工作电源，并切断进给离合器 YA2 工作电源，工作台即按原运动方向作快速移动；放开快速按钮时，快速移动立即停止，工作台仍以原进给速度继续运动。

4）圆工作台控制电路。圆工作台控制由进给电动机 M3 传动机构进行驱动。使用圆工作台时，首先将圆工作台转换开关 SA1 扳至接通位置，然后操作启动按钮，接触器 KM1、KM2 相继接通主轴和进给两台电动机。值得注意的是，圆工作台与机床工作台的控制具有电气连锁，即在使用圆工作台时，机床工作台不能进行其他方向的进给。

5）照明电路。照明电路由图 9-53 中 7 区对应电气元件组成。电路通电后，380V 交流电压经熔断器 FU1、FU2 加至控制变压器 TC 一次侧绕组两端，经降压后输出 36V 交流电压给照明电路供电。熔断器 FU3 实现照明电路保护功能，控制开关 SA 实现照明灯 EL 控制功能。

五、X8120W 型万能工具铣床电气控制

1. X8120W 型万能工具铣床的主电路

X8120W 型万能工具铣床适用于加工各种刀具、夹具、冲模、压模等中小型模具及其他复杂零件，且借助特殊附件能完成圆弧、齿条、齿轮、花键等零件的加工，具有应用范围广、精度高、操作简便等特点。X8120W 型万能工具铣床电气控制线路如图 9-54 所示。

（1）电路结构及主要电气元件作用。X8120W 型万能工具铣床主电路由图 9-54 中 1～4 区组成，其中 1 区为电源开关及保护电路，2 区和 3 区为主轴电动机 M2 主电路，4 区为冷却泵电动机 M1 主电路。对应图区中使用的各电气元件符号及功能说明见表 9-48。

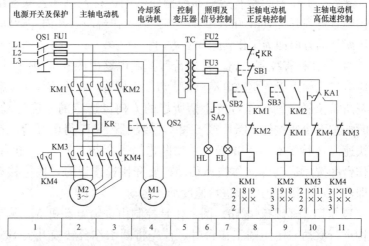

图 9-54 X8120W 型万能工具铣床电气控制线路

表 9-48　　　　　电气元件符号及功能说明表（47）

符　号	名称及用途	符　号	名称及用途
M1	冷却泵电动机	KM4	M2 高速接触器
M2	主轴电动机	KR	热继电器
KM1	M2 正转接触器	QS1	隔离开关
KM2	M2 反转接触器	QS2	M1 转换开关
KM3	M2 低速接触器	FU1、FU2	熔断器

（2）工作原理。电路通电后，隔离开关 QS1 将 380V 的三相电源引入 X8120W 型万能工具铣床主电路。其中冷却泵电动机 M1 主电路属于单向运转单元主电路结构。实际应用时，冷却泵电动机 M1 工作状态由转换开关 QS2 进行控制。另外，由于冷却泵电动机 M1 为点动短期工作，故未设置过载保护装置。

主轴电动机 M2 主电路属于正反转双速控制单元主电路结构。实际应用时，主轴电动机 M2 具有低速正向运转、高速正向运转、低速反向运转、高速反向运转四种工作状态。当接触器 KM1、KM3 同时通电闭合时，M2 工作于低速正向运转状态；当接触器 KM1、KM4 同时通电闭合时，M2 工作于高速正向运转状态；当接触器 KM2、KM3 同时通电闭合时，M2 工作于低速反向运转状态；当接触器 KM2、KM4 同时通电闭合时，M2 工作于高速反向运转状态。另外，热继电器 KR 实现主轴电动机 M2 过载保护功能。

2. X8120W 型万能工具铣床的控制电路

X8120W 型万能工具铣床控制电路由图 9-54 中 5～11 区组成。其中 5 区为控制变压器部分，实际应用时，合上隔离开关 QS1，380V 交流电压经熔断器 FU1 加至控制变压器 TC 一次侧绕组两端，经降压后输出 110V 交流电压给控制电路供电。另外，24V 交流电压为机床工作照明灯电路电源，6V 交流电压为信号灯电路电源。

（1）电路结构及主要电气元件作用。由图 9-54 中 5～11 区可知，X8120W 型万能工具铣床控制电路由主轴电动机 M2 控制电路和照明、信号电路组成。对应图区中使用的各电气元件符号及功能说明见表 9-49。

（2）工作原理。X8120W 型万能工具铣床的主轴电动机 M2 主电路中接通电路的电气元件为接触器 KM1～KM4 主触点。所以，在确定各控制电路时，只需各自找到它们相应元件的控制线圈即可。

1）主轴电动机 M2 控制电路。主轴电动机 M2 控制电路由图 9-54 中 8～11 区对应电气元件组成，属于典型的正反转双速控制电路。电路通电后，当需要主轴电动机 M2 低速正转或高速正转时，按下其正转启动按钮 SB2，接触器 KM1 得电闭合并自锁，其主触点闭合接通主轴电动机 M2 正转电源，为主轴电动机 M2 低速正转或高速正转做好准备。此时若将转换开关 SA1 扳至"低速"挡位置，则接触器 KM3 通电闭合，其主触点处于闭合状态。此时主轴电动机 M2 绕组接成 Δ 联结低速正向启动运转。若将转换开关 SA1 扳至"高速"挡位置，则接触器 KM4 通电吸合，其主触点处于闭合状态。此时主轴电动机 M2 绕组接成 YY 联结高速启动运转。

表 9-49　　　　　电气元件符号及功能说明表（48）

符　号	名称及用途	符　号	名称及用途
SB1	M2 停止按钮	TC	控制变压器
SB2	M2 正转启动按钮	SA2	照明灯控制开关
SB3	M2 反转启动按钮	HL	信号灯
SA1	M1 低速、高速转换开关	EL	照明灯

　　主轴电动机 M2 的低速反转或高速反转控制过程与低速正转或高速正转控制过程相同，读者可自行分析。另外，串接在对应接触器线圈回路中的联锁触点实现接触器 KM1 和接触器 KM2 的联锁控制。

　　2）照明、信号电路。照明、信号电路由图中 6 区、7 区对应电气元件组成。实际应用时，380V 交流电压经控制变压器 TC 降压后分别输出 24V、6V 交流电压给照明电路、信号电路供电。SA2 控制照明灯 EL 供电回路的通断，熔断器 FU3 实现照明电路短路保护功能。

六、M7130 型卧轴矩台平面磨床电气控制

1. M7130 型卧轴矩台平面磨床的主电路

　　M7130 型卧轴矩台平面磨床适用于采用砂轮的周边或端面磨削钢料、铸铁、有色金属等材料平面、沟槽，其工件可吸附于电磁工作台或直接固定在工作台上进行磨削。该磨床具有磨削精度高及表面粗糙度值小、操作方便等特点。M7130 型卧轴矩台平面磨床电气控制线路如图 9-55 所示。

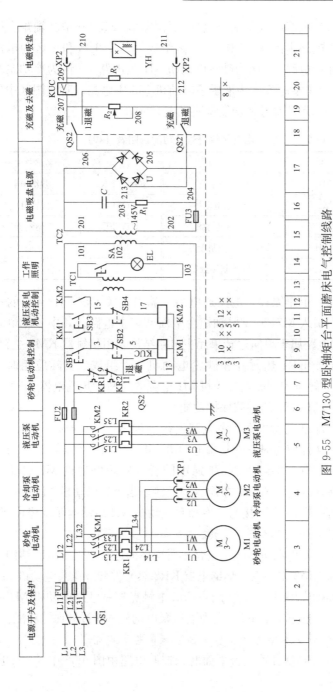

图 9-55　M7130 型卧轴矩台平面磨床电气控制线路

659

（1）电路结构及主要电气元件作用。M7130 型卧轴矩台平面磨床主电路由图 9-55 中 1～5 区组成。其中 1 区和 2 区为电源开关、保护电路，3 区为砂轮电动机 M1 主电路，4 区为冷却泵电动机 M2 主电路，5 区为液压泵电动机 M3 主电路。对应图区中使用的各电气元件符号及功能说明见表 9-50。

表 9-50　　　　　　电气元件符号及功能说明表（49）

符号	名称及用途	符号	名称及用途
M1	砂轮电动机	KR1、KR2	热继电器
M2	冷却泵电动机	QS1	隔离开关
M3	液压泵电动机	FU1、FU2	熔断器
KM1	M1、M2 控制接触器	XP1	接插件
KM2	M3 控制接触器		

（2）工作原理。电路通电后，隔离开关 QS1 将 380V 的三相电源、引入 M7130 型卧轴矩台平面磨床主电路。其中砂轮电动机 M1 主电路属于单向运转单元主电路结构。由接触器 KM1 主触点、热继电器 KR1 热元件和砂轮电动机 M1 组成。实际应用时，由 KM1 主触点控制砂轮电动机 M1 电源的通断，热继电器 KR1 实现砂轮电动机 M1 的过载保护功能。

冷却泵电动机 M2 主电路由接插件 XP1 和冷却泵电动机 M2 组成。实际应用时，冷却泵电动机 M2 受控于接触器 KM1 的主触点，故只有当接触器 KM1 通电闭合，砂轮电动机 M1 启动运转后，冷却泵电动机 M2 才能启动运转。当砂轮电动机 M1 启动运转后，将接插件 XP1 接通，冷却泵电动机 M2 启动运转，拔掉 XP1，冷却泵电动机 M2 停止运转。

液压泵电动机 M3 主电路也属于单向运转单元主电路结构。由接触器 KM2 主触点、热继电器 KR2 热元件和液压泵电动机 M3 组成。实际应用时，由接触器 KM2 主触点控制液压电动机 M3 电源的通断，热继电器 KR2 实现液压泵电动机 M3 过载保护功能。

2. M7130 型卧轴矩台平面磨床的控制电路

M7130 型卧轴矩台平面磨床控制电路由图 9-55 中 6～21 区组

成。由于控制电路电气元件较少，故可将控制电路直接接在 380V
交流电源上，而机床工作照明和电磁吸盘电源等辅助电路电源分
别由控制变压器 TC1、TC2 供电。

（1）电路结构及主要电气元件作用。由图 9-55 中 6～21 区可
知，M7130 型卧轴矩台平面磨床控制电路由砂轮电动机 M1 控制
电路、液压泵电动机 M3 控制电路、工作照明电路、电磁吸盘电源
电路、充磁及去磁电路和电磁吸盘电路组成。对应图区中使用的
各电气元件符号及功能说明见表 9-51。

表 9-51　　　　　电气元件符号及功能说明表（50）

符号	名称及用途	符号	名称及用途
SB1	M1 启动按钮	TC1、TC2	控制变压器
SB2	M1 停止按钮	U	桥式整流器
SB3	M3 启动按钮	FU3	熔断器
SB4	M4 停止按钮	SA	照明灯控制开关
KUC	欠电流继电器	EL	照明灯
YH	电磁吸盘线圈	XP2	接插件
QS2	电磁吸盘充、退磁状态转换开关		

（2）工作原理。M7130 型卧轴矩台平面磨床的砂轮电动机 M1
主电路、液压泵电动机 M2 主电路中接通电路的电气元件分别为接
触器 KM1 主触点和接触器 KM2 主触点。所以，在确定各控制电
路时，只需各自找到它们相应元件的控制线圈即可。

1）砂轮电动机 M1 控制电路。砂轮电动机 M1 控制电路由图
9-55 中 7～10 区对应电气元件组成。电路通电后，当需要砂轮电
动机 M1 启动运转时，接下启动按钮 SB1，接触器 KM1 通电闭合
并自锁，其在 3 区中的主触点闭合，接通砂轮电动机 M1 的工作电
源，砂轮电动机 M1 启动运转。此时，如果需要冷却泵电动机 M2
启动运转，只需将接插件 XP1 插好，冷却泵电动机 M2 即可启动
运转；拔下接插件 XP1，冷却泵电动机 M2 停止运转。当需要砂轮
电动机 M1 停止运转时，按下砂轮电动机 M1 的停止按钮 SB2，接
触器 KM1 失电释放，其主触点复位断开，砂轮电动机 M1 和冷却

泵电动机 M2 均停止运转。

2）液压泵电动机 M3 控制电路。液压泵电动机 M3 控制电路由图 9-55 中 11 区和 12 区对应电气元件组成。其中按钮 SB3 为液压泵电动机 M3 的启动按钮；按钮 SB4 为液压泵电动机 M3 的停止按钮。其他的分析与砂轮电动机 M1 的控制电路相同，读者可自行分析。

3）M7130 型卧轴矩台平面磨床其他电路。M7130 型卧轴矩台平面磨床其他电路包括电磁吸盘充、退磁电路和机床工作照明电路。

a）电磁吸盘充、退磁电路。电磁吸盘充、退磁电路由图 9-55 中 15～21 区对应电气元件组成。机床正常工作时，220V 交流电压经过熔断器 FU2 加在控制变压器 TC2 一次绕组两端，经过降压后在 TC2 二次绕组中输出约 145V 的交流电压，经整流器 U 整流输出约 130V 的直流电压作为电磁吸盘 YH 线圈的电源。当需要对加工工件进行磨削加工时，将充、退磁转换开关 QS2 扳至"充磁"位置，电磁吸盘 YH 正向充磁将加工工件牢固吸合，机床可进行正常的磨削加工。当工件加工完毕需将工件取下时，将充、退磁转换开关 QS2 扳至"退磁"位置，此时电磁吸盘反向充磁，经过一定的时间后，即可将加工工件取下。

b）机床工作照明电路。机床工作照明电路由图 9-55 中 13 区和 14 区对应电气元件组成。其中控制变压器 TC1 一次侧电压为 380V，二次侧电压为 36V，工作照明灯 EL 受照明灯控制开关 SA 控制。

七、M7475 型立轴圆台平面磨床电气控制

1. M7475B 型立轴圆台平面磨床的主电路

M7475B 型立轴圆台平面磨床是一种用砂轮端面磨削工件的高效率平面磨床。磨头立柱采用 90°V 型导轨，主要用来粗磨毛坯或磨削一般精度的工件，如果选择适当细粒度的砂轮，也可用于磨削精度和粗糙度较高的工件，如轴承环、活塞环等，适合于成批或大量生产车间使用。M7475B 立轴圆台平面磨床电气控制线路如图 9-56 所示。

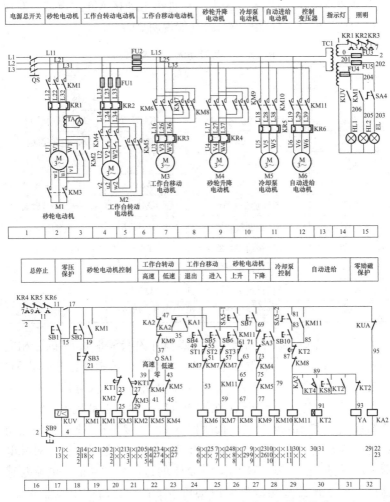

图 9-56 M7475B 型立轴圆台平面磨床电气控制线路

（1）电路结构及主要电气元件作用。M7475B 型立轴圆台平面磨床主电路如图 9-56 1～12 区所示。其中 1 区、6 区为电源开关及保护电路，2 区和 3 区为砂轮电动机 M1 主电路，4 区和 5 区为工作台转动电动机 M2 主电路，7 区和 8 区为工作台移动电动机 M3 主电路，9 区和 10 区为砂轮升降电动机 M4 主电路，11 区为冷却泵电动机 M5 主电路，12 区为自动进给电动机 M6 主电路。对应图区中使用的各电气元件符号及功能说明见表 9-52。

表 9-52 电气元件符号及功能说明表 (51)

符　号	名称及用途	符　号	名称及用途
M1	砂轮电动机	KM6	M3 正转接触器
M2	工作台转动电动机	KM7	M3 反转接触器
M3	工作台移动电动机	KM8	M4 正转接触器
M4	砂轮升降电动机	KM9	M4 反转接触器
M5	冷却泵电动机	KM10	M5 控制接触器
M6	自动进给电动机	KM11	M6 控制接触器
KM1	M1 控制接触器	KR1～KR6	热继电器
KM2	M1 高速接触器	TA	电流互感器
KM3	M1 低速接触器	A	电流表
KM4	M2 低速接触器	QS	隔离开关
KM5	M2 高速接触器	FU1、FU2	熔断器

（2）工作原理。电路通电后，隔离开关 QS 将 380V 的三相电源引入 M7475B 型立轴圆台平面磨床主电路。其中砂轮电动机 M1 主电路属于典型 Y-△ 减压启动控制主电路结构。实际应用时，接触器 KM1 和接触器 KM3 主触点闭合时，砂轮电动机 M1 的定子绕组接成 Y 联结减压启动；接触器 KM1 和接触器 KM2 主触点闭合时，砂轮电动机 M1 的定子绕组接成 △ 联结全压运行。热继电器 KR1 的热元件实现砂轮电动机 M1 的过载保护功能；电流互感器 TA 与电流表 A 组成砂轮电动机 M1 在运行时的电流监视器，可监视砂轮电动机 M1 在运行中的电流值。

工作台转动电动机 M2 主电路属于双速电动机单元主电路结构。实际应用时，接触器 KM4 主触发闭合时，工作台转动电动机 M2 的定子绕组接成 Y 联结低速启动运转；接触器 KM5 主触点闭合时，工作台转动电动机 M2 的定子绕组接成 YY 联结高速运转。热继电器 KR2 热元件实现工作台转动电动机 M2 过载保护功能；熔断器 FU1 实现工作台转动电动机 M2 短路保护功能。

工作台移动电动机 M3 主电路属于正、反转单元主电路结构。实际应用时，接触器 KM6 主触点闭合时，工作台移动电动机 M3 正向旋转；接触器 KM7 主触点闭合时，工作台移动电动机 M3 反向旋转。热继电器 KR3 热元件实现工作台移动电动机 M3 过载保护功能。

砂轮升降电动机 M4 主电路也属于正、反转单元主电路结构。实际应用时，接触器 KM8 主触点闭合时，砂轮升降电动机 M4 正向旋转；接触器 KM9 主触点闭合时，砂轮升降电动机 M4 反向旋转。热继电器 KR4 热元件实现砂轮升降电动机 M4 过载保护功能。

冷却泵电动机 M5 主电路属于单向运转单元主电路结构。实际应用时，接触器 KM10 主触点控制冷却泵电动机 M5 电源的接通和断开；热继电器 KR5 热元件实现冷却泵电动机 M5 过载保护功能。

自动进给电动机 M6 主电路也属于单向运转单元主电路结构。实际应用时，接触器 KM11 主触点控制自动进给电动机 M6 电源的接通和断开；热继电器 KR6 热元件实现自动进给电动机 M6 过载保护功能。

2. M7475B 型主轴圆台平面磨床的控制电路

M7475B 型立轴圆台平面磨床控制电路由图 9-56 中 13～32 区组成，其中 13 区为控制变压器。实际应用时，合上隔离开关 QS，380V 交流电源通过熔断器 FU2 加至控制变压器 TC1 的一次绕组两端，经降压后输出 110V 交流电压作为控制电路的电源，另外，24V 交流电压为照明灯电路电源，6V 交流电压为信号灯电路电源。

（1）电路结构及主要电气元件作用。由图 9-56 中 13～32 区可知，M7475B 型立轴圆台平面磨床控制电路由砂轮电动机 M1、砂轮升降电动机 M4 控制电路，工作台转动电动机 M2、工作台移动电动机 M3 控制电路，冷却泵电动机 M5 控制电路和自动进给电动机 M6 控制和照明、信号电路组成。对应图区中使用的各电气元件符号及功能说明见表 9-53。

表 9-53　　　　　　电气元件符号及功能说明表（52）

符　号	名称及用途	符　号	名称及用途
SB1	机床启动按钮	YA	电磁吸盘线圈
SB2	M1 启动按钮	KA1、KA2	中间继电器
SB3	M1 停止按钮	ST1～ST4	行程开关
SB4	M3 正转点动按钮	SA1	M2 高、低速转换开关
SB5	M3 反转点动按钮	SA3	M5 转换开关
SB6	M4 正转点动按钮	SA4	照明灯控制开关
SB7	M4 反转点动按钮	SA5	砂轮升降转换开关
SB8	M6 停止按钮	TC1	控制变压器
SB9	机床停止按钮	FU3～FU5	熔断器
SB10	M6 启动按钮	HL1、HL2	信号灯
KUV	欠电压继电器	EL	照明灯
KT1、KT2	时间继电器		

（2）工作原理。M7475B 型立轴圆台平面磨床的砂轮电动机 M1、工作台转动电动机 M2、工作台移动电动机 M3、砂轮升降电动机 M4、冷却泵电动机 M5、自动进给电动机 M6 主电路中接通电路的电气元件为对应接触器 KM1～KM11 主触点。所以，在确定各控制电路时，只需各自找到它们相应元件的控制线圈即可。

1）机床启动和停止控制电路。M7475B 型立轴圆台平面磨床启动和停止控制电路由图 9-56 中 16 区和 17 区对应电气元件组成。当需要机床启动时，按下机床启动按钮 SB1，欠电压继电器 KUV 线圈通电闭合，其在 13 号线与 17 号线间的动合触点闭合，接通各电动机控制电路的电源并自锁，此时机床各电动机可根据需要进行启动。当需要机床停止工作时，按下机床停止按钮 SB9，切断控制电路供电回路的电源，机床拖动电动机 M1～M6 均停止运转。

值得注意的是，当机床在运行过程中，如果突然停电或因某种原因电压突然降低，会造成机床电磁吸盘吸力不足。此时，17 区中欠电压继电器线圈 KUV 也会因电压不足而释放，其在 13 号线与 17 号线间的动合触点复位断开，切断控制电路的电源，机床各电动机停止运行，从而起到机床欠电压保护作用。

2）砂轮电动机 M1 控制电路。砂轮电动机 M1 控制电路由图 9-56 中18～21 区对应电气元件组成。当需要砂轮电动机 M1 启动运转时，按下启动按钮 SB2，接触器 KM1，KM3 和时间继电器 KT1 均通电闭合且通过接触器 KM1 自锁触点自锁。此时 1 区中接触器 KM1、KM3 的主触点将砂轮电动机 M1 接成 Y 联结减压启动。经过设定的时间后，时间继电器 KT1 动作，其在 20 区中的通电延时断开动断触点断开，切断接触器 KM3 线圈的电源，接触器 KM3 失电释放。同时，时间继电器 KT1 在 21 区中的通电延时闭合动合触点闭合，接通接触器 KM2 线圈的电源，接触器 KM2 通电闭合。此时接触器 KM1 和接触器 KM2 的主触点将砂轮电动机 M1 接成 △ 联结全压运行。

当需要砂轮电动机 M1 停止时，按下其停止按钮 SB3，接触器 KM1、KM2 和时间继电器 KT1 均失电释放，砂轮电动机 M1 断电停止运转。

3）工作台转动电动机 M2 控制电路。工作台转动电动机 M2 控制电路由图 9-56 中 22 区和 23 区对应电气元件组成。当需要工作台转动电动机 M2 高速运转时，将其高、低速转换开关 SA1 扳至"高速"位置挡，接触器 KM5 通电闭合，其主触点将工作台转动电动机 M2 绕组接成 △ 联结高速运转；当需要工作台转动电动机 M2 低速运转时，将高、低速转换开关 SA1 扳至"低速"位置挡，接触器 KM4 通电闭合，其在 4 区的主触点将工作台转动电动机 M2 绕组接成 Y 联结低速运转；同理，若将高、低速转换开关 SA1 扳至"零位"位置挡，则工作台转动电动机 M2 停止运转。

4）工作台移动电动机 M3 控制电路。工作台移动电动机 M3 控制电路由图 9-56 中 24 区和 25 区对应电气元件组成。当需要工作台移动电动机 M3 带动工作台退出时，按下其正转点动按钮 SB4，接触器 KM6 通电闭合，其主触点接通工作台移动电动机 M3 的正转电源，工作台移动电动机 M3 带动工作台退出，至需要位置时，松开按钮 SB4，工作台移动电动机 M3 停止运转。当需要工作台移动电动机 M3 带动工作台进入时，按下其反转点功按钮 SB5，接触器 KM7 通电闭合，其主触点接通工作台移动电动机 M3 的反转电源，工作台移动电动机 M3 带动工作台进入，至需要位置时，松开按钮 SB5，工作台移动电动机 M3 停止运转。当工作台在退出或进入过程中撞击退出或进入限位行程开关 ST1 或 ST2 时，行程开关 ST1 或 ST2 串接 49 号线与 51 号线间或 55 号线与 57 号线间的动断触点断开，切断接触器 KM6 或 KM7 线圈中的电源，使工作台移动电动机 M3 退出或进入停止。

5）砂轮升降电动机 M4 及自动进给电动机 M6 控制电路。砂轮升降电动机 M4 及自动进给电动机 M6 控制电路分别由图 9-56 中 26 区、27 区和 29～31 区对应电气元件组成。砂轮升降电动机 M4 及自动进给电动机 M6 的具体控制如下。

a）手动控制。将砂轮升降"手动"控制和"自动"控制转换开关 SA5 扳至"手动"挡，SA5 在 26 区中 17 号线与 47 号线间的触点 SA5-1 闭合。当需要砂轮上升时，按下砂轮升降电动机 M4 的正转点功按钮 SB6，接触器 KM8 通电闭合，其主触点接通砂轮升降电动机 M4 的正转电源，砂轮升降电动机 M4 正向启动运转，带动砂轮上升，松开按钮 SB6，接触器 KM8 失电释放，砂轮升降电动机 M4 停止正向运转，砂轮停止上升。当需要砂轮下降时，按下砂轮升降电动机 M4 的反转点动按钮 SB7，接触器 KM9 通电闭合，其主触点接通砂轮升降电动机 M4 的反转电源，砂轮升降电动机 M4 反向启动运转，带动砂轮下降，松开按钮 SB7，接触器 KM9 失电释放，砂轮电动机 M4 停止反向运转，砂轮停止下降。当砂轮升降电动机 M4 带动砂轮上升或下降的过程中，撞击行程开关 ST3 或 ST4 时，ST3 或 ST4 的动合触点断开，切断接触器 KM8 或 KM9 线圈的电源，砂轮停止上升或下降。

b）自动控制。将砂轮升降"手动"控制和"自动"控制转换开关 SA5 扳至"自动"挡，SA5 在 29 区中 17 号线与 83 号线间的触点 SA5-2 闭合。按下自动进给电动机 M6 启动按钮 SB10，接触器 KM11 通电闭合并自锁，同时机床砂轮自动进给变速齿轮啮合电磁铁 YA 通电动作，使工作台自动进给齿轮与自动进给电动机 M6 带动的齿轮啮合，通过变速机构带动工作台自动向下工作进给，对加工工件进行磨削加工。当工件达到加工要求后，机械装置自动压下行程开关 ST4，行程开关 ST4 在 30 区中 87 号线与 89 号线间的动合触点被压下闭合，接通时间继电器 KT2 线圈的电源，KT2 通电闭合，其在 30 区 87 号线与 89 号线间的瞬时动合触点闭合自锁，在 31 区中 87 号线与 91 号线间的瞬时动断触点断开，切断机床砂轮自动进给变速齿轮啮合电磁铁 YA 线圈电源，YA 断电释放，工作台自动进给齿轮与变速机构齿轮分离，自动进给停止，此时自动进给电动机 M6 空转。经过设定时间后，时间继电器 KT2 动作，其在 29 区 83 号线与 85 号线间的通电延时断开动断触点断开，切断接触器 KM11 线圈和通电延时时间继电器 KT2 线圈的电源，接触器 KM11 和通电延时时间继电器 KT2 失电释放，自动进给电动机 M6 停转，完成自动进给控制过程。

6）冷却泵电动机 M5 控制电路。冷却泵电动机 M5 控制电路由图 9-56 中 28 区对应电气元件组成。实际应用时，冷却泵电动机 M5 工作状态由转换开关 SA3 控制。即单极开关 SA3 触点闭合时，接触器 KM10 得电闭合，冷却泵电动机 M5 通电运转；当单极开关 SA3 触点断开时，接触器 KM10 失电释放，冷却泵电动机 M5 断电停止运转。

7）照明、信号电路。M7475B 型立轴圆台平面磨床照明、信号电路由图 9-56 中 12～15 区对应电气元件组成。实际应用时，EL 为机床工作照明灯，由控制开关 SA4 控制；HL1 为机床控制电路电源指示灯，由欠电压继电器动合触点控制；HL2 为砂轮电动机 M1 的运转指示灯，由接触器 KM1 的辅助动合触点控制。熔断器 FU3～FU5 实现照明、信号电路短路保护功能。

八、M1432A 型万能外圆磨床电气控制

1. M1432A 型万能外圆磨床电路特点及控制要求

万能外圆磨床是用于磨削各种外圆柱体、外圆锥体以及各种圆柱孔、圆锥孔和平面，由床身、工作台、砂轮架（或内圆磨具）、头架、砂轮主轴箱、液压控制箱、尾架等部分组成。

M1432A 型万能外圆磨床共有五台电动机：M1 是液压泵电动机；M2 是头架电动机，采用双速电动机；M3 是内圆砂轮电动机；

M4 是外圆砂轮电动机；M5 是冷却泵电动机。五台电动机都有短路和过载保护。

M1432A 型万能外圆磨床电路特点及控制要求如下：

（1）为了简化机械装置，采用多电动机拖动。

（2）砂轮电动机无反转要求。

（3）内圆磨削和外圆磨削分别用两台电动机拖动，它们之间应有联锁。

（4）采用液压传动，可使工作台运行平稳和实现无级调速。砂轮架快速移动也采用液压传动。

（5）在内圆磨头插入工作内腔时，砂轮架不许快速移动。

M1432A 型万能外圆磨床电器元件见表 9-54，供维修时参考。

表 9-54　　　　M1432A 型万能外圆磨床电器元件明细表

代　号	元件名称	型　号	规　格	件数	用　途
M1	电动机	JO3-801-4/72	0.75kW	1	驱动液压泵
M2	电动机	JO3-90s　8/4	0.37/0.75kW	1	驱动头架工作
M3	电动机	JO3-801-2	1.1kW	1	驱动内圆砂轮
M4	电动机	JO3-11s-4	4kW	1	驱动外圆砂轮
M5	电动机	DB-25A	0.12kW	1	驱动冷却泵
KM1	交流接触器	CJ10-10	10A，220V	1	控制液压泵电动机 M1
KM2、KM3	交流接触器	CJ10-10	10A，220V	1	控制头架电动机 M2
KM4	交流接触器	CJ10-10	10A，220V	2	控制 M3
KMS	交流接触器	CJ10-10	10A，220V	1	控制 M4
KM6	交流接触器	CJ10-10	10A，220V	1	控制 M5
FR1	热继电器	JR10-1L	2A	1	M1 过载保护
FR2	热继电器	JR10-1L	1.6A	1	M2 过载保护
FR3	热继电器	JR10-1L	2.5A	1	M3 过载保护
FR4	热继电器	JR10-1L	9A	1	M4 过载保护
FR5	热继电器	JR10-1L	2A	1	MS 过载保护
FU1	熔断器	RL1	30A	1	电源总熔断器
FU2	熔断器	RL1	10A	3	M1、M2 熔断器

代　号	元件名称	型　号	规　格	件数	用　途
FU3	熔断器	RL1	10A	3	M3、M5 熔断器
FU4	熔断器	RL1	2A	3	照明、指示灯熔断器
QS1	开关	LWS-3C5172	15A	1	电源总开关
SA2	开关	LA18-22-2		1	M5 开关
QS2	开关	LA18-22-2		1	照明开关
SA1	开关	LA18-22-2		1	选择工件转速开关
SB1	按钮	LA19-11D		1	启动 M1
SB2	按钮	LA19-11J		1	总停止
SB3	按钮	LA19-11		1	M2 点动
SB4	按钮	LA19-11		1	M3、M4 停止
SB5	按钮	LA19-22		1	M3、M4 启动
SQ1	位置开关	LX12-2		1	砂轮架快速联锁
SQ2	位置开关	LX12-2		1	内、外砂轮联锁
YH	电磁铁	MQW0.7		1	砂轮架不准快退
T	变压器	BK-50		1	照明、指示灯电源

2. M1432A 型万能外圆磨床电路工作原理

M1432A 型万能外圆磨床电气控制原理图如图 9-57 所示。它的工作台纵向运动和砂轮架的快速进退运动采用液压传动，所以操作开始必须先开动液压泵电动机。按压启动按钮 SB2，电源从 1 经 FR1～FR5 和停止按钮 SB1，使 KM1 线圈通电并自锁，接通控制电路的电源。其主触点使液压泵电动机通电运行。

工件固定后，因头架电动机采用双速电动机和塔式皮带轮的变速措施，所以可以根据工件直径的大小和加工精度的不同，选择适当的转速。如使用低速时，可把选择开关 SA1 扳到低速位置，由于液压泵的运转，砂轮架已在液压装置控制下，快速进给向工件接近，压住行程开关 SQ1，使接触器 KM2 通电，主触点闭合，使电动机接成 △ 形低速运行。同时动断触点打开，对接触器 KM3 进行联锁。

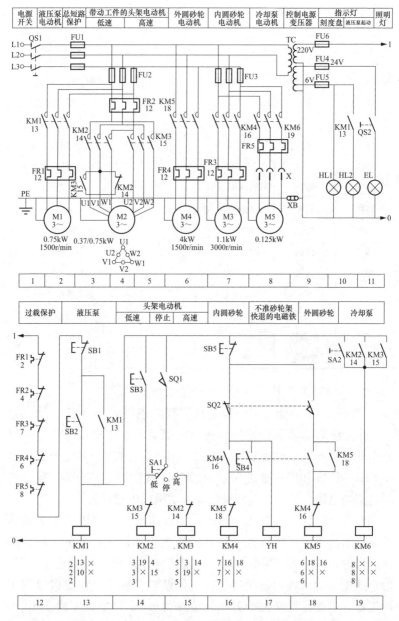

图 9-57　M1432A 型万能外圆磨床电气控制原理图

如选择开关 SA1 扳到高速挡，接触器 KM3 接通，由于 KM2 下面主电路的触点 KM3 闭合，所以将电动机接成 YY 形作高速运行。启动按钮 SB3 是点动按钮，起调整工作台工作状态的作用。在头架电动机运转的同时，接触器 KM2 或 KM3 的动合触点接通 KM6，冷却泵启动，供给冷却液。

内、外圆砂轮的启动运行受接触器 KM4 或 KM5 控制，两台电动机不能同时启动，由行程开关 SQ2 对它们进行联锁。当进行外圆磨削时，把砂轮架的内圆磨具向上翻转，它的后侧面压住行程开关 SQ2，其动合触点闭合，动断触点断开，切断内圆砂轮电路，按启动按钮 SB4，外圆砂轮电动机 M4 即可启动运行。

在内圆磨削时，砂轮架是不允许快速退回的。因为此时内圆磨头在工件的内孔，砂轮架若快速移动易造成磨头损坏及工件报废等严重事故。为此，在进行内圆磨削时，将砂轮架翻下，使行程开关复位，SQ2 动断触点闭合，接通电磁铁 YH 线圈通电，衔铁被吸合，砂轮快速进退的操纵柄锁住液压回路，使砂轮架不能快速退回。

九、M2110 型普通内圆磨床电气控制

1. M2110 型普通内圆磨床的主电路

图 9-58 为 M2110 型普通内圆磨床的电气原理图。M2110 型普通内圆磨床是用来磨削内圆的一种专用机床，其主要的任务是磨削工件的内圆，提高工件精度，降低工件的表面粗糙度值，以达到图样需要。

（1）电路结构及主要电气元件作用。M2110 型普通内圆磨床主电路由图 9-58 中 1～5 区组成。其中 1 区为电源开关及保护电路，2 区为液压泵电动机 M1 主电路，3 区为砂轮电动机 M2 主电路，4 区为工件旋转电动机 M3 主电路，5 区为冷却泵电动机 M4 主电路。对应图区中使用的各电气元件符号及功能说明见表 9-55。

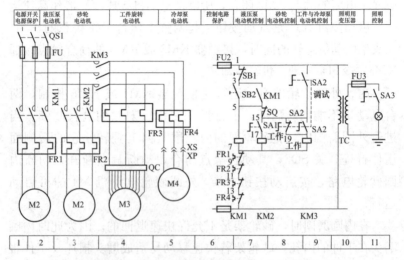

图 9-58　M2110 型普通内圆磨床电气原理图

表 9-55　　　　电气元件符号及功能说明表（53）

符　号	名称及用途	符　号	名称及用途
M1	液压泵电动机	FR1	M1 过载保护热继电器
M2	砂轮电动机	FR2	M2 过载保护热继电器
M3	工件旋转电动机	FR3	M3 过载保护热继电器
M4	冷却泵电动机	FR4	M4 过载保护热继电器
KM1	M1 控制接触器	XS、XP	插接器
KM2	M2 控制接触器	QS1	隔离开关
KM3	M3、M4 控制接触器	QC	组合开关
FU	熔断器		

　　（2）工作原理。电路通电后，隔离开关 QS1 将 380V 的三相电源引入 M2110 型普通内圆磨床主电路。其中液压泵电动机 M1 主电路，砂轮电动机 M2、工件旋转电动机 M3 主电路和冷却泵电动机 M4 主电路均属于单向运转单元主电路结构。实际应用时，对应拖动电动机工作状态分别由接触器 KM1、KM2、KM3 主触点

控制，即当接触器主触点闭合时，对应拖动电动机启动运转；接触器主触点断开时，对应拖动电动机停止运转。

其中工件旋转电动机 M3 为了改变速度，适应工作的需要，采用了一台三速电动机，其速度调节由组合开关 QC 控制。每台电动机分别都装有热继电器 FR1～FR4，作为它们的过载保护。由熔断器 FU 作 4 台电动机的短路保护。冷却泵由 XS-XP 插座连接，如不用时，可将其拔下。

2．M2110 型普通内圆磨床的控制电路

M2110 型普通内圆磨床控制电路由图 9-58 中 6～11 区组成，其中 10 区、11 区为照明控制变压器部分。实际应用时，合上隔离开关 QS1，380V 交流电源通过熔断器 FU2 加至控制变压器 TC 的一次绕组两端，经降压后输出 36V 交流电压作为控制照明电路的电源。

（1）电路结构及主要电气元件作用。由图 9-58 中 6～11 区可知，M2110 型普通内圆磨床控制电路由液压泵电动机 M1 控制电路，砂轮电动机 M2 控制电路，工件旋转电动机 M3 控制电路，冷却泵电动机 M4 控制和照明电路组成。对应图区中使用的各电气元件符号及功能说明见表 9-56。

表 9-56　　　　　电气元件符号及功能说明表（54）

符号	名称及用途	符号	名称及用途
SB1	M1 停止按钮	SQ	行程开关
SB2	M1 启动按钮	TC	控制变压器
SA1、SA2	M2、M3 旋钮开关	FU2、FU3	熔断器
SA3	照明灯控制开关	EL	照明灯

（2）工作原理。M2110 型普通内圆磨床的液压泵电动机 M1、砂轮电动机 M2，工件旋转电动机 M3，以及冷却泵电动机 M4 的主电路中接通电路的电气元件为对应接触器 KM1～KM3 主触点。所以，在确定各控制电路时，只需各自找到它们相应元件的控制线圈即可。

工作前首先把旋钮开关 SA1、SA2 放在工作位置上，把组合开关按工作速度的需要调到合适的位置上。

需要开车时，可按动启动按钮 SB2，接触器 KM1 吸合自锁，液压泵电动机启动。压下液压换向阀的摇杆手柄，工作台靠液压驱动向前移动，脱离行程开关 SQ，其动断触点（5-15）闭合，此时，接触器 KM2、KM3 相继接通。砂轮电动机 M2 工作，工件电动机 M3、冷却泵电动机 M4 也都开始旋转。如果工作结束，可将摇杆抬起，液压阀机械换向，工作台后退。到位置后，压下行程开关 SQ 时，使其动断触点（5-15）断开，除液压泵电动机外，其他电动机全部停止转动。

工件需要单独调试时，可按下列方法进行调试工作。

1）单独调试液压电动机，可将旋钮开关 SA1、SA2 放在停止位置上，用按钮 SB2、SB1 来控制它的启动、停止。

2）单独调试砂轮时，可将 SA2 放在调试位置上，组合开关放 QC 在 "0" 位上，用旋钮开关 SA1 控制砂轮。

3）单独调试工件（冷却）时，把旋钮开关 SA1 旋到停止的位置，将旋钮开关 SA2 旋到调试的位置，并将组合开关 QC 旋到所需速度的位置上即可实现。

机床照明使用 36V 电压，照明灯用旋钮开关 SA3 控制。熔断器 FU2 所控制电路短路保护，FU3 做照明电路的短路保护。

十、B7430 型插床电气控制

1. B7430 型插床的主电路

B7430 型插床利用插刀的竖直往复运动插削键槽或花键，常用于单件或小批量生产中加工内孔键槽或花键孔，也可用于加工平面、方孔或多边形孔等。B7430 型插床电气控制线路如图 9-59 所示。

（1）电路结构及主要电气元件作用。B7430 型插床主电路由图 9-59 中 1～3 区组成，其中 1 区为电源开关部分，2 区为主轴电动机 M1 主电路，3 区为工作台快速移动电动机 M2 主电路。对应图区中使用的各电气元件符号及功能说明见表 9-57。

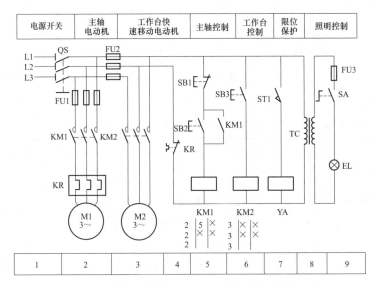

图 9-59　B7430 型插床电气控制线路

表 9-57　　　　**电气元件符号及功能说明表（55）**

符号	名称及用途	符号	名称及用途
M1	主轴电动机	KR1	热继电器
M2	工作台快速移动电动机	QS	隔离开关
KM1	M1 控制接触器	FU1、FU2	熔断器
KM2	M2 控制接触器		

（2）工作原理。电路通电后，隔离开关 QS 将 380V 的三相电源引入 B7430 型插床主电路。实际应用时，主轴电动机 M1 和工作台快速移动电动机 M2 主电路均属于单向运转单元主电路结构，故 M1 和 M2 工作状态分别由接触器 KM1、KM2 主触点进行控制。热继电器 KR1 实现主轴电动机 M1 过载保护功能，由于工作台快速移动电动机 M2 为短期点动运转，故未设置过载保护装置。

2. B7430 型插床的控制电路

B7430 型插床控制电路由图 9-59 中 4～9 区组成，由于控制电路电气元件较少，故可将控制电路直接接入 380V 交流电压。机床工作照明电路由控制变压器 TC 降压单独供电。

（1）电路结构及主要电气元件作用。由图 9-59 中 4～9 区可知，B7430 型插床控制电路由主轴电动机 M1 控制电路、工作台快速移动电动机 M2 控制电路和机床工作照明电路组成。对应图区中使用的各电气元件符号及功能说明见表 9-58。

表 9-58　　　　电气元件符号及功能说明表（56）

符号	名称及用途	符号	名称及用途
SB1	M1 停止按钮	TC	控制变压器
SB2	M1 启动按钮	FU3	熔断器
SB3	M2 点动按钮	SA	照明灯控制开关
YA	电磁铁	EL	照明灯
ST1	限位行程开关		

（2）工作原理。B7430 型插床主轴电动机 M1 和工作台快速移动电动机 M2 主电路中接通电路的电气元件为接触器 KM1、KM2 主触点。所以，在确定各控制电路时，只需各自找到它们相应元件的控制线圈即可。

1）主轴电动机 M1 控制电路。主轴电动机 M1 控制电路由图 9-59 中5 区、7 区对应电气元件组成。电路通电后，当需要主轴电动机 M1 启动运转时，按下其启动按钮 SB2，接触器 KM1 得电吸合并自锁，其主触点闭合接通主轴电动机 M1 工作电源，M1 得电启动运转。当需要主轴电动机 M1 停止运转时，按下其停止按钮 SB1 即可。

此外，该插床具有限位保护功能。主轴电动机 M1 启动运转后，当限位行程开关 ST1 被压合时，即 ST1 动合触点闭合，380V 交流电压经行程开关 ST1 加至电磁铁 YA 线圈两端，电磁铁工作，使主轴电动机 M1 停止运转，从而实现限位保护功能。

2）工作台快速移动电动机 M2 控制电路。工作台快速移动电动机 M2 控制电路由图 9-59 中 6 区对应电气元件组成，属于典型的点动控制单元电路。当需要工作台快速移动电动机 M2 启动运转时，按下其点动按钮 SB3，接触器 KM2 得电吸合，其主触点闭合接通 M2 工作电源，M2 得电启动运转，驱动工作台快速移动。当工作台移动至所需位置时，松开按钮 SB3，接触器 KM2 失电释放，M2 随之失电停止运转。

3）照明、信号电路。B7430 型插床照明电路由图 9-59 中 8 区、9 区对应电气元件组成。实际应用时，380V 交流电压经熔断器 FU2 加至电源变压器 TC 一次侧绕组两端，经降压后输出 24V 交流电压经熔断器 FU3 及单极开关 SA 加至照明灯 EL 两端。SA 实现照明灯 EL 控制功能，FU3 实现照明电路短路保护功能。

十一、L5120 型立式拉床电气控制

1. L5120 型立式拉床的主电路

L5120 型立式拉床适用于各种机械部件的盘类、套类、环类零件内孔的键槽、异形内孔及螺旋形花键等几何形状的精加工，具有加工精度高、拉力大、传送系统紧凑、机械性能优越等特点。L5120 型立式拉床电气控制线路如图 9-60 所示。

（1）电路结构及主要电气元件作用。L5120 型立式拉床主电路由图 9-60 中 1～4 区组成，其中 1 区、3 区为电源开关及保护部分，2 区为主轴电动机 M1 主电路，4 为冷却泵电动机 M2 主电路。对应图区中使用的各电气元件符号及功能说明见表 9-59。

表 9-59　　　　电气元件符号及功能说明表（57）

符　号	名称及用途	符　号	名称及用途
M1	主轴电动机	KR1、KR2	热继电器
M2	冷却泵电动机	QS	隔离开关
KM1	M1 控制接触器	FU1、FU2	熔断器
KM2	M2 控制接触器		

（2）工作原理。电路通电后，隔离开关 QS 将 380V 的三相电源引入 L5120 型立式拉床主电路。实际应用时，主轴电动机 M1 和冷却泵电动机 M2 主电路均属于单向运转单元主电路结构，即主轴电动机 M1 和冷却泵电动机 M2 工作状态分别由接触器 KM1 主触点和接触器 KM2 主触点控制。热继电器 KR1、KR2 分别实现主轴电动机 M1、冷却泵电动机 M2 过载保护功能。

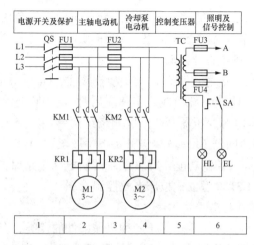

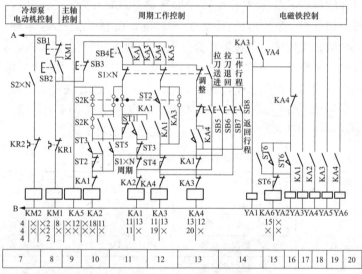

图 9-60　L5120 型立式拉床电气控制线路

2. L5120 型立式拉床的控制电路

L5120 型立式拉床控制电路由图 9-60 中 5～20 区组成，其中 5 区为控制变压器部分。实际应用时，闭合隔离开关 QS，380V 交流电压经熔断器 FU1、FU2 加至控制变压器 TC 一次侧绕组两端。经降压后输出 110V 交流电压给控制电路供电，24V 交流电压给机床工作照明电路供电，6V 交流电压给信号电路供电。

（1）电路结构及主要电气元件作用。由图 9-60 中 5～20 区可知，L5120 型立式拉床控制电路由主轴电动机 M1 控制电路、冷却泵电动机 M2 控制电路、周期工作控制电路和机床工作照明、信号电路组成。对应图区中使用的各电气元件符号及功能说明见表 9-60。

表 9-60　　　　　电气元件符号及功能说明表（58）

符　号	名称及用途	符　号	名称及用途
SB1～SB8	机床控制按钮	TC	控制变压器
KA1～KA6	中间继电器	FU3、FU4	熔断器
YA1～YA6	电磁铁	SA	照明灯控制开关
ST1～ST6	行程开关	EL	照明灯
S1×N	机床调整旋钮	HL	信号灯
S2×N	机床周期工作转换开关		

（2）工作原理。L5120 型立式拉床主轴电动机 M1 和冷却泵电动机 M2 主电路中接通电路的电气元件分别为接触器 KM1 主触点和接触器 KM2 主触点。所以，在确定各控制电路时，只需各自找到它们相应元件的控制线圈即可。

1）主轴电动机 M1 控制电路。主轴电动机 M1 控制电路由图 9-60 中 8 区对应电气元件组成，其中按钮 SB1 为 M1 停止按钮，SB2 为 M1 启动按钮，SB5 为拉刀送进按钮，SB6 为拉刀退回按钮，SB7 为工作行程按钮，SB8 为返回行程按钮。电路通电后，当需要主轴电动机 M1 启动运转时，按下其启动按钮 SB2，接触器 KM1 得电吸合并自锁，其主触点闭合接通主轴电动机 M1 工作电源，M1 启动运转。若在主轴电动机 M1 运转过程中，按下其停止按钮 SB1，则控制电路失电，主轴电动机 M1 停止运转。

此外，主轴电动机 M1 启动后，将旋钮 S1×N 扳至"调整"位置，分别按下 SB5、SB6、SB7、SB8 四个按钮，即可调整辅助溜板（拉刀）和主溜板。

2）冷却泵电动机 M2 控制电路。冷却泵电动机 M2 控制电路由图 9-60 中 7 区对应电气元件组成。实际应用时，由旋钮开关 S2×N 控制接触器 KM2 线圈回路电源的接通与断开。即当 S2×N 扳至"接通"位置时，接触器 KM2 得电吸合，其主触点闭合接通冷却泵电动机 M2 工作电源，M2 启动运转；当 S2×N 扳至"断开"位置时，则 KM2 失电释放，冷却泵电动机 M2 失电停止运转。

3）机床周期工作控制电路。机床周期工作控制电路由图 9-60 中 9～20 区对应电气元件组成。在周期工作之前，应先开"调整"，使辅助溜板（拉刀）和主溜板分别压合原位限位开关 ST1 和 ST5，然后分别使旋钮 S1×N 和转换开关 S2×N 处于所需的周期位置，最后按下"周期启动"按钮 SB4，机床便开始相应的周期工作。L5120 型立式拉床可以实现普通周期、自动周期、全周期、半周期四种工作周期和调整。

a）普通周期。普通周期辅助溜板不动作，主溜板工作完成后自动停止。在图 9-60 中，S1×N 和 S2×N 分别处于"周期"和"自动周期"位置。

b）自动周期。电路的具体控制过程如下：

c）全周期。全自动与自动周期不同之处在于全周期不是连续循环工作的，即当完成一个工作循环后自动停止。

d）半周期（分全半周期和后半周期）。电路的具体控制过程如下：

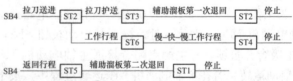

4）照明电路。L5120 型立式拉床照明、信号电路由图 9-60 中 6 区对应电气元件组成。实际应用时，380V 交流电压经控制变压器 TC 降压分别输出 24、6V 交流电压给照明电路、信号电路供电。控制开关 SA 实现照明灯 EL 控制功能，熔断器 FU4 实现照明电路短路保护功能。

十二、Y7131 型齿轮磨床电气控制

1. Y7131 型齿轮磨床的主电路

Y7131 型齿轮磨床属于专用磨床，适用于加工各种锥形齿轮。

其缺点是加工精度较低，生产率不高，通常多用于机械修配。Y7131型齿轮磨床电气控制线路如图9-61所示。

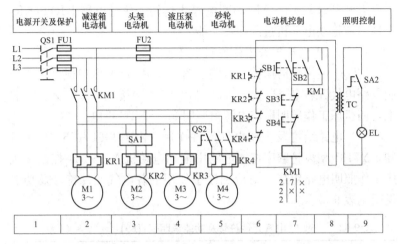

图9-61　Y7131型齿轮磨床电气控制线路

（1）电路结构及主要电气元件作用。Y7131型齿轮磨床主电路由图9-61中1～5区组成。其中1区为电源开关及保护电路，2区为减速箱电动机M1主电路，3区为头架电动机M2主电路，4区为液压泵电动机M3主电路，5区为在砂轮电动机M4主电路。对应图区中使用的各电气元件符号及功能说明见表9-61。其中头架电动机M2采用滑差电动机，通过三速转换开关SA1可实现"高速""中速""低速"三速转换。

表9-61　　　　　电气元件符号及功能说明表（58）

符号	名称及用途	符号	名称及用途
M1	减速箱电动机	KR1～KR4	热继电器
M2	头架电动机	SA1	M2三速转换开关
M3	液压泵电动机	QS1	隔离开关
M4	砂轮电动机	QS2	M4转换开关
KM1	M1～M4控制接触器	FU1	熔断器

（2）工作原理。电路通电后，隔离开关QS1将380V的三相电源引入Y7131型齿轮磨床主电路。实际应用时，拖动电动机M1～

M4 均由接触器 KM1 主触点进行控制，即当 KM1 主触点闭合时，M1～M3 均启动运转，M4 由其转换开关 QS2 进行控制；当 KM1 主触点断开时，M1～M4 均断电停止运转。热继电器 KR1～KR4 实现对应拖动电动机过载保护功能。

2. Y7131 型齿轮磨床的控制电路

Y7131 型齿轮磨床控制电路由图 9-61 中 6～9 区组成。由于控制电路电气元件较少，故可将控制电路直接接在 380V 交流电源上，而机床工作照明电路电源由照明变压器 TC 供电。

（1）电路结构及主要电气元件作用。由图 9-61 中 6～9 区可知，Y7131 型齿轮磨床控制电路由拖动电动机 M1～M4 控制和机床工作照明电路组成。对应图区中使用的各电气元件符号及功能说明见表 9-62。

表 9-62　　　　电气元件符号及功能说明表（59）

符号	名称及用途	符号	名称及用途
SB1、SB2	机床两地启动按钮	FU2	熔断器
SB3、SB4	机床两地停止按钮	SA2	照明灯控制开关
TC	照明变压器	EL	照明灯

（2）工作原理。Y7131 型齿轮磨床拖动电动机 M1～M4 均由接触器 KM1 控制，故其控制电路特别简单。电路通电后，当需要机床启动加工时，按下其两地启动按钮 SB1 或 SB2，接触器 KM1 得电吸合并自锁，其主触点闭合接通驱动电动机 M1～M4 工作电源，M1～M3 均启动运转，此时 M4 工作状态由转换开关 QS2 控制，即当 QS2 扳至"接通"位置时，M4 启动运转，反之 M4 不工作。当需要机床停止加工时，按下其两地停止按钮 SB3 或 SB4，接触器 KM1 失电释放，其主触点断开切断驱动电动机 M1～M4 工作电源，M1～M4 均停止运转，机床停止加工。

机床工作照明电路由图 9-61 中 9 区对应电气元件组成。实际应用时，380V 交流电压经控制变压器 TC 降压后输出 36V 交流电压，经单极开关 SA2 加至照明灯 EL 两端，EL 工作状态由 SA2 控制。

十三、Y3180 型滚齿机电气控制

1. Y3180 型滚齿机电路特点

Y3180 型滚齿机电气控制电路如图 9-62 所示。

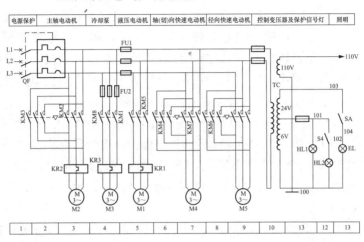

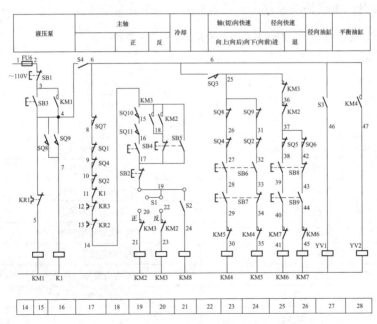

图 9-62 Y3180 型滚齿机电气控制电路

（1）电动机配置情况及其控制。由图 9-62 中 1～9 区所示主电路可以看出，Y3180 型滚齿机有 5 台电动机，M2 为主轴电动机，带动装在滚刀主轴上的滚刀作旋转运动，通过接触器 KM2、KM3 实现正反转控制；M4 为刀架快速移动电动机，主要用于调整机床以及加工时刀具快速接近工件和快速退出，通过接触器 KM4、KM5 实现正反转控制；M5 为工作台快速进给带电动机，通过接触器 KM6、KM7 实现正反转控制；M1 为液压泵电动机，由接触器 KM1 控制；M3 为冷却泵电动机，由接触器 KM8 控制。

断路器 QF 为总电源开关，兼作主轴电动机 M2 的短路保护；熔断器 FU1 作 M1、M4 和 M5 的短路保护；熔断器 FU2 作为 M3 的短路保护。热继电器 KR1 和 KR2 和 KR3 分别作为 M1、M2 和 M3 的过载保护；电动机 M4 和 M5 为点动操作，短时工作，不设过载保护。

（2）行程开关和转换开关配置情况及其作用。行程开关和转换开关配置情况及其作用见表 9-63，供维修时参考。

表 9-63　　　　　行程开关和转换开关配置情况及其作用

符号	名　称	所在图区	用　途
SQ1	行程开关	17	轴向行程开关
SQ2	复合行程开关	17、24	轴向向上极限开关
SQ3	行程开关	22	进给与快速互锁开关
SQ4	复合行程开关	17、23	轴向向下极限开关
SQ5	行程开关	25	径向向前极限开关
SQ6	行程开关	26	径向向后极限开关
SQ7	行程开关	17	切向行程开关
SQ8	复合行程开关	15	切向向后极限开关
SQ9	复合行程开关	16	切向向前极限开关
SQ10	行程开关	19	左交换齿轮架门开关
SQ11	行程开关	19	右交换齿轮架门开关
YV1	电磁阀	27	
YV2	电磁阀	28	

符号	名　称	所在图区	用　途
S3	旋钮开关	27	工作台液压移动快速向前向后旋钮开关
S4	浮子继电器	12、17	保证机床可靠润滑
S1	转换开关	19、20	控制主轴正、反转
S2	转换开关	21	控制冷却泵电动机

为保证机床可靠润滑，在滚齿机立柱顶上的油池中设有浮子继电器液压缸，液压电动机运转片刻后，若液压系统已建立了液压，则其动合触点（101-102）闭合，润滑指示灯 HL2 亮，表明润滑正常，其另一动合触点（4-6）闭合，接通控制电路电源，此时才能启动机床。电磁阀 YV1、YV2 分别控制径向液压缸、平衡液压缸高压油的通断。

（3）根据各电动机主电路控制电器主触点文字符号将控制电路进行分解。

1）根据各液压泵电动机 M1 主电路控制电器主触点文字符号 KM1，在 15 区中找到 KM1 线圈电路，这是按钮控制的电动机启动、停止控制电路。

液压泵电动机 M1 启动后，液压系统中的浮子继电器得电吸合，其动合触点（4-6）闭合。

2）根据电动机 M2 主电路控制电器主触点文字符号 KM2、KM3，在 17～20 区中找到 KM2、KM3 的线圈电路；根据 KM2、KM3 线圈电路中的动断触点（11-12），在 16 区中找到 K1 线圈电路，这样可得到电动机 M1 的控制电路（位于 16～21 区）。在图中有行程开关 SQ1、SQ2、SQ4、SQ7、SQ9、SQ10 及 SQ11；转换开关 S1 控制 KM2 或 KM3，以实现控制 M3 反转；SB4 为启动按钮，SB2 为停止按钮；复合按钮 SB5 为点动按钮。

3）根据冷却泵电动机 M3 主电路（4 区）控制电器主触点文字符号 KM8，在 21 区中找到 KM8 线圈电路。

4）根据电动机 M4、M5 主触点文字符号 KM4 与 KM5、KM6 与 KM7，在 23、24、25 及 26 区中找到 KM4 与 KM5、KM6

与 KM7 线圈电路，位于 22～28 区。

2. Y3180 型滚齿机电气控制

（1）电动机的控制。将 S1 置于主轴正转位置［S1(19-20) 闭合，S1(19-22) 断开］，将进给与快速互锁开关 SQ3 置于快速位置［SQ3(6-25) 闭合］，按下启动按钮 SB3(5 区)，接触器 KM1(6 区) 得电吸合并自锁，其主触点（5 区）闭合，液压泵电动机 M1(5 区）启动运转。液压泵电动机运转片刻后，液压系统建立了液压，油池中的浮子继电器 S4 动作，其动合触点 S4(101-102) 闭合，指示灯 HL2 亮，表明润滑系统正常，其另一动合触点 S4(4-6) 闭合，接通控制电路电源。

再按下主轴启动按钮 SB4(19 区)，若轴向未超程，即 SQ1、SQ2、SQ4（17 区）均处于原始状态（闭合），交换齿轮架门已关闭，即 SQ10、SQ11（19 区）被压合，则接触器 KM2 得电吸合［通路为：1→FU6→SB1→KM1(3-4)→S4(4-6)→SQ7（17 区）→SQ1(8-9)→SQ4(9-10)→SQ2(10-11)→K1(11-12)→KR3→KR2→SQ10(19 区)→SQ11→SB4→SB2→S1(19-20)→KM3(20-21)→KM1 线圈］并自锁，其主轴触点（3 区）闭合，主轴电动机 M2 正转运行；其辅助动断触点 KM2(22-23) 断开，使 KM3 不能得电。

冷却泵开关 S2 闭合［S2(19-24) 闭合］，则 KM2 得电吸合并自锁后，KM8 同时得电吸合，其主轴触点（4 区）闭合，电动机 M3 启动运转，冷却泵开始工作，机床进行滚削。由于 KM8 的控制电源取自 KM2 或 KM3 的自锁回路，因此，M2 和 M3 属于顺序控制，只有 M2 启动后，M3 才能启动。

在滚削过程中，可以点动控制轴向快速电动机 M4 和径向快速电动机 M5。

（2）工作台的驱动。工作台有 3 种驱动方式：

1）用快速电动机驱动。工作台液压移动快速向前向后旋钮开关 S3 处于"向前"位置［S3(6-46) 闭合］，电磁阀 YV1 得电，工作台向前移；S3 处于"向后"位置［S3(6-46) 断开］，电磁阀 YV1 失电，工作台向后移动，最大移动距离 50mm。

2）用快速电动机驱动。操纵按钮 SB8、SB9，使 KM6、KM7

得电吸合，由径向快速电动机 M5 驱动工作台向前及向后移动，最大移动距离 400mm。

3）手动驱动调整。在调整工作台时，应首先使工作台向需要调整移动方向用液压油缸驱动移动 50mm，然后使用快速移动电动机 M5 驱动，最后才用手动调整到所需加工位置。

在刀架快速轴向向上或径向向后进给时，KM5 得电吸合，KM4 失电释放，KM4 辅助动合触点 KM4（6-47）断开，YV2 失电，油进入液压缸；在刀架快速轴向向下或径向向前进给时，KM4 得电吸合，KM5 失电，KM4 的辅助动合触点 KM4（6-47）闭合，YV2 得电，油不进入液压缸。

当 SQ3 处于进给位置［SQ3（6-25）断开］时，快速电动机 M4、M5 均不能启动。

十四、CK6132 型数控车床电气控制

1. CK6132 型数控车床的主电路

CK6132 型数控车床采用卧式车床布局，主要由主轴箱、刀架、尾座、床身和控制面板等部件组成。X 轴和 Z 轴使用交流伺服电动机和滚珠丝杠驱动，主轴使用交流变频电动机驱动。且在主轴末端安装有主轴脉冲编码器，以保证主轴准确停在规定位置及准确进行螺纹切削。CK6132 型数控车床电气控制线路如图 9-63 所示。

（1）电路结构及主要电气元件作用。CK6132 型数控车床主电路由图 9-63 中 1～5 区组成，其中 1 区为电源开关及保护部分，2 区为主轴电动机 M1 主电路，3 区和 4 区为刀架电动机 M2 主电路，5 区为冷却泵电动机 M3 主电路。对应图区中使用的各电气元件符号及功能说明见表 9-64。

表 9-64　　　电气元件符号及功能说明表（60）

符 号	名称及用途	符 号	名称及用途
M1	主轴电动机	KM2	M4 正转接触器
M2	刀架电动机	KM3	M4 反转接触器
M3	冷却泵电动机	KM4	M5 控制接触器
KM1	M1 控制接触器	QF1～QF4	空气自动开关

（2）工作原理。电路通电后，空气自动开关 QF1 将 380V 的三相电源引入 CK6132 型数控车床主电路。其中主轴电动机 M1 和冷却泵电动机 M3 主电路均属于单向运转单元主电路结构。M1、M3 工作状态分别由接触器 KM1、KM4 进行控制，即当某接触器主触点闭合时，对应电动机启动运转。空气自动开关 QF2、QF3 实现电动机 M1、M2 短路，过载及欠电压等保护功能。此外，变频器实现主轴电动机 M1 调速、正反转控制等功能。

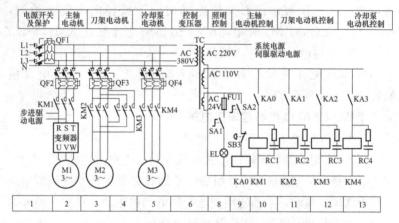

图 9-63　CK6132 型数控车床电气控制线路

刀架电动机 M2 主电路属于正、反转控制单元主电路结构。其中接触器 KM2 控制刀架电动机 M2 正转电源接通与断开，接触器 KM3 控制刀架电动机 M2 反转电源接通与断开。空气自动开关 QF2 实现电动机 M1 短路、过载及欠电压等保护功能。

2. CK6132 型数控车床的控制电路

CK6132 型数控车床控制电路由图 9-63 中 6～13 区组成，其中 6 区为控制变压器部分。

实际应用时，合上空气自动开关 QF1，380V 交流电压加至控制变压器 TC 一次侧绕组两端，经降压后输出 220V 交流电压给数控系统及伺服驱动电路供电，输出 110V 交流电压给控制电路供电，输出 24V 交流电压给照明电路供电。

（1）电路结构及主要电气元件作用。由图 9-63 中 6～13 区可知，CK6132 型数控车床控制电路由主轴电动机 M1 控制电路、刀架电动机 M2 控制电路、冷却泵电动机 M3 控制电路、数控系统（未画出）等几部分组成。对应图区中使用的主要电气元件符号及功能说明见表 9-65。

表 9-65　　　　　　电气元件符号及功能说明表（61）

符　号	名称及用途	符　号	名称及用途
TC	控制变压器	SB3	M1 急停开关
FU1	熔断器	KA0～KA3	中间继电器
SA1	照明灯控制开关	RC1～RC4	阻容吸收元件
SA2	M1 转换开关	EL	照明灯

（2）工作原理。CK6132 型数控车床主轴电动机 M1、刀架电动机 M2、冷却泵电动机 M3 主电路中接通电路的电气元件分别为接触器 KM1、接触器 KM2、KM3 和接触器 KM4 主触点。所以，在确定各控制电路时，只需各自找到它们相应元件的控制线圈即可。

1）主轴电动机 M1 控制电路。主轴电动机 M1 控制电路由图 9-63 中 9 区、10 区对应电气元件组成。实际应用时，当需要主轴电动机 M1 启动运转时，将转换开关 SA2 扳至闭合状态，中间继电器 KA0 得电吸合，其动合触点闭合，接通接触器 KM1 线圈电源，KM1 得电吸合。其主触点闭合接通主轴电动机 M1 工作电源，M1 启动运转。当需要主轴电动机 M1 停止运转时，接下其急停开关 SB3 即可。

2）刀架电动机 M2 控制电路。刀架电动机 M2 控制电路由图 9-63 中 11 区、12 区对应电气元件组成。实际应用时，中间继电器 KA1、KA2 工作状态由数控系统进行控制。当中间继电器 KA1 动合触点闭合时，接触器 KM2 得电吸合，其主触点闭合接通刀架电动机 M2 正转电源，M2 正向启动运转；当中间继电器 KA2 动合触点闭合时，接触器 KM3 得电吸合，其主触点闭合接通刀架电动机 M2 反转电源，M2 反向启动运转。

3）冷却泵电动机 M3 控制电路。冷却泵电动机 M3 控制电路由图 9-63 中 13 区对应电气元件组成。实际应用时，中间继电器 KA3 工作状态由数控系统进行控制。当 KA3 动合触点闭合时，接触器 KM4 得电吸合，其主触点闭合接通冷却泵电动机 M3 工作电源，M3 启动运转；当 KA3 动合触点断开时，则 M3 停止运转。

　　4）照明电路。照明电路由图 9-63 中 9 区对应电气元件组成。实际应用时，24V 交流电压经熔断器 FU1 和控制开关 SA1 加至照明灯 EL 两端。FU1 实现照明电路短路保护功能，SA1 实现照明灯 EL 控制功能。

第 10 章

电气安全知识

第 1 节　电工安全用电基础

一、电流对人体的作用及影响

由于人体是导电体，所以当人体接触带电部位而构成电流的回路时，就会有电流流过人体，流过人体的电流会对人体的肌体造成不同程度的损害，当电压较低时，流过人体的电流较小，若能及时脱离电源，一般只是在人体的接触部位表面有较轻微的损伤，若不能及时脱离电源，则会对人体的呼吸、心脏及神经系统造成严重伤害，甚至导致死亡。如果电压较高，只要人的肢体接触带电部位，就会在瞬间发生电弧放电，电弧温度极高，会对人体造成严重的烧伤，造成肌肉与神经的坏死，严重的也可造成死亡。电流通过人体，对细胞、神经、骨髓以及对人体器官造成不同程度的伤害，一般表现为针刺感、压迫感、打击感、痉挛、疼痛、血压升高、精神难受、全身倦怠、神经错乱、惊恐乃至昏迷、心律不齐、心室颤动、心跳骤停、呼吸窒息等症状，后果是相当严重的。

电流通过人体引起心室纤维性颤动是导致触电死亡的主要原因。由于心室颤动，使心脏功能失调，供血中断，心跳停止，窒息，只要几分钟甚至一瞬间便可造成死亡。电流对人体的伤害程度一般与以下几个因素有关：

（1）通过人体电流的大小。

（2）电流通过人体的持续时间。

（3）电流通过人体的部位。

（4）不同人之间以及人体在不同环境下电阻值的差异。

（5）人体触电电压的高低。

（6）通过人体电流的频率。

1. 不同电流强度对人身触电的影响

通过人体的电流越大，人的生理反应越明显，引起心室颤动所需的时间越短，致命的危险就越大。

按照不同电流强度通过人体时的生理反应，可将电流分成以下三类：

（1）感觉电流。人体能感觉到的最小电流称为感觉电流，女性对电流较敏感，一般成年男性的感觉电流约在 1.1mA 左右（工频），成年女性感觉电流约为 0.7mA 左右。

（2）摆脱电流。触电后人能自主摆脱电源的最大电流称为摆脱电流。摆脱电流男性比女性要大。当然要根据触电人的身体状况，身强力壮的男性摆脱电流甚至可达几十毫安，而女性触电后由于心理紧张加上体力不如男性，所以女性摆脱电流一般较小。一般成年男性摆脱电流在 16mA 左右（工频），而成年女性摆脱电流约 10mA 左右（工频）。

（3）致命电流。从名词就可看出这个电流数值将导致人触电死亡，即在较短的时间内，危及人生命的最小电流称为致命电流。一般情况下通过人体的工频电流超过 50mA 时，人的心脏就可能停止跳动，发生昏迷和出现致命的电灼伤。当工频电流达 100mA 通过人体时，人会很快致命。

不同电流强度对人体的影响见表 10-1。

表 10-1　　　　　　　　不同电流强度对人体的影响

电流强度/mA	对人体的影响	
	交流电（50Hz）	直流电
0.6～1.5	开始感觉，手指麻刺	无感觉
2～3	手指强烈麻刺、颤抖	无感觉
5～7	手部痉挛	热感
8～10	手部剧痛，勉强可以摆脱电源	热感增多

电流强度/	对人体的影响	
mA	交流电（50Hz）	直流电
20～25	手迅速麻痹，不能自立，呼吸困难	手部轻微痉挛
50～80	呼吸麻痹，心室开始颤动	手部痉挛、呼吸困难
90～100	呼吸麻痹，心室经 3s 及以上颤动即发生麻痹停止跳动	呼吸麻痹

2. 电流通过人体的持续时间对人体触电的影响

电流通过人体的时间越长，对人体组织破坏越厉害，后果越严重。

人体心脏每收缩和扩张一次，中间有一时间间隙，在这段间隙时间内触电，心脏对电流特别敏感，即使电流很小，也会引起心室颤动。所以，触电时间如果超过 1s，就相当危险。

为了能够迅速解救触电人员，我国《电业安全工作规程》和《国家电网公司电力安全工作规程》（试行）（2005 年）规定：在发生人身触电事故时，为了解救触电人，可以不经许可，即行断开有关设备的电源，但事后必须立即报告上级。

3. 作用于人体的电压对人体触电的影响

当人体电阻一定时，作用于人体的电压越高，则通过人体的电流就越大，这样就越危险。而且，随着作用于人体的电压升高，人体电阻还会下降，致使电流更大，对人体的伤害更严重。

随电压而变化的人体电阻见表 10-2。

表 10-2　　　　　随电压而变化的人体电阻

U/V	12.5	31.3	62.5	125	220	250	380	500	1000
R/Ω	16 500	11 000	6240	3530	2222	2000	1417	1130	640
I/mA	0.8	2.84	10	35.2	99	125	268	1430	1560

4. 电源频率对人体触电的影响

电源频率越高或越低对人体触电危险性没有一定对应关系，对人体伤害最严重的是 50～60Hz 的工频交流电。各种频率的死亡率见表 10-3。

表 10-3　　　　　　　　各种频率的死亡率

频率/Hz	10	25	50	60	80	100	120	200	500	1000
死亡率/%	21	70	95	91	43	34	31	22	14	11

5. 人体电阻对人身触电的影响

人体触电时，当接触的电压一定时，流过人体的电流大小就决定于人体电阻的大小。人体电阻越小，流过人体的电流就越大，也就越危险。

人体电阻主要由两部分组成，即人体内部电阻和皮肤表面电阻。前者与接触电压和外界条件无关，一般在 500Ω 左右；而后者随皮肤表面的干湿程度、有无破伤，以及接触电压的大小而变化。

不同情况的人，皮肤表面的电阻差异很大，因而使人体电阻差异也很大。但一般情况人体电阻可按 1000~2000Ω 考虑。

不同条件的人体电阻见表 10-4。

表 10-4　　　　　　不同条件下的人体电阻　　　　　　　　Ω

接触电压/V	人　体　电　阻			
	皮肤干燥①	皮肤潮湿②	皮肤湿润③	皮肤浸入水中④
10	7000	3500	1200	600
25	5000	2500	1000	500
50	4000	2000	875	440
100	3000	1500	770	375
250	1500	1000	650	325

① 干燥场所的皮肤，电流途径为单手至双脚。

② 潮湿场所的皮肤，电流途径为单手至双脚。

③ 有水蒸气，特别潮湿场所的皮肤，电流途径为双手至双脚。

④ 游泳池或浴池中的情况，基本为体内电阻。

6. 电流通过人体不同途径对人体触电的影响

电流总是从电阻最小的途径通过，所以随触电情况不同电流通过人体的主要途径也不同，其危害程度和造成人体伤害的情况也不同。很明显，电流从左手到脚是最危险的途径。从右手到脚的途径，危险性相对要小些，但也容易引起剧烈痉挛而摔倒，导致电流通过全身或摔伤，造成严重危害。

电流途径与通过人体心脏电流的百分数见表 10-5。

表 10-5　　　　　　　电流途径与通过心脏电流的百分数

电流的途径	左手至双脚	右手至双脚	右手至左手	左脚至双脚
通过心脏电流的百分数/%	6.7	3.7	3.3	0.4

7. 人体健康状况对人体触电的影响

人的身体健康、精神饱满、思想就集中，工作中就不容易发生触电，万一发生触电时，其摆脱电流相对也大；反之，若人有慢性疾病，身体不好或酒醉，则精力就不易集中，就容易发生触电，而且触电后体力差，摆脱电流相对也小，而且由于自身抵抗能力差，加上容易诱发病源，触电后果更为严重。

还有人的身心健康也是防止触电的重要因素，假如人的身心不够健康，整天思想混乱，工作时就容易触电，而且触电后果也很严重。

二、电流对人体的伤害分类

电流对人体的伤害可分电击和电伤（包括电灼伤、电烙印和皮肤金属化）两大类。

1. 电击

电击就是通常所说的触电，绝大部分的触电死亡事故都是电击造成的。当人体触及带电导线、漏电设备的金属外壳和其他带电体，或离高压电距离太近，以及雷击或电容器放电等，都可能导致电击。

电击是电流对人体器官的伤害，例如破坏人的心脏、肺部、神经系统等造成人死亡。电击时伤害程度主要取决于电流的大小和触电持续时间。

（1）电流流过人体的时间较长，可引起呼吸肌的抽搐，造成缺氧而心脏停搏。

（2）较大的电流流过呼吸中枢时，会使呼吸肌长时间麻痹或严重痉挛造成缺氧性心脏停搏。

（3）在低压触电时，会引起心室纤维颤动或严重心律失常，使心脏停止有节律的泵血活动，导致大脑缺氧而死亡。

2. 电伤

电伤是指触电时电流的热效应、化学效应以及电刺激引起的生物效应对人体造成的伤害。电伤多见于肌体外部，而且往往在肌体上留下难以愈合的伤痕。常见的电伤有电弧烧伤、电烙印和皮肤金属化等。

（1）电灼伤。电弧烧伤是最常见也是最严重的电伤。在低压系统中，带负荷（特别是感性负载）拉合裸露的闸刀开关时，产生的电弧可能会烧伤人的手部和面部；线路短路、跌落式熔断器的熔丝熔断时，炽热的金属微粒飞溅出来也可能造成灼伤；错误操作引起短路也可能导致电弧烧伤人体。在高压系统中由于误操作，如带负荷拉合隔离开关、带电挂接地线等会产生强烈电弧，把人严重烧伤，甚至深达骨髓，并使其坏死。另外，人体过分接近带电体，其间距小于放电距离时，会直接产生强烈电弧对人放电，若人当时被击离开，虽不一定因电击而致死，但也可能被电弧烧伤而死亡，还有电弧的强光辐射会使眼睛损伤等。

（2）电烙印。电烙印也是电伤的一种，当通过电流的导体长时间接触人体时，由于电流的热效应和化学效应，使接触部位的人体肌肤发生变质，形成肿块，颜色呈灰黄色，有明显的边缘，如同烙印一般，称之为电烙印，电烙印一般不发炎、不化脓、不出血，受伤皮肤硬化，造成局部麻木和失去知觉。

（3）皮肤金属化。在电流电弧的作用下，使一些熔化和蒸发的金属微粒渗入人体皮肤表层，使皮肤变得粗糙而坚硬，导致皮肤金属化，形成所谓"皮肤金属"。

三、人体触电类型

人体触电一般有直接接触触电、跨步电压触电、接触电压触电等几种类型。

1. 直接接触触电

人体直接接触带电导体造成的触电，或离高压电距离太近造

成对人体放电引起触电称之为直接接触触电。如果人体直接接触
到电气设备或电力线路中一相带电导体，或者与高压系统中一相
带电导体的距离小于该电压的放电距离造成对人体放电，这时电
流将通过人体流入大地，这种触电称单相触电，如图 10-1 所示。
如果人体同时接触电气设备或线路中两相带电导体，或者在高压
系统中，人体同时过分靠近两相导体而发生电弧放电，则电流将

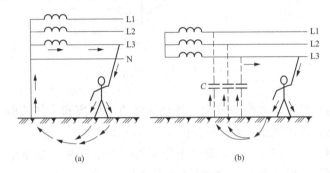

(a)　　　　　　　　　　　　(b)

图 10-1　单相触电示意图

（a）中性点接地系统的触电；（b）中性点不接地系统的触电

从一相导体通过人体流入另一相导
体，这种触电现象称为两相触电，如
图 10-2 所示。显然，发生两相触电
危害就更严重，因为这时作用于人体
的电压是线电压。对于 380V 的线电
压，两相触电后流过人体的电流为
268mA，这样大的电流只要经过 $t =$
$50/268 = 0.186s$，人就会死亡。

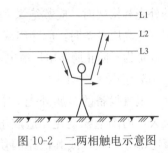

图 10-2　二两相触电示意图

2. 跨步电压触电

当电气设备或线路发生接地故障时，接地电流通过接地体将
向大地四周流散，这时在地面上形成分布电位，要到 20m 以外，
大地电位才等于零。人假如在接地点周围（20m 以内）行走，其
两脚之间就有电位差，这就是跨步电压。由跨步电压引起的人体
触电，称为跨步电压触电，如图 10-3 所示。

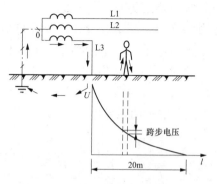

图 10-3 跨步电压触电示意图

跨步电压的大小决定于人体离接地点的距离和人体两脚之间的距离。离接地点越近，跨步电压的数值就越大。

DL 408—1991《电业安全工作规程（发电厂和变电所电气部分）》和《国家电网公司电力安全工作规程》（试行）（2005 年）中规定：高压设备发生接地时，室内不得接近故障点 4m 以内，室外不得接近故障点 8m 以内。进入上述范围的人员必须穿绝缘靴，接触设备的外壳和构架时，应戴绝缘手套。同时又规定：雷雨天气，需要巡视室外高压设备时，应穿绝缘靴，并不得靠近避雷器和避雷针。这些都是为了防止跨步电压触电，保护人身安全而作的规定。

3. 接触电压触电

电气设备的金属外壳，本不应该带电，但由于设备使用时间长久，内部绝缘老化，造成击穿；或由于安装不良，造成设备的带电部分碰壳；或其他原因使电气设备的金属外壳带电时，人若碰到带电外壳，人就要触电。这种触电称为接触电压触电。

接触电压是指人站在带电金属外壳旁，人手触及外壳时，其手、脚之间承受的电位差。

四、防止人身触电的技术措施

防止人身触电，首先要时刻具有"安全第一"的思想，在工作中一丝不苟，要努力学习专业业务，掌握电气理论和电气安全知识。电气安全技术与电气专业技术基础紧密相关，研究专业技术不能不研究安全技术，研究安全技术离不开专业技术基础。只有掌握好电气专业技术基础和电气安全技术，才能在工作中避免触电事故。另外，必须严格遵守规程规范和各种规章制度。从设计、设备制造、设备安装验收、设备运行维护管理以及检修都必须按规程规范要求保证质量，每个环节都不能马虎。除上述这些要求外，为确保安全，还要有防止人身触电的一些技术措施。

防止人身触电的技术措施有：保护接地和保护接零、采用安全电压、装设漏电保护器等。

（一）保护接地和保护接零

1. 保护接地

将电气设备的金属外壳通过接地装置与大地相连接称为保护接地，如图 10-4 所示。

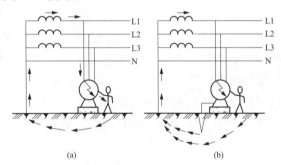

图 10-4　中性点直接接地系统保护接地原理图

（a）未装设保护接地；（b）装设保护接地

接地装置是接地体和接地线的总称。接地体是埋在地下与土壤直接接触的金属导体，有自然接地体和人工接地体两种。自然接地体是指埋入地下的金属管道（有爆炸、易燃性气体和液体的管道除外）、地下金属构架、钢筋混凝土钢筋（注意：用钢筋混凝土钢筋作接地体时，施工时应将钢筋相互焊接起来，使其在电气上成一整体）等作为接地体。人工接地体是指人为打入或埋入地下的金属导体。垂直打入地下的金属导体，一般用 $50mm \times 50mm \times 5mm$ 镀锌角钢，头部削成尖角，长度 2.5m，垂直打入地下的有效深度不小于 2.0m，而且至少要打两根，相邻两根之间的距离要求在2倍接地体长度以上。把打入地下的接地体可靠连接起来，然后与接地线可靠连接（焊接）。接地体也可平行埋入地下，埋入深度不应小于0.6m。接地体不能用裸铝导体。

接地线是连接电气设备金属外壳与接地体的金属导体，常用镀锌扁铁作接地线。

保护接地的接地电阻要求小于4Ω。接地电阻由接地体的电阻和接地线的电阻及土壤流散电阻三部分组成，可用专用的接地电阻测量仪器测量。

采用保护接地后，假如电气设备发生带电部分碰壳或漏电，人触及带电外壳时，由于人体电阻与接地装置电阻并联，如前所述人的电阻有100～2000Ω，而保护接地电阻小于4Ω，人体电阻较保护接地的接地电阻大很多很多。因此，大部分电流通过保护接地装置流走了，仅一小部分电流流过人体，这样大大减轻了人身触电危险，保护接地的接地电阻越小，流过人体的电流越小，这样危险性就越小；反之，假如保护接地的接地电阻不符合要求，而是很大，那流过人体的电流就越大，就不能起到安全保护作用。所以，实施保护接地，接地电阻必须符合要求。假如接地电阻太大，可在接地体周围土壤加减阻剂，或将土壤拌木炭，使接地电阻降低下来。

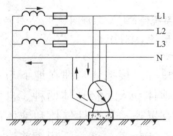

图 10-5　保护接零作用原理图

2. 保护接零

保护接零是将电气设备的金属外壳与供电变压器的零线（三相四线制供电系统中的零干线）直接相连接，如图 10-5 所示。

实施保护接零后，假如电气设备发生设备带电部分碰壳或漏电，就构成单相短路，短路电流很大，使碰壳相电源自动切断（熔断器熔丝熔断或自动空气开关跳闸），这时人碰到设备外壳时，就不会发生触电。

实施保护接零时，必须注意零线不能断线，否则，在接零设备发生带电部分碰壳或漏电时，就构不成单相短路，电源就不会自动切断，这时，人碰到带电的设备外壳时就会发生触电，同时还会引起其他完好接零设备的外壳带电，保护插座的保安触点带电，引起移动电器（例如家用电器）外壳带电，造成可怕的触电威胁。为了防止变压器零线断线，采用两项措施：第一项措施是在三相四线制的供电系统中规定在零干线上不准装设熔断器和闸刀、开关。因为装了熔断器就可能熔丝熔断或将熔丝拔掉，装了闸刀、开关就有可能误拉开，造成零线断开。第二项措施是保护接零的系统中，变压器零线要实施重复接地。

　　所谓重复接地，是指将变压器零线（三相四线制供电系统中的零干线）多点接地。重复接地电阻要求小于 10Ω。采用重复接地后，假如变压器零线断线，接零设备碰壳时仍有安全保护，而且可以减小接零设备外壳对地电压，减轻零线断线时触电危险，对保护人身安全有很重要的作用。重复接地原理图如图 10-6 所示。

　　对引入建筑物的电源重复接地，一般在进户线与接户线在第一支持物连接处进行。而且零线重复接地后，将零线分成两根引进建筑物。其中一根作为工作零线，另一根作为保护零线（PE线），例如，单相保安插座的工作接零触点（所谓"左零右火"，面对插座左侧一个触点）接工作零线，单相插座上面一个保安触点接保护零线（PE 线），如图 10-7 所示，即外面供电系统是三相四线制，而建筑物内变成三相五线制。工作零线和保护零线（PE线）上都不准装设熔断器、闸刀、开关，电缆进线重复接地在总开关柜上进行。

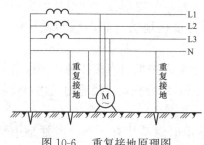

图 10-6　重复接地原理图

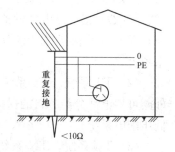

图 10-7　引进建筑物的重复
接地示意图

3. 注意事项

实施保护接地和保护接零时必须注意：在同一只配电变压器供电的低压公共电网内，不准有的设备实施保护接地，而有的设备实施保护接零。

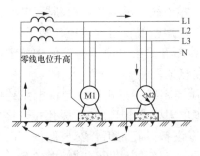

图 10-8　同一供电系统同时采用接地、接零两种保护方式时的危险性示意图

假如有的采用保护接地，有的用来保护接零，那么当保护接地的设备发生带电部分碰壳或漏电时，会使变压器零线（三相四线制系统中的零干线）电位升高，造成所有采用保护接零的设备外壳带电，构成触电危险，如图 10-8 所示。

图 10-8 中，电动机 M1 和 M2 接在同一供电网络中，M1 采用保护接零保护，M2 采用保护接地保护，这样会产生严重后果，假如采用接地保护的电动机 M2，发生带电部分碰壳或漏电时，会使变压器零线上电位升高，造成电动机 M1 等其他完好接零设备外壳带电，构成触电危险。

4. IEC 对配电网接地方式的分类

国际电工委员会 IEC（第 64 次技术委员会）将低压电网的配电制及保护方式分为 IT、TT 和 TN 三类。

（1）IT 系统。IT 系统是指电源中性点不接地或经足够大阻抗（约 1000Ω）接地，电气设备的外露可导电部分（如设备的金属外壳）经各自的保护线 PE 分别直接接地的三相四线制低压配电系统。

（2）TT 系统。TT 系统是指电源中性点直接接地，而设备的外露可导电部分经各自的保护线 PE 线分别直接接地的三相四线制低压配电系统。

（3）TN 系统。TN 系统是指电源系统有一点（通常是中性点）接地，而设备的外露可导电部分（如金属外壳）通过保护线 PE 连接到此接地点的低压配电系统。根据工作零线 N 与保护零线

PE 的不同组合情况，TN 系统又分为 TN-C、TN-S、TN-C-S 三种形式。

1）TN-C 系统。整个系统内工作零线 N 和保护零线 PE 合一，一般标有 PEN，如图 10-9 所示。

2）TN-S 系统。整个系统内工作零线 N 与保护零线 PE 是分开的，如图 10-10 所示。

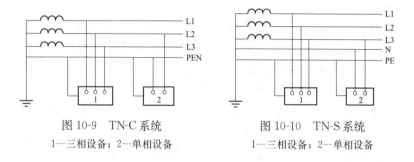

图 10-9　TN-C 系统
1—三相设备；2—单相设备

图 10-10　TN-S 系统
1—三相设备；2—单相设备

3）TN-C-S 系统，整个系统内工作零线 N 与保护零线 PE 部分合用，即前边为 TN-C 系统（N 线与 PE 线合一），后边是 TN-S 系统（N 线与 PE 线分开），如图 10-11 所示。

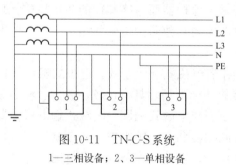

图 10-11　TN-C-S 系统
1—三相设备；2、3—单相设备

（二）安全电压

安全电压是低压，但低压不一定都是安全电压。

DL 408—1991《电业安全工作规程（发电厂变电所电气部分）》中规定：电气设备对地电压在 250V 以上者称为高压，电气设备对地电压在 250V 及以下者称为低压。国家电网公司《电力安全工作规程（变电站和发电厂电气部）（试行）》中规定：对地电压1000V及以上者为高压电气设备；对地电压1000V以下者为低压电气设备。

人接触到工频250V电压时，足足会把人电死，所以低压不等于安全电压。

我国规定的安全电压是指36、24、12V。例如机床的局部照明应采用36V及以下的安全电压；行灯的电压不应超过36V；在特别潮湿场所或工作地点狭窄、行动不便场所（如金属容器内）的行灯电压不应超过12V；还有一些移动电器设备等都应采用安全电压，以保护人身用电安全。

（三）装设漏电保护器

漏电保护器俗称漏电开关，它在20世纪50年代开始已作为防止人身触电的一种技术措施在国外出现。经过多年来使用证明，触电保护器是防止人身触电有效的保护装置。尽管目前我们国内由于某些产品质量、导线质量不良或使用长久发生漏电，致使触电保护器经常发生误动，但不能因此而否定触电保护器对发生人身触电的保护作用，也不能因为安装了触电保护器就认为一切保险，过分依赖触电保护器而忽略其他的防护措施。采用触电保护器时，应同时考虑与其他防护措施的相互配合，以求对触电进行最有效的保护。

触电保护器有电磁式和电子式。电子式触电保护器是在电磁式触电保护器的基础上加装具有比较、放大、整形等功能的电子电路，其保护原理与电磁式相同。电磁式触电保护器主要由检测元件、电磁式脱扣器和主开关组成。从控制原理分，触电保护器主要有电流动作型、电压动作型等，目前用得较多的是电流动作型触电保护器。

1. 漏电保护器工作原理

电流动作型触电保护器由零序电流互感器、脱扣机构及主开关等部件组成。零序电流互感器作为检测元件，可以安装在系统工作接地线上，构成全网保护方式，如图10-12（a）所示；也可安装在干线或分支线上，构成干线或分支线保护，如图10-12（b）所示。

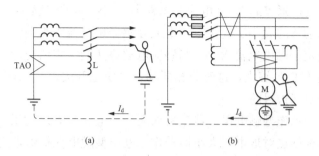

图 10-12　电流型漏电保护器工作原理图

（a）全网保护；（b）支干线保护

　　全网保护方式的工作原理是：当系统内发生人身触电事故时，流过人体的电流经大地及接地装置返回变压器中性点，在零序电流互感器的二次绕组中便产生感应电动势，该电动势加在与之相连的触电保安器的脱扣线圈上，当触电电流达到某一规定值时。零序电流互感器的二次感应电动势就足够大，使脱扣器动作，主开关便迅速切断电源，达到安全保护的目的。全网保护方式由于断电范围较大，所以一般只用于规模较小的电网。

　　图 10-13 是干线或分支线的触电保安器工作原理图。正常时，零序电流互感器的环形铁心所包围的电流的矢量和为零，这时在铁心中产生的磁通也为零，零序电流互感器二次绕组没有感应电动势产生，触电保护器不动作。当有人触电或发生其他故障而有漏电电流入地时，将破坏环形铁心中电流平衡状态，在铁心中将

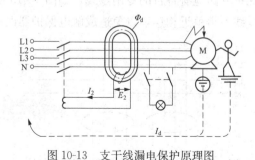

图 10-13　支干线漏电保护原理图

产生交变磁通 Φ_d，零序电流互感器的二次线圈就将感应电动势，感应电动势的大小决定于零序电流互感器中电流不平衡情况，也就是决定于触电电流大小。当感应电动势达到一定值时，二次线圈电流 I_2 也足够大，这时脱扣器动作，使主开关迅速切断电源，达到触电保护目的。

电压动作型触电保护器是根据人身触电时有对地电压，触电保护器根据这对地电压大小而动作，电压型触电保护器常用在中性点不直接接地的供电系统。

2. 漏电保护器安装、使用注意事项

安装和使用触电保护器，除了正确选用外，还必须注意以下问题。

(1) 装在中性点直接接地电网中的触电保护器，在其后面的电网零线不准重复接地（设备不能保护接零，只能保护接地），以免重复接地产生接地漏电流，引起触电保护器误动作，如图 10-14 所示。

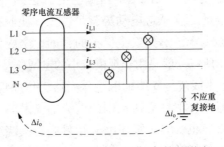

图 10-14　重复接地对漏电保护的影响

(2) 被保护支路应有各自的专用零线，如图 10-15 所示。相邻保护支路的零线不得就近相连，以免造成触电保护器误动作。

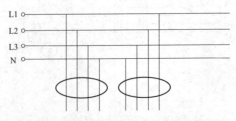

图 10-15　相邻分支线路零线不得就近相接

（3）用电设备的接线应正确无误，如图 10-16 所示。不能像图中负载 3、4、5、6 那样接线，以保证触电保护器能正确工作。

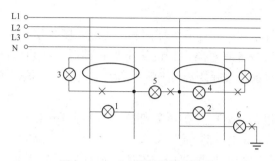

图 10-16　正确接线与错误接线
1、2—接线正确；3、4、5、6—接线错误

（4）安装触电保护器和没有安装触电保护器的设备不能共用一套接地装置，如图 10-17 所示。图中电动机 M1 与 M2 共用一套接地装置，当未装触电保护器的电动机 M1 发生漏电碰壳时，电动机 M1 外壳上的对地电压必然反映到电动机 M2 的外壳上，当人触及这时已带电的电动机 M2 的外壳时，就会发生触电，因为此时触电电流并不经过触电保护器的零序电流互感器，因而触电保护器不会动作，不能起到安全保护作用。

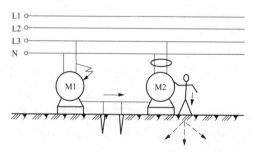

图 10-17　M1、M2 共用一套接地装置的危险

装设了触电保护器的系统，如果系统发生严重漏电、单相接地短路或有人触电时，触电保护器应正确动作，若不动作或系统正常时却动作，则说明触电保护器本身有缺陷。例如：控制失灵、

损坏或与系统配合不当。此时应及时对触电保护器进行检查，找出故障，予以排除。对已损坏的触电保护器应予以更换。

3. 安装漏电保护器的施工要求

（1）漏电保护器标有负载侧和电源侧，接线时不能接反。

（2）安装带有短路保护的漏电保护器时，必须保证在电弧喷出方向有足够的飞弧距离（飞弧距离大小按漏电保护器生产厂家的规定）。

（3）组合式漏电保护器外部连接的控制回路，应使用截面积不小于 1.5mm 的铜芯导线。

（4）安装漏电保护器后，不能撤掉低压供电线路和电气设备的接地保护措施。

（5）漏电保护器安装后，应操作试验按钮，检验漏电保护器的工作特性，确认动作正常后才允许正式投入使用。

（6）漏电保护器安装后的检查项目：

1）用试验按钮试验 3 次，应正确动作。

·2）带负荷分合开关 3 次，均不应有误动作。

五、触电事故处理及急救知识

发生触电事故时，现场处理可以分为迅速脱离电源和心肺复苏两大部分。

（一）触电事故处理

1. 迅速脱离电源

发生触电事故后，首先要使触电者脱离电源，这是对触电者进行急救最为重要的第一步。使触电者脱离电源一般有以下几种方法。

（1）切断事故发生场所电源开关或拔下电源插头，但切断单极开关不能作为切断电源的可靠措施，即必须做到彻底断电。

（2）当电源开关离触电事故现场较远时，可用绝缘工具切断电源线路，但必须切断电源侧线路。

（3）用绝缘物移去落在触电者身上的带电导线。若触电者衣服是干燥的，救护者可用具有一定绝缘性能的随身物品（如干燥的衣服、围巾）严格包裹手掌，然后去拉拽触电者的衣服，使其脱离电源。

上述方法仅适用于 220V/380V 低压线路触电者，对于高压触电事故，应及时通知供电部门，采取相应的急救措施，以免事故扩大。

解脱电源时需要注意：

（1）如果在架空线上或高空作业时触电，一旦断开电源，触电者因脱离电源肌肉会突然放松，有可能引起高处坠落造成严重外伤。故必须辅以相应措施防止发生二次事故从而造成更严重的后果。

（2）解脱电源时动作要迅速，耗时多会影响整个抢救工作的开展。

（3）脱离电源时除注意自身安全外，还需防止误伤他人，防止事故扩大。

2. 判断触电者神志及气道开放

触电后心跳、呼吸均会停止，触电者会丧失意识、神志不清。此时，肌肉处于松弛的状态，引起舌后坠，导致气道阻塞，故必须立即开放气道。

（1）判断触电者有否意识存在。

1）抢救人员可轻轻摇动触电者或轻拍触电者肩部，并大声呼其姓名，也可大声呼叫"你怎么啦?"，但摇动幅度不能过大，避免造成外伤。

2）如无反应，可用强刺激方法来观察。整个判断时间应控制在 5～10s 内，以免耽误抢救时间。

（2）呼救。一旦确定触电者丧失意识，即表示情况严重，大多情况是心跳、呼吸已停止。为能持久、正确、有效地进行心肺复苏术，必须立即呼救，招呼周围的人员前来协助抢救，同时应向当地急救医疗部门求援并拨打"120"急救电话。

（3）保持复苏体位。对触电者进行心肺复苏术时，触电者必须处于仰卧位，即头、颈、躯干平直无扭曲，双手放于躯干两侧，仰卧于硬地上。发生事故时，不管触电者处于何种姿势，均必须转为上述的标准体位，此体位又称"复苏体位"。如需改变体位，在翻转触电者时必需平稳，使其全身各部位成一整体转动（头、颈、躯干、臀部同时转动）。特别要保护颈部，可以一手托住颈部，另一手扶着肩部。使触电者平稳转至仰卧位，触电者处于复苏体位后，应立即将其紧身上衣和裤带放松。如在判断意识过程中发现触电者有心跳和呼吸，但处于昏迷状态，此时其气道极易被吸入的黏液、呕吐物和舌根所堵塞，故需立即将其处于侧卧的"昏迷体位"，此体位既可避免上述气道堵塞的危险，也有利黏液之类的分泌物从口腔中流出，此体位也称"恢复体位"。

（4）开放气道。触电后心脏常停止跳动，触电者意识丧失，下颌、颈和舌等肌肉松弛，导致舌根及会厌塌向咽后壁而阻塞气道。当吸气时，气道内呈现负压，舌和会厌起到单向活瓣的作用，加重气道阻塞，导致缺氧，故必须立即开放气道，维持正常通气。

舌肌附着于下颌骨，能使肌肉紧张的动作如头部后仰、下颌骨向前上方提高，舌根部即可离开咽后壁，气道便通畅。若肌肉无张力，头部后仰也无法畅通气道，需同时使下颌骨上提才能开放气道。心搏停止 15s 后，肌张力便可消失，此时需头部后仰同时上提下颌骨方可将气道打开，如图 10-18 所示。

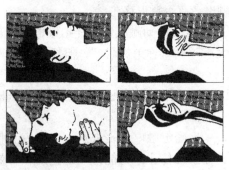

图 10-18　开放气道

常用开放气道的方法有以下几种。

1）仰头抬颏法。仰头抬颏法如图 10-19 所示，它是一种比较简单安全的方法，能有效地开放气道，抢救者位于触电者一侧身旁，将一手手掌放于其前额用力下压，使其头部后仰。另一手的中指、食指并列并在一起用两手指的指尖放在其靠近颏部的下颌骨下方，将颏部向前抬起，使头更后仰。大拇指、食指和中指可帮助其口唇的开启与关闭，指尖用力时，不能压迫颏下软组织深处，否则会因气管受压而阻塞气道。一般作人工呼吸时，嘴唇不必完全闭合。但在进行口对鼻人工呼吸时，放在颏部的两手指可加大力量，待嘴唇紧闭，以利气体能完全进入肺内。

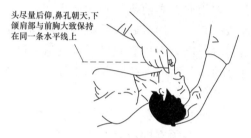

头尽量后仰，鼻孔朝天，下颌肩部与前胸大致保持在同一条水平线上

图 10-19   仰头抬颏法

此法比仰头抬项法更能有效地开放气道，长时间操作不易疲劳。

2）仰头抬项法。抢救者位于触电者一侧肩旁，一手的掌根放于触电者项部往上托，用另一手的掌部放于其前额部并往下压，使其头部后仰，开放气道。此法简单，但颈部有外伤时不能采用。

3）双手提颌法。抢救者位于触电者头顶部的正前方，一边一手握住触电者的下颌角并向上提升，抢救者双肘应支撑于触电者仰躺的平面上，同时使其头稍后仰而下颌骨向前移位。如此时触电者嘴唇紧闭，则需用拇指将其下唇打开。进行口对口人工呼吸时，抢救者需用颊部紧贴触电者鼻孔将其闭塞。此法对颈部有外伤的触电者尤为适宜。

在开放气道时，如触电者口腔内有呕吐物或异物应立即予以清除。此时，可将触电者小心向左（或向右）转成侧卧位即"昏迷体位"，用手将异物或呕吐物清除，清除完毕仍需恢复至"复苏体位"。

3. 判断触电者有否呼吸存在

在呼吸道开放的条件下，抢救者脸部侧向触电者胸部，耳朵贴近触电者的嘴和鼻孔,通过"视、听、感觉"来判断有否呼吸存在。即耳朵听触电者呼吸时有否气体流动的声音,脸部感觉有否气体流动的吹拂感,看触电者的胸部或腹部有否随呼吸同步的"呼吸运动"。整个检查时间不得大于5s。

如在开放气道后,发现触电者有自主的呼吸存在,则应持续保持气道开放畅通状态。在判断无呼吸存在时,则应立即进行人工呼吸。抢救者可用放在其前额上手的拇指和食指轻轻捏住触电者的鼻孔,深吸一口气,用口唇包住触电者的嘴,形成一个密封的气道,然后将气体吹入触电者口腔,经气道入肺。如此时可明显现察到"呼吸动作"则可进行第二次吹气,第二次吹气的时间应控制在2~3s内完成。

如果吹气时,肠腔未随着吹气而抬起,也未听到或感到触电者肺部被动排气,则必须立即重复开放气道动作,必要时要采用"双手提颌法"。如果还不行,则可以确定触电者气道内有异物阻塞所致,需立即设法排除。需指出的是,触电者由于气道未开放,不能进行通气,此后进行的心脏按压也将完全无效。

4. 判断触电者有否心跳存在

心脏在人体中起到血泵的作用,使血液不休止地在血管中循环流动,并使动脉血管产生搏动,所以只要检测动脉血管有否搏动,便可知有否心跳存在。颈动脉是中心动脉,在周围动脉搏动不明显时,仍能触及颈动脉的搏动,加上其位置表浅易触摸,所以常作为有无心跳的依据。判断脉搏的步骤如下。

(1) 在气道开放的情况下,作两次口对口人工呼吸(连续吹气2次)后进行。

(2) 手置于触电者前额,使头保持后仰状态,另一手在靠近抢救者一侧触摸颈动脉,感觉颈动脉有否搏动。

(3) 触摸时可用食、中指指尖先触摸到位于正中的气管,然后慢慢滑向颈外侧,约移动20~30mm,在气管旁的软组织处触摸颈动脉。

(4) 触摸时不能用力过大,以免颈动脉受压后影响头部的血液供应。

（5）电击后，有时心跳不规则、微弱和较慢。因此在测试时需细心，通常需持续 5～10s，以免对尚有脉搏的触电者进行体外按压，导致不应有的并发症。

（6）一旦发现颈动脉搏动消失，需立即进行体外心脏按压。图 10-20 为检测颈动脉有否搏动的示意图。

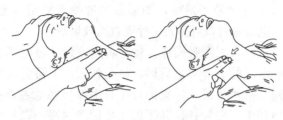

图 10-20　检测颈动脉

当心跳、呼吸停止后，脑细胞马上就会缺氧，此时瞳孔会明显扩大。如果发现触电者瞳孔明显扩大，说明情况严重，应立即进行"心肺复苏术"。图 10-21 所示为瞳孔放大示意图。

正常的瞳孔　　放大的瞳孔

图 10-21　瞳孔放大

5. 现场急救处理小结

现场急救处理可按照图 10-22 进行小结。

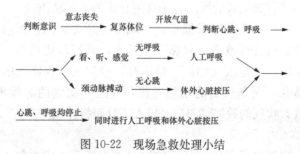

图 10-22　现场急救处理小结

（二）现场心肺复苏技巧

现场心肺复苏是用人工方法来维持人体内的血液循环和肺内

的气体交换的急救方法。现场心肺复苏通常采用的是人工呼吸和胸外按压的方法。

1. 人工呼吸

救护者对触电者完成口腔异物清除、气道畅通的操作后，根据触电者的实际情况实施人工呼吸救治，当触电者嘴能够张开，以口对口人工呼吸效果最好，如果触电者嘴巴紧闭，无法张开，救护者对触电者施行口对鼻人工呼吸救治效果最好。

（1）口对口人工呼吸操作。救护者蹲或跪在触电者的左侧或右侧，使触电者的头部尽量后仰，鼻孔朝天，下腭尖部与前胸大致保持在同一条水平线上，救护者一只手捏住触电者鼻孔，另一只手的食指和中指轻轻托住其下巴。救护者深吸一口气后，与触电者口对口紧密贴合，在不漏气的情况下，先连续大口吹气两次，每次 1～1.5s，然后观察触电者胸部是否膨胀，确定吹气的效果和适度；与此同时，用手指测量触电者颈动脉是否有搏动，如无搏动，可判断心跳确已停止，在实施人工呼吸的同时应进行胸外按压联合救治。

在大口吹气两次测到颈动脉搏动后，立即转入正常的口对口人工呼吸，此时救护者口对口吹气频率大约是 12 次/min，吹气量要适中，以免引起触电者胃膨胀或者触电儿童的肺泡破裂。每次大口吹气两次、每次 1～1.5s，救护人吹完气换气时，应将触电者的口或鼻放松，让他借助胸部的弹性自动吐气，为时约 2～3s，此时要特别注意触电者的胸部有无自主起伏的呼吸动作。

（2）口对鼻人工呼吸操作。当触电者牙关紧闭，无法掰开嘴巴时，救护人员可改为口对鼻人工呼吸，其操作要点与口对口人工呼吸相同，只是吹气的部位是鼻孔，救护人员在吹气的时候不是捏住鼻孔，而是严密的堵住嘴巴，使之在吹气的时候不漏气，吹气的量、吹气的频率都与口对口人工呼吸操作相同。

2. 胸外按压

（1）把触电者安放在坚实的地面或木板上，仰面朝天，姿势同人工呼吸法。

（2）救护人员骑跪在触电者的身旁或跪在触电者腰部一侧，

两手相叠，即一只手的手心搭在另一只手的手背上，如图 10-23 所示。手掌根部放在心窝上方胸骨下一点，即两个乳头中间略下一点，胸骨下 1/3 处，如图 10-24 所示。两手掌相叠放在触电者胸部按压部位，此时的手指应翘起，不接触触电者的胸壁。

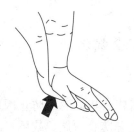

图 10-23　救护人员叠手姿势

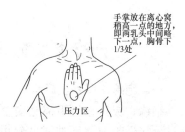

手掌放在离心窝稍高一点的地方，即两乳头中间略下一点，胸骨下 1/3 处

压力区

图 10-24　胸外挤压的位置

（3）救护人的手掌根用力向下按压，将触电者的胸部压陷 30～40mm，压出心脏内的血液。然后迅速放松手掌根，使触电者的胸部自动复原，血液充满心脏。这种操作反复进行，操作频率以 60～80 次/min 为宜，每次操作都包括按压和放松，按压和放松的时间要相等。胸外按压操作如图 10-25 所示。

向下按压　　　　　　　迅速放松

图 10-25　胸外按压操作

当触电者心跳和呼吸均停止时，救护者应对触电者施行人工呼吸法和胸外按压法交替进行，即口对口吹气 2～3 次后，再进行心脏按压 10～15 次，照此反复循环地进行救治。

对失去知觉的触电者进行抢救，通常需要较长的时间，救护者需耐心进行。只有当触电者面色有所好转，口唇变红，瞳孔缩小，心跳和呼吸逐步恢复正常后，才可暂停数秒钟进行观察，如果还不能维持正常心跳和呼吸时，则应该继续实施抢救。在实施现场抢救的同时，还要尽快通知急救站或医院，快速派出救护车和医生，对触电者进行救治。在将触电者送往医院的途中抢救工作也不能停止。

第2节 电工安全常识

一、绝缘、屏护及间距

绝缘、屏护和间距都是安全防护措施，其目的是防止因触及或过分接近带电体而造成的触电事故，并防止短路、故障接地等电气事故。

1. 绝缘

绝缘是指用绝缘材料把带电体封闭，实现带电体相互之间、带电体与其他物体之间的电气隔离，使电流按指定路径通过，确定电气设备和线路正常工作，防止触电。

常用的绝缘材料有：玻璃、云母、木材、塑料、胶木、布、纸、漆、六氟化硫等。绝缘性能主要由绝缘电阻、耐压强度、泄漏电流和介质损耗等指标来衡量。绝缘电阻大小用绝缘电阻表测量；耐压强度由试验确定；泄漏电流和介质损耗分别由泄漏试验和能耗试验来确定。

绝缘电阻是指施加在绝缘材料上的直流电压与泄漏电流之比，是最基本的绝缘性能指标。应当注意，绝缘材料在腐蚀性气体、蒸汽、潮气、粉尘、机械损伤的作用下会降低或丧失绝缘性能。

测量绝缘电阻时，应根据被测对象的不同选用不同电压等级的绝缘电阻表：

(1) 100V 以下的电气设备或线路，采用 500V 绝缘电阻表。

(2) 500V 以下至 100V 的电气设备或线路，采用 1000V 绝缘电阻表。

(3) 3000V 以下至 500V 的电气设备或线路，采用 1000V 绝缘电阻表。

（4）10 000V 以下至 3000V 的电气设备或线路，采用 2500V 绝缘电阻表。

（5）10 000V 及以上的电气设备或线路，采用 2500V 或 5000V 绝缘电阻表。

2. 屏护

屏护就是用防护装置（遮栏、护盖、箱子等）将带电部位、场所或范围与外部隔离开来，其目的是防止工作人员或其他人员无意进入危险区，并且使人意识到危险而不会有意识去触及带电部位，还可以防止设备之间或线路之间由于绝缘强度不够、间距不足而发生其他事故。

屏护装置有永久性和临时性两种，如配电装置的遮栏、开关的盒盖就属于永久性屏护装置，而检修工作中和临时设备中的屏护则属于临时性屏护装置。

屏护装置应按电压等级的不同而设置。开关电器的可动部分不能包以绝缘，需要设置屏护装置，如瓷底胶盖闸刀开关的瓷底与胶盖，铁壳开关的铁壳等。某些裸露线路，如人体可能触及或接近的行车滑触线、母线也需加装屏护装置。高压设备不论是否绝缘，均应装设屏护或采取其他防止接近的措施。

变、配电设备应有完善的屏护装置。安装在室外的变压器，以及安装在车间或公共场所的变配电装置，均须装设遮栏或栅栏作为屏护。遮栏的高度不应低于 1.7m；对于 200、380V 低压设备网眼遮栏与导体之间的距离不应小于 0.15m；10kV 设备则不宜小于 0.35m，20～35kV 设备则不宜低于 0.6m。室内栅栏高度不应低于 1.2m，室外栅栏高度不应低于 1.5m。栏条间距不应大于 0.2m，栅栏与低压裸线导体距离不应小于 0.8m，室外变配电装置围墙高度不应低于 2.5m。变压器室进出风口均应装设铁丝网，网孔应不大于 10mm×10mm。

屏护装置不直接与带电体接触，对所用材料的电气性能没有严格要求，但屏护装置所用材料应有足够的机械强度和良好的耐火性能。

凡用金属材料制成的屏护装置必须接地（或接零），以防止屏护装置意外带电而造成触电事故。

3. 间距

安全间距是在检修中，为了防止人体及其所携带的工具接近或触及带电体而必须保持的最小距离。间距的大小决定于电压的高低、设备的类型以及安装的方式等因素。

低压工作中，人体及其所携带的工具与带电体的距离不应小于 0.1m。在架空线路附近进行起重工作时，起重机具（包括被吊物）与低压线路的最小距离为 1.5m。如不足上述数值时，临近线路则应停电。

工作中使用喷灯或气焊时，其火焰不得喷向带电体，火焰与带电体的最小距离 10kV 及以下不得小于 1.5m，35kV 以下不得小于 3.0m。

二、安全色与安全标志

安全标志由安全色、几何图形和图形符号构成，用以表达特定的安全信息。安全标志可提醒人们注意或按标志上注明的要求去执行，是保障人身和设施安全的重要措施，一般设置在光线充足、醒目、稍高于视线的地方。

1. 安全色

（1）安全色（safety colour）。安全色是传递安全信息含义的颜色，表示禁止、警告、指令、提示等。为了使人们能迅速发现或分辨安全标志和提醒人们注意，国家标准《安全色》（GB 2893—2008 代替 GB 2893—1982）中已规定传递安全信息的颜色。安全色规定为红、蓝、黄、绿四种颜色，其含义及用途见表 10-6。

1）红色。传递禁止、停止、危险或提示消防设备、设施的信息。

2）蓝色。传递必须遵守规定的指令性信息。

3）黄色。传递注意、警告的信息。

4）绿色。传递安全的提示性信息。

表 10-6　　　　　　　安全色的含义及用途

颜　色	含　义	用　途　举　例
红　色	禁　止 停　止	禁止标志 停止信号：机器、车辆上的紧急停止手柄或按钮，以及禁止人们触动的部位
		红色也表示防火
蓝　色	指　令 必须遵守的规定	指令标志：如必须佩戴个人防护用具，道路上指引车辆和行人行驶方向的指令
黄　色	警　告 注　意	警告标志 警戒标志：如厂内危险机器和坑池边周围的警戒线 行车道中线 机械上齿轮箱内部 安全帽
绿　色	提　示 安全状态 通　行	提示标志 车间内的安全通道 行人和车辆通行标志 消防设备和其他安全防护设备的位置

注　1. 蓝色只有与几何图形同时使用时，才表示指令。

　　2. 为了不与道路两旁绿色行道树相混淆，道路上的提示标志用蓝色。

（2）对比色（contrast colour）。为使安全色更加醒目的反衬色叫对比色。国家规定的对比色是黑白两种颜色。安全色与其对应的对比色是：红—白，黄—黑，蓝—白，绿—白。

黑色用与安全标志的文字，图形符号和警告标志的几何图形。白色作为安全标志红、蓝、绿色的背景色，也可以用与安全标志的文字和图形符号。

安全色与对比色同时使用时，应按表 10-7 规定搭配使用。

表 10-7　　　　　　　安全色的对比色

安全色		对比色
红色		白色

安全色	对比色
蓝色	白色
黄色	黑色
绿色	白色

1）黑色。黑色用于安全标志的文字、图形符号和警告标志的几何边框。

2）白色。白色用于安全标志中红、蓝、绿的背景色，也可用于安全标志的文字和图形符号。

2. 安全标记

安全标记（safety marking），采用安全色和（或）对比色传递安全信息或者使某个对象或地点变得醒目的标记。

安全标志的种类和含义如下。

（1）禁止类标志：圆形、背景为白色，红色圆边，中间为一红色斜杆，图像用黑色。常用有"禁止启动""禁止烟火"等。

（2）警告类标志：等边三角形、背景为黄色，边和图像都用黑色。常用的有"注意安全""当心触电"等。

（3）指令类标志：圆形、背景为蓝色，图像及文字用白色。常用的有"必须戴安全帽"等。

（4）提示类标志：矩形、背景用绿色，图像和文字用白色。常用的有"由此上下"等。

3. 色域

色域（colour gamut），能够满足一定条件的颜色集合在色品图或色空间内的范围。

4. 亮度（luminance）

在发光面、被照射面或光传播断面上的某点，从包括该点的微小面元在某方向微小立体面内的光通量除以微小面元的正投影面积与该微小立体角乘积所得的商。

5. 亮度因数

亮度因数（luminance factor），在规定的照明和观测条件下，非自发光体表面上某一点的给定方向的亮度 L_{vs} 与同一条件下完全反射或完全透射的漫射体的亮度 L_{vn} 之比。亮度因数以 β_v 表示。

6. 颜色表征

（1）红色：一般用来标志禁止和停止。如信号灯、紧急按钮均用红色，分别表示"禁止通行""禁止触动"等禁止的信息。

（2）黄色：一般用来标志注意、警告、危险，如"当心触电""注意安全"等。

（3）绿色：一般用来标志安全无事，如"在此工作""已接地"。

（4）蓝色：一般用来标志强制执行，如"必须戴安全帽"。

（5）黑色：一般用来标志图形、文字符号和警告标志的几何图形。

（6）白色：一般用于安全标志红、蓝、绿色的背景色，也可用于安全标志的文字和图形符号。

（7）黄色与黑色间隔条纹：一般用来标志警告危险，如防护栏杆。

（8）红色与白色间隔条纹：一般用来标志禁止通过等。

在使用安全色时，为了提高安全色的辨认率，使其更醒目，常使用对比色作为背景。红、蓝、绿的对比色为白色，黄的对比色为黑色，黑与白互为对比色。

7. 安全色与对比色的相间条纹及其含义

安全色与对比色的相间条纹为等宽条纹，倾斜约 45°或平行标志，如图 10-26 所示。

（1）红色与白色相间条纹。表示禁止或提示消防设备、设施位置的安全标记。

（2）黄色与黑色相间条纹。表示危险位置的安全标记。

（3）蓝色与白色相间条纹。表示指令的安全标记，传递必须遵守规定的信息。

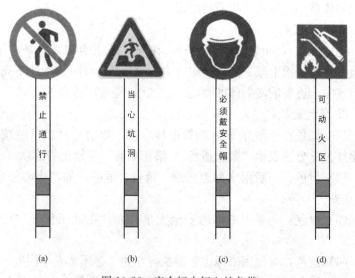

图 10-26 安全标志杆上的色带

（a）禁止通行；（b）当心坑洞；（c）必须戴安全帽；（d）可动火区

（4）绿色与白色相间条纹。表示安全环境的安全标记。

🔧 第 3 节 电工安全操作规程

一、电工基本安全知识

（1）电工必须接受安全教育，患有精神病、癫痫、心脏病及四肢功能有严重障碍者，不能参与电工操作。

（2）在安装、维修电气设备和线路时，必须严格遵守各种安全操作规程和规定。

（3）如图 10-27 所示，在检修电路时，为防止电路突然送电，应采取如下预防措施：

1）穿上电工绝缘胶鞋。

2）站在干燥的木凳或木板上。

3）不要接触非木结构的建筑物体。

4）不要同没有与大地隔离的人体接触。

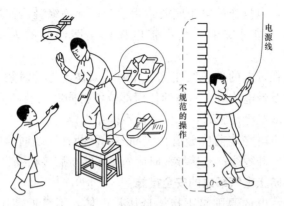

图 10-27 电工安全预防措施

二、停电检修的安全操作规程

（1）将检修设备停电，把各方面的电源完全断开，禁止在只经断路器断开的设备上检修。对于多回路的线路，要注意防止其他方面突然来电，特别要注意防止低压方面的反送电。在已断开的开关上要挂上"禁止合闸，正在检修"的警示牌，必要时加锁。

（2）准备检修的设备或线路停电后，对设备先放电，消除被检修设备上残存的静电。放电需采用专用的导线（电工专用），并用绝缘棒操作，人手不得与放电导体相接触，同时注意线与地之间、线与线之间均应放电。放电后用试电笔对检修的设备及线路进行验电，验明确实无电后方可着手检修。

（3）为了防止意外送电和二次系统意外的反送电，以及为了消除其他方面的感应电，在被检修部分外端装设携带型临时接地线。临时接地线的装拆程序一定不能弄错，安装时先装接地端，拆卸时后拆接地端。

（4）检修完毕后应拆除携带型临时接地线并清理好工具及所有的零角废料，待各点检修人员全部撤离后再摘下警示牌，装上熔断器插盖，最后合上电源总开关恢复送电。

三、带电检修的安全操作规程

（1）带电工作的电工必须穿好工作服，扣紧袖口，严禁穿背心、短裤进行带电工作。

（2）带电操作的电工应戴绝缘手套、穿绝缘鞋、使用有绝缘柄的工具，同时应由一名有带电操作实践经验的人员在周围监护。

（3）在带电的低压线路上工作时，人体不得同时触及两根线头，当触及带电体时，人体的任何部位不得同时触及其他带电体。导线未采取绝缘措施时，工作人员不得穿越导线。

（4）带电操作前应分清相线和零线。断开导线时，应先断开相线，后断开零线；搭接导线时应先接零线，后接相线。

四、防止电气事故的安全措施

安全用电的原则是不接触低压带电体，不靠近高压带电体，以及发现事故苗头时能采取适当的安全措施。

1. 火线必须进开关

相线进开关后，当开关处于分断状态时，用电器上就不带电，人接触用电器时可以避免触电，而且利于维修。接螺口灯座时，相线一定要与灯座中心的簧片连接，不允许与螺纹相连。

2. 合理选用照明电压

一般工厂与家庭的照明灯具多采用悬挂式，人体接触机会较少，可选用 220V 电压供电。工人接触机会较多的机床照明灯则应选用 36V 供电，绝不允许采用 220V 灯具做机床照明。在潮湿，有导电灰尘，有腐蚀性气体的情况下，则应选用 24、12V 甚至 6V 电压来供照明灯具使用。

3. 合理选择导线和熔丝

导线通过电流时不允许过热，所以导线的额定电流应比实际通过的电流要大些。熔丝是作保护用的，要求电路发生短路时能迅速熔断，所以不能选熔断电流很大的熔丝来保护小电流电路，这样就失去了保护作用；但也不能用熔断电流小的熔丝来保护大电流电路，这会使电路无法正常工作。导线和熔丝的额定电流值可通过查相应的手册获得。

较为常用的聚氯乙烯绝缘平行连接软线（代号 FVB-70）和聚氯乙烯绝缘双绞连接软线（代号 RVS-70）、适用于作电压 250V 以下电器的连接导线，其有关数据列于表 10-8。

表 10-8　　　　常用平行连接软线和双绞连接软线数据

标准截面 /mm²	导电线芯结构		绝缘厚度 /mm	成品电线最大外径/mm		参考载流量 /A
	根数	直径/mm		RVB	RVS	
0.2	12	0.15	0.6	2.0×4.0	4.0	4
0.3	16	0.15	0.6	2.1×4.2	4.2	6
0.4	23	0.15	0.6	2.2×4.4	4.4	8
0.5	28	0.15	0.6	2.3×4.6	4.6	10
0.6	34	0.15	0.6	2.4×4.8	4.8	12
0.7	40	0.15	0.7	2.7×5.4	5.4	14
0.8	45	0.15	0.7	2.8×5.6	5.6	17
1.0	32	0.20	0.7	2.9×5.8	5.8	20

表 10-9 出列出了部分铅熔断丝的额定电流、熔断电流与线径的具体数据。

表 10-9　　　　部分铅熔断丝额定电流和熔断电流

直径/mm	截面/mm²	近似英规线号	额定电流/A	熔断电流/A
0.52	0.212	25	2	4
0.54	0.229	24	2.25	4.5
0.60	0.283	23	2.5	5
0.71	0.40	22	3	6
0.81	0.52	21	3.75	7.5
0.98	0.75	20	5	10
1.02	0.82	19	6	12
1.25	1.23	18	7.5	15
1.51	1.79	17	10	20
1.67	2.19	16	11	22
1.75	2.41	15	12	24
1.98	3.08	14	15	30
2.40	4.52	13	20	40
2.78	6.07	12	25	50
2.95	6.84	11	27.5	55

4. 保证电气设备的绝缘电阻

电气设备的金属外壳和导电线圈间必须要有一定的绝缘电阻，否则当人触及正在工作的电气设备，如电动机、电风扇等的金属外壳时就会触电。通常要求固定电气设备的绝缘电阻不低于 $1M\Omega$；可移动的电气设备，如手枪式电钻、冲击钻、台式电扇、洗衣机等的绝缘电阻还应高些。一般电气设备在出厂前，都测量过他们的绝缘电阻，以确保使用者的安全。所以使用者只要在使用过程中注意保护绝缘材料，预防绝缘材料老化和受损破裂，就能保证电气设备安全使用。

5. 电气设备要正确安装

电气设备要根据安装说明进行安装，不可马虎从事。带电部分应有防护罩，高压带电体更应有效加以保护，使一般人无法靠近高压带电体。必要时应装置连锁装置以防触电。

6. 按规定使用各种防护用具

防护用具是保护工作人员安全操作的工具，主要有绝缘手套、绝缘鞋（靴）、绝缘钳、绝缘棒、绝缘垫（台）等。家庭中干燥的木质桌椅、玻璃、橡皮等也可充作防护用具。

7. 电气设备必须有保护接地或保护接零

在工程上，接地和接零应用极为广泛。接地和接零可分为工作接地、工作接零、检修接地、保护接地和保护接零等多种。后两种是防止电气设备意外带电造成触电事故的技术措施。

（1）保护接地。为了保证电气设备（包括变压器、电机和配电装置等）在运行、维护和检修时，不因设备的绝缘损坏而导致触电事故，所有电气设备不带电的部分如外壳、金属构架和操作机构以及互感器的二次绕组等都应妥善接地。电压在 100V 以上任何形式的电网中，均需采用保护接地（称之为 IT 系统）作为保安技术措施。

保护接地的原理是给人体并联一个小电阻，以保证发生故障时，减小通过人体的电流和承受的电压。

电动机采用保护接地后，若一相绕组因绝缘损坏而碰壳，即与外壳短路，此时工作人员如触及带电的设备外壳，因接地电阻大远小于人体电阻，大部分电流流入接地极，而通过人体的电流极其微小，从而保证了人身的安全。

（2）保护接零（接中线）。在电源电压低于 1000V、中性点接地的配电系统中，应采取用保护接零，即把设备的金属外壳和电源的中性线（零线）相连接，称之为 TN-C 系统。这种系统保护零线与工作零线合用一根零线（用 PEN 表示），在三相负载基本平衡的一般工业中应用。保护接零的原理：当某电动机一相绕组碰壳时，则该相与中性线间短路，使熔断器动作，切断电源。单相电器具如使用三脚插头和三眼插座时，正确的接线应将用电器具的外壳用导线接在粗脚上，通过插座直接与零线（或接地线）相接。

8. 正确使用移动式手持电气设备

移动式及手持式电气设备，由于在使用过程中要经常移动，工作人员需经常接触，而且许多是在握紧的情况下使用的，所以危险性较大，故在管理、使用、检查、维护和保护上应给予特别的注意。

对各种移动式或手持式电气设备应加强管理、检查和维修。保管、使用和维修人员必须具备安全用电知识。各种手持式电动工具，重要的移动式或手持式电气设备，必须按照标准和使用说明书的要求及实际使用条件，制定出相应的安全操作规程，其内容至少应包括：允许使用范围；正确使用方法和操作程序；使用前应着重检查的项目和部位；以及使用中可能出现的危险和相应的防护措施；存放和保养方法与操作者注意事项。工具在发出或收回时，必须由保管人员进行日常检查，工具和设备还必须由专职人员按规定进行定期检查。日常检查包括：注重外壳、手柄是否裂缝和破损；接零（地）是否正确和妥善；导线及插头是否完好无损；开关动作是否正常、灵活；电气保护装置和机械防护装置是否完好；工具转动部分是否灵活无障碍等。定期检查还必须测量工具的绝缘电阻。设备及工具经大修后，也必须进行绝缘电阻测定和耐压试验。

使用电动工具时，不要用手提着电线或转动部分，使用过程中，要防止电线被绞住以及防止导线受潮、受热或破损。操作手提钻不得戴线手套，严禁将导线芯直接插入插座或挂在开关上使用。

应当指出，目前大量使用的移动式或手持式单相电器如电烙铁、电熨斗、电风扇、洗衣机、电冰箱等绝大部分都是以接零作为保护手段，多数现有单相电动工具也都属于这一类，但实际上多数场合特别是机关和家庭不具备实现正确接零的保护条件，在这样的场合必须甩开接零保护。

9. 电气设备有异常现象立即切断电源

当发现设备有异常现象，诸如过热、冒烟、烧焦、烧糊的怪味、声音不正常、打火、放炮甚至起火等足以危及设备正常工作的情况时，应立即切断电源，停止设备的工作，然后再进行相应的处理，处理上述故障时，在故障排除前，一般不得再度接电源试验。

10. 操作人员必须具备一定的电气知识

（1）设备操作者应熟悉设备性能和操作要领，明确设备操作和使用的安全注意事项，严格按照设备安全操作规程和有关制度进行操作和使用，禁止用湿手或湿抹布接触或擦拭带电的电气设备。不得乱动电气线路、电气设备，特别是接地、接零线。非电气工作人员不得从事电气操作，严禁私拉乱拉电源。熔丝的更换必须在查清故障原因并排除之后按规定进行，不得随意增大截面或以铜丝代替，工作或处理事故时与裸露带电部位应保持足够的安全距离。

（2）发现故障隐患如绝缘破损、线芯外露等应及时处理，发生故障应及时排除。遇雷雨天气，野外人员不应站在树下或独立高处，室内人员最好远离电线，不应走近接地体。发现架空线路断线，不得进入断线落点 8m 以内，应派人看守并迅速通知有关人员进行抢修。

（3）当用手挨近电气设备或试验其温度时，要用手背而不能用手掌，因为一旦设备外壳带电，由于触电刺激神经的收缩作用，用手背很容易脱离电源，而用手掌反而会更紧地抓住带电部位。

第 4 节　电气安全值班制度

为保证电气设备及线路的可靠运行，除在设备和线路回路上装设继电保护自动装置以实现对其保护和自动控制之外，还必须由人工进行工作。为此，在变电所（发电厂）要设置值班员。值班员的主要任务是，对电气设备和线路进行操作、控制、监视、检查、维护和记录系统的运行情况，及时发现设备和线路的异常或缺陷，并迅速、正确地进行处理。尽最大努力来防止由于缺陷扩大而发展为事故。

一、值班工作的安全要求

1. 值班调度员、值班长和值班员上岗的基本业务条件

（1）值班调度员是电气设备和线路运行工作的总指挥者，应具有足够的业务知识和丰富的现场指挥经验，熟知《电业安全工作规程》和《运行规程》，掌握本系统的运行方式，并能决策本系统的经济运行方式和任何事故下的运行方式。

（2）值班长是电气设备和线路运行的值班负责人，执行值班调度员的命令，指挥值班人员完成工作任务，应具有中等技术业务知识和较丰富的现场工作经验。掌握《电业安全工作规程》和《运行规程》的有关内容，熟悉本系统的运行方式，能熟练地掌握和运用触电急救法。

（3）值班员是值班与巡视工作的直接执行者。值班员必须熟悉电气设备的工作原理及性能，熟悉本岗位的《安全规程》和《运行规程》，熟悉本系统的电气主接线及其运行方式，能够熟练地进行倒闸操作和事故处理工作。

2. 值班员的岗位责任及交接班工作制度

（1）值班员的岗位责任。

1）在值班长的领导下坚守岗位、集中精神，认真做好各种表计、信号和自动装置的监视，准备处理可能发生的任何异常现象。

2）按时巡视设备，做好记录；发现缺陷及时向值班长报告；按时抄表并计算有功电量、无功电量，保证正确无误。

3）按照调度指令正确填写倒闸操作票，并迅速正确地执行操作任务。发生事故时要果断、迅速、正确地处理。

4）负责填写各种记录，保管工具、仪表、器材、钥匙和备品，并按时移交。

5）做好操作回路的熔丝检查、事故照明、信号系统的试验及设备维护。搞好环境卫生，进行文明生产。

（2）交接班的工作制度。

1）接班人员按规定的时间倒班。未履行交接手续，交班人员不准离岗。

2）禁止在事故处理或倒闸操作中交接班。交班时若发生事故，未办手续前仍由交班人员处理，接班人员在交班值班长领导下协助其工作。一般情况下，在交班前 30min 应停止正常操作。

3）交接内容如下：①运行方式；②保护和自动装置运行及变化情况；③设备缺陷及异常情况，事故处理情况；④倒闸操作及未完成的操作指令；⑤设备检修、试验情况，安全措施的布置，地线组数、编号及位置和使用中的工作票情况；⑥仪器、工具、材料、备件和消防器材等完备情况；⑦领导指示与运行有关的其他事项。

4）交接班时必须严肃认真，要做到"交的细致，接的明白"，在交接过程中应有人监察。

5）交班时由交班值班长向接班值班长及全体值班员做全面交代，接班人员要进行重点检查。

6）交接班后，双方值班长应在运行记录簿上签字，并与系统调度通电话，互通姓名、核对时间。

二、变、配电所规章制度和值班要求

1. 变、配电所的各项规章制度

工厂变、配电所的值班制度，有轮班制、在家值班制和无人值班制等。从发展方向来说，工厂变、配电所要向自动化和无人值班的方向发展。

当前，工厂变、配电所仍采取以三班轮换的值班制度为主，值班员则分成三组或四组。轮流值班。一些小企业的变、配电所及大中型厂的一些车间变电所，则往往采用无人值班制，仅由工厂的维修电工或总变、配电所的值班电工每天定期巡视检查。有高压设备的变、配电所，为保证安全一般应两人值班。

变、配电所应建立必要的规章制度，主要有：

（1）电气安全工作规程（包括安全用具管理）。

（2）电气运行操作规程（包括停、限电操作程序）。

（3）电气事故处理规程。

（4）电气设备维护检修制度。

（5）岗位责任制度。

（6）电气设备巡视检查制度。

（7）电气设备缺陷管理制度。

（8）调荷节电管理制度。

（9）运行交接班制度。

（10）安全保卫及消防制度。

2. 值班人员应具备的条件

（1）熟悉变、配电所的各项规程与制度，并熟知电网内常用的操作术语及其含义，见表 10-10。

（2）掌握本变、配电所内各种运行方式的操作要求与步骤。

（3）熟悉本变、配电所内主要设备的一般构造与工作原理，并掌握它们的技术要求及其允许负荷。

（4）能够正确地执行安全技术措施和安全组织措施。

（5）掌握本变、配电所各种继电保护装置的整定值与保护范围。

（6）能独立进行有关操作，并能分析、查找及处理设备的异常情况与事故。

表 10-10　　　　　电网内常用的操作术语及其含文

操作术语	操作内容
操作命令	值班调度员对其所管辖的设备进行变更电气接线方式和事故处理而发布倒闸操作的命令
操作许可	电气设备在变更状态操作前，由变电所值班员提出操作项目，值班调度员许可其操作

733

续表

操作术语	操作内容
合　环	在电气回路内或电网上开口处经操作将开关或闸刀合上后形成回路
解　环	在电气回路内或电网上某处经操作后将回路解开
合　上	把开关或刀闸置于接通位置
拉　开	将开关或刀闸置于断开位置
倒母线	(线或主变压器) 由正 (副) 母线倒向副 (正) 母线
强　送	设备因故障跳闸后，未经检查即送电
试　送	设备因故障跳闸后，经初步检查后再送电
充　电	不带电设备接通电源，但不带负荷
验　电	用校验工具验明设备是否带电
放　电	高压设备停电后，用工具将电荷放尽
挂 (拆) 接地线 (或合上、拉开接地刀闸)	用临时接地线 (或接地开关) 将设备与大地接通 (或断开)
短　接	
××设备××保护从起用为信号 (或从信号改为起用)	××保护跳闸压板改为信号 (或从信号改为起用跳闸压板)
××设备××保护更改定值	将××保护电压、电流、时间等以××值改为××值
××开关改为非自动	将开关直流控制电源断开
××开关改为自动	恢复开关的直流操作回路
放上或取下熔丝	将熔丝放上或取下
紧急拉路	事故情况下 (或超计划用电时) 将供向用户用电的线路切断停止送电
限　电	限制用户用电

3. 变、配电所值班员的职责及注意事项

(1) 遵守变、配电所值班工作制度，坚守工作岗位，做好变、配电所的安全保卫工作，确保变、配电所的安全运行。

（2）积极钻研本职工作，认真学习和贯彻有关规程。熟悉变、配电所的一、二次系统的接线以及设备的安装位置、结构性能、操作要求和维护保养方法等；掌握安全用具和消防器材的使用方法及触电急救法；了解变、配电所现在的运行方式、负荷情况及负荷调整、电压调节等措施。

（3）监视所内各种设备的运行情况，定期巡视检查，按规定抄报各种运行数据，记录运行日志。发现设备缺陷和运行不正常时，及时处理，并做好有关记录，以备查考。

（4）按上级调度命令进行操作，发生事故时进行紧急处理，并做好有关记录，以备查考。

（5）保管所内各种资料图表、工具仪器和消防器材等，注意保持所内设备和环境的清洁卫生。

（6）按规定进行交接班。在处理事故时，一般不得交接班。接班的值班员可在当班人员的要求下，协助处理事故。如事故一时难以处理完毕，在征得接班的值班员同意或上级同意后，可进行交接班。

第 5 节　电气安全作业制度

为了确保电气工作中的人身安全，《电业安全工作规程》规定：在高压电气设备或线路上工作，必须完成工作人员安全的组织措施和技术措施；对低压带电工作，也要采取妥善的安全措施后才能进行。本节将介绍在电气设备上作业时保证安全的组织措施，即工作票制度、工作许可制度、工作监护制度、工作间断、转移和终结制度。

一、工作票制度

工作票是准许在电气设备或线路上工作的书面命令，是明确安全职责、向作业人员进行安全交底、履行工作许可手续、实施安全技术措施的书面依据，是工作间断、转移和终结的手续。

1. 工作票的种类及使用范围

工作票依据作业的性质和范围不同，分为第一种工作票和第二种工作票两种，其格式见表 10-11、表 10-12。

表 10-11　　　　发电厂（变电所）第一种工作票

（停电作业）　　　　　　　编号：

1. 工作负责人（监护人）：_____ 班组：_____

2. 工作班成员：_____ 共_____ 人

3. 工作内容和工作地点：_____

_____

_____

_____

4. 计划工作时间：自_____ 年_____ 月_____ 日_____ 时_____ 分

　　　　　　　　至_____ 年_____ 月_____ 日_____ 时_____ 分

5. 安全措施：

下列由工作票签发人填写	下列由工作许可人（值班员）填写
应拉断路器（开关）和隔离开关（刀闸），包括填写前已拉断路器（开关）和隔离开关（刀闸）（注明编号）	已拉断路器（开关）和隔离开关（刀闸）（注明编号）
应装设接地线（注明确实地点）	已装接地线（注明接地线编号和装设地点）
应设遮栏、挂标志牌	已设遮栏、挂标志牌（注明地点）
	工作地点保留带电部分和补充安全措施
工作票签发人签名： 收到工作票时间：　年　月　日　时　分 值班负责人签名：	工作许可人签名： 值班负责人签名：

6. 许可开始时间：_____ 年_____ 月_____ 日_____ 时_____ 分

工作许可人签名：_____ 工作负责人签名：_____

7. 工作负责人变动：

原工作负责人_____ 离去，变更_____ 为工作负责人。

变动时间：___ 年___ 月___ 日___ 时___ 分

工作票签发人签名：_____

8. 工作票延期，有效期延长到：_____ 年_____ 月_____ 日_____ 时_____ 分

工作负责人签名：_____ 值班负责人签名：_____

9. 工作终结：

工作班人员已全部撤离，现场已清理完毕。

全部工作于_____年_____月_____日_____时_____分结束。

工作负责人签名：_____工作许可人签名：_____

接地线共_____组已拆除。

值班负责人签名：_____

10. 备注：_____

_____

_____

_____

_____

表 10-12　　　　　**发电厂（变电所）第二种工作票**

（不停电作业）

编号：

1. 工区、所（工段）名称：_____

2. 工作负责人姓名：_____

3. 工作班成员：_____共___人

4. 工作的线路或设备名称：_____

工作范围：_____

工作任务：_____

_____

_____

5. 计划工作时间：自_____年_____月_____日_____时_____分

至_____年_____月_____日_____时_____分

6. 执行本工作应采取的安全措施：_____

_____

_____

_____

7. 通知调度：（工区值班员）

工作开始时间_____年_____月_____日_____时_____分

工作完工时间_____年_____月_____日_____时_____分

工作票签发人：　　　　　　工作负责人：

（1）第一种工作票的使用范围。

1）在高压设备上工作需要全部停电或部分停电者。

2）在高压室内的二次和照明等回路上的工作，需要将高压设

737

备停电或做安全措施者。

3）在停电线路（或在双回线路中的一回停电线路）上的工作。

4）在全部或部分停电配电变压器台架上，或配电变压器室内的工作（全部停电系指供给该配电变压器台架或配电变压器室内的所有电源线路均已全部断开）。

（2）第二种工作票的使用范围。

1）带电作业和在带电设备外壳上的工作。

2）控制盘和低压盘、配电箱、电源干线上的工作。

3）二次接线回路上的工作，无需将高压设备停电者。

4）转动中的发电机、同步调相机的励磁回路或高压电动机转子电阻回路上的工作。

5）非当班值班人员用绝缘棒和电压互感器定相或用钳形电流表测量高电压回路的电流。

6）带电线路杆塔上的工作。

7）在运行中的配电变压器台架上或配电变压器室内的工作。

2. 工作票的填写与签发

（1）工作票应用钢笔或圆珠笔填写，一式两份，应正确清楚，不得任意涂改，个别错漏字需要修改时应字迹清楚。

（2）工作负责人可以填写工作票。

（3）工作票签发人应由工区、变电所熟悉人员技术水平、熟悉设备情况、熟悉安全规程的生产领导人、技术人员或经主管生产领导批准的人员担任。

（4）工作许可人不得签发工作票。

（5）工作票签发人员名单应当面公布。

（6）工作负责人和允许办理工作票的值班员（工作许可人）应由主管生产的领导当面批准。

（7）工作票签发人不得兼任所签发任务的工作负责人。工作票签发人必须明确工作票上所填写的安全措施是否正确完备，所派的工作负责人和工作班成员是否合适和足够，精神状况是否良好。

（8）一个工作负责人只能发给一张工作票。

（9）工作票上所列的工作地点，以一个电气连接部分为限

（指一个电气单元中用刀闸分开的部分）。如果需作业的各设备属于同一电压，位于同一楼层，同时停送电，又不会触及带电体时，则允许几个电气连接部分（如母线所接各分支电气设备）共用一张工作票。

（10）在几个电气连接部分依次进行不停电的同一类型的工作，如对各设备依次进行校验仪表的工作，可签发一张（第二种）工作票。

（11）若一个电气连接部分或一个配电装置全部停电时，对与其连接的所有不同地点的设备的工作，可发给一张工作票，但要详细写明主要工作内容。

（12）几个班同时进行工作时，工作票可发给一个总负责人，在工作班成员栏内只填明各班的工作负责人，不必填写全部工作人员名单。

（13）建筑工、油漆工等非电气人员进行工作时，工作票发给监护人。

3. 工作票的使用

所填写并经签发人审核签字后的一式两份工作票中的一份必须经常保存在工作地点，由工作负责人收执，另一份由值班员收执，按班次移交。值班员应将工作票号码、工作任务、许可工作时间及完工时间记入操作记录簿中。在开工前，工作票内标注的全部安全措施应一次做完。工作负责人应检查工作票所列的安全措施是否正确完备和值班员所做的安全措施是否符合现场的实际情况。

第二种工作票应在工作前一日交给值班员，若变电所离工区较远或因故更换新的工作票不能在工作前一天将工作票送到，工作票签发人可根据自己填好的工作票用电话全文传达给变电所的值班员，值班员应做好记录，并复诵核对。若电话联系有困难，也可在进行工作的当天预先将工作票交给值班员。临时工作可在工作开始以前直接交给值班员。

第二种工作票应在进行工作的当天顶先交给值班员。第一、二种工作票的有效时间，以批准的检修期为限。第一种工作票至预定即计划时间，工作尚未完成时，应由工作负责人办理延期手续。延期手续应由工作负责人向值班负责人申请办理；主要设备检修延期要通过值班长办现。工作票有破损不能继续使用时，应填补新的工作票。

需要变更工作班的成员时，须经工作负责人同意。而要变更工作负责人时，应由工作票签发人将变动情况记录在工作票上，若扩大工作任务，必须由工作负责人通过工作许可人，在工作票上填入增加的工作项目。若需变更或增设安全措施，必须填写新的工作票，并重新履行工作许可手续。

二、工作许可制度

为了进一步确保电气作业的安全进行，完善保证安全的组织措施，规定未经工作许可人（值班员）允许不准执行工作票。

1. 工作许可手续

工作许可人（值班员）认定工作票中安全措施栏内所填的内容正确无误且完善后，去施工现场具体实施，然后，会同工作负责人在现场再次检查所做的安全措施，并以手背触试，证明欲检修的设备确无电压，同时向工作负责人指明带电设备的位置及工作中的注意事项。工作负责人明确后，工作负责人和工作许可人在工作票上分别签名。完成上述手续后，工作班方可开始工作。

2. 工作许可应注意的事项

线路停电检修，必须将可能受电的各方面都拉闸停电，并挂好接地线，再将工作班（组）数目、工作负责人姓名、工作地点和工作任务记入记录簿内，才能发出许可工作的命令；许可开始工作的命令，必须通知到工作负责人，可采用当面通知、电话传达或派人传达；严禁约时停、送电；工作许可人、工作负责人任何一方不得擅自变更安全措施；值班人员不得变更有关检修设备的运行接线方式，工作中如有特殊情况而要变更时，应事先取得对方的同意。

三、工作监护制度

执行工作监护制度的目的是使工作人员在工作过程中受到监护人一定的指导和监督，以及时纠正不安全的操作和其他的危险误动作，特别是在靠近有电部位工作及工作转移时，监护工作更为重要。

1. 监护人

工作负责人同时又是监护人。根据现场的安全条件、施工范围、工作需要等具体情况，工作票签发人或工作负责人可增设专人进行监护工作，并指令被监护的人数。专职监护人不得兼做其他工作。

工作负责人（监护人）在全部停电时，可以参加工作班的工作。在部分停电时，只有在安全措施可靠，人员集中在同一工作地点，不致误碰导电部分的情况下，才能参加工作。工作期间，工作负责人若因故必须离开工作地点时，应指定能胜任的人员临时代替监护人的职责，离开前将工作现场情况向指定的临时监护人交代清楚，并告知工作班人员。原工作班负责人返回工作地点时，也要履行同样的交接手续。若工作负责人需要长时间离开现场，应由原工作票签发人变更新工作负责人，并进行认真交接。

2. 执行监护

完成工作许可手续后，工作负责人（监护人）应向工作班人员交代现场的安全措施、带电部位和其他注意事项，工作负责人（监护人）必须始终在工作现场，对工作班人员的安全认真监护，及时纠正违反安全的动作，防止意外情况的发生。

分组工作时，每小组应指定小组负责人（监护人），线路掉电工作时，工作负责人（监护人）在班组成员确无触电危险的条件下，可以参加工作班工作。

监护人应明确工作班的人员（包括自己）不许单独留在高压室和室外变电所高压区内。若工作需要一个人或几个人同时在高压室内工作，如进行测量极性、回路导通试验等工作时，必须满足两个条件：一是现场的安全条件允许；二是所允许工作的人员要有实践经验。监护人在这项工作之前要将有关安全注意事项作详细指示。

四、工作间断、转移和终结制度

工作间断制度是指当日工作因故暂停时，如何执行工作许可手续、采取哪些安全措施的制度。转移制度是指每转移一个工作地点，工作负责人应采取哪些安全措施的制度。工作终结制度是指工作结束时，工作负责人、工作班人员及值班员应完成哪些规定的工作内容之后工作票方告终结的制度。认真执行终结制度，主要的目的是防止向还有人在工作的设备上错误送电和带地线送电等恶性事故的发生。

1. 工作间断

工作间断时，工作班人员应从工作现场撤离，所有安全措施保持不变，工作票仍由工作负责人执存，间断后继续工作，无需通过工作许可人许可即可复工。每日收工，应清扫工作地点，开放已封闭的道路，所有安全措施保持不变，将工作票交回值班员。如果要将工作地点所装的接地线拆除，次日重新验电装接地线恢复工作，均须得到工作许可人许可后方可进行。对经调度允许的连续停电、夜间不送电的线路，工作地点的接地线可以不拆除，但次日恢复工作前应派人检查。次日复工时，应得到值班员许可，取回工作票，工作负责人必须重新认真检查安全措施是否与工作票的要求相符之后方可进行工作。若无工作负责人或监护人带领，工作人员不得进入工作地点。白天工作间断时，工作地点的全部接地线须保留不动。如果工作班须暂时离开工作地点，则必须采取安全措施并派人看守，不让人、畜接近挖好的基坑或接近未竖立稳固的塔杆以及负载的起重和牵引机械装置等。恢复工作前，应检查接地线等安全措施的完整性。

在工作中遇雷、雨、大风或其他威胁到工作人员安全的情况时，工作负责人或监护人可根据情况，临时停止工作。

在未办理工作票终结手续以前，变、配电所值班员不准将施工设备合闸送电。

在工作间断期间内，若紧急需要合闸送电时，值班员在确认工作地点的工作人员已全部撤离，报告工作负责人或上级领导人并得到他们的许可后，可在未交回工作票的情况下合闸送电。但在送电之前必须采取下列措施：

(1) 拆除临时遮栏、接地线和标志牌，恢复常设遮栏，换挂"止步，高压危险！"的标志牌。

(2) 在所有通路派专人守候，以便通知工作班人员设备已经合闸送电，不得继续工作，守候人员在工作票未交回之前，不得离开守候地点。

2. 工作转移

在同一电气连接部分用同一工作票依次在几个工作地点转移工作时，全部安全措施由值班员在开工前一次做完，不需再办理转移手续。但工作负责人在转移工作地点时，应向工作人员交代带电范围、安全措施和注意事项。

3. 工作终结

全部工作完毕后，工作班应清扫、整理现场。工作负责人应先周密检查，待全体工作人员撤离工作地点后，再向值班人员讲清所修项目、发现的问题、试验的结果和存在的问题等，并与值班员共同检查设备状况、有无遗留物件、是否清洁等，然后在工作票上填明工作终结时间。经双方签名后（对于第二种工作票），工作票方告终结。

而对第一种工作票来说，值班员除会同工作负责人完成上述工作外，值班员还要拆除工作地点的全部接地线，双方签名后，工作票方告终结。

检修工作结束以前，若需将设备试加工作电压，可按下列条件进行：

（1）全体工作人员撤离工作地点。

（2）将系统的所有工作票收回，拆除临时遮栏、接地线和标志牌，恢复常设遮栏。

（3）应在工作负责人和值班员进行全面检查无误后，由值班员进行加压试验。

第 6 节　电工安全作业制度

一、停电作业的安全规定

停电作业是指在电气设备或线路不带电的情况下所进行的电气检修工作。停电作业分为全停电作业和部分停电作业。

在已投入运行的变电所中，或在其附近的电气设备上工作或是停电作业，应严格执行《电业安全工作规程》，执行停电作业票制度。无论全停电还是部分停电作业，为保证人身安全都必须执行停电、验电，装挂接地线，悬挂标志牌和装设遮栏四项安全技术措施后，方可进行停电作业。

工作人员的正常活动范围应与带电设备保持安全距离。

1. 停电

（1）工作地点必须停电的设备或线路。

1）要检修的电气设备或线路必须停电。

2）电气工作人员在进行工作时，正常活动范围的距离小于表10-13 中安全距离一规定的设备必须停电。

表 10-13　　　　　安全距离

电压等级/kV	安全距离一/m	安全距离二/m
≤10	0.35	0.7
20～35	0.6	1.0
44	0.9	1.2
60～110	1.5	1.5

3）在 44kV 以下的设备上进行工作，上述距离虽大于安全距离，但又小于安全距离二的规定，同时又无安全遮栏措施的设备也必须停电。

4）带电部分在工作人员后面或两侧、且无可靠安全措施的设备，为防止工作人员触及带电部分，必须停电。

5）对与停电作业的线路平行、交叉或同杆的有电线路，涉及停电作业的安全，而又不能采取安全措施时，必须将平行、交叉或同杆的有电线路停电。

（2）停电的安全要求。

1）对停电作业的电气设备或线路必须把各方面的电源均完全断开。

对与停电设备有电气连接的变压器、电压互感器，应从高低压两侧将开关、刀闸全部断开（对柱上变压器，应取下跌落式熔断器的熔丝管），以防止向停电设备或线路反送电。

744

中性点不接地系统中，不仅在发生单相接地时中性点有位移电压，就是在正常运行时，由于导线排列不对称也会引起中性点位移。例如 35～60kV 线路的位移电压可达 1kV 左右。这样高的电压若加到被检修的设备上是极其危险的。因此，对与停电设备有电气连接的其他任何运行中的星形接线设备的中性点必须断开，以防止中性点位移电压加到停电作业的设备上而危及人身安全。

2）断开电源不仅要拉开开关，而且还要拉开刀闸，使每个电源至检修设备或线路至少有一个明显的断开点。这样，安全的可靠性才有保证。

如果只是拉开开关，当开关机构有故障、位置指示失灵的情况下，由于触点实际位置不可见，开关完全可能没有全部断开。导致检修的设备或线路带电。

3）为了防止已断开的开关被误合闸，应取下开关控制回路的操作直流熔断器或者关闭气、油阀门等。

4）对一经合闸就有可能送电到停电设备或线路的刀闸，其操作把手必须锁住。

2. 验电

验电的安全要求有以下几点：

（1）应将电压等级合适的且合格的验电器在有电的设备上试验，证明验电器指示正确后，再在检修的设备进出线两侧各相分别验电。

（2）对 35kV 及以上的电气设备验电，可使用绝缘棒代替验电器。根据绝缘棒工作触点的金属部分有无火花和放电的"噼啪"声来判断有无电压。

（3）线路验电应逐相进行。同杆架设的多层电力线路在验电时应先验低压，后验高压；先验下层，后验上层。

（4）在判断设备是否带电时，若表示设备断开和允许进入间隔的信号以及经常接入电压的表的指示为有电，则应禁止在其上工作；但不能用其指示无电作依据，判断设备不带电。

3. 装设接地线

当验明设备确无电压并放电后，应立即将设备接地并三相短路。这是保护工作人员在停电设备上工作，防止突然来电而发生触电事故的可靠措施；同时接地线还可使停电部分的剩余静电荷放入大地。

4. 悬挂标志牌和装设遮栏

在部分停电工作，当工作人员正常活动范围与未停电的设备间距小于表 10-13 中安全距离—规定的距离时，未停电设务应装设临时遮栏。临时遮栏与带电体的距离不得小于表 10-13 中安全距离二规定的距离，并挂"止步，高压危险!"的标志牌。

(1) 35kV 以下的设备，如有特殊需要也可用合格的绝缘挡板与带电部分直接接触来隔离带电体。

(2) 在一经合闸即可送电到工作地点的开关和刀闸的操作把手上，均应悬挂"禁止合闸，有人工作!"的标志牌。

(3) 如果线路上有人工作，应在线路开关和刀闸操作把手上悬挂"禁止合闸，线路有人工作!"的标志牌。标志牌的悬挂和拆除应按命令执行。

(4) 在室内高压设备上工作，应在工作地点两旁间隔和对面间隔的遮栏上及禁止通行的过道上悬挂"止步，高压危险!"的标志牌。

(5) 在室外地面高压设备上工作，应在工作地点四周用绳子做好围栏，围栏上悬挂适当数量的"止步，高压危险!"的标志牌。标志牌必须朝向围栏里面。

(6) 在工作地点，要悬挂"在此工作!"的标志牌。

(7) 在室外构架上工作，则应在工作地点邻近带电部分的横梁上，悬挂"止步，高压危险!"的标志牌。此项标志牌应在值班人员的监护下，由工作人员悬挂。

(8) 在工作人员上下用的铁架或梯子上，应悬挂"从此上下!"的标志牌。在邻近其他可能误登的带电构架上，应悬挂"禁止攀登，高压危险!"的标志牌。

(9) 严禁工作人员在工作中移动或拆除遮栏及标志牌，如图 10-28 所示。

图 10-28　工作人员严禁在工作中移动或拆除遮栏及标志牌

二、低压带电作业的安全规定

低压带电作业是指在不停电的低压（电压在 250V 及以下）设备或低压线路上的工作。对于一些可以不停电的工作，没有偶然触及带电部分的危险工作，或作业人员使用绝缘辅助安全用具直接接触带电体及在带电设备外壳上的工作，均可进行低压带电作业。虽然低压带电作业的对地电压不超过 250V，但不能理解为此电压为安全电压，实际上交流 220V 电源的触电对人身的危害是严重的。

在低压设备上带电作业，应遵守下列规定：

（1）在带电的低压设备上工作，应使用有绝缘柄的工具，工作时应站在干燥的绝缘垫、绝缘站台或其他绝缘物上进行，严禁使用锉刀、金属尺和带有金属物的毛刷、毛掸等工具。

（2）在带电的低压设备上工作时，作业人员应穿长袖工作服，并戴手套和安全帽。戴手套可以防止作业时手触及带电体；戴安全帽可以防止作业过程中头部同时触及带电体及接地的金属盘架，防止头部接近短路或头部碰伤；穿长袖工作服可防止手臂同时触及带电体和接地体引起短路和烧伤事故。

（3）在带电的低压盘上工作时，应采取防止相间短路和单相接地短路的绝缘隔离措施。为防止人体或作业工具同时触及两相带电体或一相带电体与接地体，在作业前，应将相与相间或相与地（盘构架）间用绝缘板隔离，以免作业过程中引起短路事故。

（4）严禁雷、雨、雪天气及六级以上大风天气在户外带电作业，也不应在雷电天气进行室内带电作业。

（5）在潮湿和潮气过大的室内，禁止带电作业；工作位置过于狭窄时，禁止带电作业。

（6）低压带电作业时，必须有专人监护。带电作业时作业场地、空间狭小，带电体之间、带电体与地之间绝缘距离小，或作业时的错误动作等均可能引起触电事故。因此，带电作业时，必须有专人监护，监护人应始终在工作现场，并对作业人员进行认真监护，随时纠正不正确的操作。

第7节　农村电工安全作业制度

当前，农电体制改革已基本完成，供电所已全部移交各地市（县）电企业直管。对农村发生的安全用电事故的统计表明，农村电工在进行电气作业时，安全问题尤为突出。原有的供电所普遍存在以下问题：

（1）管理水平低。由于许多供电所一直没有很好地实行行业管理，许多工作尚未理顺，规章制度不健全，制度执行起来马虎松散，企业管理水平相对低下。

（2）人员素质低。农村电工和部分农电职工中，普遍存在思想和行为自由散漫，业务知识水平低下的现象。

（3）设备陈旧。农村供电线路陈旧，电能损耗严重。

（4）产权不清。在农电体制改革过程中，由于任务重、时间短，造成在农电资产移交时，手续不全，维护分界点不清楚，给以后的农电工作带来极大的隐患。

（5）维护范围大。农村用电的特点是用户分散，农村的电力设备点多、线长、面广。

为了认真贯彻"安全第一，预防为主"的方针，实行"国家监察、行政管理、群众监督"相结合的安全管理制度，加强农村安全用电管理，保障人民生命财产安全，使电力更有效地为农业生产、农村经济和人民服务，应加强对农村电工的技术培训和安全管理工作。

一、农村电工的安全工作职责

凡用电的乡、村及所属企事业单位，必须配备专职电工（称为农村电工）。农村电工在乡（镇）电管站的统一管理下，开展农村安全用电工作。

1. 农村电工应具备的基本条件

（1）身体健康，无妨碍工作的病症。事业心强，服从领导，不谋私利，群众拥护。

（2）具有初中及以上文化程度的中青年。

（3）熟悉有关电力安全、技术法规，熟练掌握操作技能，熟练掌握人身触电紧急救护法。

（4）必须经县级电力部门培训考试合格，持有电工证，方能从事电气工作。

2. 农村电工的安全工作职责

对于农村电工工作成绩突出者，电力部门和乡（镇）政府予以奖励，对严重违章违纪者给予批评教育、处分，直至辞退。其主要工作职责如下：

（1）遵守国家有关电力方针、政策、法律、法规和上级主管部门的规章制度，认真执行安全生产的各项规程。

（2）负责供电区域内低压设备的运行维护、巡视核查工作。

（3）负责供电区域内低压客户计费表计的抄表和收费工作，并按时上交电费。

（4）负责供电区域内低压用电客户的用电检查和低压用电报装申请的传递工作。

（5）负责完成供电营业所下达的电费回收、线损、抄表率、安全等经济技术指标。

（6）遵守《农村电工服务守则》，履行服务承诺，服从统一管理。

（7）做好农村安全用电的宣传工作，普及安全用电常识，做好漏电保护装置的运行管理工作；指导客户安全用电、节约用电、依法用电，维护农村供用电秩序，依法保护电力设施。

二、农村电工的电气安全作业和保护措施

1. 农村电工的电气安全作业

（1）电气操作必须根据值班负责人的命令执行，执行时应由两人进行，低压操作票由操作人填写，每张操作票只能执行一个操作任务。

（2）电气操作前，应核对现场设备的名称、编号和开关的分、合位置。操作完毕后，应进行全面检查。

（3）停电时应先断开开关，后断开刀开关或熔断器，送电时与上述顺序相反。

（4）合刀开关时，当刀开关动触点接近静触点时，应快速将刀开关合上，但当刀开关触点接近合闸终点时，不得有冲击；拉刀开关时，当动触点快要离开静触点时，应快速断开，然后操作至终点。

（5）开关、刀开关操作后，应进行检查。合闸后，应检查三相接触是否良好，连动操作手柄是否制动良好；拉闸后，应检查三相动、静触点是否断开，动触点与静触点之间的空气距离是否合格，连动操作手柄是否制动良好。

（6）操作时如发现疑问或发生异常故障，均应停止操作，待问题查清、解决后，方可继续操作。

2. 保证低压电气设备安全工作的组织措施

（1）工作票制度。低压停电工作均应使用低压第一种工作票；低压间接带电作业均应使用第二种工作票，见表10-14、表10-15。不需停电进行作业的，如刷写杆号或用电标语等，可按口头指令执行，但应记载在值班记录中。紧急事故处理可不填写工作票，但应履行许可手续，做好安全措施，执行监护制度。

表 10-14　　　　　　　　　**低压第一种工作票**

（停电作业）　　　　　　　　编号：

1. 工作单位及班组：＿＿＿＿＿＿＿＿＿＿＿＿＿＿＿＿＿＿＿

2. 工作负责人：＿＿＿＿＿＿＿＿＿＿＿＿＿＿＿＿＿＿＿＿＿＿

3. 工作班成员：＿＿＿＿＿＿＿＿＿＿＿＿＿＿＿＿＿＿＿＿＿＿

4. 停电线路、设备名称（双回路应注明双重称号）：＿＿＿＿＿＿＿

＿＿＿＿＿＿＿＿＿＿＿＿＿＿＿＿＿＿＿＿＿＿＿＿＿＿＿＿＿

5. 工作地段（注明分、支线路名称，线路起止杆号）：＿＿＿＿＿＿＿

＿＿＿＿＿＿＿＿＿＿＿＿＿＿＿＿＿＿＿＿＿＿＿＿＿＿＿＿＿

6. 工作任务：＿＿＿＿＿＿＿＿＿＿＿＿＿＿＿＿＿＿＿＿＿＿＿＿

＿＿＿＿＿＿＿＿＿＿＿＿＿＿＿＿＿＿＿＿＿＿＿＿＿＿＿＿＿

＿＿＿＿＿＿＿＿＿＿＿＿＿＿＿＿＿＿＿＿＿＿＿＿＿＿＿＿＿

7. 应采取的安全措施（应断开的开关、刀开关、熔断器和应挂的接地线，应设置的围栏、标志牌等）：＿＿＿＿＿＿＿＿＿＿＿＿＿＿＿＿＿＿＿

＿＿＿＿＿＿＿＿＿＿＿＿＿＿＿＿＿＿＿＿＿＿＿＿＿＿＿＿＿

保留的带电线路和带点设备：＿＿＿＿＿＿＿＿＿＿＿＿＿＿＿＿＿

应挂的接地线：

线路设备及杆号			
接地线编号			

8. 补充安全措施：＿＿＿＿＿＿＿＿＿＿＿＿＿＿＿＿＿＿＿＿＿

工作负责人填：＿＿＿＿＿＿＿＿＿＿＿＿＿＿＿＿＿＿＿＿＿＿

工作票签发人填：＿＿＿＿＿＿＿＿＿＿＿＿＿＿＿＿＿＿＿＿＿

工作许可人填：＿＿＿＿＿＿＿＿＿＿＿＿＿＿＿＿＿＿＿＿＿＿

9. 计划工作时间：

自＿＿年＿＿月＿＿日＿＿时＿＿分至＿＿年＿＿月＿＿日＿＿时＿＿分

工作票签发人：＿＿＿＿＿　签发时间：＿＿年＿＿月＿＿日＿＿时＿＿分

10. 开工和收工许可：

开工时间 （日　时　分）	工作负责人 （签名）	工作许可人 （签名）	开工时间 （日　时　分）	工作负责人 （签名）	工作许可人 （签名）

11. 工作班成员签名：＿＿＿＿＿＿＿＿＿＿＿＿＿＿＿＿＿＿＿＿

12. 工作终结：

现场已清理完毕，工作人员已全部离开现场。

全部工作于_____年_____月_____日_____时_____分结束。

工作负责人签名：_____工作许可人签名：_____

13. 需记录备案内容（工作负责人填）：

14. 附线路走径示意图：

注 此工作票除注明外，均由工作负责人填写。

表 10-15 **低压第二种工作票**

（不停电作业） 编号：

1. 工作单位：_____

2. 工作负责人：_____

3. 工作班成员：_____

4. 工作任务：_____

_____

_____

5. 工作地点与杆号：_____

_____

_____

6. 计划工作时间：自_____年_____月_____日_____时_____分

　　　　　　　　至_____年_____月_____日_____时_____分

工作票签发人：_____签发时间：_____年_____月_____日_____时_____分

7. 注意事项（安全措施）：_____

_____

_____

8. 工作票签发人（签名）：_____年_____月_____日_____时_____分

工作负责人（签名）：（开工）_____年_____月_____日_____时_____分

　　　　　　　　　　（终结）_____年_____月_____日_____时_____分

工作许可人（签名）：（开工）_____年_____月_____日_____时_____分

　　　　　　　　　　（终结）_____年_____月_____日_____时_____分

9. 现场补充安全措施（工作负责人填）：_____

_____

工作许可人填：_____

_____

续表

10. 备注：_____

_____

_____

_____

11. 工作班成员签名：_____

注　此工作票除注明外，均由工作负责人填写。

（2）工作许可制度。工作负责人未接到工作许可人许可工作的命令前，严禁工作。工作许可人完成工作票所列安全措施后，应立即向工作负责人逐项交代已完成的安全措施。工作许可人还应以手背触试，以证明要检修的设备确已无电。对临近工作点的带电设备部位，应特别交代清楚。

当交代完毕后，签名并发出许可工作的命令。每天开工与收工，均应履行工作票中的手续。严禁约时停、送电。

（3）工作监护制度和现场看守制度。工作监护人由工作负责人担任，当施工现场用一张工作票分组到不同的地点工作时，各小组监护人可由工作负责人指定。工作期间，工作监护人必须始终在工作现场，对工作人员的工作认真监护，及时纠正违反安全的行为。

（4）工作间断制度。在工作中如遇雷、雨等威胁工作人员安全的情况，工作许可人可下令临时停止工作。工作间断时，工作地点的全部安全措施仍应保留不变。工作人员在离开工作地点时要检查安全措施，必要时，应派专人看守。任何人不得私自进入现场进行工作和碰触任何物件。恢复工作前，应重新检查各项安全措施是否正确完整，然后由工作负责人再次向全体工作人员说明，方可进行工作。

（5）工作终结、验收和恢复送电制度。全部工作完成后，工作人员应清扫、整理现场。在对所进行的工作实施竣工检查后，工作负责人方可命令所有工作人员撤离工作地点，向工作许可人报告全部工作结束。工作许可人接到工作结束的报告后，应会同工作负责人到现场检查验收任务完成情况，确无缺陷和遗留的物件后，在工作票上填明工作终结时间，双方签字，工作票即告终结。

第8节　安全用电的检查制度

用户电气设备的安装、运行、维护、检修和管理工作是直接关系到用户能否安全生产的重要环节。在企业内部，一般只重视本企业生产，而容易忽视电气管理工作，因此，有必要开展对用户电气设备的各种检查制度。

一、作业中习惯性违章的检查

作业中应按下列标准进行安全用电的检查：

（1）严禁酒后作业。

（2）按劳动保护要求着装。

（3）严格按工种要求着装，如电焊工需穿电焊工作服、高压验电工需戴绝缘手套、车工不准戴手套作业、使用砂轮时需戴防护眼镜等。

（4）电工、电焊、架子工、爆破、起重、驾驶等特种作业必须持证上岗。

（5）现场平台、扶梯、栏杆、孔洞盖板、照明、通道等安全设施不完善时必须采取安全措施。

（6）严禁在油库、危险品库、制氢站等易燃易爆区域和易燃易爆品附近动火、吸烟。

（7）电工上班时间着装必须规范，不得穿裙子、背心、高跟鞋、拖鞋等。

（8）工作班负责人应及时掌握工作班成员的情绪状况，情绪低落、激动和明显精神状态差的人员应暂停作业。

（9）认真学习触电急救方法，掌握正确施行心肺复苏法和正确使用肾上腺素针剂的方法。

（10）正确掌握灭火器的使用，如泡沫灭火器只能用于扑救油类设备起火，电气设备火灾应使用干式或二氧化碳灭火器。

（11）点燃喷灯时，必须在安全可靠的场所，严禁在带电带油体附近点燃。

二、定期检查

定期检查是指要深入用户作细致的调查研究，督促和协助用户在安全合理用电方面，不断总结经验和改进工作，把电力系统行之有效的各项反事故措施贯彻到用户中去。

用电监察人员应对所分工负责的用户排出年、季、月的定期巡回检查周期表，然后按照计划定期进行。周期表的编制要根据用户的用电重要性、设备情况、管理水平而定。定期检查前，要对用户的用电历史、设备缺陷、电气工作人员技术水平、安全制度等做一番了解，订出重点突出的定期检查计划。计划中应有检查的内容、方法、步骤及解决的重点问题等。

1. 管理制度的检查

对用电户要进行用电安全制度、技术管理制度的检查，主要内容包括反事故措施、电气设备的管理、运行管理和双电源管理四方面的内容。

（1）反事故措施。检查中的反事故措施主要包括：

1）定期检查用户内部有哪些防止用电事故的技术措施和组织措施，有哪些实施效果和经验教训，以及电气事故率上升和下降的各方面原因。

2）要求用户做好用电事故的统计分析工作，并从中找出本企业在安全用电中存在的薄弱环节，吸取本地区其他用电事故的教训，制定出本企业反事故措施。

3）检查用户电气设备的定期检修、高压设备的定期试验是否有专人负责，是否定期进行，以及检修或试验的效果等。

4）发现电气设备的重大缺陷并分析出现缺陷的原因，检查危急缺陷是否已及时处理，一般缺陷是否已按计划消除。

5）检查用户对电气工作人员的技术、安全培训和管理工作。例如，是否制订培训计划和安全工作规程的学习和考核制度，检查学习效果和培训工作中存在的问题等，通过培训不断提高电气工作人员的技术、操作水平。另外，还应建立技术安全档案，记录工作人员安全用电技术等级和安全考核成绩。

（2）电气设备的管理。加强设备管理工作，及时掌握设备动态，是保证安全用电的一项重要措施。一般用户可从以下几点进行。

1）设备的技术管理包括主要电气设备应有出厂资料、安装调试资料、历次电气试验和继电保护校验记录等资料，还应有设备缺陷管理、设备事故分析等记录。设备缺陷应有专人负责修理、定期检查、及时消除。

2）电气设备应定期进行预防试验并按国家标准和周期进行，还应检查其试验方法、仪表的准确度，操作过程等是否符合要求。

对具有自试能力的用户，可充分发挥其作用，批准其为自试单位（并指定专责人），将其作为供电系统绝缘监督网的一部分。

（3）运行管理。加强运行管理，严格执行安全制度是防止误操作事故的措施，做好各种运行记录，为分析设备情况提供可靠的科学数据，因此，必须认真做好这项工作。运行管理工作应做好如下几方面。

1）电气运行日志按时抄记。字迹要清楚，数据要齐全，记录应准确。值班日志上要注明运行方式、安全情况，能反映运行不正常现象。交接班签名是否清楚，记录表内不应记与运行无关的事情。

2）事故记录、缺陷记录、操作记录等清楚明确，其中应有发生时间、发生部位、当事人签名、处理经过、处理结果及上级领导批示等事项。

3）各种图表正确、完整。一次接线图、二次回路图、操作模拟板等与现场相符并保持完整。

4）明确岗位责任制。各有关人员对各岗位的职务及管辖设备区域分工明确等。

5）现场规程齐全，内容切合实际。工作票、操作票、交接班、巡回检查、缺陷管理及现场整修等制度应认真执行、一丝不苟。两票的合格率符合标准。

6）继电保护整定值与电力系统调度下达的定值相符。

（4）双电源的管理。近年来，由于管理不严，曾发生过多次反送电造成的人身触电事故，因此必须加强这方面的管理。

双电源用户，不论是从电力系统双回线供电的用户，还是有自备发电机的用户，在倒闸操作中，都具有可能向另一条停电线路倒送电的危险性。另外，用户甲也有可能通过低压联络线向用户乙倒送电。这些都会造成人身伤亡事故，防止发生这种危险的方法有以下几种。

1）两条以上线路同时供电的用户，和分段或环网运行、各带一部分负荷且因故不能安装机械或电气的联锁装置的用户，其停电检修或倒换负荷时，都必须由当地供电部门的电力系统调度负责调度，不得擅自操作。用户与调试部门应就调度方式签订调试协议。

2）由一条常用线路供电、一条备用线路或保安负荷供电的用户，在常用线路与备用线路开关之间应加装闭锁装置，以防止两电源并联运行。对装有备用电源自动投入装置的用户，一般应在电源断路端的电源侧加装一组隔离开关，以备在电源检修时有一个明显的断开点。用户不得自行改变常用、备用的运行方式。

3）一个电源来自电力系统、另备有自备发电机作备用电源的用户，除经批准外，一般不允许将自备发电机和电力系统并联运行。发电机和电力系统电源间应装闭锁装置，以保证不向系统倒送电。其接线方式还应保证自发电力不流经电力部门计费用的动力、照明电能表。

2. 现场巡视检查

定期检查除了要充分了解用户在管理方面的情况并查看各种技术资料外，还应进行在设备现场巡视、检查设备现状、核对设备台账等工作。在进行现场巡视时，要保持与带电体的安全距离，以防发生触电危险。

（1）现场巡视检查注意事项。到用户现场进行设备巡视检查，应由用户电气负责人陪同并切实遵守以下几点要求。

1）不允许进入运行设备的遮栏内。

2）人体与带电部分要保持足够的、符合规程的安全距离。

3）一般不应接触运行设备的外壳，如需要触摸时，则应先查明其外壳接地线是否良好。

4）对运行中的开关柜、继电保护盘等巡视检查，要注意防止误碰跳闸按钮和操作机构。

（2）巡视检查配电装置的项目与要求。巡视检查配电装置的主要内容如下。

1）绝缘子和套管应无破损，无放电痕迹，表面无明显积尘污垢。

2）检视母线及电气设备导电部分的接触点是否发热，一般检查接触点表面颜色是否与周围不一致，即是否变色，如有可疑点时应进一步用仪表测量。

3. 建筑工地用电设备的安全用电检查

建筑工地用电设备存在的安全隐患主要是引发触电和影响供电，安全作业的要点主要如下。

（1）各种电气设施应定期进行巡视检查，每次巡视检查的情况和发现的问题应记入运行日志内。

1）对于低压配电装置、低压电器和变压器，有人值班时，每班应巡视检查1次；无人值班时，至少应每周巡视1次。

2）配电盘应每班巡视检查1次。

3）架空线路的巡视和检查，每季不应少于1次。

4）车间或工地设置的1kV以下的分配电盘和配电箱，每季度应进行1次停电检查和清扫。

5）500V以下的铁壳开关及其他不能直接看到的开关触点，应每月检查1次。

（2）室外施工现场供用电设施除应经常维护外，遇大风、暴雨、冰雹、雪、霜、雾等恶劣天气时，应加强对电气设备的巡视和检查。

巡视和检查时，必须穿绝缘靴且不得靠近避雷器和避雷针。夜间巡视检查时，应沿线路的外侧行进；遇有大风时，应沿线路的上风侧行进，以免触及断落的导线。发现倒杆、断线时，应立即设法阻止行人。

当高压线路或设备发生接地时，室外不得接近故障点8m以内，室内不得接近故障点4m以内。进入上述范围必须穿绝缘靴，接触设备的外壳和构架时，应戴绝缘手套。现场应派人看守，同时应尽快将故障点的电源切断。

（3）电工在进行事故巡视检查时，应始终认为该线路处在带电状态，即使该线路确已停电，亦应认为该线路随时有送电的可能。

（4）巡视检查配电装置时，进出配电室必须随手关门。配电箱巡视完毕需加锁。

（5）在巡视检查中，如发现有威胁人身安全的缺陷时，应采取全部停电、部分停电或其他临时性安全措施。

（6）电工巡视检查设备时，不得越过遮栏或围墙，禁止攀登电杆或配电变压器台架，也不得进行其他工作。

（7）新投入运行或大修后投入运行的电气设备，在 72h 内应加强巡视，无异常情况后，方可按正常周期进行巡视。

（8）供用电设施的清扫和检修，必须在做好各项安全措施之后进行。每年不宜少于 2 次，其时间应安排在雨季和冬季到来之前。

4. 工厂厂房安全用电定期检查

（1）车间配电线路停电清扫检查。车间配电线路停电清扫检查的要点主要如下。

1）清扫裸导线瓷绝缘子上的污垢。

2）检查绝缘是否残旧和老化，对于老化严重或绝缘破裂的导线应有计划地予以更换。

3）紧固导线的所有连接点。

4）更换或补充导线上损坏或缺少的支持物和绝缘子。

5）铁管配线时，如果铁管有脱漆锈蚀现象，应除锈刷漆。

6）检查建筑物伸缩、沉降缝处的接线箱有无异常。

7）检查在多股导线的第一支持物弓子处是否做了倒人字形接线，雨后有无进水现象。

（2）车间配电盘和闸箱的检查。车间配电盘和闸箱的检查内容如下。

1）导电部分的各连接点处是否有过热现象。

2）检查各种仪表和指示灯是否完整，指示是否正确。

3）闸箱和箱门等是否破损。

4）室外闸箱有无漏雨进水现象。

5）导线与电器连接处的连接情况。

6）闸箱内所用的熔体容量是否与负荷电流相适应。

7）各回路所带负荷的标志应清楚，并与实际相符。

8）铁制闸箱的外皮应良好接地。

9）车间配电盘和闸箱总闸、分闸所控制负荷的标志应清楚、准确。

10）车间闸箱内不应存放其他物品。

11）车间内安装的三、四孔插座应无烧伤，保护接地接触良好。

随着我国市场经济的快速发展，"电"这种以"先用电后收费"的销售方式为主的特殊商品，也陆续发展为"先交费后用电"的经营模式。当前急需整顿用电秩序，严肃用电法规、制度和纪律，加强用电的计量和监督管理。这些工作应由各地政府和电力主管部门的用电监督员来执行。

第 9 节 电气防火、防爆、防雷常识

一、电气防火和防爆

电气火灾和爆炸事故是指由于电气原因引起的火灾和爆炸事故，它在火灾和爆炸事故中占有很大比例。

电气火灾和爆炸事故除可能造成人身伤亡和设备损坏外，还可能造成系统大面积停电或长时间停电，给国民经济造成重大损失。因此，电气防火和防爆是安全管理工作的重要内容。

（一）电气火灾和爆炸产生的原因

电气火灾和爆炸的产生原因，除了设备缺陷或安装不当等设计、制造和施工方面原因外，在运行中，电流的热量和电火花或电弧等都是电气火灾和爆炸的直接原因。

1. 电气设备过热

电气设备过热主要是电流的热效应造成的。电流通过导体时，由于导体存在电阻，电流通过时就要消耗一定的电能，消耗的电能为

$$\Delta W = I^2 Rt$$

式中　ΔW——在导体上消耗的电能；

　　　I——通过导体的电流，A；

　　　R——导体的电阻，Ω；

　　　t——通电时间，s。

这部分电能以发热的形式消耗掉。用电能乘以电热当量即可把电能 ΔW 换算成热量 ΔQ，即

$$\Delta Q = 0.24 I^2 R t$$

这部分热量使导体温度升高，并加热其周围的其他材料。当温度超过电气设备及周围材料的允许温度，达到起燃点时就可能引发火灾。

电气设备的允许最高温度见表 10-16。

引起电气设备过热主要有下列原因。

（1）短路。线路发生短路时，线路中电流将增加到正常工作电流的几倍甚至几十倍，使设备温度急剧上升，尤其是连接部分的接触电阻较大处，如果温度达到可燃物的起燃点，即会引起燃烧。

表 10-16　　　　电气设备的允许最高温度

类　　　　　别	正常运行允许的最高温度/℃
（1）导线与塑料绝缘线	70
（2）橡胶绝缘线	65
（3）变压器上层油温	85
（4）电力电容器外壳温度	65
（5）电机定子绕组对应于采用的绝缘等级及定子铁心温度	
A 级	100
E 级	115
B 级	110

引起线路短路的原因很多，例如电气设备载流部分的绝缘损坏，这种损坏可能是设备长期运行，绝缘自然老化；或者是设备本身不合格，绝缘强度不符合要求；或者是绝缘受外力损伤等引起短路事故。还有运行中误操作造成弧光短路，小动物误入带电间隔造成短路，鸟禽跨越裸露的相线之间造成短路等。所以必须

采取有效措施防止发生短路，发生短路后应以最快的速度切除故障部分，以保证线路安全。

（2）过负荷。由于导线截面和设备选择不合理，或运行中电流超过设备的额定值，都会引起发热，超过设备的长期允许温度而过热。

（3）接触不良，导线接头连接不牢靠、活动触点（开关、熔丝、接触器、插座、灯泡与灯座等）接触不良，导致接触电阻很大，电流通过导致接头过热。

（4）铁心过热。变压器、电动机等设备的铁心或者压得不紧，或者铁心绝缘损坏，或长时间过电压、铁心损耗很大，或运行中使铁心过饱和，或非线性负载引起高次谐波造成铁心过热。

（5）散热不良。设备的散热通风措施遭到破坏，设备运行中产生的热不能有效的散热，造成设备过热。

（6）发热量大的一些电气设备安装或使用不当，也可能引起火灾。例如电阻炉的温度一般可达 600℃以上，照明灯泡表面的温度也会达到表 10-17 所列数值。

表 10-17　　　　　　　　灯泡表面温度

灯泡功率/W	60	75	100	150	200	1000 碘钨灯
灯泡表面温度/℃	137～180	130～143	148～163	146～180	155～206	800

2. 电火花和电弧

电火化和电弧在生产和生活中是经常见到的一种现象。例如电气设备正常工作时或正常操作时会发生电火花和电弧，直流电机电刷和整流子滑动接触处、交流电机电刷与滑环滑动接触处在正常运行中就会有电火花，开关断开电路时会产生很强的电弧，拔掉插头或接触器断开电路时都会有电火花发生。电路发生短路或接地事故时产生的电弧更大。还有绝缘不良电气闪络等都会有电火花、电弧产生。电火花、电弧的温度很高，特别是电弧，温度可高达 6000℃，这么高的温度不仅能引起可燃物燃烧，还能使金属熔化、飞溅，构成危险的火源，在有爆炸危险的场所，电火花和电弧更是十分危险的因素。

电气设备本身会发生爆炸，例如变压器、油断路器、电力电容器、电压互感器等充油设备。电气设备周围空间在下列情况下也会引起爆炸：

（1）周围空间有爆炸性混合物，当遇到电火花或电弧时就可能引起空间爆炸。

（2）充油设备的绝缘油在电弧作用下分解和气化，喷出大量的油雾和可燃性气体，遇到电火花、电弧时，或环境温度达到危险温度时也可能发生火灾和爆炸事故。

（3）氢冷发电机等设备假如发生氢气泄漏，形成爆炸性混合物，当遇到电火花、电弧或环境温度达到危险温度时，也会引起爆炸、火灾事故。

（二）防止电气火灾和爆炸事故的措施

从以上分析可看到，发生电气火灾和爆炸的原因可以概括为两条，即：①现场有可燃、易爆物质；②现场有引燃、引爆的条件。所以应从这两方面采取防范措施，防止电气火灾和爆炸事故发生。

在各类生产和生活场所中，广泛存在着可燃易爆的物质。例如可燃气体、可燃粉尘和纤维等。当这些可燃易爆物质在空气中的含量超过其危险浓度，或遇到电气设备运行中产生的火花、电弧等高温引燃源，就会发生电气火灾爆炸事故，爆炸事故也是引起火灾的原因。

根据电气火灾和爆炸形成的原因，防火防爆措施应从改善现场环境条件着手，设法从空气中排除各种可燃易爆物质，或使可燃易爆物质浓度减小。同时加强对电气设备维护、监督和管理，防止电气火源引起火灾和爆炸事故。

1. 排除可燃、易爆物质

（1）保持良好通风，使现场可燃易爆的气体、粉尘和纤维浓度降低到不致引起火灾和爆炸的限度内。

（2）加强密封，减少和防止可燃易爆物质泄漏。有可燃易爆物质的生产设备、储存容器、管道接头和阀门应严加密封，并经常巡视检测。

2. 排除电气火源

在设计、安装电气装置时，应严格按照防火规程的要求来选择、布置和安装电气装置。对运行中能产生火花、电弧和高温危险的电气设备和装置，不应放置在易燃易爆的危险场所。在易燃易爆场所安装的电气设备应采用密封的防爆电器。另外，在易燃易爆场所应尽量避免使用携带式电气设备。

在容易发生爆炸和火灾危险的场所内，电力线路的绝缘导线和电缆的额定电压不得低于电网的额定电压，低压供电线路不应低于 500V。要使用铜芯绝缘线，导线连接应保证良好可靠，应尽量避免接头。

在易燃易爆场所内，工作零线的截面和绝缘应与相线相同，并应在同一护套或管子内。导线应采用阻燃型导线（或阻燃型电缆）穿管敷设。

在突然停电有可能引起电气火灾和爆炸的场所，应有两路及以上的电源供电，几路电源能自动切换。

在容易发生爆炸危险场所的电气设备的金属外壳应可靠接地（或接零）。

在运行管理中要加强对电气设备维护、监督，防止发生设备事故。

3. 电加热设备的火灾预防

（1）电加热设备发生火灾的原因。电熨斗、电烙铁、电炉、工业电炉等电加热设备表面温度很高，可达数百度，甚至更高。如果这些设备碰到可燃物，会很快燃烧起来，如果这些设备在使用中无人看管，或者下班时忘记切断电源，放在可燃物上或易燃物附近，那就相当危险。这些设备如果电源线过细，运行中电流大大超过导线允许电流，或者不用插头而直接用线头插入插座内，还有插座电路无熔断装置保护等都会因过热而引发火灾事故。

（2）预防措施。

1）正在使用的电加热设备必须有人看管，人离开时必须切断电源。有加热设备的车间、班组应装设电源总开关和指示灯，每天下班时有专人负责切断电源。

2）电加热设备必须装设在陶瓷、耐火砖等耐热、隔热材料内，使用时远离易燃和可燃物。

3）电加热设备在导线绝缘损坏或没有过电流保护（熔断器或低压断路器）时，不得使用。

4）电源线导线的安全载流量必须满足电加热设备的容量要求。

当电能表及导线的容量能满足电加热设备的容量要求时，才可接入照明电路中使用，工业用的电加热设备应装设单独的电路供电。

4. 白炽灯、日光灯的火灾预防

白炽灯、日光灯是日常生活中常用的电气设备，如果使用不当，也会引起火灾，甚至还会发生人员触电事故。

（1）白炽灯引起火灾的原因。如果白炽灯用纸做灯罩，或者白炽灯过分靠近易燃物等，往往会引起火灾。因为白炽灯工作时它的表面温度很高，白炽灯功率越大，使用时间越长，则温度就超高。根据测定，一只功率为 60W 的灯泡，表面温度可达 130～180℃；一只功率为 200W 的灯泡，表面温度可达 150～200℃；碘钨灯、汞灯、氙灯的表面温度可达 800～1000℃以上。因此，如果用纸做灯罩或过分靠近易燃物，例如木板、棉花、稻草、麻丝以及家庭中的衣物、蚊帐、被褥等都可能引起火灾，甚至还会发生触电事故。

（2）预防白炽灯引发火灾的措施。

1）安装白炽灯必须根据使用场所的特点，正确选择白炽灯形式。如在有易燃、易爆气体的车间、仓库内，应安装防爆灯；在户外应安装防雨式灯具。

2）不可用纸做灯罩，或用纸、布包住正在工作的灯泡；灯泡与可燃物应保持一定距离，不可贴近；不可在灯泡上烘烤手套、毛巾、袜子；不可将灯泡放在蚊帐内看书；更不可用灯泡放在被窝内取暖等。

3）导线应有良好的绝缘，并不得与可燃物和高温源接近。电路中要装设熔断器或自动空气开关（低压断路器）以保证发生事故时能立即可靠地切断电源。

（3）预防日光灯引发火灾的措施。

1）日光灯线路不要紧贴在天花板或木屋顶等可燃物面上，应与其保持一定的安全距离，镇流器上灰尘要定期清扫，以利散热。

2）日光灯线路不可随便拆装，防止损坏导线绝缘。发现导线或灯具有损坏时应及时更快，日光灯不用时要及时切断电源。

（三）电气火灾消防常识

从灭火角度考虑，电气火灾与其他火灾相比有以下两个特点：一是着火后电气装置或设备可能仍然带电，而且因电气绝缘损坏或带电导线断落接地，在一定范围内会存在跨步电压和接触电压，如不注意可能引起触电事故；二是有些电气设备内部充有大量油（如电力变压器、油断路器等），着火后受热，油箱内部压力增大，可能会发生喷油，甚至爆炸，造成火灾蔓延及重大事故。

电气火灾的危害很大，因此要坚决贯彻"预防为主"的方针。万一发生电气火灾时，必须迅速采取正确有效措施，及时扑灭电气火灾。

1. 电气火灾的预防和紧急处理

（1）电气火灾的预防方法。为了有效防止电气火灾的发生，首先应按场所的危险等级正确地选择、安装、使用和维护电气设备及电气线路，按规定正确采用各种保护措施。在线路设计上，应充分考虑负载容量及过载能力。在用电上，应禁止过度超载及乱接乱搭电源线。用电设备有故障应停用并及时检修。对于需在监护下使用的电气设备，应"人去停用"。对于易引起火灾的场所，应注意加强防火，配置防火器材。

（2）电气火灾的紧急处理。当电气设备发生火警时，首先应切断电源，防止事故扩大和火势蔓延以及灭火时发生触电事故。同时，拨打火警电话报警。

发生电火警时，不能用水或普通灭火器（如泡沫灭火器）灭火，因为水和普通灭火器中的溶液都是导体，如电源未被切断，救火者有可能触电。所以，发生电起火时，应使用干粉、二氧化碳或 1211 等灭火器灭火，也可用干燥的黄沙灭火。

2. 电气火灾的扑救

（1）断电灭火。当电气装置或设备发生火灾或引燃附近可燃物时，首先要切断电源。室外高压线路或杆上配电变压器起火时，应立即打电话与供电公司联系拉断电源；室内电气装置或设备发生火灾时应尽快拉掉开关切断电源，并及时正确选用灭火器进行扑救。

断电灭火时应注意：

1）断电时，应按规程所规定的程序进行操作，严防带负荷拉隔离开关（刀闸），在入场内的开关设备，由于烟熏火烤，其绝缘可能降低或损坏，因此，操作时应戴绝缘手套、穿绝缘靴并使用相应电压等级的绝缘工具。

2）紧急切断电源时，切断地点要选择适当。防止切断电源后影响扑救工作的进行。切断带电线路导线时，切断点应选择在电源侧的支持物附近，以防导线断落后触及人身或短路或引起跨步电压触电。切断低压导线时应分相并在不同部位切断，剪的时候应使用有绝缘手柄的电工钳。

3）夜间发生电气火灾，切断电源时，应考虑临时照明，以利扑救。

4）需要电力部门切断电源时，应迅速用电话联系，说清情况。

（2）带电灭火。发生电气火灾时应首先考虑断电灭火，因为断电后灭火比较安全。但有时在危急情况下，如等待切断电源后再进行扑救，会延误时机，使火势蔓延，扩大燃烧面积，或者由于断电会严重影响生产，这时就必须在确保灭火人员安全的情况下，进行带电灭人。带电灭火一般在 10kV 及以下电气设备上进行。

带电灭火很重要的一条就是正确选用灭火器材，例如绝对不准使用泡沫灭火器对有电的设备进行灭火，一定要用不导电的灭火剂灭火，如二氧化碳、四氯化碳、二氟一氯一溴甲烷（简称 1211）和化学干粉等灭火剂。

带电灭火时，为防止发生人身触电事故，必须注意以下几点：

767

1）扑救人员及所使用的灭火器材与带电部分必须保持足够的安全距离，并应戴绝缘手套。

2）不准使用导电灭火剂（如泡沫灭火剂、喷射水流等）对有电设备进行灭火。

3）使用水枪带电灭火时，扑救人员应穿绝缘靴、戴绝缘手套并应将水枪金属喷嘴接地。

4）在灭火中电气设备发生故障，如电线断落在地上，在局部地区会形成跨步电压。在这种情况下，扑救人员进行灭火时，必须穿绝缘靴（鞋）。

5）扑救架空线路的火灾时，人体与带电导线之间的仰角不应大于45°，并应站在线路外侧，以防导线断落触及人体发生触电事故。

（3）充油设备的火灾扑救。

1）充油电气设备容器外部着火时，可以用二氧化碳、四氯化碳、1211、干粉灭火剂等带电灭火，灭火时要保持一定安全距离。用四氯化碳灭火时，灭火人员应站在上风方向，以防灭火时中毒。

2）如果充油电气设备容器内部着火，应立即切断电源，有事故储油池的设备应立即设法将油放入事故储油池，并用喷雾水灭火，不得已时也可用砂子、泥土灭火；但当盛油桶着火时，则应用浸湿的棉被盖在桶上，使火熄灭，不得用黄砂抛入桶内，以免燃油溢出，使火势蔓延。对流散在地上的油火，可用泡沫灭火器扑灭。

（4）旋转电机火灾扑救。发电机、电动机等旋转电机着火时，不能用干粉、砂子、泥土灭火，以免矿物性物质、砂子等落入设备内部，严重损伤电机绝缘，造成严重后果。可使用1211、二氧化碳等灭火剂灭火。另外，为防止轴和轴承变形，灭火时可使电机慢慢转动，然后用喷雾水流灭火，使其均匀冷却。

3. 常用灭火器的正确使用

（1）CO_2灭火器使用，如图10-29所示，先拔出保险销子，然后用手紧握喷射喇叭上的木柄，另一只手按动鸭舌开关或旋动转动开关，提握机身，喇叭口指向火焰，即可灭火。当CO_2喷射时，人要站在上风头，尽量接近火源，因为它的喷射距离很近，一般为 3～5m，灭火时先从火势蔓延最危险的一边喷起，然后向前移动不留下火星。室内灭火要保证通风。灭火时一定要握住喇叭口的木柄，以免将手冻坏。

图 10-29　CO_2 灭火器的正确使用

（2）CCL_4 灭火器的使用，如图 10-30 所示，泵浦式 CCL_4 灭火器使用方法极为简单，旋开手柄，推动活塞，CCL_4 就能从喷嘴处喷射出来；打气式 CCL_4 灭火器使用时，一手握住机身下端，并用手指按住喷嘴，另一只手旋动手柄，前后抽动打气，气足后放开手指，CCL_4 就会喷出，然后边喷边打气可继续使用；贮压式 CCL_4 灭火器的使用极为简单，只要旋动气压开关，CCL_4 立即喷出。CCL_4 有毒，使用时注意通风。

图 10-30　CCL_4 灭火器的正确使用

（3）手提式泡沫灭火器的使用，如图 10-31 所示，一手握住提环，另一手握住底边，然后将其倒置，轻轻摇动几下，泡沫就会喷射出来。

（4）干粉灭火器的使用，如图 10-32 所示，先把灭火器竖立在地上，一手握紧喷嘴胶管，另一手拉住提环，用力向上一拉并向火源移动（一般保持 5m 左右），喷射出的白色粉末气即可灭火。

右手抓筒耳，左手抓筒底边缘，把喷咀朝向燃烧区，站在离火源 8m 的地方喷射，并不断前进，兜围着火焰喷射，直至把火扑灭。

图 10-31　泡沫灭火器的正确使用　　　　图 10-32　干粉灭火器

（5）1211 灭火器是用加压的方法将二氟一氯一溴甲烷液化罐装在容器里，使用时只要将开关打开，"1211"立即呈雾状喷出，遇到火焰迅速成为气体将火灭掉。

常用灭火器的主要性能及使用、保管注意事项见表 10-18。

表 10-18　常用灭火器的主要性能及使用、保管注意事项

灭火器种类	二氧化碳灭火器	四氯化碳灭火器	干粉灭火器	"1211"灭火器	泡沫灭火器
规格	2kg 以下 2～3kg 5～7kg	2kg 2～3kg 5～8kg	8kg 50kg	1kg 2kg 3kg	10L 65～130L
药剂	瓶内装有压缩成液态的二氧化碳	瓶内装有四氯化碳液体，并加有一定压力	钢筒内装有钾盐或钾盐干粉，并备有盛装压缩气体的小钢瓶	钢筒内装有二氟一氯一溴甲烷，并充填压缩气体	筒内装有碳酸氢钠、泡沫剂和硫酸铝溶液

灭火器种类	二氧化碳灭火器	四氯化碳灭火器	干粉灭火器	"1211"灭火器	泡沫灭火器
用途	不导电，扑救电气、精密仪表、油类和酸类火灾。不能扑救钾、钠、镁、铝等物质火灾	不导电，扑救电气设备火灾。不能扑救钾、钠、镁、铝、乙炔、二硫化碳等火灾	不导电，可扑救电气设备火灾，扑救石油、石油产品、油漆、有机溶剂、天然气和天然气设备火灾。不宜扑救旋转电机火灾	不导电，扑救油类、化工化纤原料等初起火灾	有一定导电性，扑救油类或其他易燃液体火灾。不能扑救忌水和带电物体火灾
效能	接近着火点，保持 3m 远	3kg 喷射时间 30s，射程 7m	8kg 喷射时间 14～18s，射程 4.5m。50kg 喷射时间 50～55s，射程 6～8m	1kg 喷射时间 6～8s，射程 2～3m	10L 喷射时间 60s 射程 8m。65L 喷射时间 170s，射程 13.5m
使用方法	一手拿好喇叭口对着火源，另一只打开开关即可	只要打开开关，液体就可喷出	提起圈环，干粉即可喷出	拔下铅封或横锁，用力下压即可	倒过来稍加摇动，打开开关，药剂即喷出
保养和检查方法	保管：置于取用方便的地方；注意使用期限；防止喷嘴堵塞；冬季防冻、夏季防晒。检查：二氧化碳灭火器，每月测量一次，当低于原重量 1/10 时，应充气；四氯化碳灭火器，应检查压力情况，少于规定压力时应充气	置于干燥通风处，防受潮日晒。每年抽查一次干粉是否受潮或结块。小钢瓶内的气体压力，每半年检查一次，如质量减少 1/10，应换气	置于干燥处，勿摔碰。每年检查一次质量	一年检查一次，泡沫发生倍数低于 4 倍时，应换药

771

（四）电气防爆

由电引起的爆炸也是危害极大的灾难性事故。为了防止电气引爆的发生，在有易燃、易爆气体、粉尘的场所，应合理选用防爆电气设备，正确敷设电气线路，保持场所良好通风；应保证电气设备的正常运行，防止短路、过载；应安装自动断电保护装置，对危险性大的设备应安装在危险区域外；防爆场所一定要选用防爆电机等防爆设备，使用便携式电气设备应特别注意安全；电源应采用三相五线制与单相三线制，线路接头采用熔焊或钎焊。

1. 防爆基本知识

（1）爆炸性气体环境区域的划分。世界各国对危险场所区域划分不同，但大致分为两大派系：中国和大多数欧洲国家采用国际电工委员会（IEC）的划分方法，而以美国和加拿大为主要代表的其他国家采用北美划分方法。

中国国家标准 GB 3836.14—2000《爆炸性气体环境用电气设备 第14 部分：危险场所分类》的规定如下。

0 区：爆炸性气体环境连续出现或长时间存在的场所；

1 区：在正常运行时可能出现爆炸性气体环境的场所；

3 区：在正常运行时不可能出现爆炸性气体环境，如果出现也是偶尔发生并且仅是短时间存在的场所。

0 区一般只存在于密闭的容器、缸罐等内部气体空间，在实际设计过程中1 区也很少涉及，大多数情况属于2 区。

（2）防爆电气设备分类。防爆电气设备分为两类。

Ⅰ类：煤矿用电设备。

Ⅱ类：除煤矿外的其他爆炸性气体环境用电气设备。

（3）防爆电气设备的防爆型式及防爆原理。防爆电气设备的防爆型式及原理见表 10-19。

2. 防爆电气设备

在有发生火灾和爆炸危险的环境中使用的电气设备，结构上应

表 10-19　　　　　　防爆电气设备的防爆型式及原理

防爆型式	标志	防爆原理	
隔爆型	d	将设备在正常运行时，能产生火花、电弧的部件置于隔爆外壳内，隔爆外壳能承受内部的爆炸压力而不致损坏，并能保证内部的火焰气体通过间隙传播时，降低能量，不足以引爆壳外的气体	
增安型	c	在正常运行条件下不会产生电弧、火花和危险高温，在结构上再进一步采取保护措施，提高设备的安全性和可靠性	
本质安全型	i	设备内部的电路在规定的条件下，正常工作或规定的故障状态下产生的电火花和热效应均不能点燃爆炸性混合物	
正压型	p	保护内部保护气体的压力高于外部，以免爆炸性混合物进入外壳或足量的保护气体通过外壳，使内部的爆炸性混合物的浓度降至爆炸下限以下	
浇封型	m	将其可能产生点燃爆炸性混合物的电弧、火花或高温的部分浇封，使它不能点燃周围的爆炸性混合物	

能防止使用中由于产生火花、电弧或危险温度而引燃安装地点的爆炸性混合物。

（1）选用防爆电气设备的一般要求。选用防爆电气设备的要求主要如下。

1）在进行爆炸性环境的电力设计时，应尽量把电气设备、特别是正常运行时会产生火花的设备，布置在危险性较小或非爆炸性环境中。火灾危险环境中表面温度较高的设备，应远离可燃物。

2）在满足生产工艺及安全的前提下，应尽量减少防爆电气设备使用量。火灾危险环境下不宜使用电热器具，非用不可时应用非燃烧材料进行隔离。

3）防爆电气设备应有防爆合格证。

4）少用携带式电气设备。

5）可在建筑上采取措施，把爆炸性环境限制在一定范围内，如采用隔墙法等。

（2）电气设备防爆的类型及标志。防爆电气设备的类型很多，性能各异。电气设备的防爆标志可放在铭牌右上方，设置清晰的永久性凸纹标志"Ex"；小型电气设备及仪器、仪表，可将标志牌铆或焊在外壳上，也可采用凹纹标志。

常用防爆电气设备见表 10-20。

表 10-20　　　　　　　　　常用防爆电气设备

类型	图　　例	说　　明
防爆灯具		防爆照明灯由铝合金压铸外壳和钢化玻璃灯罩两部分组成 防爆标志灯采用铸铝合金外壳和透明标志牌，使用钢管或电缆布线，内装免维护镍隔电池组，在正常供电下自动充电，事故或停电时应急灯自动点亮
防爆开关		适用于电器线路中，供手动不频繁的接通和断开电路、换接电源和负载以及作为控制 5kW 以下三相异步电动机的直接启动、停止和换向装置

类型	图　　例	说　明
防爆按钮		适用于在控制电路中发出指令，控制接触器、继电器等电器，再控制主电路。外壳采用密封式结构，具有防水、防尘等优点，所有紧固件均为不锈钢，防强腐蚀
防爆接线盒		在盒内实现导线连接，外壳采用密封式结构，具有防水、防尘、防腐蚀等优点
防爆电铃和防爆扬声器		适用于矿井作业场所中发出声音指令。外壳采用密封式结构，具有防气体爆炸、防尘、防腐蚀等特点
防爆电机		YB2 系列电动机是全封闭自扇冷式鼠笼型隔爆异步电动机，是全国统一设计的防爆电机基本系列，是 YB 系列电动机的更新换代产品
隔爆型真空电磁启动器		适用于有爆炸性气体（如甲烷等）的环境和煤尘的矿井中，可用于频繁操作的机电设备并作为就地或远距离控制隔爆型三相鼠笼型异步电动机的启动、停止及换向的装置

二、电气防雷

雷电是雷云之间或雷云对地面放电的一种自然现象。在雷雨季节里，地面上的水分受热变成水蒸气，并随热空气上升，在空气中与冷空气相遇，使上升气流中的水蒸气凝成水滴或冰晶，形成积云。云中的水滴受强烈气流的摩擦产生电荷，而且微小的水滴带负电，小水滴容易被气流带走形成带负电的云；较大的水滴留下来形成带正电的云。由于静电感应，带电的云层在大地表面会感应出与云块异性的电荷，当电场强度达到一定值时，即发生雷云与大地之间放电；在两块异性电荷的雷云之间，当电场强度达到一定值时，便发生云层之间放电。放电时伴随着强烈的电光和声音，这就是雷电现象。

雷电是一种自然现象，它产生的强电流、高电压、高温、高热具有很大的破坏力和多方面的破坏作用，给电力系统乃至给人类造成严重灾害。如对建筑物或电力设施的破坏，对人畜的伤害，引起大规模停电、火灾或爆炸等。因此，有必要对雷电进行研究，了解其形成机理和活动规律，采取有效的防护措施。

1. 雷电形成与活动规律

雷鸣与闪电是大气层中强烈的放电现象。雷云在形成过程中，由于摩擦、冻结等原因，积累起大量的正电荷或负电荷，产生很高的电位。当带有异性电荷的雷云接近到一定程度时，就会击穿空气而发生强烈的放电。强大的放电电流伴随高温、高热，发出耀眼的闪光和振耳的轰鸣。雷电在我国的活动比较频繁，总的规律是：南方比北方多，山区比平原多，陆地比海洋多，热而潮湿的地方比冷而干燥的地方多，夏季比其他季节多。在同一地区，凡是电场分布不均匀、导电性能较好、容易感应出电荷、云层容易接近的部位或区域，更容易引雷而导致雷击。

一般来说，下列物体或地点容易受到雷击：

（1）空旷地区的孤立物体、高于20m的建筑物，如水塔、宝塔、尖形屋顶、烟囱、旗杆、天线、输电线路杆等。在山顶行走的人畜，也易遭受雷击。

（2）金属结构的屋面，砖木结构的建筑物或构筑物。

（3）特别潮湿的建筑物、露天放置的金属物。

（4）排放导电尘埃的厂房、排废气的管道和地下水出口、烟囱冒出的热气（含有大量导电质点、游离态分子）。

（5）金属矿床、河岸、山谷风口处、山坡与稻田接壤的地段、土壤电阻率小或电阻率变化大的地区。

2. 雷电的种类及危害

（1）雷电的种类。根据雷电的形成机理及侵入形式，雷电可分为下面几种。

1）直击雷。当雷云较低时，会在地面较高的凸出物上产生静电感应，感应电荷与雷云所带电荷相反而发生放电，这种直接的雷击称为直击雷，它产生的电压可高达几百万伏。

2）感应雷。感应雷有静电感应雷和电磁感应雷两种。由于雷云接近地面时，在地面凸出物顶部感应出大量异性电荷。当雷云与其他雷云或物体放电后，地面凸出物顶部的感应电荷失去束缚，以雷电波的形式沿地面极快地向外传播，在一定时间和部位发生强烈放电，形成静电感应雷。电磁感应雷是在发生雷电时，巨大的雷电流在周围空间产生强大的变化率很高的电磁场，可在附近金属物上发生电磁感应产生很高的冲击电压，使其在金属回路的断口处发生放电而引起强烈的火光和爆炸。感应雷产生的感应过电压，其值可达数十万伏。

3）球形雷。球形雷是雷击时形成的一种发红光或白光的火球，通常以 2m/s 左右的速度从门、窗或烟囱等通道侵入室内，在触及人畜或其他物体时发生爆炸、燃烧而造成伤害。

4）雷电侵入波。雷电侵入波是雷击时在电力线路或金属管道上产生的高压冲击波，顺线路或管道侵入室内，或者破坏设备绝缘窜入低压系统，危及人畜和设备安全。

（2）雷电的危害。雷电有很大的破坏力，有多方面的破坏作用。高层建筑、楼房、烟囱、水塔等建筑物尤其易遭雷击。

就其破坏因素来讲，雷电主要有以下几方面破坏作用。

1）热效应。雷电放电通道温度很高，一般在 6000～20 000℃，甚至高达数万度。这么高的温度虽然只维持几十微秒，但它碰到可燃物时，能迅速燃烧起火。强大雷电流通过电气设备会引起设备燃烧、绝缘材料起火。

2）机械效应。雷电流温度很高，当它通过树木或墙壁时，其内部水分受热急剧气化或分解出的气体剧烈膨胀，产生强大的机械力，使树木或建筑物遭受破坏。强大的雷电流通过电气设备会产生强大的电动力使电气设备变形损坏。

3）雷电反击。接闪器、引入线和接地体等防雷保护装置在遭受雷击时，都会产生很高的电位，当防雷保护装置与建筑物内部的电气设备、线路或其他金属管线的绝缘距离太小时，它们之间就会发生放电现象，即出现雷电反击。发生雷电反击时，可能引起电气设备的绝缘被破坏，金属管被烧穿，甚至可能引发火灾和造成人身伤亡事故。

4）雷电流的电磁感应。由于雷电流的迅速变化，在它的周围空间里就会产生强大而变化的磁场，处于这个电磁场中间的导体就会感应出很高的电动势。这种强大的感应电动势可以使闭合回路的金属导体产生很大的感应电流，感应电流的热效应（尤其是导体接触不良部位局部发热更厉害）会使设备损坏，甚至引发火灾。对于存放可燃物品，尤其是存放易燃易爆物品的建筑物将更危险。

5）雷电流引起跨步电压。当雷电流入地时，在地面上就会引起跨步电压。当人在落地点周围20m范围内行走时，两只脚之间就会有跨步电压，造成人身触电事故。如果地面泥水很多，人脚潮湿，就更危险。

由上面的分析可以看到，雷电的破坏性很大，必须采取有效措施予以防范。在防雷措施上，要根据雷暴日的多少因地制宜的选用。

雷暴日是表示雷电活动频繁程度的一个指标，在一天内只要听到雷声就算一个雷暴日。年平均雷暴日不超过15天的地区称为少雷区；年平均雷暴日超过40天的地区称为多雷区；年平均雷暴日超过90天的地区以及雷害特别严重的地区称为雷电活动特殊剧烈地区。

3. 常用防雷装置

雷击的危害是非常严重的，必须采取有效的防护措施。防雷的基本思想是疏导，即设法构成通路将雷电流引入大地，从而避免雷击的破坏。常用的避雷装置就是基于这种思路设计的，有避雷针、避雷线、避雷网、避雷带和避雷器等。其中，针、线、网、带作为接闪器，与引下线和接地体一起构成完整的通用防雷装置，主要用于保护露天的配电设备、建筑物或构筑物等。避雷器则与接地装置一起构成特定用途的防雷装置。

（1）避雷针。避雷针是一种尖形金属导体，装设在高大、凸出、孤立的建筑物或室外电力设施的凸出部位，并按要求高出被保护物适当的高度。利用尖端放电原理，将雷云感应电荷积聚在避雷针的顶部，与接近的雷云不断放电，实现地电荷与雷云电荷的中和。对直击雷，避雷针可将雷电流经引下线和接地体导入大地，避免雷击的损害。

避雷针通常采用镀锌圆钢或镀锌钢管制成（一般采用圆钢），上部制成针尖形状。所采用的圆钢或钢管的直径不应小于下列数值。

针长 1m 以下：圆钢为 12mm；

钢管为 20mm。

针长 1～2m：圆钢为 16mm；

钢管为 25mm。

烟囱顶上的针：圆钢为 20mm。

避雷针较长时，针体可由针尖和不同管径的钢管段焊接而成。

避雷针一般安装在支柱（电杆）上或其他构架、建筑物上，避雷针必须经引下线与接地体可靠连接。

避雷针的作用原理是它能对雷电场产生一个附加电场（这个附加电场是由于雷云对避雷针产生静电感应引起的），使雷电场发生畸变，将雷云放电的通路，由原来可能从被保护物通过的方向吸引到避雷针本身，使雷云经避雷针放电，由避雷针经引下线和接地体把雷电流泄放到大地中去，这样使被保护物免受直击雷击，所以避雷针实质上是引雷针。

避雷针有一定的保护范围，其保护范围是以它对直击雷保护的空间来表示。

单支避雷针的保护范围可以用一个以避雷针为轴的圆锥形来表示，如图 10-33 所示。

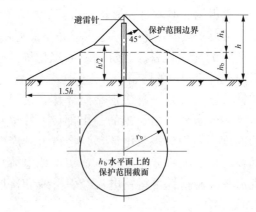

图 10-33　单支避雷针的保护范围

避雷针在地面上的保护半径按下式计算

$$r = 1.5h$$

式中　r——避雷针在地面上的保护半径，m；

　　　h——避雷针总高度，m。

避雷针在被保护物高度 h_b 水平面上的保护半径 r_b 按下式计算：

1）当 $h_b > 0.5h$ 时

$$r_b = (h - h_b)P = h_a P$$

2）当 $h_b < 0.5h$ 时

$$r_b = (1.5h - 2h_b)P$$

式中　r_b——避雷针在被保护物高度 h_b 水面上的保护半径，m；

　　　h_a——避雷针的有效高度，m；

　　　P——避雷针的高度影响系数：$h < 30$m 时，$P = 1$；30m$<$
$h < 120$m 时，$P = 5.5/\sqrt{h}$ 。

关于两支或两支以上等高和不等高避雷针的保护范围可参见

SDJ7《电力设备过电压保护设计技术规程》、JGG/T 16—1992《民用建筑电气设计规范》计算。

在山地和坡地，应考虑地形、地质、气象及雷电活动的复杂性对避雷针降低保护范围的作用，因此避雷针的保护范围应适当缩小。

（2）避雷线、避雷网和避雷带。避雷线、避雷网和避雷带与避雷针保护原理相同。避雷线一般用截面不小于 35mm² 的镀锌钢纹线，架设在架空线路上，以保护架空电力线路免受直击雷击，由于是架空敷设而且接地，这时的避雷线又叫架空地线，它也可用来保护狭长的设施。避雷网和避雷带主要用于工业建筑和民用建筑。不论采用哪种装置，也不论是什么建筑，对屋角、屋脊等易受雷击的凸出部位，都应用接闪器加以保护。

（3）避雷器。避雷器的种类有保护间隙、氧化锌避雷器、管形避雷器和阀形避雷器，其基本原理类似，使用时并联在被保护的设备或设施上，通过引下线与接地体相连，如图 10-34 所示。正常时，避雷器处于断路状态，出现雷电过电压时发生击穿放电，将过电压引入大地。过电压终止后，迅速恢复阻断状态。

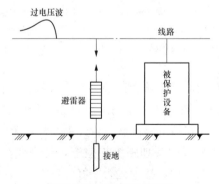

图 10-34　避雷器的连接

在四种避雷器中，保护间隙是一种最简单的避雷器，性能较差。管形避雷器的保护性能稍好，主要用于变电所的进线段或线路的绝缘弱点。工业变配电设备普遍采用阀形避雷器，通常安装在线路进户点。

1）保护间隙。保护间隙是最简单最经济的防雷设备，它结构十分简单，维护也方便，但保护性能差、灭弧能力小，容易造成接地或短路故障，所以在装有保护间隙的线路上，一般都装有自动重合闸装置，以提高供电可靠性。如图 10-35 所示是常见的羊角型间隙结构，其中一个电极接线路，另一个电极接地。为了防止间隙被外物（如鼠、鸟、树枝等）短接而发生接地故障，故在其接地引下线中还串联一个辅助间隙，如图 10-36 所示，间隙的电极应镀锌。

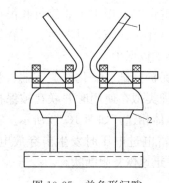

图 10-35　羊角形间隙
（装于水泥杆的铁横担上）
1—羊角形电极；2—支持绝缘子

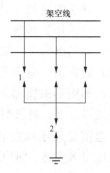

图 10-36　三相角形间隙和
辅助间隙的连接
1—主间隙；2—辅助间隙

保护电力变压器的羊角形间隙，要求装在高压熔断器的内侧，即靠近变压器的一侧，这样在间隙放电后，熔断器能迅速熔断以减少变电所线路断路器的跳闸次数，并缩小停电范围。

保护间隙在运行中要加强维护检查，特别要注意间隙是否烧毁，间隙距离有无变动，接地是否完好。

2）氧化锌避雷器。氧化锌避雷器是 20 世纪 70 年代初期出现的压敏避雷器，它是以氧化锌微粒为基体与精选过的能够产生非线性特性的金属氧化物（如氧化铋等）添加剂高温烧结而成的非线性电阻。其工作原理是：在正常工作电压下具有极高的电阻，呈绝缘状态；当电压超过其起动值时（如雷电过电压等），氧化锌阀片电阻变为极小，呈"导通"状态，将雷电流畅通向大地泄放。待过电压消失后，氧化锌阀片电阻又呈现高阻状态，使"导通"终止，恢复原始状态。氧化锌避雷器动作迅速，通流量大，伏安特性好、残压低、无续流，因此它一诞生就受到广泛的欢迎，并很快的在电力系统中得到应用。

　　3）阀型避雷器。高压阀型避雷器或低压阀型避雷器都由火花间隙和阀电阻片组成，装在密封的瓷套管内。火花间隙用铜片冲制而成，每对间隙用 0.5～1.0mm 厚的云母垫圈隔开。如图 10-37（a）所示。

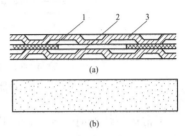

图 10-37　阀型避雷器
(a) 避雷器的单位火花间隙；
(b) 避雷器的阀电阻片
1—云母；2—间隙；3—电极

　　阀电阻片是由用陶料粘固起来的电工用金刚砂（碳化硅）颗粒组成的，如图 10-37（b）所示。阀电阻片具有非线性特征：正常电压时阀片电阻很大；过电压时阀片的电阻变得很小，电压越高电阻越小。

　　正常工作电压情况下，阀型避雷器的火花间隙阻止线路工频电流通过，但在线路上出现高电压波时，火花间隙就被击穿，很高的高电压波就加到阀电阻片上，阀片电阻便立即减小，使高压雷电流畅通地向大地泄放。过电压一消失，线路上恢复工频电压时，阀片又呈现很大的电阻，火花间隙的绝缘也迅速恢复，线路恢复正常运行，这就是阀型避雷器工作原理。

　　低压阀型避雷器中串联的火花间隙和阀片少；高压阀型避雷器中串联的火花间隙和阀片多，而且随电压的升高数量增多。

　　4）管型避雷器。管型避雷器由产气管、内部间隙和外部间隙三部分组成，如图 10-38 所示。

　　产气管由纤维、有机玻璃或塑料制成。内部间隙装在产气管内，一个电极为棒型，另一个电极为环形。图 10-38 中 S_1 为管型避雷器的内部间隙，S_2 为装在管型避雷器与运行带电的线路之间的外部间隙。

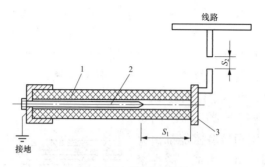

图 10-38　管型避雷器

1—产气管；2—内部电极；3—外部电极

　　正常运行情况时，S_1 与 S_2 均断开，管形避雷器不工作。当线路上遭到雷击或发生感应雷时，大气过电压使管型避雷器的外部间隙击穿，（此时无电弧）接着管型避雷器内部间隙击穿，强大的雷电流便通过管型避雷器的接地装置入地。这样强大的雷电流和很大的工频续流会在管子内部间隙发生强烈电弧，在电弧高温下，管壁产生大量灭弧气体，由于管子容积很小，所以管子内形成很高压力，将气体从管口喷出，强烈吹弧，在电流经过零值时，电弧熄灭。这时外部间隙的空气恢复绝缘，使管型避雷器与运行线路隔离，恢复正常运行。

　　为了保证管型避雷器可靠工作，在选择管型避雷器时开断续流的上限应不小于安装处短路电流最大有效值（考虑非周期分量）；开断续流的下限，应不大于安装处短路电流的可能最小值（不考虑非周期分量）。

　　管型避雷器外部间隙的最小值：3kV 为 8mm，6kV 为 10mm，10kV 为 15mm。管型避雷器一般装于线路上，变、配电所内一般部用阀型避雷器。

　　避雷针（线、带）的接地除必须符合接地的一般要求外，还应遵守下列规定：

　　1）避雷针（带）与引下线之间的连接应采用焊接。

　　2）装有避雷针的金属筒体（如烟囱），当其厚度大于 4mm 时，可作为避雷针的引下线，但筒底部应有对称两处与接地体相连。

3）独立避雷针及其接地装置与道路或建筑物的出入口等的距离应大于 3m。

4）独立避雷针（线）应设立独立的接地装置；在土壤电阻率不大于 100Ωm 的地区，其接地电阻不宜超过 10Ω。

5）其他接地体与独立避雷针的接地体之地中距离不应小于 3m。

6）不得在避雷针构架或电杆上架设低压电力线或通信线。

（4）消雷器。消雷器是利用金属针状电极的尖端放电原理，使雷云电荷被中和，从而不致发生雷击现象，如图 10-39 所示。

当雷云出现在消雷器及其保护设备（或建筑）上方时，消雷器及其附近大地都要感应出与雷云电荷极性相反的电荷。绝大多数靠近地面的雷云是带负电荷，因此大地上感应的是正电荷，由于消雷器浅埋

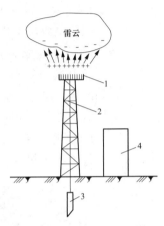

图 10-39　消雷器的防雷原理说明
1—离子化装置；2—连接线；
3—接地装置；4—被保护物

地下的接地装置（称为"地电收集装置"）通过连接线（引下线）与消雷器顶端许多金属针状电极的"离子化装置"相连，使大地的大量正电荷（阳离子）在雷电场作用下，由针状电极发射出去，向雷云方向运动，使雷云被中和，雷电场减弱，从而防止雷击的发生。

4. 防雷常识

（1）为防止感应雷和雷电侵入波沿架空线进入室内，应将进户线最后一根支撑物上的绝缘子铁脚可靠接地，在进户线最后一根电杆上的中性线应加重复接地线。

（2）雷雨时，应关好室内门窗，以防球形雷飘入；不要站在窗前或阳台上、有烟囱的灶前；应离开电力线、电话线、无线电天线 1.5m 以外。

（3）雷雨时，不要洗澡、洗头，不要待在厨房、浴室等潮湿的场所。

（4）雷雨时，不要使用家用电器，应将电器的电源插头拔下，以免雷电沿电源线侵入电器内部，击毁电器，危及人身安全。

（5）雷雨时，不要停留在山顶、湖泊、河边、沼泽地、游泳池等易受雷击的地方；雨伞不要举得过高，最好不用带金属柄的雨伞；几个人同行，要相距几米，分散避雷。

（6）雷雨时，不能站在孤立的大树、电杆、烟囱和高墙下，不要乘坐敞篷车和骑自行车。躲避雷雨，应选择有屏蔽作用的建筑或物体，如汽车、电车、混凝土房屋等。

（7）如果有人遭到雷击，应迅速冷静地处理。即使受雷击者心跳、呼吸均已停止，也不一定是死亡，应不失时机地进行人工呼吸和胸外心脏按压，并送医院抢救。

参 考 文 献

[1] 黄祥成，邱言龙，尹述军．钳工技师手册．北京：机械工业出版社，1998.

[2] 邱言龙，李文林，谭修炳．工具钳工技师手册．北京：机械工业出版社，1999.

[3] 邱言龙．机床维修技术问答．北京：机械工业出版社，2001.

[4] 王广仁，韩晓东，王长辉．机床电气维修技术．北京：中国电力出版社，2004.

[5] 机械设备维修问答丛书编委会．机床电器设备维修问答．北京：机械工业出版社，2004.

[6] 王健，马伟．维修电工（初、中级）国家职业资格证书取证问答．北京：机械工业出版社，2004.

[7] 张春雷，汪建设，赵玲．简明电机修理技术手册．北京：中国电力出版社，2005.

[8] 高玉奎．简明维修电工手册．北京：中国电力出版社，2006.

[9] 陆荣华．电气安全手册．北京：中国电力出版社，2006.

[10] 韩鸿鸾．数控机床维修实例．北京：中国电力出版社，2006.

[11] 李响初，向凌云，余雄辉．实用机床电气控制线路 200 例．北京：中国电力出版社，2007.

[12] 张春雷，宋家成，于文磊．常用机电设备电气维修．北京：中国电力出版社，2007.

[13] 张春雷，尚红卫，游国祖．电机选用安装与故障检修．北京：中国电力出版社，2007.

[14] 李伟，王健．维修电工（初级）．北京：中国电力出版社，2007.

[15] 李伟，王健．维修电工（中级）．北京：中国电力出版社，2007.

[16] 邵展图．电工学．北京：中国劳动社会保障出版社，2007.

[17] 王世锟．图解电工入门．北京：中国电力出版社，2008.

[18] 林蒿．维修电工（技能实训与应试指导）．北京：中国电力出版社，2008.

[19] 韩鸿鸾．数控机床电气检修．北京：中国电力出版社，2008.

[20] 王健．维修电工（技师、高级技师）．北京：中国电力出版社，2009.

［21］邱言龙，刘继福．机修钳工实用技术手册．北京：中国电力出版社，2009.

［22］王广仁．机床电气维修技术（第二版）．北京：中国电力出版社，2009.

［23］张胤涵．机床电气识图．北京：中国电力出版社，2009.

［24］宋家成，韩鸿鸾，薛文介．数控机床电气维修技术．北京：中国电力出版社，2009.

［25］邱言龙．装配钳工实用技术手册．北京：中国电力出版社，2010.

［26］邱言龙，李文菱，谭修炳．工具钳工实用技术手册．北京：中国电力出版社，2011.

［27］刘光源．实用维修电工手册（第三版）．上海：上海科学技术出版社，2010.

［28］周晓宏．数控机床操作与维护技术（第 2 版）．北京：人民邮电出版社，2010.

［29］陈惠群．电工基础（第三版）.北京：中国劳动社会保障出版社，2012.

［30］杨清德．电工入门必读.北京：中国电力出版社，2014.

［31］邱言龙．机床电气维修技术．北京：中国电力出版社，2014.

［32］邱言龙，李文菱．数控机床维修技术．北京：中国电力出版社，2014.

［33］杨清德，杨兰云．农村安全用电常识（第二版）.北京：中国电力出版社，2015.

［34］孙克军，杜华.电工基础知识入门.北京：中国电力出版社，2015.

［35］孙克军，孙丽君.电工检测入门.北京：中国电力出版社，2015.

［36］孙克军，杜华.电工操作入门.北京：中国电力出版社，2015.

［37］孙克军，高进发.电动机使用入门.北京：中国电力出版社，2015.